Mathematics for Information Technology

Alfred Basta · Stephan DeLong · Nadine Basta

IT 대학기초수학

Mathematics for Information Technology, 1st Edition

Alfred Basta
Stephan DeLong
Nadine Basta

ISBN-13: 979-11-5971-168-8

Cengage Learning Korea Ltd.
14F YTN Newsquare 76 Sangamsan-ro
Mapo-gu Seoul 03926 Korea
Tel: (82) 2 330 7000
Fax: (82) 2 330 7001

Cengage Learning is a leading provider of customized learning solutions with office locations around the globe, including Singapore, the United Kingdom, Australia, Mexico, Brazil, and Japan. Locate your local office at: **www.cengage.com**

Cengage Learning products are represented in Canada by Nelson Education, Ltd.

To learn more about Cengage Learning Solutions, visit **www.cengageasia.com**

Printed in Korea
Print Number: 01   Print Year: 2019

Mathematics for Information Technology

Alfred Basta · Stephan DeLong · Nadine Basta

IT 대학기초수학

김승수 · 도경민 · 박용수 · 이상석
이 우 · 장화식 · 전춘배 옮김

 CENGAGE 북스힐

Andover • Melbourne • Mexico City • Stamford, CT • Toronto • Hong Kong • New Delhi • Seoul • Singapore • Tokyo

차례

역자 서문

《IT 대학기초수학(Mathematics for Information Technology)》은 '쉽지만 자세하고 철저하게!'라는 말이 잘 어울리는 IT 분야의 대학 신입생들을 위한 수학 교재입니다. 교재 전반에서 기초가 부족한 학생들을 위한 세심한 배려가 돋보이며 열정적인 강의를 그대로 지면으로 옮겨 놓은 듯한 생동감도 느낄 수 있습니다.

따라서 이를 번역할 때에도 저자들의 의도를 최대한 살리고자 노력하였습니다. 또한 수학용어는 원어 그대로 소개하여 원문을 읽는 것과 같은 효과를 가지도록 하였고 이에 대한 한글용어는 대한수학회 수학용어를 기준으로 삼았습니다.

삶의 전반에 변화를 가져다준 정보통신기술(ICT) 분야에서는 다양한 수학이론이 응용되고 있습니다. 즉, 컴퓨터정보처리, 유무선 네트워크 이론 및 실무, 정보보호 등을 전공하는 학생들에게는 본 교재가 큰 도움이 될 것입니다.

수학에 대한 두려움과 걱정을 내려놓고 천천히 교재를 따라가다 보면 정보통신기술 분야에서 필요한 기본적인 수학내용을 차곡차곡 배울 수 있습니다. 이 책의 번역과 출판에 도움을 주신 CENGAGE, 북스힐 관계자 여러분께 감사의 말씀을 드립니다.

2019년 3월
역자 일동

서문

《IT 대학기초수학(Mathematics for Information Technology)》은 전자공학, 컴퓨터 프로그래밍, 정보기술(IT) 관련 분야를 전공하는 학생들이 해당 분야의 학습에 필요한 기본적인 수학의 원리를 이해하는 데 도움을 주고자 집필되었다. 이 교재는 IT 응용분야에 따라 주제별로 범위를 정하고, 대학의 한 학기 강의에 알맞은 분량으로 학생들이 이해하기 쉬운 내용을 중점적으로 다루었다. 또한 그림, 예제, 응용문제를 통해 다양한 관점으로 내용을 이해할 수 있게 하였다.

실제로 저자들은 오프라인 수업과 온라인 원격교육을 통해 강의한 내용과 경험을 살려 다양한 학습 환경에 적합하도록 본 교재를 개발하였다. 강의실에서든 온라인에서든 장소와 무관하게, 전자공학, 컴퓨터 프로그래밍 또는 IT 관련 학과에서 한 학기 동안 매우 유용한 내용들을 학습할 수 있을 것이다.

이 책의 활용

집합과 논리의 기본 개념부터 시작하여 학생들의 지식과 문제해결능력을 단계적으로 향상시키기 위한 내용을 자세히 기술하였다. 각 장은 해당 주제의 응용과 개요, 학습목표로 시작하며, IT 응용분야의 주제들만 다루지 않고 일상생활에서의 예시들 또한 쉽게 이해하도록 구체적으로 제시하였다. 각 장의 마지막은 관련 개념들의 요약, 주요 용어들의 설명, 문제해결능력과 자신감을 기르기 위한 다양한 종합문제로 구성하였다.

이 책의 구성

《IT 대학기초수학》은 집합, 논리, 수 체계에 대한 기본적인 개념에서 시작한다. 또한 이러한 개념을 기반으로 확률, 통계 및 그래프 이론을 공부할 때 필요한 대수학 및 삼각함수의 주제들을 다룬다.

이 책의 특징

이 책은 대화체 문장을 사용하여 수학적 개념을 설명하고 있으며, 개념을 응용한 여러 상황들을 제시하여 일상생활뿐만 아니라 자신의 직무분야의 문제들을 해결하도록 하였다. 또한, 학생들이 각 장의 지식과 원리를 익힐 수 있도록 다음과 같이 구성되었다.

장 도입부는 각 주제에 대한 흥미와 동기를 부여하기 위하여, 실생활에서의 적용과 응용에 대해 설명하였다.

학습목표는 각 장에서 학생들이 습득할 지식과 원리를 개략적으로 설명하였다.

주요 용어는 강조 표시하였으며, 학생들의 기본 지식을 향상시키는 데 도움이 되도록 정의하였다.

다양하게 제시된 **예**들은 학생들이 문제 해결을 위해 단계적으로 접근할 수 있도록 구성하였다.

IT 전공에 맞추어 구성된 **예제**들은 기본 원리와 일상의 상황을 제시하여 수학의 개념들이 실제 세계에 어떻게 적용되는지를 쉽게 살펴볼 수 있도록 하였다.

1,700개 이상의 연습문제를 통해 각 절마다 다방면의 문제해결능력을 기를 수 있다.

요약과 **용어**는 학생들이 학습내용을 복습하고 시험 준비하는 것을 돕고자 하였다.

종합문제는 각 장별로 제시되었으며, 문제해결능력 습득 및 시험 대비를 위해 충분한 양의 문제들을 제공하였다.

학생들에게

IT를 전공하는 학생들을 위한 수학 교재는 복잡한 용어가 많고 설명이 부족하다. 반면 이 책은 예제가 다양하고 수학적인 설명도 충실하므로, 내용의 상호 관련성에서 다른 교재들과 비교하여 흥미로운 점들을 발견하게 될 것이다.

이 책은 여러분들이 앞으로의 학습에서 가장 유용하다고 생각되는 내용들을 엄선하여 수록하였고, 원격학습을 할 때도 쉽게 접근하여 학습내용을 이해할 수 있도록 하였다. 이 책을 통해 향후 학문적 성공을 위한 기초를 마련할 수 있다.

'오프라인' 환경이나 '온라인' 환경에서 학습할 때에는 학습자에게 가장 효과적인 학습 자료를 선택하는 것이 좋다. 예를 들어, 웹 사이트의 내용을 학습 자료로 사용할 경우 신중하게 선택하여 평판이 좋고 신뢰할 수 있는지 확인하여야 한다. 교수자는 분명히 좋은 학습 자료를 선택하도록 조언하겠지만, 일반적 경험에 의한 학습 자료는 전문가의 검토 과정을 거치지 않고 임의로 수정될 수도 있으므로 그러한 웹 사이트는 피하는 것이 좋다. 일반적으로 끝이 .org 또는 .edu로 끝나는 사이트는 신뢰할 수 있으며, 전문가가 조언하는 사이트라면 믿고 이용할 수 있다.

이 책에 제시된 수많은 문제를 해결하기 위해서는 계산기가 필요하지만 복잡한 기능은 필요하지 않기 때문에 지나치게 비싼 계산기가 아니어도 된다. 많은 학생들이 그래프 기능이 있는 계산기를 유용하게 여기지만 필수적인 것은 아니며 공학용 계산기로도 충분하다.

감사의 글

이 책은 다양한 경험과 지식이 풍부한 전문가의 도움을 받았다.

내용 검토

이 책의 내용을 주의 깊게 검토하신 다음의 분들께 감사의 말씀을 드린다.

Robert Gallante

Shawsheen Valley Technical High School, Billerica, Massachusetts

James McCallum

YTI Carrer Institute, York, Pennsylvania

Mark Schwind

YTI Carrer Institute, York, Pennsylvania

Francisco Soto

Career Center for Texas

Charulata Trivedi

Quinsigamond Community College, Worcester, Massachusetts

기술적 검토

이 책의 개념적 정확성을 위해 쉼 없이 헌신한 존 피터슨(John C. Peterson)과 풀이의 모든 단계를 세심하게 검토해 준 린다 윌리(Linda Willey)에게 감사드린다.

감사 인사

이 책의 저자 모두는 가족, 친구, 동료들의 헌신과 지지에 감사드립니다.

늘 한결같은 사랑스런 배려와 돌봄, 그리고 내 삶에 대한 지속적인 지원을 아끼지 않은 아내 나딘(Nadine).
끝없이 인자하고 다정하신 어머니, 이 세상에 당신과 같은 분은 없습니다.
추억 속의 아버지, 당신이 주신 선물에 무게를 잰다면 측정할 수 없을 겁니다.

알프레드 바스타(Alfred Basta)

먼저 이 일을 완성할 수 있는 기회를 주신 하나님께 감사드립니다. 그 분이 주신 소중한 선물 알프레드(Alfred), 베카(Becca), 스타브로스(Stavros)를 통해 매일 감사함을 느낍니다.
남편 알프레드, 당신의 17년 동안 보내준 사랑과 지지에 감사드립니다.
우리 가족의 삶의 진정한 기쁨이자 큰 축복인 딸 베카와 아들 스타브로스, 너희가 하나님을 공경하고 영화롭게 하는 삶을 살아가길 기도한다. 그 분께 온 마음을 쏟아 그 분을 진심으로 사랑하길 바란다.

나딘 바스타(Nadine Basta)

이 책을 준비하는 동안 도움을 준 사랑하는 아내 데비(Debbie), 고양이 알렉스(Alex), 다프네(Daphne), 프레디(Freddy)와 부모님 보니(Bonnie)와 데이브(Dave)께 감사드립니다. 또한 친절하고 지원을 아끼지 않은 Cengage Learning의 담당자들, 특히 초보 저자에게 보여준 메리 클라인(Mary Clyne)의 친절과 배려는 영원히 잊지 못할 겁니다.

스테판 드롱(Stephan Delong)

저자 소개

알프레드 바스타(Alfred Basta)는 수학, 암호 및 정보보안을 강의하고 있다. 인터넷보안, 네트워킹 및 암호 분야의 전문가로, 미국 수학회(Mathematical Association of America)를 비롯한 여러 수학학회의 회원이다.

스테판 드롱(Stephan DeLong)은 20년 이상의 대학 강의 경험과 6년 이상의 원격강의 경험을 가졌다. 리하이 대학(Lehigh University)에서 수학 석사학위를 받았으며, 여러 수학학회 회원이다. 이뿐만 아니라 사이클 선수이자 소설가로도 활동하고 있다.

나딘 바스타(Nadine Basta)는 정보시스템보안, 위협관리 및 암호에 대해 강의하고 있다. 대학에서 수학을 전공했으며 컴퓨터 공학 석사학위를 취득했다. 미국 수학회(MAA) 회원이다.

Chapter 1 집합 Sets

이 장에서는 집합을 처음 공부하는 사람들을 위해 아주 기초적인 내용부터 다룬다. 집합, 부분집합의 개념과 그 표기법, 벤 다이어그램을 이용하여 집합을 시각적으로 표현하는 방법과 무한집합에 대한 개념을 소개한다. 이러한 개념들은 다음 장에서 유용하게 사용되므로, 여기에서 제시되는 내용을 정확히 알고 있어야 한다.

컴퓨터 프로그래밍이나 기존의 IT 관련 지식을 갖고 있지 않다고 가정하며, 집합에 대한 개념을 잘 이해하기 위해 일반적인 상황의 예를 들어 설명한다.

이 장의 내용을 학습하면 다음을 할 수 있다.

- 집합의 기본적인 개념과 표기법의 이해
- 부분집합과 집합들의 관계에 대한 이해
- 벤 다이어그램을 그리고 해석하기
- 공집합의 활용에 대한 이해
- 무한집합과 유한집합의 인식과 구분

1.1 집합의 개념

집합의 용어

집합(set)이란 잘 정의된 대상들의 순서와 중복이 없는 모임이다. 잘 정의된 집합 (well-defined set)이란 집합에 속하는 대상이 모호하지 않으며, 여러 해석이 가능하지 않고, 사실 조사를 통해 엄격하게 결정할 수 있음을 의미한다. 일반적인 관점에서 보면 모든 수학은 집합으로 구성된다. 따라서 집합의 개념은 진정한 수학의 기본개념이다.

예를 들어, '대전에 거주하는 모든 합법적인 주민들의 집합'은 잘 정의된 집합인데, 합법의 기준이 누가 대전에 거주하는지 아닌지를 결정하기 때문이다. 특정한 사람과 만나게 되면 직접 사실 조사를 통해 대전에 합법적으로 거주하는지 여부를 판단할 수 있다. 또 다른 예로, '대전에 거주하는 똑똑한 사람의 집합'은 잘 정의된 집합이 아니다. 똑똑한 사람이 무엇을 의미하는지에 대한 논쟁 가능성이 있으며, 모든 사람들이 같은 방식으로 해석할 수 없기 때문이다. 결과적으로 어떤 사람이 합법적인 대전 거주자인지 여부는 결정할 수 있지만, 그 사람이 대전에 사는 똑똑한 사람인지 여부는 결정할 수 없다.

잘 정의된 집합의 개념을 알아보기 위해 다음 보기를 살펴보자.

예제 1.1 ▶ 다음 집합은 잘 정의되었는가?

1. 이 강의를 수강하는 키가 큰 학생들의 집합
2. 영어 알파벳 소문자들의 집합
3. 작년의 따뜻한 날들의 집합
4. 도서관 이용카드 소지자가 1,000명 이상 있는 부산에 위치한 도서관들의 집합

풀이

1. 잘 정의되지 않은 집합이다. "키가 크다"의 개념이 모호하기 때문이다. 180 cm 인 학생이 '키가 큰' 학생인가? 키가 2 m 10 cm이며 미국농구협회에서 뛰는 사람은 키가 크다고 할 수 있는가?

2. 영어 알파벳 소문자들의 집합은 잘 정의된 집합이다. 영어 알파벳에는 정확히 26자의 소문자가 있으며, 따라서 무엇이 영어 알파벳 문자에 속하는지는 분명하다.

3. 이 집합도 속하는 대상에 대한 기준의 모호성 때문에 잘 정의되지 않은 집합이다. '따듯한' 것은 사람마다 다를 수 있으므로 집합에 속하는 대상의 기준이 명확하지 않다.

4. 마지막 집합은 잘 정의된 집합이다. 부산에 위치한 도서관들을 조사할 때 도서관 이용카드 소지자가 1,000명이 넘는지 여부를 조사할 수 있다. 결과적으로 이 집합에 속하는 도서관을 확정할 수 있기 때문에 이 집합은 잘 정의된 집합이다.

---

a가 집합 A에 속한다고 하자. 그러면 a는 집합 A의 **원(member)** 또는 **원소(element)**라 하고 기호 $a \in A$로 나타낸다. a가 집합 A이 원소가 아니면 $a \notin A$로 나타낸다. 물론 속한 원소가 없는 집합이 있을 수 있는데, 이러한 집합을 **공집합(empty set/null set)**이라 하며 $\varnothing$으로 나타낸다.

집합의 원소를 지정하는 방법은 일반적으로 세 가지가 있다. 첫 번째 방법은 **말로 설명(verbal description)**하는 것인데, 집합의 원소를 모호하지 않게 설명하면 된다. 예를 들어 'M은 현재 LG 트윈스 야구팀 명단에 있는 모든 선수들의 집합'이라 하자. 이 집합은 명백하게 잘 정의된다. 예를 들어 김현수 선수가 집합 M의 원소인지 묻는다면 사실 조사를 통해 답을 결정할 수 있다.

집합의 원소를 표현하는 두 번째 방법은 **원소 나열법(roster notation)**인데, 집합의 원소를 나열하는 것이다. 원소 나열법은 집합의 원소가 적거나 원소들을 쉽게 알수 있는 패턴이 있는 경우 유용하다. 원소 나열법의 예는 $A = \{1, 2, 3, 4\}$이다. 원소들이 많은 경우, 원소 나열을 줄이기 위해 **줄임표(ellipsis)**를 사용할 수 있는데 단, 집합에 속하는 원수를 명확하게 표현할 수 있어야 한다. 줄임표는 세 '점'을 연속하여 나타내는데 숫자의 패턴이 무한히 계속되거나 줄임표 뒤의 숫자에 도달할 때까지 계속됨을 나타낸다. 예를 들어 $B = \{2, 4, 6, \ldots, 100\}$는 100보다 같거나 작은 짝수인 자연수들의 집합을 나타낸다. 하지만 이 집합을 $B = \{2, \ldots, 100\}$로 나타내는 것은 적절하지 않은데, 이 집합에 속하는 원소들을 판단하는 정보가 충분하지 않기 때문이다.

집합의 원소를 설명하는 세 번째 방법은 **조건 제시법(set-builder notation)**으로

$P = \{x \mid x$는 짝수$\}$와 같이 나타내는 방법이다. 집합 괄호 안에 있는 정보는 다음과 같다. 먼저 집합 P의 '일반적인' 대표 원소를 x라 하고 이 대표 원소 x의 기준을 수직선 뒤에 오는 규칙으로 설명한다. 이 규칙을 집합에 속하는 원소의 조건(condition) 또는 특성(characteristic property/characteristic trait)이라 한다. 이 경우 집합 P의 원소는 2의 배수이다.

조건 제시법을 읽는 방법이 처음에는 쉽지 않을 수 있다. 예를 들어 앞에서 살펴본 $P = \{x \mid x$는 짝수$\}$는 "P는 x가 짝수인 모든 x들의 집합과 같다"와 같이 읽는다. 조건 제시법을 만날 때마다 읽는 방법을 주의 깊게 생각해야 하며, 연습을 통해서 새로운 표기법에 대해 익숙해져야 한다.

조건 제시법으로 주어진 다음 집합들의 예를 살펴보자.

$A = \{x \in \mathbf{N} \mid 5 < x < 6\}$, $\mathbf{N}$ = 자연수 집합
$B = \{x \mid x$는 평면의 임의의 서로 다른 평행한 두 직선의 교점$\}$

앞의 방법에 따라 이 표기법을 어떻게 읽는지 살펴보자.

첫 번째 경우는 '집합 A는 x가 5보다 크고 6보다 작은 모든 자연수 집합의 원소 x들의 집합'이다. 두 번째 경우는 '집합 B는 평면의 서로 다른 두 평행한 직선에 모두 속하는 점 x들의 집합'이다. 이러한 언어적 표현은 복잡하지만 익숙해지기 위해서는 연습이 필요하다.

위에서 살펴본 두 집합 A와 B는 모두 공집합이다. 집합 A와 B가 공집합이라는 것은 이들 집합에 속하는 원소의 기준을 살펴보면 분명해진다. 집합 A의 경우 5와 6 사이에는 자연수가 존재하지 않기 때문에 집합 A의 정의를 만족하는 원소들은 없다. 집합 B가 공집합인 이유는 유클리드 기하학의 평행선 공준(parallel postulate)의 결과이다. 즉, 평행선 공준에 의해 서로 다른 두 평행선은 공통인 점이 없다. 따라서 $A = B = \varnothing$이다. 두 집합이 서로 같다는 것을 처음에 바로 파악하기 어려울 수 있으나, 세심하게 살펴본다면 두 집합 모두 공집합이라는 것을 알 수 있다.

수학에서는 특정한 수들의 집합을 자주 사용한다. 이 집합들 각각은 대문자로 표현한다. 수들의 집합을 '증가하는' 순서대로 나타내면 다음과 같다.

> ## 수의 집합들
>
> $\mathbf{N}$ = 자연수 집합 = $\{1, 2, 3, \ldots\}$
> $\mathbf{W}$ = 0 이상의 정수 집합 = $\{0, 1, 2, 3, \ldots\}$
> $\mathbf{Z}$ = 정수 집합 = $\{\ldots, -3, -2, -1, 0, 1, 2, 3, \ldots\}$

이 외에도 유리수($\mathbf{Q}$), 무리수(일반적으로 사용하는 기호는 없음), 실수($\mathbf{R}$), 복소

> **Note**
> 한 집합을 표현하는 다른 방법들도 확실히 알고 있어야 한다. 이 책에서는 여러 방법을 서로 바꾸어 사용한다.

수(**C**)의 집합이 있다. 이러한 수들은 각각의 주제를 다룰 때 살펴보도록 한다.

집합을 표현하는 세 가지 방법인 말로 설명, 원소 나열법, 조건 제시법은 일반적으로 어떤 것이 다른 것보다 우수하다고 할 수 없으며, 경우에 따라서 적절한 표현 방법이 사용될 수 있다. 예를 들어, 집합이 유한집합이거나 비교적 적거나 또는 쉽게 발견할 수 있는 패턴인 경우에는 원소 나열법이 가장 유용하다. 만약 말로 표현하는 것이 쉬운 경우 집합을 말로 설명하는 것이 가장 좋은 방법일 수 있다. 집합의 원소들이 특정한 규칙을 따르면 조건 제시법이 더 좋을 수 있다. 사람에 따라 개인적으로 선호하는 표현법을 사용할 수 있으며, 이 책에서는 다양한 표현법을 사용하여 설명한다.

예제 1.2 집합 $G = \{x \in \mathbf{W} \mid x \leq 7\}$의 원소들을 원소 나열법과 말로 설명하는 방법으로 나타내어라.

풀이

집합 **W**는 0 이상의 정수 집합이며, 부등호 $\leq$의 의미에 따라 G의 원소를 나열하면 $G = \{0, 1, 2, 3, 4, 5, 6, 7\}$이다. 모든 수를 나열하기만 하면 순서는 바꿀 수 있다. 집합 G의 원소를 말로 설명하면 '7보다 작거나 같은 0 이상의 정수 집합'이다. 또는 '8보다 작은 0 이상의 정수 집합'으로 나타낼 수 있으며, 이 역시 집합 G의 원소의 특징을 나타낸다.

집합 A의 원소를 정의할 때에는 몇 가지 고려할 사항이 있다. 첫째, A에 속하는 원소의 조건에 대한 설명은 모호함이 없어야 하며, 특정한 대상이 A의 원소인지 여부가 분명해야 한다. 이는 집합이 잘 정의되기 위한 필수 요건으로 집합에 속하는 기준이 명확해야 한다. 둘째, A의 원소들 중 서로 다를 것이라고 추정되는 대상은 실제로 하나여야 하며, 서로 같은지의 여부를 명확히 구별할 수 있어야 한다. 따라서 집합 내의 원소는 중복되어서는 안 된다.

마지막 검토사항은 약간 모호할 수 있다. 집합의 두 원소가 구별되지 않는 경우가 있을까? 다음 질문을 생각해 보자. q와 Q는 같은 것인가? 답은 **전체집합**(universal set)이라 부르는 집합에 따라 달라진다.

집합을 연구하는 첫 단계는 집합이 존재하는 상황을 설정하는 것이다. 관례적으로 모든 대상을 포함하는 집합인 전체집합을 사용하여 상황을 정의한다. 전체집합은 기호 U를 사용하여 나타낸다. 이러한 상황이 주어지면 모든 집합들의 원소는 이 전체집합에 속하는 원소이어야 한다. 전체집합의 예로는 특정한 수의 집합이나 특정한 집단에 속하는 사람일 수 있다. 전체집합이 지정되지 않은 경우에는 전체집합을 설정하는 것이 문제의 목적과는 관련이 없으므로, 고려하는 집합의 원소들을 포함하는 좀 더 큰 집합을 전체집합으로 생각할 수 있다.

특정한 집합의 경우에는 상황에 따라서 전체집합이 달라질 수 있다. 앞에서 살펴본 현재 LG 트윈스 야구팀 명단에 있는 모든 선수들의 집합을 생각해 보자. 이 경우 특정한 언급이 없는 한 전체집합은 한국 야구위원회에 등록된 모든 선수들의 집합이거나, 서울이 연고지인 구단에 소속된 모든 선수들의 집합이 될 수 있다. 전체집합이 문맥상 명확하게 정해지지 않았지만 전체집합이 꼭 필요한 경우에는 전체집합을 구체적으로 언급할 수 있다.

전체집합이 지정된 경우, 문제를 해결하는 동안에는 이 전체집합의 원소들만 생각해야 한다. 예를 들어, $U = \{1, 2, 3, 4\}$로 정의하면 이후 문제에서는 다른 원소는 생각할 필요가 없다. 따라서 전체집합을 사용하여 전체집합에서 모든 짝수들로 구성된 집합을 만들고 이 집합을 E라고 하면 $E = \{2, 4\}$가 된다. 가능한 모든 수들을 더 넓은 관점에서 보면 다른 짝수들도 존재하지만 설정한 전체집합의 관점에서는 2와 4가 유일한 짝수이다.

집합의 원소 q와 Q에 대한 예제로 돌아가서 전체집합이 영어 알파벳 26자이면 두 기호는 같은 것을 나타내며 동일하다. 한편 전체집합이 영어 알파벳 대문자와 소문자 52자의 집합인 경우 원소 q와 Q는 구별되며 하나로 동일하게 취급해서는 안 된다.

마지막 예제와 같이 전체집합의 설정에 따라 원소의 구성이 달라질 수 있기 때문에 매우 신중하게 접근해야 한다.

집합의 원소 개수

집합에서는 집합의 원소의 개수 또는 원소의 크기(cardinality)를 비롯하여 여러 특성을 고려해야 한다. 집합의 크기는 집합에 속한 원소의 개수를 나타내며, 절댓값 기호를 사용하여 $|S|$로 나타내거나 $n(S)$로도 표현한다.

원소의 개수는 집합의 원소가 많을 수도 있지만 특정한 대상들로 제한되는 유한 (finite) 또는 집합의 원소가 무수히 많은 무한(infinite)일 수 있다. 무한집합은 1.5절에서 더 자세히 살펴보겠지만, 다음 예제에도 무한집합이 등장한다. 공집합은 집합의 원소가 없기 때문에 원소의 개수는 0이다.

예제 1.3 ▶ 다음 집합이 유한집합인지 무한집합인지 알아보아라.

1. 현재 한화 이글스 야구팀 명단에 있는 선수들의 집합
2. 지구의 모든 해변에 있는 모래알들의 집합
3. 주어진 시간에 당신의 몸속에 있는 혈액 세포들의 집합
4. 0과 2 사이의 수들의 집합

풀이

1. 야구팀(특히 한화 이글스 야구팀)의 선수명단은 리그 규정에 의해 제한되어 있으므로 유한집합이다.

2. 지구의 모든 해변에 있는 모래알들의 수는 매우 많지만 그럼에도 불구하고 유한하다. 궁극적으로 지구상에는 단지 그 정도로 많은 모래알들이 있을 뿐이다.

3. 특정한 시간에 당신의 몸에 있는 세포의 수는 매우 많더라도 단지 유한개의 세포가 있을 뿐이다.

4. 0과 2 사이의 수들의 집합은 무한집합이다. 0과 2 사이의 모든 분수를 생각하면 이러한 수들은 무수히 많다.

집합의 상등과 동치

두 집합을 생각할 때, 이들 사이의 상등과 동치 관계를 생각할 수 있다. 두 집합 A와 B의 원소가 완전히 일치하면 (집합의 원소의 순서가 같을 필요가 없으며, 상등의 조건은 두 집합의 원소가 서로 같다는 것으로 순서는 다르게 나열될 수 있다.) 두 집합을 서로 **같다**(equal) 또는 상등이라 하고 $A = B$로 나타낸다. 두 집합 A와 B의 원소의 개수가 같으면 이 두 집합이 **동치**(equivalent)라 하며 $A \sim B$로 나타낸다. 따라서 두 집합이 같으면 동치이지만 역은 참이 아닐 수 있다. 동치이지만 서로 같지 않은 집합이 존재한다!

예를 들어, $A = \{1, 2, 3, 4\}$와 $B = \{a, b, c, d\}$는 원소의 개수가 4로 동치이지만 원소가 다르므로 서로 같지 않다.

예제 1.4 다음 집합이 서로 같은지, 동치인지, 둘 다인지, 둘 다 아닌지 알아보아라.

1. 영어 알파벳 소문자들의 집합과 0과 25를 포함하며 그 사이에 있는 정수들의 집합

2. 집합 $A = \{1, 2, 3, 4\}$와 $B = \{3, 4, 2, 1\}$

3. 집합 $C = \{3, 1, 4, 5\}$와 $D = \{a, b, c, d, e\}$

풀이

1. 한 집합은 문자, 다른 집합은 수들의 집합이므로 분명히 서로 같지 않다. 하지만 두 집합의 원소의 개수는 각각 26이므로 서로 동치이다. 수의 집합의 경우 원소의 개수를 바로 알 수 없으므로 주의 깊게 생각해야 한다.

2. 두 집합은 정확히 같은 원소를 가지므로 서로 같으며 따라서 상등이며 동치이다. (원소의 순서가 다를지라도 앞서 언급한 것처럼 순서는 관계없다.)

3. 두 집합은 서로 같지도 않고 동치도 아니다. 두 집합의 원소들은 분명히 같지 않으며 집합 C의 원소의 개수는 4, 집합 D의 원소의 개수는 5이다.

집합의 여집합

추측이나 상황에 의해 전체집합을 설정하고 집합 A를 정의하면, 전체집합은 자연스럽게 두 집합으로 분할되는데, A에 속한 전체집합의 원소들로 이루어진 집합과, A에 속하지 않은 전제집합의 원소들의 집합이다. 집합 A에 속하지 않는 전체집합의 원소들의 집합을 A의 **여집합**(complement)이라 하고 A^c 또는 A'으로 나타낸다.

　$U = \{1, 2, 3, ..., 10\}$이고 $A = \{1, 2, 3, 4\}$라 하자. 그러면 $A' = \{5, 6, 7, 8, 9, 10\}$이다. 전체집합 U는 한 집합과 그 여집합으로 완전히 분할되며 따라서 U의 원소들은 두 집합 중에 한 집합에만 속한다.

예제 1.5 $U = 10$과 20 사이의 모든 자연수의 집합이고 $A = \{11, 13, 14, 17\}$이라 하자. A'을 구하여라.

풀이

U의 원소 중에서 집합 A에 속하지 않은 원소들의 집합은 $\{12, 15, 16, 18, 19\}$이다. 집합의 설명에서 10과 20이 전체집합에 속하지 않는다는 것을 알 수 있다. 만약 10과 20을 포함시키고자 했다면 '10과 20을 포함하며 이 두 수 사이에 있는'이라는 표현을 사용해야 한다.

예제 1.6 $U = $ 영어 알파벳 문자들의 집합이고 $A = \{a, e, i, o, u\}$라 하자. A'을 구하여라.

풀이

집합 A는 영어 알파벳 모음으로 구성되므로 A의 여집합은 영어 알파벳 자음들의 집합이다. 이 집합을 원소 나열법으로 나타낼 수 있지만 다루기 힘들 수 있다. 따라서 말로 표현하는 방법을 사용하면 $A' = $ 영어 알파벳 자음들의 집합이다. 집합 A와 이의 여집합의 표현 방식이 서로 달라도 괜찮다.

연습문제

다음 물음에 대해 답하여라.

1. 집합이란 무엇인가?

2. 두 집합이 서로 같다는 의미는 무엇인가?

3. 두 집합이 상등이라는 의미는 무엇인가?

4. 집합의 원소의 개수의 의미는 무엇인가?

5. 공집합이란 무엇이며 어떤 기호로 나타내는가?

6. 집합이 유한이라는 의미는 무엇인가?

7. 줄임표란 무엇이며 어떻게 나타내는가?

다음 집합이 잘 정의되었는지 알아보아라. 잘 정의되지 않았으면 그 이유를 설명하여라.

8. 대한민국 정부의 유급 공무원들의 집합

9. 가장 효율적인 컴퓨터 제조업체들의 집합

10. 100보다 작은 홀수인 정수들의 집합

11. 하버드 대학의 강의 잘하는 교수들의 집합

12. 우주왕복선 '아틀란티스(atlantis)'를 조종한 우주 비행사들의 집합

13. 6과 7 사이의 짝수인 정수들의 집합

다음 집합이 유한인지 무한인지 알아보아라. 유한집합이면 원소의 개수는 몇 개인가?

14. 10과 30을 포함하며 두 수 사이에 있는 짝수인 정수들의 집합

15. 현재 대한민국 행정구역상의 자치도의 집합

16. 1조를 십진법으로 나타냈을 때 사용된 숫자들의 집합

17. π의 소수표현에서의 숫자들의 집합

18. 4와 10 사이의 수들의 집합

다음 집합을 원소 나열법으로 나타내고 원소의 개수를 말하여라.

19. 'Mississippi'에 있는 알파벳 문자의 집합

20. 50보다 작은 모든 자연수의 집합

21. '남'자가 포함된 대한민국 행정구역상의 자치도의 집합

22. $A = \{x \mid 2 - x = 7\}$

23. 대한민국 행정구역상의 자치시 중에서 인구가 3백만 이상인 시들의 집합

24. 대한민국의 자치도 중에서 북한과 인접한 도들의 집합

25. 현재 생존해 있는 대한민국의 대통령 또는 전임 대통령들의 집합

다음 집합을 조건 제시법으로 나타내어라.

26. $A = \{1, 2, 3\}$

27. $B = \{0, 2, 4, \dots\}$

28. $C = \{2, 3, 5, 7, 11, 13\}$

29. 한 해에 정확히 20일인 모든 달의 집합

30. 1,000보다 작은 홀수인 모든 자연수들의 집합

다음 집합을 말로 표현하여라.

31. $\{3, 6, 9, 12, 15\}$

32. $\{$RM, 슈가, 진, 제이홉, 지민, 뷔, 정국$\}$

33. $\{x \in \mathbf{W} \mid 2 < x \le 6\}$

34. $\{$백령도, 대청도, 소청도, 연평도, 우도$\}$

35. $\{1, 3, 5, 7, \dots, 19\}$

다음 문제에서 $A = \{2, 4, 6, 8, 10\}$, $B = \{3, 4, 5, 6\}$, $C = \{a, b, c, d\}$이다.

36. $|A|$를 구하여라.

37. $|B|$를 구하여라.

38. $|C|$를 구하여라.

주어진 집합이 서로 같은지, 동치인지 둘 다인지 둘 다 아닌지 결정하여라.

39. $\bar{B} = \{3, 4, 5, 6\}$, $\bar{C} = \{a, b, c, d\}$

40. $S = \{1, 2, 3, 4\}$, $T = \{1, 3, 2, 4\}$

41. $B =$ "pool"에 사용된 문자들의 집합, $C =$ "lop"에 사용된 문자들의 집합

42. $C =$ 대한민국의 자치시들의 집합, $S =$ 대한민국의 자치도들의 집합

43. $A = \{x \in \mathbf{N} \mid x > 2\}$, $B = 2$보다 큰 수들의 집합

1.2 부분집합

한 원소는 몇 개의 서로 다른 집합의 원소가 될 수 있다. 예를 들어, 특정한 한 사람은 그 가족의 일원이며 또한 그의 가족은 더 큰 집단, 즉 마을 공동체의 일원일 수 있다. 마을 공동체는 동의 일부이고, 동은 구의 일부이며, 구는 시의 일부가 된다. 따라서 어떤 집합은 다른 집합에 포함될 수 있다.

두 집합 A와 B가 있을 때, A의 모든 원소가 B의 원소라 하자. 이러한 두 집합 사이의 관계를 **부분집합(subset)**이라 한다. 부분집합의 기호는 $\subseteq$이며 $A \subseteq B$는 "A는 B의 부분집합이다"라고 읽는다. 기호로 나타내면 모든 $a \in A$가 $a \in B$이면 $A \subseteq B$이다.

공집합이 아닌 모든 집합은 적어도 두 개의 분명한 부분집합을 갖는다. 집합 자신은 부분집합이므로 모든 집합 A에 대해 $A \subseteq A$이다. 또한 공집합은 임의의 집합의 부분집합이다. 이는 부분집합의 정의에 의한 결과이다. 즉, A의 원소가 아닌 공집합의 원소는 없으므로 $\varnothing$은 A의 부분집합이다.

진부분집합

A가 B의 부분집합이면 B를 A의 **포함집합(superset)**이라 하고, B가 A의 원소가 아닌 다른 원소를 포함하면 A를 B의 **진부분집합(proper subset)**이라 하며 $A \subset B$로 나타낸다. A가 B의 진부분집합인지 여부가 불분명하거나 일반적인 상황을 언급할 때에는 부분집합 기호 $\subseteq$를 사용해도 좋으나, 진부분집합임을 알고 있는 경우 명확성을 위해 진부분집합 기호를 사용한다.

예를 들어, 수학에서 잘 알려진 수들의 집합에 대한 일련의 부분집합 관계는 $\mathbf{N} \subset \mathbf{W} \subset \mathbf{Z} \subset \mathbf{Q} \subset \mathbf{R}$이다. 각 부분집합 관계는 진부분집합 관계이므로 각 포함집합은 이들의 부분집합에 속하지 않는 원소를 더 갖고 있다.

> Note
>
> $\mathbf{N}$은 자연수
> $\mathbf{W}$는 0 이상의 정수
> $\mathbf{Z}$는 정수
> $\mathbf{Q}$는 유리수
> $\mathbf{R}$은 실수

예제 1.7 ▶ 다음 두 집합 A와 B의 각 쌍에 대해 A가 B의 부분집합인지를 알아보아라.

1. $A = \{$RM, 슈가, 진, 제이홉$\}$, $B = \{$RM, 슈가, 진, 제이홉, 지민, 뷔, 정국$\}$
2. $A = \{2, 3, 5, 7, 11, 13, \ldots\}$, $B = \mathbf{N}$
3. $A = $ 대한민국 자치도, $B = \{$전라북도, 전라남도$\}$

풀이

1. A는 B의 부분집합이다. 집합 A의 모든 원소는 집합 B의 원소이므로 A가 B의 부분집합이 되는 정의를 만족한다.
2. A는 B의 부분집합이다. A의 모든 원소는 소수이며 이 소수들은 모두 자연수

이다.

3. A는 B의 부분집합이 아니다. 하지만 반대는 참이다! B의 모든 원소는 A의 원소이므로 B는 A의 부분집합이지만 A는 B의 부분집합이 아니다.

집합 표기법은 헛갈릴 수 있으므로 기호를 혼동하지 않도록 주의해야 한다. $A = \{a\}$, $B = \{a, b, c\}$일 때 $A \in B$인가? 이 경우는 원소 'a'가 집합 B에 속하므로 주의해야 한다. $a \in B$는 참이지만 $\{a\} \in B$는 참이 아니다. B는 하나의 원소 'a'를 갖는 집합을 원소로 갖지 않기 때문이다. 그러나 $A \subset B$는 성립하는데 A는 B의 진부분집합이기 때문이다.

집합의 멱집합

집합 $A = \{1, 2, 3\}$일 때, 이 집합의 모든 부분집합을 나열해 보자. 먼저 앞에서 언급한 것처럼 가정에 의해 $\varnothing$은 A의 부분집합이고 A도 자신의 부분집합이다. (이 개념을 집합 A는 자신의 '가부분집합(improper subset)'이라고도 부르는데 '진부분집합(proper subset)'이라는 용어를 사용하게 된 이유이다.) 이제 다른 부분집합들을 살펴보도록 하자. 하나의 원소를 갖는 집합을 **한원소집합(singleton set)**이라 하는데, A의 한원소집합은 $\{1\}$, $\{2\}$, $\{3\}$ 세 개가 있다. 두 원소로 이루어진 부분집합은 $\{1, 2\}$, $\{1, 3\}$, $\{2, 3\}$이다. 따라서 A의 모든 부분집합은 모두 8개가 있으며 A, $\varnothing$, $\{1\}$, $\{2\}$, $\{3\}$, $\{1, 2\}$, $\{1, 3\}$, $\{2, 3\}$이다.

집합 A의 모든 부분집합을 원소로 갖는 집합을 만들 수 있는데, 이 집합을 A의 **멱집합(power set)**이라 하고 2^A 또는 $P(A)$로 나타낸다. 따라서 집합 A의 모든 부분집합을 구하라는 것은 A의 멱집합을 구하라는 것과 같은 문제이다.

특정 집합이 얼마나 많은 부분집합을 갖는지는 부분집합을 모두 나열해 보면 알 수 있다. 원소의 개수가 n인 집합은 항상 2^n개의 부분집합을 갖는다. 하나의 원소를 갖는 집합의 경우, 집합 자신과 공집합만이 부분집합이며, 공집합도 자기 자신만이 부분집합이므로 이 규칙을 만족하여 $2^0 = 1$이다.

상대적으로 간단한 집합의 경우라도 부분집합의 수는 매우 많을 수 있다. 26자로 이루어진 영어 알파벳 문자들의 집합을 생각하자. 이 집합은 6천 7백만 개 이상의 부분집합을 갖는다. 만약 1초당 부분집합 하나씩 적는 것을 시작하여 쉬지 않고 계속하면, 모든 부분집합을 적는 데에 2년 이상이 걸린다.

집합의 원소가 아님을 표현하는 기호와 같이 부분집합 관계가 없다는 것을 나타내기 위해 부분집합의 기호에 빗금을 그은 기호 $\not\subset$을 사용한다. $A \not\subset B$는 "A는 B의 부분집합이 아니다"라고 읽는다.

다음의 예제는 부분집합의 개념을 설명하고 있다.

예제 1.8 ▶ 'loop'에 사용된 서로 다른 문자들의 집합을 L이라 할 때 L의 모든 부분집합을 구하여라.

풀이

문제에서 집합의 원소들은 서로 다른 문자이므로 중복된 것을 나열하면 안 된다. 따라서 $L = \{l, o, p\}$이다. 집합 L의 원소의 개수는 3이므로 부분집합의 원소의 개수의 공식에 의해 모두 8개의 부분집합을 찾아야 한다. 집합의 모든 부분집합을 구할 때에는 놓치기 쉬운 $\varnothing$과 L 자신을 먼저 생각하는 것이 좋다. 그 다음은 어떤 방법으로 구해도 되지만, 다음과 같이 체계적으로 하나의 원소를 갖는 부분집합을 먼저 구하고 그 다음 두 개의 원소로 된 부분집합을 구하는 것이 가장 좋다. 그러면 이미 세 개의 원소로 된 부분집합인 L 자신은 구했다. 한 원소를 갖는 부분집합은 $\{l\}$, $\{o\}$, $\{p\}$이고, 두 원소를 갖는 부분집합은 $\{l, o\}$, $\{l, p\}$, $\{o, p\}$이다. 8개의 부분집합을 구했으므로 L의 부분집합을 모두 구했다.

예제 1.9 ▶ 집합 $E = \{\varnothing\}$의 모든 부분집합을 구하여라.

풀이

이 문제는 주의해야 한다. 집합 E는 공집합 기호 하나를 갖는 집합이므로 원소가 한 개다. 하나의 원소를 갖는 집합의 부분집합은 두 개로 자기 자신과 공집합이다. 따라서 E의 부분집합은 $\varnothing$과 $\{\varnothing\}$이다.

예제 1.10 ▶ 집합 $C = \{$개, 고양이, 여우, 박쥐$\}$의 모든 부분집합을 구하여라.

풀이

C의 원소는 네 개이므로 $2^4 = 16$개의 부분집합이 존재한다. 먼저 $\varnothing$과 C를 구하자. 다른 부분집합들은 다음과 같이 체계적으로 구할 수 있다.

{개}, {고양이}, {여우}, {박쥐},

{개, 고양이}, {개, 여우}, {개, 박쥐}, {고양이, 여우}, {고양이, 박쥐}, {여우, 박쥐},

{개, 고양이, 여우}, {개, 고양이, 박쥐}, {개, 여우, 박쥐}, {고양이, 여우, 박쥐}.

따라서 모두 16개의 부분집합을 구했으므로 이들이 C의 모든 부분집합들이다.

부분집합의 응용

이 절에서 마지막으로 다룰 내용은 투표 연합(voting coalition) 문제이다.

기본 전제사항은 특정 위원회나 유권자에게 투표권이 주어지고, 위원회의 활동은 투표 결과에 의해 결정되는데, 위원들 개인은 다른 유권자와 같이 한 표를 행사하거나 다른 유권자와 달리 여러 표를 행사할 수 있도록 '가중치'를 갖고 있다고 하자. 안건 승인을 위해 다수결로 결정한다고 할 때 의사 결정에 필요한 득표수가 있을 것이다. 이러한 투표 시스템에서 얼마나 많은 '승리' 투표 연합이 존재하는지 질문할 수 있다. 이는 확률 문제인데, 나중에 확률을 다룰 때에도 다시 살펴본다.

예를 들어, 4명의 학생이 학생회를 구성하는데 회장이 2표, 나머지 다른 위원들은 각각 1표씩 갖고 있다고 가정하자. 하나의 안건이 위원회에 제출되어 표결을 한다고 할 때, 다수결로 안건을 승인하기 위해서는 3표가 필요하다. 안건 승인을 위해 얼마나 많은 투표 연합이 존재하는가?

네 명의 학생을 P(회장), A, B, C라 하고 모두 투표에 참여하였을 때, 모든 가능한 투표 결과들의 집합을 생각해 보자. 이 집합들은 PAC와 같은 원소들로 이루어지는데 PAC는 찬성표를 던진 사람이 회장과 A와 C임을 나타낸다고 하자. 그러면 모든 가능한 투표결과들은 다음과 같다.

P, A, B, C, PA, PB, PC, AB, AC, BC, PAB, PAC, PBC, ABC, PABC

이 결과들 중에 안건 승인이 가능한 결과는 어떤 것인가? 회장의 투표 가중치는 2표이므로 이를 염두하고 각 결과의 투표수를 세어 보면 '승리' 투표 연합은 {PA, PB, PC, PAB, PAC, PBC, ABC, PABC}이다. 이는 모든 가능한 투표 결과들의 집합의 부분집합이며, 학생회에서 안건을 승인하기 위한 투표에서 모두 8개의 승리 투표 연합이 존재함을 알 수 있다.

연습문제

다음 물음에 대해 답하여라.

1. '부분집합'이란 무엇인가?
2. '진부분집합'이란 무엇인가?
3. '포함집합'이란 무엇인가?
4. 집합의 멱집합이란 무엇인가?
5. 부분집합을 전혀 갖지 않는 집합이 있을 수 있는가? 설명하여라.

다음 집합에 대해 $A \subset B$, $B \subset A$, $A \subset B$, $B \subset A$, $A = B$인지, 이러한 관계가 없는지 알아보아라. 하나 이상의 관계가 성립할 수도 있는데 이 경우 모든 가능한 관계를 말하여라.

6. $A = \{a, e, i, o, u\}$, $B =$ 영어 알파벳 문자들의 집합
7. $A =$ 20보다 작은 모든 양의 짝수인 정수들의 집합
    $B = \{0, 2, 4, \ldots, 20\}$

8. $A = \{x \mid x \in \mathbf{N}, 10 < x < 20\}$,
    $B = \{x \mid x \in \mathbf{N}, 11 \leq x \leq 19\}$
9. $A = \{x \mid x$는 은퇴한 야구선수들의 집합$\}$,
    $B = \{$양준혁, 이승엽, 박철순$\}$
10. $A =$ 2009년 한국시리즈 첫 번째 경기의 KIA 타이거즈 선발 명단에 있는 선수들의 집합, $B =$ 2009년 한국시리즈 첫 번째 경기의 SK 와이번스 선발 명단에 있는 선수들의 집합
11. $A = \emptyset$, $B = \{x \mid x \in \mathbf{N}, x < 5\}$
12. $A =$ "Mississippi"에 사용된 문자들의 집합,
    $B =$ "sip"에 사용된 문자들의 집합

A의 멱집합의 원소의 개수를 구하여라.

13. $A = \{a, e, i, o, u\}$

14. $A = \varnothing$

15. A = 주중 요일들의 집합

16. $A = \{x \mid x \in \mathbf{N}, 3 \leq x \leq 5\}$

17. $A = \{1, 2, 3, 4, 5, 6, 7, 8, 9, 10\}$

다음 명제들이 참인지 거짓인지 판단하여라. 참이면 그 이유를, 거짓이면 예를 들어 설명하여라.

18. $A \subset A$인 집합 A가 존재한다.

19. 정확히 20개의 부분집합을 갖는 집합 A가 존재한다.

20. A의 원소의 개수가 40이고 1초에 하나의 부분집합을 적는다면 A의 모든 부분집합을 일주일 내에 적을 수 있다.

21. A와 B의 원소의 개수가 같다면 2^A와 2^B의 원소의 개수도 같다.

22. $\varnothing \subset \varnothing$.

23. 집합 A, B, C가 $A \subset B$이고 $B \subset C$이면 $A \subset C$이다.

다음 문제들은 부분집합의 응용문제로 창의적인 생각이 필요하다.

24. 샌드위치 가게에서 하나의 샌드위치를 만들기 위해 메뉴에 있는 재료들의 조합을 선택할 수 있다. 18개의 재료가 메뉴에 표시되어 있다면 얼마나 많은 샌드위치를 만들 수 있는가?

25. 4명의 유권자가 마을 협의회 현안에 대해 찬성 여부를 (가 또는 부) 투표할 예정이다. 3명 이상의 유권자가 찬성표를 던지면 법안이 통과된다. 얼마나 많은 투표 결과의 조합이 있을 수 있는가? 그리고 그중에서 법안을 통과시키는 투표 결과는 몇 가지인가?

26. 과거 독재국가의 위원회는 마을에 거주하는 집 주인들이 그들의 집을 특정한 색으로 다시 칠하는 것에 대한 결정권을 가지고 있었다고 한다. 위원회는 각 위원이 특정한 수의 투표권을 가진 4명의 위원으로 구성되어 있는데 위원장(4표), 부위원장(3표), 건축위원회 위원(2표), 담장 높이관리 담당자(2표)이다. 다수결로 거주자의 신청서를 승인할 때, 투표에서 얼마나 많은 승리 투표 '연합'이 존재하는가?

1.3 벤 다이어그램

벤 다이어그램

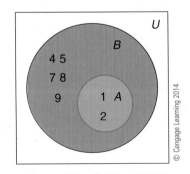

그림 1.1 집합 A가 집합 B의 진부분집합을 나타내는 벤 다이어그램

집합과 집합 사이의 관계를 표현할 때 시각적인 방법을 사용하는 것이 유용할 경우가 있다. 시각적인 표현방법의 장점 중 하나는 불분명한 관계를 그림으로 표현하여 쉽게 알 수 있다는 것이다.

이 방법은 존 벤(John Venn)이 사용하기 시작했기 때문에 벤 다이어그램(Venn diagram)이라 부른다. 벤 다이어그램은 닫힌곡선, 일반적으로 원 또는 타원을 사용하여 집합을 나타낸다. 원 또는 타원은 전체집합을 나타내는 직사각형 상자 안에 그리며 원 또는 타원 사이의 관계로 집합들의 관계를 나타낸다.

그림 1.1은 임의로 설정된 전체집합의 두 부분집합 A와 B를 나타내는 전형적인 벤 다이어그램으로 $A = \{1, 2\}$, $B = \{1, 2, 4, 5, 7, 8, 9\}$이다. 이 벤 다이어그램에는 두 가지 중요한 특징이 있다. 첫째, 1과 2는 집합 B의 원소가 아닌 것처럼 보일 수도

있다. 이 원소들이 집합 A를 나타내는 원 안에 있기 때문이다. 하지만 이 원은 더 큰 집합 B에 포함되어 있으므로 1과 2는 B의 원소이다. 둘째, 집합 B 밖에 있는 원소가 표시되어 있지 않으므로 B는 전체집합의 모든 원소를 갖는다고 볼 수 있다.

두 원 사이의 관계는 두 집합 A와 B가 갖는 동일한 관계를 나타낸다. A의 모든 원소가 B의 원소이며, B에는 A에 속하지 않는 원소가 있으므로 A는 B의 진부분집합이다. 따라서 A를 나타내는 원은 B를 나타내는 원 안에 포함되어 있다.

두 집합의 교집합

벤 다이어그램의 두 집합을 나타내는 원들은 여러 관계를 나타낼 수 있다. 이 절의 첫 번째 예와 같이 한 원이 다른 원 안에 포함될 수 있다. 두 원은 부분적으로 겹치거나 전혀 겹치지 않을 수 있다.

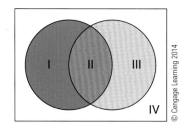

그림 1.2 전체집합의 영역들을 나타낸 벤 다이어그램의 예

두 원이 부분적으로 겹치는 경우는 그림 1.2와 같다. 집합에 이름을 부여하지 않은 이유는 단지 여러 문자를 사용하여 다이어그램을 복잡하지 않게 하기 위한 것이다. 각각의 원이 전체집합의 서로 다른 부분집합을 나타낸다고 가정하자. 또한 부분적으로 겹치는 부분을 고려하여 다이어그램의 각 부분에 로마 숫자를 표시하였다.

다이어그램 가운데에 있는 두 원이 서로 겹치는 부분에 대해 생각해 보자. 로마 숫자 II로 표시된 부분은 두 집합에 공통으로 속한 원소를 나타내며, 이를 **교집합**(intersection)이라 한다. 교집합의 기호를 사용하여 개념을 공식화하면 다음과 같다.

> **정의** 집합 A와 B에 동시에 속하는 모든 원소들의 집합을 집합 A와 B의 교집합이라 하고 $A \cap B$로 나타낸다.

어떤 상황에서 두 집합이 '겹칠' 수 있는가? 예를 들어, 수강하고 있는 수학 수업과 당신이 속한 가족이라는 두 조직을 생각해 보자. A는 당신이 수강하는 수학 수업을 듣는 모든 학생들의 집합이라 하고, B를 당신의 가족 모든 구성원이라 하자. 두 집합 A와 B는 구성상 적어도 하나의 공통 원소인 당신을 갖는다. 따라서 당신이 수강하는 수학 수업을 듣고 당신의 가족인 모든 사람들의 집합이 두 집합의 교집합이다. '그리고(and)'는 일반적으로 교집합을 나타내는 데 사용하는 용어이다.

'구성상'이라는 표현은 수학적인 표현으로 '계획적으로', '목적을 가지고' 또는 '의도적으로'를 의미한다. 앞에서 설명한 두 집합 A와 B는 당신이 교집합에 속하는 서로 다른 두 집단에 속해 있다는 개념에서 출발하여 그 집단을 집합으로 나타낸 것이다.

예제 1.11 ▶ A = 10과 같거나 작은 0과 자연수들의 집합이고, B = 짝수인 정수들의 집합이다. 집합 A와 B의 교집합을 구하여라.

풀이

A는 간단한 집합이므로 원소 나열법으로 모든 원소를 나열하면 A = {0, 1, 2, 3, 4, 5, 6, 7, 8, 9, 10}이다. 집합 A와 집합 B의 교집합 원소는 두 집합에 동시에 속하는 원소들이다. A의 원소들 중에서 짝수들을 생각하면 교집합은 $A \cap B$ = {0, 2, 4, 6, 8, 10}이다.

예제 1.12 ▶ 42의 소인수와 30의 소인수를 구하고 벤 다이어그램을 이용하여 이 두 수의 최대공약수를 구하여라.

풀이

이 예제는 두 집합의 교집합 정의와 소인수분해에 대해 다시 한 번 정리하게 해 준다. 42의 소인수분해는 (2)(3)(7)이고 30의 소인수분해는 (2)(3)(5)이다. 전체집합은 모든 자연수의 집합으로 생각할 수 있고, 전체집합이 언급되어 있지 않으므로 문제에 포함된 수들을 포함한 적당한 집합을 생각해도 된다. A와 B를 각각 42와 30의 소인수들의 집합이라 하자. 이 상황을 벤 다이어그램으로 나타내면 그림 1.3과 같다. 소수 2와 3이 두 집합에 모두 나타나므로 집합 A와 B의 교집합이 된다. 교집합에 있는 소인수들의 곱이 42와 30의 최소공배수이다. 이 경우 실제로 두 수의 최소공배수가 6인 것을 계산하는 것은 쉽다.

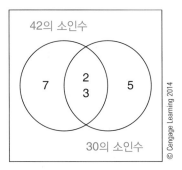

그림 1.3 42와 30의 소인수들을 나타내는 벤 다이어그램

© Cengage Learning 2014

두 집합의 합집합

벤 다이어그램은 두 집합을 합하여 하나의 큰 집합을 형성한 것을 나타낸다고 볼 수도 있다. 두 집합을 합하는 것을 두 집합의 **합집합**(union)이라 하는데, 그림 1.2의 다이어그램에서 I, II, III으로 표시된 영역을 합친 것이다.

> **정의** 집합 A 또는 B 또는 두 집합 모두에 속하는 모든 원소들의 집합을 집합 A와 B의 합집합이라 하고 $A \cup B$로 나타낸다.

앞의 수학 수업과 가족의 예에서 두 집합의 합집합은 당신의 가족 구성원과 함께 수학 수업을 수강하는 모든 학생들의 집합이다.

'그리고(and)'가 교집합을 나타내는 것처럼, '또는(or)'이란 단어는 합집합을 나타낸다. 앞의 예에서 합집합은 수학 수업을 수강하거나 또는 가족에 속한 모든 사람들의 집합이라고 말할 수 있다. 이 표현에 대해 약간의 논란이 있을 수 있다. 왜냐하면 어떤 사람들은 '또는'이라는 표현이 두 집합 모두에 존재하는 원소를 포함하지 않아야 한다고 생각할 수도 있기 때문이다. 그러나 수학과 논리학에서 '또는'은 포함적 논리합(inclusive or)을 나타내는데 '둘 중 하나 또는 둘 다'를 의미한다. 따라서 x가 집합 A 또는 집합 B의 원소라는 것은 x가 두 집합 모두의 원소인 경우도 포함한다.

예제 1.13 42의 소인수와 30의 소인수를 구하고 벤 다이어그램을 이용하여 이 두 수의 최소공배수를 구하여라.

풀이

이미 앞에서 두 수의 소인수분해와 벤 다이어그램에 대해 알아보았다(그림 1.3). 두 수의 최소공배수는 두 수의 모든 소인수들을 곱하여 구할 수 있는데 단, 공통인 소인수는 한 번만 곱해야 한다. 이 경우 42와 30의 최소공배수는 (2)(3)(5)(7) = 210 이다.

서로소인 집합

두 집합의 관계를 나타내는 벤 다이어그램에서 집합을 나타내는 원들이 겹치지 않는 경우도 생각할 수 있다. 이 경우 "두 집합의 교집합이 공집합이다"라고 하거나 "두 집합의 공통 원소가 없다"라고 한다. 이러한 두 집합을 서로소(disjoint)라 하는데, 그림 1.4와 같이 벤 다이어그램에서는 이들을 나타내는 원들이 서로 겹치지 않게 한다.

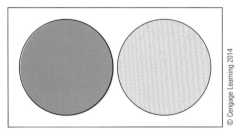

그림 1.4 서로소인 집합을 나타내는 벤 다이어그램

서로소인 집합의 예로 집합 A = 모든 짝수인 자연수의 집합, B = 모든 홀수인 자연수의 집합이 있다. 짝수이면서 홀수인 자연수는 없으므로 두 집합은 서로소이다.

서로소에 대한 개념을 몇 가지 예를 통해 알아보도록 한다.

전체집합은 공립 고등학교 학생들이라 하자. 두 집합을 A = {학교 대표팀의 축구선수}와 B = {학교 대표팀의 야구선수}라 하자. 벤 다이어그램은 어떻게 그려야 할까? 축구 대표팀과 야구 대표팀에 동시에 속하는 선수가 있을 수 있다. 왜냐하면 소위 '이중 스포츠 운동선수'라고 부르는 선수가 있을 수 있기 때문이다. 따라서 집합

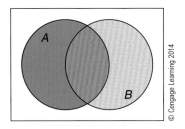

그림 1.5 축구 대표팀 선수들과 야구
대표팀 선수들에 관한 벤 다이어그램

은 서로소가 아니라 가정할 수 있으며, 벤 다이어그램은 그림 1.5와 같다. 다이어그램의 각 영역을 어떻게 표현할 수 있을까? 일반적인 상황의 벤 다이어그램에서 영역 I은 집합 A의 일부이며, 집합 B와 겹치지 않는다. 이는 축구 대표팀의 선수들 중에서 야구 대표팀 선수가 아닌 학생들의 집합이다. 영역 II는 두 집합이 만나는 곳이다. 이는 축구 대표팀 선수이고 동시에 야구 대표팀 선수들인 학생들의 집합이다. 영역 III은 야구 대표팀의 선수들 중에서 축구 대표팀 선수가 아닌 학생들의 집합이다.

두 집합의 합(합집합) $A \cup B$를 생각하면 축구 대표팀 선수이거나 또는 야구 대표팀 선수인 학생들의 집합이다. (배타적 논리합의 개념이므로 두 팀 모두에 속하는 학생들도 포함한다.)

서로소인 집합을 포함하는 벤 다이어그램을 수를 포함하지 않는 상황에서 생각할 수 있을까? 이는 겹치지 않는 두 집합을 찾으면 된다. 전체집합을 제주도에 있는 집에서 기르는 모든 반려동물들의 집합이라 가정하자. A = 제주도의 모든 반려 고양이들의 집합, B = 제주도의 모든 반려 개들의 집합이라 하자. 그러면 벤 다이어그램은 그림 1.6과 같다. 고양이인 동시에 개인 반려동물은 없으므로 집합 A와 집합 B는 겹치지 않는다.

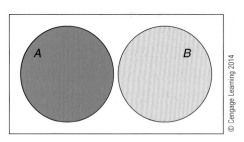

그림 1.6 제주도의 반려 고양이와 반려 개들의 집합
이 서로소임을 나타내는 벤 다이어그램

집합에 관한 식과 드모르간의 법칙

벤 다이어그램의 다른 유용한 기능은 집합에 관한 식에서 등호가 성립하는지를 확인하는 것이다. '집합에 관한 식'이란 교집합, 합집합, 여집합 등의 연산을 집합들에 적용하여 표현한 식을 말한다. 간단한 집합에 관한 식의 예는 앞에서 살펴본 $A \cap B$이다.

$A \cap B^c$, $A \cup (B \cap A)^c$과 같이 집합에 관한 식 두 식이 있을 때, 이 두 식이 서로 같은지 아닌지가 궁금할 것이다. 이 문제를 해결하기 위한 다양한 방법 중의 하나는 벤 다이어그램을 사용하는 것이다. 벤 다이어그램이 일치하면 두 식은 같다.

집합에 관한 두 식의 벤 다이어그램이 서로 일치하면 두 식은 서로 같다.

먼저 $A \cap B^c$을 생각하자. A와 B의 여집합의 교집합이므로 두 집합을 각각 생각하고 이들의 교집합을 표시하자(그림 1.7과 1.8). 두 영역의 겹치는 부분은 동시에 칠해진 부분으로 이를 벤 다이어그램으로 나타내면 그림 1.9와 같다.

이제 $A \cup (B \cap A)^c$에 대하여 같은 과정을 반복하자. $(B \cap A)$는 두 원이 겹치는 '럭비공 모양의 영역'이며, 그 여집합은 이 영역의 바깥 부분이다. A와 합집합을 하면 결과의 벤 다이어그램은 그림 1.10의 칠해진 부분이다. 두 식은 같은 벤 다이어그램을 나타내지 않기 때문에 같지 않다.

19세기 오거스터스 드모르간(Augustus DeMorgan)이 처음 공식화한 드모르간의 법칙(DeMorgan's laws)은 합집합과 교집합의 연산이 여집합 연산에 의해 서로 바뀐다는 것이다. 식으로 나타내면

$$(A \cup B)^c = A^c \cap B^c, (A \cap B)^c = A^c \cup B^c$$

이다. 고대에도 이미 이러한 결과(아리스토텔레스(Aristotle)에 의해서도 비슷한 결과가 사용됨)가 있었지만, 19세기 논리학자인 조지 부울(George Boole)에 의해 대수적 논리학이 발전하면서 현재까지 드모르간의 법칙이라 부르고 있다.

다음의 예는 드모르간의 법칙의 첫 번째 식이 성립함을 보여주며, 또 다른 것은 연습문제로 남겨둔다.

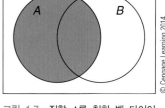
그림 1.7 집합 A를 칠한 벤 다이어그램

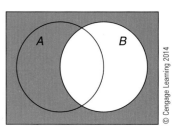
그림 1.8 집합 B^c를 칠한 벤 다이어그램

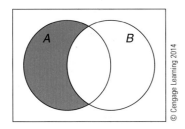
그림 1.9 집합 A와 B^c를 칠한 벤 다이어그램

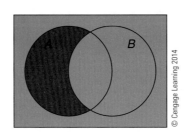
그림 1.10 $A \cup (B \cap A)^c$를 나타내는 벤 다이어그램

예제 1.14 집합에 관한 등식 $(A \cup B)^c = A^c \cap B^c$이 성립함을 보여라.

풀이

등식의 양변을 나타내는 벤 다이어그램을 만들고 비교하면 서로 동일하다는 것을 보일 수 있다. 이를 통해 드모르간의 법칙의 첫 번째 식이 성립함을 보일 수 있다.

먼저 $A \cup B$는 집합 A와 B의 내부 영역을 합친 것이고 합집합의 여집합은 전체집합에서 두 원의 바깥 부분의 영역이다(그림 1.11).

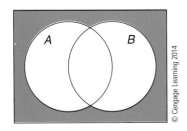

그림 1.11 $(A \cup B)^c$를 나타내는 벤 다이어그램

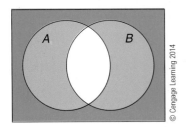

그림 1.13 $A^c \cap B^c$를 나타내는 벤 다이어그램

A^c는 전체집합에서 집합 A 바깥에 있는 부분이며 비슷하게 B^c는 전체집합에서 집합 B 바깥에 있는 부분이다(그림 1.12). 이 두 영역의 공통부분을 구하면 그림 1.13과 같고 이는 앞에서 얻은 벤 다이어그램과 동일하다. 따라서 두 식은 같다.

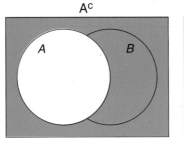

그림 1.12 A^c과 B^c을 나타내는 벤 다이어그램

지금까지 살펴본 예들은 전체집합 내에 두 집합만을 나타내는 벤 다이어그램들뿐이었는데, 꼭 그런 것만은 아니며 더 많은 집합들도 나타낼 수 있다. 전체집합이 세 개의 집합까지 포함하는 경우만 살펴보기로 하자. 이러한 벤 다이어그램은 그림 1.14와 같다.

벤 다이어그램으로 세 집합을 나타내는 경우 좀 더 복잡해지지만, 실제로 개념이 추가된 것은 아니다. 지금까지 살펴본 아이디어를 사용하여 각 영역의 의미가 무엇인지 알아보자. 벤 다이어그램의 각 영역에 숫자들을 할당하자(그림 1.15).

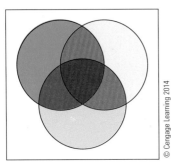

그림 1.14 세 집합을 나타내는 벤 다이어그램

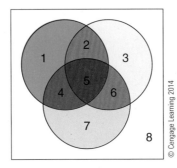

그림 1.15 서로 다른 영역이 숫자로 표시되어 있는 세 집합으로 이루어진 벤 다이어그램

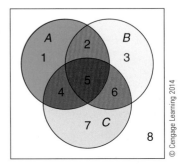

그림 1.16 서로 다른 영역이 숫자와 문자로 표시되어 있는 세 집합으로 이루어진 벤 다이어그램

왼쪽 위에 있는 집합을 A, 오른쪽 위에 있는 집합을 B, 밑의 가운데에 있는 집합을 C라 하자(그림 1.16). 가운데에 있는 5로 표시된 영역은 세 집합의 공통 영역이다. 따라서 앞서 살펴본 대로 세 집합의 교집합이다. 이 영역을 기호로 나타내면 $A \cap B \cap C$이다.

4와 5로 표시된 럭비공 모양의 영역을 생각해 보자. 이 영역은 집합 A와 C가 겹치는 부분으로 $A \cap C$로 나타낼 수 있다. 이렇게 두 집합만 포함된 경우, 동일한 개념을 사용하여 영역들을 설명할 수 있다. 세 집합으로 이루어진 벤 다이어그램의 각 영역도 비슷한 방법으로 해석할 수 있다.

예제 1.15 한 대학의 모든 학생들의 집합을 전체집합이라 하자. 천문학 수업을 수강하는 학생들의 집합을 A, 생물학 수업을 수강하는 학생들의 집합을 B, 화학 수업을 수강하는 학생들의 집합을 C라 하자. 앞에서와 같이 벤 다이어그램의 영역에 숫자를 표시했을 때, 1, 2, 6으로 표시된 영역을 설명하여라.

풀이

영역 1은 어떻게 해석해야 하는가? 이 학생들은 집합 A에 속하므로 천문학 수업을 수강하지만 다른 두 집합의 어느 집합에도 속하지 않으므로 따라서 생물학과 화학 수업을 수강하지 않는다.

영역 2는 어떻게 해석해야 하는가? 이 영역에 속한 학생들은 천문학 수업의 집합과 생물학 수업의 집합에 모두 속하므로 따라서 두 수업 모두 수강한다. 하지만 화학 수업의 집합에 속하지 않으므로 따라서 이 학생들은 천문학과 생물학 수업을 수강하지만 화학 수업은 수강하지 않는다.

영역 6은 생물학 집합과 화학 집합에 모두 속하지만 천문학 집합에는 속하지 않는 학생들의 집합이다. 따라서 이 학생들은 생물학과 화학 수업을 수강하지만 천문학 수업은 수강하지 않는다.

각 영역에 대해 논리적으로 해석하여 전체집합의 원소로서 각 영역에 해당하는 원소를 구체적이고 명확하게 설명하는 방법이 있다. 이 방법은 다음 절에서 벤 다이어그램의 응용을 살펴볼 때 중요한 역할을 한다.

교집합, 합집합의 원소의 개수

집합이나 집합의 부분집합을 생각하다 보면 자연스럽게 이들 집합의 원소의 개수를 생각하게 된다. 두 집합의 교집합이나 합집합과 같이 집합을 연산한 결과의 원소의 개수는 어떻게 될까?

이를 이해하기 위해 다음 경우를 생각해 보자. 먼저 두 집합이 서로소이면 서로소의 정의에 의해 이들의 합집합의 원소의 개수는 분명히 각 집합의 원소의 개수의 합이다. 이들이 서로소가 아니면 다음과 같이 생각한다. 집합 A의 원소의 개수에 집합 B의 원소의 개수를 더했다고 가정하자. 그러면 합집합의 원소의 개수보다 더 많은 합을 얻게 되는데 두 집합에 동시에 속하는 원소들을 두 번 계산했기 때문이다. 이를 보완하기 위해 교집합의 원소의 개수를 빼면 중복 계산을 제거할 수 있다.

$$n(A \cup B) = n(A) + n(B) - n(A \cap B)$$

비슷한 방법으로 교집합의 원소의 개수에 관한 공식을 얻을 수 있는데 꼭 그렇게 할 필요는 없다. 앞의 공식이 교집합의 원소에 개수를 포함하고 있으므로 이에 관해 식을 풀면 교집합에 관한 두 번째 공식을 얻을 수 있다. 즉, 집합 A와 B의 교집합의 원소의 개수는 다음과 같다.

$$n(A \cap B) = n(A) + n(B) - n(A \cup B)$$

예제 1.16 다음 수의 집합 $A = \{1,\ 3,\ 5,\ 7,\ 9\}$, $B = \{2,\ 3,\ 4,\ 5\}$를 생각하자. 이들 각 집합의 원소의 개수를 직접 구하여 교집합과 합집합의 원소의 개수에 관한 공식을 검증하여라.

풀이

두 집합의 교집합은 $\{3,\ 5\}$이므로 교집합의 원소의 개수는 2이다. 두 집합의 합집합은 $\{1,\ 2,\ 3,\ 4,\ 5,\ 7,\ 9\}$이므로 합집합의 원소의 개수는 7이다. $n(A) = 5$이고 $n(B) = 4$이므로 교집합의 원소의 개수에 관한 공식에 대입해 보면 $2 = 5 + 4 - 7$이며 등호가 성립한다.

한편, 합집합의 원소의 개수는 7이므로 합집합의 원소의 개수에 관한 공식에 대입해 보면 $7 = 5 + 4 - 2$이며 등호가 성립한다.

이 책에서는 세 집합의 벤 다이어그램만 다루기로 하였지만, 세 집합보다 많은 경우를 간단히 살펴보자.

원칙상 집합을 나타낼 때에는 어떤 모양을 사용해도 되지만 일반적으로 원 또는 타원을 사용한다. 하지만 세 개보다 많은 집합의 경우 원보다는 타원을 선호하는데, 보기에도 좋고 더 많은 집합을 그릴 수 있기 때문이다. 만약 여섯 개의 집합이 있다면 벤 다이어그램은 그림 1.17과 같다.

포함된 집합의 개수로 360°를 나눈 각도만큼 같은 크기의 타원들을 회전하여 회전 대칭을 갖는 그림을 구성할 수 있다. 이러한 대칭성을 갖는 그림은 고정된 각도(이 경우 60°)의 회전이동에 의해 변하지 않는다. 이러한 그림은 매우 흥미롭지만 실제로 그리는 것은 어려울 수 있다.

세 개보다 많은 집합을 포함하는 벤 다이어그램은 두 개나 세 개의 집합만 있는 벤 다이어그램과는 분명히 다른 모양을 보인다.

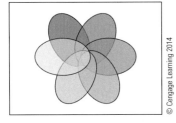

© Cengage Learning 2014

그림 1.17 전체집합 내에 여섯 개의 집합이 있는 벤 다이어그램

연습문제

다음 집합을 두 집합으로 이루어진 벤 다이어그램으로 나타내어라.

1. $A \cap B^c$

2. $A^c \cup B$

3. $(A \cap B)^c$

4. $(A \cap B)^c \cup B$

5. $(A \cup B^c)^c$

6. $A^c \cap A$

7. $(A^c \cap A)^c$

벤 다이어그램을 이용하여 다음 등식이 참인지 거짓인지 알아보아라.

8. $(A \cup B)^c = A^c \cap B^c$

9. $(A \cup B)^c = A^c \cup B^c$

10. $A^c \cap B = B$

11. $(A^c \cup U)^c = A$

12. $(A \cap B) \cup (A \cup B^c)^c = B$

13. $(A \cap B) \cup (A \cap B^c) = A$

14. $(A \cup B) \cap A = A$

15. $(A \cap B)^c = A^c \cup B^c$

다음 문제를 풀어라.

16. 이 절에서 두 집합의 교집합과 합집합의 원소의 개수에 대한 공식을 소개하였다. 비슷한 방법으로 세 집합의 합집합의 원소의 개수에 대한 공식을 구하여라.

17. 16번 문제에 이어서, 세 집합의 교집합의 원소의 개수에 대한 공식을 구하여라.

1.4 집합의 응용

지금까지 살펴본 집합의 개념과 용어를 이용하여 집합에 대한 응용문제들을 살펴보자.

설문조사 문제

설문조사 문제에서는 여러 집합과 이들의 교집합 또는 다른 집합과의 합집합의 원소 개수에 관한 정보를 알고 있다고 가정한다. 일반적인 문제는 특정한 성질을 갖는 사람의 수나 문제와 관련된 사람의 수를 구하는 것이다. 이런 문제는 신문이나 잡지에서 '논리 퍼즐'의 형태로 제시되기도 한다.

다음 상황을 생각해 보자. 500명의 학생에게 수학 수업과 철학 수업을 수강하는지 여부를 조사한다. 조사 결과, 178명의 학생이 두 수업 모두를 수강하며 88명의 학생은 두 수업 모두 수강하지 않고, 308명은 철학 수업을 수강한다. 이 정보를 가지고 다음 질문을 할 수 있다. 철학 수업만 수강하고 수학 수업은 수강하지 않는 학생은 모두 몇 명인가? 수학 수업을 수강하는 학생은 모두 몇 명인가? 수학 수업만 수강하고 철학 수업은 수강하지 않는 학생들은 모두 몇 명인가?

이러한 문제는 정보들을 조합하는 것이 중요하다. 따라서 질문에 대답하기 위해서는 알려진 정보로부터 필요한 사실들을 하나로 모아야 한다. 문제를 해결하기 위해서는 벤 다이어그램을 그려 체제적으로 살펴볼 수 있다.

이 문제에는 두 집합 A = {수학 수업을 수강하는 학생}과 B = {철학 수업을 수강하는 학생}이 있다. 전체집합은 U = {조사 대상 학생 500명}이다. 이제 두 집합의 벤 다이어그램을 그리고 주어진 정보를 사용하여 다이어그램의 각 영역에 해당하는 집합의 원소의 개수를 표시하자. 가능하면 다이어그램 중간에서 시작하여 바깥쪽으로 나아가는 것이 가장 좋지만 필수적인 것은 아니며 그렇게 하기에 필요한 정보가 없을 수도 있다.

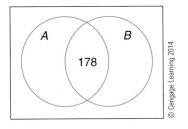

그림 1.18 맨 처음 교집합 영역의 원소의 개수를 표시한 벤 다이어그램

그림 1.18의 다이어그램을 이용하여 두 수업을 모두 수강하는 학생 178명을 교집합에 표시하자. 이후 다이어그램의 다른 영역의 원소의 개수도 주어진 정보를 이용하여 '채워' 나간다.

정보들은 다양한 형태로 제시되므로 문제를 풀기 위해 따라야 하는 정해진 풀이 절차는 없다. 따라서 다이어그램의 나머지 부분을 채우려면 알고 있는 다이어그램의 각 영역의 원소의 개수를 바로바로 적어가야 한다.

문제에서 308명의 학생이 철학 수업을 수강한다. 178명의 학생은 이미 수학과 철학 수강생의 집합의 공통부분에 있으므로 130명의 학생은 철학 수업의 원에 포함되면서 수학 수업의 원과 겹치는 부분의 바깥에 있다. 따라서 다이어그램의 두 번째 영역은 그림 1.19와 같이 채울 수 있다.

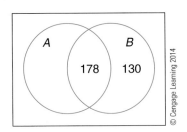

그림 1.19 두 번째 영역의 원소의 개수를 표시한 벤 다이어그램

마지막으로 88명의 학생들은 두 수업 어느 것도 수강하지 않으므로, 두 집합의 어느 것에도 속하지 않으면서 전체집합에 속하는데 이는 그림 1.20과 같다.

이제 벤 다이어그램의 한 영역만이 원소의 개수가 결정되지 않았다. 이 영역은 수학 수업을 수강하지만 철학 수업을 수강하지 않는 학생들의 모임이다. 문제에서 이 모임에 관한 정보를 직접 제공하지는 않았지만 이용 가능한 모든 정보를 바탕으로 추론할 수 있다. 전체집합의 원소의 개수는 500이고 이미 알고 있는 영역에는 모두 396명이 속해 있다. 따라서 104명의 학생이 설명되지 않았고 그래서 이 학생들은 남은 영역에 속해야 한다(그림 1.21).

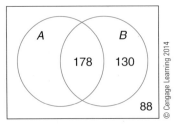

그림 1.20 전체집합에서 두 집합 바깥 부분에 속하는 원소들의 개수를 표시한 벤 다이어그램

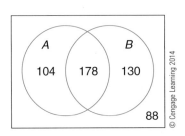

그림 1.21 완성된 벤 다이어그램

집합이 세 개인 경우는 상황이 좀 더 복잡하지만 그리 어렵지는 않다. 다른 종류의 응용문제를 살펴보기 전에 다음 예제를 살펴보자.

예제 1.17 200세대를 조사하여 고양이, 개, 새를 반려동물로 기르는지 여부를 알아보았다. 조사 결과 3세대는 모든 종류의 반려동물을, 5세대는 고양이와 새를, 11세대는 개와 새를, 20세대는 고양이와 개를, 66세대는 고양이만, 46세대는 개만 기르고, 46세대는 반려동물을 기르지 않고 있다. 이 상황을 벤 다이어그램으로 나타내어라.

풀이

앞의 예제와 같이 비어 있는 벤 다이어그램에서 시작하여 모든 영역의 원소의 개수를 표시한다. 각 집합을 A = {고양이를 기르는 세대}, B = {개를 기르는 세대}, C = {새를 기르는 세대}라 하자. 먼저 문제의 데이터를 확인하고 논리적으로 명확한지 확인하자.

먼저 3세대는 모든 종류의 반려동물을 기르고 5세대는 고양이와 새를 기른다. 따라서 세 집합이 겹치는 영역에는 3세대가 속하고, 고양이와 새를 기르는 5세대 중에서 2세대만이 개를 기르지 않는다. 따라서 벤 다이어그램은 그림 1.22와 같이 시작할 수 있다.

또한 11세대는 개와 새를, 20세대는 고양이와 개를 기른다. 따라서 추가로 두 영역에 원소의 개수를 표시할 수 있다(그림 1.23).

이제 어떤 영역의 원소의 개수를 알 수 있을까?

66세대가 고양이만, 46세대는 개만, 46세대는 어느 반려동물도 기르지 않는다. 따라서 그림 1.24와 같이 남은 영역의 거의 대부분의 원소의 개수를 채울 수 있다.

마지막 남은 것은 새만 기르는 세대의 수인데, 모두 200세대이며 이미 188세대가 채워져 있으므로 따라서 이 영역에는 12세대가 속한다.

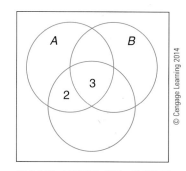

그림 1.22 고양이를 기르는 세대의 집합과 새를 기르는 세대의 집합의 교집합 영역의 원소의 개수를 나타낸 벤 다이어그램

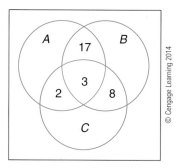

그림 1.23 남은 교집합에 원소의 개수를 표시한 벤 다이어그램

올바른 논증

벤 다이어그램을 사용하여 논증의 타당성을 평가할 수 있다. '논증(reasoning)'이란 일련의 명제들로부터 특정한 결론을 이끌어낼 수 있는지를 결정하는 것이다. 이 상황에 사용되는 벤 다이어그램을 **오일러 다이어그램(Euler diagram)**이라 부르는데, 이는 유명한 스위스 수학자인 레온하르트 오일러(Leonhard Euler)의 이름을 딴 것이다.

예를 들어 다음 일련의 명제들을 생각하자.

- 모든 미혼 남자들은 은둔생활을 한다.
- 은둔생활을 하는 어떤 사람들은 이상하다.

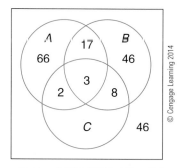

그림 1.24 주어진 정보를 모두 표시한 벤 다이어그램

- 그러므로 어떤 미혼 남자들은 이상하다.

이 결론은 설득력이 있는가? 이 명제들은 사람들에 대한 소위 '보편적'이고 '존재론적' 주장에서 결론을 이끌어 낸 것으로 다소 과장된 것이다. '보편적'이란 명제에 '모든(all)'의 뜻이 내포되어 모든 미혼 남자들에게 성립된다는 것을 의미한다. '존재론적'이란 명제에 '어떤(some)'의 뜻이 내포되어 단지 이상한 사람은 단지 몇 명일 수 있고 따라서 그 외의 사람들은 정상적일 수 있다.

타당한 논증이란 결론이 '설득력이 있음'(또는 '성립함')을 설명하는 것으로, 처음 두 명제(전제조건으로 주어진 명제)를 참으로 가정하고 '그러므로'로 연결되는 세 번째 명제도 역시 참이 되는 것이다. 마지막 명제를 논의의 결론이라 부른다. 이 용어들은 2장에서 좀 더 자세히 살펴보겠지만 벤 다이어그램을 이용하면 용어를 모르고도 관련된 문제를 해결할 수 있다.

여기서 해야 할 것은 전제조건의 정확한 의미를 반영한 오일러 다이어그램을 그리고, 이 다이어그램이 주장의 결론을 뒷받침하는지 여부를 확인하는 것이다. 문제의 전제조건은 다음과 같다.

- 모든 미혼 남자들은 은둔생활을 한다.
- 은둔생활을 하는 어떤 사람들은 이상하다.

독신(bachelor), 은둔생활을 하는(reclusive) 사람, 이상한(strange) 사람들의 세 부류를 생각하자. 이들 집합을 각각 B, R, S라 두고 각 집합에 속하는 사람을 나타내도록 하자. 이는 집합에 속하는 원소들과 직접적인 관련이 있도록 집합의 이름을 선택하는 일반적인 방법이다. 그러나 반드시 그래야 하는 것은 아니며, 필요하면 A, B, C 등을 사용할 수 있다. 전체집합은 정해지지 않았지만 문제에서 설명한 세 집합을 포함하는 적당한 집합을 생각할 수 있다. 따라서 모든 남자들의 집합을 전체집합이라 하고 이를 U라 하자.

첫 번째 명제를 생각하자. "모든 미혼 남자는 은둔생활을 한다"는 미혼 남자들의 집합이 은둔생활을 하는 사람들의 집합에 완전히 포함됨을 의미한다. 또는 (집합 용어를 사용하면) 모든 미혼 남자들의 집합은 모든 은둔생활을 하는 사람들의 집합의 부분집합임을 의미한다. 경험상 은둔생활을 하는 사람들 중에는 결혼한 사람이 있으므로 따라서 미혼 남자들의 집합은 실제로 은둔생활을 하는 사람들의 집합의 진부분집합이다.

두 번째 전제조건인 "은둔생활을 하는 어떤 사람들은 이상하다"는 은둔생활을 하는 사람들의 집합과 이상한 사람들의 집합은 서로 겹치는 부분이 있지만, 은둔생활을 하는 '모든' 사람들이 이상한 사람들의 집합에 속하지는 '않는다'. 이 전제조건은 실제로 은둔생활을 하는 '어떤(some)' 사람들이 이상하다는 것을 의미할 뿐이다.

결론의 내용인 "어떤 미혼 남자들은 이상하다"에 모순이 되는 오일러 다이어그램을 만들 수 없다면 이 논리적 논증은 타당하다. 결론은 이상한 사람들의 집합과 미혼 남자들의 집합이 분명히 겹친다는 것이다. 이것이 성립하는가?

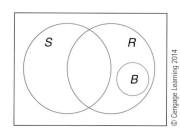

그림 1.25 집합 B, R, S의 가능한 관계를 나타내는 오일러 다이어그램

문제의 전제조건을 만족하는 오일러 다이어그램을 그릴 수 있더라도 결론이 성립하지 않을 수 있다. 예를 들어 그림 1.25의 다이어그램을 생각하자. 여기서 미혼 남자들의 집합은 분명히 은둔생활을 하는 사람들의 집합의 부분집합이며, 이상한 사람들의 집합에 있는 몇 사람은 은둔생활을 하는 사람들의 집합에 속한다. 하지만 이러한 배치에서, 미혼 남자들의 집합과 이상한 사람들의 집합은 겹치지 않음을 주목하자.

하지만 이러한 배치만 가능한 것은 아니며, 집합 S를 나타내는 원이 집합 B와 겹치게 할 수도 있다. 이것이 문제해결의 요점이다. 즉 집합 B와 집합 S가 겹칠 필요는 없으며, 따라서 이 논증은 타당성이 없으며 이는 오일러 다이어그램을 통해 반증되었다고 한다.

다른 예를 살펴보자. "모든 어린이는 귀엽다. 상인이는 귀엽지 않다. 그러므로 상인이는 어린이가 아니다." 여기서는 개별 명제의 참과 거짓을 따지는 것이 아님을 명심하자. 이 상황에서 명제들이 사실인지 여부는 상관이 없다. 풀어야 할 문제는 다음과 같다. 만약 전제조건이 참이라고 가정할 때 결론도 반드시 참이어야 하는가? 또는 주어진 가정 하에서 결론이 거짓이라고 생각할 수 있는가?

집합에 이름을 붙이면, C는 어린이 집합, G는 귀여운 사람들의 집합, S는 상인이 하나의 원소인 집합이다. 전체집합 U는 모든 사람들의 집합이라 하자.

첫 번째 전제조건인 "모든 어린이는 귀엽다"는 C가 집합 G의 진부분집합임을 의미한다. 두 번째 전제조건인 "상인이는 귀엽지 않다"는 하나의 원소로 이루어진 집합 S가 집합 G에 포함되지 않으므로 따라서 S는 G^c에 포함됨을 의미한다. 이 상황에 대한 오일러 다이어그램에서 집합 S는 반드시 G의 바깥에 있도록 그려야 하며 결국 집합 C와도 떨어지도록 해야 한다(그림 1.26). 그러므로 상인이는 어린이가 될 수 없으므로 이 논증은 타당하다.

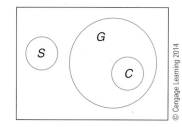

그림 1.26 집합 S, G, C 사이의 관계를 나타내는 오일러 다이어그램

앞의 두 예에서 사용한 논증의 방법은 **삼단논법**(syllogism)이라 하는데 이는 결론과 결론이 성립하는 전제조건들의 집합을 의미한다. 이들은 '어떤(some)', '모든(all)', '어떤 것도(none)'와 같은 **한정사**(quantifying)를 포함하는 특수한 형태의 논증이다.

예제 1.18 다음 삼단논법이 타당한지 결정하여라. 모든 ID 카드는 플라스틱으로 만들어졌다. 내 신용카드는 플라스틱으로 만들어졌다. 따라서 내 신용카드는 ID 카드다.

풀이

문제에서의 집합을 I = {모든 ID 카드들의 집합}, P = {플라스틱으로 만든 모든 것

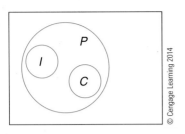

그림 1.27 집합 *I*, *P*, *C*의 가능한 배치를 나타내는 오일러 다이어그램

들의 집합}, *C* = {내 신용카드들의 집합}으로 두자. 전체집합은 이 집합들을 포함하는 집합으로 둘 수 있으며 모든 제품들의 집합이라 하자.

첫 번째 전제조건은 집합 *I*가 집합 *P*의 진부분집합임을 말한다. 두 번째 전제조건은 집합 *C* 또한 집합 *P*의 진부분집합임을 말한다. 문제는 *C*가 반드시 집합 *I*에 속하는지 또는 집합 *C*가 집합 *I* 밖에 있을 수 있는 상황을 만들 수 있는지이다.

그림 1.27의 오일러 다이어그램을 살펴보자. 집합 *C*가 집합 *I*의 바깥에 존재할 수 있도록 집합을 배치할 수 있으므로 이 논증은 타당하지 않다.

연습문제

1. 한 대학이 학생들을 대상으로 거주지에 대한 설문조사를 하였다. 조사한 175명의 학생 중 79명은 학교 내에서, 93명은 아파트에서, 44명은 학교 내 아파트에서 살고 있는 것으로 나타났다. 설문조사 대상자 중에서 몇 명이 학교 밖 아파트에 사는가? 학교 내에 살지만 아파트에는 살고 있지 않은 학생은 몇 명인가? 학교 내도 아니고 아파트도 아닌 곳에서 사는 학생들은 몇 명인가?

2. 작은 중소 도시에서 특정 주민 125명을 대상으로 설문조사를 실시했다. 주민 중 88명은 자동차를 소유하고 59명은 트럭을 소유하며 21명은 전혀 차량을 소유하지 않은 것으로 나타났다. 조사 대상자 중 자동차와 트럭을 모두 소유한 주민은 몇 명인가? 트럭만 소유한 주민은 몇 명인가? 자동차만 소유한 주민은 몇 명인가?

3. 고양이 보호소에서 고양이 50마리를 조사하였다. 12마리는 검은색 털만을, 11마리는 오렌지색 털만을, 9마리는 회색 털만을, 24마리는 일부 검은색 털을, 6마리는 일부 검은색과 일부 오렌지색 털을 가지고 있지만 회색 털은 없었으며, 5마리는 일부 검은색 털과 일부 회색 털을 가지고 있지만 오렌지색 털은 없었고, 회색과 오렌지색 털을 가지고 있지만 검은색 털을 갖지 않은 고양이는 없었다. 세 가지 색 중 적어도 하나의 색의 털을 가진 고양이는 몇 마리인가? 세 가지 색의 털을 모두 가진 고양이는 몇 마리인가? 정확히 두 가지 색의 털을 가진 고양이는 몇 마리인가?

4. 경찰이 지역 내의 한 대학 앞을 지나간 63대의 자동차를 조사했다. 그중 19대는 대학생이 운전하는 것으로 관찰되었고 37대는 여성이, 13대는 남자 대학생이, 6대는 여자 대학생이, 31대는 대학생이 아닌 여성이 운전하는 것으로 조사되었다. 대학생이 아닌 남성이 운전한 자동차는 모두 몇 대인가?

5. 고속도로 순찰대의 한 대원이 천안에서 세종으로시 경계를 넘어가는 자동차를 표본 조사하였다. 그는 표본 조사한 95대의 승용차 중에서 45대는 남성이, 63대는 천안 거주자가 운전하였고, 53대는 세 명 이상의 탑승객이 승차했으며, 37대는 천안에 거주하는 남자가 운전하였고, 35대는 남자가 운전하는 세 명 이상 탑승한 자동차였으며, 30대는 천안에 거주하는 주민이 운전하는 세 명 이상 탑승한 자동차였고, 25대는 천안에 거주하는 남성이 운전하는 세 명 이상 탑승한 자동차였음을 보고서에 기술하였다. 그의 상관은 이 보고서를 읽고 오류가 있음을 확인했다. 상관은 어떻게 오류를 알았는지 설명하여라.

6. 한 대학의 학생들에게 설문조사를 실시하였다. 75명의 학생을 조사한 결과 25명은 기계공학을, 26명

은 생물학을, 30명은 화학을 전공하고 있었다. 또한 8명은 기계공학과 화학을 복수전공, 11명은 기계공학과 생물학을 복수전공, 7명은 생물학과 화학을 복수전공하고 있었으며 세 분야를 모두 전공하는 학생은 없었다. 기계공학만 전공하는 학생, 생물학만 전공하는 학생, 화학만 전공하는 학생은 각각 몇 명인가?

7. 427명의 농부를 대상으로 조사한 결과, 135명은 사탕무만 키우고 120명은 무만, 100명은 순무만 재배한다. 210명은 사탕무를, 50명은 사탕무와 무를, 45명은 사탕무와 순무를, 37명은 무와 순무를 재배한다. 이때, 세 종류 중 적어도 하나를 재배하는 농부, 세 종류 모두 재배하는 농부, 어떤 것도 재배하지 않은 농부, 정확히 두 종류만 재배하는 농부는 각각 몇 명인지 구하여라.

8. 어떤 도시에 사는 150명의 어린이들을 조사하였는데 35명은 하키, 71명은 야구, 30명은 축구, 10명은 세 스포츠 모두, 3명은 축구만, 17명은 하키만, 6명은 축구와 하키만, 48명은 야구만, 53명은 어떤 스포츠도 하지 않는 것으로 나타났다. 축구와 야구만 하는 어린이들은 몇 명인가? 하키와 야구만 하는 어린이들은 몇 명인가?

1.5 무한집합

무한집합과 일대일 대응

이 절에서는 다소 이해하기 어려운 주제인 '무한(infinite)'에 대해 다루고자 한다. 최초로 무한집합에 관하여 광범위한 연구를 진행한 사람은 독일의 수학자이자 논리학자인 게오르크 칸토어(Georg Cantor)였다. 그는 19세기 후반, 무한에 대한 연구를 통해 세상의 이목을 집중시켰다. 어떤 사람들은 칸토어를 집합론의 창시자로 생각하며 신이 무한의 개념을 직접 그에게 알려주었다고 믿는다. 그의 연구 결과는 동료 수학자들에게는 논란의 대상이 되었는데, 전설적인 철학자 루드비히 비트겐슈타인(Ludwig Wittgenstein)과 같은 거물들에게는 조롱을 당했지만(칸토어의 생각을 우스꽝스럽고 어리석은 것으로 여김) 저명인사인 수학자 다비드 힐베르트(David Hilbert)에게는 칭송을 받았다(칸토어가 연구한 것을 '천국'으로 묘사함).

논의를 계속하기 전에 먼저 칸토어 시대의 격렬했던 논란의 근원이 되는 용어를 알아보자. 첫째, 무한의 의미가 무엇인지를 이해해야 한다. 이미 살펴본 것처럼 집합은 크게 유한집합과 무한집합의 두 종류로 분류할 수 있다. 유한집합은 매우 클 수도 있지만 제한된 수의 원소만 갖는다. 무한집합은 원소의 수에 제한이 없다.

예를 들어, 특정 순간 우리 은하계 있는 모든 항성들의 집합은 유한집합이다. 은하계에는 엄청나게 많은 별들이 있지만 그 숫자는 (임의의 시간에서) 한정되어 있다. 또한 지구의 모래 알갱이의 집합도 유한집합이다. 여러분이 수강하는 수학 강의를 듣는 학생의 수 또한 유한한데 물론 우리 은하계의 별의 수보다는 훨씬 작다.

반면 모든 정수들의 집합은 무한집합이다. 정수는 한없이 많은데 어떤 정수를 선택하든지 항상 1을 더해(또는 음의 정수이면 1을 빼서) 또 다른 정수를 만들 수 있기 때문이다. 유리수의 집합도 비슷한 논리로 무한집합이다. 유리수를 하나 선택했다면 또 다른 유리수는 예를 들어 선택한 수의 절반을 택하면 된다.

하지만 무한을 생각할 때에는 직관적인 이해가 어려운 상황도 생길 수 있기 때문에 유의해야 한다. 기본적인 예로서 다음 질문을 생각하자. 무한히 많은 양수를 더하면 그 합은 무한대인가? 보통의 생각은 무한대라 생각하지만 실제로는 그렇지 않을 수 있다. 수열 1, 1/2, 1/4, 1/8, … 들을 덧셈기호로 연결한 것을 생각하자. 이 무한합은 유한하며 실제로 2이다.

다시 무한집합에 대한 설명으로 돌아가 칸토어가 무한집합을 연구할 때 발견했던 문제의 원인을 알아보자. 분명히 정수는 유리수에 포함되어 있으므로 유리수의 집합은 정수의 집합보다 크다고 생각할 수 있다. 두 집합 모두 무한히 큰 집합이므로 무한의 서로 다른 '유형'이 있다면 그것은 무엇일까?

무한의 정의에 대한 칸토어의 개념을 먼저 소개한 후 이 질문으로 돌아오자. 칸토어가 제시한 정의는 **일대일 대응**(one-to-one correspondence)이라는 기초적인 개념을 알아야 한다.

한 집합의 각 원소에 대해 다른 한 집합의 오직 하나의 원소만을 대응시키는 방식으로 두 집합의 원소들을 짝지을 수 있으면 두 집합은 일대일 대응이라 한다. 일대일 대응에 대한 정확한 수학적 정의가 있지만 여기서는 소개하지 않기로 한다. 일대일 대응에 대한 비공식적인 설명을 하자면 두 집합의 원소의 개수가 같다면 두 집합은 일대일 대응이다.

예를 들어 집합 $A = \{1, 2, 3, 4\}$는 집합 $B = \{a, b, c, d\}$와 일대일 대응인데, (1, a), (2, b), (3, c), (4, d)와 같이 짝지을 수 있기 때문이다. 집합 A의 각 원소마다 집합 B의 유일한 원소와의 대응을 만들었다. 물론 집합 A와 B는 유한집합이다. 이제 일대일 대응의 개념을 이용하여 무한집합의 개념을 정의하자.

한 집합이 그 진부분집합과 일대일 대응이면 이 집합을 **무한집합**(infinite set)이라 한다.

정의는 매우 간단하지만 충분한 정의다. 0 이상의 정수의 집합이 무한집합이 됨을 알아보자. 이 집합의 진부분집합은 자연수의 집합이며, 두 집합 사이에는 다음과 같은 짝짓기에 의해 일대일 대응이다.

$$(0, 1), (1, 2), (2, 3), (3, 4), \ldots$$

0 이상의 정수 n은 항상 이에 대응하는 자연수 $n + 1$과 짝이 되므로 일대일 대응이 된다. 따라서 0 이상의 정수들의 집합은 무한집합이다. 비슷하게 자연수 집합이 무한집합임도 알 수 있다.

가산집합

두 번째 개념으로 유한집합과 일부 무한집합에 사용되는 가산집합(countable set),
즉 가산성(countability)의 개념을 알아보자. 집합의 원소를 셀 수 있으면 이 집합을
가산집합이라 한다. 분명히 유한집합은 가산집합이다. 무한집합의 경우는 다소 명확
하지 않다.

가산집합의 공식적인 정의는 다음과 같다.

가산집합

유한집합이거나 자연수 집합과 일대일 대응이 가능한 집합을 가산집합이라
한다. 가산이 아닌 집합을 '비가산집합(uncountable set)'이라 한다.

무한집합이 가산집합임을 증명하기 위해 기발한 방법이 사용되는 경우가 있다.
가산성은 $\mathbf{N}$과 일대일 대응이 가능함을 보이기만 하면 되지만 때로는 그렇게 하기
가 쉽지 않다.

양의 유리수 집합 $\mathbf{Q}^+$가 가산집합임을 증명해 보자. 고전적인 증명 방법은 양의
유리수를 다음과 같이 창의적으로 나열하는 것이다.

1/1	2/1	3/1	4/1	5/1	…
1/2	2/2	3/2	4/2	5/2	…
1/3	2/3	3/3	4/3	5/3	…
1/4	2/4	3/4	4/4	5/4	…
1/5	2/5	3/5	4/5	5/5	…

모든 양의 유리수는 위 배열의 어떤 곳에 반드시 나타나므로 모든 양의 유리수를
나열한 것임을 알 수 있다.

이제 각각의 양의 유리수를 (반복된 수는 제거하면서) 자연수와 대응시킴으로 일
대일 대응을 만들 것이다. 이는 다음 그림과 같이 수의 배열을 대각선 방향으로 가
로질러가며 대응시키는 것이다.

1/1	2/1	3/1	4/1	5/1	…
1/2	2/2	3/2	4/2	5/2	…
1/3	2/3	3/3	4/3	5/3	…
1/4	2/4	3/4	4/4	5/4	…
1/5	2/5	3/5	4/5	5/5	…

반복된 것을 생략하면 다음 대응을 얻을 수 있다.

$$\left(1, \frac{1}{1}\right), \left(2, \frac{1}{2}\right), \left(3, \frac{2}{1}\right), \left(4, \frac{1}{3}\right), \left(5, \frac{3}{1}\right), \dots$$

이러한 체계적인 방법에 의해 이론상 가시적인 일대일 대응을 얻을 수 있다. 따라서 양의 유리수와 자연수는 일대일 대응이므로 가산이다.

정수 집합과 모든 유리수 집합이 가산집합임을 증명하는 것은 연습문제로 남겨둔다. 이때, 0과 음의 원소들을 세는 전략이 필요할 것이다.

앞서 언급했듯이 집합의 원소의 개수를 집합의 크기라 한다. 칸토어는 무한집합의 크기에도 일종의 '값'을 부여해야 함을 깨달았고 자연수의 집합의 크기를 설명하는 값을 $\aleph_0$이라 하였다. 이 기호는 '알레프(aleph)'라 부르는 히브리어 알파벳의 첫 글자이다. 첨자 0은 일반적으로 단어 '영(naught)'이다. 따라서 자연수의 크기는 '알레프 영'이다. 따라서 모든 가산집합의 크기는 $\aleph_0$이다.

$\mathbf{N}$ 및 이 집합과 일대일 대응인 모든 집합들의 크기에 대한 값을 정했으므로 다음의 질문을 생각할 수 있다. $\aleph_0$보다 큰 크기를 갖는 집합이 존재하는가? 답은 "그렇다"이다. 칸토어의 논의에 따르면 0과 1 사이의 실수들의 집합의 크기는 $\aleph_0$보다 크며 따라서 (집합을 확장하여 생각하면) 실수집합의 크기는 $\aleph_0$보다 크다.

증명은 '모순'의 방법을 이용한다. 먼저 0과 1 사이의 실수들의 집합이 '가산이라 가정'하고 이 실수들과 자연수 사이에 일대일 대응을 생각한다. 이 대응은 다음과 같다고 가정하자.

$1 \rightarrow 0.3234567\dots$

$2 \rightarrow 0.2485747\dots$

$3 \rightarrow 0.8746263\dots$

$4 \rightarrow 0.3748596\dots$

$\vdots$

그런데 이 대응관계에 없는 실수를 쉽게 만들 수 있기 때문에 모순을 얻을 수 있다. 이 수를 r이라 하면 만드는 방법은 다음과 같다. r은 위 대응관계에 n과 대응하는 실수의 소수점 이하 n번째 숫자와 다른 숫자를 소수점 이하 n번째 수로 갖는 수이다. 즉, 1과 대응하는 첫 번째 실수는 소수점 이하 첫 번째 자리가 3이다. 따라서 r은 해당 위치에 다른 숫자, 예를 들어 2를 갖는다. 2와 대응하는 실수는 소수점 이하 두 번째 자리가 4이다. 따라서 r은 해당 위치에 다른 숫자, 예를 들어 5를 갖는다. 이런 방법으로 만든 수 r은 처음 두 실수와는 다르다. 이 과정을 계속하면 r은 위 대응관계에 있는 모든 실수와 적어도 소수점 이하 한 자리가 다르다.

칸토어는 $\aleph_0$보다 큰 집합의 크기를 c로 나타내었는데 '연속체(continuum)'임을 나타내기 위해 c를 사용하였다.

칸토어의 무한에 대한 연구

게오르크 칸토어(Georg Cantor)와 그의 무한에 대한 논란에 대해 다시 살펴보면서 무한집합과 집합의 크기에 대한 논의를 마치고자 한다.

칸토어는 무한집합의 크기를 나타내는 수는 무한하다고 주장하였고, 그 첫 번째 수를 $\aleph_0$이라 불렀다. 또한 자연수 집합의 멱집합의 크기를 $\aleph_1$으로 제안하였고 따라서 $\aleph_1$는 $\aleph_0$보다 크다. 그는 $\aleph_1$가 c와 같다고 추측하였으나 그 결과를 증명할 수 없었다. 이 추측은 연속체 가설(continuum hypothesis)이라 하는데, 이 미해결 문제는 1960년대 프린스턴 대학의 수학자 폴 코언(Paul Cohen)이 이 가설을 증명하거나 반증하는 것이 불가능하다는 것을 증명하여 해결되었다. 이후 집합론은 두 가지 방향으로 전개되었다. 연속체 가설을 채택한 '칸토어 집합론'과 연속체 가설을 채택하지 않은 '비 칸토어 집합론'이다.

두 집합론 모두 모순은 없지만 각기 다른 수학 영역들을 도출하였다.

연습문제

다음 물음에 대해 답하여라.

1. 무한집합이란 무엇인가?
2. '일대일 대응'이란 무엇인가?
3. '가산'이란 무엇인가?

다음 집합이 그 부분집합과 일대일 대응한다는 것을 통해 무한집합임을 보여라.

4. $\{1, -1, 2, -2, 3, -3, \ldots\}$
5. $\{100, 200, 300, 400, \ldots\}$
6. $\{2, 4, 6, 8, \ldots\}$
7. $\left\{1, \dfrac{1}{2}, \dfrac{1}{3}, \dfrac{1}{4}, \dfrac{1}{5}, \ldots\right\}$

다음 집합과 $\mathbf{N}$ 사이의 일대일 대응이 존재함을 보여라.

8. $\{5, 10, 15, 20, \ldots\}$
9. $\{-1, -2, -3, \ldots\}$
10. $\{10, 14, 18, 22, \ldots\}$
11. $\{3, 6, 9, 12, \ldots\}$

다음 집합이 유한집합인지 무한집합인지 설명하여라.

12. 서기 0년 이후 경과된 초들의 집합
13. 자연로그의 밑 e를 소수로 나타냈을 때의 모든 숫자들의 집합
14. 좌표평면의 모든 점들의 집합
15. 하루의 시간에서 초들의 집합
16. 2로 나눌 수 있는 소수들의 집합

요약

이 장에서는 다음 내용들을 학습하였다.

- 집합의 개념과 용어들
- 집합의 크기, 상등, 동치, 여집합
- 부분집합, 진부분집합, 멱집합
- 벤 다이어그램: 집합의 교집합, 합집합, 서로소
- 벤 다이어그램과 오일러 다이어그램을 이용한 몇 가지 응용
- 유한집합과 무한집합: 가산성과 일대일 대응

용어

가산집합(가산성)**countable set (countability)** 유한집합 또는 자연수 집합과 일대일 대응인 집합.

공집합**empty set / null set** 원소가 없는 집합.

교집합**intersection (of sets)** 두 집합에 공통으로 속하는 원소들의 집합.

동치 집합**equivalent sets** 원소의 개수가 같은 두 집합.

드모르간의 법칙**DeMorgan's laws** $(A \cup B)^c = A^c \cap B^c$, $(A \cap B)^c = A^c \cup B^c$.

멱집합**power set (of a set)** 집합의 모든 부분집합들의 집합.

무한집합**infinite set** 원소의 수에 제한이 없는 집합.

벤 다이어그램**Venn diagram** 전체집합에 속하는 집합들 사이의 관계를 나타내는 시각적인 방법.

부분집합**subset** 특정 집합의 일부 원소들로 이루어진 집합.

삼단논법**syllogism** 결론과 결론이 성립하는 전제조건들의 집합.

상등 집합**equal sets** 집합의 원소가 정확히 일치하는 두 집합.

서로소 집합**disjoint sets** 교집합이 공집합인 집합들.

여집합**complement (of a set S)** S의 원소가 아닌 전체집합의 원소들의 집합.

오일러 다이어그램**Euler diagram** 논증의 타당성을 판단하는 데 사용하는 벤 다이어그램.

원소**member** 집합에 속하는 대상.

원소 나열법**roster notation** 집합의 모든 원소를 나열하는 방법.

유한집합**finite set** 제한된 개수의 원소를 갖는 집합.

일대일 대응**one-to-one correspondence** 한 집합의 각 원소에 대해 다른 한 집합의 오직 하나의 원소만을 대응시키는 두 집합 사이의 관계.

잘 정의된 집합**well defined set** 대상을 명확하게 구별할 수 있는 원소들의 모임.

전체집합**universal set** 특정한 문제 상황에서 다른 집합들을 모두 포함하는 전체적인 집합.

조건 제시법**set-builder notation** 일반적인 집합의 원소를 나타내는 변수와 집합의 원소를 설명하는 특성으로 집합을 나타내는 방법.

줄임표**ellipsis** 연속한 세 점으로 수열이 진행된 패턴을 따라 계속됨을 나타냄.

집합**set** 잘 정의된 대상들의 순서를 고려하지 않은 모임으로 중복된 원소를 갖지 않음.

집합을 말로 설명**verbal description (of a set)** 집합의 원소에 대한 명확한 설명.

집합의 크기|cardinality (of a set) $n(S)$로 나타내며 집합에 있는 원소들의 개수.

특성characteristic property/characteristic trait 고유하고 구별이 가능한 대상의 성질이나 특징.

포함적 논리합 inclusive or '둘 중 하나 또는 둘 다'를 의미하는 '또는(or)'의 사용.

포함집합superset 주어진 집합을 포함하는 더 큰 집합.

한원소집합singleton 원소의 개수가 1인 집합.

한정사quantifying '모든(all)', '어떤(some)', '어떤 것도 (none)'와 같은 특정한 성질을 갖는 집합의 일부분을 나타내는 단어.

합집합union (of set) 두 집합을 합친 집합.

종합문제

1. 대한민국 국회의원들의 집합은 잘 정의되는가? 만약 그렇지 않다면 그 이유를 설명하여라.

2. 이 방에 있는 고양이들의 집합은 잘 정의되는가? 만약 그렇지 않다면 그 이유를 설명하여라.

3. 지구상에 있는 모든 고양이들의 집합은 잘 정의되는가? 만약 그렇지 않다면 그 이유를 설명하여라.

다음 문제에서 집합이 유한집합인지 무한집합인지 결정하여라. 유한집합이면 원소의 개수를 구하여라.

4. 20과 40을 포함하면서 두 수 사이에 있는 홀수인 정수들의 집합

5. 모든 실수를 소수로 나타냈을 때 나타나는 모든 숫자들의 집합

다음 집합을 원소 나열법으로 나타내고 집합의 원소의 개수를 구하여라.

6. 'Oklahoma'에 사용된 문자들의 집합

7. 30보다 작고 0 이상인 정수들의 집합

다음 집합을 조건 제시법으로 나타내고 집합의 원소의 개수를 구하여라.

8. $A = \{2, 3, 4, 5\}$

9. B는 100보다 작은 모든 유리수들의 집합

다음 집합을 말로 설명하여라.

10. $\{4, 8, 12, 16, 20\}$

다음 문제에서 주어진 집합이 상등인지, 동등한지, 둘 다인지 아니면 어느 것도 아닌지를 결정하여라.

11. $B = \{10, 11, 12, 13, 14, 15\}$, $C = \{a, b, c, d, e, f\}$

12. $S = \{5, 4, 3, 2\}$, $T = \{2, 4, 3, 5\}$

다음 집합들에 대해 $A \subset B$, $B \subset A$, $A \subseteq B$, $B \subseteq A$, $A = B$인지 또는 이 관계들 중 어떤 것도 아닌지 결정하여라. 둘 이상의 관계가 성립하는 경우가 있을 수 있는가? 그렇다면 그 경우를 모두 구하여라.

13. $A = \{$대한민국, 일본, 러시아, 필리핀, 미국, 프랑스$\}$, $B =$ 지구상의 모든 나라들의 집합

14. $A = \{x \mid x$는 대한민국 전현직 대통령$\}$, $B = \{$노무현, 이승만, 박정희$\}$

15. $A = 21$보다 작은 모든 양의 홀수인 정수들의 집합, $B = \{1, 3, 5, \ldots, 21\}$

다음 문제에서 A의 멱집합의 크기를 구하여라.

16. $A = \{$대한민국, 일본, 러시아, 필리핀, 미국, 프랑스$\}$

17. $A = \{x \mid x \in \mathbf{W}, 2 < x < 3\}$

다음 명제가 참인지 거짓인지 결정하여라. 그 이유를 설명하거나 예를 찾아라.

18. $A \supset A$를 만족하는 집합 A가 존재한다.

19. 정확하게 16개의 부분집합을 갖는 집합 A가 존재한다.

다음은 부분집합을 사용하는 응용문제로 독창적인 생각이 필요할 수 있다.

20. 위원회가 한 법안에 대해 투표한다고 가정하자. 투

표자의 과반수가 찬성하면 법안은 통과된다. 위원회에는 4표를 가진 위원장과 1표를 가진 3명의 다른 위원이 있다. 얼마나 많은 승리 투표 '연합'이 존재하는가?

다음 등식이 참인지 거짓인지 결정하여라.

21. $(A \cup B^c)^c = A^c \cap B$

22. $A^c \cup B^c = (A \cap B)^c$

23. $A^c \cap U = A \cap U$

24. $A^c \cup U = B^c \cup U$

25. $A \cup U^c = A$

26. $(A^c \cap B) \cup (A \cap B) = B$

27. $(A \cap B) \cup (A \cup B) = A \cap B^c$

다음 벤 다이어그램의 집합들에 대해 교집합, 합집합, 여집합 등의 집합 기호를 사용하여 빗금 친 영역을 나타내어라. 답은 한 가지일 필요는 없다.

28.
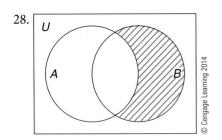

29.
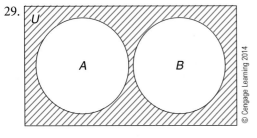

30.
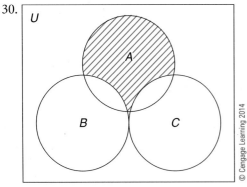

31. 미국 인구 조사국은 자녀를 가진 빈곤층 부부 283

쌍을 대상으로 조사를 실시했다. 이 중 127쌍은 부부 중 한쪽 부모와 같이 살고 있으며 227쌍은 아파트에서, 95쌍은 부부 중 한쪽 부모와 아파트에서 살고 있었다. 아파트에서 살면서 부모와 같이 살지 않는 쌍은 몇 쌍인가? 부모와 같이 살면서 아파트에 살지 않는 쌍은 몇 쌍인가? 부모와도 같이 살지 않으며 아파트에도 살지 않는 쌍은 몇 쌍인가?

32. 교외 특정 지역에 살고 있는 주민 732명에 대해 조사를 진행하였다. 645명은 컴퓨터를, 534명은 수영장을 가지고 있으며 37명은 컴퓨터도 수영장도 갖고 있지 않는 것으로 조사되었다. 조사 대상자 중 컴퓨터와 수영장을 가진 주민은 모두 몇 명인가? 몇 명이 컴퓨터를 가지고 있는가? 몇 명이 수영장을 가지고 있는가?

33. 포르투갈 워터독 쇼에 342마리의 워터독이 참가하였다. 이 개들 중 158마리는 물결모양의 털을, 나머지는 곱슬 털을 가지고 있다. 또한 이 개들 중 37마리는 갈색이었고 나머지는 검은색이었다. 162마리는 암컷이었다. 갈색의 물결모양의 털을 가진 암컷은 8마리, 물결모양의 털을 가진 수컷은 78마리, 검은색 암컷은 160마리였다. 곱슬 털을 가진 암컷은 모두 몇 마리인가? 갈색의 물결모양의 털을 가진 수컷은 모두 몇 마리인지 확인하는 데 정보가 충분한가? 그렇다면 몇 마리인가?

34. 어느 도서관에는 15,832권의 책과 169편의 영화가 있다. 특정 시점의 소장목록에 453개의 항목이 새로 추가되었으며 1,832개는 대출되었다. 대출된 항목 중 새로운 영화는 32편, 새 책은 302권이었다. 오래된 영화는 대출되지 않았다. 대출된 항목 중 1,700개는 오래된 것이다. 새 책은 몇 권이 대출되었는가? 오래된 책은 몇 권이 대출되었는가?

35. 한 강의에 512명의 학생이 수강하고 있으며 그중 263명은 여학생이다. 전체 학생 중 412명이 전공을 선택했고, 368명은 신입생이다. 신입 여학생 중 130명은 전공을 선택하였다. 신입생이 아닌 학생

들은 모두 전공을 선택하였다. 수강생 중 182명은 신입 남학생이다. 신입 여학생은 모두 몇 명인가? 신입 남학생 중 몇 명이 전공을 선택하였는가?

다음 중 타당한 삼단논법은?

36. 모든 교수는 인간이다.

    인간은 가끔 슬퍼한다.

    그러므로 모든 교수는 가끔 슬퍼한다.

37. 모든 개는 가끔 짖는다.

    어떤 개는 많이 먹는다.

    그러므로 모든 짖는 개는 많이 먹는다.

38. 모든 고양이는 독립적이다.

    어떤 독립적인 것은 사람을 좋아한다.

    그러므로 어떤 고양이는 사람을 좋아한다.

39. 모든 책은 인쇄되어 있다.

    어떤 인쇄된 것은 오류가 있다.

    그러므로 어떤 책은 오류가 있다.

40. 모든 등은 빛을 낸다.

    어떤 등은 밝다.

    모든 밝은 것은 쳐다보기 어렵다.

    어떤 밝은 것은 청동제품이다.

    그러므로 어떤 청동제품은 등이다.

다음 집합이 자신의 진부분집합과 일대일 대응임을 밝혀 무한집합임을 보여라.

41. $\{1, 3, 5, 7, \ldots\}$

42. $\{1, 2, 4, 8, 16, 32, \ldots\}$

43. $\left\{1, \dfrac{1}{3}, \dfrac{1}{5}, \dfrac{1}{7}, \dfrac{1}{9}, \cdots\right\}$

다음 집합이 **N**과 일대일 대응이 존재함을 보여라.

44. $\{3, 8, 13, 18, \ldots\}$

45. $\{7, 8, 9, 10, 11, \ldots\}$

46. $\{9, 12, 15, 18, \ldots\}$

47. $\left\{1, \dfrac{1}{4}, \dfrac{1}{9}, \dfrac{1}{16}, \dfrac{1}{25}, \cdots\right\}$

다음 집합이 유한집합인가 무한집합인가? 설명하여라.

48. 인간이 존재하기 시작한 이후 모든 인간이 먹은 모든 음식들의 집합

49. $\sqrt{2}$를 소수로 나타내었을 때의 모든 숫자들의 집합

50. 15로 나누어떨어지는 모든 소수들의 집합

Chapter 2 논리 Logic

논리는 논증 분석을 위한 도구이며, 옳고 타당한 논증과 옳지 않고 타당하지 않은 논증을 구분하는 것이 목적이다. 논리는 특정 명제가 참인지 거짓인지 판단하는 방법이라기보다 실험, 관찰, 연구의 본질이다. 논리와 관련되어 주어진 명제들에 대해 다음 질문을 생각해 보자. 주어진 명제들이 모두 참이라 가정할 때 주장하는 결론은 참인가?

논리에 대한 연구가 정보기술(Information Technology)과 어떠한 관계인지 묻는다면, 그 대답은 둘 사이의 관계가 밀접하며 필수적이라는 것이다. 20세기 초 앨런 튜링(Alan Turing)과 알론조 처치(Alonzo Church)의 연구는 '계산 가능성(computability)'이라 불리는 새로운 연구 분야의 발전 계기가 되었다. 튜링이 연구에 집중한 것은 힐버트(Hilbert)가 제시한 결정문제(decision problem) 때문이다. 결정문제란 특정 문제의 증명 가능 여부를 판단할 수 있는 표준절차(standard procedure)를 만들 수 있는지 여부를 묻는 문제이다. 이 문제는 특정 작업을 수행하는 컴퓨터 알고리즘을 만들 수 있는지에 관한 문제와 같다.

튜링의 연구는 튜링 기계(Turing machines)라 부르는 이론적인 연산 장치의 개발로 이어졌는데, 이는 프로그래밍 언어 처리에 필수적인 컴파일러를 말한다. 튜링 기계는 현대 컴퓨터의 선구자이며 그 사용은 그 구성상 전적으로 논리의 적용에 기반을 두고 있기 때문에 논리에 대해 탄탄한 기초를 갖는 것이 매우 중요함은 두말할 필요가 없다.

1장과 같이, 여기에서도 IT와 그 응용에 대한 특별한 지식이 필요 없이도 이해할 수 있도록 일반적인 관점에서 개념을 제시하고자 한다.

이 장의 내용을 학습하면 다음을 할 수 있다.

- 단순명제와 복합명제의 이해
- 진리표에 대한 이해
- 논리 연결자의 이해와 활용
- 진리표의 작성과 해석
- 논리적으로 동치인 명제에 대한 이해
- 논증을 기호로 표현하기
- 오일러 다이어그램의 이해와 활용

2.1 명제와 논리 연결자

명제

논리에 대해 학습하기 위해 먼저 명제(statement)를 살펴보자. 논리에서 명제란 참과 거짓을 판단할 수 있는 선언적 문장이다. 'statement'의 동의어로 자주 사용되는 영어 단어는 'proposition'이다. 이 책에서는 후자에 비해 전자를 주로 사용하지만, 다른 책에서는 선호에 따라 '명제(proposition)'를 사용하기도 한다. "삼각형은 네 변을 가진 다각형이다", "이승만은 대한민국 초대 대통령이다"는 명제의 예이다. 이들은 각각 선언적이며(즉, 조건을 제시하며), (경험적 근거에 의해) 거짓 또는 참이 되는 성질을 갖고 있다.

위에 제시된 두 예는 하나의 사실을 나타내지만 꼭 그럴 필요는 없다. "마크 트웨인은 작가이고 클레오파트라는 여배우이다"와 같이 명제가 여러 사실의 조합을 나타낼 수도 있다. 하나의 사실을 나타내는 명제를 단순명제(simple statement)라 부르고 그렇지 않으면 복합명제(compound statement)라 부른다.

명제가 참 또는 거짓인 성질을 명제의 진리값(truth-value)이라 부른다. 관행적으로 명제가 참인 것을 T, 거짓인 것을 F로 나타낸다. 이것은 다음 절에서 다룰 진리표에서 필요하지만 지금 소개하고자 한다. 명제는 모호하거나 여러 해석이 가능해서는 안 된다. 이것은 명제의 정의에 있어 핵심적인 부분이다. 예를 들어 "공효진은 아름답다"는 앞서 언급한 의미에서 명제가 아니다. 즉 아름다움에 대한 개념은 논쟁의 여지가 있기 때문에, 그녀의 얼굴에 의해 참 또는 거짓으로 판단할 수 없다. 일반적으로 명제를 A, B와 같은 대문자로 나타내는데 이는 명제의 내용과는 관계가 없

다. 예를 들어

> A: 삼각형은 네 변을 가진 다각형이다.

에서 A는 주어진 명제와 전혀 관계가 없다. '참'과 '거짓'의 진리값은 각각 T와 F로 나타내므로 명제를 T 또는 F로 나타내는 것은 적당하지 않다.

앞에서 모호성에 의해 명제가 아닌 문장을 살펴보았다. 명제가 아닌 다른 유형의 예를 들어 살펴보자.

- 지금 몇 시인가?　　(참 또는 거짓을 판단할 수 없는 질문이므로 명제가 아니다.)
- 이 문장은 거짓이다.　(이런 문장을 역설(paradox)이라 하는데 참도 아니고 거짓도 아니기 때문이다.)

명제가 아닌 다른 예들도 많지만 이 정도만 살펴보기로 하자.

위의 두 번째 예와 같은 것을 **거짓말쟁이의 역설(liar's paradox)**이라 한다. 만약 이 문장이 참이라 가정하면, 문장 내용에 의해 이 문장은 거짓이어야 한다. 반대로 이 문장이 거짓이라면, 역시 문장 내용에 의해 이 문장은 반드시 참이 되어야 한다.

예제 2.1 다음 문장은 '명제'인가 아닌가?

1. 롯데타워는 서울에 있다.
2. 이란은 나쁜 나라다.
3. 1마일은 1,600미터이다.
4. 저녁 먹을 시간이다.

풀이

1. 명제이다. 롯데타워가 서울에 있는지 아닌지는 확실한 사실에 기반하므로 모호함 없이 판단할 수 있다.
2. 명제가 아닌 주장이다. 참 또는 거짓을 입증할 방법이 없으므로 명제의 정의를 만족하지 못한다.
3. 명제이다. 실제로는 거짓 명제이지만 거짓이 문제의 핵심은 아니다. 명제는 참 또는 거짓을 판단할 수 있는 선언적 문장으로 참인지 거짓인지는 추가로 살펴보아야 할 문제이다. 1마일이 1,600미터인지 여부는 관련이 없다. 이 문장은 진리값을 결정할 수 있는 선언문이다.
4. 명제가 아니다. 의문문은 선언적 문장이 아니므로 명제가 아니다.

논리 연결자

논리 연결자(logical connective)는 하나의 단순명제를 다른 단순명제와 결합시키는 단어를 말하며 문법적으로 다른 목적을 갖지 않는다. 논리 연결자의 일반적인 예는 부정을 나타내는 '아니다(not)', 논리곱을 나타내는 '그리고(and)', 논리합을 나타내는 '또는(or)', 조건 관계를 나타내는 '조건(if–then)'과 쌍조건 관계를 나타내는 '필요충분조건(if and only if)'과 같은 단어가 있다.

처음에는 논리곱(conjunction), 논리합(disjunction)과 같은 기술적인 용어를 이해하기 어려울 수 있으나, 점차 그 의미를 이해할 수 있게 될 것이다. 또한 논리 연결자를 줄여 표현하는 기호들도 자세히 다루게 되는데, 명제와 논리 연결자를 기호로 표현하는 것은 앞으로 중요한 역할을 하므로 이 기호들을 가능한 한 빨리 익히길 바란다.

앞에서 제시한 명제 "A: 삼각형은 네 변을 가진 다각형이다"의 부정은 ~A로 나타내고 "A가 아니다(not A)"로 읽으며 "삼각형은 네 변을 가진 다각형인 것은 아니다"를 의미한다. 일반적으로 명제의 부정은 "~인 것은 아니다"라는 표현을 사용한다.

명제의 부정의 진리값과 원래 명제의 진리값은 서로 반대이다. 즉, A가 참이면 ~A는 거짓이고, A가 거짓이면 ~A는 참이다. 명제와 이의 부정은 동일한 진리값을 가질 수 없다.

두 번째 예로 앞에서 살펴본 두 번째 명제를 살펴보자.

B: 이승만은 대한민국 초대 대통령이다.

~B는 "이승만은 대한민국 초대 대통령인 것은 아니다"이다. 또는 "이승만은 대한민국 초대 대통령이 아니다"로 해석할 수도 있지만 이는 B가 실제로 선언한 것에 혼란을 줄 수도 있다. 따라서 일반적으로 명제의 부정은 "~인 것은 아니다"를 사용한다.

질문: 명제 "밖에 비가 온다"의 부정명제는 "밖은 맑다"인가?

처음 보는 순간에는 이것이 사실이라고 생각할 수 있다. 그런데 비가 오지 않는다는 것이 맑다는 것을 의미하지는 않는다. 흐리고 비가 오지 않을 수 있다. 따라서 부정명제는 "밖에 비가 오는 것은 아니다" 또는 "밖에 비가 오지 않는다"이다. 따라서 부정명제를 잘못 만들면 의미가 달라질 수 있기 때문에 신중해야 한다.

두 번째로 살펴볼 논리 연결자는 '그리고(and)'인 논리곱이다. 기호는 ∧이며 두 명제를 결합할 수 있는데 기호로는 A ∧ B와 같이 나타낸다. 다양한 예를 만들 수 있지만 하나만 생각해 보자.

A: LG 트윈스는 야구팀이다.

B: 수원 삼성 블루윙즈는 축구팀이다.

이 두 명제의 논리곱은 "LG 트윈스는 야구팀이고 수원 삼성 블루윙즈는 축구팀이다"이다. 논리 연결자 '그리고'로 인해 복합명제가 되었다.

한 가지 언급할 것은 어떤 논리 연결자의 개념은 다른 단어로도 표현할 수 있다는 것이다. 예를 들어, 논리곱은 '그리고'라는 단어만 사용해서 나타낼 필요는 없으며, 다른 동등한 단어나 구문으로 표시할 수 있다. 예를 들어 '하지만(however)', '그러나(but)', '더욱이(moreover)' 등이 있다. 일례로 명제 "비가 오고 태양이 빛난다"는 "비가 오지만 태양이 빛난다"와 같다. 두 문장 모두 두 가지 다른 사실이 있다는 것을 나타낸다.

논리 연결자를 설명할 때마다 연결자에 관한 진리값을 논의하는 것이 이해하기 쉽다. 논리곱 명제는 개별 명제 각각이 참일 때만 참이다. 따라서 "비가 오고 태양이 빛난다"라 할 때, 이 복합명제는 개별 단순명제가 '모두' 참일 때에 참이 되며 하나 또는 두 단순명제가 거짓이면 거짓이 된다.

세 번째 논리 연결자는 '또는(or)'으로 논리합이다. '또는'의 기호는 '그리고'의 기호를 뒤집은 ∨이다. 다음 두 명제

A: 삼각형은 네 변을 가진 다각형이다.

B: 이승만은 대한민국 초대 대통령이다.

의 논리합은 A ∨ B로 나타내며 "삼각형은 네 변을 가진 다각형이거나 이승만은 대한민국 초대 대통령이다"를 나타낸다.

논리합의 진리값은 이해하기 어려울 수 있다. 일반적으로 '또는'에는 '포함적 논리합(inclusive or)'과 '배타적 논리합(exclusive or)'의 두 가지 해석이 있다. 이미 1장에서 논리합을 살펴보았으며 논리에서도 비슷한 관계가 있다.

'포함적 논리합'은 개별 명제 중 하나 또는 둘 모두 참이면 참인 것으로 간주한다. '배타적 논리합'은 개별 명제 중 하나가 참인 경우에만 참인 것으로 간주한다.

A: LG 트윈스는 야구팀이다.

B: 수원 삼성 블루윙즈는 축구팀이다.

에서 '포함적 논리합'인 경우 두 개별 명제 모두 참이므로 A ∨ B는 참이다. '배타적 논리합'의 경우 논리합 A ∨ B는 거짓인데, 두 명제 중 하나만 참이어야 논리합이 참이 되기 때문이다.

이 장에서는 '포함적 논리합'만을 언급할 것이며, 이는 개별 명제들 중 하나 또는 둘 모두가 참이면 논리합이 참이다.

라틴어 단어 '또는(vel)'은 포함적인 의미의 '또는'을 나타내며 이것이 논리합을 '포함적 논리합'의 개념으로 받아들이는 동기가 되었다. 배타적 논리합이 필요한 경우는 드물지만, 필요한 경우 '그러나 둘 다는 아닌(but not both)'이라는 문구를 사용할 것이다.

네 번째 연결자는 함의(implication)이며 종종 '조건(if-then)' 연결자라 부르기도 한다. 함의를 나타내는 기호는 여러 개가 있는데 가장 일반적인 두 개는 오른쪽 화살표 →와 기호 ⊃이다. 첫 번째 경우는 A → B와 같이, 두 번째 경우는 A ⊃ B와 같이 사용한다. 두 기호 중 어떤 것을 선택해야 하는 특별한 이유는 없으므로 화살표를 사용하기로 하자. 기호 A → B는 "만약 A이면 B이다" 또는 "A는 B를 함의한다"라 읽는다. 이 경우 명제 A를 '가정(hypothesis)', B는 '결론(conclusion)'이라 하며 명제 A → B를 조건명제라 한다.

조건명제의 진리값은 한 가지를 제외하고는 모두 참인데 A → B가 거짓인 경우는 가정은 참인데 결론이 거짓인 경우만이다. 이것은 매우 특이한 조건으로 논리적 관점에서 가정이 거짓이면 조건명제는 항상 참이다.

마지막으로 쌍조건(biconditional) 또는 '필요충분조건(if and only if)' 연결자를 생각하자. 양방향 기호를 사용하며 이를 적용한 쌍조건명제 A ↔ B는 "A이면 그리고 오직 이때에만 B이다" 또는 "A와 B는 필요충분조건"임을 의미한다. 쌍조건명제는 두 명제 A와 B 모두 참이거나 거짓인 경우에만 참으로 간주한다. 예를 들어

A: 코끼리는 포유류이다.
B: 뱀은 도마뱀이다.

일 때, 쌍조건명제 A ↔ B는 "코끼리는 포유류인 것과 뱀은 도마뱀인 것은 필요충분조건이다"를 의미한다.

좀 더 복잡한 명제를 만들기 위해서 둘 이상의 논리 연결자가 사용될 수도 있다. 예를 들어 다음 명제를 살펴보자.

A: 밖에 비가 온다.
B: 우산 가져오는 것을 잊었다.
C: 옷이 젖을 것이다.

복합명제 (A ∧ B) → C를 만들 수 있는데 이는 "만약 밖에 비가 오고 우산 가져오는 것을 잊어버렸다면 옷이 젖을 것이다"이다. 명제들의 조합은 복잡해질 수 있고 따라서 표현을 기호화하고 분석할 때에는 매우 신중해야 한다.

지금까지 명제의 의미를 살펴보았고 기호를 이용해 간단히 표현하였다. 이제 주어진 명제에 대해 명제의 이름을 부여하고 간단히 기호로 나타내야 한다고 가정하

자. 이를 잘 수행할 수 있는지 예를 살펴보자.

> 만약 양키스가 리그 챔피언이 되고 레드삭스는 와일드카드를 얻었다면 블루제
> 이는 아메리칸리그 플레이오프에서 볼 수 없다.

이를 분석하는 몇 가지 방법이 있지만, 먼저 논리 연결자를 찾아야 한다. 먼저 '만약'과 '~면'이 있음을 주목하자. 이 표현은 가정과 결론을 나타내므로 이들을 찾아야 한다. 또한 가정에 논리곱을 나타내는 '~고'가 있으며, 결론에는 부정을 나타내는 '~없다'가 있다.

따라서 다음과 같이 명제들을 나타내는 기호를 선택하자.

> A: 양키스는 리그 챔피언이 되었다.
> B: 레드삭스는 와일드 카드를 얻었다.
> C: 블루제이는 아메리칸 리그 플레이오프에서 볼 수 있다.

이 기호를 이용하면 복합명제는 $(A \land B) \rightarrow \sim C$로 기호화할 수 있다.

명제는 일반적으로 긍정적으로 기술한다. 물론

> A: 밖에 비가 오지 않는다.

와 같이 부정적인 명제를 만들 수도 있지만 이는 일반적으로 좋지 않은 표현이다. 그 이유는 이런 부정적인 표현에 의해 생기는 혼란이 있을 수 있으며, 따라서 이런 식으로 명제를 정의하는 것은 피하는 것이 좋다.

연습문제

어떤 것이 논리적 명제인지 구분하여라.

1. 금성은 태양과 가장 가까운 행성이다.
2. 야구하자!
3. 일본 음식을 좋아하니?
4. 한국의 자동차들의 연비는 과거 30년 동안 계속 향상되었다.
5. 다음 주에 복권에 당첨될 것이다.
6. 스스로에게 진실되어라.
7. 실베스터 스탤론은 배우이다.

단순명제인지 복합명제인지 구분하여라.

8. 내가 가장 좋아하는 야구팀은 뉴욕 양키스이고 가장 좋아하는 야구선수는 알렉스 로드리게스이다.
9. 내일은 비가 올 것이다.
10. 만약 너랑 결혼할 수 없으면 나는 누구와도 결혼하지 않을 것이다.
11. 대부분의 학생들은 구입한 수학책을 읽기 않는다.
12. '청년경찰'에 등장하는 경찰관은 가상의 경찰관이다.
13. 얻는 것이 있으면 잃는 것도 있다.
14. 상철이는 이기적이며 자만심이 강하다.

다음 복합명제에 대해, 개별 단순명제들에 이름을 붙이고 이 절에서 살펴본 논리 기호를 사용하여 복합명제를 기호로 나

타내어라.

15. 예진이는 귀여운 소녀이거나 그것은 말이 안 된다.

16. 만약 수학이 재미없다면 나는 재미있는 것이 무엇
    인지 알지 못한다.

17. 나는 크리스마스 선물을 현금으로 사거나, 신용카
    드로 크리스마스 선물을 살 것이다.

18. 대통령은 재선에 당선되거나 실패한 대통령으로
    간주될 것이다.

19. 명수는 카리스마적인 성격이 아니며 논쟁에서 이
    기지 못할 것이다.

다음 기호 표현에서 각 문자에 해당하는 명제를 만들고 해당
기호에 해당하는 복합명제를 기술하여라.

20. $p \rightarrow (q \land r)$

21. $p \lor (q \rightarrow r)$

22. $(p \land q) \rightarrow r$

23. $p \rightarrow (q \lor r)$

24. $p \land (q \lor r)$

명제의 부정을 구하여라.

25. 나는 키가 180 cm이다.

26. 경균이는 똑똑하다.

27. 뱀은 끈적끈적하다.

28. 빨간색이 내가 가장 좋아하는 색상이다.

29. 울산 모비스는 축구팀이다.

30. 애플 회사는 컴퓨터를 만든다.

31. 한국의 컴퓨터 사용자 수는 매년 두 배씩 늘어나
    고 있다.

32. 중국은 세계에서 가장 큰 경제국가이다.

33. 중국인들은 세계에서 가장 빠른 슈퍼컴퓨터를 개
    발했다.

34. 호주는 세계에서 가장 큰 대륙이다.

2.2 부정, 논리곱, 논리합의 진리표

진리표(truth table)는 유한개의 단순명제가 결합된 복합명제를 조사할 때 사용하는
표이다. 이 표는 해당 명제에 포함된 단순명제의 모든 가능한 진리값을 포함하며 따
라서 다양한 상황들에 대한 결과도 살펴볼 수 있다. 진리표는 실제로 매우 유용하며
한두 가지 예를 살펴보면 바로 이해할 수 있다. 진리표의 개념은 나중에 경로 최적
화 문제에서 다시 다루므로 여기서 모두 이해할 필요는 없다.

먼저 다음 사실을 살펴보자. 진리표의 행의 수는 항상 2의 거듭제곱이다. 즉, 진
리표의 행의 수는 2, 4, 8, 16, 32 등이다. 왜 이 사실이 성립할까? 모든 명제의 진리
값은 두 가지 가능성이 있는데, 즉 T 또는 F이다. 따라서 두 단순명제가 하나의 논
리 연결자에 의해 결합되면 고려해야 하는 경우는 네 가지다. 따라서 첫 번째 명제
의 진리값을 앞에 쓰면 조합의 결과는 TT, TF, FT, FF이다. 복합명제에 다른 단순명
제를 추가할 때마다 가능한 진리값의 조합의 수는 두 배씩 늘어난다.

진리표를 만들 때, 행의 맨 윗줄에는 명제의 기호를, 열에는 명제의 진리값을 표
시한다. 예를 들어 임의로 주어진 명제 A와 B의 논리곱 A ∧ B의 진리표를 생각해
보자. 앞에서 단순명제가 모두 참인 경우에만 논리곱이 참이라고 하였다.

표 2.1은 A ∧ B의 진리표이다. 4개의 행에는 명제 A와 B의 모든 가능한 진리값

의 경우를 표시하고 마지막 열에는 각 경우에 대한 논리곱의 진리값을 표시한다.

표 2.1 A ∧ B의 진리표

A	B	A ∧ B
T	T	T
T	F	F
F	T	F
F	F	F

© Cengage Learning 2014

앞에서 정의한 모든 논리 연결자는 각각의 진리표를 갖고 있다. 명제의 부정에 대한 진리표는 표 2.2와 같이 매우 간단하다. 명제의 진리값과 그 부정명제의 진리값은 정확히 서로 반대다.

표 2.2 ∼A의 진리표

A	∼A
T	F
F	T

© Cengage Learning 2014

앞에서 설정한 논리합의 진리값에 대한 기준을 적용하면 논리합의 진리표를 표 2.3과 같이 얻을 수 있다.

표 2.3 A ∨ B의 진리표

A	B	A ∨ B
T	T	T
T	F	T
F	T	T
F	F	F

© Cengage Learning 2014

포함된 명제의 수가 증가할수록 논리 연결자의 진리표는 점점 더 복잡해진다. 좀 더 복잡한 예로서 다음 복합명제를 살펴보자.

재혁이는 똑똑하고 잘 생겼다. 또는 그것은 말이 안 된다.

관련된 모든 단순명제를 나타내려면 주어진 명제를 약간 확장해야 한다. 첫 번째 부분인 "재혁이는 똑똑하고 잘 생겼다"는 실제로 "재혁이는 똑똑하다"와 "재혁이는 잘 생겼다"라는 두 단순명제를 연결한 것이다. 따라서 복합명제는 다음과 같이 나타낼 수 있다.

재혁이는 똑똑하고 재혁이는 잘생겼다. 또는 그것은 말이 안 된다.

이제 각 단순명제를 문자로 나타내자.

A: 재혁이는 똑똑하다.

B: 재혁이는 잘생겼다.

C: 그것은 말이 안 된다.

따라서 주어진 복합명제를 기호로 나타내면 (A ∧ B) ∨ C이다. 수식처럼 연관된 명제는 괄호로 묶을 수 있다. 이 복합명제에 대한 진리표를 작성한 다음 그 결과를 해석할 것이다. 연습을 거치면 한 번에 표를 만들 수 있지만 처음에는 단계별로 작성하는 것이 좋다.

논리곱에 대한 진리표는 표 2.4와 같다. 이 표는 (A ∧ B) ∨ C의 진리표를 만드는 데 중요한 역할을 한다. 3개의 단순명제가 포함되어 있으므로 진리표는 $2^3 = 8$개의 행을 가지며 단순명제 A, B, C의 가능한 모든 진리값의 조합을 표시한다.

표 2.4 A ∧ B의 진리표

A	B	A ∧ B
T	T	T
T	F	F
F	T	F
F	F	F

© Cengage Learning 2014

표 2.5

A	B	C	A ∧ B	(A ∧ B) ∨ C
T	T	T		
T	T	F		
T	F	T		
T	F	F		
F	T	T		
F	T	F		
F	F	T		
F	F	F		

© Cengage Learning 2014

처음 세 열에는 A, B, C의 진리값이 가능한 모든 경우를 체계적으로 나열한다. 첫 번째 열은 명제 A의 T와 F의 값이 각각 절반이 되며 따라서 첫 네 행은 명제 A에 진리값 T를 적용시킨다(표 2.5). 두 번째 열은 명제 B의 진리값의 배열을 나타내는데 이 T와 F는 첫 번째 열의 T와 F의 구성을 반으로 나눈다. 이 과정은 세 번째 열에 대해서도 같으며 원칙적으로는 문제에 포함되어 있는 단순명제가 몇 개이든지 같은 방식으로 진행할 수 있다.

다음으로 표 2.6과 같이 논리곱에 대한 열을 채운다. 이후에는 표 2.7과 같이 A 와 B 각각의 진리값은 생각하지 않아도 되며 A ∧ B와 명제 C와의 논리합을 고려하면 된다.

표 2.6

A	B	C	A ∧ B	(A ∧ B) ∨ C
T	T	T	T	
T	T	F	T	
T	F	T	F	
T	F	F	F	
F	T	T	F	
F	T	F	F	
F	F	T	F	
F	F	F	F	

© Cengage Learning 2014

표 2.7

A	B	C	A ∧ B	(A ∧ B) ∨ C
T	T	T	T	**T**
T	T	F	T	**T**
T	F	T	F	**T**
T	F	F	F	**F**
F	T	T	F	**T**
F	T	F	F	**F**
F	F	T	F	**T**
F	F	F	F	**F**

© Cengage Learning 2014

이제 주어진 개별 명제의 진리값에 대해 복합명제의 진리값을 구할 수 있다. 예를 들면, 표의 첫 번째 행을 생각해 보자. "재혁이는 똑똑하다"와 "재혁이는 잘생겼다", "그것은 말이 안된다"가 모두 참이면 전체 복합명제는 참이다. 간단히 말해, 경험적 증거를 통해 개별 단순명제의 진리값을 알고 있다면 복합명제의 진리값을 결정할 수 있다.

하지만 이러한 진리표의 기능에도 불구하고 단점이 있다면 그것은 바로 표가 커질 수 있다는 것이다. 다음에 설명하려 하는 것과 비교할 때, 이러한 큰 표를 생각해야 하는 것은 불편할 수 있다. 즉 유용하며 보다 간결한 형태로 통합된 진리표를 생각할 수 있다. 이에 관해서는 다음에 설명하기로 한다.

진리표의 마지막 열이 모두 T로 구성될 수 있다. 즉 모든 상황에서 복합명제가 항상 참임을 나타낸다. 이러한 명제를 항상 참인 명제(tautology)라 부른다. 진리표를 살펴볼 때, 항상 참인 명제는 마지막 열이 모두 F인 명제와 정 반대이다. 이러한 명제를 모순(contradiction)이라 한다.

이 절을 마무리하면서 진리표가 명제들이 아닌 '실생활'에 어떻게 적용될 수 있는지 생각해 보자. 논리 연결자들은 다양한 응용문제에서 나름의 의미를 갖고 있지만 여기서는 두 가지 연결자의 응용에 대해 살펴보고자 한다. 컴퓨터와 전류의 회로에 응용되는 논리곱과 논리합을 살펴보자.

스위치가 닫혀 있으면 전류는 스위치를 통과하고 스위치가 열려 있으면 통과하지 않을 것이다. 하나의 스위치 다음에 다른 스위치 하나를 배치한 직렬회로를 생각하자. 이는 논리곱에 해당한다. 이를

A: 스위치 A는 닫혀 있다.

B: 스위치 B는 닫혀 있다.

로 나타내면 전류는 정확히 논리곱 $A \wedge B$가 참인 경우에 직렬회로를 통과할 것이다.

한 스위치가 다른 스위치와 나란히 배치된 병렬회로는 논리합에 해당한다. 직렬회로의 경우, 두 스위치가 모두 닫힌 경우에만 전류가 통과하는 반면 병렬회로의 경우 스위치 중 하나 이상이 닫히면 전류가 통과한다. 결국 전류가 흐르는 조건은 $A \vee B$가 참인 상황과 정확히 일치한다.

연습문제

다음 명제의 진리표를 작성하여라.

1. $p \wedge \sim q$

2. $p \vee q$

3. $p \vee \sim p$

4. $p \wedge \sim p$

5. $\sim p \vee \sim q$

6. $\sim(\sim p) \wedge \sim q$

7. $\sim(\sim(\sim(\sim p)))$

8. $(\sim p \wedge \sim q) \vee (\sim p \vee \sim q)$

9. $(\sim p \vee q) \wedge r$

10. $\sim(p \wedge \sim q) \vee r$

다음 명제의 쌍의 진리표가 동일한가 아니면 다른가?

11. $\sim(p \vee \sim q), (\sim p) \vee q$

12. $\sim(\sim p \vee \sim q), p \vee q$

13. $p \vee (\sim q \wedge r), p \wedge q \wedge \sim r$

14. $p \wedge (\sim q \vee \sim r), (p \wedge (\sim q)) \wedge (p \wedge \sim r)$

15. $p \wedge \sim(q \wedge r), p \wedge (\sim q \vee \sim r)$

16. $\sim(p \vee q), \sim p \vee \sim q$

다음은 회로를 나타낸다. 회로를 논리 기호로 나타내고 (가능하면) 이와 동치이면서 더 작은 수의 스위치를 갖는 회로를 구상하여라.

17.
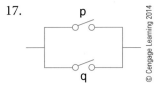

18.

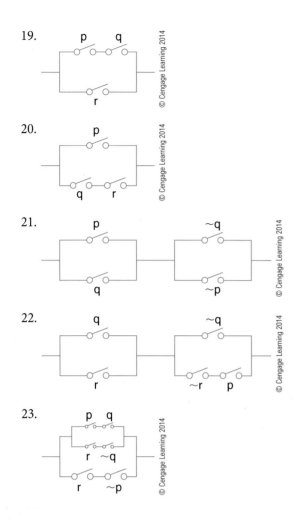

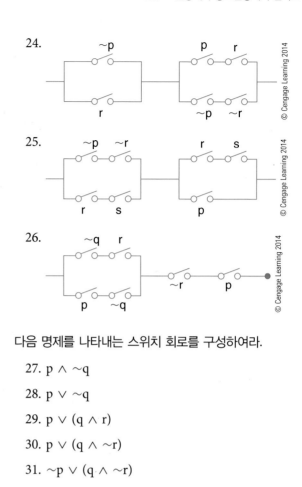

다음 명제를 나타내는 스위치 회로를 구성하여라.

27. p ∧ ~q

28. p ∨ ~q

29. p ∨ (q ∧ r)

30. p ∨ (q ∧ ~r)

31. ~p ∨ (q ∧ ~r)

32. ~p ∧ (~q ∨ ~r)

33. (p ∨ q) ∧ ~r

34. (~p ∨ q) ∧ (r ∧ s)

2.3 조건명제와 쌍조건명제의 진리표

"만약 내가 공부하면, 나는 시험준비를 할 것이다"와 같은 복합명제를 조건명제(conditional statement)라 하며, '조건(if-then)'의 표현을 통해 파악할 수 있다. 이러한 명제를 함의, 가설, 내포명제라고도 부르지만 이 책에서는 '조건(conditional)'명제라 부르기로 하자.

조건명제는 두 부분으로 구성되어 있는데 가정('만약 ~이면' 사이의 내용)과 결론('~이면' 이후 내용)이다. 조건명제라 함은 가정이 참이면 결론이 참이어야 함을 의미한다. 즉, 가정은 결론을 함의(implies)한다. 조건명제의 진리값을 결정하기 위해서는 언제 조건명제가 거짓인지 생각해야 한다. 조건명제가 거짓이 되는 유일한 조건은 함의의 본질이 지켜지지 않는 경우로 가정이 참이지만 결과가 거짓인 경우이다. 즉, A → B가 거짓인 유일한 경우는 논리곱 A ∧ ~B가 참인 경우다.

그러므로 A → B는 복합명제 ~(A ∧ ~B)와 동일한 진리표를 갖는다. 이제 ~(A ∧ ~B)의 진리표를 구하면 표 2.8과 같이 조건명제의 진리표를 얻을 수 있다. 따라서 A → B는 A가 참이지만 B가 거짓인 경우에만 거짓이 된다.

표 2.8

A	B	~B	A ∧ ~B	~(A ∧ ~B)	A → B
T	T	F	F	T	T
T	F	T	T	F	F
F	T	F	F	T	T
F	F	T	F	T	T

조건명제는 종종 '가정이면 결론이다'의 형식을 갖지만 항상 그런 것은 아니다. 사실상 모든 표현의 경우와 마찬가지로 동일한 의미를 갖는 다른 표현이 존재한다. 조건명제의 경우, 가정과 결론의 위치를 바꾸는 등 다른 표현들이 많이 있다. 누군가 "내가 직업을 가지면, 나는 급여를 받을 것이다"라고 말했다면 이를 "나는 급여를 받을 것인데 이를 위해서는 직업을 가져야 한다"로도 표현할 수 있다. 즉 영어에서 "If A, then B"는 "B if A"로 나타낼 수 있다.

또한 "A는 B이기 위해 충분하다"라고도 표현할 수 있다. 이는 조건명제를 표현하는 자연스러운 방법은 아니지만 다른 관점으로 생각할 수 있게 해준다. "A는 B이기 위해 충분하다"는 것은 만약 A가 일어나면, 이는 B가 일어나기에 충분하다는 것을 의미한다. 다음 수학적 사실을 생각해 보자. "다각형이 세 변을 갖는 것은 이 다각형이 삼각형이 되기에 충분하다." 이를 다르게 표현하면 "만약 다각형이 세 변을 가지면, 이 다각형은 삼각형이다."

"A이면 B이다(if A then B)"의 다른 두 가지 표현이 더 있는데 "B인 경우에만 A이다(A only if B)"와 "B는 A이기 위해 필요하다(B is necessary for A)"이다. 분명히, 일반적으로 이 표현들은 '가정이면 결론이다' 표현보다 덜 사용되지만, 사용하는 경우에 대비해야 한다.

쌍조건명제(biconditional statement)는 '필요충분조건(if and only if)'명제로도 알려져 있다. 양쪽 화살표로 나타내는 이 관계는 등가조건(condition of material equivalence)이라고도 하며 각각의 개별 명제의 진리값이 같은 경우에만 참이라는 특성을 갖고 있다. 즉 "A와 B는 필요충분조건이다"는 두 명제 A와 B가 모두 참이거나 또는 모두 거짓일 때 참이다.

"'나는 살아 있다'와 '나는 숨을 쉰다'는 필요충분조건이다" 또는 "나는 살아 있다면 그리고 그때에만 나는 숨을 쉰다"는 쌍조건명제의 예이다. 쌍조건명제를 보는 또 다른 방법은 두 조건명제의 논리곱인 (A → B) ∧ (B → A)로 나타내는 것이다. 이 관점에서 앞의 예는 "만약 내가 살아있다면, 나는 숨을 쉬고, 만약 내가 숨을 쉬면, 나는 살아 있다"와 같다.

쌍조건명제의 진리표는 표 2.9와 같다. 쌍조건명제는 두 조건명제의 논리곱으로 볼 수 있다는 것을 기억하자. 표 2.10과 같이 논리곱의 진리표를 만들면 이 진리표는 표 2.9와 같다. 즉, 각 표의 마지막 열이 서로 같다.

표 2.9

A	B	A ↔ B
T	T	T
T	F	F
F	T	F
F	F	T

© Cengage Learning 2014

표 2.10

A	B	A → B	B → A	(A → B) ∧ (B → A)
T	T	T	T	T
T	F	F	T	F
F	T	T	F	F
F	F	T	T	T

© Cengage Learning 2014

연습문제

다음 물음에 대해 답하여라.

1. '조건'명제의 의미는 무엇인가?
2. '쌍조건'명제의 의미는 무엇인가?
3. '가정'의 의미는 무엇인가?
4. 조건명제는 언제 거짓이 되는가?

다음 명제의 진리표를 작성하여라.

5. A → ∼B
6. ∼A → B
7. ∼(∼A) ↔ B
8. ∼(A → B)
9. (A ∨ B) ↔ A
10. ∼(A ∧ ∼B) → (A ∨ B)
11. ∼(A ∨ B) → ∼(A ∧ C)
12. (A ∨ B) ↔ ∼(A ∨ C)
13. (A → ∼B) ↔ (B → ∼A)

조건명제 A → B의 '역(converse)'이란 가정과 결론을 바꾼 조건명제 B → A를 말한다. 다음 조건명제의 역을 구하여라.

14. 만약 내가 세금을 내지 않는다면, 나는 감옥에 갈 것이다.
15. 만약 내가 당신에게 판 차가 마음에 든다면, 너는 다음에도 나를 통해 차를 살 것이다.
16. 만약 나각형이 삼각형이년, 나각형은 세 변을 갖는다.
17. 의료서비스가 개혁되면 국민은 행복할 것이다.

조건명제 A → B의 각 명제를 부정하여 얻은 조건명제 ∼A → ∼B를 원래 명제의 '이(inverse)'라 한다. 다음 조건 명제의 이를 구하여라.

18. 대마초가 합법화되면 헤로인도 궁극적으로 합법화

될 것이다.

19. 만약 우리가 지금 전쟁을 선포하면, 우리는 미래에 평화를 얻을 것이다.

20. 제품을 원래 포장대로 반품하면 전액 환불받는다.

21. 이 강의에서 C를 받으면 졸업할 수 있다.

22. 신용카드로 20,000포인트를 적립하면 하와이로 가는 무료 항공권을 받을 수 있다.

다음 조건명제 A → B를 "A는 B이기 위해 충분하다"의 형태로 나타내어라.

23. 만약 오늘 비가 오면, 내 옷은 젖을 것이다.

24. 만약 내가 수학책을 읽지 않으면, 시험을 보기 어려울 것이다.

25. 만약 내가 중범죄로 유죄 판결을 받으면, 군대에 입대할 수 없게 된다.

26. 내 입찰이 받아들여지면 그 집을 살 것이다.

다음 명제를 가정과 결론의 '조건문(if-then)'으로 나타내어라.

27. 나는 축하를 받을 것이다. 만약 선거에서 이긴다면.

28. 이 자동차를 리스하기 위해서 신용카드를 승인하면 충분하다.

29. 1월 30일까지 신청서를 제출하는 경우에만 5월에 졸업하게 된다.

30. 수잔과 결혼하려면 제인과 이혼해야 한다.

2.4 동치명제

두 명제의 진리값이 항상 일치하면 이 두 명제를 논리적 동치(logically equivalent)라 한다. 2.3절의 마지막 두 진리표는 명제 A ↔ B와 (A → B) ∧ (B → A)가 동치임을 나타낸다. 이제 여러 가지 명제들의 진리표 구성을 통해 논리적으로 동치인 명제들을 찾고자 한다.

왜 동치명제들을 찾아야 하는지 궁금해할 수도 있을 것이다. 두 명제가 동치인 경우 한 명제 대신 이와 동치인 다른 명제를 선택하는 것이 바람직할 수 있는가? 그 이유는 더 간단하거나 더 명쾌한 명제로 표현이 가능하기 때문이다. 복잡한 표현은 명제의 해석을 어렵게 할 수 있으므로, 간단한 형태를 생각하면 더 분명히 알 수 있다.

한 예를 살펴보자. "만약 내가 수학시험을 통과하면, 나는 행복할 것이다." 이는

A: 나는 수학시험을 통과한다.

B: 나는 행복할 것이다.

로 구성된 조건명제이다. 이 명제는 "만약 내가 행복하지 않으면 나는 이 수학시험을 통과하지 못할 것이다"와 동치명제인가?

두 복합명제는 분명히 서로 관련성이 있지만 동일한 내용을 언급하는지는 언뜻 보기에 분명하지 않다. 이들이 논리적으로 동치인지 여부를 확인하기 위해서는 이들의 진리표가 같은지 확인해야 한다. 먼저 조건명제에 대한 진리표는 이미 알고 있다(표 2.11).

표 2.11 조건명제의 진리표

A	B	A → B
T	T	T
T	F	F
F	T	T
F	F	T

© Cengage Learning 2014

이제 이와 동치일 것으로 예측되면 명제를 기호화하고 진리표를 작성하자. 명제 A, B와 동일한 문자를 사용하면 "만약 내가 행복하지 않으면 나는 이 수학시험을 통과하지 못할 것이다"는 ~B → ~A로 나타낼 수 있다. 이 명제의 진리표는 표 2.12와 같다.

표 2.12

A	B	~B	~A	~B → ~A
T	T	F	F	T
T	F	T	F	F
F	T	F	T	T
F	F	T	T	T

© Cengage Learning 2014

두 진리표가 서로 같음을 알 수 있다. 따라서 두 명제는 논리적으로 서로 동치이며 실제로 정확히 같은 개념을 나타낸다. 일반적으로 조건명제 ~B → ~A는 조건명제 A → B와 논리적 동치이며 이를 조건명제 A → B의 대우(contrapositive)라 한다.

물론 위에서 제시된 동치인 명제들이 똑같이 복잡하고 따라서 어떤 것을 사용해도 아무런 차이가 없다고도 생각할 수 있다. 결국 논리적 동치의 중요성은 그렇게 크지 않다고 느낄 수 있다.

다음 명제를 생각하자.

$$(A \wedge B) \vee [(B \vee C) \wedge (B \wedge C)]$$

이 명제는 가령

A: 나는 수학수업을 듣는다
B: 나는 영어수업을 듣는다.
C: 나는 역사수업을 듣는다.

와 같이 세 단순명제 A, B, C가 포함된 복합명제를 나타낸다고 볼 수 있다. 그러면 이 복합명제는 다음을 나타낸다.

나는 수학수업과 영어수업을 듣거나, 나는 영어수업 듣거나 역사수업을 듣고 나는 영어수업과 역사수업을 듣는다.

명제를 읽는 것만으로는 말하고자 하는 것이 불분명하고 혼란이 생길 수 있으며 또한 체계적이지도 않다.

이 복합명제의 진리표를 작성해 보자. 포함된 명제가 3개이므로 $2^3 = 8$개의 행이 필요하다(표 2.13). 이 표를 작성하는 과정은 상당히 복잡하다. 진리표의 8개의 열들을 일련의 논리곱과 논리합들의 진리값들로 채워야 하기 때문이다. 하지만 명제 $(A \lor C) \land B$의 진리표를 작성해 비교해 보자. 이 명제의 진리표는 표 2.14와 같다.

표 2.13

A	B	C	$A \land B$	$B \lor C$	$B \land C$	$[(B \lor C) \land (B \land C)]$	$(A \land B) \lor [(B \lor C) \land (B \land C)]$
T	T	T	T	T	T	T	T
T	T	F	T	T	F	F	T
T	F	T	F	T	F	F	F
T	F	F	F	F	F	F	F
F	T	T	F	T	T	T	T
F	T	F	F	T	F	F	F
F	F	T	F	T	F	F	F
F	F	F	F	F	F	F	F

표 2.14

A	B	C	$A \lor C$	$(A \lor C) \land B$
T	T	T	T	T
T	T	F	T	T
T	F	T	T	F
T	F	F	T	F
F	T	T	T	T
F	T	F	F	F
F	F	T	T	F
F	F	F	F	F

표 2.13 명제의 진리표와 표 2.14 명제의 진리표가 정확히 일치하므로 두 명제는 논리적 동치임을 알 수 있다. 이 명제를 말로 하면 "나는 수학수업을 듣거나 역사수업을 듣고, 나는 영어수업을 듣는다"가 된다. 기초적인 논리의 적용임에도 불구하고 간단한 명제가 혼란스럽지 않고 명쾌하다는 것을 알 수 있다.

이 시점에서 다음을 생각해 볼 수 있다. "주어진 명제를 대체할 수 있는 간단한 명제를 어떻게 찾을 수 있는가?" 매우 당연한 질문인데, 일단 다음을 고려해 보자.

먼저 근본적으로 논리적 동치인 명제들을 소개한다. 첫 번째는 이중부정(double negation)이다. 명제와 그 부정명제는 진리값이 서로 반대이다. 즉, A가 참이면 ~A 는 거짓이고 그 반대의 경우도 마찬가지다. 따라서 A의 부정명제를 한 번 더 부정하면, 명제 A와 동일한 진리값을 갖고 논리적으로 A와 동치인 명제가 된다.

이는 표 2.15의 ~(~A)의 진리표를 보면 확실히 알 수 있다. A의 열과 ~(~A)의 열이 일치하므로 두 명제는 논리적 동치이다.

표 2.15 이중부정의 진리표

A	~A	~(~A)
T	F	T
F	T	F

논리적 동치명제의 두 번째 예로 다음을 비교하자.

‘A → B’와 ‘~A ∨ B’

이 두 명제는 논리적으로 동치임을 알 수 있다. 전자에 대한 진리표는 이미 알고 있으므로, 표 2.16에서 후자의 진리표를 살펴보자. 이 진리표들은 서로 같으므로 따라서 두 명제는 논리적으로 동치이다.

표 2.16 논리적 동치임을 나타내는 진리표

A	B	~A	~A ∨ B	A → B(알고 있음)
T	T	F	T	T
T	F	F	F	F
F	T	T	T	T
F	F	T	T	T

명제들이 논리적 동치인지 여부를 확인 또는 반증하는 것은 연습문제로 다룬다. 각 명제에 대한 진리표를 구성하여 결과를 비교하면 된다. 진리표가 동일하다면 명제는 논리적 동치이다. 그렇지 않으면 두 명제는 논리적으로 다른 명제이다.

예제 2.2 다음은 혼동을 불러올 수 있는 명제들이다. 이 두 명제는 같은가?

1. 다음은 사실이 아니다. 은행은 토요일에 열고 우체국은 토요일에 연다.
2. 은행은 토요일에 열지 않거나 우체국은 토요일에 열지 않는다.

풀이

언뜻 두 명제는 유사해 보이지만 같은 내용을 언급하는지는 분명하지 않다. 이들이 논리적 동치인지를 결정하기 위해 기호로 나타내고 진리표를 만든다. 먼저 명제를 "A: 은행은 토요일에 연다, B: 우체국은 토요일에 연다"와 같이 기호화하자. 1의 명제는 ~(A ∧ B)로, 2의 명제는 ~A ∨ ~B로 나타낼 수 있다. 이제 표 2.17과 표 2.18의 진리표를 통해 비교한다. 두 표의 마지막 열이 일치함을 알 수 있다. 따라서 두 명제는 논리적 동치이고 따라서 같은 의미를 표현한다.

표 2.17

A	B	A ∧ B	~(A ∧ B)
T	T	T	F
T	F	F	T
F	T	F	T
F	F	F	T

표 2.18

A	B	~A	~B	~A ∨ ~B
T	T	F	F	F
T	F	F	T	T
F	T	T	F	T
F	F	T	T	T

마지막 예제는 드모르간 법칙(DeMorgan's law)의 논리적 형태 중 하나다. 다른 형태의 드모르간 법칙의 증명은 연습문제로 제시한다.

논리적 동치를 나타내기 위해 기호 ≡를 사용하며 "논리적으로 동치이다" 또는 간단히 "동치이다"로 읽는다. 수학 계산에서의 등호와 마찬가지로 이 기호는 논리적 연산이 아닌 두 명제 사이의 동치조건을 나타내는 기호이다.

연습문제

다음 물음에 대해 답하여라.

1. '논리적 동치'의 의미는 무엇인가?
2. 논리적 동치임을 진리표를 사용하여 어떻게 확인하는가?

다음 명제가 서로 논리적 동치인지 여부를 확인하여라.

3. ~(A ∧ ~B), (~A) ∨ (~B)
4. ~(A ∧ B), ~A ∧ ~B
5. ~(A ∨ ~B) ∧ ~(A ∨ B), A ∨ (A ∧ B)
6. ~(A ∨ ~B) ∨ (~A ∧ ~B), ~A
7. ((A ∧ B) ∧ C) ∧ D, ((D ∧ C) ∧ B) ∧ A
8. A ∨ (A ∧ B), A
9. A ∨ B, ~(~A ∧ B)

10. $(A \rightarrow B) \wedge (B \rightarrow A), (A \leftrightarrow B)$

11. $(A \vee B) \vee C, A \vee (B \vee C)$

12. $(A \rightarrow B) \wedge (A \rightarrow C), A \rightarrow (B \wedge C)$

13. $(A \wedge (\sim C \vee B)), (A \wedge C) \vee (A \wedge B)$

이 절의 예제에서 드모르간의 법칙 중 하나인 $\sim(A \wedge B) \equiv$ $\sim A \vee \sim B$를 확인하였다. 다음은 드모르간의 법칙의 다른 한 형태이다.

14. $\sim(A \vee B) \equiv \sim A \wedge \sim B$임을 보여라.

드모르간의 법칙을 사용하여 다음 명제의 부정을 구하여라.

15. 나는 부자가 되고 성공할 것이다.

16. 오늘 비가 오거나 내일은 맑을 것이다.

17. 당신이 참석하거나 나는 당신을 내보낼 것이다.

18. 민주당은 선거에서 승리했고 공화당은 불행해졌다.

19. 수 N은 양수도 아니고 음수도 아니다.

20. 나는 수학을 계속 가르치거나 나는 법학대학원을 갈 것이다.

21. 나는 맥북을 사거나 나는 델 노트북을 살 것이다.

22. 수진은 보험 설계사이고 도훈이는 컴퓨터 프로그래머이다.

23. 중국은 실리콘 칩의 주요 제조국이며 인도는 소프트웨어의 주요 생산국이다.

24. π는 무리수이고 e는 유리수이다.

2.5 기호 논증

이 절에서는 결론을 논리적으로 뒷받침할 수 있는 일련의 명제들을 생각한다. 논리에서는 이러한 일련의 명제를 **논증**(argument)이라 한다. 논증은 언쟁이나 다툼과는 다른 것이므로 이를 구분해야 한다. 논리에서 논증은 격렬한 의견 교환이 아니라 다른 명제를 결론으로 얻을 수 있는 일련의 명제들을 의미한다.

비교적 간단한 예를 살펴보자.

준혁이가 GRE 시험을 잘 봤다면 대학원에 입학할 것이다.
준혁이는 GRE 시험을 잘 봤다.
그러므로 준혁이는 대학원에 입학할 것이다.

처음 두 명제를 **전제**(premises) 또는 **가정**(assumption)이라 하고 주로 '그러므로' 뒤에 오는 마지막 명제를 **결론**(conclusion)이라 한다. 이 용어들은 1장의 벤 다이어그램의 응용에서도 언급했었다.

관심은 논증이 **타당**(valid)한지 여부이다. 즉, 만약 두 전제조건이 참이면 결론도 참인가? 다시 말해 가정들로부터 결론이 반드시 성립하는가?

1장에서처럼 벤 다이어그램을 이용하여 논증의 타당성을 살펴볼 수 있지만 진리표를 이용할 수도 있다. 이를 위해 각 전제조건을 기호로 나타내고 이들의 논리곱을 만든다. 계속해서 이 논리곱을 가정으로, 마지막 명제를 결론으로 하는 조건명제를 만든다. 만약 이 조건명제가 항진명제, 즉 모든 진리값이 참인 명제이면, 이 논증은 타당하고 그렇지 않으면 타당하지 않다(invalid)고 한다.

여러 용어의 사용으로 조금 혼란스러울 수도 있기 때문에 예제를 통해 논증의 타당성의 의미를 설명하고자 한다.

> 준혁이가 GRE 시험을 잘 봤다면 대학원에 입학할 것이다.
> 준혁이는 GRE 시험을 잘 봤다.
> 그러므로 준혁이는 대학원에 입학할 것이다.

다음과 같이 문자를 사용하여 논증을 기호화한다.

> A: 준혁이는 GRE 시험을 잘 봤다.
> B: 준혁이는 대학원에 입학할 것이다.

그러면 논증은 다음과 같이 나타낼 수 있다.

> $A \rightarrow B$
> A
> $\therefore$ B

논증의 기호 표현에서 마지막 줄에 삼각형 모양으로 배열된 점의 기호를 사용하였다. 이 기호는 '그러므로'를 나타낸다.

'전제조건의 논리곱'은 복합명제 $(A \rightarrow B) \wedge A$이다. 이 명제는 두 전제조건을 논리 연결자 '그리고'로 연결한 것이다. 그 다음 이 논리곱을 가정으로 하고 논증의 결론을 결론으로 하는 조건명제 $((A \rightarrow B) \wedge A) \rightarrow B$를 만든다.

이제 문제는 이 마지막 명제가 항진명제인지 여부를 확인하는 것으로 바뀐다. 먼저 $(A \rightarrow B) \wedge A$의 진리표를 만든다(표 2.19).

표 2.19

A	**B**	**A → B**	**(A → B) ∧ A**
T	T	T	T
T	F	F	F
F	T	T	F
F	F	T	F

여기서 잠시 표 작성을 멈추고 각 열의 내용이 명확한지 확인한다. 신중하게 확인한 다음 앞에서 설명한 조건문의 진리표를 최종적으로 작성한다. 이 진리표의 마지막 열은 모두 참이므로 따라서 항진명제이다(표 2.20). 그러므로 이 논증은 타당하다.

표 2.20

A	B	A → B	(A → B) ∧ A	B	((A → B) ∧ A) → B
T	T	T	T	T	T
T	F	F	F	F	T
F	T	T	F	T	T
F	F	T	F	F	T

((A → B) ∧ A) → B의 형태를 갖는 이 예는 분리법칙(law of detachment)이라 하는 논증의 한 형태이다. 분리법칙이란 ((A → B) ∧ A) → B로 기호화할 수 있는 모든 논증은 타당하다는 것이다.

타당한 논증의 다른 형태는 대우법칙(law of contraposition), 삼단논법(syllogism), 배타적 삼단논법(disjunctive syllogism) 등이 있다. 이들은 다음과 같다.

대우법칙

A → B

~B

∴ ~A

삼단논법

A → B

B → C

∴ A → C

배타적 삼단논법

A ∨ B

~A

∴ B

이 논증들이 타당함을 증명하는 것은 연습문제로 제시하는데 모두 분리법칙의 경우와 유사하다. 따라서 어떤 논증이 이 네 가지 법칙 중 하나와 같다면 해당 논증은 타당하다고 할 수 있다.

예제 2.3 ▶ 다음 논증이 타당함을 보여라.

재혁이가 학교에 간다면 재혁이는 시험을 잘 볼 것이다.

재혁이가 시험을 잘 보면, 그는 과목을 이수할 것이다.

그러므로 재혁이가 학교에 가면 그는 과목을 이수할 것이다.

풀이

이 논증은 다음과 같이 기호를 사용하여 나타낼 수 있다.

J: 재혁이는 학교에 간다.

W: 재혁이는 시험을 잘 본다.

P: 재혁이는 과목을 이수한다.

$J \rightarrow W$

$W \rightarrow P$

$\therefore J \rightarrow P$

이 논증은 삼단논법의 형태이므로 타당하다.

타당하지 않은 논증을 오류(fallacy)라고 한다. 지금 소개하고자 하는 오류의 유형은 **역명제의 오류**(fallacy of the converse)와 **이명제의 오류**(fallacy of the inverse)이다. 이 두 가지 오류는 조건문을 포함하며 이미 알고 있는 타당한 명제와 관련이 깊다. 타당한 논증으로부터 실수하여 오류를 얻지 않도록 주의해야 한다.

역명제의 오류

$A \rightarrow B$

B

$\therefore A$

논증에서 처음 주어진 조건명제는 "만약 A이면 B이다"의 형태이다. 이 명제에서 B가 함의하는 내용은 없다. 따라서 B로부터 A를 얻을 수 없다. 다음은 이러한 오류의 예다.

민재가 결혼을 하면, 그는 행복할 것이다.

민재는 행복하다.

따라서 민재는 결혼했다.

이 논증을 깊이 생각해 보면 오류의 본질을 분명하게 알 수 있다. 즉, 민재가 행복하게 할 수 있는 사건들은 많이 있으며 결혼은 단지 그러한 사건들 중 하나일 뿐이다. 민재가 행복하기 때문에 그를 행복하게 한 것이 결혼이라고 말할 수는 없다.

이제 이 논증이 타당한지를 실제로 증명하고자 한다(표 2.21). 표의 마지막 열은 모두 참이 아니므로 전제와 결론의 논리곱으로 구성된 조건명제는 항진명제가 아니다. 따라서 이 논증은 타당하지 않다.

표 2.21

A	B	A → B	(A → B) ∧ B	((A → B) ∧ B) → A
T	T	T	T	**T**
T	F	F	F	**T**
F	T	T	T	**F**
F	F	T	F	**T**

알려진 다른 형태의 오류는 다음과 같다.

이명제의 오류

A → B

~A

∴ ~B

예를 들어 다음을 생각해 보자. "내가 집안일을 하면, 나는 용돈을 받는다. 나는 집안일을 하지 않았다. 그러므로 나는 용돈을 받지 않는다." 모든 부모가 엄격하지는 않으므로 집안일을 하지 않았다고 해서 용돈을 받지 않게 된다고는 할 수 없다.

논쟁이 이 두 가지 형태의 오류 중 하나이면, 논증에 의해 입증된 해당 오류의 명칭을 언급하면서 그 논리가 타당하지 않다고 말할 수 있다.

논증이 두 개 이상의 명제를 포함할 경우 앞서 언급한 타당한 논증의 형태를 사용하면 긴 진리표를 작성하는 데 많은 시간을 소비하지 않아도 된다. 다음 논증을 살펴보자.

날씨가 맑다.

만약 날씨가 맑으면, 나는 제일 좋아하는 야구 모자를 쓸 것이다.

만약 날씨가 맑고 내가 제일 좋아하는 야구 모자를 쓴다면, 홈팀은 승리할 것이다.

만약 내가 좋아하는 신발을 신지 않으면, 홈팀은 승리하지 않을 것이다.

그러므로 나는 좋아하는 신발을 신을 것이다.

논증의 타당성은 논증에서 제기된 발언이 사실인지 또는 믿을 수 있는지와는 관련이 없다. 중요한 것은 논증의 유형으로 각 명제의 사실 여부는 이러한 종류의 문제에서는 고려하지 않는다.

다음의 기호를 사용하자.

S: 날씨가 맑다.

B: 나는 제일 좋아하는 야구 모자를 쓸 것이다.

W: 홈팀은 승리할 것이다.

       F: 나는 좋아하는 신발을 신을 것이다.

이 기호를 이용하면 논증을 다음과 같이 나타낼 수 있다.

     S

     $S \rightarrow B$

     $S \wedge B \rightarrow W$

     $\sim F \rightarrow \sim W$

     $\therefore$ F

분리법칙을 사용하면 첫 두 줄로부터 B가 참임을 알 수 있다. S와 B가 각각 참이므로 $S \wedge B$도 참이다. 세 번째 줄에 분리법칙을 적용하면 $S \wedge B$가 참이므로 W가 참이다.

네 번째 줄은 그 대우명제와 논리적 동치이므로 $W \rightarrow F$로 쓸 수 있고 따라서 분리법칙에 의해 F는 참이다. 그러므로 이 논증은 타당하다. 물론 진리표를 사용하여 타당성을 입증할 수도 있다. 하지만 4개의 명제가 포함되어 있으므로 진리표는 $2^4 = 16$개의 행을 갖고 있다.

논증의 타당성을 증명하기 위해 두 가지 방법(진리표와 알려진 논증의 유형)이 가능하다. 진리표를 이용하는 방법은 진리표를 구성하고 열을 하나하나 채워 최종 결과를 얻는 일명 '무작위' 방법이다. 이 방법은 본질적으로 틀린 것은 아니지만, 번거롭고 시간이 오래 걸릴 수 있다. 알려진 논증의 유형을 사용하는 것은 보다 세련된 방법으로 훨씬 간결하지만 알려진 논증의 유형을 기억해야만 한다.

예제 2.4 알려진 논증의 유형을 사용하여 다음 논증의 타당성을 살펴보아라.

아현이가 수학을 전공하면, 그녀는 성공의 기회를 얻을 것이다.
아현이는 수학을 전공하지 않았다.
그러므로 아현이는 성공의 기회를 얻지 못할 것이다.

풀이

이 논증은 다음과 같이 기호를 사용하여 간결하게 나타낼 수 있다.

     A: 아현이는 수학을 전공한다.

     D: 아현이는 성공의 기회를 얻는다.

     $A \rightarrow D$

     $\sim A$

     $\therefore \sim D$

이 논증은 이명제의 오류의 형태이며 따라서 타당하지 않다. 아현이가 수학을 전공하지 않았다는 이유만으로 그녀가 성공의 기회를 얻지 못한다고 할 수 없다! 이는 전제로부터 얻어낸 너무 광범위한 결론이다.

예제 2.5 알려진 논증의 유형을 사용하여 다음 논증의 타당성을 살펴보아라.

만약 당신이 수학책을 베개 밑에 둔다면, 당신은 깊은 잠을 잘 것이다.
만약 당신이 깊은 잠을 자면, 당신은 수학 기말시험을 잘 볼 것이다.
그러므로 만약 당신이 수학책을 베개 밑에 둔다면, 당신은 수학 기말시험을 잘 볼 것이다.

풀이

다음 기호를 사용하자.

P: 당신은 수학책을 베개 밑에 둔다.
S: 당신은 깊은 잠을 잘 것이다.
W: 당신은 수학 기말시험을 잘 볼 것이다.

논증을 기호로 나타내면 다음과 같다.

$P \rightarrow S$
$S \rightarrow W$
$\therefore P \rightarrow W$

이는 삼단논법으로 포함된 명제가 유치함에도 불구하고 타당하다. 정보가 사실인지 여부에는 관심이 없으며 논증의 유형이 타당한지에만 관심이 있다.

예제 2.6 알려진 논증의 유형을 사용하여 다음 논증의 타당성을 살펴보아라.

만약 당신이 공인 대리점에서 차를 산다면, 당신의 차는 기계적 문제가 발생하지 않는다.
만약 당신이 공인 대리점에서 차를 사지 않는다면, 당신은 사서 고생한다.
당신은 사서 고생하지 않는다.
따라서 당신의 차는 기계적 문제가 발생하지 않는다.

풀이

각 명제에 대해 다음 기호를 사용하자.

B: 당신은 공인 대리점에서 차를 산다.
P: 당신의 차는 기계적 문제가 발생한다.

A: 당신은 사서 고생한다.

논증을 이들 기호로 나타내면 다음과 같다.

$$B \rightarrow \sim P$$
$$\sim B \rightarrow A$$
$$\sim A$$
$$\therefore \sim P$$

대우법칙에 의해 두 번째와 세 번째 전재조건으로부터 ~(~B), 즉 B가 참이 된다. 이것과 첫 번째 전재조건 및 분리법칙에 의해 결론 ~P가 참이다. 따라서 이 논증은 대우법칙과 분리법칙에 의해 타당하다.

연습문제

다음 물음에 대해 답하여라.

1. 논리의 관점에서 논증이란 무엇인가?
2. 논증에서 전제조건이란 무엇인가?
3. 논증에서 결론이란 무엇인가?
4. '타당한 논증'이란 무엇인가?
5. 이 절에서 설명한 논증의 타당성을 증명하는 두 가지 방법은 무엇인가?

진리표를 이용하여 논증 유형이 타당함을 증명하여라.

6. 대우법칙
7. 삼단논법
8. 배타적 삼단논법

진리표를 이용하여 논증 유형이 타당하지 않음을 증명하여라.

9. 역명제의 오류
10. 이명제의 오류

알려진 논증의 유형을 이용하여 다음 논증이 타당한지 알아보아라.

11. 만약 기름가격이 하락하면, 사람들은 차를 더 운행할 것이다. 기름가격이 하락한다. 그러므로 사람들은 차를 더 운행한다.
12. 영화에 명배우가 출연하면, 돈을 많이 벌 수 있다.

이 영화는 돈을 많이 벌었다. 그러므로 영화에 명배우가 출연하였다.

13. 수업료를 기한 내에 납부하지 않으면 수업을 들을 수 없다. 수업료를 기한 내에 납부하였다. 그러므로 수업을 들을 수 있다.

14. 바이러스 백신 소프트웨어를 구입하면 컴퓨터는 바이러스에 감염되지 않는다. 바이러스 백신 소프트웨어를 구입하지 않았다. 그러므로 컴퓨터는 바이러스에 감염된다.

15. 고성능 엔진을 주문하면 스포츠 서스펜션을 주문하게 된다. 스포츠 서스펜션을 주문하였다. 그러므로 고성능 엔진을 주문하였다.

16. 당신이 나를 사랑한다면, 당신은 내가 하는 모든 말을 믿을 것이다. 당신은 내가 하는 모든 말을 믿지 않는다. 그러므로 당신은 나를 사랑하지 않는다.

17. 당신은 시골에서 직장을 다니거나 뉴욕으로 이사할 것이다. 당신은 시골에서 직장을 다니지 않는다. 그러므로 당신은 뉴욕으로 이사할 것이다.

기호로 표시된 다음 논증이 타당한지 결정하여라.

18. $\sim A$

$A \rightarrow B$

∴ ~B ∧ A

19. A

    ~B → ~A

    (A ∧ B) → C

    ∴ B → C

20. B

    B → ~A

    B → (C ∧ A)

    ∴ C

21. A

    ~A → ~B

    (A ∧ B) → C

    ∴ ~B → C

다음 논증을 기호로 나타내고 논증이 타당한지 결정하기 위한 두 가지 방법 중 하나를 사용하여라.

22. 도연이는 하와이에 간다.

    만약 도연이가 하와이에 가지 않는다면, 그녀는 휴가를 가지 않는다.

    만약 도연이가 하와이로 휴가를 간다면, 그녀의 친구들은 그녀를 보고 싶어 할 것이다.

그러므로 만약 도연이가 휴가를 가면, 그녀의 친구들은 그녀를 보고 싶어 한다.

23. 알렉스는 러시아어를 한다.

    만약 알렉스가 러시아어를 하면, 그는 CIA에서 근무할 수 있다.

    그는 뉴욕에 살지 않거나 CIA에서 근무하지 않을 것이다.

    그러므로 알렉스는 뉴욕에 살 것이다.

24. 만약 수연이가 주호와 헤어진다면, 그녀는 춤추러 오지 않을 것이다.

    만약 수연이가 주호와 헤어지지 않거나 춤추러 오지 않는다면, 그녀는 쇼핑하러 갈 것이다.

    수연이는 쇼핑하러 가지 않을 것이다.

    그러므로 수연이는 주호와 헤어지지 않을 것이다.

25. 태훈이는 키가 크고, 수찬이는 키가 작다.

    만약 수찬이가 키가 작으면, 그는 줄무늬 바지를 입고 도망갈 수 있다.

    만약 원택이가 키가 크면, 그는 줄무늬 바지를 입고 도망갈 수 없다.

    그러므로 원택이는 키가 크지 않다.

2.6 오일러 다이어그램과 삼단논법

1장에서 다룬 삼단논법은 적어도 두 개의 전제조건과 결론으로 구성된 특별한 유형의 논증이다. 전제조건과 결론에는 '모든', '어떤', '어떤 것도'와 같은 '한정사'를 포함할 수 있다. 또한, 오일러 다이어그램은 벤 다이어그램의 특정한 경우로 논증의 분석에 사용된다.

오일러 다이어그램을 이용하여 삼단논법의 타당성을 확인하는 경우, 이 논증이 타당하지 않다는 것을 보여주는 다이어그램이 나오는 경우가 있는지 확인할 필요가 있다. 만약 그러한 다이어그램을 그릴 수 없다면 해당 논증은 타당하다. 이 방법을 때때로 '반례 원리(counterexample principle)'라 부른다.

예를 살펴보자.

어떤 어린이는 과자를 좋아한다.

수찬이는 과자를 좋아하지 않는다.

그러므로 수찬이는 어린이가 아니다.

이 논증은 타당한가? 이를 알아보기 위해 오일러 다이어그램을 만들자.

첫 번째 전제조건은 어린이들과 과자를 좋아하는지에 대해 말하는데, 어떤 어린이는 과자를 좋아한다는 것을 알려준다. 따라서 두 집합, 즉 어린이들의 집합과 과자를 좋아하는 사람들의 집합이 있음을 알 수 있다. 어떤 어린이들이 과자를 좋아한다는 것은 과자를 좋아하는 어린이들의 집합이 과자를 좋아하는 사람들의 집합과 만난다는 것을 의미하지만, 어린이들의 집합이 과자를 좋아하는 사람들의 집합에 완전히 포함되지 않는다는 것을 의미한다. 따라서 이 조건을 벤 다이어그램으로 나타내면 그림 2.1과 같고 C는 어린이들의 집합이며 L은 과자를 좋아하는 사람들의 집합이다.

두 번째 전제조건은 수찬이는 과자를 좋아하지 않는다는 것이고 따라서 수찬이는 집합 L의 범위 밖에 속하는 사람이다. 이는 수찬이가 전체집합에 속하면서 집합 L의 외부 '어딘가에' 있다는 것을 의미한다. 수찬이의 위치에 관한 더 이상의 정보는 없다.

이제 질문은 다음과 같다. 수찬이가 과자를 좋아하는 사람들의 집합에 속하지 않는다는 전제조건으로부터 수찬이가 어린이가 아니라는 결론이 '반드시' 성립하는가?

수찬이가 집합 L 외부에 속한다는 것만 가지고는 수찬이가 집합 C의 외부에 있다고 확신할 수는 없으므로 이 삼단논법은 타당하지 않다. 수찬이는 집합 C에 있으면서 집합 L에 속하지 않는 곳에 있을 수도 있다.

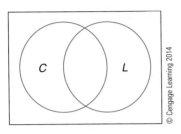

그림 2.1 어린이들의 집합(C)과 과자를 좋아하는 사람들의 집합(L)으로 이루어진 벤 다이어그램

© Cengage Learning 2014

예제 2.7 오일러 다이어그램을 이용하여 다음 삼단논법의 타당성을 살펴보아라.

어떤 수학자는 테니스를 좋아한다.

테니스를 좋아하는 모든 사람들은 천재이다.

상철이는 천재가 아니다.

그러므로 상철이는 수학자가 아니다.

풀이

이 문제에는 4개의 개념, 즉 수학자, 테니스를 좋아하는 사람, 천재인 사람, 상철이가 포함되어 있다. 관련 집합을 정의한 후 상철이가 있을 수 있거나 반드시 있어야 하는 위치를 살펴보자.

M: 수학자들의 집합

T: 테니스를 좋아하는 사람들의 집합

G: 천재인 사람들의 집합

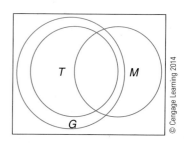

집합 M은 집합 T와 만나지만 서로 부분집합 관계는 없다. 왜냐하면 '모든'이 아닌 '어떤' 수학자들이 테니스를 좋아한다고 했기 때문이다. 한편, 집합 T는 집합 G의 부분집합이어야 하는데 테니스를 좋아하는 사람들은 모두 천재이기 때문이다.

그림 2.2 예제 2.7의 오일러 다이어그램

이 상황을 오일러 다이어그램으로 나타내면 그림 2.2와 같다. 이제 결정적인 질문을 해 보자. 수찬이가 집합 G의 원소가 아니라는 세 번째 전제조건으로부터 수찬이를 M에서 찾을 수 없다는 것이 결론이다. 이 결론은 반드시 성립하는가?

오일러 다이어그램을 보면 수찬이는 집합 G의 외부에 있어야 하는데 집합 G 외부에는 집합 M인 부분도 있으므로 수찬이는 집합 M에 속할 수 있다. 따라서 수찬이는 반드시 집합 M의 원소가 아닐 필요는 없으므로 이 논증은 타당하지 않다.

한 가지 언급할 것은 이 예제에는 '어떤'이라는 한정사가 포함되어 있지만 '어떠한 것도'라는 개념은 사용되지 않았다. 이에 대한 예제를 마지막으로 살펴보고 논리에 대한 설명을 마치기로 하자.

예제 2.8 다음 논증은 타당한가?

어떤 유럽 사람도 정직하지 않다.
스캇은 정직하지 않다.
그러므로 스캇은 유럽 사람이다.

풀이

이를 살펴보기 위해 관련된 집합을 "E: 유럽 사람들의 집합, H: 정직한 사람들의 집합"으로 두고 오일러 다이어그램을 그리자.

첫 번째 전제조건은 유럽 사람들은 모두 정직하지 않다는 것을 의미한다. 이것은 집합 E가 집합 H와 만나지 않는다는 것을 나타낸다. 두 번째 전제조건은 스캇이 집합 H의 외부 어딘가에 있다는 것을 말한다. 그림 2.3과 같이 서로소인 집합 E와 H를 나타내는 다이어그램을 생각하자. 결론은 스캇이 집합 E에 반드시 있다는 것이다. 이것이 성립할까? 두 번째 전제조건은 스캇이 정직한 사람이 아니므로 단지 집합 H의 외부에 위치해야 하는 것만을 요구한다. 전체집합 안에는 스캇이 집합 H

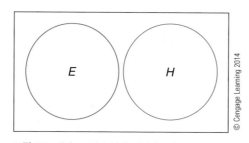

그림 2.3 예제 2.8의 오일러 다이어그램

의 외부에 있고 또한 집합 E의 외부에 있을 수 있는 충분한 공간이 있다. 그러므로 스캇이 정직하지 않다 하더라도 유럽 사람이라는 보장은 없다. 이 논증은 타당하지 않다.

연습문제

다음 물음에 대해 답하여라.

1. 오일러 다이어그램이란 무엇인가?

2. '한정사'란 용어의 의미는 무엇인가?

3. 삼단논법이 타당하다는 의미는 무엇인가?

4. 삼단논법이 타당하지 않다는 의미는 무엇인가?

다음 삼단논법이 타당한지 타당하지 않은지 결정하여라.

5. 모든 대학생들은 술을 마신다.
   상재는 술을 마신다.
   그러므로 상재는 대학생이다.

6. 모든 수학자들은 따분하다.
   라마누잔은 수학자이다.
   그러므로 라마누잔은 따분하다.

7. 어떤 비타민은 건강하게 해준다.
   우유는 건강하게 해준다.
   그러므로 우유는 비타민이다.

8. 어떤 외교관은 뇌물을 받는다.
   찬민이는 외교관이었다.
   그러므로 찬민이는 뇌물을 받았다.

9. 모든 영업사원들은 성가신 사람이다.
   철민이는 영업사원이다.
   그러므로 철민이는 성가신 사람이다.

10. 어떤 수학자들은 선택공리(Axiom of Choice)를 믿는다.
    선택공리를 믿는 모든 사람들은 어리석다.
    알프레드는 어리석지 않다.
    그러므로 알프레드는 수학자가 아니다.

11. 1960년 이전에 제조된 자동차에는 안전벨트가 장착되지 않았다.
    어떤 경주용 자동차는 1960년 이전에 제조되었다.
    그러므로 어떤 경주용 자동차에는 안전벨트가 장착되지 않았다.

12. 모든 배구선수는 키가 크다.
    어떤 여자들은 배구를 한다.
    그러므로 어떤 여자들은 키가 크다.

13. 모든 채식주의자들은 두부를 먹는다.
    경훈이는 두부를 먹는다.
    그러므로 경훈이는 채식주의자이다.

다음 삼단논법에는 결론이 생략되어 있다. 삼단논법이 타당하다고 가정하고 전제조건으로부터 가능한 결론을 제시하여라.

14. 어떤 SUV는 빠른 자동차다.
    모든 빠른 자동차는 위험하다.
    그러므로…

15. 모든 수학 선생님들은 덕망이 높다.
    병민이는 덕망이 높지 않다.
    그러므로…

16. 어떤 가수는 깊은 목소리를 가졌다.
    모든 깊은 목소리를 가진 사람은 자신감이 있다.
    그러므로…

17. 모든 골든글러브 수상자가 수비부분에서 상위권에 있는 것은 아니다.
    어떤 야구선수는 수비부분에서 상위권에 있다.
    그러므로…

요약

이 장에서는 다음 내용들을 학습하였다.

- 단순명제와 복합명제
- 논리 연결자: '아니다', '그리고', '또는', '조건', '필요충분조건'
- 부정, 논리곱, 논리합의 진리표, 조건명제와 쌍조건명제, 동치명제, 기호 논증
- 오일러 다이어그램을 이용한 삼단논법의 타당성 결정

용어

거짓말쟁이의 역설 liar's paradox "이 문장은 거짓이다"라는 참도 아니고 거짓도 아닌 명제.

결론 conclusion 논증에서 주어진 전제조건으로부터 성립해야 한다고 주장하는 최종 명제.

결정문제 decision problem 힐버트(Hilbert)가 제기한 문제로 특정 명제가 증명될 수 있는지를 결정하기 위한 표준절차를 만들 수 있는지를 묻는 문제.

논리 연결자 logical connectives 단순명제들을 연결하는 단어.

논리적 동치명제 logically equivalent statements 같은 진리값을 갖는 두 명제.

논증 argument 논리적 결론을 뒷받침하기 위해 주장하는 일련의 명제들의 집합.

단순명제 simple statement 하나의 사실만 전달하는 명제.

대우명제 contrapositive $\sim B \rightarrow \sim A$의 형태로 $A \rightarrow B$와 논리적 동치인 명제.

대우법칙 law of contraposition $A \rightarrow B$
$$\sim B$$
$$\therefore \sim A$$

명제 statement 참 또는 거짓을 판단할 수 있는 선언적 문장.

모순 contradiction 모든 상황에서 항상 거짓인 복합명제.

배타적 삼단논법 law of disjunctive syllogism $A \lor B$
$$\sim A$$
$$\therefore B$$

복합명제 compound statement 두 개 이상의 단순명제를 포함하는 명제.

분리법칙 law of detachment $[((A \rightarrow B) \land A) \rightarrow B]$.

삼단논법 law of syllogism $A \rightarrow B$
$$B \rightarrow C$$
$$\therefore A \rightarrow C$$

쌍조건명제 biconditional statement 논리 연결자 '필요충분조건 (if and only if)'으로 연결된 복합명제.

역명제의 오류 fallacy of the converse $A \rightarrow B$
$$B$$
$$\therefore A$$

오류 fallacy 타당하지 않은 논증 유형.

이명제의 오류 fallacy of the inverse $A \rightarrow B$
$$\sim A$$
$$\therefore \sim B$$

이중부정 double negation '아니다(not)' 기호를 두 번 연속으로 사용한 논리적 표현.

전제조건 premises 논증에서 특정 명제를 결론으로 얻기 위해 뒷받침하는 명제들.

조건명제 conditional statement 논리 연결자 '조건(if-then)'으로 연결된 복합명제.

진리값 truth-value 명제의 참 또는 거짓.

진리표truth table   유한개의 단순명제가 포함된 복합명제의 진리값을 조사하는 데 사용하는 표.

타당하지 않은 명제invalid argument   타당하지 않은 것으로 증명된 명제.

타당한 논증valid argument   주어진 전제가 참일 때 그 결론도 반드시 참이 되어야 하는 논증.

튜링 기계Turing machine   미리 지정한 규칙들에 의해 기호를 처리하는 이론적인 연산 장치.

항진명제tautology   모든 상황에서 항상 참인 복합명제.

종합문제

다음에서 논리적 명제를 구분하여라.

1. 하늘은 파랗다.
2. 울산 모비스는 야구팀이다.
3. 저녁을 먹었니?

다음 명제들을 단순명제와 복합명제로 구분하여라.

4. 울산 모비스는 농구팀이고 수학은 재미있다.
5. 해리포터는 마법학교에 입학하였다.
6. 만약 현주가 마법학교에 입학했다면, 성원이도 입학했을 것이다.

다음 복합명제에 포함된 각 단순명제들의 이름을 붙이고, 이 장에서 살펴본 논리적 기호를 이용하여 복합명제를 기호로 나타내어라.

7. 재혁이는 아이팟을 가지고 있거나 재혁이는 아이리버를 갖고 있다.
8. 저녁은 훌륭했고 점심은 훌륭한 것은 아니다.
9. 이 교재가 좋은 것은 이 교재의 문제가 좋은 경우 그리고 그 경우뿐이다.

다음 기호에 대해 각 문자에 해당하는 명제를 만들고 각 기호와 동치인 명제를 문장으로 써라.

10. $P \leftrightarrow (Q \wedge R)$
11. $P \vee (Q \wedge R)$
12. $(P \vee Q) \wedge (P \vee R)$

다음 명제의 부정을 말하여라.

13. 나는 채식주의자이다.
14. 호주는 대륙인 유일한 국가이다.

다음 명제의 진리표를 만들어라.

15. $P \vee (Q \vee R)$
16. $P \leftrightarrow \sim Q$
17. $P \rightarrow (P \wedge Q)$

다음 명제의 쌍의 진리표가 서로 같은지 알아보아라.

18. $P \leftrightarrow Q$, $(P \wedge Q) \vee (\sim P \wedge \sim Q)$
19. $P \rightarrow \sim Q$, $Q \rightarrow \sim P$
20. $P \vee (Q \vee R)$, $(P \vee Q) \vee R$

다음 회로를 기호로 나타내고 (가능하면) 원래보다 더 적은 스위치를 사용하는 동치인 회로를 고안해 보아라.

21.
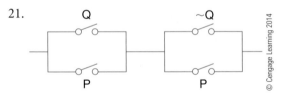

22.
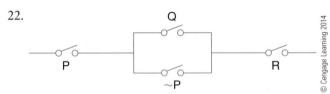

23.
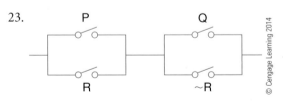

다음 각 기호를 나타내는 스위치 회로를 구성하여라.

24. $(P \vee \sim Q) \wedge (\sim P \vee R)$
25. $(P \wedge Q) \vee \sim R$

다음 명제의 진리표를 작성하여라.

26. A ↔ ~B

27. (A ∧ ~B) ↔ (~A ∧ C)

다음 조건명제의 역명제를 말하여라.

28. 만약 경제가 무너지면, 사람들은 굶주릴 것이다.

29. 만약 내가 배가 고프면, 나는 저녁을 준비할 것이다.

30. 만약 검은색이 흰색이면, 돼지는 하늘을 날 것이다.

다음 조건명제의 이명제를 말하여라.

31. 만약 마법사가 지팡이를 사용하면, 마법 주문은 쉽다.

32. 만약 근호가 키가 크면, 근호가 키가 작은 것은 아니다.

다음 조건명제를 "A는 B이기 위해 충분하다"의 형태로 나타내어라.

33. 만약 디저트용 케이크가 있다면, 나는 기분이 좋을 것이다.

34. 만약 밤이 오면, 달이 뜬다.

다음 명제를 '조건(if-then)'의 형식으로 나타내어라.

35. 수업이 잘 진행되는 것은 내가 행복하기 위해 충분하다.

36. 당신의 지도교수를 만나기 위해서는 그의 면담시간에 찾아가면 충분하다.

다음 명제가 서로 동치인지 여부를 결정하여라.

37. ~(A ∨ ~B), ~A ∨ B

38. (A → B) ∧ (B → A), A → C

드모르간의 법칙을 이용하여 다음 명제의 부정을 구하여라.

39. 여름이 오고 나뭇잎이 아름답게 피어난다.

40. 근호는 돈을 가지고 있고 근호는 저녁을 집에서 먹지 않을 것이다.

알고 있는 논증 유형을 이용하여, 다음 논증이 타당한지 결정하여라.

41. 만약 근호가 콘트라베이스를 연주하면, 그는 해치백 또는 왜건을 가지고 있다.
근호는 콘트라베이스를 연주한다.
그러므로 근호는 해치백 또는 왜건을 가지고 있다.

42. 만약 내가 과자를 너무 많이 먹으면, 나는 아랫배가 나올 것이다.
나는 아랫배가 나왔다.
그러므로 나는 과자를 너무 많이 먹었다.

기호로 표현된 다음 논증이 타당한지 여부를 결정하여라.

43. A → B
B → C
~C
∴ ~A

44. A → ~B
B → C
∴ ~C

다음 논증을 기호로 나타내고 타당성을 증명하는 두 가지 방법 중 하나를 선택하여 각 논증이 타당한지 결정하여라.

45. 프레드가 아파치족 말을 할 수 있으면, 인디언 사무국에서 일하게 될 것이다.
프레드가 워싱턴에 살지 않는다면 인디언 사무국에서 일하지 않을 것이다.
그러므로 프레드가 아파치족 말을 하면 그는 워싱턴에 살고 있다.

46. 만약 내가 뭔가 하는 것을 싫어하고 어쨌든 그 일을 하면, 나는 영웅이다.
나는 영웅이 아니다.
나는 뭔가 하는 것을 싫어한다.
그러므로 나는 그 일을 하지 않는다.

다음 삼단논법이 타당한지 아닌지 결정하여라.

47. 모든 디저트는 건강에 나쁘다.
모든 과자는 디저트이다.
그러므로 모든 과자는 건강에 나쁘다.

48. 모든 포유동물은 새끼를 낳는다.
타조는 포유동물이 아니다.

그러므로 타조는 새끼를 낳지 않는다.

다음 삼단논법은 결론이 생략되어 있다. 각 삼단논법이 타당하다고 할 때, 전제조건으로부터 얻을 수 있는 결론을 제시하여라.

49. 모든 선생님은 성적 평가를 좋아하지 않는다.

건희는 선생님이다.

그러므로…

50. 어떤 개는 포르투갈 워터독이다.

모든 포르투갈 워터독은 물을 좋아한다.

그러므로…

Chapter 3

이진법과 수 체계
Binary and Other Number Systems

수를 나타내는 가장 일반적인 방법은 십진법(decimal number system) 또는 10진수(base-10 number) 체계이다. 이 방법은 집합 {0, 1, 2, 3, 4, 5, 6, 7, 8, 9}의 숫자를 사용하여 수를 나타내며 힌두-아랍 수체계의 기초가 된다.

하지만 수를 표현하는 데 있어서 10진수 체계가 유일한 기수법(numeration system)은 아니며, 또한 가장 효율적인 방법도 아니다. 실제로 정보를 저장하기 위한 기본적인 기수법은 단지 두 숫자 {0, 1}만을 사용하는데 이를 이진법 (binary number system) 또는 2진수(base-2 number) 체계라 한다.

이 장의 내용을 학습하면 다음을 할 수 있다.

- 이진법과 십진법의 이해
- 이진법과 십육진법의 이해
- 십진법과 십육진법의 이해
- 이진법과 팔진법의 이해
- 이진법과 8421 BCD 코드의 이해

3.1 십진법

수를 나타내는 가장 일반적인 표현방법은 십진법(decimal number system)이다. 십진법은 일상생활에서 사용하는 가장 익숙한 수 체계일 것이다. 하지만 컴퓨터에서는 정보처리를 위해 이와 다른 수 체계를 사용하는데 2진수(binary), 16진수(hexadecimal), 또한 덜 사용하기는 하지만 8진수(octal) 체계이다. 처음에는 왜 이러한 수 체계를 사용하는지 이해하기 어렵지만 이러한 다른 수 체계를 사용하는 이유는 곧 이해할 수 있을 것이다. 새로운 수 체계가 도입되면 그 체계 내에서 연산을 어떻게 하는지의 문제가 자연스럽게 발생하는데 이 또한 살펴볼 것이다.

먼저 2진수를 사용하는 이유를 알아보고 이후 십진법과 이와 관련된 용어들을 살펴보기로 하자. 앞으로 전개될 내용으로, 두 수 체계에서의 계산은 기본적으로 동일한 이론을 사용하지만 숫자를 적게 사용하는 경우 이미 알고 있는 연산 규칙과는 다르므로 주의가 필요하다.

2진수 체계는 처리하고 전송하는 데 숫자 0과 1을 이용하여 꺼짐-켜짐(off-on), 아니오-예(no-yes), 거짓-참(false-true), 영-영이 아님(zero-nonzero)과 같은 상반된 '상태'들을 나타낸다. 두 개의 상호 배타적인 상태 중 하나만 존재할 수 있는 상황이 바로 이진법의 관심 대상이다. 0과 1들을 잘 결합하면 모든 데이터를 자연스럽게 표현할 수 있다. 컴퓨터와 다른 전자장치들은 2진수를 사용하며 이 경우 각 정수를 0과 1을 이용하여 나타낸다. 예를 들어, 컴퓨터의 모든 내용은 컴퓨터 메모리 내에서 0과 1의 형태로 저장된다. DVD나 CD에 저장된 디지털 정보도 2진수 형식으로 기록되며 컴퓨터의 하드웨어와 소프트웨어 간의 모든 명령은 단순히 "예 또는 아니오"에 의해 결정된다.

이진법 또는 다른 수 체계에서는 손으로 계산하는 것이 어려울 수 있지만 컴퓨터는 그러한 수들을 쉽게 계산할 수 있다. 계산 절차를 이해하고 필요에 따라 손으로 계산할 수 있는 능력을 갖춘 후 기계장치에 이러한 계산을 수행하게 하는 것이 합리적이다. 현재 글로 표현된 정보를 0과 1을 사용하여 수로 어떻게 표현하는지는 명확하지 않지만, 먼저 이진법과 그 연산을 학습한 후 이에 대해 논의할 것이다.

이러한 내용을 염두에 두고 먼저 익숙한 10진수 체계를 살펴보자. 십진법의 용어를 통해 다른 수 체계에서 사용하는 용어에 익숙해질 것이다. 필요하다면 십진법에서 친숙해진 용어를 다른 수 체계에서의 비슷한 개념으로 수정할 것이다.

먼저 **기수(base/radix)**의 의미를 소개한다. 각 수 체계에서의 기수는 해당 체계에서 수를 나타내는 데 사용하는 서로 다른 기호의 개수를 말한다. 예를 들어 십진법에서는 수를 나타내는데 10개의 숫자 즉 0, 1, 2, 3, 4, 5, 6, 7, 8, 9를 사용한다. 십진법에서의 모든 수는 이 숫자들로 나타낼 수 있다. 사용할 수 있는 기호의 개수를 '기수'라 하며 십진법을 **10진수 체계(base-10 number system)**라고도 한다.

다른 수 체계는 십진법에서 사용되는 숫자의 집합보다 크거나 작은 집합의 문자들을 사용한다. 앞서 언급했듯이 이진법은 숫자 0과 1만 사용하므로 이진법의 기수는 2이다. 다른 수들을 이 두 숫자를 사용하여 어떻게 나타낼 수 있는지 의아하게 생각하는 것이 당연하다. 이에 대해 곧 살펴보기로 하자. 예를 들어 7과 같은 10진수를 0과 1만을 사용하여 어떻게 표현할 수 있는지를 알아볼 것이다.

10진수 숫자들을 조합하고 순서대로 나열하여 318과 같이 여러 자리의 수를 만들면, 각 숫자는 해당 수에서 특정 자리를 차지하고 고유한 **자릿값(place value)**을 가지므로 각 숫자의 의미가 다름을 알 수 있다. 자릿값은 '소수점(decimal point)'을 기준으로 하는 위치에 따라 결정된다. 조심할 것은 나라마다 정수부분과 소수부분을 구분하는 기호가 다를 수 있다는 것이다. 한국과 미국에서는 소수점을 나타내기 위해 마침표를 사용하지만 영국은 쉼표를 사용한다. 따라서 소수점을 **소수 구분기호(decimal separator)**라 하는 것이 혼란을 피하는 정확한 표현이며, 일반적으로 이 용어를 사용한다. 단, '소수점'이라는 용어도 널리 사용되고 있으므로 이 용어를 '소수 구분기호'와 동의어로 간주한다.

소수 구분기호는 10진수의 정수부분과 소수부분을 구분한다. 소수 구분기호의 왼쪽에는 수의 정수부분이, 오른쪽에는 소수부분이 있다. 십진법에서 자리의 이름들은 잘 알고 있겠지만 이해를 돕기 위해 예를 들어보자.

10진수 174.3609를 생각해 보자. 수의 시작인 1은 '백의' 자리에, 그 다음 7은 '십의' 자리에, 그 다음 4는 '일의' 자리에 있다고 한다. 소수 구분기호 왼쪽 위치에 대한 이름은 항상 '의'로 끝난다. 소수 구분기호 오른쪽의 경우, 3은 '십분의 일의' 자리에, 그 다음 6은 '백분의 일의' 자리에, 0은 '천분의 일의' 자리에, 마지막 9는 '만분의 일의' 자리에 있다고 한다. 소수 구분기호 오른쪽의 숫자들의 자리의 이름은 모두 '분의 일의'로 끝난다.

숫자의 자리에 대한 이름으로부터 그 숫자의 자릿값을 알 수 있다. 앞의 예

174.3609에서 1은 백의 자리에 있으므로 자릿값은 100이다. 7의 자릿값은 70이다. 소수 구분기호 오른쪽의 숫자, 예를 들어 6의 자릿값은 6/100이다.

자릿값의 개념을 사용하여 10진수의 전개식(expanded form)을 만들 수 있다. 이 분해식(exploded form)은 원래의 수를 각 자리의 숫자와 그 숫자의 자리의 자릿값을 나타내도록 10의 적당한 거듭제곱을 곱한 수들로 분해한다. 10진수의 경우 이 분해는 매우 분명하다. 그러나 다른 기수를 사용하는 경우 이 분해의 과정은 자연스럽지 않을 수 있다. 따라서 조금 지루하지만 십진법의 경우를 통하여 익숙하지 않은 다른 기수법들의 토대를 만들기로 하자.

먼저 다음 10진수의 덧셈의 예를 살펴보자.

$$300 + 80 + 2 + 0.1 + 0.09 = 382.19$$

이 덧셈은 매우 간단하지만 조금 다른 방법으로 살펴보자. 등식의 대칭적 성질 (symmetric property of equality)에 의해 위 등식을 다음과 같이 뒤집어 쓸 수 있다.

$$382.19 = 300 + 80 + 2 + 0.1 + 0.09$$

등호의 오른쪽에 있는 표현이 바로 전개식의 기초가 된다. '전개'라는 용어는 단순히 이 식과 같이 수평으로 확장한 것을 의미한다.

식의 오른쪽에 있는 각 항들은 하나의 숫자와 10의 거듭제곱과의 곱으로 과학 표기법(scientific notation)을 연상시킨다. 즉,

$$382.19 = 300 + 80 + 2 + 0.1 + 0.09$$
$$= 3 \times 10^2 + 8 \times 10^1 + 2 \times 10^0 + 1 \times 10^{-1} + 9 \times 10^{-2}$$

마지막 식을 전개식이라 한다. 주어진 수를 항들의 합으로 나타낸 것으로 각 항들은 기수법의 숫자들과 기수(십진법에서는 10)의 거듭제곱과의 곱이다.

174.3609의 경우 먼저 합으로 나타내면 다음과 같다.

$$100 + 70 + 4 + 0.3 + 0.06 + 0.000 + 0.0009$$

다음 앞의 경우와 같이 각 항들을 숫자와 10의 거듭제곱의 곱으로 나타내면

$$1 \times 10^2 + 7 \times 10^1 + 4 \times 10^0 + 3 \times 10^{-1} + 6 \times 10^{-2} + 0 \times 10^{-3} + 9 \times 10^{-4}$$

숫자가 0인 항을 표시해야 하는지 궁금해할 수 있다. 10진수의 완전한 전개식에서는 완전성과 체계성을 위해 원래 수의 숫자들이 모두 나타나야 한다. 따라서 그러한 항들을 제외하는 것은 기술적으로 실수를 범할 수도 있다.

예제 3.1 ▷ 10진수 5,386.724의 각 숫자들의 자릿값과 전개식을 구하여라.

풀이

숫자 5는 천의 자리에 있으므로 자릿값은 5,000이다. 다른 수들의 자릿값은 다음과 같이 체계적으로 나열할 수 있다.

> 3의 자릿값은 300, 8의 자릿값은 80, 6의 자릿값은 6, 7의 자릿값은 0.7, 2의 자릿값은 0.02, 4의 자릿값은 0.004이다.

숫자와 10의 거듭제곱과의 곱으로 전개식을 나타내면 다음과 같다.

$$5 \times 10^3 + 3 \times 10^2 + 8 \times 10^1 + 6 \times 10^0 + 7 \times 10^{-1} + 2 \times 10^{-2} + 4 \times 10^{-3}$$

마지막으로 몇 가지 용어를 살펴보자. 10진수 체계의 수에서 제일 왼쪽에 있는 숫자를 최상위 자릿수(most significant digit, MSD), 제일 오른쪽에 있는 숫자를 최하위 자릿수(least significant digit, LSD)라 한다. 앞의 보기에서 MSD는 5, LSD는 4이다.

연습문제

다음 물음에 대해 답하여라.

1. 수 체계에서 기수의 의미는 무엇인가?
2. 수에 포함된 숫자의 자릿값은 어떻게 구하는가?
3. 10진수의 전개식이란 무엇인가?
4. 기수의 영어 단어 'base'와 'radix'의 차이가 있다면 무엇인가?

다음 모든 숫자의 자리의 이름과 자릿값을 구하여라.

5. 1,387
6. 281.793
7. 0.01379
8. 10,002.00208

다음 10진수의 전개식을 구하여라.

9. 874.983
10. 16,039.177
11. 201.9938
12. 123,654.92846

다음을 전개식으로 갖는 10진수를 구하여라.

13. $3 \times 10^5 + 0 \times 10^4 + 4 \times 10^3 + 3 \times 10^2 + 2 \times 10^1 + 9 \times 10^0$
14. $0 \times 10^0 + 1 \times 10^{-1} + 3 \times 10^{-2}$
15. $3 \times 10^0 + 1 \times 10^{-1} + 4 \times 10^{-2} + 1 \times 10^{-3} + 5 \times 10^{-4} + 9 \times 10^{-5}$
16. $2 \times 10^4 + 9 \times 10^3 + 1 \times 10^2 + 9 \times 10^1 + 5 \times 10^0 + 3 \times 10^{-1} + 7 \times 10^{-2}$

다음 수의 LSD와 MSD를 각각 말하여라.

17. 1,387
18. 281.793
19. 0.01379
20. 10,002.00208
21. 874.983

22. 16,039.177

23. 201.9938

24. 123,654.92846

다음 조건을 만족하는 10진수의 예를 제시하여라. (답은 여러 가지일 수 있다.)

25. MSD가 5이고 LSD가 8인 0 이상의 정수

26. 십의 자리, 백분의 일의 자리, 천의 자리가 0인 수

3.2 이진법

십진법은 매우 친숙하지만 이진법은 다소 생소할 수 있다. 이 장의 도입부에서 언급했듯이 이진법(또는 2진수 체계)은 모든 수를 0과 1의 두 숫자만을 사용하여 표현한다. 따라서 이진법에서의 수는 100101101.11과 같이 표현된다. 이 수가 10진수로 오인될 수 있으므로 혼란을 방지하기 위한 약속이 필요하다. 십진법이 아닌 다른 기수법의 수는 100101101.11_2와 같이 기수를 아래첨자로 표시한다. 이는 수가 2진수 체계, 즉 이진법의 수임을 나타낸다. 이 개념을 십진법의 수에도 적용하여 10을 첨자로 사용할 수도 있지만 첨자가 없는 수는 10진수로 약속하자. 따라서 3457.58은 3457.58_{10}과 같다. 이 약속은 유리수에서의 약속과 매우 비슷하다. 즉 분모가 1인 수는 분수의 형태로 표시하지 않으며 모두 이 약속에 동의하므로 혼란은 일어나지 않는다.

이진법에서 사용되는 두 숫자를 비트(bit)라고도 한다. 비트가 8개 모인 것을 바이트(byte)라 하고 바이트의 절반(즉 4비트)을 니블(nibble)이라 한다.

컴퓨터는 유형별로 한 번에 처리하는 데이터 조각(segment)의 길이가 다른데, 유형에 따라 8비트, 16비트, 32비트, 64비트의 데이터 조각을 처리할 수 있다. 이제 2진수 체계에서 수의 표현에 익숙해진 후, 2진수들을 어떻게 연산하는지 살펴보자.

이진법에서도 십진법에서 사용하는 것과 비슷한 용어를 사용한다. 하나의 예로, 이진법에서의 수는 숫자 0과 1로 구성되어 있고 각 자리의 숫자는 해당 자릿값을 갖는다. 십진수와 다른 점은 이진법에서의 자릿값에는 10의 거듭제곱이 아니라 2의 거듭제곱이 사용된다는 것이다.

잘 알고 있겠지만 분명히 하기 위해 지수가 낮은 경우의 2의 거듭제곱들을 표 3.1을 통해 정리하자.

3.1절에서 언급된 흔히 소수점이라 부르는 소수 구분기호는 십진법의 소수 구분기호와 같은 기호를 사용하지만, 이진법에서 수를 나타낼 때는 2진수 소수점(binary point) 또는 2진수 소수 구분기호(binary separator)라 부른다. 2진수 소수점 바로 왼쪽에 있는 숫자의 자릿값은 2^0이고 그 왼쪽에 있는 숫자의 자릿값은 2^1, 2^2, 2^3 등이며, 2진수 소수점 오른쪽에 있는 숫자들의 자릿값은 2^{-1}, 2^{-2}, 2^{-3} 등이다.

표 3.1 2의 거듭제곱들

2의 거듭제곱	10진수 값
2^{-5}	$\dfrac{1}{32}$
2^{-4}	$\dfrac{1}{16}$
2^{-3}	$\dfrac{1}{8}$
2^{-2}	$\dfrac{1}{4}$
2^{-1}	$\dfrac{1}{2}$
2^{0}	1
2^{1}	2
2^{2}	4
2^{3}	8
2^{4}	16
2^{5}	32

© Cengage Learning 2014

10진수의 전개식과 비슷한 2진수의 전개식을 101101.011_2을 예로 설명하자. 2진수의 자릿값을 사용하면 첫 번째 숫자는 2^5 자리(2진수 소수점 바로 왼쪽의 숫자는 2^0 자리의 숫자임을 염두에 두면서 2진수 소수점의 왼쪽으로 위치를 세면 알 수 있다.)이므로 다음을 얻는다.

$$1 \times 2^5 + 0 \times 2^4 + 1 \times 2^3 + 1 \times 2^2 + 0 \times 2^1 + 1 \times 2^0 + 0 \times 2^{-1}$$
$$+ 1 \times 2^{-2} + 1 \times 2^{-3}$$

이를 10진수의 전개식으로 바꾸면 다음과 같다.

$$32 + 0 + 8 + 4 + 0 + 1 + 0 + \frac{1}{4} + \frac{1}{8}$$
$$= 32 + 8 + 4 + 1 + 0.25 + 0.125$$
$$= 45.375$$

곧 2진수와 10진수 사이의 변환방법을 공식화할 것이다. 하지만 그 전에 몇 가지 용어를 더 살펴보자. 자릿값이 가장 큰 위치의 숫자를 최상위 2진수자(most significant binary digit), 또는 최상위 비트(most significant bit, MSB)라 한다. 반면 자릿값이 가장 작은 위치의 숫자를 최하위 2진숫자(least significant binary digit) 또는 최하위 비트(least significant bit, LSB)라 한다. 앞의 예에서 MSB와 LSB는 모두 1이며 거의 모든 2진수의 MSB와 LSB는 1로 같다. 예외는 MSB, LSB 또는 둘 다 0인 경우다.

2진수는 니블(nibble)들로 구분하는 것이 일반적이고 가독성도 높기 때문에 앞의 예를 주로 10 1101.001$_2$와 같이 나타낸다.

방금 살펴본 것은 2진수를 이와 동치인 10진수로 변환하는 방법의 예로써 이제 이 절차를 공식화하자. 2진수를 10진수로 변환하려면 다음 절차를 수행한다.

1. 2진수를 각 자리의 숫자와 2의 적당한 거듭제곱을 곱하여 2진수 전개식으로 나타낸다.
2. 2진수 소수점 오른쪽의 2진수 자릿값인 분수들을 이와 동치인(같다는 뜻의 엄격한 표현) 10진수로 변환한다.
3. 이렇게 얻은 10진수들을 모두 더한다.

예제 3.2 11 0101 0110$_2$를 10진수로 변환하여라.

풀이

2진수 소수점이 없으므로 (10진수의 경우와 마찬가지로) 2진수 소수점은 수 맨 끝에 있고 생략된 것이라 할 수 있다.

MSB는 2^9 자리(이는 첫 번째 숫자의 자릿값이 2^0임을 기억하면서 오른쪽에서 왼쪽으로 숫자들의 개수를 세면 된다. 또는 MSB의 자릿값의 2의 지수는 2진수 소수점 왼쪽에 있는 숫자들의 개수보다 1 작음을 이용할 수 있다.)에 있으므로 다음을 얻는다.

$$1 \times 2^9 + 1 \times 2^8 + 0 \times 2^7 + 1 \times 2^6 + 0 \times 2^5 + 1 \times 2^4 + 0 \times 2^3$$
$$+ 1 \times 2^2 + 1 \times 2^1 + 0 \times 2^0$$
$$= 512 + 256 + 0 + 64 + 0 + 16 + 0 + 4 + 2 + 0$$
$$= 854$$

예제 3.3 1.0111 01$_2$를 10진수로 변환하여라.

풀이

MSD는 2^0 자리에 있고 2진수 소수점 바로 오른쪽의 자릿값은 2^{-1}이며 오른쪽으로 한 칸씩 이동할수록 지수는 1만큼 감소한다. 그러므로 10진수로 변환하면 다음과 같다.

$$1 \times 2^0 + 0 \times 2^{-1} + 1 \times 2^{-2} + 1 \times 2^{-3} + 1 \times 2^{-4} + 0 \times 2^{-5} + 1 \times 2^{-6}$$
$$= 1 + 0 + \frac{1}{4} + \frac{1}{8} + \frac{1}{16} + 0 + \frac{1}{64}$$
$$= 1 + 0.25 + 0.125 + 0.0625 + 0.015625$$
$$= 1.453125$$

숫자의 자리 위치를 명확히 세고 2의 거듭제곱을 정확히 계산한다면 2진수를 10 진수로 바꾸는 것은 매우 간단하다. 하지만 10진수를 2진수로 바꾸는 것은 다소 복잡하다. 먼저 정수의 경우를 변환하는 과정을 살펴본 후 소수의 변환도 살펴본다.

정수의 경우는 이진법의 기수 2로 나눈 나머지를 적어가면서 반복하여 나눈다. 마지막 나눗셈의 몫이 0이 될 때까지 이 과정을 계속하는데, 이 과정은 반드시 끝나게 된다. 이제 나머지를 거꾸로 읽으면 10진수의 2진수 표현을 얻는다. 10진수와 2진수의 혼동을 피하기 위해 2진수의 경우 아래첨자 2를 붙여야 한다.

예를 들어 앞에서 11 0101 0110$_2$와 동치인 10진수 854를 살펴보자. 이미 결과를 알고 있으므로 2진수 형식을 표 3.2와 같이 나타낼 수 있다. 이러한 표 형식을 이용하는 것이 유용한데 10진수 854를 2로 나누면서 나머지와 몫을 적어간다. 첫 번째로 얻은 나머지는 최하위 비트가 되며 가장 마지막에 얻은 나머지는 최상위 비트가 되는데 이 나머지들을 표의 한 열에 표시한다. 이 나머지의 열의 값들을 아래에서 위로(2로 나눈 몫이 0이 될 때까지 나누기를 계속 한 다음 나머지들을 거꾸로 읽어 2진수 표현을 얻음) 읽으면 예상대로 2진수 표현 11 0101 0110$_2$을 얻는다.

표 3.2는 4개의 열을 갖도록 구성하였는데, 왼쪽 열에는 나눗셈을, 두 번째 열에는 나머지를, 세 번째 열에는 몫을 나타내었다. 네 번째 열에는 LSB와 MSB를 나타내었다. 표의 핵심이 되는 나머지의 열을 위로 읽으면 10진수와 동치인 2진수를 얻을 수 있다.

표 3.2 10진수를 2진수로 변환

나눗셈	나머지	몫	
2)854	0	427	LSB
2)427	1	213	
2)213	1	106	
2)106	0	53	
2)53	1	26	
2)26	0	13	
2)13	1	6	
2)6	0	3	
2)3	1	1	
2)1	1	0	MSB

예제 3.4 167을 2진수로 변환하여라.

풀이

표 3.3의 두 번째 열인 나머지의 열을 아래에서 위로 읽으면 10진수 167의 2진수 표현 1010 0111₂를 얻는다. 결과가 옳은지는 이 2진수를 10진수로 변환하는 과정을 통해 확인할 수 있다.

표 3.3 10진수를 2진수로 변환

나눗셈	나머지	몫	
2)167	1	83	**LSB**
2)83	1	41	
2)41	1	20	
2)20	0	10	
2)10	0	5	
2)5	1	2	
2)2	0	1	
2)1	**1**	**0**	**MSB**

© Cengage Learning 2014

$$1 \times 2^7 + 0 \times 2^6 + 1 \times 2^5 + 0 \times 2^4 + 0 \times 2^3 + 1 \times 2^2 + 1 \times 2^1 + 1 \times 2^0$$
$$= 128 + 0 + 32 + 0 + 0 + 4 + 2 + 1$$
$$= 167$$

앞의 두 예제에서는 정수인 10진수만 살펴보았다. 이제 10진소수의 경우를 생각하고 이를 2진수 표현으로 변환하고자 한다. 주목할 점은 이러한 수의 정확한 2진수 표현을 찾는 것이 항상 가능하지 않다는 것이다. 왜냐하면 변환의 방법에 한계가 있기 때문이다. 먼저 변환 방법을 제시하고 이 방법이 실패하는 10진수의 종류를 살펴볼 것이다.

변환의 방법은 다음 절차를 따른다.

1. 소수부분에 2를 곱한다.
2. 곱의 정수부분을 기록한다.
3. 나머지 소수부분에 대해서 각 단계마다 2를 곱한다. 이 과정을 소수부분이 0이될 때까지 계속한다.
4. 곱의 정수부분을 소수 구분기호 바로 뒤에 순서대로 나열하면 해당 수의 2진수 표현을 얻는다.

단계 3의 기준을 만족하지 않으면 절차는 중단되지 않음을 알 수 있다. 이 경우, 만들어진 2진소수의 숫자의 개수가 원래 수의 10진소수 표현에서의 숫자의 개수의 3배가 되는 곳에서 2를 곱하는 절차를 중단해야 한다.

'원래 수의 10진소수 표현에서의 숫자의 개수의 3배'라는 것은 다소 임의적으로 보이지만 이것은 확실한 근거가 있다. 3자리의 10진소수는 거의 10자리의 2진소수와 같기 때문이다. 예를 들어 다음 수를 비교하자.

$$0.001 = 1/1000\text{과 } 0.000\ 000\ 000\ 1_2 = 1/1024 \approx 0.0098$$

차이는 약 1만분의 2이므로 사실상 같다. 근사적으로, 10진소수 표현에서의 숫자들의 개수의 3배가 2진소수 표현에서의 숫자의 개수와 거의 정확하게 같다는 것을 경험법칙으로 사용한 것이다.

몇 가지 예를 살펴보자.

예제 3.5 10진소수 0.625를 2진수로 변환하여라.

풀이

표 3.4와 같이 체계적으로 정리해 보자. 표의 작성이 필수적인 것은 아니지만 편리하고 작은 세부사항을 추적하는 데도 도움이 된다. 앞의 예와 같이 위로 읽지 않고 '정수부분'의 열을 아래로 읽으면 2진소수 표현 0.101_2을 얻는다.

표 3.4 10진소수를 2진수로 변환

곱	정수부분	10진소수	
$0.625 \times 2 = 1.25$	1	0.25	MSB
$0.25 \times 2 = 0.5$	0	0.5	
0.5×2	1	0	LSB

예제 3.6 10진소수 0.4018을 2진수로 변환하여라.

풀이

표 3.5에서 10진소수가 0이 되지는 않았지만 얻은 숫자들이 12개이고 이는 원래 10진소수의 숫자들의 개수의 3배이므로 여기서 중단한다. 결국 0.4018과 동치인 2진소수는 $0.0110\ 0110\ 1101_2$이다.

이렇게 상대적으로 단순한 10진소수 조차도 끝이 없는 2진수 표현을 가진다는 것이 놀랍다.

표 3.5 10진소수를 2진수로 변환

곱	정수부분	10진소수	
0.4018 × 2	0	0.8036	MSB
0.8036 × 2	1	0.6072	
0.6072 × 2	1	0.2144	
0.2144 × 2	0	0.4288	
0.4288 × 2	0	0.8576	
0.8576 × 2	1	0.7152	
0.7152 × 2	1	0.4304	
0.4304 × 2	0	0.8608	
0.8608 × 2	1	0.7216	
0.7216 × 2	1	0.4432	
0.4432 × 2	0	0.8864	
0.8864 × 2	1	0.7728	LSB

예제 3.7 10진소수 0.1을 2진수로 변환하여라.

풀이

앞에서 언급했던 사항을 설명하기 위해 의도적으로 10진소수의 숫자의 개수의 3배가 넘도록 진행하였다. 생성된 2진수의 숫자들이 순환하므로 변환절차는 끝나지 않는다. 이러한 경우 순환소수의 경우와 같이 반복되는 숫자들 위에 선을 표시하여 $0.\overline{0011}_2$와 같이 나타낸다.

표 3.6 10진소수를 2진수로 변환

곱	정수부분	10진소수	
0.1 × 2	0	0.2	MSB
0.2 × 2	0	0.4	
0.4 × 2	0	0.8	
0.8 × 2	1	0.6	
0.6 × 2	1	0.2	
0.2 × 2	0	0.4	
0.4 × 2	0	0.8	
0.8 × 2	1	0.6	
0.6 × 2	1	0.2	
0.2 × 2	0	0.4	
0.4 × 2	0	0.8	

10진수에 정수부분과 소수부분이 모두 포함되어 있으면 해당 부분을 각각 2진수로 변환한 다음 2진수 소수 구분기호에서 결합하여 최종 2진수를 얻을 수 있다.

예제 3.8 10진수 167.625을 2진수로 변환하여라.

풀이

정수부분과 소수부분은 이미 앞의 보기에서 $167 = 1010\ 0111_2$이고 $0.625 = 0.101_2$ 임을 알고 있다. 따라서 변환된 2진수는 $1010\ 0111.101_2$이다.

2진수의 연산

지금까지 10진수 표현과 2진수 표현 사이의 변환을 살펴보았다. 이제 잘 알고 있는 연산인 덧셈과 뺄셈을 살펴보자. 이진법에서도 십진법과 유사한 규칙을 사용하여 연산이 가능하다.

2진수를 더하려면 다음 규칙을 따른다.

1. 2진수 덧셈에서 0에 0을 더하면 0이 된다. 즉, $0_2 + 0_2 = 0_2$
2. 2진수 덧셈에서 0에 1을 더하면 1이 된다. 즉, $0_2 + 1_2 = 1_2$
3. 2진수 덧셈에서 1에 1을 더하면 올림수 1을 왼쪽으로 올리고 0이 된다. 즉, $1_2 + 1_2 = 10_2$
4. 2진수 덧셈에서 오른쪽에서 올라온 올림수 1_2을 가진 1_2과 1_2을 더하면 다시 올림수 1을 왼쪽으로 올리고 1_2이 된다.

예제 3.9 $11\ 0110_2$과 $10\ 1011_2$을 더하여라.

풀이

올림수와 덧셈의 과정을 명확히 하기 위해 덧셈표를 만들어 사용할 것이다. 표에 표시된 수는 모두 2진수이므로 아래첨자 2는 생략한다.

단계 1: 가장 오른쪽 열의 2진수 숫자를 더하면 1이 되며 올림수는 없다(표 3.7).

표 3.7 2진수 덧셈 과정

올림수						0	
		1	1	0	1	1	0
		1	0	1	0	1	1
합							1

단계 2: 그 다음 왼쪽의 열들에서 같은 과정을 반복하되 올림수가 있으면 이를 다른 두 2진 숫자와 더한다. 위의 규칙 3을 따르면 오른쪽에서 두 번째 열의 덧셈 결과는

0이고 바로 왼쪽 열에 1을 올린다(표 3.8).

표 3.8 2진수 덧셈 과정

올림수					1	0	
		1	1	0	1	1	0
		1	0	1	0	1	1
합						0	1

단계 3: 위에서 언급한 2진수의 덧셈 규칙을 따라 과정을 계속한다(표 3.9).

표 3.9 2진수 덧셈 과정

올림수				1	1	0	
		1	1	0	1	1	0
		1	0	1	0	1	1
합					0	0	1

단계 4: (표 3.10)

표 3.10 2진수 덧셈 과정

올림수			1	1	1	0	
		1	1	0	1	1	0
		1	0	1	0	1	1
합				0	0	0	1

단계 5: (표 3.11)

표 3.11 2진수 덧셈 과정

올림수		1	1	1	1	0	
		1	1	0	1	1	0
		1	0	1	0	1	1
합			0	0	0	0	1

단계 6: (표 3.12)

표 3.12 2진수 덧셈 과정

올림수	1	1	1	1	1	0	
		1	1	0	1	1	0
		1	0	1	0	1	1
합		1	0	0	0	0	1

단계 7: (표 3.13)

표 3.13 2진수 덧셈 과정

올림수	1	1	1	1	1	0	
		1	1	0	1	1	0
		1	0	1	0	1	1
합	1	1	0	0	0	0	1

© Cengage Learning 2014

따라서 두 2진수의 합은 $110\ 0001_2$이다.

2진수의 뺄셈은 덧셈과 비슷하며 다음과 같은 규칙을 따른다.

1. 2진수 뺄셈에서 0에서 0을 빼면 0이 된다. 즉, $0_2 - 0_2 = 0_2$
2. 2진수 뺄셈에서 1에서 0을 빼면 1이 된다. 즉, $1_2 - 0_2 = 1_2$
3. 2진수 뺄셈에서 1에서 1을 빼면 0이 된다. 즉, $1_2 - 1_2 = 0_2$
4. 2진수 뺄셈에서는 0에서 1을 뺄 수 없다. 하지만 왼쪽의 숫자에서 1을 '빌려'와 뺄 수 있는데 0 왼쪽의 숫자가 1 줄어들면서 $0_2 - 1_2 = 1_2$이 된다. 즉 $10_2 - 1_2 = 1_2$이다.

처음 세 규칙은 매우 명백하지만 빌려 오는 절차는 설명이 필요하다. 몇 가지 예제를 통해 이를 설명하고 과정을 검증하기 위해 10진수 표현으로도 계산하여 확인한다.

예제 3.10 $111\ 1011_2$에서 $101\ 1101_2$을 빼라.

풀이

각 2진수에 해당하는 10진수가 무엇인지 계산하는 것은 좋은 연습문제이다. 따라서 10진수로 변환하여 뺄셈을 계산한 다음 2진수의 뺄셈 규칙을 이용하여 계산해 보자.
$101\ 1101_2 = 64 + 16 + 8 + 4 + 1 = 93$이고 $111\ 1011_2 = 64 + 32 + 16 + 8 + 2 + 1 = 123$이므로 10진수 형태로의 뺄셈은 $123 - 93$이며 결과는 30이고 2진수로 바꾸면 $1\ 1110_2$이다. 그러나 상대적으로 간단한 연산을 수행하기 위해 2진수와 10진수 형식을 왔다 갔다 변환하는 것은 대단히 불편하다. 하지만 2진수 뺄셈 알고리즘은 그리 복잡하지 않다. 연산 과정을 분명히 하기 위해 덧셈의 경우와 마찬가지로 표 3.14와 같이 정리하자. 뺄셈의 첫 두 단계는 빌려 주는 것이 없으므로 앞의 규칙들을 쉽게 적용할 수 있다. 세 번째 단계는 $0_2 - 1_2$을 바로 계산하는 것이 불가능하므로 빌려 오는 것이 필요하다. 이 경우 뺄셈의 결과는 1이며, 바로 왼쪽 열의 빼지

는 수가 1만큼 줄어들게 된다(표 3.15). 그 다음도 10진수의 뺄셈과 같이 1을 빌려 오고(표 3.16) 또 빌려 온다(표 3.17)! 남은 단계에서는 빌려 오는 수가 없으므로 최종 결과는 표 3.18과 같다.

표 3.14 2진수 뺄셈 과정

빌림수							
	1	1	1	1	0	1	1
	1	0	1	1	1	0	1
차						1	0

표 3.15 2진수 뺄셈 과정

빌림수					1		
	1	1	1	~~10~~	0	1	1
	1	0	1	1	1	0	1
차					1	1	0

표 3.16 2진수 뺄셈 과정

빌림수				1			
	1	1	~~10~~	~~10~~	0	1	1
	1	0	1	1	1	0	1
차				1	1	1	0

표 3.17 2진수 뺄셈 과정

빌림수			1				
	1	~~10~~	~~10~~	~~10~~	0	1	1
	1	0	1	1	1	0	1
차			1	1	1	1	0

표 3.18 2진수 뺄셈 과정

빌림수		1					
	1	~~10~~	~~10~~	~~10~~	0	1	1
	1	0	1	1	1	0	1
차	0	0	1	1	1	1	0

뺄셈의 결과는 $1\,1110_2$이고 이는 10진수로 변환하여 계산한 결과와 일치한다.

예제 3.11 1111.01_2에서 1101.11_2을 빼라.

풀이

단계 1

빌림수							
	1	1	1	1	.	0	1
	1	1	0	0	.	1	1
차							0

단계 2

빌림수						1	
	1	1	1	1̶0	.	0	1
	1	1	0	0	.	1	1
차					.	1	0

단계 3

빌림수						1	
	1	1	1	1̶0	.	0	1
	1	1	0	0	.	1	1
차				0	.	1	0

단계 4

빌림수						1	
	1	1	1	1̶0	.	0	1
	1	1	0	0	.	1	1
차			1	0	.	1	0

단계 5

빌림수						1	
	1	1	1	1̶0	.	0	1
	1	1	0	0	.	1	1
차		0	1	0	.	1	0

단계 6

빌림수						1	
	1	1	1	1̶0	.	0	1
	1	1	0	0	.	1	1
차	0	0	1	0	.	1	0

따라서 $1111.01_2 - 1101.11_2 = 10.10_2$이다.

지금까지의 계산에서 음수가 나타나는 것을 피해 왔다. 그 이유를 잠시 설명하기로 하자.

십진법에서 음수는 보통 수 앞에 '마이너스' 기호를 붙여 표시하므로 이진법에서도 이와 비슷한 기호를 도입하려면 문제점이 생긴다. 즉 2진수 표기법을 사용하는 궁극적인 목적은 0과 1을 사용하여 기계장치의 상태를 나타내는 것이므로 마이너스 기호를 추가하는 것은 적절치 않다.

자세히 다루지는 않겠지만 한 가지 해결책은 0과 1을 각각 '부호 숫자'로써 양수와 음수임을 나타내며 모든 2진수 앞에 사용한다는 규칙을 적용하는 것이다. 즉 '−5'를 나타내기 위해 5의 2진수 표현인 101_2 앞에 추가로 1을 써서 음수임을 나타내는 것이다.

이러한 해결책은 혼란스러운 점이 있으므로 앞으로 음수인 2진수는 고려하지 않기로 하자. 기수법에서 마이너스 부호를 사용하지 않고도 부호가 있는 숫자를 나타내는 창의적인 방법이 있다는 정도로 이해하면 된다.

지금까지 2진수의 덧셈과 뺄셈을 살펴봤지만 2진수를 곱하고 나누는 것도 가능하다. 2진수의 곱셈은 기본적으로 10진수의 곱셈의 방법과 비슷하다. 하지만 2진수의 곱셈의 결과가 매우 제한적이므로 실제로는 더 쉽다.

2진수를 곱할 때에는 네 가지 규칙이 있다(다음은 모두 2진수이다).

$$0 \times 0 = 0$$
$$0 \times 1 = 0$$
$$1 \times 0 = 0$$
$$1 \times 1 = 1$$

이 규칙과 함께 잘 알고 있는 10진수에서의 곱셈과 올림수의 규칙을 적용하여 2진수 101_2와 11_2를 곱해 보자. 실제로 10진수 5와 3을 곱하는 것이므로 결과는 15의 2진수 형식인 1111_2이 될 것이다. 곱셈표(표 3.19~3.22)를 통해 곱셈과정을 나타냈으므로 숫자들의 배치를 보다 쉽게 알 수 있다.

표 3.19 2진수 곱셈 과정

	1	0	1
×	1	1

© Cengage Learning 2014

10진수를 곱할 때와 마찬가지로, 밑에 있는 수의 가장 오른쪽 숫자부터 시작하여 위에 있는 수 전체에 해당 숫자를 곱한다(표 3.20).

표 3.20 2진수 곱셈 과정

	1	0	1
	×	1	1
	1	**0**	**1**

빈 자리를 표시하기 위해 그 다음 줄의 가장 오른쪽에 0을 채운 후 그 곱셈을 한
다(표 3.21).

표 3.21 2진수 곱셈 과정

	1	0	1
	×	1	1
	1	0	1
1	**0**	**1**	**0**

곱해서 얻은 두 줄의 수들을 더하면 최종 결과를 얻는데 2진수의 덧셈과 올림수
의 규칙을 적용한다(표 3.22).

표 3.22 2진수 곱셈 과정

	1	0	1
	×	1	1
	1	0	1
1	0	1	0
1	**1**	**1**	**1**

같은 방식으로 2진수의 나눗셈도 도입할 수 있는데 10진수의 경우와 비슷하지만
2진수의 덧셈 및 뺄셈의 규칙이 단순하므로 더 쉽다. 10진수의 나눗셈의 절차는 나
누어지는 수의 앞부분을 적당히 구분하는 것인데 구분된 수의 앞부분이 적어도 나
누는 수 이상이 되어야 한다. 그 구분된 숫자를 나눈 결과의 정수부분을 몫 위치에
적는다. 이 몫과 나누는 수를 곱한 것을 나누어지는 수 아래에 적고 나누어지는 수
에서 뺀다.

그 다음, 나누어지는 수의 다음 자릿수를 내려 보내고 이 과정을 반복하는데 뺀
결과가 나누는 수보다 작아지고 나누어지는 수에서 더 이상 다음 자릿수를 내려 보
낼 수 없으면 나눗셈이 끝난다. 이 마지막 뺄셈의 결과를 나눗셈의 나머지라 한다.

이진법에서의 나눗셈 과정을 보여주는 다음 보기를 살펴보자.

예제 3.12 1011_2을 11_2로 나누어라.

풀이

$11\overline{)1011}$을 이용하여 계산한다. 10진수의 나눗셈과 비슷하게 11_2에 정수를 곱하여 1_2 또는 10_2를 얻을 수 없으므로 2진수 101_2보다 같거나 작도록 11_2에 얼마를 곱해야 하는지 생각하자. 곱하는 수는 0_2 또는 1_2뿐이므로 1_2을 곱할 수밖에 없다. 1을 몫에 두고 1_2을 곱한 결과를 나누어지는 수 밑에 두고 빼자.

$$
\begin{array}{r}
1 \\
11\overline{)1011} \\
\underline{11} \\
101
\end{array}
$$
몫을 적은 위치 바로 다음 숫자를 '내려' 보냈다.

같은 과정을 반복하면 다음을 얻는다.

$$
\begin{array}{r}
11 \\
11\overline{)1011} \\
\underline{11} \\
101 \\
\underline{11} \\
10
\end{array}
$$

마지막 줄에 있는 '10'은 나누는 수보다 작으므로 나머지가 되고 따라서 몫은 11_2 이고 나머지는 10_2이다.

문제를 10진수 형식으로 바꾸면 11을 3으로 나누는 것이므로 몫은 3이고 나머지는 2이며 이는 2진수의 결과와 같아야 한다. 그런데 이들을 2진수로 바꾸면 앞의 결과와 정확히 같음을 알 수 있다.

2진수의 응용: ASCII

기수법에 대한 논의를 시작하면서 비 수치적인 데이터를 포함하여 컴퓨터 또는 다른 전자장치에 저장된 모든 데이터는 2진수의 형태로 저장된다고 하였다. 이제 이것이 어떻게 수행되는지 살펴보자.

정보 교환용 미국 표준코드인 아스키(ASCII, American Standard Code for Information Interchange)에 대해 들어 보았을 것이다. 이것은 전신부호(telegraph codes)를 기초로 개발되었으며 2진수 표현을 사용하여 영어 알파벳을 부호화할 수 있는 수단이다. 인쇄 가능한 ASCII 코드는 모두 95개이며, 이는 10진수 32에서 126까지의 수와 연관되어 있다. (이 범위를 선택한 이유는 현재 중요하지 않다. 굳이 설명하자면 지금은 거의 없어진 '제어'문자들을 이 범위 앞의 정수들로 나타내었기 때문이다.)

이것이 컴퓨터와 어떤 관련이 있는지 지금은 알 수는 없지만 컴퓨터의 키보드를 보면 '인쇄 가능한' 문자에 해당하는 자판을 확인할 수 있다. 모두 47개의 인쇄 가능한 문자가 있으며 'Shift' 키를 사용하면 각 자판에 할당된 두 번째 문자를 입력할 수 있으므로 ASCII 코드는 두 배가 되어 총 94개가 되며 95번째 코드는 스페이스 바('보이지 않는' 문자)에 해당한다.

이러한 방식으로 인쇄 가능한 문자에 번호를 매기고 각 번호를 2진수 형식으로 변환하면 모든 문서를 0과 1만을 사용하여 나타낼 수 있게 된다. 예를 들어 2진수 문자열 0010 0000을 생각하자. 이 2진수는 10진수 32와 같은데 '보이지 않는' 문자인 스페이스를 나타내는 것으로 지정되었다. 여기서 왜 불필요하게 보이는 0들로 시작했는지 궁금해할 수 있다. 이는 모든 문자를 1바이트(8비트)를 사용하여 표현되도록 하기 위함이다.

ASCII 코드의 예는 다음과 같다.

01001101 01111001 00100000 01100011 01100001 01110100 00100000 01101001
01110011 00100000 01101111 01101110 00100000 01101101 01111001 00100000
01101100 01100001 01110000 00101110

무엇을 의미하는지 전혀 알 수 없지만 실제로는 "My cat is on my lap."이라는 문장을 나타낸다. 공백(스페이스)과 마침표를 포함하면 정확히 문자만큼의 바이트가 있음을 알 수 있다. 여기에서는 문자를 2진수 형태로 변환하는 것을 부호화(encoding), 그 반대 과정을 복호화(decoding)라 정의한다. 이 메시지 또는 2진수 형태로 표시된 문장을 복호화하기 위해서는 2진수들에 할당된 문자, 숫자, 기호를 확인하면 된다. 예를 들어, 문자 'M'은 2진수 표현 0100 1101에 할당되어 있으며, 이는 'M'을 부호화한 정보의 첫 번째 바이트이다. 표 3.23은 95개의 문자에 할당된 2진수 표현을 나타낸다.

예제 3.13 "It was a dark and stormy night."를 2진수 형태로 나타내어라.

풀이

ASCII 코드의 2진수 형태에 관한 표를 이용한다. 각 문자를 나타내는 바이트를 찾으면 되는데 대문자와 소문자를 혼동하지 않아야 한다. 표에서 볼 수 있듯이 'I'는 0100 1001이고 과정을 계속하면 다음과 같이 2진수 표현을 얻을 수 있다.

01001001 01110100 00100000 01110111 01100001 01110011 00100000
01100001 00100000 01100100 01100001 01110010 01101011 00100000

표 3.23 ASCII 변환표

문자	2진수	문자	2진수	문자	2진수
(sp)	010 0000	@	100 0000	`	110 0000
!	010 0001	A	100 0001	a	110 0001
"	010 0010	B	100 0010	b	110 0010
#	010 0011	C	100 0011	c	110 0011
$	010 0100	D	100 0100	d	110 0100
%	010 0101	E	100 0101	e	110 0101
&	010 0110	F	100 0110	f	110 0110
'	010 0111	G	100 0111	g	110 0111
(	010 1000	H	100 1000	h	110 1000
)	010 1001	I	100 1001	i	110 1001
*	010 1010	J	100 1010	j	110 1010
+	010 1011	K	100 1011	k	110 1011
,	010 1100	L	100 1100	l	110 1100
−	010 1101	M	100 1101	m	110 1101
.	010 1110	N	100 1110	n	110 1110
/	010 1111	O	100 1111	o	110 1111
0	011 0000	P	101 0000	p	111 0000
1	011 0001	Q	101 0001	q	111 0001
2	011 0010	R	101 0010	r	111 0010
3	011 0011	S	101 0011	s	111 0011
4	011 0100	T	101 0100	t	111 0100
5	011 0101	U	101 0101	u	111 0101
6	011 0110	V	101 0110	v	111 0110
7	011 0111	W	101 0111	w	111 0111
8	011 1000	X	101 1000	x	111 1000
9	011 1001	Y	101 1001	y	111 1001
:	011 1010	Z	101 1010	z	111 1010
;	011 1011	[	101 1011	{	111 1011
<	011 1100	\	101 1100	|	111 1100
=	011 1101	]	101 1101	}	111 1101
>	011 1110	^	101 1110	~	111 1110
?	011 1111	_	101 1111	(del)	111 1111

01100001 01101110 01100100 00100000 01110011 01110100 01101111

01110010 01101101 01111001 00100000 01101110 01101001 01100111

01101000 01110100 00101110

직접 손으로 변환하는 것은 단순하고 지루하며, 이와 관련된 연습은 하지 않을 것이다. 이 예제는 원칙적으로 모든 문서를 2진수 형식으로 표현할 수 있음을 살펴보기 위한 것이다.

연습문제

다음 물음에 대해 답하여라.

1. 수학용어 '비트'의 의미는 무엇인가?

2. 수학용어 '바이트'의 의미는 무엇인가?

3. 2진수에서 '최상위 비트'란 무엇이며 약자는 무엇인가?

4. 2진수에서 '최하위 비트'란 무엇이며 약자는 무엇인가?

다음 10진수를 2진수로 변환하여라.

5. 1,865

6. 62,093

7. 128

8. 4,773

9. 193,207

10. 1,038

11. 18.125

12. 213.8

13. 0.15

다음 2진수를 10진수로 변환하여라.

14. $110\ 1011_2$

15. 101_2

16. $1110\ 1001_2$

17. $1\ 1111\ 1101_2$

18. 110.011_2

19. 0.1101_2

20. $1010\ 1101.111_2$

21. $0.0000\ 001_2$

다음 2진수의 덧셈을 계산하여라. 더하는 수들과 결과를 10진수로 변환하고 더하여 같은 결과가 나오는지 확인하여라.

22. $1101_2 + 1011_2$

23. $10\ 1101_2 + 1\ 0110_2$

24. $1.0011_2 + 0.111_2$

25. $100.001_2 + 1101.011_2$

다음 2진수의 뺄셈을 계산하여라. 빼지는 수와 빼는 수, 결과를 10진수로 변환하고 빼서 같은 결과가 나오는지 확인하여라.

26. $1101_2 - 1011_2$

27. $110_2 - 11_2$

28. $1001\ 1101_2 - 101\ 1100_2$

29. $11.0111_2 - 1.1_2$

다음 2진수의 곱셈을 계산하여라. 곱하는 수들과 결과를 10진수로 변환하고 곱하여 같은 결과가 나오는지 확인하여라.

30. $(1101_2)(101_2)$

31. $(10\ 1101_2)(110_2)$

32. $(111_2)(111_2)$

33. $(1001_2)(1010_2)$

다음 2진수의 나눗셈을 계산하여라. 나누어지는 수와 나누는 수, 몫과 결과를 10진수로 변환하고 나누어 같은 결과가 나오는지 확인하여라.

34. $10\ 1101_2 \div 1001_2$

35. $1110\ 0111_2 \div 111_2$

36. $1000\ 0100\ 1101_2 \div 1\ 0001_2$

37. $1000\ 0010\ 0000_2 \div 10\ 0000_2$

다음 문장을 ASCII 코드로 변환하여라.

38. Now is the time for all good men to come to the aid of the party.

39. It is fun to write in binary.

다음을 ASCII 변환표를 사용하여 영어 문장으로 변환하여라.

40. 010010000011000010111011001100101001000001
    100001001000000110110101100001011101000110
    100001100101011011010110000101100111011010

41. 010011010110000101110100011010000010000001
    101001011100110010000001100110011101010110
    1110

0101100011011000010110110000100000011001000
110000101111001

3.3 십육진법

앞에서 설명한 것처럼 컴퓨터의 하드 디스크에 있는 모든 정보는 2진수 형식으로 저장되어 있다. 또한 ASCII 코드를 사용하여 0과 1들로 영어 문자를 표현할 수 있는 방법을 살펴보았다. 기수를 2로 선택한 이유는 현재 이진수 구조가 정보를 저장하고 검색, 실행하는 가장 쉬운 방법이라는 사실 때문이다.

꺼짐-켜짐, 아니오-예, 거짓-참, 음수-양수 등과 같은 상반된 상태를 0 또는 1로 추상화시켜 나타낸다. 이것은 매우 중요한데 예를 들어 디지털 회로는 2진수 변수의 값 (1) 또는 (0)에 따라 전자적으로 켜지거나 꺼지는 트랜지스터를 사용하기 때문이다.

컴퓨터 하드디스크와 같은 자기 저장(magnetic storage) 장치는 섹터를 자기적으로 양극 또는 음극인 상태로 분극화하여 데이터를 저장한다. CD 또는 DVD와 같은 광학 매체 저장장치는 디스크의 특정 부분을 반사형 또는 비반사형이 되도록 레이저에의 열을 이용해 홈을 판다. 현대 기술에서 2진수는 여러 곳에서 사용되므로 전기 공학자, 컴퓨터 과학자 및 정보 기술 전문가는 필수적으로 2진수에 능통해야 한다.

컴퓨터는 이진법을 사용하여 매우 효율적으로 작동하지만 사람들은 2진수 표현에 포함된 숫자의 개수 때문에 2진수 표현에 어려움을 겪는다. 예를 들어, 10진수 489의 2진수 표현은 $1\ 1110\ 1001_2$이며 9개의 숫자가 필요하다. 이런 이유로 간결하고 쉽게 읽을 수 있는 '십육진법(hexadecimal system)'을 사용하는 것이 바람직하다. 진법의 이름은 6을 의미하는 그리스 단어 'hexa'와 10을 의미하는 라틴어 단어 'decima'의 조합에서 파생되었다.

십육진법은 숫자 표현에 16개의 문자를 사용하므로 **16진수 체계(base-16 number system)**라고도 한다. 16은 2의 4제곱이므로 2진수와 16진수 체계에는 10진수와는 다른 어떤 관계가 있다고 생각할 수 있다. 실제로 두 형식 간의 변환은 더 쉽다. 먼저 십육진법에 대해 좀 더 알아보자.

십육진법의 기수(radix)는 16이므로 이 기수법의 수를 나타내기 위해서는 16개의 기호가 필요하다. 사용하는 기호는 0, 1, 2, 3, 4, 5, 6, 7, 8, 9, A, B, C, D, E, F이다. 기호 A는 10진수 10, B는 10진수 11, C는 10진수 12, D는 10진수 13, E는 10진수 14, F는 10진수 15에 해당한다. 조금 당황스러울 수 있지만 수를 나타내는 길이를 줄이기 위한 것이므로 새로운 기호에 익숙해지기 위한 연습이 필요하다.

일반적으로 16진수로 나타낸 수의 길이는 2진수로 나타낸 수의 길이의 약 1/4이다. 앞에서 10진수 489에 해당하는 2진수는 1 1110 1001$_2$임을 확인하였는데 이 수의 16진수 형식은 (아직 증명하지는 않았지만) 1E9$_{16}$이다. 물론, 이 수가 489와 같은지는 2진수보다 명확하지는 않다. 하지만 16진수를 사용하는 근본적인 목적은 수를 더 짧게 표현하기 위해서이며, 2진수와 10진수 사이의 변환과 달리 2진수와 16진수는 서로 변환이 용이하다는 것을 명심해야 한다.

2진수와 10진수 체계가 각각 2와 10의 거듭제곱을 기반으로 하는 것과 같이 16진수는 16의 거듭제곱들로 구성된다. 참고로 16의 거듭제곱들을 표 3.24에 정리하였다. 16진수의 숫자들은 10진수와 2진수 체계와 같이 자릿값을 가지며 자릿값은 16의 제곱으로 나타낸다. 16진수 소수점(hexadecimal point) 또는 16진수 소수 구분기호(hexadecimal separator)로 16진수의 정수부분과 소수부분을 구분한다. 간단히 '16진수 점(hex point)' 또는 '16진수 구분기호(hex separator)'라 부른다.

표 3.24 16의 거듭제곱들

16^{-3}	0.000244140625
16^{-2}	0.00390625
16^{-1}	0.0625
16^0	1
16^1	16
16^2	256
16^3	4096

© Cengage Learning 2014

2진수와 16진수 사이의 관계

앞에서 2진수와 16진수 사이에 매우 밀접한 관계가 있음을 암시하였는데, 이것이 16진수를 배우는 이유이며 이제 이들의 관계를 알아보자. 처음 16개의 0 이상의 정수와 이들의 2진수 표현, 16진수 표현을 나열해 보자(표 3.25). 표에 있는 각 2진수들은 니블(nibble)로 나타내기 위해 4개의 숫자들로 표현하였다. 각 16진수는 정확히 하나의 2진수 정보인 니블을 나타낸다. 이제 2진수와 16진수 사이의 변환을 계산하는 것은 매우 쉽다. 즉, 2진수 정보의 각 니블에 대해 하나의 16진수 숫자를 대입하거나 그 반대로 하면 된다.

표 3.25 10진수의 2진수 표현과 16진수 표현

10진수	2진수 표현	16진수 표현
0	0000_2	0_{16}
1	0001_2	1_{16}
2	0010_2	2_{16}
3	0011_2	3_{16}
4	0100_2	4_{16}
5	0101_2	5_{16}
6	0110_2	6_{16}
7	0111_2	7_{16}
8	1000_2	8_{16}
9	1001_2	9_{16}
10	1010_2	A_{16}
11	1011_2	B_{16}
12	1100_2	C_{16}
13	1101_2	D_{16}
14	1110_2	E_{16}
15	1111_2	F_{16}

© Cengage Learning 2014

예제 3.14 2진수 11 0110 1111 0110_2를 16진수로 변환하여라.

풀이

10진수로 변환하는 방법을 사용하면 이 수는 14070이라는 것을 알 수 있지만, 이 문제와는 관련이 없다. 첫 번째 니블의 1 앞에 두 개의 0을 넣어 확장하면 다음의 동치인 형식을 얻을 수 있다.

$$0011\ 0110\ 1111\ 0110_2$$

이제 각 니블을 앞의 표에서 결정된 16진수로 바꾸면 다음과 같다.

$$36F6_{16}$$

2진법의 경우와 같이 16진수를 10진수로 바꾸기 위해 기수 16의 거듭제곱을 사용할 수 있다. 즉, $36F6_{16}$과 같은 16진수는 16의 거듭제곱을 사용하여 10진수로 변환할 수 있다. 다음은 앞의 예제의 결과가 정확함을 확인해 준다.

$$3 \times 16^3 + 6 \times 16^2 + 15 \times 16^1 + 6 \times 16^0$$
$$= 12288 + 1536 + 240 + 6$$
$$= 14070$$

이 수는 2진수 11 0110 1111 0110$_2$과 동치인 10진수이며 따라서 변환의 결과가 정확함을 나타낸다.

16진수를 2진수로 변환하는 것은 정확히 반대 과정이며, 16진수의 숫자들을 순서 대로 각각의 2진수 니블들로 대체하면 된다.

예제 3.15 16진수 BA085$_{16}$을 2진수로 변환하여라.

풀이

같은 10진수를 나타내는 2진수와 16진수의 표를 참고하면 16진수 숫자들과 동치인 니블은 B~1010, 0~0000, 8~1000, 5~0101이다. 그러므로 2진수로 변환한 결과는 1011 1010 0000 1000 0101$_2$이다.

이 결과가 맞는지 확인하기 위해 두 수 각각을 10진수로 변환한 다음 이들이 일 치함을 보이면 된다.

$$BA085_{16} = 11 \times 16^4 + 10 \times 16^3 + 0 \times 16^2 + 8 \times 16^1 + 5 \times 16^0$$
$$= 720896 + 40960 + 0 + 128 + 5$$
$$= 761989$$

$$1011\ 1010\ 0000\ 1000\ 0101_2 = 2^{19} + 2^{17} + 2^{16} + 2^{15} + 2^{13} + 2^7 + 2^2 + 1$$
$$= 524288 + 131072 + 65536 + 32768 + 8192$$
$$+ 128 + 4 + 1$$
$$= 761989$$

10진수와 16진수와의 관계

16진수를 10진수로 변환하는 본질적인 방법을 살펴보았다. 방법은 단순히 16진수의 숫자들을 16의 적당한 거듭제곱과 곱하고 이들을 더하여 간단히 하는 것이다. 그러 나 10진수를 16진수로 변환하는 것은 약간 더 복잡하다. 물론 10진수를 2진수로 변 환하고 이를 16진수로 변환하면 간단하지만 이 방법은 만족스럽지 않다. 왜냐하면 거치지 않아도 되는 불필요한 중간 단계를 포함하기 때문이다.

10진수를 16진수로 변환하는 방법은 2진수 체계의 경우와 비슷하다. 2진수의 경 우와 같이 정수부분과 소수부분을 각각 변환한 후, 각 결과를 결합한다.

정수인 10진수의 경우, 몫과 나머지를 기록하면서 몫이 0이 될 때까지 16으로 반복하여 나눈다. 그런 후 연속적으로 나눈 나머지들을 거꾸로 읽으면 16진수를 얻 는다.

예제 3.16 10진수 936을 16진수 형태로 변환하여라.

풀이

나머지의 열을 아래에서 위로 읽으면 16진수 $3A8_{16}$를 얻는다(표 3.26).

표 3.26 10진수를 16진수로 변환

나눗셈	나머지(10진수)	나머지(16진수)	몫
936 ÷ 16	8	8	58
58 ÷ 16	10	A	3
3 ÷ 16	3	3	0

예제 3.17 10진수 1876923을 16진수로 변환하여라.

풀이

몫이 0이 될 때까지 16으로 나눈 후, 16진수 형태의 나머지 열을 위로 읽으면 $1CA3BB_{16}$를 얻는다(표 3.27)

표 3.27 10진수를 16진수로 변환

나눗셈	나머지(10진수)	나머지(16진수)	몫
1876923 ÷ 16	11	B	117307
117307 ÷ 16	11	B	7331
7331 ÷ 16	3	3	458
458 ÷ 16	10	A	28
28 ÷ 16	12	C	1
1 ÷ 16	1	1	0

10진소수의 경우도 2진수의 경우에 개발한 알고리즘을 따르는데, 16을 반복적으로 곱한 결과의 정수부분을 추적한다.

2진수 표현의 경우와 같이 다음 절차를 따른다.

1. 10진소수에 16을 곱한다.
2. 곱의 정수부분을 기록하고 필요하면 16진수 형태로 변환한다.
3. 각 단계마다 남은 10진소수에 16을 곱하는 것을 반복한다. 이 과정을 소수부분이 0이 될 때까지 계속한다.
4. 곱의 정수부분(16진수 형태)을 순서대로 16진수 소수 구분기호 뒤에 배열하면 동치인 16진수를 얻는다.

실제로 10진소수의 16진수로의 변환이 유한하게 끝나는 경우는 거의 없지만 살펴볼 예제는 결과가 좋은 것들만 다룰 것이다.

0.31640625를 16진수로 변환해 보자. 변환 과정은 표 3.28과 같다. 16진수로의 변환 결과는 0.51_{16}이다.

표 3.28 10진수를 16진수로 변환

곱셈	정수부분(10진수)	정수부분(16진수)	10진소수
0.31640625 × 16	5	5	0.0625
0.0625 × 16	1	1	0

예제 3.18 10진수 0.000202026367188을 16진수로 변환하여라.

풀이

10진소수 0.24가 다시 등장한 것은 16진수의 반복이 시작했음을 나타낸다. 따라서 16진수로의 변환결과는 표 3.29와 같이(16진수 정수부분의 열을 아래로 읽으면) $0.000D\overline{3D70A}_{16}$이다.

표 3.29 10진수를 16진수로 변환

곱셈	정수부분(10진수)	정수부분(16진수)	10진소수
0.000202026367188 × 16	0	0	0.003232421875
0.003232421875 × 16	0	0	0.05171875
0.05171875 × 16	0	0	0.8275
0.8275 × 16	13	D	0.24
0.24 × 16	3	3	0.84
0.84 × 16	13	D	0.44
0.44 × 16	7	7	0.04
0.04 × 16	0	0	0.64
0.64 × 16	10	A	0.24

예제 3.19 10진수 1876923.000202026367188을 16진수로 변환하여라.

풀이

예제 3.17과 3.18을 결합하면 16진수 변환결과는 $1CA3BB.000D\overline{3D70A}_{16}$이다.

이 결과를 2진수 형식으로 변환하는 것은 흥미롭다. 각 16진수의 숫자를 이와 동치인 니블들로 바꾸면 다음을 얻는다.

$$0001\ 1100\ 1010\ 0011\ 1011\ 1011.0000\ 0000\ 0000\ 1101\ \overline{0011\ 1101\ 0111\ 0000\ 1010}_2$$

컴퓨터 모니터는 빛의 기본색(빨강, 초록, 파랑)을 사용하여 모든 다른 색들을 표시한다. 모니터는 각 원색의 강도를 다르게 하고 색을 결합한 후, 화면의 한 픽셀(pixel, 화소)에 쏜다. 표시할 수 있는 색의 범위는 흰색(빨강, 초록, 파랑의 100%가 픽셀에 표시됨)부터 검정색(빨강, 초록, 파랑의 0%가 표시됨)이다.

HTML은 6자리의 16진수인 색상 코드(color codes)를 사용하여 RGB 조합을 조정한다. 색상 코드는 파운드 기호(#)와 16진수들, 즉 RGB 강도를 나타내는 3개의 두 자리 16진수의 조합으로 이루어진다. 이를 통해 색상의 빨강, 초록 및 파랑의 값을 설정할 수 있으며, 각 색상의 상대적 강도의 조합으로 원하는 색상을 얻을 수 있다. 각각의 기본 색상들의 가장 큰 색의 강도는 10진수로 255인 FF이다.

예를 들어, 즉 주황색은 강한 빨강과 약간 강한 초록, 상대적으로 약한 파랑으로 나타낼 수 있다. 주황색의 색상 코드는 #FF8040인데 이는 가장 강한(FF) 빨강, 약간 강한(80) 초록, 이보다 약한(40) 파랑을 나타낸다.

연습문제

다음 물음에 대해 답하여라.

1. 2진수를 16진수 형식으로 바꾸는 과정을 나름대로 설명하여라.
2. 16진수를 2진수 형식으로 바꾸는 과정을 나름대로 설명하여라.

다음 2진수를 16진수로 변환하여라.

3. $1101\ 1100_2$
4. $101\ 1111_2$
5. $1\ 1011\ 1101_2$
6. $101\ 1111\ 0110_2$
7. 1101.0111_2
8. $0.0101\ 11_2$

다음 16진수를 2진수로 변환하여라.

9. 33_{16}
10. $9F7_{16}$
11. $2AEB_{16}$
12. $937.2A_{16}$
13. $AF.CAD_{16}$

다음 10진수를 16진수로 변환하여라.

14. 171
15. 2013
16. 4097
17. 501.1

다음에 대해 간단히 설명하여라.

18. 경험상 특정 색들을 '혼합하면' 다른 색이 된다는 것을 알 수 있다. 예를 들어, "노랑과 파랑을 섞으면 초록이 된다." 즉, 노란색 물감과 파란색 물감을 섞어서 혼합하면 그 결과는 초록색이 된다. RGB 코드를 확장하여 '혼합된' 색상을 나타내는 RGB 코드를 만들 수 있을까? 이 문제를 생각하고 결론을 설명하여라.

3.4 팔진법

팔진법 또는 8진수 체계는 앞에서 살펴본 기수법들과 같은 방식으로 구성된다. 이 경우 기수는 8이며 모든 수는 0, 1, 2, 3, 4, 5, 6, 7을 이용하여 나타낼 수 있다. 8진수 구분기호(octal separator) 또는 8진수 점(octal point)의 정의는 다른 기수법에서의 정의와 같으며 자릿값은 기수의 거듭제곱으로 나타낼 수 있다.

16진수와 마찬가지로 8진수에 관심을 갖는 이유는 8진수와 2진수 사이의 변환이 쉽다는 사실 때문이다. 16진수의 길이가 2진수의 길이보다 현저히 짧았던 것처럼 8진수의 길이도 일반적으로 해당 2진수 길이의 1/3이다.

8진수가 필요한 이유는 무엇인가? 지금까지 16진수를 개발하고 이해하기 위해 많은 노력을 기울였는데 8진수는 익숙한 숫자를 사용하는 반면, 16진수는 A부터 F까지의 추가 기호가 필요하기 때문이다. 언뜻 보면 혼란스러울 수 있다. 실제로, 16진수와 8진수 모두 같은 목적을 수행하기 때문에, 어떤 것을 사용해도 상관이 없다. 그럼에도 불구하고 어떤 응용 프로그램은 특정 진법에서 더 효율적으로 처리되므로 두 진법 모두에 대해 잘 알고 있어야 한다.

새로운 기수법의 수와 십진법의 수 사이의 변환방법을 이해했다면 이 방법이 8진수 체계에서도 동일하다는 것을 알게 될 것이다. 8진수를 10진수 형식으로 변환하려면 (숫자와 8의 적당한 거듭제곱을 곱한 것을 이용하여) 해당 수의 전개식을 만들고 간단히 한다. 이 과정은 잘 알고 있을 것이며 연습문제로 남겨둔다.

2진수와 16진수의 경우와 마찬가지로 10진수에서 8진수로 변환하는 것이 더 까다롭다. 따라서 절차를 명확히 살펴보도록 하자. 정수인 경우 반복적으로 8로 나누면서 나머지를 적는데 몫이 0이 될 때까지 계속한다. 그 다음 8진수 형식으로 변환한 나머지들을 거꾸로 적고 8을 아래첨자로 붙이면 해당 수의 8진수 표현을 얻는다. 예제를 살펴보자.

예제 3.20 10진수 1762를 8진수로 변환하여라.

풀이

앞의 경우처럼 표 3.30과 같은 표를 만들어 각 과정을 체계적으로 정리하자. 나머지를 거꾸로 읽으면 1762와 동치인 8진수 3342_8를 얻는다.

표 3.30 10진수를 8진수로 변환

나눗셈	나머지(10진수)	나머지(8진수)	몫
1762 ÷ 8	2	2	220
220 ÷ 8	4	4	27
27 ÷ 8	3	3	3
3 ÷ 8	3	3	0

예제 3.21 10진수 276315를 8진수로 변환하여라.

풀이

몫이 0이 되면 나눗셈은 끝나며 8진수 표현을 읽으면 1033533_8이다(표 3.31).

표 3.31 10진수를 8진수로 변환

나눗셈	나머지(10진수)	나머지(8진수)	몫
$276315 \div 8$	3	3	34539
$34539 \div 8$	3	3	4317
$4317 \div 8$	5	5	539
$539 \div 8$	3	3	67
$67 \div 8$	3	3	8
$8 \div 8$	0	0	1
$1 \div 8$	1	1	0

© Cengage Learning 2014

10진소수인 경우도 2진수와 16진수의 과정과 같은데 기수 8을 소수부분이 0이 될 때까지 반복적으로 곱하면서 곱의 정수부분을 (8진수 형식으로) 적는다. 곱의 정수부분을 순서대로 적고 기수 8을 아래첨자로 붙이면 수의 8진수 형식을 얻을 수 있다.

예제 3.22 10진수 0.00625를 8진수로 변환하여라.

풀이

10진소수 0.4가 다시 나타났으므로 반복되는 지점에 도착했음을 알 수 있다. 따라서 0.00625의 8진수 형식은 $0.00\overline{3146}_8$이다(표 3.32).

표 3.32 10진수를 8진수로 변환

곱셈	정수부분(10진수)	정수부분(8진수)	10진소수
0.00625×8	0	0	0.05
0.05×8	0	0	0.4
0.4×8	3	3	0.2
0.2×8	1	1	0.6
0.6×8	4	4	0.8
0.8×8	6	6	0.4

© Cengage Learning 2014

다른 진법에서 보았듯이 10진수가 정수부분과 소수부분이 결합된 경우 각각의 8진수 표현을 구하여 이들을 결합하면 된다. 이와 관련된 예는 연습문제로 남겨둔다.

10진소수가 왜 2진수나 8진수, 16진수에서 순환소수 표현을 갖는지 궁금해할 수 있다. 이는 살펴볼 필요가 있는 문제이다. 그 답은 2진수, 16진수, 8진수 소수 구분기호 오른쪽에 있는 모든 자릿값들이 2의 거듭제곱 꼴이고 그 외에 다른 소인수가 없다는 사실과 관련이 있다. 0.1과 같은 10진수는 무한한 2진수 표현을 가짐을 살펴보았는데 1/10의 분모는 2의 거듭제곱 꼴이 아니며 소인수 5를 가지고 있다. 이러한 수는 이러한 분모의 특징으로 인해 다른 기수법에서는 무한 소수 표현을 갖는다.

2진수와 8진수 사이의 변환

16진수의 장점 중 하나로 16진수는 2진수로 쉽게 변환할 수 있다는 것을 이미 알고 있다. 비슷한 관계가 8진수와 2진수 사이에도 존재한다.

　2진수 형식에서 16진수 형식으로 또는 그 반대로 변환할 때 중요했던 것은 각 16진수 숫자는 이와 동치인 4자리의 2진수 표현을 가지고 있다는 것이고 따라서 한 형식에서 다른 형식으로의 변환은 16진수 숫자와 동치인 4자리의 2진수를 서로 바꾸는 것이었다.

　8진수의 경우, 8개의 8진수 숫자 각각은 3자리의 2진수와 동치이며 8진수와 2진수 사이의 변환은 즉, 2진수에서 8진수로 변환할 때는 3자리의 2진수를 해당 8진수로 대체하는 것이다. 8진수를 2진수로 바꾸는 변환은 정확히 반대이다.

　몇 가지 예제를 살펴보기 전에 서로 동치인 2진수와 8진수들의 표 3.33을 만들어 참고하자.

표 3.33　서로 동치인 10진수, 2진수, 8진수

10진수	동치인 2진수	동치인 8진수
0	000	0
1	001	1
2	010	2
3	011	3
4	100	4
5	101	5
6	110	6
7	111	7

© Cengage Learning 2014

예제 3.23　2진수 11 0101 1101 1001 1111_2을 8진수로 변환하여라.

풀이

변환을 보다 명확하게 하기 위해, (일반적 관례대로) 니블들로 나누어진 2진수를 110 101 110 110 011 111_2과 같이 숫자를 3개씩 모아 재구성하자.

　다음 서로 동치인 표현들의 표를 참조하여 3개의 2진수 숫자들의 그룹을 각각의 8진수로 대체한다. 8진수임을 나타내기 위해 앞의 경우와 같이 마지막에 아래첨자 8

을 붙이면 656637_8이다.

예제 3.24 ▶ 2진수 1 0110 1011 1001$_2$을 8진수로 변환하여라.

풀이

이 경우 2진수에 13개의 숫자가 포함되어 있으므로 숫자 3개의 그룹들로 나누는 것은 현재로서는 불가능하다. 하지만 16진수의 경우 이러한 상황에서 적당히 0을 추가하여 필요한 그룹들로 나눌 수 있었다. 13보다 큰 3의 배수 중에서 가장 작은 수는 15이므로 앞에 두 개의 0을 넣어 3개의 숫자들의 그룹으로 나누자.

$$001\ 011\ 010\ 111\ 001_2$$

이제 2진수와 8진수의 표를 참조하면 바로 8진수 형식으로 변환할 수 있으며 그 결과는 다음과 같다.

$$13271_2$$

예제 3.25 ▶ 8진수 7321$_8$ 을 2진수로 변환하여라.

풀이

각 8진수 숫자를 동치인 2진수로 바꾸면 다음을 얻는다.

$$111\ 011\ 010\ 001_2$$

2진수는 니블들로 나누므로 이 표현을 4개의 숫자들의 그룹으로 재구성하면 1110 1101 0001$_2$이 된다.

연습문제

다음 물음에 대해 답하여라.

1. 2진수와 8진수의 차이점은 무엇인가?

2. 2진수를 8진수로 변환하는 절차는 무엇인가?

3. 8진수를 2진수로 변환하는 절차는 무엇인가?

다음 10진수를 8진수로 변환하여라.

4. 133

5. 2984

6. 618.5

7. 9377.125

다음 8진수를 10진수로 변환하여라.

8. 33_8

9. 6452_8

10. 255.43_8

11. 0.12_8

다음 2진수를 8진수로 변환하여라.

12. $1101\ 0110_2$

13. 100.111_2

14. $0.1011\ 111_2$

15. 1111.111_2

다음 8진수를 2진수로 변환하여라.

16. 173_8

17. 3772_8

18. 4625.553_8

19. 0.165_8

3.5 | 2진수와 8421코드

BCD(binary-coded decimal; 2진수로 부호화된 10진수) 코드란 (0부터 9까지) 10개의 10진수 숫자들을 2진수의 니블(nibble)들로 표현하는 도구이다. BCD 코드는 오류를 검출하고 수정하는 컴퓨터 애플리케이션뿐만 아니라 암호화 장치, 연산 회로 등과 같은 디지털 논리의 다양한 분야에서 광범위하게 응용된다. BCD 코드 중 몇 가지를 간단히 알아보고 다른 코드보다 더 선호하는 이유도 살펴본다.

일반적으로 10진수를 2진수 형식으로 부호화하는 가장 간단한 방법은 8421 BCD 코드를 이용하는 것이다. 이것은 실제로 10진수를 이와 동치인 2진수로 직접 표현한 것이며 따라서 이미 그 기초는 알고 있는 코드이다. 하지만 10진수 전부를 이와 동치인 2진수로 표현하는 것과는 다르다. 코드는 각 10진수 숫자를 그와 동치인 2진수로 변환하고 니블들로 나열한다. 10진수 숫자들의 2진수 표현은 이전에 살펴본 것과 같으며 표 3.34에 나와 있다. 모두 $2^4 = 16$개의 니블이 존재할 수 있다. 따라서 이 중 6개의 니블은 8421 BCD 코드에서 유효하지 않다.

표 3.34 10진수 숫자와 동치인 8421 BCD 표현

10진수	8421 BCD 표현
0	0000
1	0001
2	0010
3	0011
4	0100
5	0101
6	0110
7	0111
8	1000
9	1001

© Cengage Learning 2014

10진수가 BCD 코드로 표현되면 2진수임을 나타내는 아래첨자 2는 사용하지 않는다. 즉, 10진수 368을 BCD로 표현하면 0011 0110 1000이며 니블들의 끝에 아래첨자 2를 붙이지 않는다.

8421 BCD 코드와 같은 코드를 가중치 코드(weighted code)라 하는데 니블 내의 각 자리가 8, 4, 2, 1과 같은 특정한 가중치를 갖는 4비트 조합을 사용하여 10진수를 나타냄을 의미한다. 즉, 1001과 같이 BCD 코드의 한 니블에서 첫 번째 자리의 가중치는 8이며 두 번째 자리의 가중치는 4, 세 번째 자리의 가중치는 2, 마지막 자리의 가중치는 1이다.

이는 정확히 2진수의 처음 네 자리를 정의한 것과 같으므로 가중치라는 용어는 조금 불필요하게 보일 수 있다. 하지만 2421 BCD와 같은 다른 BCD 코드도 있는데, 이 경우 자리의 가중치는 10진수 숫자들의 2진수 표현과 같지 않다. 이 코드에서 1101은 10진수 7을 나타내는데 (전개식이) $1 \times 2 + 1 \times 4 + 0 \times 2 + 1 \times 1 = 7$이기 때문이다.

일부 교재에서는 니블들의 숫자열이 10진수를 BCD 코드로 나타낸 것임을 나타내기 위해 기수를 나타내듯이 BCD를 아래첨자로 붙이는 경우가 있다. 즉, 10진수 368의 BCD 표현을 $0011\ 0110\ 1000_{BCD}$와 같이 나타낸다. 하지만 이 교재에서는 BCD 표현은 문맥상 명확하기 때문에 이 표기법은 사용하지 않을 것이다.

예제 3.26 ▶ 10진수 843의 2진수 표현과 8421 BCD 코드를 비교하여라.

풀이

10진수를 2진수로 변환하는 방법을 다시 정리해 보자. 2로 나누면서 나오는 나머지를 적는 것을 몫이 0이 될 때까지 반복한다. 이 나머지들을 거꾸로 읽으면 10진수와 동치인 2진수 형식을 얻는다(표 3.35). 10진수 843의 2진수 표현은 $11\ 0100\ 1011_2$이다.

표 3.35 843을 2진수로 변환

나눗셈	나머지	몫
843 ÷ 2	1	421
421 ÷ 2	1	210
210 ÷ 2	0	105
105 ÷ 2	1	52
52 ÷ 2	0	26
26 ÷ 2	0	13
13 ÷ 2	1	6
6 ÷ 2	0	3
3 ÷ 2	1	1
1 ÷ 2	1	0

© Cengage Learning 2014

10진수 843의 BCD 코드 표현은 각 숫자 8, 4, 3의 코드 표현들로 구성된다. 표 또는 각 숫자의 2진수 표현의 표현을 이용하면 1000 0100 0011을 얻는다. 이 두 결과는 서로 전혀 관련이 없고 두 과정도 매우 다르다.

8421 BCD 코드를 사용하여 부호화한 10진수는 코드의 모든 니블을 적절한 숫자로 바꾸어 10진수로 변환할 수 있다. 즉, 앞의 표를 이용하거나 각 니블을 다시 10진수로 바꾸면 된다.

예제 3.27 ▶ BCD 코드가 0010 1001 0111 0101인 10진수를 구하여라.

풀이

니블들은 각각 2진수 2, 9, 7, 6과 동치임을 알 수 있다. 따라서 구하는 10진수는 2976이다.

예제 3.28 ▶ BCD 코드가 0010 1101 0001 0101인 10진수를 구하여라.

풀이

앞의 보기와 같은 방법으로 각 니블들은 각각 2진수 2, 13, 1, 5이다. 이들 중 두 번째인 1101은 하나의 숫자가 아닌 10진수 13과 동치이다. 따라서 이 BCD 코드는 10진수를 나타내는 표현이 아니다. 앞에서 언급한 것처럼 8421 BCD 코드에서 유효하지 않은 6개의 니블이 있는데 이것이 그중 하나이다.

지금까지는 모두 정수에 관한 예제였지만 BCD 코드는 10진소수에도 사용할 수 있다. 소수점 앞뒤의 숫자들을 BCD 코드로 변환하고 소수점 위치에 구분점을 표시하기만 하면 된다.

예제 3.29 ▶ 10진수 193.482를 BCD 코드로 나타내어라.

풀이

10진수 숫자들의 BCD 코드들의 표를 참고하면 다음 표현을 얻을 수 있다.

0001 1001 0011.0100 1000 0010

지금까지는 가중치 코드를 살펴보았지만 비가중 코드(nonweighted code)도 있다. 비가중 코드의 예로는 Excess-3(XS-3) 코드와 그레이(Gray) 코드가 있다. 앞의 코드는 산술 연산에, 뒤의 코드는 기계식 스위칭 시스템에 사용된다.

이 교재에서는 그레이 코드에 대해서만 살펴보기로 한다. 이 코드의 명칭은 처음 개발한 벨 연구소(Bell Lab)의 프랭크 그레이(Frank Gray)의 이름을 딴 것이다. 코드 명칭은 발명가의 이름을 딴 것이므로 그레이(Gray) 이외의 (예를 들어 'gray' 또는 'grey' 같은) 다른 철자를 사용하는 것은 올바르지 않다.

스위칭 시스템에 2진수 코드를 적용할 때 발생하는 어려움은 다음과 같다. 장치의 열림과 닫힘을 각각 1과 0으로 표시하여 스위치의 열고 닫은 상태를 나타낼 경우, 2개의 연속된 상태(예를 들어 011과 100)에 대해 한 상태에서 다음 상태로의 전환은 3개의 스위치를 동시에 바꾸는 것과 같다. 전환하는 순간에 3개의 스위치가 각각 서로 다른 속도로 바뀐다면 관찰자가 잘못 해석할 수 있다. 따라서 연속적인 상태가 (이상적인 경우로) 하나의 비트만 바뀌도록 최소 차이를 갖는 2진수 숫자열로 표시하는 것이 바람직하다. 이러한 조건을 만족하는 일련의 정수들을 나타낼 수 있는 코드를 그레이 코드라 한다.

길이가 1인 단일 그레이 코드는 없지만 길이가 n이면서 이웃하는 2진수의 차이가 1비트뿐인 2진수 코드로 (0부터 $2n - 1$까지) 정수들의 각 숫자들을 나타낸다. 이 코드 구성에 대한 이론적 근거는 한 번에 1비트씩 숫자를 바꾸거나 뒤집어가면서 각 정수들을 순서대로 표현할 수 있다는 것이다. 예를 들어 0에서 15까지의 정수를 나타내는 그레이 코드를 만드는 다른 방법은 흥미로우며 연습문제로 남겨둔다. 먼저 4개의 0으로 시작해서 (4비트를 사용하는 이유는 4자리 2진수가 모두 16개이기 때문) 각 단계는 이전과는 다른 새로운 4자리 2진수가 되도록 항상 가장 오른쪽의 숫자를 계속 바꾸어 간다. 이 절차가 끝나면 총 16개의 4자리의 2진수를 얻는데 이를 0부터 15까지 순서대로 할당할 수 있다. 이러한 4비트 2진수들은 그레이 코드의 정의를 만족한다.

두 번째 방법은 반사변환과 덧붙이기이다. 앞서 설명한 방법보다 직관적이지 않으므로 코드를 얻은 과정을 설명하고자 한다. 요점은 그레이 코드를 구성하는 방법이 하나의 표준방법이 아닌 다양한 방법이 있다는 것이다.

이 방법은 0과 1로 시작하여 이들을 '거울대칭' 한 후, (앞 절반에는 0을, 뒤 절반에는 1을 앞에 덧붙이고) 이 과정을 반복하여 원하는 개수만큼의 2진수(이 경우는 16개)를 얻을 때까지 계속한다. 조금 복잡하게 들릴지 모르지만 연습을 거치면 쉬운 방법임을 알게 된다.

단계 1: 0과 1로 시작하여 거울대칭 한다.

- 0, 1, 1, 0 ('거울대칭'이란 단지 반대 순서로 숫자를 반복하는 것을 의미)

단계 2: 앞 절반은 0을, 뒤 절반에는 1을 앞에 덧붙인다.

- 00, 01, 11, 10

단계 3: 한 번 더 거울대칭 한다.

- 00, 01, 11, 10, 10, 11, 01, 00

단계 4: 앞 절반은 0을, 뒤 절반에는 1을 앞에 덧붙인다.

- 000, 001, 011, 010, 110, 111, 101, 100

단계 5: 한 번 더 거울대칭 한다(이제 16개의 2진수 수열을 얻는다).

- 000, 001, 011, 010, 110, 111, 101, 100, 100, 101, 111, 110, 010, 011, 001, 000

단계 6: 앞 절반은 0을, 뒤 절반에는 1을 앞에 덧붙인다.

- 0000, 0001, 0011, 0010, 0110, 0111, 0101, 0100, 1100, 1101, 1111, 1110, 1010, 1011, 1001, 1000

이 수열은 반복이 없으며 각 4비트 2진수들은 이전 2진수와 1비트만 차이가 난다. 따라서 이 2진수 수열을 0부터 15까지의 10진수에 순서대로 할당할 수 있다.

연습문제

다음 물음에 대해 답하여라.

1. BCD 코드란 무엇인가?
2. 가중치 코드란 무엇인가?
3. 그레이 코드란 무엇인가?

다음 10진수를 2진수 형식으로 변환하고 8421 BCD 코드 표현을 구하여라.

4. 54
5. 6666
6. 347.625
7. 23.875

다음 8421 BCD 표현을 이와 동치인 10진수로 변환하여라.

8. 1001 0111 0101
9. 0111 0101 1001 0011 0001
10. 1001.0111 0011
11. 0111 0011.1001

이 절에서 8421 BCD 가중치 코드를 살펴보았다. 하지만 2421 BCD 코드처럼 다른 가중치 코드도 존재하는데 8421 BCD와 비슷한 코드이지만 가중치는 각각 2, 4, 2, 1이다. 다음은 10진수의 2421 BCD 표현이다. 각 표현에 해당하는 10진수를 구하여라.

12. 0001 1011 1110 0011
13. 0101 0001 1111.1100 1101
14. 1111.1110 1011 0010
15. 0000.0011 0100 1110

다음 문제를 풀어라.

16. 3.5절에서 그레이 코드를 생성하는 방법을 소개하였으며, 0에서 15까지의 정수를 나타내는 다른 방법도 제안하였다. 4개의 0으로 된 숫자열에서 시작해서 (4비트를 사용하는 이유는 4자리의 2진수가 모두 16개이기 때문) 각 단계는 이전과는 다른 새로운 4자리 2진수가 되도록 항상 가장 오른쪽의 비트를 연속적으로 바꾼다. 이 절차가 끝나면 총 16개의 4자리의 2진수를 얻는데 이를 0부터 15까지 순서대로 할당할 수 있다. 이 그레이 코드를 생성하는 과정을 수행하여라.

요약

이 장에서는 다음 내용들을 학습하였다.

- 10진수, 2진수, 16진수 체계
- 이진법에서의 연산과 응용
- 2진수와 16진수, 10진수와 16진수, 2진수와 8진수의 관계
- 2진수와 8421 코드

용어

가중치 코드weighted code 니블(nibble) 내의 각 위치에 특정 가중치를 부여고 이러한 니블들의 조합을 사용하여 10진수를 표현하는 코드.

그레이 코드 Gray code 연속하는 두 숫자의 차이가 단지 1비트씩인 2진수 체계.

기수base/radix 특정한 수 체계에서 수를 표현하는 데 사용되는 서로 다른 기호의 개수.

니블nibble 2진수 체계에서 4비트씩 묶은 것.

등식의 대칭적 성질symmetric property of equality A = B가 B = A와 동치라는 성질.

바이트byte 이진법에서 비트가 8개 모인 것.

비가중 코드nonweighted code 위치 가중치를 사용하지 않는 코드.

BCD 코드binary-coded decimal code 0부터 9까지의 10진수 숫자를 니블(nibble)을 이용하여 표현하는 코드의 총칭.

비트bit 이진법에서 사용되는 두 숫자.

색상 코드color code 6자리 16진수의 HTML 명령어로 문서의 색상을 지정하는 코드.

십육진법hexadecimal number system 16진수 체계라고도 하며 모든 수를 0, 1, 2, 3, 4, 5, 6, 7, 8, 9, A, B, C, D, E, F만을 사용하여 나타내는 기수법.

16진수 소수 구분기호hexadecimal separator 10진수 소수 구분기호와 비슷하며 16진수 소수점이라고도 함.

16진수 소수점hexadecimal point 10진수의 소수점과 비슷하며 16진수의 정수부분과 소수부분의 경계. 16진수 소수 구분기호라고도 함.

16진수 체계base-16 number system 16개의 서로 다른 부호 0, 1, 2, 3, 4, 5, 6, 7, 8, 9, A, B, C, D, E, F를 사용하여 수를 표현하는 체계. 십육진법이라고도 함.

십진법decimal number system 10개의 서로 다른 숫자 0, 1, 2, 3, 4, 5, 6, 7, 8, 9를 사용하는 기수법.

10진수 소수 구분기호decimal separator 10진수 표현에서 정수부분과 소수부분을 구분하기 위해 사용하는 점.

10진수 체계base-10 number system 십진법.

아스키ASCII, American Standard Code for Information Interchange 2진수 표현을 사용하여 영어 알파벳을 부호화할 수 있는 수단.

RGB HTML에서 색을 구성하는 빨강/초록/파랑의 비율. 색상 코드라고도 함.

Excess-3(XS-3) code 미리 설정된 값 3을 초과치로 사용하는 BCD 코드 및 기수법.

이진법binary number system 2진수 체계라고도 하며 0과 1만을 사용하여 모든 수를 표현하는 기수법.

2진수 소수 구분기호binary separator 10진수 소수 구분기호와 비슷하며 2진수 소수점이라고도 함.

2진수 소수점binary point 10진수의 소수점과 비슷하며 2진수의 정수부분과 소수부분의 경계. 2진수 소수 구분기호라고도 함.

자릿값place value 수의 표현에서 숫자의 특정 위치에 해당되는 값.

전개식expanded form / exploded form 수를 각 자리의 숫자와 이들의 자릿값의 곱의 합으로 표현한 식.

최상위 2진숫자most significant binary digit, MSB 2진수에서 자릿값이 가장 큰 위치의 숫자. 최상위 비트라고도 함.

최상위 자릿수most significant digit, MSD 수의 표현에서 가장 왼쪽에 있는 0이 아닌 숫자.

최하위 2진숫자least significant binary digit, LSB 2진수에서 자릿값이 가장 작은 위치의 숫자. 최하위 비트라고도 함.

최하위 자릿수least significant digit, LSD 수의 표현에서 가장 오른쪽에 있는 0이 아닌 숫자.

8421 BCD 코드8421 BCD code 0부터 9까지의 숫자들의 2진수 표현을 부호화 코드로 사용하여 10진수를 2진수 형태로

나타내는 코드.

팔진법octal number system 8진수 체계라고도 하며 숫자 0, 1, 2, 3, 4, 5, 6, 7만을 사용하여 모든 수를 나타내는 기수법.

8진수 소수 구분기호octal separator 10진수 소수점과 비슷하며 8진수 소수점이라고도 함.

종합문제

다음 수의 모든 자리의 이름과 자릿값을 구하여라.

1. 4527.89
2. 346.567
3. 1274.3

다음 10진수의 전개식을 구하여라.

4. 1954.37
5. 88.238
6. 883.5678

다음 전개식을 갖는 10진수를 구하여라.

7. $4 \times 10^3 + 2 \times 10^2 + 6 \times 10^1 + 0 \times 10^0 + 8 \times 10^{-1} + 6 \times 10^{-2}$

8. $5 \times 10^0 + 3 \times 10^{-1} + 9 \times 10^{-2} + 4 \times 10^{-3}$

9. $3 \times 10^5 + 8 \times 10^4 + 0 \times 10^3 + 0 \times 10^2 + 5 \times 10^1 + 4 \times 10^0$

다음 수의 LSD와 MSD를 각각 구하여라.

10. 4527.89
11. 536200
12. $5 \times 10^0 + 3 \times 10^{-1} + 9 \times 10^{-2} + 4 \times 10^{-3}$

다음 조건을 만족하는 10진수의 예를 제시하여라.

13. MSD가 4이고 LSD가 7인 자연수
14. 십분의 일 자리와 백의 자리, 천분의 일의 자리에 9가 있는 수

다음 10진수를 2진수 형식으로 변환하여라.

15. 5249
16. 127

다음 2진수를 10진수 형식으로 변환하여라.

17. $1010\ 1110_2$
18. 101.1110_2

다음 2진수의 덧셈을 하여라. 더하는 수들과 합을 10진수로 변환하고 더하여 결과가 같음을 확인하여라.

19. $1111_2 + 1\ 1000_2$

20. $101.101_2 + 1001.0001_2$

다음 2진수의 뺄셈을 하여라. 빼지는 수, 빼는 수들과 차를 10진수로 변환하고 빼서 결과가 같음을 확인하여라.

21. $1\ 1000_2 - 1111_2$
22. $1010.011_2 - 1.1_2$

다음 2진수의 곱셈을 하여라. 곱하는 수들과 곱을 10진수로 변환하고 곱해서 결과가 같음을 확인하여라.

23. $(1\ 1000_2)(110_2)$
24. $(111_2)(1000_2)$

다음 2진수의 나눗셈을 하여라. 나누어지는 수, 나누는 수들과 몫을 10진수로 변환하고 나누어서 결과가 같음을 확인하여라.

25. $1000\ 0001_2 \div 111_2$
26. $1000\ 0100\ 1100_2 \div 1\ 0010_2$

다음 문장을 ASCII로 나타내어라.

27. This conversion is tedious.
28. Reading books is fun.

다음 ASCII 변환표를 이용하여 다음 2진수 표현을 영어 문장으로 변환하여라.

29. 01010100 01101000 01101001 01110011 00100000 01101001 01110011 00100000 01101000 01100001 01110010 01100100 00100000 01110111 01101111 01110010 01101011 00101110

30. 01001000 01100001 01110000 01110000 01111001 00100000 01101110 01101111 01110111 00111111

다음 2진수를 16진수 형식으로 변환하여라.

31. $1001\ 1110\ 1010_2$
32. $11\ 0010.0100\ 0110_2$

다음 16진수를 2진수 형식으로 변환하여라.

33. BA_{16}
34. $9347FC_{16}$

다음 10진수를 16진수 형식으로 변환하여라.

  35. 510   36. 374.25

다음 10진수를 8진수 형식으로 변환하여라.

  37. 128   38. 4577.0625

다음 8진수를 10진수 형식으로 변환하여라.

  39. 235_8 40. 4156.25_8

다음 2진수를 8진수 형식으로 변환하여라.

  41. $1011\ 1100\ 0010_2$ 42. 101.1_2

다음 8진수를 2진수 형식으로 변환하여라.

  43. 377_8 44. 44125.66_8

다음 10진수를 2진수 형식으로 변환하고 8421 BCD 코드 표현을 구하여라.

  45. 255   46. 97.625

다음 8421 BCD 표현을 이와 동치인 10진수로 변환하여라.

  47. 0001 1001 0101 0100

  48. 0011 0111.0101 0110

다음 2421 BCD 표현을 이와 동치인 10진수로 변환하여라.

  49. 1111 0111.1110 0100 0101

  50. 1000 0111 1100 1111 1110 0001

Chapter 4

직선의 방정식과 그래프
Straight-Line Equations and Graphs

다음은 많은 소비자들이 자주 경험하는 상황이다. 와이드 스크린 TV를 새로 구입하여 설치하고, 좋아하는 TV 프로그램을 보는데, 모든 출연자의 체중이 갑자기 불어난 것처럼 보인다. 항상 날씬해 보였던 여배우는 현재 유행하는 체중감량 프로그램 참여자처럼 보이고, 자동차들은 1970년대 초반의 긴 요트보다 더 길어 보인다.

그 이유는 TV의 화면비율과 프로그램의 영상비율이 다르기 때문이다. 대부분의 TV 프로그램은 가로와 세로의 비가 4:3이다. 즉, 이미지의 폭이 높이보다 33% 더 길다. 와이드 스크린 TV 화면 모니터는 영상비율은 16:9이며, 대부분의 고화질 TV 프로그램은 이 형식으로 영상을 제공한다.

와이드 스크린 TV의 화면을 채우기 위해 이미지의 비율을 확대하는 경우, 4:3 영상비율의 이미지가 왜곡되는 정도는 일차방정식을 이용하여 알 수 있다. 이 장에서는 이 방정식을 소개하고 몇 가지 응용문제를 생각한다.

이 장의 내용을 학습하면 다음을 할 수 있다.

- 직교좌표에서 순서쌍 표시하기
- 변수가 두 개인 일차방정식의 그래프 그리기
- 직선의 방정식의 기울기–절편 형식 구하기
- 직선의 방정식의 두 점 형식 구하기
- 직선의 방정식의 점–기울기 형식 구하기
- 직선의 방정식의 두 절편 형식 구하기
- 변수가 두 개인 일차방정식을 그래프로 풀기

4.1 데카르트 평면의 기초

그래프(graph)란 데카르트 평면의 점들의 집합을 말하는데 직선이나 곡선 또는 서로 떨어진 몇 개의 점들이 될 수 있다. 이 장에서는 점들의 집합이 직선을 이루는 경우를 생각하는데, 자세히 살펴보기 전에 간단히 'xy 평면' 또는 일반적으로 '평면'이라 부르는 데카르트 평면의 기본 사항들을 살펴본다.

평면의 기본 성질

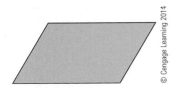

그림 4.1 위치 식별 체계가 없는 평면의 일부분

프랑스 수학자 르네 데카르트(René Descartes)가 처음 사용하기 시작한 데카르트 평면(Cartesian plane)은 2차원 평면에서 체계적으로 위치를 기술할 수 있게 하는 구조이다. 물론 일반적인 평면은 2차원 즉, 길이와 너비를 갖고 곡률이 없는 무한 확장이 가능한 편평한(flat) 평면이다. 데카르트 평면은 이러한 평면에 위치를 식별할 수 있도록 격자를 제공한 것이다. 이를 이용하면 평면에서 특정한 점의 위치를 지정할 수 있다.

이러한 내용은 이해하기 어려울 수 있으므로 자세히 설명하고자 한다. 임의의 평면을 나타내기 위해 그림 4.1과 같이 이 평면의 일부를 평행사변형으로 표시한다. 그림 4.2와 같이 점을 찍어 평면 위의 특정한 점을 나타낸다.

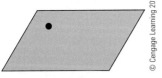

그림 4.2 위치 식별 체계가 없는 평면 위의 한 점을 나타낸 평면의 일부분

두께가 전혀 없는 수학적 평면이나 길이와 폭을 갖지 않는 점은 실제로 존재할 수 없다는 점에 유의하자. 앞의 그림들은 추상적인 것을 단지 시각화한 것이다.

이제 평면에서 점이 어디에 위치하는지 설명해야 한다고 가정해 보자. 특정한 점의 위치를 설명하기 위해서는 '기준점(reference point)'들이 필요하다. 즉 점의 위치

를 말하기 위해서는 데카르트 좌표계(Cartesian coordinate system)라 부르는 '기준
축(frame of reference)'에 의한 격자가 필요하다.

　이 격자는 0의 위치에서 서로 수직으로 만나는 두 수직선(number line)의 쌍으
로 구성된다. 수평이 되도록 배치된 하나의 수직선을 x축(x-axis)이라 하고, 다른 하
나를 y축(y-axis)이라 한다. 두 수직선을 동시에 말할 때는 '축'이라 한다(그림 4.3).

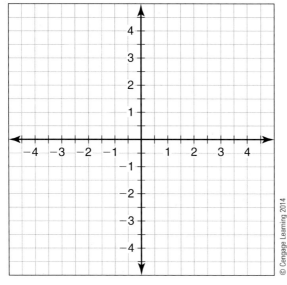

그림 4.3　데카르트 평면

　수평 축의 양의 방향(positive direction)은 오른쪽, 수직 축의 양의 방향은 위쪽으
로 약속한다. 이것을 때로 '오른손 좌표계(right-handed system)'라고도 하는데 물
리학에서 생겨난 용어이다.

　두 개의 수직선이 교차하는 점을 데카르트 평면의 원점(origin)이라 하며, 그림
4.4와 같이 평면이 교차하는 축들에 의해 나누어진 4개의 영역을 반시계 방향으로 I,
II, III, IV 사분면(quadrant)이라 한다.

　추상적인 평면에 수직선의 쌍을 도입하면 평면 내의 점의 위치를 순서쌍(ordered
pair)을 사용하여 나타낼 수 있다.

　평면 내의 임의의 점은 x축 위의 특정한 값 'a'와 수직으로 일직선이 되고, y축의
특정 값 'b'와 수평으로 일직선이 된다. 따라서 이 점을 순서쌍 (a, b)로 지정할 수 있
다. '순서'라는 용어는 a와 b의 값의 순서가 중요하다는 것을 의미하는데 (a, b)는 일
반적으로 (b, a)와 같지 않다. 순서쌍 (a, b)에서 a의 값을 점의 x좌표(x-coordinate)
또는 가로좌표(abscissa)라 하고 b의 값을 점의 y좌표(y-coordinate) 또는 세로좌표
(ordinate)라 한다.

　순서쌍이 지정하는 위치에 '점'을 나타내는 것을 점을 표시한다(plot)고 한다. 서
로 떨어진 점들의 집합이 표시된 데카르트 평면을 산점도(scatter plot)라 부른다. 순

Note

사분면은 로마 숫자를 사용하여 나타내
며, 평면의 오른쪽 위 영역을 I로 시작
하여 반시계방향으로 II, III, IV로 나
타낸다.

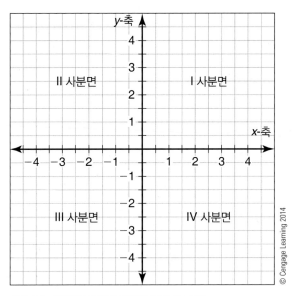

그림 4.4 사분면의 명칭이 표시된 데카르트 평면

서쌍들의 집합을 관계(relation)라 부르며 모든 점들이 서로 다른 x좌표를 갖는 (즉, 집합에 같은 x좌표를 갖는 두 점이 없는) 관계를 함수(function)라 한다.

점을 표시하는 방법을 사분면의 개념과 함께 살펴보자. 첫 번째 사분면에서 x와 y의 값에 대해 말할 수 있는 것은 무엇인가? 수직선의 양의 방향을 선택한 약속에 의해 I 사분면의 점은 x좌표와 y좌표가 그림 4.5에서와 같이 모두 양의 값을 가져야 한다.

두 번째 사분면의 점은 음의 x좌표와 양의 y좌표를 갖는다. 비슷하게 다른 두 사분면의 점의 좌표의 부호도 파악할 수 있다. 이로써 좌표의 부호와 사분면들의 관계를 살펴보았다. 남은 질문은 특정 사분면에 속하지 않은 점에 관한 것이다. 이 점들

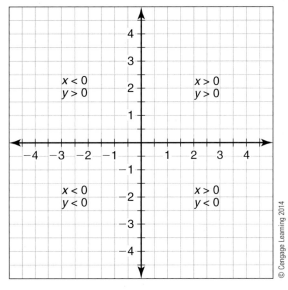

그림 4.5 사분면의 명칭을 따르면 I 사분면은 x와 y 모두 양수이다.

은 좌표축 중 하나 또는 둘 모두에 있는 점들이다.

하나 또는 두 개의 축 위에 있는 점을 **사분점**(quadrantal point)이라 하며 특정 사분면에 속하지 않는다고 생각한다. 모든 사분점은 적어도 하나의 좌표가 0이며 다른 좌표의 부호는 그 점이 놓여 있는 축에서의 위치에 따라 결정된다. 원점은 좌표가 모두 0인 사분점이다.

예제 4.1 데카르트 평면 위에 점 $(4, -2)$, $(-3, 5)$, $(0, 3)$, $(4, 6)$을 표시하여라.

풀이

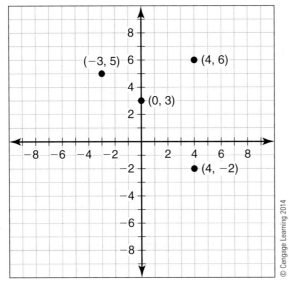

그림 4.6 예제 4.1의 풀이

예제 4.2 예제 4.1의 각 점들이 표시된 사분면의 명칭을 말하여라.

풀이

점 $(4, -2)$의 x좌표는 양수이고 y좌표는 음수이다. 데카르트 평면의 사분면의 명칭에 따라 이 점은 IV 사분면의 점이다. 한편 점 $(-3, 5)$는 x좌표가 음수이고 y좌표가 양수이므로 II 사분면의 점이다. 비슷하게 $(4, 6)$은 I 사분면 위에 있다.

무한한 점은 양의 y축 위에 있는 점 $(0, 3)$이다. 축 위의 점은 사분점이라 하며 어떤 사분면에도 속하지 않는 것으로 간주한다. 그러므로 $(0, 3)$은 네 사분면 중 어디에도 속하지 않는다.

관계(또는 함수)에서 관계(또는 함수)에 속한 모든 점의 x좌표들로 구성된 집합을 **정의역**(domain)이라 하고 관계(또는 함수)에 속한 모든 점의 y좌표들로 구성된 집합을 **치역**(range)이라 한다.

예제 4.3 ▶ 예제 4.1에 주어진 관계의 정의역과 치역을 구하여라. 이 점들이 함수를 이루는지 아니면 단지 관계일 뿐인지 결정하여라.

풀이

관계의 정의역이란 해당 관계에 속한 순서쌍들의 모든 x좌표들의 집합이다. 따라서 점 $(4, -2)$, $(-3, 5)$, $(0, 3)$, $(4, 6)$들로 이루어진 관계의 정의역은 집합 $\{4, -3, 0\}$이다. 원소 나열법으로 제시된 집합에서 원소들의 순서는 임의로 정할 수 있으므로 답을 다른 순서로 나타낼 수도 있다. 비슷하게 관계의 치역은 해당 관계에 속한 순서쌍들의 모든 y좌표들의 집합이므로 $\{-2, 5, 3, 6\}$이다. x좌표가 같은 두 점 $(4, -2)$와 $(4, 6)$이 존재하므로 함수는 아니다.

거리공식과 중점공식

평면에 위치의 개념을 도입하면 자연스럽게 두 위치 사이의 거리(distance)를 생각해 볼 수 있다. 위치는 순서쌍을 사용하여 지정하므로 순서쌍을 이용하여 거리를 정의한다. 평면의 서로 다른 두 점을 사용하므로 첫 번째 점과 두 번째 점을 기호로 구별하는 방법이 필요하다. 일반적으로 첫 번째 점을 좌표 (x_1, y_1)로 나타낸다. 이것을 영어로는 'x one, y one' 또는 'x sub one, y sub one'으로 읽는다. 'sub'는 '첨자(subscript)'의 앞부분이다. x_1은 첫 번째 점의 x좌표, y_1은 첫 번째 점의 y좌표임을 나타낸다. 비슷하게 두 번째 점도 (x_2, y_2)로 나타낸다.

평면에 두 점 (x_1, y_1)과 (x_2, y_2)를 표시하면 그림 4.7과 같이 직각삼각형을 그릴 수 있는데, 첫 번째 점에서 두 번째 점까지의 직선 경로(straight-line path)는 두 점

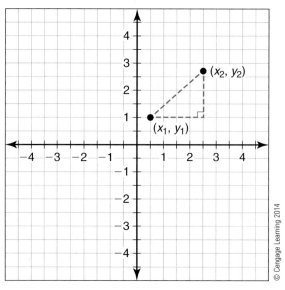

그림 4.7 평면의 두 점의 위치와 관련된 직각삼각형

사이의 최단 거리가 된다. 이 경로의 길이를 두 점 사이의 거리로 정의하는데 그 값은 피타고라스 정리(Pythagorean Theorem)를 이용하여 구할 수 있다(그림 4.7).

삼각형의 수평 변의 길이는 $|x_2 - x_1|$이며 수직 변의 길이는 $|y_2 - y_1|$이다. 피타고라스 정리에 의해

$$D^2 = |x_2 - x_1|^2 + |y_2 - y_1|^2$$

이므로

$$D = \sqrt{|x_2 - x_1|^2 + |y_2 - y_1|^2}$$

또는

$$D = \sqrt{(x_2 - x_1)^2 + (y_2 - y_1)^2}$$

이다.

이 결과를 **거리공식**(distance formula)이라 한다.

예제 4.4 두 점 (5, −4) 와 (−3, 7) 사이의 거리를 구하여라.

풀이

기본적으로 어떤 점도 (x_1, y_1)으로 선택할 수 있으며 다른 점은 (x_2, y_2)가 된다. 임의로 $(x_1, y_1) = (5, -4)$로 선택하면 $(x_2, y_2) = (-3, 7)$이 된다.

거리공식을 이용하면 다음과 같다.

$$D = \sqrt{(-3-5)^2 + (7-(-4))^2}$$
$$D = \sqrt{(-8)^2 + (11)^2}$$
$$D = \sqrt{64 + 121}$$
$$D = \sqrt{185}$$
$$D \approx 13.6$$

간혹 평면의 두 점을 연결하는 선분의 **중점**(midpoint)을 찾는 것이 중요하다. 이 점은 두 점을 연결하는 선분을 따라 두 점 사이의 정확히 중간에 있는 특별한 점이다. 그 위치는 **중점공식**(midpoint formula)이라 부르는 다음 공식에 따라 두 점의 x좌표와 두 점의 y좌표의 평균으로 구할 수 있다.

$$중점 = \left(\frac{x_1 + x_2}{2}, \frac{y_1 + y_2}{2} \right)$$

여기서도 두 점을 (x_1, y_1), (x_2, y_2)로 두었다.

Note
두 점의 중점은 두 점의 x좌표의 평균과, 두 점의 y좌표의 평균으로 구할 수 있다. 즉, 두 x좌표를 더한 합을 2로 나누고, 두 y좌표를 더한 합을 2로 나눈다!

예제 4.5 ▶ 점 (7, −2)와 (−1, 5)를 연결하는 선분의 중점을 구하여라.

풀이

$(x_1, y_1) = (7, -2)$, $(x_2, y_2) = (-1, 5)$로 두자. 중점공식에 좌표의 값들을 대입하면 다음과 같다.

$$
\begin{aligned}
\text{중점} &= \left(\frac{x_1 + x_2}{2}, \frac{y_1 + y_2}{2} \right) \\
&= \left(\frac{7 + (-1)}{2}, \frac{-2 + 5}{2} \right) \\
&= \left(\frac{6}{2}, \frac{3}{2} \right) \\
&= \left(3, \frac{3}{2} \right)
\end{aligned}
$$

두 점을 연결하는 선분의 중점은 (3, 3/2)이다.

예제 4.6 ▶ 2차원에서 물체의 모양을 표현하는 경우, 모양을 유지하면서 원래 위치에서 평면의 다른 위치로 물체를 이동해야 하는 경우가 있다. 이 이동은 물체의 주요 기준점들의 좌표를 변경하는 것과 같다. 그림 4.8의 다각형(polygon)을 생각하자. 이 다각형을 위로 4 칸, 왼쪽으로 3칸 이동한다고 가정하자. 이동된 다각형의 꼭짓점의 좌표는 무엇인가?

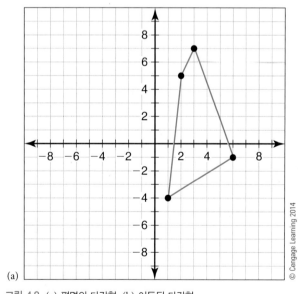
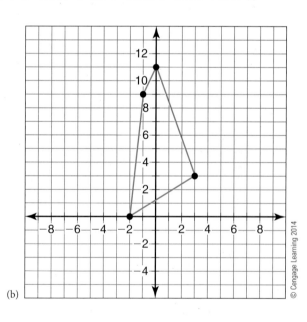

그림 4.8 (a) 평면의 다각형, (b) 이동된 다각형

풀이

그림과 같이 다각형의 꼭짓점들은 점 (2, 5), (3, 7), (6, −1), (1, −4) 위에 놓여 있다. 원하는 이동을 수행하기 위해 각 점의 y좌표를 4만큼 증가하고 각 점의 x좌표는

3만큼 감소시킨다. 그러면 꼭짓점은 (−1, 9), (0, 11), (3, 3), (−2, 0)이고 모양이 같은 다각형을 얻는다. 이동된 다각형은 그림 4.8(b)와 같이 이들 꼭짓점들을 선분으로 연결한 것이다. 이 다각형은 처음 다각형과 합동(congruent)이며 원하는 이동 결과이다.

연습문제

다음 물음에 대해 답하여라.

1. 데카르트 평면의 의미는 무엇인가?
2. 평면의 한 점의 세로좌표를 조사한다는 것의 의미는 무엇인가?
3. '사분점'의 의미는 무엇인가?
4. 함수를 나타내는 산포도란 무엇이며 언제 관계만을 나타내는가?

데카르트 평면을 그리고 다음 각 대상들을 표시하여라.

5. 원점
6. 축
7. III 사분면과 IV 사분면
8. 점 (5, −2), (−3, 7), (0, −4), (−1, −3)
9. y축의 음의 부분

다음이 함수를 나타내는 순서쌍들의 집합인지 결정하고 간단히 설명하여라. 함수를 나타내든 아니든, 각 순서쌍들의 집합의 정의역과 치역을 구하여라.

10. {(1, 4), (−2, 4), (3, −5), (−2, 7)}
11. {(1, 1), (2, 4), (3, 8), (4, 16), (5, 32)}
12. {(8, 2), (7, 2), (6, 2), (5, 2)}
13. {(1, −2), (1, 1), (1, 4), (1, 7)}

다음은 점들의 집합을 설명하는 조건이다. 조건을 만족하는 점들이 위치하는 사분면(들)을 구하여라.

14. $x > 0$이고 $y > 0$
15. $x = 3$
16. $x < 2$이고 $y > 0$
17. $xy < 0$
18. $-x < 0$
19. $y = 7$

다음에 주어진 두 점 사이의 거리를 구하여라. 정확한 값을 구하고 필요하면 소수점 세 번째 자리까지 정확한 근삿값을 구하여라.

20. (2, 7), (−1, 8)
21. (−5, 9), (4, −1)
22. (0, 0), (5, 12)
23. (−1, 9), (0, 0)
24. (17, −9), (−3, 19)

다음에 주어진 두 점을 연결하는 선분의 중점을 구하여라.

25. (1, 5), (1, 11)
26. (9, 2), (17, −8)
27. (0, 0), (5, 5)
28. (1/3, 2/5), (4, 1/2)
29. (1.8, 2.4), (4, −3.1)

다음 물음에 답하여라. 필요하면 답을 설명하는 그림을 그려라.

30. 중점공식을 두 번 사용하여 점 (1, 2)와 (9, 12)를 연결하는 선분을 따라 (1, 2)에서 선분의 4분의 1 지점에 있는 점을 구하여라.
31. 한 끝점이 (4, −7)인 선분의 중점이 (−2, 5)일 때, 선분의 다른 한 끝점을 구하여라.
32. 도로에 있는 '주의' 표지판은 정삼각형 모양이다. 표지판의 둘레의 길이가 120 cm이고 한 모서리가 평면의 원점에 있으며 그 모서리와 인접한 면이 양의 x축에 있을 때, 표지판의 다른 두 모퉁이의 좌표를 구하여라.
33. 둘레의 길이가 150 cm인 경우의 연습문제 32를 풀어라.

4.2 평면의 직선

경우에 따라 평면에서 점들의 무한집합이 **직선**(straight line) 또는 직선의 일부분을 형성할 수 있다. 직선 또는 **선분**(line segment)이 수직이 아닌 경우, 이들을 구성하는 무한히 많은 점들은 서로 다른 x좌표를 가진다. 따라서 직선을 이루는 점들의 집합은 함수가 된다. 수직인 직선 또는 수직인 선분은 모든 점의 x좌표가 같으므로 함수가 아닌 관계를 나타낸다.

앞 문장에서 '직선'과 '선분'을 구분하는 것이 약간 어색했을 것이다. 다소 복잡한 문제로 보일지 모르지만, 수학의 상당 부분은 용어의 정확한 사용에 달려 있다는 것을 명심해야 한다. 따라서 용어들이 의도하는 정확한 의미를 전달하도록 세심하게 주의를 기울여야 한다.

정의에 따라 직선은 두 방향으로 무한히 뻗어나가지만 선분은 시작점과 끝점(각각 선분의 출발점과 도착점이라고도 함)을 가지고 있음을 기억하자. **반직선**(ray/half line)은 시작점을 가지고 한 방향으로 무한히 뻗어나가는 직선의 일부분이다. 종이에 선분을 그리면 실제로는 선분이지만 직선으로 간주하는 경향이 있다. 이 책(및 모든 수학책)에서 '선(line)'이 포함된 단어는 해당 개념에 정확히 맞는 용어를 사용하고 있다. 선분 또는 반직선을 언급하려면 반드시 해당 용어를 사용해야 한다.

xy 평면의 직선은 특히 중요한데 선형 경향을 갖는 실질적인 데이터가 있다는 것이다. 이 근본적인 개념은 약간의 설명이 필요하므로 잠시 살펴보자.

응용문제에서 x축과 y축에는 특정한 물리적 성질이 표시된다. 예를 들어 x축은 제조하는 물품의 수량을, y축은 해당 물품의 판매액을 나타낼 수 있다. x축이 물품의 수량을 나타내고, y축이 원으로 표시된 금액을 나타낸다면 점 (x, y)는 물품을 x개 만들어 판 금액이 y원임을 나타낸다.

다른 예로, x축은 컴퓨터가 수행한 연산의 수를, y축은 경과시간을 마이크로초로 나타낸다고 가정하자. 그러면 점 (x, y)는 x번의 연산이 y마이크로초에 수행되었음을 알려준다. 응용문제의 경우 좌표에 관한 해석은 매우 중요하며 항상 관련된 점에 대한 해석과 표현에 유의해야 한다.

평면 직선의 성질

응용 분야와의 관련성이 높기 때문에 알고 있어야 하는 직선의 성질들이 있다. 특히 직선의 '절편'과 직선의 '기울기'를 살펴보고 직선의 그래프로 표시된 상황에서 이러한 개념의 중요성을 알아본다.

절편

어떤 직선은 x축과 한 점에서 만난다. (x축과 일치하는 수평 직선은 직선의 모든 점에서 x축과 만난다.) 수평이 아닌 직선이 x축과 만나는 점을 직선의 x절편(x-intercept)이라 한다. x절편은 항상 $(a, 0)$의 형태인데 x절편의 y좌표는 0이 되어야 하기 때문이다.

이따금 직선의 x절편은 'a'라고도 하는데 이는 직선이 x축을 $(a, 0)$에서 지나간다는 것을 의미한다. 이러한 표현은 공식적이지는 않지만 일반적으로 사용되므로 이 책에서도 사용하기로 한다.

예제 4.7 그림 4.9의 직선의 x절편을 구하여라.

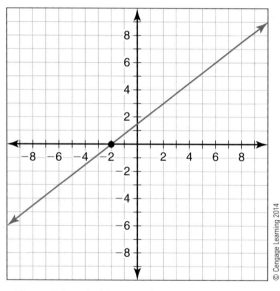

© Cengage Learning 2014

그림 4.9 예제 4.7의 직선

풀이

그림에서 직선이 x축을 -2에서 지나감을 알 수 있다. 이 점은 순서쌍으로 표현하면 점 $(-2, 0)$이며 직선의 x절편이다.

어떤 직선은 y축과 한 점에서 만난다. (y축과 일치하는 수직 직선은 직선의 모든 점에서 y축과 만난다.) 수직이 아닌 직선이 y축과 만나는 점을 직선의 y절편(y-intercept)이라 한다. y절편은 항상 $(0, b)$의 형태인데 y절편의 x좌표는 0이 되어야 하기 때문이다. x절편과 같이 이따금 직선의 y절편은 'b'라고도 하는데 이는 직선이 y축을 $(0, b)$에서 지나간다는 것을 의미한다.

Note
절편은 실제로 평면의 점이므로 항상 순서쌍 형태로 나타내야 한다. 간혹 절편을 설명할 때 순서쌍으로 나타내지 않더라도 답을 쓸 때에는 항상 순서쌍 형식을 사용하자!

예제 4.8 그림 4.10의 직선의 y절편을 구하여라.

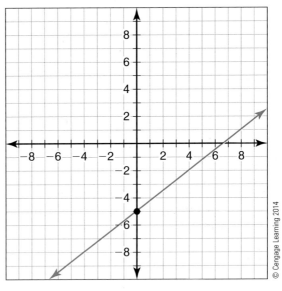

그림 4.10 예제 4.8의 직선

풀이

그림에서 직선이 y축을 -5에서 지나감을 알 수 있다. 이 점은 순서쌍으로 표현하면 점 $(0, -5)$이며 직선의 y절편이다.

예제 4.9 언제 직선의 y절편이 직선의 x절편과 같은가?

풀이

y절편은 직선이 y축을 지나가는 점이며 x절편은 직선이 x축을 지나가는 점이다. y절편이 x절편과 일치할 수 있는 상황은 오직 하나뿐인데 직선이 수직이 아니고 수평도 아니며 원점을 지나는 경우이다. 점 $(0, 0)$이 바로 y절편이면서 동시에 x절편이 될 수 있는 점이다.

예제의 절편의 유형에 대한 설명에서 '수평이 아닌'과 '수직이 아닌'이라는 용어를 사용하였다. 직선이 축과 일치하는 경우는 앞서 언급하였다. 이제 축과 일치하는 경우를 제외하고 직선이 수평이거나 수직인 상황을 생각해 보자.

그림 4.11은 수평 직선을 나타낸다. 이러한 직선은 x축을 지나지 않으므로 x절편을 갖지 않는다. 이를 두고 x절편이 "정의되지 않는다(undefined)"라고 하지 않는다. 즉, x절편이 존재하지 않지만 "정의되지 않는다"라는 표현은 틀린 것이다.

그림 4.12는 수직인 직선을 나타낸다. 수평인 직선과 비슷하게 이 직선은 y축과 만나지 않으므로 y절편을 갖지 않는다.

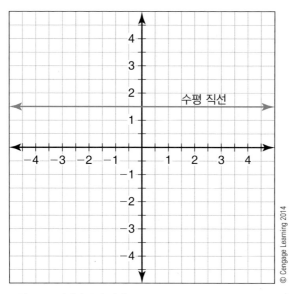

그림 4.11 평면의 수평 직선

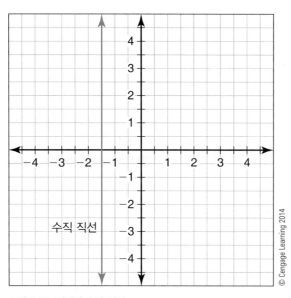

그림 4.12 평면의 수직 직선

예제 4.10 어느 좌표축과도 일치하지 않는 직선이 x절편과 y절편 모두를 갖지 않을 수 있는가?

풀이

불가능하다. 그러한 직선은 하나의 좌표축 또는 두 좌표축 모두를 지나가야만 하므로 적어도 하나의 절편이 생기게 된다.

직선의 기울기: 수직이동거리/수평이동거리 방법

매우 중요한 직선의 세 번째 성질은 직선의 **기울기**(slope)이다. 직선의 기울기는 일반적으로 소문자 m으로 나타내는데, 직선이 수평선을 기준으로 얼마나 기울어져 있는지를 숫자로 나타내는 방법을 제공한다. 이 관점에서 기울기가 없는 직선(즉, 수평선)의 기울기는 $m = 0$이다.

곧 명확히 설명하겠지만 수직 직선은 '정의되지 않은(undefined)' 기울기를 가진다고 한다. 어떤 사람들은 수직선은 '기울기가 없음'으로 잘못 말한다. 그러나 이 표현은 모호하고 부정확하며 절대 사용해서는 안 된다. 수직 직선의 기울기를 설명하는 데 사용하는 올바른 유일한 용어는 '정의되지 않음'이다.

직선의 기울기는 두 가지 방법으로 계산할 수 있다. 먼저 그래프를 사용하는 방법을 살펴볼 것인데, 이 방법은 약간의 위험을 갖고 있다. 즉 시각적으로 유용하지만 고품질의 그래프를 사용할 수 없는 경우에는 부정확할 수 있다.

이 방법은 때로 **수직이동거리/수평이동거리(rise-over-run)** 방법이라고도 하며, 직선 위의 서로 다른 두 점의 좌표를 정확히 결정할 수 있는지 여부가 중요하다. 직선 위의 두 점의 좌표를 정확하게 결정할 수 없다면 이 방법으로 직선의 기울기를 계산해서는 안 된다. 좌표를 알고 있는 점이 분수 좌표를 갖는 경우에도 이 방법은 좋지 않다. 이러한 점을 이용한 기울기 계산이 어렵기 때문이다.

그림 4.13과 같은 직선을 생각하자. 그래프가 명확하기 때문에 직선 위의 두 점의 좌표를 정확히 찾을 수 있다. 임의로 직선 위의 두 점 $(-2, 5)$과 $(3, -1)$을 선택하여 사용하자. 서로 상대적인 위치에 있는 평면상의 점들 중에서 기준점을 선택하는 보편적 방법은 가장 왼쪽에 있는 점 $(-2, 5)$을 선택하는 것이다.

선택한 왼쪽 점에서 시작하여 선택한 오른쪽 점으로 이동한다. 이동 방법은 다음

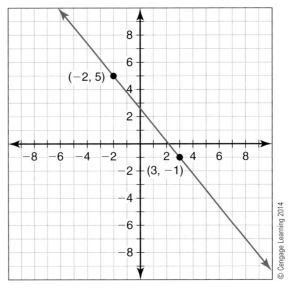

그림 4.13 점 $(3, -1)$과 $(-2, 5)$를 지나는 직선

과 같다. 왼쪽 점에서 시작하여 오른쪽 점과 수평이 될 때까지 수직으로 이동한 다음, 다시 오른쪽 점에 도착할 때까지 수평으로 이동한다. 수직으로의 이동은 부호가 붙은 이동이다. 즉, 위로 이동하는 것은 양(positive), 아래로 이동하는 것은 음(negative)으로 생각한다. 수평 이동은 항상 양으로 생각한다.

수직으로 이동한 (부호를 포함한) 거리를 **수직이동거리**(rise)라 하며 수평으로 이동한 거리를 **수평이동거리**(run)라 한다. 기울기는 $\dfrac{\text{수직 이동거리}}{\text{수평 이동거리}}$로 정의하고 m으로 나타낸다.

점을 선택하는 보편적인 방법에 따르면 수직이동거리는 상황에 따라 양수 또는 음수가 될 수 있다. 그러나 수평이동거리는 항상 양수이다. 달리 명시하지 않는 한, 분수는 약분할 것이다. 그러나 이를 소수 또는 근삿값으로 변환하거나 가분수를 대분수로 변환하지는 않을 것이다. 기울기의 값은 약분된 분수의 분모가 1이 되는 하나의 경우를 제외하고는 분수로 남겨둔다. 분모가 1이 되는 경우의 기울기는 정수로 나타낼 수 있다.

예제 4.11 그림 4.14의 직선의 기울기를 수직이동거리/수평이동거리 방법으로 구하여라.

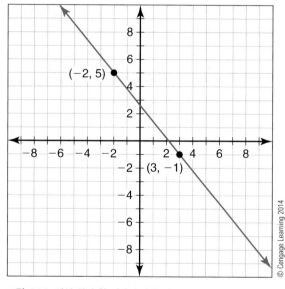

그림 4.14 직선 위의 한 점에서 다른 점으로 수평, 수직 이동하는 방법을 보여주는 그림

풀이

기울기를 계산하려면 좌표를 정확하게 결정할 수 있는 두 점을 선택해야 한다. 여기서는 점 $(-2, 5)$와 $(3, -1)$을 선택한다. 이 경우 앞에서 설명한 방식으로 왼쪽 점에서 오른쪽 지점으로 이동하려면 6칸 아래로 이동한 다음 오른쪽으로 5칸 이동해야 한다. 수직이동거리는 (아래로 움직였으므로 음수인) -6이고 수평이동거리는 5이

다. 따라서 $m = \frac{-6}{5}$ 이다.

예제 4.12 그림 4.15의 직선의 기울기를 수직이동거리/수평이동거리 방법으로 구하여라.

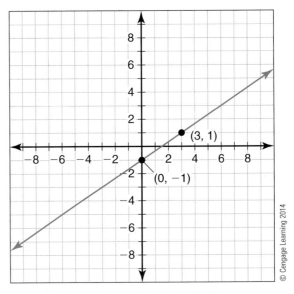

그림 4.15 점 (0, −1)과 (3, 1)을 지나는 평면의 직선

풀이

기울기를 계산하려면 좌표를 정확하게 결정할 수 있는 두 점을 선택해야 한다. 그러한 두 점은 (0, −1)과 (3, 1)이다. 동일 직선에서 서로 다른 두 점을 임의로 선택하여 계산하더라도 직선의 기울기는 궁극적으로 같은 값을 얻는다. 즉, 기울기의 계산은 계산에 사용된 점의 선택과 무관하다. 왼쪽 점 (0, −1)에서 시작하여 오른쪽의 점과 수평이 될 때까지 수직으로 이동한다. 이를 위해 수직으로 2칸 위로 이동하므로 수직이동거리는 2이다. 이제 두 번째 점에 도착하기 위해 오른쪽으로 3칸 이동해야 하므로 수평이동거리는 3이다. 그러므로 직선의 기울기는 $\frac{2}{3}$ 이다.

예제 4.13 그림 4.16에서 직선의 기울기를 수직이동거리/수평이동거리 방법으로 구하여라.

풀이

직선의 그래프에서 좌표를 정확히 알 수 있는 한 쌍의 점을 찾아야 한다. 이 경우 절편들의 좌표가 분명하며 점 (0, 6)과 (14, 0)이다. 이 점들은 기울기를 구하는 데 적합하므로 이들을 이용하여 기울기를 구하자. y절편에서 시작하여 수직으로 6칸 밑으로 이동하면 오른쪽 점과 수평이 되는 점에 도착한다. 아래쪽으로 움직였으므로 수직이동거리는 −6이다. 이 점에서 14칸 오른쪽으로 이동해야 하므로 수평이동거리는 14이다. 따라서 이들을 수직이동거리/수평이동거리 공식에 대입하면 기울기는 $\frac{-16}{14}$ 이고 약분하면 $\frac{-3}{7}$ 이다.

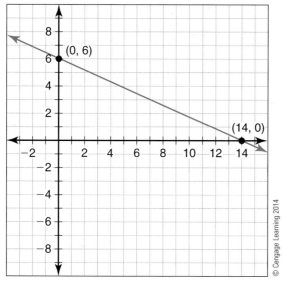

그림 4.16 점 (0, 6)과 (14, 0)을 지나는 직선

앞에서 수평 직선의 기울기는 0이고 수직 직선의 기울기는 정의되지 않는다고 언급하였다. 이러한 개념이 기울기를 계산하는 수직이동거리/수평이동거리 방법과 어떤 관련이 있는지 생각해 보자.

그림 4.17과 같이 수평 직선이 있다고 가정하자. 직선상에 (3, 5)와 (7, 5)와 같은 두 특정한 점을 찾을 수 있다. 앞의 이동방법대로 수직이동거리와 수평이동거리를 계산한 다음 수직이동거리를 분자로, 수평이동거리를 분모로 하여 기울기를 계산하자.

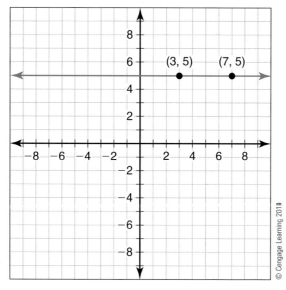

그림 4.17 점 (3, 5)과 (7, 5)을 지나는 수평 직선

이 경우, 왼쪽의 점은 오른쪽의 점과 수평이므로 수직 이동은 필요 없다. 따라서

수직이동거리는 0이다. 선택한 두 점의 경우 수평으로는 4칸 오른쪽으로 이동하므로 수평이동거리는 4이다. 기울기의 정의에 의해 $m = \frac{0}{4}$이며 분자가 0이고 분모가 0이 아닌 분수는 항상 0이다. 따라서 수직이동거리/수평이동거리 방법으로 구한 기울기는 앞에서 언급한 수평 직선의 기울기가 0임을 뒷받침한다.

수직 직선의 경우, 그림 4.18의 그래프를 생각하자. 다시 두 점을 선택하는데 $(-2, 1)$과 $(-2, 5)$를 선택하고 수직이동거리/수평이동거리 방법을 이용하여 기울기를 구하자. 두 점이 모두 수직으로 있으므로 가장 왼쪽에 있는 점은 없다. 따라서 임의로 첫 번째 점 $(-2, 1)$을 왼쪽의 점으로 간주하고 수직이동을 시작하자.

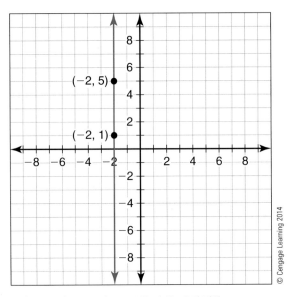

그림 4.18 점 $(-2, 1)$과 $(-2, 5)$을 지나는 수직 직선

Note

데카르트 평면을 따라 왼쪽에서 오른쪽으로 이동할 때 기울기가 양수인 직선은 위로 올라간다. 음수인 직선은 아래로 내려간다.

첫 번째 점에서 두 번째 점으로 이동하기 위해서는 위로 4칸 이동하면 되고 오른쪽으로는 0칸 이동하면 된다. 기울기의 정의에 적용하면 $m = \frac{4}{0}$이다. 분모가 0이며 분자는 0이 아닌 분수는 0으로 나눈 것과 같은데 이러한 0으로 나누는 개념은 정의하지 않는다. 이것은 앞에서 수직 직선의 기울기는 정의되지 않는다고 언급한 이유이다.

수직이동거리/수평이동거리에 대한 소개를 마치기 전에, 직선의 기울기로 결정되는 '부호 있는 방향(signed direction)'에 대해 생각해 보자. 직선을 따라 왼쪽에서 오른쪽으로 이동할 때 위로 상승하는 직선의 수직이동거리는 양수이다. 수평이동거리는 항상 양수이므로 왼쪽에서 오른쪽으로 이동할 때 위로 상승하는 직선의 기울기는 양수이다(그림 4.19).

비슷하게 왼쪽에서 오른쪽으로 이동할 때 하강하는 직선의 수직이동거리는 음수이다. 수평이동거리는 항상 양수이므로 이러한 직선의 기울기는 음수가 되어야 한다(그림 4.20).

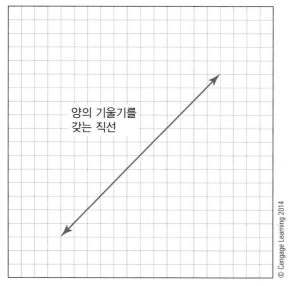

그림 4.19 양수 기울기를 갖는 직선은 왼쪽에서 오른쪽으로 이동하면 상승한다.

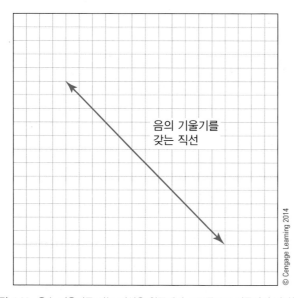

그림 4.20 음수 기울기를 갖는 직선은 왼쪽에서 오른쪽으로 이동하면 하강한다.

직선의 기울기: 기울기 공식

기울기를 구하기 위해 한 점에서 다른 점으로의 이동을 시각적인 방법으로 계산하는 수직이동거리/수평이동거리 방법은 기울기를 계산하는 좋은 방법이며, 그래프가 명확한 경우 매우 효율적이고, 정수좌표를 갖는 점의 경우 쉽게 계산할 수 있다. 하지만 불행히도 항상 정확한 것은 아니다. 정수 값의 좌표를 가진 점을 찾는 것이 쉽지 않거나 그러한 값을 가진 점이 상당히 멀리 떨어져 있는 경우가 생길 수도 있다.

따라서 이러한 경우에 영향을 받지 않도록 기울기를 계산하는 공식을 찾는 것이 바람직하다. 이 공식에는 첨자 표기법이 포함되어 있으므로 첨자와 지수를 혼동하지 않아야 한다. 직선 위의 두 점의 좌표를 (x_1, y_1) 과 (x_2, y_2)로 두면 기울기 공식은 다음과 같다.

$$m = \frac{y_2 - y_1}{x_2 - x_1}$$

이 공식은 분자와 분모의 빼는 순서를 모두 바꿔도 그 결과가 같으므로 유효하다. 즉 공식을 $m = \frac{y_1 - y_2}{x_1 - x_2}$로도 대체할 수 있다. 두 식의 차이점은 아래첨자의 순서이다. 또한 각 경우 y좌표는 분자에, x좌표는 분모에 배치되며 분모와 분자의 첨자들의 순서는 같다.

예제 4.14 ▶ 점 $(-2, 5)$와 $(3, -1)$을 지나는 직선의 기울기를 구하여라.

풀이

실제로 이 직선은 앞의 예제에서 다루었는데, 수직기울기/수평기울기 방법과 기울기의 정의 공식이 같은 결과를 도출한다는 것을 설명하기 위해 다시 제시하였다. 기울기를 계산할 때 첫 번째 점과 두 번째 점의 선택은 결과와 무관하므로 $(x_1, y_1) = (-2, 5)$, $(x_2, y_2) = (3, -1)$로 두자. 이제 기울기 공식에 좌표를 대입하고 간단히 하면 다음과 같다.

$$m = \frac{y_2 - y_1}{x_2 - x_1} = \frac{-1 - 5}{3 - (-2)} = \frac{-6}{5}$$

이는 앞에서 수직이동거리/수평이동거리 방법을 사용하여 구한 것과 정확히 일치하는 결과이다.

수직이동거리/수평이동거리 방법이 계산적인 방법보다 좋다고 생각할 수 있다. 앞에서 언급한 예제의 경우는 그러하지만 기울기에 대한 정의 공식의 유용성을 입증하는 두 가지 예제를 살펴보자.

예제 4.15 ▶ 점 $(-23, 15)$와 $(31, -28)$을 지나는 직선의 기울기를 구하여라.

풀이

수직이동거리/수평이동거리 방법을 사용할 때의 문제점은 평면에서 이러한 점들이 상당히 멀리 떨어져 있다는 것이다. 이러한 직선을 그리기가 다소 어려우므로 정의 공식을 이용하여 기울기를 찾는 것이 유용하다.

$(x_1, y_1) = (-23, 15)$, $(x_2, y_2) = (31, -28)$로 두고 계산하면 다음과 같다.

$$m = \frac{-28-15}{31-(-23)} = \frac{-43}{54}$$

분자가 소수이므로 약분할 수 없다. 따라서 이 값이 주어진 직선의 기울기이다.

예제 4.16 점 (3/4, 7)과 (1/3, 5/6)를 지나는 직선의 기울기를 구하여라.

풀이

또 다른 복잡한 경우는 좌표가 분수인 경우로 수직이동거리/수평이동거리 방법을 어렵게 만든다. 이와 같은 경우에는 기울기에 대한 정의 공식을 사용하는 것이 좋다. 다시 문제의 점의 순서대로 첫 번째 점과 두 번째 점을 선택하면 $(x_1, y_1) = \left(\dfrac{3}{4}, 7\right)$, $(x_2, y_2) = \left(\dfrac{1}{3}, \dfrac{5}{6}\right)$이다. 기울기 공식에 대입하면

$$m = \frac{\dfrac{5}{6}-7}{\dfrac{1}{3}-\dfrac{3}{4}}$$

분자나 분자 또는 둘 다에 분수를 포함하는 분수를 번분수(complex fraction)라 부르는데 이 번분수의 계산법을 살펴보자. 식 그대로 계산할 수도 있지만 분자와 분모의 각 분수들의 분모의 최대공약수를 번분수의 분모와 분자에 곱하여 번분수를 없앨 수 있다. 번분수 내부에 있는 분수들의 분모의 최대공약수는 12이므로 모든 항에 12를 곱한다.

$$m = \frac{12\left(\dfrac{5}{6}\right)-12(7)}{12\left(\dfrac{1}{3}\right)-12\left(\dfrac{3}{4}\right)}$$

간단히 하면 다음을 얻는다.

$$m = \frac{10-84}{4-9} = \frac{-74}{-5} = \frac{74}{5}$$

이 결과는 가분수이지만 앞서 언급한 대로 대분수로 변환하지 않고 그대로 두며 이것이 바로 기울기이다,

예제 4.17 점 (9, 5)와 (−2, 5)을 지나는 직선의 기울기를 구하여라.

풀이

$(x_1, y_1) = (9, 5)$, $(x_2, y_2) = (-2, 5)$로 두면

$$m = \frac{5-5}{-2-9} = \frac{0}{-11}$$

분자가 0인 분수는 0이므로 이 직선의 기울기는 0이다. 이 직선을 두 점을 표시하고 이들을 지나도록 그리면 수평 직선이 된다. 앞서 언급한 수평 직선은 기울기가 0이라는 것을 뒷받침한다.

직선의 기울기 개념이 어떻게 응용될 수 있는가? 이것을 이해하는 가장 좋은 방법은 분수를 '비율(ratio)'로 해석하는 것이다. 측정단위가 분자와 분모에 포함된 분수는 일반적으로 이러한 비율에서 유래한 '당(per; 마다)'이라는 개념을 사용한다. 예를 들어 '시간당 60킬로미터'는 비율 $\dfrac{60\,\text{킬로미터}}{1\,\text{시간}}$로 생각할 수 있다. 따라서 분수의 가로선은 '당'으로 생각할 수 있다.

다음 상황을 생각해 보자. 미국 가정에 대한 연구 결과 2001년 접시형 위성수신기 수가 5천 9백만 개였으며 2007년에는 총 2억 2천 3백만 개로 선형 증가한 것으로 나타났다. 시간에 따른 미국에서 접시형 위성수신기 수의 증가를 그래프로 나타내려면 수평축에는 연도를, 수직축에는 수신기의 수를 표시해야 한다. 그러면 설명한 두 데이터 값은 평면의 두 점 (2001, 5.9)와 (2007, 22.3)에 해당한다.

이 직선의 기울기는 무엇이고 무엇을 의미하는가? 기울기의 정의를 이용하여 계산하면

$$m = \frac{22.3 - 5.9}{2007 - 2001} = \frac{16.4}{6}$$

응용문제의 경우 소수점 근사를 사용하는 경우가 많으므로 분모로 분자를 나눈 m의 근삿값은 2.73이다.

이 값은 무엇을 의미하는가? 분자는 미국의 접시형 위성수신기의 백만 단위의 개수이며 분모는 연도이다. 기울기가 양수이므로 왼쪽에서 오른쪽으로 이동하면 기울기는 상승하고 그 값은 미국의 접시형 위성수신기의 개수가 매년 273만 개씩 증가함을 말해준다.

예제 4.18 어떤 정부 조사에 따르면 2001년 IT 분야에 고용된 사람은 354만 명이다. 이 수는 잠시 하락하긴 했지만 본질적으로 선형 성장 양상을 보였고 2006년에는 384만 명으로 증가했다. IT 분야에서의 고용 성장을 설명하는 직선의 기울기는 무엇이며, 그 기울기의 값을 해석하면 무엇을 의미하는가?

풀이

이 경우 앞의 예제와 비슷한 상황으로 수평축에 시간을, 수직축에는 IT 분야에 고용된 사람의 수를 나타낼 수 있다. 이렇게 축을 설정하면 순서쌍은 (년, 백만 단위의 근로자 수)의 형태가 된다. 문제의 데이터는 그래프의 두 점이 (2001, 3.54), (2006,

3.84)임을 나타낸다.

기울기 정의 공식을 이용하면 다음을 얻는다.

$$m = \frac{y_2 - y_1}{x_2 - x_1} = \frac{3.84 - 3.54}{2006 - 2001} = \frac{0.3}{5} = 0.06$$

이는 IT 전문가의 수가 2001년에서 2006년 사이에 매년 6만 명의 비율로 증가(기울기는 양수)하고 있음을 나타낸다.

마지막으로 직선의 기울기의 특별한 이용방법이 있음을 살펴보자. 때때로 두 직선을 비교하여 직선이 평행인지 수직인지 결정하는 것이 필요하다. 직선을 시각적으로 살펴보는 경우 직선이 평행하지 않거나 수직이 아닌 경우에도 그렇게 보일 수 있기 때문에 성급하게 직선이 평행하거나 수직이라는 결론을 내리지 않아야 한다. 기울기를 사용하면 현상을 기반으로 추측하는 위험을 방지하는 데 도움이 된다.

> **규칙** 두 직선의 기울기가 같으면 이들은 서로 평행하다. 다음 중 하나가 성립하면 두 직선은 수직이다. (1) 한 직선이 수직 직선이고 다른 한 직선은 수평 직선이거나 (2) 두 직선의 기울기의 곱이 −1이다.

예제 4.19 점 (−3, 1)과 (0, 2)를 지나는 직선이 점 (2, 3)과 (3, 0)을 지나는 직선과 수직임을 보여라.

풀이

기울기 공식을 이용하여 첫 번째 직선의 기울기를 구하면 $m_1 = \frac{2-1}{0-(-3)} = \frac{1}{3}$이다. 같은 방법으로 두 번째 직선의 기울기를 구하면 $m_2 = \frac{0-3}{3-2} = -\frac{3}{1} = -3$이다. 이 두 기울기의 곱을 계산하면 (1/3)(−3) = −1이므로 두 직선은 서로 수직이다.

연습문제

다음 물음에 대해 답하여라.

1. 기울기를 구하는 방법인 '수직이동거리/수평이동거리'에서 '수직이동거리'와 '수평이동거리'란 무엇인가?

2. 수직 직선의 기울기를 설명하는 용어는 무엇이며 왜 이 용어를 사용하는가?

3. 수직이 아니고 수평도 아닌 직선의 기울기의 부호를 시각적으로 결정할 수 있는 방법은 무엇인가?

다음 두 점의 쌍을 지나는 직선을 그리고 수직이동거리/수평이동거리 방법으로 직선의 기울기를 구하여라.

4. (1, 4), (3, −2)   5. (−4, 6), (5, 1)

6. $(2, 7)$, $(-3, 0)$

7. $(-2, 1)$, $(4, 3)$

8. $(-1, 9)$, $(5, 4)$

9. $(7, -3)$, $(-5, 4)$

10. $(4, 6)$, $(4, -3)$

11. $(2, 1/2)$, $(2, -3)$

기울기 공식을 이용하여 다음 두 점의 쌍을 지나는 직선의 기울기를 구하고 수직이동거리/수평이동거리 방법으로 구한 결과와 같다는 것을 보여라.

12. $(1, 4)$, $(3, -2)$

13. $(-4, 6)$, $(5, 1)$

14. $(2, 7)$, $(-3, 0)$

15. $(-2, 1)$, $(4, 3)$

16. $(-1, 9)$, $(5, 4)$

17. $(7, -3)$, $(-5, 4)$

18. $(4, 6)$, $(4, -3)$

19. $(2, 1/2)$, $(2, -3)$

다음 주어진 점을 지나는 직선의 기울기를 각자의 방법으로 구하여라.

20. $(1/4, 5)$, $(2/5, 9)$

21. $(0.3, 1.8)$, $(1, 2.6)$

22. $(0, 5)$, $(2.1, 4)$ (소수점 세 번째 자리까지 반올림)

23. $(9, 6)$, $(4, -1)$

다음에 대해 근거를 가지고 완전한 문장으로 답하여라.

24. 어떤 제조회사의 1997년 근로자 수는 550명, 2009년에는 610명이었다고 가정하자. 이 회사가 꾸준한 속도로 (선형적으로) 성장한다고 가정하면 이 회사의 근로자 수의 변화율은 무엇인가? 이 결과를 사용하여 2015년도에 예상되는 회사의 근로자 수를 추정할 수 있을까?

25. 어떤 수학 시험에서 공부시간과 시험성적간의 관계에 대해 연구하였다. 0시간을 공부한 학생은 43점을 얻는 반면 4시간을 공부하는 학생은 62점을 얻는 것으로 나타났다. 수평축에 공부시간을, 수직축에 시험성적을 나타내고 앞의 두 데이터에 해당하는 점들을 표시하자. 이 두 점을 통과하는 선의 기울기를 계산하고 그 값을 해석하여라. 8시간 동안 시험공부를 한 학생의 시험성적을 예측하기 위해 기울기를 사용할 수 있을까? 가능하면 예측하고 그렇지 않다면 이유를 설명하여라.

다음에서 각 직선을 지나는 두 점의 쌍을 제시하였다. 각 직선의 기울기를 구하고 기울기를 이용하여 직선들이 평행한지, 수직인지, 둘 다 아닌지 결정하여라.

26. 직선 1은 $(1, 2)$와 $(5, -2)$를 지나고 직선 2는 $(3, 4)$와 $(7, 8)$을 지난다.

27. 직선 1은 $(0, 3)$과 $(4, 0)$을 지나고 직선 2는 $(0, 1)$과 $(2, 3)$을 지난다.

28. 직선 1은 $(0, -3)$과 $(3, 1)$을 지나고 직선 2는 $(-3, -4)$와 $(0, 0)$을 지난다.

29. 직선 1은 $(-2, 0)$과 $(0, 2)$를 지나고 직선 2는 $(2, 3)$과 $(5, 0)$을 지난다.

4.3 직선의 방정식

앞 절에서 직선의 기울기에 대한 개념을 이해하였다. 또한 응용문제에서 기울기의 해석은 본질적으로 양이 변하는 비율을 알려준다는 것을 살펴보았다.

평면의 모든 직선은 특정한 형태의 방정식인 일차방정식(linear equation)으로 표현할 수 있다. 이 방정식은 x, y 또는 (존재하는 경우) 둘 다 포함하며 각 문자의 차수는 1이고 일반형(general form) $Ax + By + C = 0$으로 나타낼 수 있다. 얼핏 보면, 이러한 방정식이 평면의 직선과 연관되어 있다는 사실이 명확치 않지만 둘 사이의 관계는 곧 밝혀진다.

일차방정식의 다양한 형식을 살펴보기 전에 앞서 언급한 일반형의 필요성을 알아보자. 하나의 직선이 무한히 많은 방정식들로 표현될 수 있음을 곧 알게 될 것이다. 각각의 방정식은 서로 동치이다. '동치(equivalent)'란 한 형식에서 대수 규칙을 이용하여 다른 형식으로 재작성할 수 있음을 의미한다.

같은 직선을 나타내는 방정식이 여러 형식일 수 있으므로, 하나의 형식을 일반형으로 지정하여 사용할 필요가 있다. 이 일반형은 모두가 동의할 수 있는 형식이며 직전의 방정식을 표현하는 기준이 될 것이다. 두 사람이 같은 직선을 나타내는 서로 다른 두 방정식을 얻은 경우, 대수 규칙을 사용하여 일반형으로 고친 후 비교할 수 있다. 각 방정식이 동일한 일반형을 가지면 각 방정식은 동치이며 실제로 같은 직선을 나타낸다.

Note
'음이 아닌(nonnegative)'과 '양의(positive)'를 혼동하면 안 된다. 음이 아닌 A는 양수 또는 0이 될 수 있다!

> **규칙** 직선의 방정식의 일반형은 $Ax + By + C = 0$으로 A, B, C는 서로 공통인 약수를 갖지 않는 정수이며 A는 음이 아니고 A와 B 중 적어도 하나는 0이 아니다.

이러한 특정 형식의 일차방정식은 상당히 제한적이므로 다른 형식의 방정식들이 서로 동치인지 여부를 바로 비교할 수 있는 기준 역할을 한다.

일반형 외에 다른 형식의 일차방정식은 어떤 것들이 있는지 궁금해하는 것은 당연하다. 기울기-절편 형식, 점-기울기 형식, 두 점 형식 등 일차방정식의 다양한 유형을 순서대로 살펴볼 것이다. 한 가지 형식을 주로 사용하지는 않는다. 이러한 형식은 각각 특별한 장점을 가지고 있으며, 이들 모두를 잘 알고 있으면 특정한 형태의 문제를 쉽게 풀 수 있기 때문이다. 문제에 따라 특정한 방법이 다른 방법보다 효과적일 수 있으므로 다양한 형식을 염두에 두는 것이 좋다. 직선의 방정식을 한 가지 형식만 사용한다면 어떤 문제는 비효율적으로 해결할 수밖에 없을 것이다.

정의했던 일반형으로 돌아와서 다음 질문을 생각하자. 방정식 $Ax + By + C = 0$이 왜 직선을 나타내는가? 방정식의 그래프는 해당 방정식을 만족하는 좌표가 (x, y)인 평면의 모든 점들의 집합이다. 즉, 좌표의 값을 방정식에 대입하면 등호가 성립하게 된다. 방정식의 그래프는 먼저 값들의 표를 구성한 다음, 이 표로부터 얻은 점들을 표시하고 이든 점들이 나타내는 패턴대로 그래프를 그리면 된다.

이제 예를 들어 방정식 $3x - 5y = 25$의 그래프를 그려 보자. 0, 5, 10, 15와 같이 x의 몇 개의 값을 선택하면 표 4.1을 얻을 수 있다.

y의 값들은 앞에서 임의로 선택한 x의 값들을 방정식에 대입하고 y에 대해 풀면 얻을 수 있다. 즉 $x = 0$인 경우, 이 값을 방정식에 대입하고 계산하면 다음과 같다.

Note
'일반형(general form)'의 정의는 교재마다 다르며 보편적이지 않다. 일반형을 $Ax + By = C$로 정한 경우도 있는데 교재 내에서 한 가지로 정하기만 하면 문제되지 않는다.

표 4.1 값들의 표

x	y
0	−5
5	−2
10	1
15	4

$$3(0) - 5y = 25$$
$$0 - 5y = 25$$
$$-5y = 25$$
$$y = -5$$

표의 y열에 있는 다른 값들도 비슷한 계산으로 얻을 수 있다.

이제 이 표의 값들을 이용하여 점들의 집합 (0, −5), (5, −2), (10, 1), (15, 4)를 만들자. 이들을 평면에 점으로 표시하면 점들은 한 직선 위에 놓여 있음을 알 수 있다. 따라서 그림 4.21에서 볼 수 있듯이 방정식을 만족하는 모든 점들의 집합은 이 직선 위에 놓인다는 것을 알 수 있다. 표의 항목 수를 늘리면 더 많은 점들을 얻게 된다.

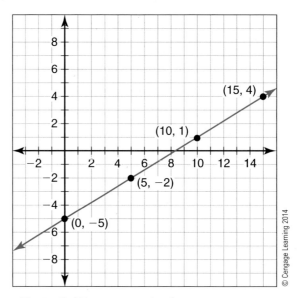

그림 4.21 방정식 $3x - 5y = 25$의 그래프

예제 4.20 ▶ 방정식 $2x + 3y - 6 = 0$의 값들의 표를 만들고 그래프를 그려라.

풀이

임의로 x의 값을 0, 3, 6, 9, 12로 선택한 다음 표 4.2와 같이 값들의 표를 만든다.

앞의 경우와 같이 y의 값은 x의 값을 방정식에 대입한 후 y에 대해 풀어 구할 수 있다. 예를 들어 $x = 0$인 경우, 이 값을 방정식에 대입하고 계산하면 다음과 같다.

표 4.2 값들의 표

x	y
0	2
3	0
6	−2
9	−4
12	−6

© Cengage Learning 2014

$$2(0) + 3y - 6 = 0$$
$$3y = 6$$
$$y = 2$$

다른 x의 값에 대해서도 비슷하게 계산하여 표의 값들을 얻을 수 있다. 표의 값들을 점으로 나타내면 (0, 2), (3, 0), (6, −2), (9, −4), (12, −6)이고, 이 점들을 평면에 표시하면 점들은 그림 4.22와 같이 한 직선 위에 놓여 있으므로 이들 점들을 지나는 직선을 그릴 수 있다.

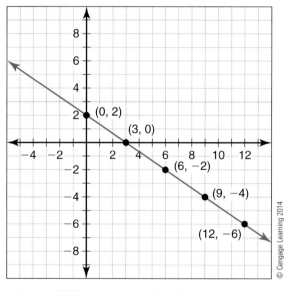

그림 4.22 방정식 $2x + 3y - 6 = 0$의 그래프

직선의 방정식의 일반형은 여러 형식의 직선의 방정식을 비교할 수 있는 기준점을 제시하지만 다른 상황에서는 유용하지 않을 수 있다. 이제 직선의 방정식의 다른 형식들을 살펴보고 이들이 가지고 있는 장점들을 설명하고자 한다.

직선의 방정식의 기울기–절편 형식: $y = mx + b$ 형식

직선의 방정식을 y에 대해 정리한 것을 기울기–절편 형식(slope-intercept form) 또는

$y = mx + b$ 형식이라 한다. 이러한 형식의 예는 다음과 같다.

$$y = 3x + 2$$
$$y = \frac{2}{3}x - 4$$
$$y = 5$$

방정식이 이 형식으로 제시되면 두 가지 유용한 정보를 바로 알 수 있다. 즉 직선의 기울기와 직선의 y절편이다. x의 계수는 직선의 기울기이고 상수항은 y절편의 위치를 나타낸다.

이러한 방정식을 $y = mx + b$ 형식이라 부르는 이유는 x의 계수가 m(m은 항상 기울기를 나타내는 문자임을 기억하자)의 값이고, 상수항 b는 y절편 $(0, b)$를 알려주기 때문이다. x항이 없는 경우는 $0x$가 생략된 것으로 볼 수 있고, 상수항의 부호가 마이너스인 경우는 b의 값이 음수가 된다.

예제 4.21 다음 방정식이 나타내는 직선의 기울기와 y절편을 구하여라.

$$y = 3x + 2$$
$$y = \frac{2}{3}x - 4$$
$$y = 5$$

풀이

첫 번째 방정식은 분명히 $y = mx + b$의 형식이므로 값을 읽으면 $m = 3$이고 $b = 2$이다. 따라서 기울기는 3이고 y절편은 점 $(0, 2)$이다. 공식적인 표현은 아니지만 y절편이 2라고도 하는데 y절편은 $(0, 2)$라고 해야 정확한 표현임을 기억하자.

다음의 두 번째 방정식에서

$$y = \frac{2}{3}x - 4$$

x의 계수는 2/3이므로 이것이 기울기이고 상수항은 -4이므로 y절편은 점 $(0, -4)$이다. 마이너스 부호가 4에 '붙어' 있다.

마지막 $y = 5$에서는 x항이 생략되어 있다. 따라서 이 방정식은 $y = 0x + 5$와 동치이며 기울기는 0이고 y절편은 점 $(0, 5)$이다. 앞서 언급한 것처럼 이 직선의 기울기가 0이므로 수평 직선이고 따라서 이 방정식의 그래프는 점 $(0, 5)$를 지나는 수평 직선이다.

Note

직선의 방정식의 기울기-절편 형식은 주로 직선의 그래프를 그리기 위해 선택하는 형식이다.

기울기-절편 형식은 매우 편리한 형태의 직선의 방정식이다. 예제에서 설명한 것처럼 기울기와 y절편을 쉽게 얻을 수 있는 형식이다. 또한 방정식이 나타내는 직선

을 효율적으로 그릴 수 있게 해주는 형식이다.

기울기–절편 형식으로 직선을 그리기 위해 필요한 한 점(y절편)은 바로 알 수 있다. 직선의 그래프 위에 있는 두 번째 점을 찾기 위해서는 수직이동거리/수평이동거리 방법을 사용하거나 x에 적당한 값을 대입하고 방정식을 푼다.

Note

'적당한'이라는 표현은 모호할 수 있다. 실제로 x에 어떤 값을 사용해도 되지만, 고민 없이 x의 값을 선택하면 계산이 복잡해질 수 있다. 일반적으로 x의 값으로 0과 m의 분모의 값(정수는 분모가 1인 분수로 간주할 수 있다)을 선택하는 것이 좋다.

예제 4.22 수직이동거리/수평이동거리 방법을 이용하여 $y = \dfrac{2}{5}x - 4$의 그래프를 그려라.

풀이

식에 의해 직선의 y절편은 점 $(0, -4)$이다. 이 점을 평면에 나타내고 기울기가 2/5이므로 위로 2칸, 오른쪽으로 5칸 이동한다. $(0, -4)$에서 위로 2칸, 오른쪽으로 5칸 이동하면 점 $(5, -2)$에 도착한다. 이 두 점을 잇는 직선을 그리면 그림 4.23과 같은 직선의 그래프를 얻는다.

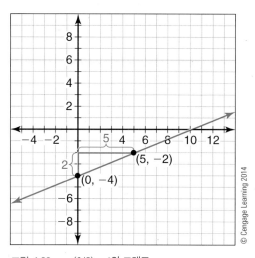

그림 4.23 $y = (2/5)x-4$의 그래프

예제 4.23 y절편과 다른 한 점을 구해 $y = \dfrac{-1}{3}x + 6$으로 주어진 직선의 그래프를 그려라.

풀이

y절편은 점 $(0, 6)$이다. 두 번째 점을 구하기 위하여 편리한 x의 값을 선택하자. 원리상 x의 값은 임의로 선택할 수 있지만, 가능한 한 계산이 쉽도록 값을 선택하고자 한다. x에 값을 대입하고 정리하려면 $-1/3$과 곱해야 하므로 이 분수와 곱했을 때 계산이 간단해지는 x의 값을 선택하는 것이 현명하다. 따라서 x의 값을 기울기의 분모로

하는 것이 좋은 선택이다. $x = 3$을 선택하면 y의 값의 계산은 다음과 같다.

$$y = \frac{-1}{3}(3) + 6$$
$$y = -1 + 6$$
$$y = 5$$

따라서 직선의 다른 한 점은 (3, 5)이며 (0, 6)과 함께 표시하고 이 두 점을 연결하면 그림 4.24와 같이 직선을 그릴 수 있다.

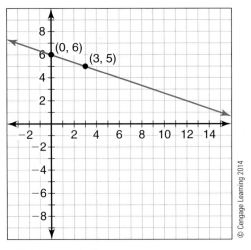

그림 4.24 $y = -(1/3)x + 6$

예제 4.24 ▷ $y = \frac{-1}{3}x + 6$으로 주어진 직선의 방정식의 일반형은 무엇인가?

풀이

직선의 방정식의 일반형은 $Ax + By + C = 0$인데 A, B, C는 정수이고 A는 음이 아니며 A 또는 B 중 적어도 하나는 0이 아니다. 방정식의 x항의 계수가 정수가 아니므로 먼저 모든 항에 3을 곱하여 분수를 없애자. 그러면 $3y = -x + 18$이 된다.

이제 모든 항을 좌변으로 이항하면

$$x + 3y - 18 = 0$$

이다. 이것이 직선의 방정식의 일반형이다.

마지막 보기에서 방정식 $y = \frac{-1}{3}x + 6$은 방정식 $x + 3y - 18 = 0$과 동치임을 보였다. 앞에서 모든 직선은 무한히 많은 동치인 방정식의 형식을 갖는다고 하였는데 그 이유는 다음과 같다. 일반형에 임의의 0이 아닌 수를 곱하면 동치인 방정식을 얻는다. 그러한 수의 선택은 무수히 많으므로 따라서 무수히 많은 동치인 방정식을 얻을 수 있다.

예제 4.25 그림 4.25에 그려진 그래프의 방정식의 기울기−절편 형식을 구하여라.

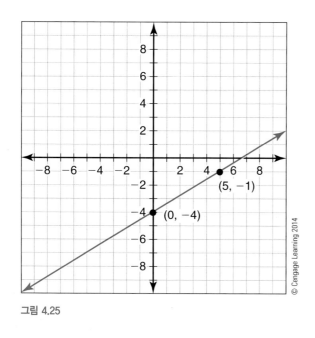

그림 4.25

풀이

직선의 방정식을 구하기 위해 두 가지 정보, 즉 직선의 y절편과 기울기가 필요하다. 그래프를 보면 직선의 y절편은 $(0, -4)$이다. 또한 $(5, -1)$도 직선 위의 점임을 알 수 있다. 따라서 수직이동거리/수평이동거리의 방법으로 기울기를 구하기 위해 $(0, -4)$에서 $(5, -1)$로 이동하면 수직으로 3칸, 수평으로 5칸 이동해야 한다. 그러므로 기울기는 3/5이며 직선의 방정식은 $y = \dfrac{3}{5}x - 4$이다.

직선의 방정식의 기울기−절편 형식은 그래프를 그리기에 매우 편리한 형식이다. 일반형은 방정식들이 실제로 같은 직선을 나타내는지 확인하기 위해 두 방정식을 비교하는 데 유용하다. 이와 다른 직선의 방정식의 형식도 있다.

직선의 방정식의 점−기울기 형식

직선에 대한 정보를 알고 있는 상황에서 직선의 방정식을 구하고자 한다고 가정하자. 즉, 운이 좋게 기울기와 y절편을 알고 있다면 방정식의 기울기−절편 형식을 만드는 것은 매우 쉽고 이 형식을 대수적으로 변형하여 다른 형식도 얻을 수 있다. 하지만 그러한 정보를 얻지 못할 수도 있으므로 다른 상황에 대해서도 대비해야 한다.

만약 직선 위의 두 점을 알고 있는 경우, 수직이동거리/수평이동거리 방법이나 기울기의 정의 공식을 이용하면 m을 계산할 수 있다. 따라서 기울기와 다른 한 점 (x_1, y_1)을 알고 있다고 가정할 수 있다. 이러한 정보를 이용하여 직선의 방정식을 구할 수 있는가?

점과 기울기를 이용하여 직선의 방정식을 구할 수 있는데 이 형식을 **직선의 방정식의 점-기울기 형식**(point-slope form of the equation of a line)이라 부른다. 곧 살펴보겠지만 이 형식은 기울기의 정의 공식으로부터 얻을 수 있다. 방정식의 형식을 유도하는 것 그 자체는 크게 중요하지 않다. 하지만 증명 없이 규칙을 받아들여서는 안 된다.

기울기 공식은 $m = \dfrac{y_2 - y_1}{x_2 - x_1}$임을 상기하고 공식에서 분수를 없애자. 이는 매우 쉬운데 식의 양변에 $(x_2 - x_1)$을 곱하여 다음을 얻는다.

$$m(x_2 - x_1) = y_2 - y_1$$

등식의 대칭적 성질에 의해 순서를 바꿔 쓰면 다음과 같다.

$$y_2 - y_1 = m(x_2 - x_1)$$

이제 두 번째 점 (x_2, y_2)을 일반적인 점, 즉 (x, y)로 바꾸자. 그러면 방정식은 다음과 같다.

$$y - y_1 = m(x - x_1)$$

이것이 직선의 방정식의 점-기울기 형식이다. 만약 기울기 m의 값과 직선 위의 특정한 점의 좌표 (x_1, y_1)을 알고 있다면 이 방정식(x와 y는 변수(variable))에 대입하여 직선의 방정식을 얻을 수 있고, 원하면 이를 다른 형식으로도 바꿀 수 있다.

Note

직선의 방정식의 점-기울기 형식은 $y - y_1 = m(x - x_1)$인데 첨자가 없는 x와 y는 변수이다. 때로 이 형식을 '점-기울기 공식'이라고도 부른다.

예제 4.26 점 $(7, 5)$를 지나고 기울기가 4인 직선이 있다. 이 직선의 방정식의 점-기울기 형식을 구하고 이를 일반형으로 나타내어라.

풀이

x_1에 7을, y_1에 5를, m에 4를 대입하면

$$y - 5 = 4(x - 7)$$

이는 직선의 방정식의 점-기울기 형식이다. 일반형을 얻기 위해 간단히 하고 모든 항을 등식의 좌변으로 이동하면 다음과 같다.

$y - 5 = 4x - 28$ (분배법칙)

$-4x + y + 23 = 0$ (모든 항을 등호 왼쪽으로 이항)

$4x - y - 23 = 0$ (일반형의 정의에서 x의 계수는 음이 아니므로 이를 만족하기 위해 모든 항에 -1을 곱한다.)

직선의 방정식의 두 점 형식

직선 위의 두 점을 알고 있는 상태에서 출발하여 기울기를 구하고 한 점을 일반적인 점으로 바꾸어 직선의 방정식의 점-기울기 형식의 표현을 얻을 수 있다. 기울기는 기울기 정의 공식을 이용하여 구할 수 있는데

$$m = \frac{y_2 - y_1}{x_2 - x_1}$$

이다. 점-기울기 공식에서도 m의 값을 구하기 위해 이 기울기 공식을 이용하였다. 따라서

$$y - y_1 = m(x - x_1)$$

의 m에 기울기 공식을 대입하면 다음을 얻는다.

$$y - y_1 = \left(\frac{y_2 - y_1}{x_2 - x_1} \right)(x - x_1)$$

이를 **직선의 방정식의 두 점 형식(two-point form)**이라 부른다. 이것은 점-기울기 형식에서 기울기의 계산을 명시한 것 외에는 실제로 다른 것이 없다.

예제 4.27 (3, 2)와 (−1, 7)을 지나는 직선의 방정식의 두 점 형식을 구하여라. 그 결과를 일반형으로 간단히 하여라.

풀이

$(x_1, y_1) = (3, 2)$, $(x_2, y_2) = (-1, 7)$로 두고 공식

$$y - y_1 = \left(\frac{y_2 - y_1}{x_2 - x_1} \right)(x - x_1)$$

에 대입하면 다음과 같다.

$$y - 2 = \frac{7 - 2}{-1 - 3}(x - 3)$$
$$y - 2 = \frac{5}{-4}(x - 3)$$
$$y - 2 = -\frac{5}{4}(x - 3)$$

이것은 앞에서 기울기를 먼저 구해 얻었던 점-기울기 형식과 같다. 일반형으로 바꾸기 위해 다음과 같이 계속하자.

$$y - 2 = -\frac{5}{4}x + \frac{15}{4}$$
$$4y - 8 = -5x + 15$$
$$5x + 4y - 23 = 0$$

이것이 방정식의 일반형이다.

직선의 방정식의 두 절편 형식

직선은 두 가지 유형의 절편, 즉 x절편과 y절편을 가질 수 있다. 또한 x절편의 y좌표는 0이고 y절편의 x좌표도 0이다.

직선 $Ax + By + C = 0$의 어떤 0이 아닌 상수 a에 대해 x절편이 $(a, 0)$이라 가정하자. 이것으로부터 무엇을 얻을 수 있을까? $x = a$, $y = 0$을 대입하면 다음을 알 수 있다.

$$A(a) + B(0) + C = 0$$
$$A(a) + C = 0$$
$$A(a) = -C$$
$$A = \frac{-C}{a}$$

비슷하게 어떤 0이 아닌 상수 b에 대해 y절편이 $(0, b)$라 가정하면 $Ax + By + C = 0$에서 $B = \frac{-C}{b}$임을 알 수 있다. 그러므로 이 직선의 방정식의 일반형은 $-\frac{C}{a}x - \frac{C}{b}y + C = 0$이다. 모든 항을 $-C$로 나누고 상수항을 등호 오른쪽으로 이항하면 $\frac{x}{a} + \frac{y}{b} = 1$이 된다.

계산 노력에 비해 얻는 것이 없어 보일 수 있지만 이러한 **직선의 방정식의 두 절편 형식**(two-intercept form of the equation of the line)에서 x와 y항의 분모는 정확하게 각각의 절편이다. 이 형식이 편리한 상황의 예제를 살펴보자.

예제 4.28 x절편이 $(6, 0)$, y절편이 $(0, 5)$인 직선이 있다. 이 직선의 방정식의 두 절편 형식을 구하고 일반형으로 간단히 하여라.

풀이

$a = 6$이고 $b = 5$이므로 방정식의 두 절편 형식에 바로 대입하면

$$\frac{x}{6} + \frac{y}{5} = 1$$

분모들을 없애기 위해 분모들의 최소공배수인 30을 곱하면

$$5x + 6y = 30$$

이고 일반형으로 정리하면 다음과 같다.

$$5x + 6y - 30 = 0$$

평행 또는 수직인 직선들: 두 번째

앞에서 두 직선의 기울기가 같으면 평행하고 기울기의 곱이 −1이면 두 직선은 수직임을 살펴보았다. 이것을 염두에 두고 기울기−절편 형식의 일차방정식 정보를 이용하여 직선이 평행한지 수직인지, 아니면 둘 다 아닌지 결정하는 다른 방법을 살펴보자.

예제 4.29 다음 주어진 직선들의 위치관계(평행, 수직, 어느 것도 아님)는 무엇인가?

$$y = 3x - 5, \ y = \frac{1}{3}x + 1$$

풀이

첫 번째 직선의 기울기는 3, 두 번째 직선의 기울기는 1/3이다. 두 기울기가 다르므로 직선들은 평행하지 않다. 그런데 두 기울기의 곱은 1이므로 서로 수직은 아니다. 따라서 직선들은 평행도 아니고 수직도 아니다.

예제 4.30 다음 주어진 직선들의 위치관계(평행, 수직, 어느 것도 아님)는 무엇인가?

$$5x - 2y = 10, \ y = -\frac{2}{5}x + 8$$

풀이

두 번째 직선의 기울기는 바로 −2/5임을 알 수 있지만 첫 번째 직선의 기울기는 바로 알기가 어렵다. 이 방정식을 y에 대해 풀어 기울기−절편 형식으로 바꾸면 기울기를 바로 알 수 있다.

$$5x - 2y = 10$$
$$-2y = -5x + 10$$
$$y = \frac{5}{2}x - 5$$

이 직선의 기울기는 5/2이므로 두 직선은 평행하지 않다. 기울기의 곱은 $\left(\dfrac{-2}{5}\right)\left(\dfrac{5}{2}\right)$ = −1이므로 직선들은 서로 수직이다.

지금까지 직선의 방정식의 여러 형식을 살펴보았다. 이러한 형식들은 각자의 유용성을 가지며 적당한 조건에서는 '더 좋은' 형식이 될 수 있다.

직선의 방정식의 여러 형식과 그 유용성들을 정리하자.

- 일반형: $Ax + By + C = 0$으로 A, B, C는 공약수가 없는 정수이며 A는 음이 아닌 정수이다. 이 형식은 한 직선의 동치인 서로 다른 방정식들을 비교할 수 있는 도구로써 유용하다.

- 기울기−절편 형식: $y = mx + b$. 이 형식은 그래프를 그리거나 기울기 또는 y

Note

많은 경우, 직선의 방정식의 여러 형식들이 모두 유용할 수 있다. 주어진 상황에서 어떤 형식이 가장 좋은지를 결정하는 것은 연습과 경험의 문제이다. 하지만 궁극적으로는 모두 동치이므로 어떤 형식을 이용해노 답을 얻을 수 있네!

절편을 바로 쉽게 알 수 있다.

- 점-기울기 형식: $y - y_1 = m(x - x_1)$. 이 형식은 직선 위의 한 점과 기울기를 아는 경우 직선의 방정식을 구하는 데 유용하다.

- 두 점 형식: $y - y_1 = \dfrac{y_2 - y_1}{x_2 - x_1}(x - x_1)$. 이 형식은 직선 위의 두 점을 아는 경우 직선의 방정식을 구하는 데 유용하며 실제로는 기울기가 명시된 직선의 방정식의 점-기울기 형식이다.

- 두 절편 형식: $\dfrac{x}{a} + \dfrac{y}{b} = 1$. 이 형식은 직선의 두 절편을 아는 경우 직선의 방정식을 구하는 데 유용하다.

연습문제

다음 물음에 대해 답하여라.

1. 직선의 방정식의 '일반형'의 의미는 무엇인가?
2. 일반형의 유용성은 무엇인가?
3. 일차방정식의 그래프의 '절편'의 의미는 무엇인가?
4. 직선이 반드시 x절편과 y절편 둘 다 갖는가?

다음 일차방정식에 대해 5개의 행을 갖는 값들의 표를 작성하고 직선의 그래프를 그려라.

5. $4x + y = -2$
6. $3x - 6y + 18 = 0$
7. $x + 4y - 9 = 3$
8. $y = 3x - 5$
9. $2y - 8x + 6 = 0$
10. $4y + 2x - 10 = 0$

다음 일차방정식을 기울기-절편 형식으로 바꾸어라. 각 경우의 직선의 기울기와 y절편의 좌표를 구하여라.

11. $3x - 2y = 5$
12. $5x - 3y = 12$
13. $\dfrac{1}{2}x - 4y + 3 = 0$
14. $\dfrac{2}{7}x - 3y + 2 = 0$
15. $3x + 7y = 4$
16. $5x - 9y = 18$

다음 일차방정식의 그래프에 y절편을 표시하고 기울기를 수직이동거리/수평이동거리로 해석하여 다른 한 점을 찾아 그래프를 그려라.

17. $y = \dfrac{3}{5}x - 4$
18. $y = 4x - 2$
19. $y = \dfrac{-2}{3}x + 4$
20. $y = \dfrac{-4}{5}x + 9$
21. $y = 5 - 3x$
22. $y = 7 - \dfrac{1}{6}x$

다음 그래프를 나타내는 방정식을 (일반형으로) 구하여라.

23.

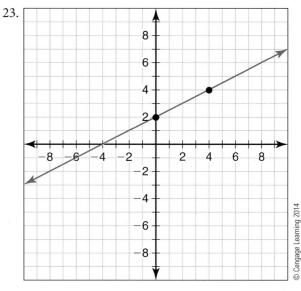

24.

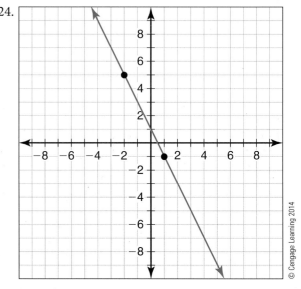

25.

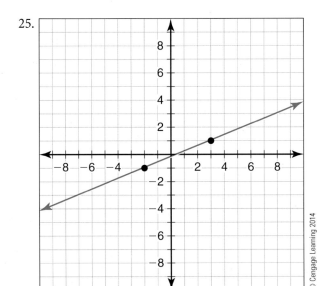

26.

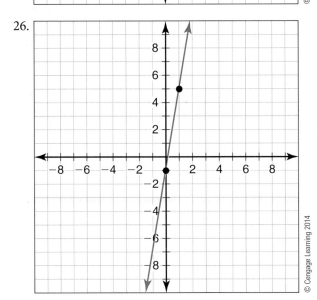

27.

28.

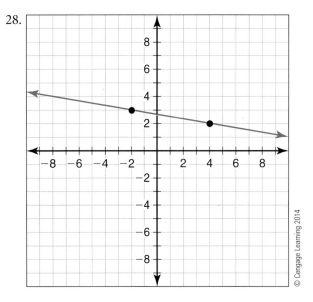

다음 주어진 점과 기울기를 이용하여 직선의 방정식의 일반형을 구하여라.

29. 점 $(3, 5)$, $m = 2/3$

30. 점 $(-1, 4)$, $m = 5/7$

31. 점 $(-3, 5)$, $m = 4$

32. 점 $(2, 1)$, $m = 3$

33. 점 $(-7, -4)$, $m = 2/9$

34. 점 $(-5, -6)$, $m = 7/4$

다음 두 점의 쌍을 지나는 직선의 방정식을 두 점 형식으로 구하여라. 첫 번째 점을 (x_1, y_1)으로 두어라.

35. $(4, 5)$, $(-2, 6)$ 36. $(1, -7)$, $(-4, 9)$

37. $(3, 3)$, $(5, -4)$ 38. $(-2, -2)$, $(3, 2)$

39. $(5, -9)$, $(-3, 4)$ 40. $(0, 1)$, $(7, -3)$

다음 두 절편을 지나는 직선의 두 절편 형식을 구하여라.

41. $(0, 5)$, $(3, 0)$ 42. $(0, 2)$, $(-5, 0)$

43. $(1/2, 0)$, $(0, 2/3)$ 44. $(3/5, 0)$, $(0, 2/7)$

45. $(1, 0)$, $(0, 7)$ 46. $(11, 0)$, $(0, -8)$

다음 두 점들은 앞의 문제와 같다. 두 점을 지나는 직선의 방정식의 일반형을 구하여라.

47. $(4, 5)$, $(-2, 6)$ 48. $(1, -7)$, $(-4, 9)$

49. $(3, 3)$, $(5, -4)$ 50. $(-2, -2)$, $(3, 2)$

51. $(5, -9)$, $(-3, 4)$ 52. $(0, 1)$, $(7, -3)$

53. $(0, 5)$, $(3, 0)$ 54. $(0, 2)$, $(-5, 0)$

55. $(1/2, 0)$, $(0, 2/3)$ 56. $(3/5, 0)$, $(0, 2/7)$

57. $(1, 0)$, $(0, 7)$ 58. $(11, 0)$, $(0, -8)$

다음 방정식들이 나타내는 직선이 평행한지, 수직인지, 아니면 둘 다 아닌지 결정하여라.

59. $x - 3y = 2$, $3x - 9y = 15$

60. $4x + 7y = 0$, $2x + 3y = 1$

61. $2x - y = 5$, $(-1/2)x - y = 3$

62. $6x - 2y = 10$, $3y + x = 7$

63. $y - 2x = 0$, $2y - 4x = 1$

64. $4y - x = 2$, $(1/4)y - x = 3$

4.4 연립일차방정식의 풀이

일차방정식이란 $Ax + By + C = 0$ 형식으로 표현 가능한 방정식으로 정의하였는데, 여기서 A, B, C 는 공약수가 없는 정수이고 A는 음이 아닌 정수이다. 이러한 방정식의 그래프는 데카르트 평면에서 직선이 됨을 살펴보았다. 앞 절에서 일차방정식의 다양한 형식을 살펴보았고 한 형식이 다른 형식보다 유용한 이유도 언급하였다.

이제 두 일차방정식을 묶어 **연립방정식(system)**을 만드는 상황을 생각하자. 이러한 연립방정식의 예는 다음과 같다.

$$3x + 5y = 26$$
$$2x - 3y = -8$$

Note

두 직선의 기울기가 '같으면' 두 직선은 평행하다.

같은 데카르트 평면에 두 일차방정식의 그래프를 그리면 다음 세 가지 경우가 생긴다. (1) 두 직선이 평면의 한 점에서 만난다, (2) 두 직선이 전혀 만나지 않는다, (3) 두 직선이 일치하는 경우로 각 그래프의 모든 점에서 만난다. 첫 번째 경우, 연립방정식은 **해를 갖는다(consistent)**고 하는데 해는 하나의 순서쌍이다. 두 번째 경우, 연립방정식을 **불능(inconsistent)**이라 하는데 연립방정식은 해를 갖지 않는다. 마지막 경우, 연립방정식을 **부정(consistent and dependent)**이라 하는데 연립방정식은 무수히 많은 해(조건 제시법으로 나타낼 수 있다)를 갖는다.

이제 목표는 연립방정식이 해를 갖는 경우 그 해를 구하는 것이다. 연립방정식을 푸는 여러 방법들이 있지만 첫 번째 방법은 그래프를 이용하는 것이다. 계산 방법을 이용할 수도 있으며 이는 5장에서 자세히 살펴본다.

그래프를 이용하는 방법을 때로 '무작위(brute-force)' 방법이라 부른다. 수학자들이 무작위 방법을 사용한다는 것은 지루하거나 어려운 계산, 실수의 위험 등의 가능성에 상관 없이 바로 접근하는 방식을 사용한다는 것이다.

연립방정식의 해는 (존재한다면) 방정식들의 그래프의 교점 또는 교점들로 나타낼 수 있다. 두 방정식의 그래프를 그리고 교점(들)의 위치를 눈으로 찾아보자. 물론 그래프를 그리기 어렵거나 교점을 정확히 찾기가 어려울 수도 있다.

앞에서 예로 든 연립방정식을 생각하자.

$$3x + 5y = 26$$
$$2x - 3y = -8$$

그래프를 그리는 효율적인 방법은 방정식들을 두 절편 형식으로 변형하여 각 절편을 그리고 이 두 절편을 지나는 직선을 그리는 것이다. 두 절편 형식은 다음과 같이 방정식 우변에 있는 상수로 모든 항을 나누면 얻을 수 있다.

$$\frac{3x}{26} + \frac{5y}{26} = 1$$
$$\frac{x}{\frac{26}{3}} + \frac{y}{\frac{26}{5}} = 1$$

첫 번째 방정식에서 그래프의 절편은 (26/3, 0)과 (0, 26/5)이다. 비슷하게

$$\frac{2x}{-8} + \frac{-3y}{-8} = 1$$

이므로 정리하면

$$\frac{x}{-4} + \frac{y}{\frac{8}{3}} = 1$$

이고 따라서 이 직선의 절편은 (−4, 0)와 (0, 8/3)이다. 하나의 데카르트 평면 위에 두 직선의 그래프를 그리면 그림 4.26과 같고 (2, 4)가 방정식의 해임을 눈으로 확인할 수 있다.

해 $x = 2$와 $y = 4$를 연립방정식의 각 방정식에 대입하면 두 대입 결과의 등호가

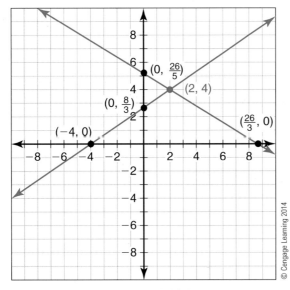

그림 4.26 연립방정식의 그래프와 연립방정식의 해

모두 성립하므로 해임을 확인할 수 있다.

$$3(2) + 5(4) = 26$$
$$6 + 20 = 26 \ \sqrt{}$$
$$2(2) - 3(4) = -8$$
$$4 - 12 = -8 \ \sqrt{}$$

예제 4.31 그래프를 그려 다음 연립방정식의 해를 구하여라.

$$4x + 2y = 18$$
$$3x + 9y = 6$$

풀이

두 절편 형식을 이용하는 방법 대신 기울기–절편 형식을 이용하여 방정식의 그래프를 그리자. 사실 이 예제는 이 방법을 설명하기 위한 것이다. 첫 번째 방정식은 $y = -2x + 9$와 동치이며 두 번째는 $y = -\frac{1}{3}x + \frac{2}{3}$와 동치이다. 각 방정식의 그래프는 y절편을 한 점으로 하고 적당한 x값을 선택하여 두 번째 점을 찾아 그린다.

$y = -2x + 9$의 경우 y절편은 $(0, 9)$이고 두 번째 점을 구하기 위해 x의 값을 $x = 1$로 선택하면 $y = -2(1) + 9 = 7$이다. 따라서 직선 위의 두 번째 점은 $(1, 7)$이다.

$y = -\frac{1}{3}(1) + \frac{2}{3}$의 경우 y절편은 $\left(0, \frac{2}{3}\right)$이고 두 번째 점을 구하기 위해 x의 값을 $x = 1$로 선택하면 $y = -\frac{1}{3}(1) + \frac{2}{3} = \frac{1}{3}$이다. 따라서 직선 위의 두 번째 점은 $(1, 1/3)$이다.

두 방정시이 그래프를 하나의 데카르트 평면에 그리면 그림 4.27과 같으며, (5,

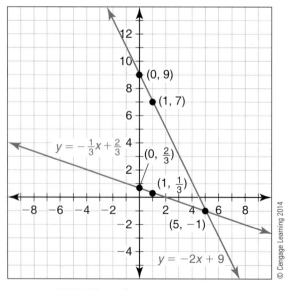

그림 4.27 연립방정식의 그래프

−1)이 연립방정식의 해임을 알 수 있다.

예제 4.32 그래프를 그려 다음 연립방정식의 해를 구하여라.

$$4x - 5y = 20$$
$$8x - 10y = 30$$

풀이

각 방정식의 우변의 상수로 모든 항을 나누어 두 절편 형식으로 바꾼다. 첫 번째 방정식의 경우 양변을 20으로 나누면 $\frac{x}{5} + \frac{y}{-4} = 1$을 얻는다. 두 절편 형식은 좌변의 항이 덧셈으로 연결되므로 두 번째 항에 마이너스 부호를 포함시켰다. 따라서 그래프의 절편은 (5, 0)과 (0, −4)이다.

두 번째 방정식의 양변을 30으로 나누면 $\frac{4x}{15} + \frac{y}{-3} = 1$이고 이는 $\frac{x}{15/4} + \frac{y}{-3} = 1$과 동치이므로 이 방정식의 그래프의 절편들은 (15/4, 0)과 (0, −3)이다.

데카르트 평면에 두 직선의 그래프를 그리면(그림 4.28), 두 직선이 서로 평행임을 알 수 있다. 따라서 연립방정식은 해를 갖지 않는다. 하지만 앞서 언급한 것처럼 두 직선이 평행함을 시각적으로 확실하게 아는 것은 어렵다. 두 직선의 기울기를 비교하여 두 직선이 평행함을 확인해야 한다.

결론을 확인하기 위해 방정식을 기울기−절편 형식으로 쓰면 $4x - 5y = 20$은 $y = \frac{4}{5}x - 4$와 동치이고 $8x - 10y = 30$은 $y = \frac{4}{5}x - 3$과 동치이다.

두 직선 각각의 기울기가 4/5이므로 결국 평행하다. 따라서 연립방정식은 확실히 불능이며 해를 갖지 않는다.

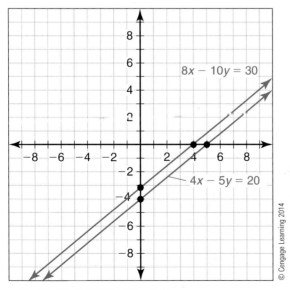

그림 4.28 불능인 연립방정식의 그래프

예제 4.33 ▶ 그래프를 그려 다음 연립방정식의 해를 구하여라.

$$6x + 3y = 12$$
$$8x + 4y = 16$$

풀이

방정식을 두 절편 형식으로 바꾸면 각 방정식은 모두 $\dfrac{x}{2} + \dfrac{y}{4} = 1$이 되며 따라서 두 직선 모두 같은 절편인 $(2, 0)$과 $(0, 4)$를 지나고 그림 4.29에서 보는 바와 같이 같은 그래프를 갖는다. 따라서 연립방정식은 부정이며 무수히 많은 해를 갖는다.

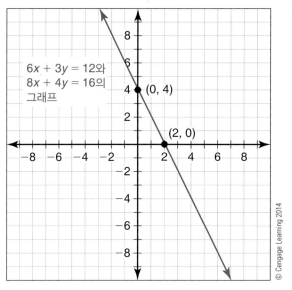

$6x + 3y = 12$와 $8x + 4y = 16$의 그래프

© Cengage Learning 2014

그림 4.29 부정인 연립방정식의 그래프

이 연립방정식의 해는 조건 제시법으로 $\{(x, y) \mid 6x + 3y = 12\}$와 같이 나타낼 수 있는데 이는 주어진 방정식을 만족하는 모든 x와 y들로 이루어진 점 (x, y)들의 집합이 연립방정식의 해임을 의미한다. 원하면 다른 방정식 $8x + 4y = 16$이나 이들과 동치인 다른 방정식을 이용하여 나타낼 수도 있는데 모두 같은 점들의 집합을 나타낸다.

그래프를 그려 연립방정식의 해를 구하는 것은 극복할 수 없는 약점을 갖고 있다. 그중 가장 중요한 것은 그래프를 그리는 것의 지루함과 시각적으로 해를 찾는 데서 발생하는 모호함이다. 다음 장에서 살펴볼 계산 방법은 이러한 약점에 영향을 받지는 않지만 몇 가지 선택을 해야 하고 대수적인 조작을 수행해야 한다는 단점이 있다. 선택에 의해 발행하는 위험 요소는 방법을 잘못 선택하면 다른 방법보다 계산이 더 복잡해진다는 것이다. 하지만 크게 걱정할 필요는 없다. 잘못 선택하여 대수적으로 푸는 것이 어렵게 되더라도 상황은 그리 복잡하지 않다.

연습문제

해가 있다면 그래프를 이용하여 다음 연립방정식의 해를 구하여라.

1. $3x - 4y = 18$
   $5x - y = 13$

2. $x - 4y = 14$
   $2x + 3y = 6$

3. $4x + 2y = -2$
   $x - 3y = -18$

4. $4x - y = 16$
   $2x + 5y = 8$

5. $3x - 6y = -15$
   $4x + y = -2$

6. $5x + 3y = -18$
   $2x - 6y = 1$

7. $3x + 2y = 3$
   $6x + 4y = 12$

8. $x + y = 0$
   $3x + 2y = 1$

9. $4x + 2y = 10$
   $x - y = 1$

10. $2x - 3y = 5$
    $-4x + 6y = 1$

요약

이 장에서는 다음 내용들을 학습하였다.

● 데카르트 평면: 순서쌍, 정의역과 공역, 거리와 중점 공식
● 평면의 직선: 기울기와 절편
● 직선의 방정식: 기울기–절편 형식, 점–기울기 형식, 두 점 형식, 두 절편 형식
● 그래프를 이용한 연립일차방정식의 풀이

용어

가로좌표abscissa 평면의 수평축에서의 상대적 위치를 나타내는 순서쌍의 원소.

거리공식(두 점 사이의 거리)distant formula/distance between two points 점 (x_1, y_1)과 (x_2, y_2)을 연결하는 선분의 길이를 계산하는 공식.

$$D = \sqrt{(x_2 - x_1)^2 + (y_2 - y_1)^2} = \sqrt{|x_2 - x_1|^2 + |y_2 - y_1|^2}$$

관계relation 한 집합의 각 원소를 다른 집합의 하나 또는 여러 원소에 대응시키는 대응규칙.

기울기slope 직선이 수평선으로부터 얼마나 경사졌는지를 나타내는 수치적 양.

데카르트 평면 Cartesian plane 수학적 평면이며 체계적으로 2차원 위치를 나타내도록 구성한 것.

반직선ray 시작점을 갖고 한 방향으로 무한히 뻗어나가는 직선의 절반.

번분수complex fraction 분모나 분자, 또는 둘 다에 하나 이상의 분수를 포함하는 분수.

부정consistent and dependent 연립방정식이 무수히 많은 해를 갖는 경우.

불능inconsistent 연립방정식의 해가 없는 경우.

사분면quadrants 수평축과 수직축으로 나뉜 평면의 네 영역.

사분점quadrantal points 평면의 두 좌표축 위에 있는 점들.

산점도scatter plot 평면에서 서로 다른 점들의 위치를 점들로 표시한 그래프.

선분line segment 직선의 연결된 일부분으로 시작점과 끝점을 가짐.

세로좌표ordinate 평면의 수직축에서의 상대적 위치를 나타내는 순서쌍의 원소.

수직이동거리rise 평면에서 직선을 따라 한 점에서 다른 점으로 이동할 때의 수직 위치의 변화량.

수직이동거리/수평이동거리 방법rise-over-run method 직선의 기울기의 값을 수직이동거리와 수평이동거리의 몫으로 계산하는 방법.

수평이동거리run 평면에서 직선을 따라 한 점에서 다른 점으로 이동할 때의 수평 위치의 변화량.

순서쌍ordered pairs 두 실수 a와 b의 쌍으로 (a, b)의 형태를 말하며 순서쌍은 평면에서 수직 직선 $x = a$와 수평 직선 $y = b$의 교점을 나타냄.

x절편x-intercept 수평이 아닌 직선이 x축과 만나는 점.

x좌표x-coordinate 데카르트 평면의 순서쌍의 가로좌표.

x축x-axis 데카르트 평면의 수평축.

연립방정식system 두 개 또는 그 이상의 일차방정식들을 묶어 생각하는 것.

y절편y-intercept 수직이 아닌 직선이 y축과 만나는 점.

y좌표y-coordinate 데카르트 평면의 순서쌍의 세로좌표.

y축y-axis 데카르트 평면의 수직축.

원점origin 평면이 수평축과 수직축의 교점.

일차방정식linear equation 변수의 차수가 1인 방정식으로 일반형 $Ax + By + C = 0$으로 정리할 수 있는 방정식.

정의역domain 함수가 정의되는 함수의 입력값들의 집합.

중점midpoint 평면의 특정한 두 점을 연결하는 선분의 정확히 중간에 놓인 점.

중점공식midpoint formula 점 (x_1, y_1)과 (x_2, y_2)의 중점을 구하는 공식.

$$\left(\frac{x_1 + x_2}{2}, \frac{y_1 + y_2}{2} \right)$$

직선straight line 기하학적 기본도형으로 평면에서 휘어짐이 없는 경로.

직선의 방정식의 기울기–절편 형식slope-intercept form of the equation of a line $y = mx + b$ 형태의 직선의 방정식으로 m은 직선의 기울기이고 점 $(0, b)$는 직선의 y절편. '$y = mx + b$' 형식이라고도 함.

직선의 방정식의 두 절편 형식two-intercept form of the equation of a line $\frac{x}{a} + \frac{y}{b} = 1$ 형태의 직선의 방정식으로 $(a, 0)$과 $(0, b)$는 각각 직선의 x절편과 y절편.

직선의 방정식의 두 점 형식two-point form of the equation of a line $y - y_1 = \left(\frac{y_2 - y_1}{x_2 - x_1} \right)(x - x_1)$ 형태의 직선의 방정식으로 (x_1, y_1)과 (x_2, y_2)는 직선의 두 점.

직선의 방정식의 $y = mx + b$ 형식$y = mx + b$ form of the equation of a line $y = mx + b$ 형태의 직선의 방정식으로 m은 직선의 기울기이고 점 $(0, b)$는 직선의 y절편. '기울기–절편' 형식이라고도 함.

직선의 방정식의 일반형general form of the equation of a line $Ax + By + C = 0$으로 A, B, C는 서로 공약수가 없는 정수이며 A는 음이 아니고 A, B 중 적어도 하나는 0이 아님.

직선의 방정식의 점–기울기 형식point-slope form of the equation of a line $y - y_1 = m(x - x_1)$의 형태의 직선의 방정식으로 m은 직선의 기울기이고 (x_1, y_1)은 직선 위의 한 점.

함수function 한 집합(정의역)의 각 원소마다 다른 한 집합(치역)의 정확히 한 원소가 대응하는 대응규칙.

해를 갖는다consistent 연립방정식이 유한개의 해를 갖는 경우.

공식

공식 4.1 $D = \sqrt{(x_2 - x_1)^2 + (y_2 - y_1)^2}$ (거리 공식)

공식 4.2 중점 $= \left(\dfrac{x_1 + x_2}{2}, \dfrac{y_1 + y_2}{2} \right)$ (중점 공식)

공식 4.3 $m = \dfrac{y_2 - y_1}{x_2 - x_1}$ (기울기 공식)

공식 4.4 $Ax + By + C = 0$ (직선의 방정식의 일반형)

공식 4.5 $y = mx + b$ (직선의 방정식의 기울기–절편 형식으로 기울기가 m이고 y절편이 $(0, b)$)

공식 4.6 $y - y_1 = m(x - x_1)$ (직선의 방정식의 점–기울기 형식)

공식 4.7 $y - y_1 = \left(\dfrac{y_2 - y_1}{x_2 - x_1} \right)(x - x_1)$ (직선의 방정식의 두 점 형식)

공식 4.8 $\dfrac{x}{a} + \dfrac{y}{b} = 1$ (직선의 방정식의 두 절편 형식으로 $(a, 0)$과 $(0, b)$가 직선의 절편들)

종합문제

데카르트 평면을 그리고 다음 도형을 나타내어라.

1. II 사분면과 III 사분면
2. 점 $(3, 4)$, $(-3, 4)$, $(5, -4)$, $(-2, -4)$
3. 음의 x축

다음 순서쌍의 점들이 함수를 나타내는지 결정하여라. 답을 간단히 설명하여라. 함수를 나타내든 그렇지 않든 순서쌍의 집합의 정의역과 치역을 구하여라.

4. $\{(1, 5), (3, -2), (-2, 8), (4, 3)\}$
5. $\{(1, 4), (4, 1), (1, 5), (-4, 3)\}$
6. $\{(2, 5), (3, 1/2), (5, 7), (-4, 2)\}$

다음은 점들의 집합의 조건이다. 이 조건을 만족하는 점들이 위치하는 사분면(들)을 구하여라.

7. $x > 0$ 이고 $y < 0$ 8. $y = -5$
9. $x > -2$이고 $y > 0$

다음 두 점이 떨어진 거리를 구하여라. 정확한 값을 구하고 필요하면 소수점 네 번째 자리에서 반올림하여라.

10. $(4, 3)$, $(-4, 2)$ 11. $(13, 4)$, $(15, 8)$
12. $(1, 8)$, $(7, 13)$

다음 주어진 두 점을 연결하는 선분의 중점을 구하여라.

13. $(3, 5)$, $(-3, 2)$
14. $(4, 11)$, $(7, 11)$
15. $(-2, 4)$, $(3, 8)$
16. 중점공식을 두 번 사용하여 점 $(3, 4)$와 $(8, 12)$를 연결하는 선분을 따라 $(3, 4)$에서 선분의 4분의 3 지점에 있는 점을 구하여라.

다음 두 점을 지나는 직선을 그리고 수직이동거리/수평이동거리 방법을 사용하여 직선의 기울기를 구하여라.

17. $(5, 4)$, $(-1, -1)$
18. $(7, 8)$, $(3, 2)$
19. $(-2, 2)$, $(4, -4)$

기울기 공식을 이용하여 다음 두 점을 지나는 직선의 기울기를 계산하여라.

20. $(3, 8)$, $(12, -4)$
21. $(0, 0)$, $(8, 4)$

22. (2, 5), (8, 3)

나름의 방법으로 다음 주어진 점을 지나는 직선의 기울기를 구하여라.

23. (4.2, 8), (−2.1, 6) (소수점 세 번째 자리까지 반올림)

24. (1/8, 1), (3/8, 9/4)

25. (−3, 5), (−3, 8)

26. 어떤 원격 대학의 등록 학생이 2001년에 2,030명, 2011년에 3,590명이라 하자. 학생의 수가 선형적으로 증가한다고 가정하면 등록한 학생들의 수의 변화율을 무엇인가? 2016년도의 등록 학생 수를 추정하여라.

다음 두 직선에 대해 각 직선 위의 두 점을 나타내었다. 각 직선의 기울기를 계산하고 이 직선들이 평행한지, 수직인지, 어느 것도 아닌지 결정하여라.

27. 직선 1은 (0, 0) 과 (8, 4)를 지나고 직선 2는 (−2, 4)와 (5, −10)을 지난다.

28. 직선 1은 (2, 4)와 (8, 10)을 지나고 직선 2는 (4, 5)와 (8, 9)를 지난다.

다음 일차방정식에 대해 값들의 5행으로 이루어진 표를 만들고 직선의 그래프를 그려라.

29. $2x + 3y = 12$

30. $3x − 5y − 12 = 0$

31. $x − y = −3$

다음 일차방정식을 기울기–절편 형식의 방정식으로 바꾸어라. 각 경우의 직선의 기울기와 y절편의 좌표를 구하여라.

32. $14x + 7y = 7$

33. $−3x + 4y − 8 = 0$

34. $2x − 5y + 7 = 0$

직선의 y절편과 기울기가 수직이동거리/수평이동거리임을 이용하여 다음 직선의 다른 한 점을 찾아 그래프를 그려라.

35. $y = 4x − 7$

36. $y = 9 − 0.5x$

다음 그래프의 방정식을 (일반형으로) 구하여라.

37.
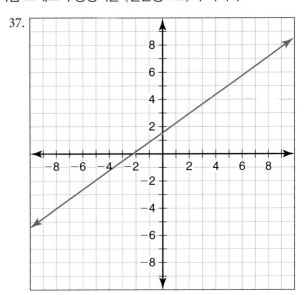

38.
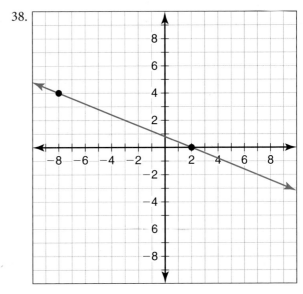

다음에서 주어진 점과 기울기를 이용하여 직선의 방정식의 일반형을 구하여라.

39. 점 (−1, −5), $m = 1/2$

40. 점 (4, 3), $m = −3$

다음 주어진 점의 쌍을 지나는 직선의 방정식의 두 점 형식을 구하여라. 첫 번째 점을 (x_1, y_1)으로 사용하여라.

41. (3, 5), (4, 6)   42. (8, −4), (−8, 4)

다음을 절편으로 갖는 직선의 방정식의 두 절편 형식을 구하여라.

43. (0, 8), (4, 0)

44. $(1/4, 0)$, $(0, 13)$

다음 직선의 방정식의 일반형을 구하여라.

45. $y - 8 = \dfrac{12 - 8}{6 - 4}(x - 4)$

46. $y - 3 = \dfrac{6 - 3}{12 - 2}(x - 2)$

다음 방정식들이 나타내는 직선이 평행한지 수직인지, 어느 것도 아닌지 결정하여라.

47. $x - 4y = 2$, $y - 4x = 3$

48. $3x + 2y = 7$, $4x - 5y = 3$

해가 존재하면, 그래프를 이용하여 다음 연립방정식의 해를 구하여라.

49. $5x - 3y = 2$, $4x + y = 5$

50. $3x + 5y = 17$, $x + 7y = 11$

Chapter 5

대수적 방법과 행렬을 이용한 연립일차방정식의 풀이

Solving Systems of Linear Equations Algebraically and with Matrices

4장의 마지막에서는 일차연립방정식을 소개하고 각 방정식에 대한 그래프의 교점(들)을 구하여 연립방정식을 푸는 방법을 살펴보았다. 교점이 유일하게 존재하는 경우, 이 점은 연립방정식의 해이며 연립방정식은 "해를 갖는다"라고 한다. 직선들이 평행하면, 즉 교점이 없으면 연립방정식은 불능이고 "해가 없다"라고 한다. 매우 드물지만 두 직선이 일치하는 경우, 이 연립방정식은 부정이라 하며 해집합은 일치하는 직선 위에 있는 모든 점들로 구성된다.

그래프를 이용하여 연립방정식을 푸는 방법은 어쩔 수 없는 약점을 가지고 있다. 첫째, 해상도가 높은 그래프가 있어야 하며 표시된 직선은 매우 정확해야 한다. 그래프 중 하나라도 정확하지 않으면 잘못된 해를 얻을 수 있다. 둘째, 해상도가 높은 그래프를 사용하는 경우라도 해의 점이 정수 값이 아닌 좌표 값을 가지면 해를 정확히 알기 어렵거나 불가능할 수 있다.

그래프로 분석하여 해결할 수 없는 문제를 위해 대수 및 계산법을 사용하는 풀이법을 고려하게 되었다. 이러한 방법은 고해상도의 그래프가 필요하지 않고 정수가 아닌 좌표를 갖는 점이 주어져도 상관 없다.

이제 대입법, 소거법, 행렬을 이용하는 방법 등 몇 가지 계산적인 풀이 방법을 살펴볼 것이다. 이 방법들은 이미 알고 있는 수학적 이론을 사용하며 그래프를 이용했을 때 나타나는 문제점들을 해결한다.

학습목표

이 장의 내용을 학습하면 다음을 할 수 있다.

- 대입법으로 연립일차방정식 풀기
- 소거법으로 연립일차방정식 풀기
- 치환을 이용하여 연립방정식을 연립일차방정식으로 바꾸어 풀기
- 행렬의 기본 정의와 연산의 이해
- 행렬을 이용하여 연립일차방정식 풀기

5.1 대입법을 이용하여 연립일차방정식 풀기

그래프를 이용하여 해를 구하기 어려운 연립일차방정식을 생각해 보자. 그래프를 이용할 때에 문제가 생기는 연립방정식을 미리 파악하는 것은 어렵다. 그래프를 그려야 비로소 알 수 있다.

$$2x + 3y = 3$$
$$6x + 12y = 11$$

그래프를 그려 이 연립방정식을 풀 때 어떤 일이 일어나는지 살펴보자. 그래프를 그리는 절차는 생략하기로 하고 바로 그래프를 분석해 보자(그림 5.1). 그림에서 교점을 결정하는 것이 쉽지 않음을 알 수 있다. 교점의 좌표는 분명히 정수가 아니므

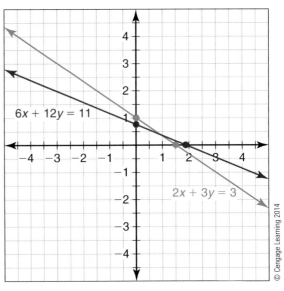

그림 5.1 연립일차방정식의 그래프

로 좌표의 정확한 값을 추측하여 이를 주어진 연립방정식의 각 방정식에서 확인할 수 있다. 하지만 이것은 비효율적이며 실수의 위험도 있다. 실제로 교점의 좌표는 $\left(\dfrac{1}{2}, \dfrac{3}{4}\right)$이지만 눈으로 볼 때에는 $\dfrac{11}{23}$과 $\dfrac{5}{8}$일 수도, 또는 $\dfrac{1}{2}$와 $\dfrac{3}{4}$에 가까운 다른 분수라고도 생각할 수 있다. 따라서 정확한 해를 구할 수 없을 것이다.

이제 계산적인 방법으로 문제에 접근하자. 앞서 언급했듯이 몇 가지 다른 계산적인 방법이 있는데, 일반적으로 어느 방법이 더 우수하다고 할 수 없으며 모두 좋은 방법이다. 따라서 방법을 잘 선택하는 것이 필요하다. 첫 번째 방법은 **대입법(substitution)**이다.

대입법은 다음 절차를 따른다.

1. 하나의 방정식을 선택하고 이 방정식을 어느 한 변수에 대해 정리한다.
2. 1단계에서 선택하지 않은 방정식에 한 변수에 대해 정리한 식을 대입한다.
3. 이렇게 얻은 방정식을 푼다.
4. 1단계에서 얻은 한 변수에 대해 정리한 식에 3단계에서 얻은 해를 대입하여 다른 변수의 값을 구한다.
5. 이 두 결과를 순서쌍으로 결합하고 이들이 연립방정식의 해임을 확인한다. 만약 해를 대입한 결과에서 등호가 성립하지 않으면 과정 중 어딘가에 계산 오류가 있는 것이며 이 오류를 찾기 위해 진행한 단계들을 검토한다.

각 단계들이 어려워 보일 수 있지만 어렵더라도 계산해야 한다. 앞에서 주어진 연립방정식에 위 절차를 적용해 보자.

예제 5.1 다음 연립방정식을 대입법으로 풀어라.

$$2x + 3y = 3$$
$$6x + 12y = 11$$

풀이

문제 해결을 위해서 특정 방정식을 선택해야 할 필요는 없으므로, 첫 번째 방정식을 선택하고 이 방정식을 x에 대해 정리하자. 한 변수에 대해 정리가 편리한 방정식을 선택할 수도 있지만, 일반적으로 풀이는 방정식의 선택과 상관이 없다.

단계 1: 첫 번째 방정식을 x에 대해 푼다.

$$2x + 3y = 3$$
$$2x = 3 - 3y$$
$$x = (3 - 3y)/2$$

Note
2단계에서는 다른 방정식을 사용해야 한다. 1단계에서 선택한 방정식을 다시 사용하여 계산하면 우리가 원하는 결과를 얻지 못한다.

이 과정은 대입법의 1단계이다. 한 방정식을 선택하고 이 방정식의 한 변수에 대해 정리한다. 이제 2단계로 진행한다.

단계 2: 다른 방정식인 $6x + 12y = 11$의 x에 $(3 - 3y)/2$를 대입한다.

$$6 \, [(3 - 3y)/2] + 12y = 11$$

단계 3: 이 방정식을 푼다. 첫 번째 항에서 6을 2로 나누면 3이 되므로 다음과 같다.

$$3(3 - 3y) + 12y = 11$$
$$9 - 9y + 12y = 11$$
$$9 + 3y = 11$$
$$3y = 2$$
$$y = \frac{2}{3}$$

단계 4: $x = (3 - 3y)/2$에 앞에서 얻은 y의 값을 대입한다. 그러면 x의 값을 얻는다.

$$x = \left[\frac{3 - 3\left(\frac{2}{3}\right)}{2} \right]$$
$$x = (3 - 2)/2$$
$$x = \frac{1}{2}$$

이 결과들을 결합하여 순서쌍으로 만들면 해는 (검증되지 않은) 점 $\left(\frac{1}{2}, \frac{2}{3} \right)$ 이다. 이제 이 해가 맞는지 확인하는 절차가 남았는데 이는 앞에서 그래프로 확인한 결과와 일단 같다.

단계 5: 확인 과정은 주어진 원래 방정식에서 해야 한다. 일단 방정식들을 수정하면 계산상 오류가 있을 수 있기 때문에 어느 것이 맞는지 분명하지 않다. 따라서 원래 방정식

$$2x + 3y = 3$$
$$6x + 12y = 11$$

에서 답을 확인해야 한다.

$x = \frac{1}{2}, y = \frac{2}{3}$ 을 대입하면

$$2\left(\frac{1}{2}\right) + 3\left(\frac{2}{3}\right) = 1 + 2 = 3\sqrt{}$$

이고

$$6\left(\frac{1}{2}\right) + 12\left(\frac{2}{3}\right) = 3 + 8 = 11\surd$$

이므로 해임을 확인하였다.

예제 5.2 다음 연립방정식을 대입법으로 풀어라.

$$4x + 2y = 6$$
$$5x - 5y = 18$$

풀이

예제 5.1과 같이 하나의 방정식을 선택한 후 한 변수에 대해 푼다. 어떤 방정식을 선택해야 할지 고민해 보면 첫 번째 방정식에서 y에 대해 정리하는 것이 가장 쉬운 방법임을 알 수 있다. (그 이유는?)

단계 1:

$$4x + 2y = 6$$
$$2y = 6 - 4x$$
$$y = 3 - 2x$$

단계 2: 연립방정식의 다른 방정식에 y를 대입한다.

$$5x - 5(3 - 2x) = 18$$

단계 3: x에 대한 방정식을 푼다.

$$5x - 15 + 10x = 18$$
$$15x - 15 = 18$$
$$15x = 18 + 15$$
$$15x = 33$$
$$x = \frac{33}{15}$$
$$x = \frac{11}{5}$$

단계 4: 이 값을 다시 대입하여 다른 변수(y)의 값을 구한다.

$$y = 3 - 2\left(\frac{11}{5}\right)$$
$$y = 3 - \left(\frac{22}{5}\right)$$
$$y = \frac{15}{5} - \frac{22}{5}$$
$$y = -\frac{7}{5}$$

3단계와 4단계에서 구한 값들을 결합하면 연립방정식의 해는 점 $\left(\dfrac{11}{5}, -\dfrac{7}{5}\right)$임을 알 수 있다.

단계 5: 해를 확인한다. x와 y의 값들을 연립방정식의 원래 방정식들에 대입하면

$$4\left(\frac{11}{5}\right) + 2\left(\frac{-7}{5}\right) = 6$$

$$\frac{44}{5} - \frac{14}{5} = 6$$

$$\frac{30}{5} = 6\ \checkmark$$

$$5\left(\frac{11}{5}\right) - 5\left(\frac{-7}{5}\right) = 18$$

$$\frac{55}{5} + \frac{35}{5} = 18$$

$$11 + 7 = 18\ \checkmark$$

해는 두 방정식을 모두 만족한다. 연립방정의 두 방정식의 그래프를 동일한 평면에 그려 그 교차점이 지금 계산에 의해 찾은 답과 일치함을 확인하여 해의 정확성을 한 번 더 확인할 수 있다.

만약 연립방정식이 유일한 해를 갖지 않는 경우, 즉 불능이거나 부정인 경우는 어떻게 될까? 이러한 경우도 존재하는데 몇 가지 보기를 통해 살펴보자.

예제 5.3 ▶ 다음 연립방정식을 대입법으로 풀어라.

$$2x - 3y = 5$$
$$4x - 6y = 9$$

풀이

첫 번째 방정식을 x에 대해 정리한다. 어떤 방정식을 선택했는지, 그리고 방정식에서 어떤 변수에 대해 정리하는지는 일반적으로 중요하지 않다.

단계 1: 첫 번째 방정식을 x에 대해 풀면

$$2x - 3y = 5$$
$$2x = 3y + 5$$
$$x = (3y + 5)/2$$

단계 2: 두 번째 방정식의 x에 위 식을 대입한다.

$$4[(3y + 5)/2] - 6y = 9$$

단계 3: 4와 2는 약분되며 따라서 다음을 얻는다.

$$2(3y + 5) - 6y = 9$$
$$6y + 10 - 6y = 9$$
$$10 = 9$$

이상한 결과를 얻은 점에 주목하자. 변수 y는 방정식에서 완전히 없어졌다. 또한 10은 9와 같다는 틀린 등식을 얻었다. 이것이 바로 모순이다. 따라서 풀려는 방정식의 해가 없음을 알 수 있다. 해가 없는 경우를 **불능**(inconsistent)이라고도 하는데, 즉 이 연립방정식은 불능이며 해가 없다.

연립방정식의 각 방정식을 그래프로 나타내면 두 직선이 만나지 않음을 알 수 있다. 연립일차방정식의 해는 연립방정식의 그래프들의 교점과 같으므로 해가 없는 연립방정식은 서로 평행한 한 쌍의 직선이 된다.

Note

대입법으로 푸는 과정에서 방정식의 모순을 만나면 멈춘다! 연립방정식은 불능이며 해를 갖지 않는다!

예제 5.4 다음 연립방정식을 대입법으로 풀어라.

$$5x + 8y = 10$$
$$15x + 24y = 30$$

풀이

앞의 방식과는 다르게 두 번째 방정식을 선택하고 이 방정식에서 y를 푼다. 방식을 다르게 선택한 특별한 이유는 없으며, 단지 다른 것을 선택했을 뿐이다.

단계 1:

$$15x + 24y = 30$$
$$24y = 30 - 15x$$
$$y = (30 - 15x)/24$$
$$y = (10 - 5x)/8$$

단계 2: 다른 방정식에 y에 대해 정리한 식을 대입하고 푼다.

$$5x + 8[(10 - 5x)/8] = 10$$

단계 3: 8과 8은 약분되며 따라서 다음을 얻는다.

$$5x + 10 - 5x = 10$$
$$10 = 10$$

예제 5.2와 같이 변수들이 사라졌지만 수학적으로 항상 참인 식을 얻었다. 이를 **항등식**(identity)이라 부르는데 이러한 항등식이 나타나면 연립방정식을 부정

Note

대입법으로 푸는 과정에서 방정식이 항등식이 되면 멈춘다! 연립방정식은 부정이 되며 무수히 많은 해를 갖는다! 해집합은 조건 제시법으로 나타낸다.

(consistent and dependent)이라 하며 무수히 많은 해를 갖는다. 그래프를 이용한 방법과 마찬가지로 원래 방정식 중 하나를 이용하여 해를 조건 제시법 $\{(x, y) \mid 15x + 8y = 10\}$으로 나타낸다.

예제 5.5 ▶ 다음 연립빙정식을 대입법으로 풀어라.

$$9x + 4y = 13$$
$$5x + y = 7$$

풀이

이 경우 연립방정식의 두 번째 방정식에서 y에 대해 정리하는 것이 쉽다는 것을 알 수 있다. 따라서 두 번째 방정식을 선택하고 y에 대해 풀 것이다. 반드시 이 방정식을 선택을 할 필요는 없지만, 이렇게 푸는 과정이 쉬울 것이다.

단계 1:

$$5x + y = 7$$
$$y = 7 - 5x$$

단계 2: y에 대해 정리한 식을 다른 방정식에 대입하고 푼다.

$$9x + 4(7 - 5x) = 13$$

단계 3:

$$9x + 28 - 20x = 13$$
$$-11x + 28 = 13$$
$$-11x = -15$$
$$x = \frac{15}{11}$$

이것은 깔끔하게 떨어지는 해는 아니지만 어쩔 수 없다. 따라서 다소 복잡한 분수식을 처리해야 한다. 이 값을 y에 대해 정리한 식에 대입하여 y의 값을 구한다.

단계 4:

$$y = 7 - 5\left(\frac{15}{11}\right)$$
$$y = 7 - \frac{75}{11}$$
$$y = \frac{77}{11} - \frac{75}{11}$$
$$y = \frac{2}{11}$$

단계 5: 연립방정식의 해로 $\left(\dfrac{15}{11}, \dfrac{2}{11}\right)$ 을 얻었다. 이제 원래 연립방정식에 대입하여 풀이 과정이 정확한지 확인한다.

$$9x + 4y = 13$$
$$9\left(\frac{15}{11}\right) + 4\left(\frac{2}{11}\right) = 13$$
$$\frac{135}{11} + \frac{8}{11} = 13$$
$$\frac{143}{11} = 13\checkmark$$
$$5x + y = 7$$
$$5\left(\frac{15}{11}\right) + \frac{2}{11} = 7$$
$$\frac{75}{11} + \frac{2}{11} = 7$$
$$\frac{77}{11} = 7\checkmark$$

이 해는 원래 연립방정식의 방정식들을 모두 만족하므로 올바른 해임을 확인하였다.

계산에 의해 해를 구하는 다른 풀이법을 살펴보기 전에 앞으로 살펴볼 다른 방법보다 이 방법을 사용하는 것이 언제 적절한지 생각할 필요가 있다. 앞에서 모든 방법이 효과적이라고 언급했지만 대입법은 언제 선택하는 것이 좋은가?

일반적으로 대입법은 예제 5.4와 같이 방정식 중 하나에서 한 변수에 대해 정리하기 쉽거나 방정식 중 하나가 이미 한 변수에 대해 정리된 경우에 가장 잘 이용된다. 일반적으로 다른 상황에서는 대입법 대신 다른 방법을 사용한다. 다른 상황에서는 추가로 필요한 절차가 복잡하지 않기 때문에 앞으로 다룰 풀이법이 더 효율적이다.

Note

연립방정식의 한 방정식에서 한 변수에 관해 정리하는 것이 쉬운 경우에는 대입법을 생각하자!

연습문제

다음 연립방정식을 대입법으로 풀어라.

1. $x - y = -7$
   $8x + 10y = 16$

2. $3x + 3y = 6$
   $x - y = 0$

3. $2x - y = 2$
   $6x + 8y = 39$

4. $2x - y = 10$
   $x + 5y = -6$

5. $-3x + y = -7$
   $9x - 3y = 21$

6. $4x + 3y = 13$
   $5x - y = 2$

7. $4x - 3y = 20$
   $8x - 6y = 40$

8. $0.5x + 3.2y = 9$
   $0.2x - 1.6y = -3.6$

9. $2x - 2y = -2$
   $4x + 5y = 3$

10. $2x = 7 - 4y$
    $y = 3 - 2x$

11. $\dfrac{1}{2}x - \dfrac{3}{2}y = -1$
    $5x + \dfrac{2}{3}y = 10$

12. $2x - 5y = 11$
    $3x + 5y = 4$

13. $y = 3x$

$x - 2y + 6 = 0$

14. $2x + 5y = 6$

$3x - y + 6 = 0$

15. $x - 2y - 4 = 0$

$5x - 3y = 10$

다음 문제들은 적당한 연립일차방정식을 찾아 풀 수 있다. 적절한 연립방정식을 만들고 대입법으로 푼 후, 문제의 문맥에 맞게 해를 해석하여라.

16. 핫도그 가게를 시작하기 위해 가게 주인은 800만 원을 투자하였다. 핫도그와 롤빵의 원가는 1,100원이며 주인은 이를 이용하여 만든 핫도그를 1,850원에 팔려고 한다. 손해를 보지 않으려면 (이윤이 0원이 되려면) 얼마나 많은 핫도그를 팔아야 하는가? 이윤이 100만 원이 되려면 얼마나 많은 핫도그를 팔아야 하는가?

17. 컴퓨터 영업 사원으로서 두 회사를 선택할 수 있다. 첫 번째 회사는 매주 60만 원의 주급과 3%의 판매수당을 지급한다. 두 번째 회사는 매출액의 7%를 수당으로 지급한다. 매월 얼마나 많은 매출액을 올려야 두 번째 회사에서 받는 금액이 더 많은가?

18. 한 화학과 학생이 알코올이 16% 들어 있는 용액을 만들려고 한다. 이 학생은 미리 혼합된 성분의 용액을 가지고 있는데 그중 하나는 10% 알코올 용액이고 다른 하나는 70% 알코올 용액이다. 16%의 알코올 성분을 갖는 용액 50리터를 만들려면,

이 학생이 사용해야 하는 각각의 용액은 몇 리터인가?

19. 어떤 국가의 밀 공급 가격의 근사적 모델은 $p = 7x - 400$(p는 미국 달러)이고 그 국가의 밀 수요 가격의 근사적 모델은 $p = 510 - 3.5x$이다. 여기서 p는 톤당 밀의 가격이고 x는 백만톤 단위의 밀의 양이다. 수요가격과 공급가격이 동일한 가격을 구하여라.

20. 상품 판매원에게는 두 가지 급여 계산 프로그램이 있다. 첫 번째 프로그램은 월급 200만 원과 월 매출액의 10%의 성과급을 급여로 책정하는 것이다. 두 번째 프로그램은 월급 100만 원과 월 매출액의 20%의 성과급을 급여로 책정하는 것이다. 두 가지 급여 프로그램이 동일한 급여가 되려면 상품 판매원은 한 달 동안 얼마만큼의 상품을 팔아야 하는가?

21. 어떤 건설 회사에서 덤프트럭 한 대를 빌려야 하는데 두 렌트 회사를 비교하고 있다. Big Truck Rental의 트럭 렌탈 비용은 1일당 7만 5천 원에 주행 1킬로미터마다 400원이 가산된다. Tiny Truck Rental에서 같은 종류의 덤프트럭을 빌리면 1일당 10만 5천 원에 주행 1킬로미터마다 250원이 가산된다. 빌리는 비용을 같게 하려면 덤프트럭을 얼마나 멀리 주행해야 하는가? 또한 그렇게 했을 경우 렌트하는 데 소요되는 비용은 얼마인가?

5.2 소거법을 이용하여 연립일차방정식 풀기

연립일차방정식을 풀기 위한 또 다른 대수적 방법을 때로는 '없애기(annihilation)'라고 하기도 하지만 더 일반적으로는 소거법(elimination)이라 부른다. 특히 방정식이 $Ax + By = C$ 형식으로 주어진 경우에 유용하지만, 모든 일차방정식은 이런 형식으로 다시 쓸 수 있으므로 이 방법은 모든 연립일차방정식에 적용된다.

앞으로 연립방정식의 계수는 모두 정수라고 가정한다. 정수가 아닌 경우 분수 계

수를 갖는 각 방정식에 분수들의 분모의 최소공배수를 모든 항에 곱하면 분수가 없어져 정수 계수가 된다.

예제 5.6 방정식 $\frac{2}{3}x + \frac{4}{5}y = 8$을 정수 계수 방정식으로 다시 써라.

풀이

분수들의 분모의 최소공배수는 15이므로 15를 모든 항에 곱하고 정리하면 다음과 같다.

$$15\left(\frac{2}{3}x\right) + 15\left(\frac{4}{5}y\right) = 15(8)$$
$$10x + 12y = 120$$

소거법도 소거할 변수를 선택해야 한다는 점에서 대입법과 유사성이 있지만 풀이 절차는 완전히 다르다. 소거법의 풀이 절차는 다음과 같다.

1. 연립방정식에서 소거할 변수를 하나 선택한다.
2. 필요하면 적당한 상수를 하나 또는 두 방정식에 곱하여 소거하려는 변수의 계수가 같고 부호만 다르도록 한다.
3. 연립방정식의 두 방정식을 더하여 1단계에서 선택한 변수를 소거한다.
4. 결과의 방정식을 풀어 해의 한 좌표를 구한다.
5. 4단계에서 구한 값이 정수이면 이 정수를 원래 연립방정식의 한 방정식에 대입하고 풀어 다른 변수의 값을 구한다. 이 값이 바로 해의 다른 한 좌표가 된다. 만약 4단계에서 구한 값이 정수가 아니면 다른 변수를 소거하기 위해 소거법을 반복한다. 이를 통해 해의 두 번째 좌표를 구할 수 있다.
6. 두 해를 결합하여 순서쌍을 만들고 이것이 원래의 연립방정식을 만족하는지 확인한다. 만약 만족하지 않으면 어딘가 계산 오류가 있는 것이므로 이 오류가 생긴 절차를 찾아야 한다.

예제 5.7 다음 연립방정식을 소거법으로 풀어라.

$$8x - 3y = -25$$
$$5x + 6y = 8$$

풀이

단계 1: 1단계에서 소거해야 하는 변수를 계산이 편리하도록 선택하겠지만 임의로 선택해도 좋다. 연립방정식은 다음과 같다.

$$8x - 3y = -25$$
$$5x + 6y = 8$$

2단계의 목적은 연립방정식에 한 변수의 계수는 갖지만 부호가 반대가 되도록 하는 것이다. 기본적으로 변수들의 계수를 부호가 반대인 이들의 최소공배수로 바꿀 것이다. 두 변수 중 어느 것을 선택해도 되지만 상황을 고려해 보면 x보다 y를 소거하는 것이 다소 쉬워 보인다.

단계 2: y의 계수들의 최소공배수는 6이고 한 방정식의 y의 계수는 이미 6이다.
y의 계수가 (부호는 반대로) 일치하도록 첫 번째 방정식에 2를 곱하면

$$2(8x - 3y = -25)$$
$$5x + 6y = 8$$

이고 정리하면 다음과 같다.

$$16x - 6y = -50$$
$$5x + 6y = 8$$

단계 3: 두 방정식을 더하면 다음을 얻는다.

$$21x = -42$$

단계 4: 3단계에서 얻은 방정식을 푼다.

$$x = -2$$

단계 5: 이 (정수)값을 원래 방정식에 대입하여 다른 변수인 y에 대해 푼다.

$$8(-2) - 3y = -25$$
$$-16 - 3y = -25$$
$$-3y = -9$$
$$y = 3$$

단계 6: 구한 해는 $(-2, 3)$이다. 이 값을 원래 방정식에 대입하여 확인하면 다음과 같다.

$$8(-2) - 3(3) = -25$$
$$-16 - 9 = -25\checkmark$$
$$5(-2) + 6(3) = 8$$
$$-10 + 18 = 8\checkmark$$

점 $(-2, 3)$의 좌표들은 두 방정식 모두를 만족하므로 구한 해는 정확하다.

___

대입법의 경우와 마찬가지로 불능 또는 부정인 연립방정식을 확인하는 방법을 살펴보자. 이 사실은 1단계에서 선택한 변수를 3단계에서 소거하기 위해 방정식들을 더했을 때 확인할 수 있다. 이 단계에서 불능인 경우는 모순이, 부정인 경우는 항등식이 나타난다.

모순은 등호가 성립하지 않는 경우이다. 방정식의 두 변수 모두 소거되고 $0 = k$와 같은 등식을 얻는다. 여기서 k는 0이 아닌 수이다. 항등식은 항상 성립하는 등식으로 이 경우 $0 = 0$이다. 두 경우 모두 3단계에서 종료되며 해집합을 구할 수 있다.

___

예제 5.8 ▶ 다음 연립방정식을 소거법으로 풀어라.

$$2x - 5y = 10$$
$$4x - 10y = 15$$

풀이

단계 1: x항의 계수들의 최소공배수는 4이므로 x를 소거하자.

단계 2: y의 계수가 (부호는 반대로) 일치하도록 첫 번째 방정식에 -2를 곱하면

$$(-2)(2x - 5y = 10)$$
$$4x - 10y = 15$$

이고 정리하면 다음과 같다.

$$-4x + 10y = -20$$
$$4x - 10y = 15$$

단계 3: 두 방정식을 더하면 다음을 얻는다.

$$0 = -5$$

이는 모순이므로 수어신 연립방정식은 불능이며 해가 없다.

___

예제 5.9 ▶ 다음 연립방정식을 소거법으로 풀어라.

$$7x - 3y = 2$$
$$21x - 9y = 6$$

풀이

단계 1: x의 계수들의 최소공배수는 21이지만 x를 소거하는 것은 그리 어렵지 않다.

단계 2: x의 계수가 (부호는 반대로) 일치하도록 첫 번째 방정식에 -3을 곱하면

$$(-3)(7x - 3y = 2)$$
$$-21x + 9y = -6$$

이고 정리하면 다음과 같다.

$$-21x + 9y = -6$$
$$21x - 9y = 6$$

단계 3: 두 방정식을 더하면 항등식 $0 = 0$을 얻는다. 따라서 연립방정식은 부정이며 무수히 많은 해를 갖는다. 해집합을 조건 제시법으로 나타내면 $\{(x, y) \mid 7x - 3y = 2\}$ 이다.

Note

소거법에서 만약 두 방정식을 더한 후 $0 = k(k$는 0이 아닌 수$)$ 형태의 모순을 얻으면 연립방정식은 해를 갖지 않으므로 '불능(inconsistent)'이며 절차를 멈춘다. 만약 두 방정식을 더한 후 항등식 $0 = 0$을 얻으면 연립방정식은 무수히 많은 해를 가지므로 '부정(consistent and dependent)'이다. 이 경우 해를 조건 제시법으로 나타낼 수 있다.

연습문제

다음 물음에 대해 답하여라.

1. 소거법으로 연립방정식을 풀 때 소거법 과정 중 항등식을 얻으면 연립방정식의 해는 무엇인가?

2. 소거법으로 연립방정식을 풀 때 소거법 과정 중 모순을 얻으면 연립방정식의 해는 무엇인가?

다음 연립방정식을 소거법으로 풀어라.

3. $x - 4y = 3$
   $3x + 8y = 5$

4. $2x - y = 1$
   $4x - 2y = 2$

5. $2x - 3y = 3$
   $x + 2y = 5$

6. $2x - 3y = 3$
   $-4x + 6y = 6$

7. $7x - 3y = 10$
   $14x - 6y = 5$

8. $0.3x - 0.2y = 0.7$
   $0.8x + 0.4y = 0$

9. $2x + y = 9$
   $3x - y = 16$

10. $x - 2y = -9$
    $x + 3y = 16$

11. $4x - 3y = 25$
    $-3x + 8y = 10$

12. $12x - 13y = 2$
    $-6x + 6.5y = -2$

13. $12x - 3y = 6$
    $4x - y = 2$

14. $2x + 3y = 5$
    $x - 5y = -17$

다음 문제들은 적당한 연립일차방정식을 찾아 풀 수 있다. 적당한 연립방정식을 만들고 대입법으로 푼 후, 문제의 문맥에 맞게 해를 해석하여라.

15. 어떤 비행기는 역풍을 받으면서 거리가 1,000 km인 두 도시 사이를 2시간 10분 동안 비행하였다. 돌아올 때에는 정확하게 반대 항로로 2시간 비행하였다. 비행기와 바람의 속력이 일정하다고 가정할 때, 비행기와 바람의 속력을 구하여라.

16. 학교 행사에 참가하는 티켓은 성인 5,000원, 학생 2,500원이며 총 548장의 티켓이 판매되어 총 판매액은 246만 원이었다. 학생 티켓은 몇 장 팔렸는

가? 성인 티켓은 몇 장 팔렸는가?

17. 50% 알코올 용액 20리터에 20% 알코올 용액 몇 리터를 섞어야 30%의 알코올 용액을 얻는가?

18. 법정 순은은 은이 92.5% 포함된 것이다. 은이 91%인 합금 500그램을 얻기 위해 몇 그램의 법정 순은 및 90%의 은 합금을 혼합하여야 하는가?

19. 새 휴대폰의 수요와 공급 함수는 다음과 같다.

$$p = 200 - 0.00001x$$
$$p = 80 + 0.00002x$$

여기서 p는 휴대폰 가격이고 x는 휴대폰 판매대수이다. 연립방정식의 두 방정식을 동시에 만족하는 x와 p를 구하여 수요와 공급이 일치하는 가격 p와 판매대수 x를 구하여라.

20. 1,800만 원을 수익률 9%와 6%인 채권에 각각 투자한다고 하자. 141만 원의 수익을 얻으려면 투자금을 어떻게 분배해야 하는가?

21. 땅콩은 100그램당 2,500원, 캐슈넛은 100그램당 4,000원이다. 두 가지 유형의 너트를 섞어 판다고

하자. 섞어 만든 혼합 너트가 2,500그램이며 100그램당 3,000원이라고 할 때, 각각의 너트의 양을 얼마씩 섞어야 하는가?

22. 현주는 10원과 50원 동전을 합쳐 8,050원을 가지고 있다. 10원 동전의 개수는 50원 동전의 개수보다 25개 많다고 한다. 각 동전을 몇 개나 가지고 있는가?

23. 500 km 떨어져 있는 두 도시 A와 B가 있다. 종훈이는 A 도시를 정오에 출발하여 B 도시로 시속 60 km로 이동하는 동안, 성태는 B 도시를 오후 1시에 출발하여 시간당 50 km의 속도로 A 도시 방향으로 이동한다. 두 사람은 언제 만나는가?

24. 두 명의 주자가 총 길이가 250미터인 타원형 트랙의 같은 지점에서 출발하였다. 한 주자는 시간당 6 km로 달리며 다른 주자는 시간당 8 km로 달린다. 이들이 같은 시간에 출발하여 같은 방향으로 달리는 경우 더 빠른 주자는 더 느린 주자보다 언제 한 바퀴 앞서게 되는가?

5.3 치환을 이용하여 연립일차방정식 만들기

다음과 같은 유형의 방정식을 생각하자.

$$\frac{h}{x} + \frac{k}{y} = C$$

여기서 h, k, C는 상수이다. 식이 정의되지 않는 경우를 피하기 위해 $x = 0$이 아니고 $y = 0$도 아니라고 가정할 수 있다. 따라서 이 방정식의 그래프는 원점 또는 어떠한 사분점들도 지나지 않는다.

두 변수 모두 0이 아니라고 가정하면 $u = 1/x$, $v = 1/y$로 치환할 수 있다. 그러면 방정식은

$$hu + kv = C$$

가 되는데 이는 미지수가 u와 v인 일차방정식이다.

일반적인 상황은 아니지만 각 방정식이 $\dfrac{h}{x} + \dfrac{k}{y} = C$의 형식을 갖는 연립방정식을 만날 수 있다. 이 경우 앞에서 언급한 치환을 이용하여 연립일차방정식을 만들고 적당한 방법으로 풀 수 있다. 이렇게 새로운 연립방정식에서 구한 해는 u와 v의 값이므로 이들을 x와 y의 값으로 바꾸어야 하며, 구한 해가 원래의 방정식에서 정의되지 않는 값인지에 주의해야 한다.

예제를 통해 이러한 문제를 살펴보자.

예제 5.10 ▶ 다음 연립방정식 풀어라.

$$\frac{3}{x} + \frac{5}{y} = 2$$
$$\frac{7}{x} - \frac{3}{y} = 10$$

풀이

$u = 1/x$, $v = 1/y$로 치환하면 연립방정식은

$$3u + 5v = -2$$
$$7u - 3v = 10$$

이 된다. 연립방정식을 푸는 방법은 자유롭게 선택할 수 있다. 한 변수에 대해 정리가 쉬운 방정식이 없으므로 대입법은 적절치 않다. 그래프를 이용할 수도 있지만 uv 평면에서의 교점이 명확하지 않을 수 있기 때문에 시간 낭비일 수 있다. 따라서 소거법을 사용한다.

v의 계수들의 부호가 이미 반대이므로 v를 소거하자. v의 계수들의 최소공배수는 15이므로 첫 번째 방정식에 3을, 두 번째 방정식에 5를 곱한다.

$$9u + 15v = -6$$
$$35u - 15v = 50$$

두 방정식을 더하면

$$44u = 44$$

이고 따라서

$$u = 1$$

이다. 이 결과는 정수이므로 $u = 1$을 원래의 방정식 중 하나에 대입하여 쉽게 v의 값을 구할 수 있다. 첫 번째 방정식에 대입하면 다음과 같다.

$$3(1) + 5v = -2$$
$$3 + 5v = -2$$
$$5v = -5$$
$$v = -1$$

$u = 1$과 $v = -1$을 원래 방정식에 대입하면 이 해가 정확함을 알 수 있다.

이들은 원래 연립방정식의 해가 아니므로 u와 v가 아닌 x와 y를 포함한 원래 방정식을 생각하자. 치환에 사용된 식을 이용하면 x와 y의 값을 구할 수 있다.

$u = 1/x$이므로 $1 = 1/x$이고 (양변의 역수를 취하면) $1 = x$이다. 비슷하게 $v = 1/y$이므로 $-1 = 1/y$이고 따라서 $-1 = y$이다. 그러므로 xy 평면에서 해는 점 $(1, -1)$이다.

Note

xy 평면에서의 해의 좌표와 uv 평면에서의 해의 좌표가 완전히 일치하는 경우이다. 계속되는 예제를 보면 이 경우는 흔하지 않음을 알 수 있다.

예제 5.11 다음 연립방정식을 풀어라.

$$\frac{4}{x} + \frac{7}{y} = 5$$
$$\frac{2}{x} + \frac{8}{y} = 3$$

풀이

다시 $u = 1/x$, $v = 1/y$로 치환하면 주어진 연립방정식은 다음과 같이 바뀐다.

$$4u + 7v = 5$$
$$2u + 8v = 3$$

이 경우, 하나의 변수에 대해 나타낼 만한 적당한 방정식이 없으므로 대입법은 현명하지 않다. 소거법을 선택하는데 u와 v의 계수를 생각하면 연립방정식에서 변수 u를 소거하는 것이 더 쉬워 보인다. 두 번째 방정식에 -2를 곱하여 u의 계수가 같지만 부호는 다르게 할 수 있다.

$$4u + 7v = 5$$
$$-4u - 16v = -6$$

두 방정식을 더하면 v만의 방정식

$$-9v = -1$$

을 얻고 이를 풀면

$$v = \frac{1}{9}$$

이다. 이 v의 값이 정수는 아니지만, (분수인 채로) 어느 한 방정식에 대입하여 u를 구할 수 있다. 임의로 두 번째 방정식을 선택하면 다음과 같다.

$$2u + 8\left(\frac{1}{9}\right) = 3$$

$$2u + \frac{8}{9} = 3$$

$$18u + 8 = 27$$

$$18u = 19$$

$$u = \frac{19}{18}$$

Note

$u = 1/x,\ v = 1/y$로 치환하면 x는 u의 역수이고 y는 v의 역수이다!

이 값들을 연립방정식에 대입하면 올바른 해임을 알 수 있으므로 이 해들을 x와 y의 값으로 변환하자.

u와 v의 값이 분수이므로 계산이 어렵다는 우려가 있을 수 있으나, 실제로는 그렇지 않다. 치환식은 $u = 1/x$이고 $v = 1/y$이므로 u는 x의 역수이고 v는 y의 역수이다. 그러므로 x와 y의 해를 찾기 위해서는 단지 u와 v의 역수를 구하면 된다. 따라서 $x = \frac{18}{19}$이고 $y = \frac{9}{1}$이며 xy 평면에서의 해는 $\left(\frac{18}{19},\ 9\right)$이다. 이 값들을 원래 연립방정식에 대입하면 정확한 해임을 확인할 수 있다.

이 방법이 u와 v의 연립일차방정식으로 바꾸는 유일한 치환방법은 아니다. 다음 연립방정식을 생각하자.

$$\frac{3}{2-x} + \frac{5}{1+y} = 11$$

$$\frac{7}{2-x} - \frac{4}{1+y} = 10$$

이 경우는 $u = 1/(2-x)$, $v = 1/(1 + y)$로 치환할 수 있다. 치환하면 u와 v의 연립일차방정식을 얻을 수 있지만 x와 y의 좌표를 구하기 위해서 단지 u와 v의 역수를 구해서는 안 된다. 치환식이 더 복합하면 u와 v의 값을 치환식에 대입하고 x와 y의 값을 직접 계산해야 한다.

위 연립방정식을 u와 v로 바꾸면

$$3u + 5v = 11$$

$$7u - 4v = 10$$

이다. 소거할 특정 변수를 고르기 어렵지만 v의 항들이 이미 반대부호이므로 v를 소거하기로 하자. 첫 번째 방정식에 4, 두 번째 방정식에 5를 곱하면

$$12u + 20v = 44$$

$$35u - 20v = 50$$

두 방정식을 더하면

$$47u = 94$$
$$u = 2$$

이다. 이 값을 연립방정식의 첫 번째 방정식에 대입하면 $v = 1$이며 이들은 두 방정식 모두를 만족하는 정확한 해이다.

x와 y의 값을 구하기 위해 치환식에 u와 v의 값을 대입하고 계산하면

$$2 = \frac{1}{2-x}$$
$$2(2-x) = 1$$
$$4 - 2x = 1$$
$$-2x = -3$$
$$x = \frac{3}{2}$$

이고

$$1 = \frac{1}{1+y}$$
$$1(1+y) = 1$$
$$1 + y = 1$$
$$y = 0$$

이 값들을 원래 연립방정식의 각 방정식에 대입하면 만족하며 따라서 연립방정식의 해는 점 $\left(\frac{3}{2},\, 0\right)$이다.

연습문제

적당한 치환을 이용하여 다음 연립방정식을 풀어라.

1. $\dfrac{4}{x} - \dfrac{3}{y} = 28$

   $\dfrac{9}{x} - \dfrac{1}{y} = -6$

2. $\dfrac{1}{x} + \dfrac{2}{y} = 7$

   $\dfrac{3}{x} + \dfrac{12}{y} = 2$

3. $\dfrac{-1}{10x} + \dfrac{1}{2y} = 4$

   $\dfrac{2}{x} - \dfrac{10}{y} = -80$

4. $\dfrac{3}{x} + \dfrac{2}{y} = 0$

   $\dfrac{-1}{x} - \dfrac{2}{y} = 8$

5. $\dfrac{6}{x} + \dfrac{4}{y} = 12$

   $\dfrac{9}{x} + \dfrac{6}{y} = 18$

6. $\dfrac{8}{x-1} - \dfrac{3}{y} = -3$

   $\dfrac{5}{x-1} - \dfrac{2}{y} = -1$

7. $\dfrac{3}{x} - \dfrac{6}{y} = 12$

   $\dfrac{4}{x} - \dfrac{8}{y} = 16$

8. $\dfrac{-5}{3-x} - \dfrac{7}{y+2} = 10$

   $\dfrac{8}{3}\dfrac{}{x} + \dfrac{3}{y+2} = -3$

9. $\dfrac{11}{x+7} + \dfrac{5}{y} = \dfrac{1}{3}$

   $\dfrac{2}{x+7} - \dfrac{5}{y} = \dfrac{25}{3}$

10. $7x - \dfrac{8}{y} = 15$

    $3x + \dfrac{2}{y} = 9$

11. $\dfrac{3}{2x} - \dfrac{2}{3y} = 0$

    $\dfrac{3}{4x} + \dfrac{4}{3y} = \dfrac{5}{2}$

12. $\dfrac{4}{x} + \dfrac{4}{y} = \dfrac{10}{3}$

    $\dfrac{5}{x} - \dfrac{5}{y} = \dfrac{5}{6}$

13. $\dfrac{3}{x} - \dfrac{2}{y} = -30$

$\dfrac{2}{x} - \dfrac{3}{y} = -30$

14. $\dfrac{6}{x} + \dfrac{12}{y} = -6$

$\dfrac{2}{x} - \dfrac{1}{y} = -7$

15. $\dfrac{3}{2+x} - \dfrac{4}{5+y} = 9$

$\dfrac{1}{2+x} + \dfrac{2}{5+y} = 8$

16. $\dfrac{1}{x-3} + \dfrac{1}{y+1} = \dfrac{9}{20}$

$\dfrac{1}{x-3} - \dfrac{1}{y+1} = \dfrac{1}{20}$

5.4 행렬의 소개

연립일차방정식을 풀기 위해 지금까지 제시된 방법은 두 개의 미지수와 두 개의 방정식이 존재하는 경우에 적합하다. 하지만 변수와 방정식이 많아지면 행렬(matrix)을 사용하여 푸는 것이 더 효율적이다.

행렬의 응용은 광범위하며 특이하다. 행렬은 컴퓨터 프로그래밍, 특히 수치로 이미지를 렌더링(즉, 필름에 인화하는 대신 이미지를 디지털로 표현)하거나 3차원 가상현실을 제작하는 것처럼 광범위하게 사용된다.

이 책에서는 행렬의 기본적인 주제들만 다룰 것이다. 행렬과 그 성질의 전반적인 내용은 선형대수학 또는 행렬이론 과정에서 다루며, 여기에서는 행렬의 성질에 대한 이론은 많이 다루지 않을 것이다.

행렬의 기초

행렬의 일반적인 정의는 수의 배열(array)이다. 만약 배열이라는 개념이 익숙하지 않다면 이 정의는 도움이 되지 않으므로 배열의 개념을 정의해야 한다. 배열이란 대상을 수평한 행(row)과 수직인 열(column)의 형태로 나열한 것이다.

행렬을 구성하는 수의 배열은 대개 대괄호 또는 괄호 안에 묶어 나타내며 대문자 A, B, C를 사용하여 이름 붙인다. 일반적으로 행렬은 대문자를 사용하므로 대문자를 사용하는 이상 어떤 문자도 사용 가능하다.

행렬의 예는 다음과 같다.

Note

행은 양 옆으로, 열은 위 아래로 움직인다고 기억하자! 또한 행을 먼저, 열을 두 번째로 생각하는 데 익숙해지도록 하자!

$$A = \begin{bmatrix} 3 & 0 \\ 1 & -2 \\ 4 & 5 \end{bmatrix}$$

이 행렬은 3개의 행과 2개의 열을 갖는다. 배열된 수들을 행렬의 원소(entry)라 하며 행과 열의 위치(행이 먼저, 열이 나중)로 나타낸다. 행은 위에서 아래로 번호를 붙이며 열은 왼쪽에서 오른쪽으로 번호를 붙인다. 따라서 위 행렬의 원소 5는 3행 2열의 원소이므로 3, 2 원소라 한다.

행렬을 대문자로 나타내면 행렬의 원소는 그 문자의 소문자와 아래첨자를 사용하여 나타내는 것이 일반적이다. 즉, 5는 3, 2 원소인 것을 일반적으로 $a_{3,2} = 5$와 같이 나타내며 종종 행렬을 $A = [a_{i,j}]$로 나타내어 각 원소가 이러한 형태로 나타낸다는 것을 강조한다.

행렬의 크기 또는 **차수(order)**란 배열의 행과 열의 개수를 곱으로 나타낸 것이다. 보통 행렬의 차수는 기호 $m \times n$과 같이 나타내는데 m은 행의 개수, n의 열의 개수이다. 앞의 예인

$$A = \begin{bmatrix} 3 & 0 \\ 1 & -2 \\ 4 & 5 \end{bmatrix}$$

는 3×2 행렬이며 '3 곱하기 2' 행렬이라고 읽는다.

Note

행렬에서 i번째 행과 j번째 열의 원소를 i, j 원소라 한다. 항상 행을 먼저, 열을 나중에 언급한다!

Note

m개의 행과 n개의 열을 갖는 행렬을 차수가 $m \times n$ 또는 크기가 $m \times n$인 행렬이라 한다.

예제 5.12 다음 행렬의 차수를 말하고 표시된 원소가 존재하면 구하여라.

a. $C = \begin{bmatrix} 2 & -5 & 3 \\ 4 & 1/2 & 0 \end{bmatrix}$, $c_{2,2}$와 $c_{3,1}$

b. $D = \begin{bmatrix} 4 & -2 \\ 7 & -1 \\ 1/4 & 10 \end{bmatrix}$, $d_{1,2}$와 $d_{2,1}$

풀이

a. 행렬 C는 2개의 행과 3개의 열을 가지므로 차수는 2×3이다. 2, 2 원소는 두 번째 행과 세 번째 열에 있는 수이므로 1/2이다. 3, 1 원소는 세 번째 행의 원소인데 행렬 C는 세 번째 행을 갖지 않으므로 3, 1 원소는 존재하지 않는다.

b. 행렬 D는 3개의 행과 2개의 열을 가지므로 차수는 3×2이다. 행렬 D의 1, 2 원소는 첫 번째 행과 두 번째 열에 있는 수이므로 −2이다. 2, 1 원소는 두 번째 행과 첫 번째 열에 있는 수이므로 7이다.

특별한 경우로 행의 개수와 열의 개수가 같은 경우가 있는데 이러한 행렬을 **정사각행렬(square matrix)**이라 한다. 이 용어를 사용하는 이유는 행과 열의 개수가 같은 배열이 정사각형 모양이기 때문이다

두 행렬의 차수가 같고 각 위치에 대응하는 원소들이 같으면 두 행렬은 **같다(equal)**라고 한다. 기호로 나타내면 모든 가능한 i, j 원소들에 대해 $a_{i,j} = b_{i,j}$이면 $A = B$이다.

예제 5.13 ▶ 행렬 A와 B는 서로 같다. 아래의 비어 있는 원소의 값을 기호를 사용하여 나타내어라.

$$A = \begin{bmatrix} 2 & \text{—} \\ 3 & 5 \end{bmatrix}, \quad B = \begin{bmatrix} \text{—} & 4 \\ 3 & \text{—} \end{bmatrix}$$

풀이

두 행렬의 1, 2 원소가 같으므로 A의 비어 있는 곳의 원소는 $a_{1,2} = 4$이다. 비슷하게 B의 비어 있는 곳들의 원소는 $b_{1,1} = 2$와 $b_{2,2} = 5$이다.

또 다른 특별한 행렬이 있다. 차수에 상관없이 모든 원소가 0인 행렬을 영행렬(zero matrix)이라 한다. 예를 들어 '3 × 4 영행렬'과 같이 특정 차수의 영행렬을 지정해야 하는 경우도 있으며 이 경우 기호로 $0_{3,4}$로 나타낸다.

정사각행렬에서 1, 1의 위치, 2, 2의 위치, 3, 3의 위치 등의 원소가 모두 1이고 나머지 원소는 모두 0인 행렬을 차수가 n인 항등행렬(identity matrix)이라 한다. 여기서 n은 행렬의 행의 개수이다. 정사각행렬이므로 행의 개수와 열의 개수는 같다. 항등행렬은 I_n과 같이 나타내는데 여기서 n은 행렬의 행의 개수이다.

예제 5.14 ▶ I_3이 나타내는 행렬을 구하여라.

풀이

이 행렬은 3 × 3 항등행렬이므로 1, 1 원소, 2, 2 원소, 3, 3 원소는 모두 1이고 나머지 원소들은 모두 0이다. 따라서 이 행렬은

$$\begin{bmatrix} 1 & 0 & 0 \\ 0 & 1 & 0 \\ 0 & 0 & 1 \end{bmatrix}$$

이다.

정사각행렬의 1, 1의 위치, 2, 2의 위치, 3, 3의 위치 등의 원소를 정사각행렬의 주대각선(main diagonal) 원소라 한다. 정사각행렬의 주대각선은 곧 자세히 살펴볼 것이다. 주대각선에 있지 않는 원소들은 모두 0이고 주대각선에 있는 원소들은 0 또는 0이 아닌 수들이면 이 정사각행렬을 대각행렬(diagonal matrix)이라 한다.

예제 5.15 3개의 행을 갖는 대각행렬의 예를 하나 구하여라.

풀이

이러한 행렬은 무수히 많지만 그중 하나는

$$\begin{bmatrix} 3 & 0 & 0 \\ 0 & 2 & 0 \\ 0 & 0 & 0 \end{bmatrix}$$

이다. 여기서 주대각선 원소들은 모두 0일 필요가 없음을 알 수 있다. 항등행렬은 모든 주대각선 원소가 1이므로 대각행렬의 특별한 형태이다.

행렬의 덧셈과 뺄셈

두 행렬을 더한 것을 $A + B$와 같이 나타내며 대응하는 위치의 원소들을 서로 더하여 얻는다. 행렬의 덧셈은 두 행렬 A와 B의 차수가 같아야 가능하다.

공식적으로 $A + B = [a_{i,j}] + [b_{i,j}] = [a_{i,j} + b_{i,j}]$로 정의하는데 앞에서 언급한 내용을 좀 더 형식적인 기호로 나타낸 것이다.

예제 5.16 다음 두 행렬을 더하여라.

$$\begin{bmatrix} 3 & 5 & -1 \\ 0 & 1/2 & 7 \end{bmatrix} + \begin{bmatrix} -6 & 3 & 11 \\ 4 & 2/3 & 3 \end{bmatrix}$$

풀이

두 행렬 모두 2 × 3이므로 두 행렬을 더할 수 있고 그 결과는 다시 2 × 3행렬이다. 서로 대응하는 원소끼리 더하면 되므로 더한 결과는 다음과 같다.

$$\begin{bmatrix} 3+(-6) & 5+3 & -1+11 \\ 0+4 & \dfrac{1}{2}+\dfrac{2}{3} & 7+3 \end{bmatrix}$$

$$\begin{bmatrix} -3 & 8 & 10 \\ 4 & \dfrac{7}{6} & 10 \end{bmatrix}$$

행렬 A에 A와 차수가 같은 영행렬을 더하면 그 결과는 원래 행렬 A가 된다. 이런 이유로 영행렬을 덧셈에 대한 **항등원 행렬**(additive identity matrix)이라 한다.

행렬의 덧셈은 배열의 각 원소들의 덧셈이므로 행렬의 덧셈의 성질은 실수의 덧셈의 성질과 비슷하다. 행렬 덧셈은 **교환**(commutative)법칙과 **결합**(associative)법칙을 만족한다. 즉 덧셈의 순서를 바꿀 수 있으며 원하는 대로 묶어서 더할 수 있다는 것으로 $A + B = B + A$이며 $(A + B) + C = A + (B + C)$이다.

행렬의 뺄셈은 덧셈과 마찬가지로 원소별로 계산한다. $A - B$를 계산하기 위해서 대응하는 원소들을 빼면 되는데 빼는 순서는 행렬의 빼는 순서대로 한다. 뺄셈을 할 때는 주의해야 한다.

예제 5.17 다음 행렬의 뺄셈을 계산하여라.

$$\begin{bmatrix} 4 & -5 \\ 3 & 1/2 \end{bmatrix} - \begin{bmatrix} -6 & 2 \\ 7 & 4 \end{bmatrix}$$

풀이

두 행렬 모두 2 × 2이므로 뺄셈이 정의된다. 원소끼리 빼면 다음과 같다.

$$\begin{bmatrix} 4-(-6) & -5-2 \\ 3-7 & \dfrac{1}{2}-4 \end{bmatrix}$$

부호의 유의하여 계산하면 다음과 같다.

$$\begin{bmatrix} 10 & -7 \\ -4 & -\dfrac{7}{2} \end{bmatrix}$$

Note

행렬의 덧셈은 교환법칙과 결합법칙이 성립하지만 뺄셈은 그렇지 않다!

실수의 뺄셈과 마찬가지로 행렬의 뺄셈은 교환법칙도 결합법칙도 만족하지 않는다. 덧셈보다 뺄셈을 할 때 많은 주의가 필요하며 특히 부호에 신경을 써야 한다.

행렬의 스칼라배

다항식의 항에 포함된 수를 '계수(coefficient)'라 한다. 행렬에서 배열된 수들을 행렬의 '원소(entry)'라 한다. 이러한 수들은 문맥에 의해 파악한다. 특정한 언급이 없는 수는 스칼라(scalar)라 부른다.

행렬 A에 대해 3과 같은 수를 곱할 수 있는데 이를 '행렬 A의 3배' 또는 $3A$로 나타낸다. 이 경우 3은 스칼라로 생각한다.

행렬에 스칼라를 곱하는 것은 행렬의 각 원소에 스칼라를 곱하는 것이다. 스칼라를 행렬의 모든 원소들에 '분배'한다고 생각할 수 있다.

예제 5.18 행렬 $A = \begin{bmatrix} 2 & 4 & -3 \\ 5 & 1/3 & 7 \end{bmatrix}$에 대해 $6A$를 구하여라.

풀이

행렬 A의 각 원소에 스칼라 6을 곱하면 $6A = \begin{bmatrix} 12 & 24 & -18 \\ 30 & 2 & 42 \end{bmatrix}$이다.

한 행렬에 스칼라를 곱하는 과정은 반대로도 할 수 있는데, 행렬의 원소들에서 공통인 스칼라 인수를 구하여 행렬 앞으로 보낼 수 있다. 곧 살펴보겠지만 이것은 행렬 계산에서 매우 유용하다.

예제 5.19 행렬 $B = \begin{bmatrix} 81 & 27 \\ 99 & -36 \\ 45 & 108 \end{bmatrix}$의 원소들을 정수로 남겨두면서 가장 큰 스칼라 인수

와의 곱으로 나타내어라.

풀이

행렬 원소들의 최소공배수는 9이므로 각 원소들을 9와의 곱으로 나타낸다. 그러면

$9 \begin{bmatrix} 9 & 3 \\ 11 & -4 \\ 5 & 12 \end{bmatrix}$이다. 행렬 안의 원소들은 더 이상 공통인수를 갖지 않으므로 행렬을

가장 큰 스칼라와의 곱으로 표시하였다.

예제 5.20 $A = \begin{bmatrix} 3 & -2 \\ 7 & 5 \end{bmatrix}$, $B = \begin{bmatrix} -2 & 4 \\ 12 & 3 \end{bmatrix}$에 대해 $5A-3B$를 계산하여라.

풀이

이 경우 행렬 A에 스칼라 5를 곱하고 행렬 B에는 스칼라 3을 곱한 후 뺀다. 다음 계산에서 잘 알려진 연산 순서를 따라 식을 정리함을 알 수 있다.

$$5A - 3B = \begin{bmatrix} 15 & -10 \\ 35 & 25 \end{bmatrix} - \begin{bmatrix} -6 & 12 \\ 36 & 9 \end{bmatrix}$$

$$= \begin{bmatrix} 15-(-6) & -10-12 \\ 35-36 & 25-9 \end{bmatrix} = \begin{bmatrix} 21 & -22 \\ -1 & 16 \end{bmatrix}$$

Note

행렬 연산을 수행할 때에는 사칙연산의 순서를 따라야 한다.

행렬의 곱셈

지금까지 살펴본 행렬의 연산은 연산 방법을 예측할 수 있었다는 점에서 다소 직관적이었다. 행렬 곱셈은 그리 어렵지 않지만 간단하지도 않다.

곱셈을 소개하기 전에 행렬 곱셈의 연산이 정의되는 조건과 표기법을 정하자. 일반적으로, 행렬 곱셈은 행렬이나 행렬의 이름을 순서대로 이웃하게 둔다. 즉, 한 행렬이 다른 행렬과 이웃하게 나열된 경우는 두 행렬을 곱한다는 뜻이다. 두 행렬 A와 B의 곱을 AB로 나타내는데 A에 B를 곱한다는 의미이다. 행렬 곱셈은 앞 행렬의 열의 개수와 뒤 행렬의 행의 개수가 같을 때에만 정의된다. 이 조건은 차수기 같은 정사각행렬의 경우를 제외하고는 두 행렬이 같은 모양일 필요가 없다.

이 개념은 처음 접하는 경우 이해하기 어려울 수 있다. 행렬 A의 차수가 $m \times n$이고 행렬 B의 차수가 $p \times q$라 하자. 언제 두 행렬의 곱셈이 가능한가? 이는 곱해진 행렬의 순서와 '내부 차원(inner dimension)'에 의해 결정된다. '내부 차원'이란 보편적으로 사용하는 용어는 아니지만 시각적으로 중요한 판단기준을 준다. 두 행렬의 이름을 나란히 쓰고 다음과 같이 각 행렬의 크기를 밑에 쓰면 다음과 같다.

$$AB$$
$$(m \times n)(p \times q)$$

여기서 n와 p의 값을 내부 차원이라 하는데 행렬 이름 밑에 쓴 행렬의 차수들의 상대적 위치에 따른 것이다. 행렬의 곱셈은 이 내부 차원이 같은 경우에만 정의된다. 즉, $n = p$인 경우에만 행렬곱 AB가 정의된다.

만약 이들 값이 같으면 '외부(outer)' 차원(A의 행의 개수와 B의 열의 개수)은 곱한 행렬의 크기를 알려준다. 즉, $n = p$이면 곱 AB의 차수는 $m \times q$가 된다.

이 정의에 의하면 곱셈은 교환법칙이 성립하지 않는데 다음 예제로 살펴보자.

예제 5.21 A의 차수는 3×5, B의 차수는 5×3이다. AB와 BA는 정의되는가? 정의되는 경우 곱한 행렬의 차수를 말하여라.

풀이

AB의 경우 차수는 (순서대로) $(3 \times 5)(5 \times 3)$이다. 내부 차원이 같으므로 곱이 정의되며 외부 차원을 보면 곱의 차수는 3×3이다.

BA의 경우도 차수를 순서대로 적으면 $(5 \times 3)(3 \times 5)$이다. 내부 차원이 같으므로 곱이 정의된다. 하지만 이 경우 외부 차원을 보면 곱의 차수는 5×5이다.

이는 매우 이례적이다. AB와 BA 각각을 계산할 수 있는데, 같은 크기가 아니므로 서로 같을 수 없다. 경우에 따라 곱 AB는 계산 가능하지만 곱 BA는 정의되지 않을 수도 있다.

이제 행렬은 어떻게 곱하는가? 곱한 행렬 AB의 i, j 원소는 행렬 A의 i행과 행렬 B의 j열을 이용하여 계산한다. i행의 각 원소들을 j열의 같은 위치에 있는 원소들과

계산 실수가 많이 생길 수 있으므로 계산 과정에 유의하자. 작은 실수라도 계산 결과를 전혀 다르게 만든다.

개념적으로 주어진 행렬에 항등행렬을 '첨가(adjoin)'할 것이다. 여기서 '첨가'란 행렬의 폭을 두 배로 하고 행렬의 오른쪽 절반에 해당 크기의 항등행렬을 쓰는 것을 말한다. 그런 다음 이 첨가행렬에 **기본 행연산**(elementary row operation)을 하여 왼쪽 절반의 행렬이 항등행렬이 되게 하면 결과의 오른쪽 절반이 바로 원래 행렬의 역행렬이 된다.

행렬에 대한 기본 행연산은 다음과 같다.

- 두 행을 서로 교환한다.
- 한 행의 모든 원소에 0이 아닌 수를 곱한다.
- 한 행의 모든 원소에 임의의 상수를 곱하고 다른 행의 대응하는 원소들에 더한다.

여기에서 생각해야 할 중요한 문제가 있다. 주어진 행렬이 역행렬을 갖는지 여부를 결정하는 문제이다. 역행렬을 찾는 방법을 시작하기 전에 역행렬의 존재 여부를 결정하는 방법을 살펴보는 것이 좋다. 하지만 역행렬을 구하는 방법을 소개한 후에 이 문제를 해결하도록 하자.

먼저 행렬 $A = \begin{bmatrix} 5 & 0 & 2 \\ 2 & 2 & 1 \\ -3 & 1 & -1 \end{bmatrix}$의 역행렬을 구해 보자. 행렬들이 잘 설정된 경우, 각 단계는 매우 쉽게 진행된다. 하지만 대부분의 경우는 행연산을 잘 선택해야 하며, 여기에서는 행연산을 이용한 방법을 다룰 것이며, 이는 역행렬이 아무리 복잡하더라도 구할 수 있는 체계적인 방법이다.

첫 번째 단계는 행렬 A와 크기가 같은 항등행렬을 A의 오른쪽에 '첨가'하는 것이다.

$$A = \begin{bmatrix} 5 & 0 & 2 & 1 & 0 & 0 \\ 2 & 2 & 1 & 0 & 1 & 0 \\ -3 & 1 & -1 & 0 & 0 & 1 \end{bmatrix}$$

이제 이 행렬에 기본 행연산을 사용하여 배열의 왼쪽 절반을 항등행렬로 만든다. 이 과정이 잘 수행되면 결과 행렬의 오른쪽 절반이 찾고자 하는 역행렬이다. 이 방법은 역행렬을 구하는 최선의 방법은 아니지만 체계적인 접근법이다. 즉 가장 적절하거나 전통적인 방법은 아니지만 창의적인 생각이나 묘수에 의존하지 않는 방법이다. 절차를 따라가다 보면 다소 큰 수들이 나올 수도 있지만 계속 진행하면 상대적으로 쉽게 역행렬을 구할 수 있다.

Note

역행렬을 구하는 전통적인 방법도 있지만 쉬운 방법은 아니다.

단계 1: 각 행에 적당한 상수를 곱하여 첫 번째 행의 0이 아닌 원소가 같고 그중 가장 위에 있는 원소는 양수, 다른 원소는 음수가 되게 한다.

첫 번째 열의 원소는 5, 2, −3이다. 이들의 최소공배수는 30이므로 첫 번째 행에는 6, 두 번째 행에는 −15, 세 번째 행에는 10을 곱하면 다음을 얻는다.

$$\begin{bmatrix} 30 & 0 & 12 & 6 & 0 & 0 \\ -30 & -30 & -15 & 0 & -15 & 0 \\ -30 & 10 & -10 & 0 & 0 & 10 \end{bmatrix}$$

단계 2: 첫 번째 행을 첫 번째 열에서 0이 아닌 원소를 갖는 행에 더한다. 이 과정에서는 첫 번째 행은 바뀌지 않으며 첫 번째 행을 더한 다른 행들만 바뀐다.

$$\begin{bmatrix} 30 & 0 & 12 & 6 & 0 & 0 \\ 0 & -30 & -3 & 6 & -15 & 0 \\ 0 & 10 & 2 & 6 & 0 & 10 \end{bmatrix}$$

행렬의 원소들이 커진다는 것을 관찰할 수 있다. 원하면 언제든지 각 행에 적당한 (분)수를 곱하여 공통인 소인수를 제거하여 수를 작게 만들 수 있다. 이 과정은 필수적인 것은 아니다. 따라서 첫 번째 행에는 1/6, 두 번째 행에는 1/3, 세 번째 행에는 1/2를 곱하면 다음을 얻는다.

$$\begin{bmatrix} 5 & 0 & 2 & 1 & 0 & 0 \\ 0 & -10 & -1 & 2 & -5 & 0 \\ 0 & 5 & 1 & 3 & 0 & 5 \end{bmatrix}$$

단계 3: 이제 두 번째 열에 주목하자. 모든 원소를 같게 만들되 가운데 있는 원소는 양수로 다른 원소는 음수로 만든다.

1, 2 원소는 이미 0이므로 이 원소는 무시하고 다른 행을 보자. 두 번째 열의 원소들의 최소공배수는 10이므로 두 번째 행에 −1, 마지막 행에 −2를 곱한다.

$$\begin{bmatrix} 5 & 0 & 2 & 1 & 0 & 0 \\ 0 & 10 & 1 & -2 & 5 & 0 \\ 0 & -10 & -2 & -6 & 0 & -10 \end{bmatrix}$$

단계 4: 두 번째 행을 두 번째 열에서 0이 아닌 원소를 갖는 행에 더한다.

$$\begin{bmatrix} 5 & 0 & 2 & 1 & 0 & 0 \\ 0 & 10 & 1 & -2 & 5 & 0 \\ 0 & 0 & -1 & -8 & 5 & -10 \end{bmatrix}$$

행렬이 점점 원하는 모양이 된다. 각 행의 모든 원소들이 공통인수를 갖지 않으므로 그대로 둔다.

단계 5: 세 번째 열의 0이 아닌 원소들을 같게 만들되 가장 아래의 원소는 양수로, 다른 원소는 음수로 만든다.

2, 1, 1의 최소공배수는 2이므로 첫 번째 행에 −1, 두 번째 행에 −2, 세 번째 행에 −2를 곱한다.

$$\begin{bmatrix} -5 & 0 & -2 & -1 & 0 & 0 \\ 0 & -20 & -2 & 4 & -10 & 0 \\ 0 & 0 & 2 & 16 & -10 & 20 \end{bmatrix}$$

단계 6: 세 번째 행을 세 번째 열에서 0이 아닌 원소를 갖는 행에 더한다.

$$\begin{bmatrix} -5 & 0 & 0 & 15 & -10 & 20 \\ 0 & -20 & 0 & 20 & -20 & 20 \\ 0 & 0 & 2 & 16 & -10 & 20 \end{bmatrix}$$

단계 7: 이제 거의 끝났다. 각 행에서 처음 0이 아닌 숫자의 역수를 각 행에 곱하면 단계가 끝난다.

이 단계에서 분수가 나타날 수 있는데 분수는 최대한 나중에 나타나도록 단계를 설계한 것이다. 첫 번째 행에는 $\frac{-1}{5}$, 두 번째 행에는 $\frac{-1}{20}$, 세 번째 행에는 $\frac{1}{2}$을 곱한다.

$$\begin{bmatrix} 1 & 0 & 0 & -3 & 2 & -4 \\ 0 & 1 & 0 & -1 & 1 & -1 \\ 0 & 0 & 1 & 8 & -5 & 10 \end{bmatrix}$$

따라서 역행렬은 $A^{-1} = \begin{bmatrix} -3 & 2 & -4 \\ -1 & 1 & -1 \\ 8 & -5 & 10 \end{bmatrix}$이며 A에 (양 방향으로) 곱하여 항등행렬이 되는 것을 확인할 수 있다. 확인 과정은 생략한다.

예제 5.25 ▶ 행렬 $C = \begin{bmatrix} 4 & 7 \\ -2 & 3 \end{bmatrix}$의 역행렬을 구하고 구한 행렬이 역행렬인지 확인하여라.

풀이

첫 번째 단계로 행렬 C에 항등행렬을 첨가하자.

$$\begin{bmatrix} 4 & 7 & 1 & 0 \\ -2 & 3 & 0 & 1 \end{bmatrix}$$

첫 번째 열의 원소들을 같게 하되 첫 번째 열의 처음 원소는 양수, 밑의 원소는 음수로 만든다. 이 원소들은 4와 −2이므로 공배수는 4이고 따라서 두 번째 열에 2

를 곱하면 된다.

$$\begin{bmatrix} 4 & 7 & 1 & 0 \\ -4 & 6 & 0 & 2 \end{bmatrix}$$

첫 번째 행을 두 번째 행에 더한다.

$$\begin{bmatrix} 4 & 7 & 1 & 0 \\ 0 & 13 & 1 & 2 \end{bmatrix}$$

두 번째 열을 주목한다. 7과 13의 최소공배수는 91이다. 두 번째 열의 2, 2 원소를 양수로, 첫 번째 열의 1, 2 원소를 음수로 만들기 위해 첫 번째 행에는 −13, 두 번째 행에는 7을 곱한다. 앞에서 언급했듯이 숫자가 커지지만 정수들이므로 쉽게 처리할 수 있다.

$$\begin{bmatrix} -52 & -91 & -13 & 0 \\ 0 & 91 & 7 & 14 \end{bmatrix}$$

두 번째 행을 첫 번째 행에 더하면 배열의 왼쪽 절반이 대각행렬이 된다.

$$\begin{bmatrix} -52 & 0 & -6 & 14 \\ 0 & 91 & 7 & 14 \end{bmatrix}$$

역행렬을 구하기 위해 각 행의 첫 0이 아닌 원소의 역수를 행에 곱한다. 첫 번째 행에는 $-\dfrac{1}{52}$, 두 번째 행에는 $\dfrac{1}{91}$을 곱한다. 이 과정으로 분수들이 나타나지만 이들을 계산할 필요가 없으므로 신경 쓰지 않아도 된다.

$$\begin{bmatrix} 1 & 0 & 6/52 & -14/52 \\ 0 & 1 & 7/91 & 14/91 \end{bmatrix}$$

배열의 오른쪽 절반을 약분하면

$$\begin{bmatrix} 1 & 0 & 3/26 & -7/26 \\ 0 & 1 & 1/13 & 2/13 \end{bmatrix}$$

이므로 역행렬은

$$C^{-1} = \begin{bmatrix} 3/26 & -7/26 \\ 1/13 & 2/13 \end{bmatrix}$$

이다. 실제로 CC^{-1}과 $C^{-1}C$를 계산하면 I_2가 되므로 풀이 과정이 바르게 수행되었음을 확인할 수 있다.

가역성 확인

살펴본 바와 같이 행렬의 역행렬을 구하는 절차는 길어질 수도 있다. 따라서 역행렬의 계산 방법을 살펴보기 전에 언급한 것처럼 역행렬을 구하기에 앞서 역행렬의 존재를 결정하는 것이 바람직하다. 이제 이 문제를 살펴보자.

물론 언급하지는 않았지만 역행렬의 존재여부를 결정하는 방법은 이미 알고 있다. 왜냐하면 앞의 예제에서 수행한 과정들이 불가능하면 역행렬이 존재하지 않기 때문이다.

예제 5.26 행렬 $A = \begin{bmatrix} 3 & 4 \\ 12 & 16 \end{bmatrix}$가 역행렬을 갖지 않음을 보여라.

풀이

앞의 절차대로 역행렬을 구해 보자.

$$\begin{bmatrix} 3 & 4 & 1 & 0 \\ 12 & 16 & 0 & 1 \end{bmatrix}$$

첫 번째 열의 원소들의 최소공배수는 12이므로 첫 번째 행에 4, 두 번째 행에 -1을 곱한다.

$$\begin{bmatrix} 12 & 16 & 4 & 0 \\ -12 & -16 & 0 & -1 \end{bmatrix}$$

첫 번째 행을 두 번째 행에 더하면 조금 특이한 결과를 얻는다.

$$\begin{bmatrix} 12 & 16 & 4 & 0 \\ 0 & 0 & 4 & -1 \end{bmatrix}$$

두 번째 행의 왼쪽 절반의 원소가 모두 0이다. 2, 2 원소에 1을 만들 수 없으므로 행렬의 왼쪽 절반을 항등행렬로 만들 수 없다. 따라서 실제로 역행렬 계산은 불가능하다.

이 예제는 역행렬이 존재하지 않음을 바로 결정할 수 있음을 보인다. 예제와 같이 행렬이 가역이 아닌 경우 첨가행렬의 한 행의 왼쪽 절반이 모두 0이 되는 단계에 도착하면 비가역임을 알려준다.

또 다른 방법은 행렬의 **행렬식**(determinant)을 이용하는 것이다. 행렬의 첫 번째 열에 대한 **여인수 전개**(cofactor expansion)를 이용하여 행렬식을 구하는 방법을 소개할 것이다. 실제로 이 방법은 행렬식을 구하는 가장 효율적인 방법은 아니지만 다른 방법들은 행렬의 다른 성질에 의존하므로 여기서 다루기에는 적당하지 않다. 일반적이지는 않지만, 응용문제에서 25×25를 초과하는 크기의 행렬을 사용하는 경우도 있다. n개의 행을 갖는 정사각행렬의 여인수 전개는 적어도 $n!$ 번의 곱셈 연산이 필요하다. 따라서 25×25 행렬의 경우 $25!$ 번의 계산이 필요한데 이는 약 1.5×10^{25}이다. 1초에 10억 번의 연산을 수행하는 컴퓨터를 사용하더라도 행렬식을 계산하는 데 500,000,000년 이상 걸린다. 그러나 여기서는 이렇게 큰 행렬은 다루지 않는다.

2×2 행렬 $A = [a_{i,j}]$의 행렬식은 $a_{1,1}a_{2,2} - a_{1,2}a_{2,1}$로 정의하며 기호로 $\det A$ 또는 $|A|$로 나타낸다. 이것은 행렬의 대각선에 있는 원소의 곱의 차로 생각할 수 있다.

예제 5.27 행렬 $A = \begin{bmatrix} 3 & 5 \\ -7 & 2 \end{bmatrix}$의 행렬식을 구하여라.

풀이

행렬식은 주대각선의 원소 3과 2의 곱에서 다른 대각선 위의 원소 -7과 5의 곱을 빼서 계산한다. 따라서 $\det A = (3)(2) - (-7)(5) = 6 - (-35) = 6 + 35 = 41$이다.

무엇보다 행렬식의 값은 A가 역행렬을 갖는지 여부에 대한 답을 바로 준다. 만약 A의 행렬식이 0이 아니면 역행렬을 갖고 A의 행렬식이 0이면 역행렬을 갖지 않는다. 따라서 예제의 행렬 A는 가역이다.

> **규칙** 행렬 A가 가역일 필요충분조건은 A의 행렬식이 0이 아닌 것이다.

이 규칙을 여기서 증명하지는 않지만 선형대수학에서 다루는 기본적인 결과이다.

2×2보다 큰 행렬들의 행렬식은 귀납적 정의(recursive definition)를 사용하여 계산하는데 큰 정사각형의 행렬식은 하나 더 작은 크기의 정사각행렬의 행렬식들을 이용하여 정의된다.

$n \geq 2$인 경우 $n \times n$ 행렬 $A = [a_{i,j}]$의 행렬식은 다음 규칙으로 계산한다.

$$\det A = \sum_{j=1}^{n}(-1)^{1+j}a_{1,j}\Big[\det A_{1j}\Big]$$

여기서 A_{1j}는 $(n-1) \times (n-1)$ 행렬로 행렬 A의 1행과 j열을 지워 만든 행렬이다. 공식에서 $a_{1,j}$는 원래 행렬 A의 1행, j열의 원소이다. 이 공식은 사용하기 힘들어 보일 수 있지만 다음 예제와 같이 실제로는 그리 어렵지 않다.

예제 5.28 행렬 $A = \begin{bmatrix} 2 & 5 & 0 \\ 3 & -4 & 1 \\ 2 & 0 & 5 \end{bmatrix}$ 의 행렬식을 구하여라.

풀이

첫 번째 행에 대해 여인수 전개를 시행하는데, 그 계산 과정을 자세히 소개한다. 합의 기호 안에 있는 $(-1)^{1+j}$는 양수로 시작하여 이웃하는 항의 부호가 서로 반대가 된다.

$$\det A = (-1)^{1+1}(2)\det\begin{bmatrix} -4 & 1 \\ 0 & 5 \end{bmatrix} + \ldots$$

여기에서 이 행렬이 어디서 '나왔는지' 살펴보자. 합의 첫 번째 항의 j는 1이고 따라서 (-1)의 지수에 반영되어 있다. 또한 2는 행렬 A의 1, 1 원소이다. 2×2 행렬은 행렬 A의 첫 번째 행과 첫 번째 열을 지운 행렬이다.

계속하면 다음을 얻는다.

$$\det A = (-1)^{1+1}(2)\det\begin{bmatrix} -4 & 1 \\ 0 & 5 \end{bmatrix} + (-1)^{1+2}(5)\det\begin{bmatrix} 3 & 1 \\ 2 & 5 \end{bmatrix}$$
$$+ (-1)^{1+3}(0)\det\begin{bmatrix} 3 & -4 \\ 2 & 0 \end{bmatrix}$$

각 항의 계산은 2×2 행렬의 행렬식을 계산하면 되는데 그 계산법은 이미 알고 있다. 이것이 바로 특정한 크기의 정사각형의 행렬식은 '하나 더 작은 크기'의 정사각행렬의 행렬식들을 이용하여 정의한다는 '귀납적' 정의의 의미이다.

따라서 이를 계산하고 간단히 하면 다음과 같다.

$$\det A = (-1)^2(2)\det\begin{bmatrix} -4 & 1 \\ 0 & 5 \end{bmatrix} + (-1)^3(5)\det\begin{bmatrix} 3 & 1 \\ 2 & 5 \end{bmatrix}$$
$$+ (-1)^4(0)\det\begin{bmatrix} 3 & -4 \\ 2 & 0 \end{bmatrix}$$
$$= (1)(2)[\,-20 - 0\,] + (-1)(5)[\,15 - 2\,] + (1)(0)[\,0 - (-8)\,]$$
$$= -40 - 65 + 0$$
$$= -105$$

A의 행렬식이 0이 아니므로 A는 가역이라는 것도 알 수 있다.

행렬에 0이 많이 포함되면 행렬식의 계산이 이처럼 쉬워진다. 이 사실은 선형대수학의 교재에서 다루는 좀 더 빠른 행렬식 계산방법의 이론적 근거가 된다.

연습문제

다음 물음에 대해 답하여라.

1. 행렬의 차수는 무엇을 의미하고 어떻게 결정하는가?

2. 두 행렬의 곱셈이 가능한지 어떻게 결정하는가?

3. 두 행렬이 같은지 어떻게 결정하는가?

4. '대각행렬'의 의미는 무엇인가?

5. 두 행렬이 차수가 같을 때, 두 행렬의 덧셈, 뺄셈, 곱셈이 정의되는 조건은 무엇인가?

다음 행렬 연산을 수행하여라. 연산이 불가능하다면 그 이유를 말하여라.

6. $\begin{bmatrix} 2 & 5 \\ -1 & 8 \\ 3 & -4 \end{bmatrix} - \begin{bmatrix} 4 & -7 \\ 4 & 3 \\ 5 & -2 \end{bmatrix}$

7. $\begin{bmatrix} 4 & -5 \\ 3 & 6 \end{bmatrix} \begin{bmatrix} 1 & -3 & 2 \\ 7 & -10 & 4 \end{bmatrix}$

8. $\begin{bmatrix} 5 & 0 & 1 \\ 2 & -3 & 7 \\ 2 & -1 & -3 \end{bmatrix} \begin{bmatrix} 5 \\ 7 \\ -1 \end{bmatrix}$

9. $\begin{bmatrix} 6 \\ 5 \end{bmatrix} \begin{bmatrix} 4 & -5 \\ 5 & 7 \end{bmatrix}$

10. $\begin{bmatrix} -2 \\ 5 \\ 6 \end{bmatrix} \begin{bmatrix} -5 & 4 & -6 \\ 3 & 10 & 2 \\ 1 & -2 & 4 \end{bmatrix}$

11. $\begin{bmatrix} 8 & -1 & 4 \end{bmatrix} + \begin{bmatrix} 3 \\ 1 \\ -4 \end{bmatrix}$

12. $\begin{bmatrix} 3 & -2 \end{bmatrix} + \begin{bmatrix} -4 & 7 \end{bmatrix}$

13. $3\begin{bmatrix} 4 & -5 \\ 8 & -1 \\ -3 & 7 \end{bmatrix} - 8\begin{bmatrix} -1 & 2 \\ 3 & -2 \\ 5 & 2 \end{bmatrix}$

14. $\dfrac{1}{3}\begin{bmatrix} 6 & 7 \\ 5 & 9 \end{bmatrix} - \dfrac{3}{4}\begin{bmatrix} 8 & 4 \\ 5 & 3 \end{bmatrix}$

행렬 A에서 F까지의 행렬이 주어져 있다. 각 연산을 수행하고 연산이 불가능하다면 그 이유를 설명하여라.

$$A = \begin{bmatrix} 1 & -2 \\ -4 & 5 \end{bmatrix}, \quad B = \begin{bmatrix} 5 & 2/3 & 4 \\ -1 & 2 & 5 \end{bmatrix},$$

$$C = \begin{bmatrix} 1 & -2 & 0 \\ 1/3 & 5 & -2 \end{bmatrix}, \quad D = \begin{bmatrix} 8 & -2 \end{bmatrix},$$

$$E = \begin{bmatrix} -2 \\ -5 \\ 7 \end{bmatrix}, \quad F = \begin{bmatrix} 3 & 4 & -5 \\ 2 & -6 & 1 \\ 0 & -2 & 5 \end{bmatrix}$$

15. $B - C$

16. $B + E$

17. ED

18. DE

19. FE

20. AD

21. BC

22. A^2

23. CB

24. F^2

25. $C + 7B$

26. $B - C$

27. $\dfrac{2}{3}B - \dfrac{1}{4}C$

28. AD

29. $C - 8A$

다음 행렬의 행렬식을 구하여라. 행렬식을 구할 수 없는 경우 그 이유를 설명하여라.

30. $\begin{bmatrix} 3 & 4 \\ -7 & 2 \end{bmatrix}$

31. $\begin{bmatrix} -2 & 5 \\ 3 & -1 \end{bmatrix}$

32. $\begin{bmatrix} 1 & -2 & 1 \\ 4 & 2 & 3 \end{bmatrix}$

33. $\begin{bmatrix} 4 \\ -2 \\ 5 \end{bmatrix}$

34. $\begin{bmatrix} 1 & -1 & 9 \\ 0 & 0 & -4 \\ 3 & -1 & 1 \end{bmatrix}$

35. $\begin{bmatrix} 2 & 0 & -3 \\ 1 & 5 & -1 \\ 2 & -4 & 3 \end{bmatrix}$

36. $\begin{bmatrix} 3 & 2 & 6 \\ 1 & 1 & 2 \\ 2 & 2 & 5 \end{bmatrix}$

37. $\begin{bmatrix} 1 & 1 & 1 \\ 2 & -3 & 1 \\ 3 & -1 & 4 \end{bmatrix}$

다음 행렬 A와 B의 쌍에 대해 곱 AB와 BA를 계산하여 서로 역행렬인지 확인하여라.

38. $A = \begin{bmatrix} 7 & -6 \\ -5 & 4 \end{bmatrix}$, $B = \begin{bmatrix} 1 & 2 \\ 1 & -3 \end{bmatrix}$

39. $A = \begin{bmatrix} -2 & -1 \\ -1 & 1 \end{bmatrix}$, $B = \begin{bmatrix} 1 & 1 \\ 1 & 2 \end{bmatrix}$

40. $A = \begin{bmatrix} 2 & 5 \\ -1 & 4 \end{bmatrix}$, $B = \begin{bmatrix} 4/13 & -5/13 \\ 1/13 & 2/13 \end{bmatrix}$

41. $A = \begin{bmatrix} 3 & -7 \\ -4 & 4 \end{bmatrix}$, $B = \begin{bmatrix} -1/4 & -7/16 \\ -1/4 & -3/16 \end{bmatrix}$

42. $A = \begin{bmatrix} -2 & 1 & -1 \\ -5 & 2 & -1 \\ 3 & -1 & 1 \end{bmatrix}$, $B = \begin{bmatrix} 1 & 0 & 1 \\ 2 & 1 & 3 \\ -1 & 1 & 1 \end{bmatrix}$

43. $A = \begin{bmatrix} -1/19 & -5/19 & 2/19 \\ -4/19 & -1/19 & 8/19 \\ 9/19 & 7/19 & 1/19 \end{bmatrix}$, $B = \begin{bmatrix} 3 & -1 & 2 \\ -4 & 1 & 0 \\ 1 & 2 & 1 \end{bmatrix}$

다음 행렬의 역행렬을 (존재하면) 구하여라.

44. $\begin{bmatrix} 3 & 5 \\ -1 & 3 \end{bmatrix}$

45. $\begin{bmatrix} 2 & 3 \\ -3 & 4 \end{bmatrix}$

46. $\begin{bmatrix} 1 & 8 \\ -1 & 6 \end{bmatrix}$

47. $\begin{bmatrix} 2 & -3 \\ 3 & 5 \end{bmatrix}$

48. $\begin{bmatrix} 4 & -1 & 0 \\ 3 & 1 & 1 \\ 1 & 2 & 1 \end{bmatrix}$

49. $\begin{bmatrix} 1 & 5 & -1 \\ 0 & 3 & -1 \\ 2 & 4 & -1 \end{bmatrix}$

50. $\begin{bmatrix} 7 & -2 & 3 \\ 1 & 0 & 2 \\ 4 & 1 & 1 \end{bmatrix}$

51. $\begin{bmatrix} 3 & 2 & 3 \\ 5 & 10 & 2 \\ 8 & 3 & -4 \end{bmatrix}$

52. $\begin{bmatrix} -2 & 5 & 1 \\ 7 & -2 & 6 \\ 4 & -1 & -3 \end{bmatrix}$

53. $\begin{bmatrix} 1 & 1 & 1 \\ 2 & -3 & 1 \\ 3 & -1 & 4 \end{bmatrix}$

5.5 행렬을 이용하여 연립일차방정식 풀기

행렬의 기본 내용과 연산을 토대로 행렬을 이용한 연립일차방정식의 풀이 방법을 살펴보자. 대입법과 소거법은 두 개의 일차방정식으로 이루어진 연립방정식 풀이에 효과적이므로 행렬은 보통 적어도 세 개 이상의 변수를 갖는 연립방정식에 적용한다. 하지만 두 개의 방정식으로 이루어진 연립방정식에도 적용할 수 있다. 세 개 또는 그 이상의 변수를 갖는 방정식의 각 변수의 차수가 1이고 두 변수 이상의 곱으로 이루어진 항이 없으면 일차, 즉 선형(linear)이라고 한다.

그러한 연립방정식의 예는 다음과 같다.

$$x + y + z = 10$$
$$2x - 3y + z = 4$$
$$3x - y + 4z = 0$$

세 변수 이상을 갖는 연립방정식도 '점(point)'을 해로 갖지만 순서쌍은 아니다. 점은 연립방정식의 각 변수마다 하나의 좌표를 가지므로 위의 연립방정식의 해는 순서 있는 세 짝(ordered triple)이다. 세 좌표가 있으면 좌표의 순서는 보통 (x, y, z)와 같이 알파벳 순서를 따른다. 하지만 연립방정식에 네 변수 이상이 있는 경우, 서로 다른 문자를 사용하기보다는 x_1, x_2, x_3, x_4 등과 같이 아래첨자가 붙은 변수를 사용한다. 변수를 나타나는 순서가 바로 점의 좌표이다.

응용문제에서는 매우 큰 크기의 연립방정식이 사용되는 경우가 종종 있다. 비행기 제작 회사가 실험용 비행기 주변의 공기 흐름을 조사하기 위해 컴퓨터로 모델링을 하는 경우, 거의 2백만 개의 방정식과 변수가 필요하다고 한다. 물론 이러한 연립방정식은 손으로 풀 수 없으며 세계에서 가장 빠른 슈퍼컴퓨터를 사용해야 한다.

행렬을 연립방정식의 풀이에 사용하려면 방정식의 좌변을 행렬의 곱으로 나타내고 우변은 열이 하나인 행렬로 나타낸다. 그 결과는 $AX = B$와 같은 행렬방정식이 된다.

연립방정식을 이와 같이 나타내면 행렬방정식의 양변을 행렬 A로 '나누어' 풀 수 있는데 행렬의 나눗셈은 정의되지 않는다. 하지만 방정식의 양변에 A^{-1}을 왼쪽으로 곱하면 X에 대해 풀 수 있다.

$$A^{-1}AX = A^{-1}B$$
$$X = A^{-1}B$$

자연스럽게 이 풀이는 A^{-1}의 존재 여부에 달려있다. 역행렬이 존재하지 않으면 연립일차방정식은 유일한 해를 갖지 않는다. 이제 주어진 연립방정식을 관찰하고 관련된 행렬을 만들어 어떻게 푸는지 살펴보자.

풀고자 하는 방정식은

$$x + y + z = 10$$
$$2x - 3y + z = 4$$
$$3x - y + 4z = 0$$

이다. 이를 행렬방정식으로 나타내기 위해 좌변에 두 행렬, 즉 방정식의 좌변에 있는 항들의 계수들이 원소가 되는 **계수행렬**(coefficient matrix)과 열이 하나이며 연립방정식의 변수들이 원소인 **변수행렬**(variable matrix)을 사용한다. 행렬방정식의 우변은 열이 하나인 행렬로, 원소는 등호 오른쪽의 상수들이다.

따라서 $A = \begin{bmatrix} 1 & 1 & 1 \\ 2 & -3 & 1 \\ 3 & -1 & 4 \end{bmatrix}$, $X = \begin{bmatrix} x \\ y \\ z \end{bmatrix}$, $B = \begin{bmatrix} 10 \\ 4 \\ 0 \end{bmatrix}$이다. 이 행렬을 사용하면 연립방정식은 행렬방정식 $AX = B$와 동치가 된다. 이는 행렬 A와 X를 곱하고 두 행렬이 같다는 정의에 의해 AX와 B가 같음을 확인할 수 있다.

행렬 A의 행렬식(5.4절 연습문제 37 참고)은 -9이므로 A는 가역이고 연립방정식은 해를 갖는다. 행렬 A의 역행렬(5.4절 연습문제 53 참고)은

$$A^{-1} = \begin{bmatrix} 11/9 & 5/9 & -4/9 \\ 5/9 & -1/9 & -1/9 \\ -7/9 & -4/9 & 5/9 \end{bmatrix}$$

이고 따라서 연립방정식의 해는 다음과 같다.

$$X = \begin{bmatrix} 11/9 & 5/9 & -4/9 \\ 5/9 & -1/9 & -1/9 \\ -7/9 & -4/9 & 5/9 \end{bmatrix} \begin{bmatrix} 10 \\ 4 \\ 0 \end{bmatrix}$$

$$X = \begin{bmatrix} 130/9 \\ 46/9 \\ -86/9 \end{bmatrix}$$

연립방정식의 해는 순서 있는 세 짝 $\left(\dfrac{130}{9}, \dfrac{46}{9}, -\dfrac{86}{9} \right)$ 이다.

예제 5.29 역행렬을 이용하여 연립방정식 $x + 3y + 4z = -3$을 풀어라.

$$x + 2y + 3z = -2$$
$$x + 4y + 3z = -6$$

풀이

연립방정식은 $A = \begin{bmatrix} 1 & 3 & 4 \\ 1 & 2 & 3 \\ 1 & 4 & 3 \end{bmatrix}$, $X = \begin{bmatrix} x \\ y \\ z \end{bmatrix}$, $B = \begin{bmatrix} -3 \\ -2 \\ -6 \end{bmatrix}$ 을 이용하면 행렬 곱

$AX = B$으로 나타낼 수 있다. 행렬 A의 행렬식을 직접 계산하면 $\dfrac{1}{2}$이고 따라서 역행렬이 존재하며 연립방정식이 유일한 해를 가짐을 알 수 있다.

5.4절의 방법을 이용하여 역행렬을 구하면 $A^{-1} = \begin{bmatrix} -3 & 7/2 & 1/2 \\ 0 & -1/2 & 1/2 \\ 1 & -1/2 & -1/2 \end{bmatrix}$ 이고 따라

서 $A^{-1}B$를 계산하면 연립방정식의 해를 구할 수 있다. $A^{-1}B$를 계산하면 $\begin{bmatrix} -1 \\ -2 \\ 1 \end{bmatrix}$ 이

므로 연립방정식의 해는 순서 있는 세 짝 $(-1, -2, 1)$이다.

이 좌표들을 원래 연립방정식의 각 방정식에 대입하면 모두 성립하므로 연립방정식의 해임을 확인할 수 있다.

$$(-1) + 3(-2) + 4(1) = -1 - 6 + 4 = -3 \, \checkmark$$
$$(-1) + 2(-2) + 3(1) = -1 - 4 + 3 = -2 \, \checkmark$$
$$(-1) + 4(-2) + 3(1) = -1 - 8 + 3 = -6 \, \checkmark$$

예제 5.30 > 역행렬을 이용하여 연립방정식 $2x + 4y + 10z = 3$을 풀어라.

$$4x + 6y + 16z = 10$$

$$-2x + 2y + 4z = 5$$

풀이

연립방정식의 계수행렬은 $A = \begin{bmatrix} 2 & 4 & 10 \\ 4 & 6 & 16 \\ -2 & 2 & 4 \end{bmatrix}$ 이며 행렬식은 -8이므로 가역이다.

5.4절의 방법을 이용하여 역행렬을 구하면 $A^{-1} = \begin{bmatrix} 1 & -1/2 & -1/2 \\ 6 & -7/2 & -1 \\ -5/2 & 3/2 & 1/2 \end{bmatrix}$ 이다.

행렬곱 $A^{-1}B$를 계산하여 연립방정식의 해를 구하면

$$X = A^{-1}B = \begin{bmatrix} 1 & -1/2 & -1/2 \\ 6 & -7/2 & -1 \\ -5/2 & 3/2 & 1/2 \end{bmatrix}\begin{bmatrix} 3 \\ 10 \\ 5 \end{bmatrix} = \begin{bmatrix} -9/2 \\ -22 \\ 10 \end{bmatrix}$$ 이다. 앞의 예제와 같이 연

립방정식의 해는 순서 있는 세 짝 $\left(\dfrac{-9}{2}, -22, 10 \right)$이다.

연습문제

다음 각 연립일차방정식을 행렬을 이용하여 풀어라.

1. $4x - 3y = 1$
   $3x + y = 9$

2. $8x - 14y = -46$
   $2x + 5y = -3$

3. $-8x + 6y = 6$
   $4x - 6y = -5$

4. $6x - 5y = 1$
   $8x + 3y = 11$

5. $2x + 9y = 5$
   $3x + 2y = -4$

6. $2x - y = -2$
   $6x + 4y = 22$

7. $\dfrac{3}{4}x + y = \dfrac{7}{2}$
   $\dfrac{1}{3}x + 2y = 4$

8. $x - \dfrac{1}{2}y = 7$
   $\dfrac{1}{3}x + \dfrac{1}{2}y = 5$

9. $2x - 3y + z = 11$
   $3x - y + z = 12$
   $x - 2y - 5z = -5$

10. $5x - 6y - 4z = -47$
    $7x + 8y - 2z = 27$
    $3x + y + 4z = 14$

11. $3x - 2y + z = -1$
    $5x + 3y = 13$
    $x + y - 2z = 13$

12. $4x - y + 2z = 9$
    $3x - 3y + z = 19$
    $2x - y + 3z = 3$

13. $x + 7y - 2z = 30$
    $3x + 2y - 4z = 25$
    $2x + 4y - z = 18$

14. $x - 2y + z = -8$
    $3x + y - z = 5$
    $2x - 4y + 2z = -16$

요약

이 장에서는 다음 내용들을 학습하였다.

- 대입법과 소거법에 의한 연립일차방정식의 풀이
- 치환에 의한 일차방정식으로의 변환
- 행렬과 행렬의 성질, 행렬의 연산(같음, 덧셈, 뺄셈, 곱셈)과 역행렬을 이용한 연립일차방정식의 풀이

용어

가역행렬invertible matrix 곱셈에 관한 역행렬을 갖는 정사각행렬.

같은 행렬equal matrices 같은 차수이며 같은 위치에 대응하는 원소들이 같은 두 행렬.

결합법칙associative law 괄호를 어떻게 묶더라도 결과가 바뀌지 않는 수학적 연산의 성질.

계수행렬coefficient matrix 연립일차방정식의 변수들의 계수들로 이루어진 행렬.

교환법칙commutative law 순서를 바꾸어도 결과가 바뀌지 않는 수학적 연산의 성질.

기본 행연산elementary row operation 한 행렬에서 임의의 행에 스칼라를 곱한 것을 다른 행에 더하기, 임의의 행에 0이 아닌 스칼라 곱하기, 두 행을 교환하기.

대각행렬diagonal matrix 주대각선 이외의 모든 원소들이 0인 정사각행렬.

대입법substitution 연립방정식을 푸는 한 방법.

덧셈에 대한 항등행렬additive identity matrix 행렬의 모든 원소가 0인 행렬, 영행렬이라고도 함.

변수행렬variable matrix 연립일차방정식의 변수들을 원소로 갖고 하나의 열로 된 행렬.

불능 연립방정식inconsistent system 해를 갖지 않는 연립방정식.

비가역행렬noninvertible matrix 곱셈에 관한 역행렬을 갖지 않는 행렬.

비특이행렬nonsingular matrix 가역행렬.

소거법elimination 연립방정식을 푸는 한 방법.

순서 있는 세 짝ordered triple 3차원 실수 공간 내의 위치를 나타내는 세 좌표 표현.

스칼라scalar 특정한 수학적 대상에 나타나지 않는 수.

여인수 전개cofactor expansion 행렬의 행렬식을 계산하는 한 방법.

영행렬zero matrix 모든 원소가 0인 행렬. 덧셈에 대한 항등행렬이라고도 함.

원소entry 행렬에 배열된 수들.

정사각행렬square matrix 행의 개수와 열의 개수가 같은 행렬.

정사각행렬 A의 곱셈에 대한 역행렬multiplicative inverse of a square matrix A A^{-1}로 나타내며 A와 크기가 같고 $AA^{-1} = A^{-1}A = I$인 행렬.

주대각선main diagonal 정사각행렬에서 k번째 행과 k번째 열에 있는 원소들.

차수order m개의 행과 n개의 열을 갖는 행렬의 크기로 $m \times n$로 나타냄.

특이행렬singular matrix 역행렬을 갖지 않는 행렬.

항등식identity 항상 등호가 성립하는 식.

항등행렬identity matrix 주대각선의 원소가 모두 1이고 다른

원소는 모두 0인 정사각행렬.

행렬matrix   실수들의 배열.

행렬의 열column of matrix   행렬에서 원소들의 수직배열들.

행렬의 행row of a matrix   행렬에서 원소들의 수평배열들.

행렬의 행렬식determinant of a matrix   각 정사각행렬에 대응되는 값으로 가역성을 결정할 수 있는 값.

종합문제

다음 연립방정식을 대입법으로 풀어라.

1. $x - y = 3$
   $8x + y = 7$

2. $x + y = 1$
   $7x + 7y = 7$

3. $x + 3y = 9$
   $2x + 5y = 14$

4. $2x - 3y = 7$
   $3x + 4y = 11$

다음 문제들은 연립일차방정식을 만들고 풀면 해결할 수 있다. 적당한 연립방정식을 세우고 대입법으로 푼 후, 문제의 문맥에 맞게 해를 해석하여라.

5. 장난감 A는 200원, 장난감 B는 300원이다. 7,000원으로 40개의 장난감을 사고자 한다. A와 B를 얼마나 많이 살 수 있는가? 구한 답은 옳은가?

6. 한 대학 캠퍼스의 컴퓨터 수요는 방정식 2,342 − 0.001p로 주어진다. 가격 p의 단위는 천 원이다. 공급은 방정식 253 + 0.01p으로 주어진다. 수요와 공급이 일치하는 가격은 얼마인가?

7. 서울에서 남쪽으로 37 km 떨어진 곳에서 한 열차가 출발하여 남쪽으로 시속 60 km로 이동한다. 같은 시각에 서울에서 남쪽으로 3 km 떨어진 곳에서 다른 열차가 출발하여 남쪽으로 시속 90 km로 이동한다. 언제 두 번째 열차가 첫 번째 열차를 따라잡고 그 위치는 서울에서 얼마나 떨어져 있는가?

8. 정민이는 100원짜리와 50원짜리 동전으로 1,050원을 가지고 있다. 50원짜리 동전이 100원짜리 동전보다 15개 많다면 그녀가 가지고 있는 각 종류별 동전의 개수는?

9. 250그램의 음식을 먹고 1,500칼로리를 소비하고자 한다. 탄수화물은 그램당 4칼로리, 지방은 그램당 9칼로리이다. 탄수화물과 지방을 각각 얼마나 많

이 섭취해야 하는가?

다음 연립방정식을 소거법으로 풀어라.

10. $3x - 4y = 7$
    $9x - 3y = 37$

11. $x - y = 5$
    $3x - 2y = 7$

12. $\frac{3}{2}x + 7y = 19$
    $4x - 5y = 13$

13. $4x + 2y = \frac{1}{3}$
    $3x + 3y = 2$

다음 문제들은 연립일차방정식을 만들고 풀면 해결할 수 있다. 적당한 연립방정식을 만들어 소거법으로 푼 후, 문제의 문맥에 맞게 해를 해석하여라.

14. 마을 축제 입장료는 성인이 8,000원, 연장자는 6,000원이다. 총 5,432명이 입장했고 입장료 수입은 총 38,024,000원이다. 성인과 연장자는 각각 모두 몇 명 입장했는가?

15. 한 액체 x리터와 다른 액체 y리터를 섞어서 30리터의 액체 40 kg을 만들었다. 첫 번째 액체의 무게는 리터당 1 kg이고 두 번째 액체의 무게는 리터당 1.5 kg이라 가정하자. x와 y의 값을 구하여라.

16. 상점 A에서 판자는 제곱미터당 175,000원에 살 수 있지만 배달료는 총 25,000원을 부과한다. 상점 B에서는 판자가 제곱미터당 160,000원이지만 배달료는 총 85,000원이다. 두 상점에서 사는 비용이 같아지기 위한 손익 분기점은 무엇인가?

17. 14k 금은 순도 $\frac{14}{24}$이고 24k 금은 순금이다. 14k 금과 24k 금을 섞어 순도 $\frac{18}{24}$인 18k 금 20그램을 만들려면 각각의 금은 몇 그램인가?

18. 휴대전화 통신사는 두 가지 요금제가 있다. 첫 번째 요금제는 매월 10,000원의 기본료에 분당 250

원의 통화료를 더한다. 두 번째 요금제는 기본료가 매월 20,000원이지만 통화료는 분당 100원에 불과하다. 매달 각각 몇 분씩 통화하면 두 요금제의 요금이 같아지는가?

적절히 치환하여 다음 연립일차방정식을 풀어라.

19. $\dfrac{3}{x+2} - \dfrac{4}{2y-3} = 7$

$\dfrac{5}{x+2} + \dfrac{15}{2y-3} = 12$

20. $\dfrac{8}{3-x} + \dfrac{7}{3y+1} = 17$

$\dfrac{12}{3-x} - \dfrac{2}{3y+1} = 33$

21. $\dfrac{3}{x-2} - \dfrac{12}{3-y} = 12$

$\dfrac{5}{x-2} + \dfrac{17}{3-y} = 5$

22. $\dfrac{1}{2x-3} + \dfrac{3}{5y+4} = 7$

$\dfrac{3}{2x-3} - \dfrac{5}{5y+4} = 5$

다음 행렬의 연산을 수행하고 연산이 불가능한 경우 그 이유를 설명하여라.

23. $\begin{bmatrix} 1 & 2 \\ 3 & 5 \end{bmatrix} \begin{bmatrix} 5 & 6 \\ 2 & 3 \end{bmatrix}$

24. $\begin{bmatrix} 5 & 3 \\ 2 & 4 \end{bmatrix} + \begin{bmatrix} 8 & 12 & 3 \\ 5 & 7 & 8 \end{bmatrix}$

25. $\begin{bmatrix} 8 & 7 & 12 \\ 3 & 6 & 9 \\ 8 & 0 & 1 \end{bmatrix} - \begin{bmatrix} 5 & 8 & 6 \\ 0 & 10 & 3 \\ 4 & 5 & 9 \end{bmatrix}$

26. $\begin{bmatrix} 2 & 8 & 3 \\ 5 & 0 & 4 \end{bmatrix} \begin{bmatrix} 1 & 8 & 4 \\ 2 & 0 & 1 \\ 3 & 5 & 7 \end{bmatrix}$

행렬 A에서 D까지의 행렬이 주어져 있다. 다음 각 연산을 수행하거나 연산이 불가능한 이유를 설명하여라.

$$A = \begin{bmatrix} 1 & 5 \\ 2 & 3 \end{bmatrix}, B = \begin{bmatrix} 8 & 8 \\ 3 & 9 \end{bmatrix},$$

$$C = \begin{bmatrix} 1 & 4 & 5 \\ 2 & -3 & 4 \end{bmatrix}, D = \begin{bmatrix} 4 & 1/2 \\ 2 & 0 \\ 3 & 4 \end{bmatrix}$$

27. $A + B$

28. $A + C$

29. $A - B$

30. AC

31. DC

32. A^2

33. $2A - 3D$

34. $3B - A$

다음 행렬의 행렬식이 존재하면 구하여라. 행렬식을 구할 수 없으면 그 이유를 설명하여라.

35. $\begin{bmatrix} 3 & 8 \\ 4 & 2 \end{bmatrix}$

36. $\begin{bmatrix} 1 & 0 & 2 \\ 3 & 3 & 4 \\ 2 & 8 & 3 \end{bmatrix}$

37. $\begin{bmatrix} 2 & 5 \\ 6 & 15 \end{bmatrix}$

38. $\begin{bmatrix} 2 & 8 \\ 3 & 1 \\ 5 & 2 \end{bmatrix}$

다음 행렬 A와 B에 대해 곱 AB와 BA를 계산하여 서로 역행렬인지 확인하여라.

39. $A = \begin{bmatrix} 2 & -1/4 \\ -1/2 & 1 \end{bmatrix}, B = \begin{bmatrix} 1/2 & -4 \\ -2 & 1 \end{bmatrix}$

40. $A = \begin{bmatrix} 1 & 1/2 \\ 1/3 & 2 \end{bmatrix}, B = \begin{bmatrix} 12/11 & -3/11 \\ -2/11 & 6/11 \end{bmatrix}$

41. $A = \begin{bmatrix} 1 & -1/2 & -1/4 \\ 3/2 & -1/2 & 1/3 \\ 3 & -1 & 1/4 \end{bmatrix}, B = \begin{bmatrix} 1 & -2 & -4 \\ 1/2 & 3/5 & 1 \\ -1/4 & 1 & 1/2 \end{bmatrix}$

42. $A = \begin{bmatrix} 3 & -1 & 0 \\ -2 & 4 & 1 \\ 2/1 & -3/2 & -1 \end{bmatrix}, B = \begin{bmatrix} 5/12 & 1/6 & 1/6 \\ 1/4 & 1/2 & 1/2 \\ -1/6 & -2/3 & -5/3 \end{bmatrix}$

다음 행렬의 역행렬이 존재한다면 구하여라.

43. $\begin{bmatrix} 1 & 3 \\ 2 & 4 \end{bmatrix}$

44. $\begin{bmatrix} 4 & 2 & 3 \\ 5 & 1 & 2 \\ 8 & 7 & 3 \end{bmatrix}$

45. $\begin{bmatrix} 2 & 8 \\ 3 & 12 \end{bmatrix}$

46. $\begin{bmatrix} 3 & 7 & 5 \\ 4 & 6 & 2 \\ 15 & 35 & 25 \end{bmatrix}$

다음 연립일차방정식을 행렬을 이용하여 풀어라.

47. $2x + 3y = 7$

$\dfrac{x}{2} - 7y = 3$

48. $5x + 7y = 35$

$x + y = 2$

49. $5x + 3y + 4z = 12$

$3x + 7y - 2z = 14$

$7x - 4y + 3z = 35$

50. $-2x + 3y - 4z = 17$

$3x - 2y + 3z = 19$

$x - 4y + 2z = 21$

Chapter 6 수열과 수열의 합
Sequences and Series

수열과 수열의 합의 개념은 일상생활에 폭넓게 응용되는 개념이다. 연속적으로 증가하거나 감소하는 값들은 반복되는 규칙이 존재하거나 일정한 상수가 연속적으로 나타날 수도 있다.

수열의 예로 위에서 아래로 떨어져 바닥에서 튀어 오르는 공의 최고 높이를 들 수 있는데 시간이 지남에 따라 최고 높이는 줄어들지만 그 높이들을 예측할 수 있다. 또한 복리 이자의 경우도 시간이 지남에 따라 이자가 늘어나므로 원리금이 계속 증가한다.

수열을 이해함으로써, 상황을 파악하고 해석할 수 있으며 해당 상황의 미래를 기술하고 예측할 수 있는 모델을 설계할 수 있다.

이 장의 내용을 학습하면 다음을 할 수 있다.

● 수열과 수열의 합의 이해

● 등차수열과 등비수열의 이해

● 수학적 귀납법의 이해

● 이항정리의 이해와 응용

6.1 수열과 합의 기호

수열의 소개

임의로 만든 또는 미리 결정된 어떤 규칙을 따르도록 수를 나열하는 상황을 생각하자. 수의 나열에서 수의 순서를 바꾸면 다른 수의 나열이 되어 나열되는 수의 순서가 중요한 경우, 이러한 수의 나열을 실수의 수열(sequence)이라 한다.

수열에서는 순서가 중요하다. 수열에서 수의 순서를 바꾸면 다른 수열이 된다. 고급 수학에서 수열을 좀 더 자세히 연구하는 경우, 수열의 수의 순서를 바꾸는 것을 수열의 '재배열(rearrangement)'이라 한다.

앞에서 살펴본 집합과 비슷하게 수열의 수들을 수열의 원(members of a sequence), 수열의 원소(elements of a sequence) 또는 수열의 항(terms of a sequence)이라 부른다. 수열의 항의 개수를 수열의 길이(length of a sequence)라 하는데 수열의 길이는 유한 또는 무한일 수 있다. 하지만 집합의 경우와는 달리 수열의 원소는 순서가 있고 수열 내에서 같은 수가 두 번 이상 나타날 수 있다.

일반적으로 수열의 항들은 나타나는 순서에 따라 그 이름을 붙이는데 첫 번째 항, 두 번째 항, 세 번째 항 등으로 부른다. 항은 알파벳 소문자에 수를 아래첨자로 붙여 나타내는데 첨자들은 수열에서 수의 위치를 나타낸다. 예를 들어 수열의 첫 번째 항을 a_1, 두 번째 항을 a_2, 세 번째 항을 a_3 등으로 나타낸다. 또는 $a(1)$, $a(2)$, $a(3)$ 등도 사용하는데 이 책에서는 아래첨자를 사용한다.

수열은 각 양의 정수 n에 수 a_n을 대응시키는 함수로도 생각할 수 있다. 예를 들어 수열이 2, 4, 6, 8, 10, …이라면 $f(1) = 2$, $f(2) = 4$, $f(3) = 6$, $f(4) = 8$, $f(5) = 10$ 등으로 나타낸다. 이 책에서 수열은 함수 기호 대신 소문자의 아래첨자 기호 a_n를 사용한다. 즉 $a_1 = 2$, $a_2 = 4$, $a_3 = 6$, $a_4 = 8$, $a_5 = 10$ 등이다.

수열의 특성에 따라 다양한 수열 '표현법'이 있다. 수열이 유한하고 상대적으로 길이가 짧은 경우, 수열의 항들을 순서대로 나열할 수 있다. 유한하지만 상대적으로 길이가 긴 경우에도 수열의 규칙을 쉽게 파악할 수 있다면, 그 규칙을 명확하게 알 수 있게 항들을 충분히 나열하고 마지막에 줄임표를 사용할 수 있다. 물론 '긴' 수열에 대한 판단은 사람마다 다를 수 있다. 줄임표를 어디부터 사용해야 하는지 결정하는 것은 개인의 판단 문제지만 규칙의 명확성을 보장하기 위해서는 항들을 충분히 나타낸 이후에 사용한다.

예제 6.1

a. 1, 2, 4, 6, 8, 10, 12. 이 수열은 유한수열이다. 상대적으로 짧기 때문에 순서대로 항들을 나열하였다.

b. 1, 3, 5, 7, ..., 99. 이 유한수열은 99까지의 양의 홀수들로 이루어졌다. 이 수열의 규칙은 처음 다섯 항의 나열로도 명확히 알 수 있으므로 생략된 항들이 수열의 성질을 결정하는 데 영향을 주지 않는다.

c. 1, 1, 2, 3, 5, ..., 233. 이 유한수열의 항들은 특정한 규칙을 따른다. 첫 번째 항과 두 번째 항에 1이 반복하여 나타남을 알 수 있다. 수열의 항들은 명확한 규칙을 따를 것이므로 이를 파악해야 하는데 잠시 고민해 보면 항들이 다음 규칙을 만족함을 알 수 있다. 두 연속한 항들의 합은 그 다음 항이 된다. 즉, $1 + 1 = 2$, $1 + 2 = 3$, $2 + 3 = 5$ 등이다. 이 수열은 '피보나치 수열(Fibonacci sequence)'의 처음 부분으로 사영기하학(perspective geometry)에서 등장하는 소위 황금나선(Golden Spiral) 구조 등에 활용된다.

d. 1, −1, 2, −2, ..., −100. 이 수열은 절댓값이 100까지 커지면서 양수와 음수가 번갈아 가며 나타나는 수열이다.

e. $\frac{1}{2}$, $\frac{2}{3}$, $\frac{3}{4}$, ... 이 수열은 연속되는 항의 분모, 분자가 1씩 커지는 분수들의 수열이다. 이어지는 항들은 $\frac{4}{5}$, $\frac{5}{6}$, $\frac{6}{7}$ 등이다.

수열의 항을 줄임표를 사용하여 나열할 때에는 수열의 규칙이 명확하도록 해야 한다. 예를 들어 {1, −3, 4, 7, −2, ..., 100}과 같은 표현은 적당하지 않은데 −2와 100 사이의 항들을 결정하는 명백한 규칙이 없고 얼마나 많은 항을 나열해야 하는지도 알 수 없다. 따라서 항상 수열의 규칙은 수열의 중간에 있는 값들이 분명하도록 해야 한다.

수열의 일반항

일반적으로 응용문제에 등장하는 무한수열은 수열의 특정 항을 계산할 수 있는 공

Note
항들을 나열하여 수열을 나타내는 경우 이어지는 항들의 규칙을 명확하게 해야 한다.

식으로 나타난다. 수열의 항을 공식으로 설명하기 위한 한 방법은 수열의 n번째 항을 계산하기 위해 n에 값을 대입하는 식인 **수열의 일반항**(general term for a sequence)을 제시하는 것이다. 일반적으로 수열을 나타내는 데 사용하는 기호는 $\{a_n\}$인데 여기서 a_n이 수열의 일반항이며 n은 독립변수이다. a_n은 모든 자연수에 대해 정의되어야 하는데 그렇지 않다면 하나 또는 그 이상의 항들을 계산할 수 없기 때문이다.

예제 6.2 ▶ 다음 일반항을 갖는 수열의 처음 네 항을 구하여라.

a. $\{a_n\}$, $a_n = 4^n$

b. $\{a_n\}$, $a_n = \dfrac{3+n}{n}$, $n > 1$

풀이

a. 이 수열의 n번째 항은 4^n에 n의 특정한 값을 대입하여 계산된다. 즉, 1번째 항은 $4^1 = 4$, 2번째 항은 $4^2 = 16$, 3번째 항은 $4^3 = 64$, 4번째 항은 $4^4 = 256$이다.

b. 수열의 각 항을 일반항을 이용하여 계산한다. 1번째 항 a_1은 식의 n에 1을 대입한 $a_1 = \dfrac{3+1}{1} = \dfrac{4}{1} = 4$이다. 2번째 항 a_2는 n에 2를 대입한 $a_2 = \dfrac{3+2}{2} = \dfrac{5}{2}$이다. 계속하여 3번째 항과 4번째 항을 구하면 $a_3 = \dfrac{6}{3} = 2$이고 $a_4 = \dfrac{7}{4}$이다.

수열에 소문자 a를 사용하는 것이 일반적이지만 의무사항은 아니다. $\{b_n\} = \{3n^2 - 5\}$와 같이 수열의 일반항을 표현할 수도 있다. 이 경우 수열의 첫 네 항은 $b_1 = -2$, $b_2 = 7$, $b_3 = 22$, $b_4 = 43$이다. 소문자의 선택은 임의로 할 수 있다.

수열의 항을 나타내는 일반항은 수열의 특정 항을 구하는 데 유용하다. 예를 들어 예제 6.2b에서 수열의 200번째 항을 계산할 수 있다. n에 200을 대입하기만 하면 구할 수 있는데 $a_{200} = 203/200$이다.

예제 6.3 ▶ 다음 수열의 200번째 항을 구하여라.

a. $a_n = (-1)^n \left(\dfrac{4n-5}{2n} \right)$

b. $b_n = n - n^2$

풀이

a. n에 200을 대입하면 $a_{200} = (-1)^{200} \left[\dfrac{4(200)-5}{2(200)} \right] = \dfrac{795}{400} = \dfrac{159}{80}$이다.

b. n에 200을 대입하면 $b_{200} = 200 - 200^2 = 200 - 40{,}000 = -39{,}800$이다.

방금 살펴본 예제에는 수열의 항의 공식이 주어졌지만 문제를 반대로 생각할 수 있다. 즉, 수열의 항들이 주어졌을 때 이 수열의 일반항 공식을 구하는 것이다. 이는 일반적으로 쉽지 않은 문제이고 일반항이 한 형태로만 표현되지 않기 때문에 복잡하다. 여기서 증명은 하지 않겠지만 수열의 유한개의 항들이 주어지면 이들을 생성하는 일반항은 무한히 많이 존재한다. 따라서 그러한 공식을 구하는 경우 교재의 풀이와 일치하지 않더라도 걱정할 필요는 없다. 구한 공식이 주어진 순서대로 원하는 항들을 생성하면 올바른 답이다.

예제 6.4 다음 수열의 일반항을 구하여라.

   a. 1, 4, 7, 10, …

   b. 2, 5, 10, 17, …

풀이

   a. 이 수열은 1에 3을 계속 더해가며 항들을 얻을 수 있다. 따라서 $a_n = 3n - 2$가 답이 될 수 있다. $n = 1, 2, 3, …$을 대입하면 수열의 항들을 얻는다는 것을 확인할 수 있다. 다른 일반항의 공식이 존재할 수도 있지만 하나만 구해도 충분하다.

   b. 이 수열의 일반항을 구하는 것은 다소 어려울 수 있다. 이웃하는 항들의 관계는 (a)와 같이 특정한 상수를 더하는 경우가 아니다. (좀 더 생각해 보면) 수열의 항들은 완전제곱수보다 1이 더 큰 수들이다. 즉 첫 번째 항은 $1^2 + 1$, 두 번째 항은 $2^2 + 1$, 세 번째 항은 $3^2 + 1$ 등이다. 따라서 수열의 일반항은 $a_n = n^2 + 1$이다.

앞서 언급한 사실을 예제 6.4에서 확인할 수 있다. 즉 같은 수열을 나타내는 여러 일반항들이 존재할 수 있다. 예제에서 언급한 공식은 가장 자명한 공식이지만 다른 일반항인 $b_n = \dfrac{6n+7}{2} - \dfrac{11}{2}$을 살펴보자. 이 수열의 첫 네 항은 $b_1 = 1$, $b_2 = 4$, $b_3 = 7$, $b_4 = 10$이다. 이는 문제의 항들과 일치하므로 b_n도 해당 수열의 일반항이다.

수열의 일반항을 찾는 특별한 방법은 없다. 실제로 일반항 공식을 만들 때에는 종종 실험이나 경험이 필요하며 시행착오도 있을 수 있다. 수열의 일반항을 구하는 것은 어렵지만 인내심을 갖고 도전해 보자. 적어도 이 교재의 예제들은 풀 수 있는 범위 내에 있는 문제들이므로 퍼즐처럼 생각하고 공식을 유도해 보자.

귀납적 관계를 사용한 수열의 정의

어떤 경우는 수열의 항들을 귀납적 관계(recursive relationship)로 정의하기도 한다.

귀납적 관계란 수열의 초항, 즉 처음 몇 항들과 귀납적 관계로 정의하는 형식을 의미한다. 귀납적 관계를 이용하여 앞의 한두 항으로부터 그 다음 항을 정의할 수 있다. 이러한 귀납적 관계는 금융, 생물학, 물리학 등에서는 일반적인데 변수의 미래 값은 어떤 초기 시점의 변수의 값에 의존하기 때문이다.

몇 가지 수치적 예제와 응용문제를 간단히 살펴보자.

예제 6.5 다음 수열은 초기 항과 귀납적 관계를 사용하여 귀납적으로 정의되어 있다.

- $a_1 = 4$
- $a_n = 2a_{n-1}$, $n \geq 2$

이 수열의 첫 다섯 항을 구하여라.

풀이

이 경우 a_1이 주어져 있으므로 그 다음 네 항을 구한다. a_2는 항 a_1으로 정의되는데 귀납적 관계에 의해 $a_2 = 2a_1 = 2(4) = 8$이다. 이 수열은 직전 항의 값이 그 다음 항의 값을 결정한다.

따라서 $a_3 = 2a_2 = 2(8) = 16$, $a_4 = 2a_3 = 2(16) = 32$, $a_5 = 2a_4 = 2(32) = 64$이다.

예제 6.6 다음 수열은 초기 항들과 귀납적 관계를 사용하여 귀납적으로 정의되어 있다.

- $a_1 = 1$, $a_2 = 1$
- $a_n = a_{n-1} + a_{n-2}$, $n \geq 3$

이 수열의 첫 여덟 항을 구하여라.

풀이

처음 두 항은 제시되어 있으므로 a_3을 구하자. 귀납적 관계식에 의해 $a_3 = a_2 + a_1 = 1 + 1 = 2$이다.

계속해서 $a_4 = a_3 + a_2 = 1 + 2 = 3$이고 $a_5 = a_4 + a_3 = 3 + 2 = 5$이다. 이미 알고 있는 수열인가?

$$a_6 = a_5 + a_4 = 5 + 3 = 8$$
$$a_7 = a_6 + a_5 = 8 + 5 = 13$$
$$a_8 = a_7 + a_6 = 13 + 8 = 21$$

이 수열의 첫 여덟 항은 1, 1, 2, 3, 5, 8, 13, 21이다. 이것은 예제 6.1에서 살펴본 피보나치 수열이다.

귀납적으로 정의된 수열의 예제를 몇 가지 살펴보았다. 이제 일상생활의 예를 살펴보자. 언뜻 보기에 다음 예제들이 귀납적으로 정의된 수열과 관련이 있다는 것을 알지 못할 수도 있다. 그러나 좀 더 생각해 보면 주어진 시점에서 변수의 값은 그 이전 시간의 값에 전적으로 의존한다는 것을 알 수 있다.

예제 6.7 ▶ 콘크리트로 된 지표면 10미터 위에 있는 지점에서 공을 떨어뜨린다. 공이 바닥에 튈 때마다 공이 떨어졌던 이전 높이의 절반만큼 튀어 오른다. 공이 다섯 번 튀어 올랐을 때의 높이는 무엇인가?

풀이

공이 10미터 위에서 떨어지기 시작하여 한 번 튀어 오르면 5미터가 된다. 첫 번째 튀어 오른 정점에서 5미터 떨어진 후 다시 2.5미터 튀어 오른다. 튀어 오를 때마다 이후 높이는 이전 높이의 절반이므로 구하는 수열은 5, 2.5, 1.25, 0.625, 0.3125미터이다. 따라서 0.3125미터이다.

예제 6.8 ▶ 투자자가 매년 복리로 8%의 이자를 주는 예금에 2,000만 원을 투자하였다. 4년 후 원리금 합을 구하여라.

풀이

매년 복리의 이자를 준다는 것은 매년 말 이자가 원금에 더해지고 이 원리금 합계에 다시 이자율 주기가 새로 시작된다는 것이다.

첫 해 말에 8% 이자금액이 초기 투자금에 더해진다. 즉, 1차년도 말의 원리합계는 투자금의 108%에 해당하는 금액이다. 수식으로는 이 원리합계를 계산해 보면 $(2,000)(1.08) = 2,160$만 원이다.

비슷하게 2차년도 말의 원리합계는 $(2,160)(1.08) = 2,332.80$만 원, 3차년도 말의 원리합계는 $(2,332.80)(1.08) = 2,519.42$만 원, 4차년도 말의 원리합계는 2,720.98만 원이다.

원리합계 수열의 첫 네 항은 만 원 단위로 {2,160, 2,332.80, 2,519.42, 2,720.98}이다.

개별항들의 계산을 재구성하여 수열의 일반항을 계산할 수도 있다. 각 연도 말의 원리합계는 이전 연도 말의 원리합계에 1.08을 곱한 것이다. 예를 들어 3차년도 말의 원리합계는 $(2,160)(1.08)$인데 2,160은 $(2,000)(1.08)$을 계산한 것이므로 따라서 3차년도 말의 원리합계는 실제로 $(2,000)(1.08)(1.08) = (2,000)(1.08)^2$이다. 비슷하게 4차년도 말의 원리합계는 $(2,000)(1.08)^3$이다. 이렇게 생각하면 이 수열의 일반항은 $a_n = (2,000)(1.08)^{n-1}$임을 알 수 있다.

예제 6.9 한 국제기업이 2007년 초 직원 수 5,000명으로 제조공장을 개실하였다. 기업은 연간 10%의 직원 증가를 통해 빠르고 지속적인 성장을 계획하고 있다. 처음 5년 동안 각 해의 제조공장에 근무하는 직원의 수를 구하고, 직원 수의 증가를 설명하는 귀납적 관계식을 구하여라.

풀이

각 해마다, 직원의 10%를 증가시키는 계획을 실행하므로 특정 연도의 직원 수는 전년도 직원 수에 1.10을 곱한 값이다. $a_1 = 5,000$으로 두면 $a_2 = 5,000(1.10) = 5,500$, $a_3 = 5,500(1.10) = 5,000(1.10)(1.10) = 5,000(1.10)^2$ 등이다. 따라서 귀납적 관계식은 $a_n = 5,000(1.10)^{n-1}(n \geq 2)$이다.

수열의 항은 정수 값이 아닐 수도 있으며, 따라서 수열의 값을 '실생활'에서 해석해야 한다. 소수점 이하의 값에 해당하는 직원은 없으므로 필요에 따라 계산 값의 소수점 이하를 버려 고용 근로자의 실제 수를 정할 수 있다.

예제 6.2의 다음 내용에서 일반항을 이용해 특정 수열의 200번째 항을 계산하였다. 즉, 일반항에 $n = 200$을 대입하여 바로 계산하였다. 예제 6.5의 경우, 200번째 항을 계산하기 위해서는 수열의 처음 199개의 항의 값의 계산이 필요하고 이 a_{199}의 값을 이용해 a_{200}의 값을 구한다.

이것은 중요한 문제지만 답을 구하기 어려울 수도 있다. 수열이 귀납적으로 정의되면 어쩔 수 없는 문제이다.

계승 기호

수열에서 흔히 볼 수 있는 것은 연속한 정수들의 곱이다. 연속한 정수들의 곱은 계승(factorial) 기호로 나타낼 수 있다. 계승 곱의 기호는 느낌표를 사용하여 $n!$로 나타내는데 여기서 n은 0 이상의 임의의 정수이다. 계승 곱(일반적으로 계승이라 함)의 정의는 다음과 같다.

정의 임의의 자연수 n에 대해 'n 계승'이란 $n!$로 나타내며 다음과 같이 정의한다.

$$n! = n(n - 1)(n - 2)(n - 3) \ldots (3)(2)(1).$$

계승의 특별한 경우로 $0! = 1$로 정의한다.

계승은 다음과 같이 정의할 수도 있다. $0! = 1$에서 시작하여 임의의 양의 정수 n에 대해 $n!$은 n과 이보다 작은 자연수들을 곱한 것으로 정의한다. 예를 들면 $7! = (7)(6)(5)(4)(3)(2)(1) = 5{,}040$이다.

$7!$의 계산으로부터 중요한 사실을 알 수 있다. n이 증가함에 따라 $n!$의 값은 매우 빠르게 증가한다. 처음 11개의 계승을 계산하면 표 6.1의 결과를 얻는다.

표 6.1 처음 몇 계승들

n	$n!$
0	1
1	1
2	2
3	6
4	24
5	120
6	720
7	5,040
8	40,320
9	362,880
10	3,628,800

© Cengage Learning 2014

계승 함수는 매우 빠르게 증가하는데 다항식, 심지어 지수 함수의 증가 속도보다 빠르다. 실제로 대부분의 계산기는 최대 $69!$까지만 계산할 수 있는데 $70!$은 10^{100}을 넘으며 이는 대부분의 계산기에서 과학 표기법이 수용할 수 있는 한계이다. $69!$은 이해할 수 있는 크기의 수를 넘어서는데 실제로 써보면 다음과 같다.

171,122,452,428,141,311,372,468,338,881,272,839,092,270,544,893,520,369,393,
648,040,923,257,279,754,140,647,424,000,000,000,000,000.

이 수는 두 행에 걸쳐 표현되어 있지만 하나의 수다!

이 수를 1에서부터 초 단위로 세기 시작한다면 우주의 나이보다 훨씬 더 오래 걸린다.

계승이 분수에 나타나더라도 보통은 약분이 된다. 예를 들어 $7!/5!$을 각각 계산하면 $5{,}040/120 = 42$이다. 하지만 이 식을 $(7)(6)(5!)/5! = (7)(6) = 42$와 같이 계산할 수도 있다. 이러한 형태의 약분은 무한급수에서 중요한 역할을 한다.

예제 6.10 다음 분수를 약분하여 가장 간단하게 나타내어라.

a. $\dfrac{13!}{15!}$

b. $\dfrac{(2n+3)!}{(2n-1)!}$

풀이

a. 계승 기호의 정의를 이용하여 분모를 $(15)(14)(13!)$과 같이 나타내면 주어진 분수는 $\dfrac{13!}{(15)(14)(13!)} = \dfrac{1}{(15)(14)} = \dfrac{1}{210}$이다.

b. 이 예제는 변수 n이 있기 때문에 이해하기가 약간 어렵다. 먼저 $2n + 3 > 2n - 1$이므로 분자가 분모보다 크다. $(2n + 3)$과 이보다 작은 자연수들의 곱을 구하면

$$(2n + 3)(2n + 2)(2n + 1)(2n)(2n - 1)(2n - 2) \ldots (3)(2)(1)$$

이 식을 $(2n - 1)$에서 자르면 주어진 분수식은 다음과 같다.

$$\frac{(2n+3)(2n+2)(2n+1)(2n) \times [(2n-1)!]}{(2n-1)!} = (2n+3)(2n+2)(2n+1)(2n)$$

예제 6.11 $a_n = (-1)^{n+1} n!$일 때, 수열 $\{a_n\}$의 처음 여섯 항을 나열하여라.

풀이

-1의 거듭제곱이 일반항에 인수로 포함되어 있다. 보통 이러한 인수가 포함되어 있으면 수열의 항들 사이의 부호가 교대로 나타난다.

앞에서 제시한 계승 값들의 표를 참고하면 다음과 같다.

$$a_1 = (-1)^2 1! = 1$$
$$a_2 = (-1)^3 2! = -2$$
$$a_3 = (-1)^4 3! = 6$$
$$a_4 = (-1)^5 4! = -24$$
$$a_5 = (-1)^6 5! = 120$$
$$a_6 = (-1)^7 6! = -720$$

항을 건너갈 때마다 -1의 지수가 1씩 커지므로 수의 부호가 교대로 양과 음이 된다. 따라서 $(-1)^{n+1}$은 교대부호를 생성한다.

예제 6.12 계승은 조합수학(combinatorics)에서 중요한 역할을 하는데 조합수학이란 유한 또는 셀 수 있는 이산 구조를 연구하는 이산수학(discrete mathematics)의 한 분야이다. 예를 들어, n개의 다른 물건의 순서를 바꾸는 방법의 수를 생각하는 배열문제(arrangement problem)가 있다고 하자. 이러한 배열의 방법의 수는 정확히 $n!$이며 비교적 쉽게 증명할 수 있다.

n개의 물건을 한 줄로 세운다고 하자. 먼저 제일 앞에는 n개의 물건 중 하나를 선택할 수 있다. 하나를 선택하여 제일 앞에 세우고 나면 두 번째 위치에는 $(n - 1)$개의 물건 중

하나를 선택할 수 있다. 세 번째 위치에는 남아 있는 $(n-2)$개의 물건 중 하나를 선택할 수 있다. 이 배열이 끝날 때까지 선택을 계속하면 배열의 서로 다른 방법의 수는 $n(n-1)(n-2)\cdots(3)(2)(1) = n!$이다.

합의 기호

앞에서 언급한 것처럼 수열은 수의 배열이며 순서를 바꿀 수 없다. 좀 더 기술적인 수열의 정의는 정의역이 자연수인 함수이다. 유한이든 무한이든 수열의 항들의 합을 **수열의 합** 또는 **급수**(series)라 한다. 무한수열의 합인 경우는 일반적으로 무한급수라 부르는데 무한급수는 복잡한 함수를 적당한 유한 차수의 다항식으로 근사시킬 수 있기 때문에 현대 수학에서 광범위하게 응용되고 있다.

급수 또는 수열의 합은 합의 기호인 **시그마 기호**(sigma notation)로 나타낼 수 있다. 이 기호의 이름은 그리스 대문자 Σ를 사용하기 때문이고 시그마를 선택한 이유는 'summation'의 첫 글자에 해당되기 때문이다.

시그마 기호는 다음과 같이 사용한다.

$$\sum_{n=1}^{k} a_n = a_1 + a_2 + \cdots + a_k$$

등호 왼쪽의 식은 '$n=1$부터 $n=k$까지의 a_n의 합'이라 읽는다. 변수 n을 **합의 지표**(index of summation)라 부르고 k를 **합의 위끝**(upper limit of summation)이라 부른다. 합을 계산하기 위해서는 수열의 일반항의 변수 n에 1, 2, 3, ..., k를 대입한 후 각 항들을 더한다. 이것이 등호 오른쪽에 있는 식의 의미이다. 수들을 더하는 것이므로 이 과정을 '합의 계산'이라고도 한다.

예제 6.13 다음 합을 계산하여라.

a. $\sum_{n=1}^{5}(n^2)$ b. $\sum_{n=1}^{10}(3n-5)$

c. $\sum_{n=1}^{4}\left(\dfrac{2}{n}\right)$ d. $\sum_{n=1}^{5}4$

풀이

a. 합의 위끝이 5이므로 $a_n = n^2$에 $n=1, 2, 3, 4, 5$를 대입한 값들을 더한다. 따라서 $1^2 + 2^2 + 3^2 + 4^2 + 5^2 = 1 + 4 + 9 + 16 + 25 = 55$이다.

b. 이것은 위끝이 10이므로 긴 합이지만 일반항이 비교적 작업하기 쉬운 형태이므로 큰 어려움은 없다. 합은 $[3(1)-5] + [3(2)-5] + [3(3)-5] + [3(4)-5] + [3(5)-5] + [3(6)-5] + [3(7)-5] + [3(8)-5] + [3(9)-5] + [3(10)-5] =$

$-2 + 1 + 4 + 7 + 10 + 13 + 16 + 19 + 22 + 25 = 105$이다. 이 예제는 향후 다시 살펴볼 것인데, 합의 기호의 성질이 유용하게 사용될 수 있기 때문이다.

c. a_n의 특징에 의해 이 합에 포함된 각 항들은 분수지만 n의 값들을 계속 대입하여 간단히 계산할 수 있다. 각 항들을 더하기 위해서는 분모의 최소공배수만 알면 되기 때문이다. 따라서 최소공배수를 구하기 위해 분수들을 기약분수로 약분한다. 그러면 합은 $\frac{2}{1} + \frac{2}{2} + \frac{2}{3} + \frac{1}{2} = \frac{12}{6} + \frac{6}{6} + \frac{4}{6} + \frac{3}{6} = \frac{25}{6}$이다.

d. 이 예제에는 일반항에 합의 지표인 변수 n이 포함되어 있지 않다. 처음엔 혼란스럽지만 이러한 합을 구하는 방법을 생각해 보자. 일반항의 n에 연속된 값(이 경우 1, 2, 3, 4, 5)을 대입하여 얻은 항들을 더하는 것이다. 일반항은 4이므로 n이 포함되어 있지 않다. 따라서 $n = 1$일 때의 일반항은 4이다. $n = 2$일 때에도 일반항은 4이다. 모든 n에 대해 일반항은 4이다. 따라서 합의 모양이 조금 특이하지만 $\sum_{n=1}^{5} 4 = 4 + 4 + 4 + 4 + 4 = 20$이다.

일련의 수들의 합이 어떤 사람들에게는 중요한 관심사가 되는 경우가 많다. 특히 정부와 정당 정치인들은 정책 판단이나 정치적 이점을 위해 관련된 수열의 합을 자료로 사용하기도 한다.

예제 6.14 2010년 3월의 노동 통계국보고서에 따르면 2009년 미국의 실업률은 크게 증가하였다. 표 6.2는 2009년 매월 고용수준의 변화를 보여준다. 숫자는 일자리의 손실을 천 단위로 나타낸 것이다. $n = 1$은 2009년 1월을 의미한다. 숫자의 부호가 음수인 것은 일자리의 수가 줄어들었음을 나타낸다.

표 6.2 2009년 매월 미국의 일자리 손실

n	a_n
1	−779
2	−726
3	−753
4	−582
5	−347
6	−504
7	−344
8	−211
9	−225
10	−224
11	74
12	−85

2009년 미국의 총 일자리 손실의 합을 계산하는 급수를 작성하고 계산하여라. 그리고 이 급수의 합을 해석하여라. 총합이 해당 연도의 일자리 수의 증가 또는 감소를 나타내는가?

풀이

유한급수의 합은 a_n의 열에 있는 숫자들을 더하면 된다.

$$(-779) + (-726) + (-753) + (-582) + (-347) + (-504) + (-344) +$$
$$(-211) + (-225) + (-224) + (74) + (-85) = -4{,}706$$

이 표에서 일자리 수의 변화가 천 단위로 표시되었으므로 2009년 한 해 동안 470만 6천 개의 일자리가 없어졌다. 따라서 미국 내에서 총 4,706,000개의 일자리 손실이 있었다.

연습문제

다음 물음에 대해 답하여라.

1. 수열을 정의하여라.
2. '귀납적 수열'의 의미는 무엇인가?
3. 수열의 '일반항'은 무엇인가?
4. '계승'의 의미는 무엇인가?

다음 일반항을 갖는 수열의 첫 다섯 항을 구하여라.

5. $a_n = 3n - 7$
6. $b_n = \dfrac{7+n}{2n-1}$
7. $c_n = \dfrac{(-1)^n}{3^n}$
8. $d_n = n^2 + 2^n$

다음은 연습문제 5부터 8까지의 수열에 대한 문제이다. 문제에서 지정한 항을 구하여라.

9. 연습문제 5의 수열의 10번째 항
10. 연습문제 6의 수열의 15번째 항
11. 연습문제 7의 수열의 20번째 항
12. 연습문제 8의 수열의 25번째 항

다음에는 수열의 첫 네 항들이 주어져 있다. 수열의 일반항을 구하여라. (단, 답은 유일하지 않을 수 있다.)

13. 8, 4, 2, 1, ...
14. $\dfrac{1}{2}, -\dfrac{5}{2}, \dfrac{25}{2}, -\dfrac{125}{2}, \ldots$
15. 6, 18, 54, 162, ...
16. 50, 100, 200, 400, ...
17. 1, 5, 9, 13, ...
18. 6, −3, −12, −21, ...
19. 3, 6, 18, 72, ...
20. 2, 4, 10, 30, ...

다음은 연습문제 13부터 20까지의 수열에 대한 문제이다. 문제에서 지정한 항을 구하여라.

21. 연습문제 13의 수열의 10번째 항
22. 연습문제 14의 수열의 10번째 항
23. 연습문제 15의 수열의 15번째 항
24. 연습문제 16의 수열의 15번째 항
25. 연습문제 17의 수열의 20번째 항
26. 연습문제 18의 수열의 20번째 항
27. 연습문제 19의 수열의 7번째 항
28. 연습문제 20의 수열의 9번째 항

다음 수열은 초기 조건과 $n \geq 2$일 때의 귀납적 관계에 의해 귀납적으로 정의된 수열이다. 각 수열의 첫 여섯 항들을 구하여라.

29. $a_1 = 3, \ a_n = 3a_{n-1} + 5$
30. $a_1 = 1{,}028, \ a_n = \dfrac{1}{2}a_{n-1}$
31. $a_1 = 5, \ a_n = (a_{n-1})^2 + 3$
32. $a_1 = 5, \ a_n = (-1)^2(5a_{n-1})$

33. $a_1 = \dfrac{1}{2}$, $a_n = 3(a_{n-1}) + n$

34. $a_1 = 1$, $a_n = 4 - \dfrac{3}{a_{n-1}}$

다음 계승을 포함한 식을 계산하여라.

35. $\dfrac{4!}{2!}$

36. $\dfrac{18!}{5!}$

37. $\dfrac{17!}{5!12!}$

38. $\dfrac{28!}{23!5!}$

39. $2!3!4!$

40. $5!7! - 3!4!$

41. $\dfrac{203!}{200!}$

42. $\dfrac{9!}{2!0!}$

43. $3!10! - 3!12!$

44. $\dfrac{49! - 51!}{48!}$

다음 합을 계산하여라.

45. $\displaystyle\sum_{n=1}^{7}(3n)$

46. $\displaystyle\sum_{n=1}^{6}(-n^2)$

47. $\displaystyle\sum_{n=3}^{8}(2n-7)$

48. $\displaystyle\sum_{n=2}^{7}(n^3)$

49. $\displaystyle\sum_{n=1}^{7}(n^2 - n^3)$

50. $\displaystyle\sum_{n=10}^{11}(n^2 - 2n - 3)$

51. $\displaystyle\sum_{n=2}^{10}(4 - 7n)$

52. $\displaystyle\sum_{n=-1}^{4}(4 + 3n^2)$

다음 문제들은 유한 합을 이용하여 풀 수 있다. 문제에 포함된 합의 식을 구성하여 풀어라.

53. 아현이는 안전금고에 55,000원을 넣은 후 비상금을 만들기 위해 매주 15,000원을 넣기로 한다. n주 후의 안전금고에 있는 금액에 대한 합의 식을 구하고 184주 후에 안전금고 있는 총 금액을 구하여라.

54. 한수가 장인어른께 1,500만 원을 이자 없이 빌렸다고 가정하자. 한수는 매달 45만 원씩 빌린 금액을 갚기로 하였다. n개월 후에 한수가 갚아야 하는 잔액에 대한 합의 식을 구하고 이를 이용하여 11개월 후의 갚아야 할 잔액을 구하여라.

55. 진자가 이동하는 거리는 이전 이동한 거리의 0.99배가 된다. 진자가 처음 이동한 거리(진자가 처음 놓인 지점에서 이동방향을 바꾸기 위해 반대지점까지 이동한 거리)가 20미터라 하자. n번 이동한 진자가 이동한 거리의 합을 구하는 공식을 구하여라. 구한 공식을 사용하여 처음 10번 이동하는 동안 진자가 이동한 총 거리(처음 20미터는 무시)를 구하여라. 소수점 세 번째 자리에서 반올림하여라.

56. 골프공을 50미터 높이에서 떨어뜨리면 바닥에 튈 때마다 이전 낙하거리의 80%의 높이까지 튀어 오른다. 골프공이 n번 바닥에서 튀어 (위 아래로) 오르고 내려가면서 이동한 총 거리(처음 떨어진 높이는 제외)에 대한 합의 공식을 구하여라. 이 공식을 사용하여 처음 8번 튀어 오르고 내려간 후까지 골프공이 이동한 총 거리를 구하여라.

6.2 등차수열

등차수열의 정의

수열은 순서 있는 실수들의 배열이며 특정한 규칙을 따를 수도, 그렇지 않을 수도 있다. 만약 순서가 바뀌면 수열이 바뀌므로 수들의 순서가 정해지면 바꾸지 않는다.

특정한 규칙을 따르는 수열들을 생각하자. 이 규칙은 매우 분명하지만 명확히 하기 위해 자세히 설명한다.

$$\{a_n\} = \{4, 9, 14, 19, \ldots\}$$

이 수열의 항들은 항들이 특정한 상수(이 경우는 5)만큼 증가하는 규칙을 만족한다. 이러한 수열을 **등차수열**(arithmetic sequence)이라 부른다.

등차수열의 이웃하는 항들 사이의 일정한 차를 **공차**(common difference)라고 한다. 등차수열은 초항인 첫 번째 항 a_1의 값과 변수 d로 나타내는 공차에 의해 결정된다.

위 등차수열의 항들을 좀 더 자세히 살펴보자. 첫 번째 항의 값은 $a_1 = 4$이다. 그 다음 항들을 구하기 위해서는 공차 5를 반복적으로 더한다. 즉, $a_2 = 4 + 5 = 9$, $a_3 = 9 + 5 = 14$, $a_4 = 14 + 5 = 19$ 등이다. 항들의 구조를 좀 더 자세히 분석하면 수열의 가장 중요한 일반항 a_n을 구할 수 있는 항들 사이의 공통적인 관계를 관찰할 수 있다.

$a_3 = 9 + 5$를 다시 생각하고 이를 첫 번째 항과 공차를 이용하여 나타내 보자. 항 a_3을 나눠 써 보면 $a_3 = 4 + 5 + 5 = 4 + 2(5)$이다. 이것은 현재로서는 크게 중요하지 않을 수도 있지만, 일반항을 구성하는 원리가 된다. a_4에 대해 분석을 반복하면 $a_4 = 4 + 5 + 5 + 5 = 4 + 3(5)$이다.

지금까지 초항과 공차를 사용하여 나눠 쓴 항들을 나열하면 등차수열의 규칙을 발견할 수 있다.

$$a_1 = 4$$
$$a_2 = 4 + 5$$
$$a_3 = 4 + 2(5)$$
$$a_4 = 4 + 3(5)$$

a_1과 a_2를 다른 두 항들과 동일한 형태로 나타내면 다음과 같다.

$$a_1 = 4 + 0(5)$$
$$a_2 = 4 + 1(5)$$
$$a_3 = 4 + 2(5)$$
$$a_4 = 4 + 3(5)$$

이제 일반항 a_n은 초항과 공차로만 표현할 수 있음을 알 수 있다.

> **정의** 공차가 d인 등차수열의 일반항은 $a_n = a_1 + (n-1)d$이다.

수열을 고려할 때 가장 중요한 것은 특정 유형의 수열인 것을 알 수 있는 방법이다. 등차수열의 가장 큰 특징은 수열의 항들이 이전 항에서 항상 같은 양만큼 변한다는 것이다. 공차는 이웃하는 두 항 사이의 차로 결정할 수 있다.

Note

수열의 항들이 특정한 상수만큼씩 증가(감소)하면 등차수열이다. 공차를 구하기 위해서는 등차수열의 특정한 항에서 그 전항을 빼면 된다.

예제 6.15 만약 다음 수열이 등차수열이면 공차를 구하여라. 등차수열이 아니면 그 이유를 설명하여라.

 a. 13, 21, 29, 38, …

 b. 5, 2, −1, −4, …

 c. $\dfrac{1}{2}, \dfrac{5}{8}, \dfrac{3}{4}, \dfrac{7}{8}, \cdots$

 d. 2, 11, 20, 29, …

풀이

 a. 첫 두 항들 사이의 차는 8이고 이 차는 두 번째 항과 세 번째 항의 차와도 같다. 언뜻 보면 등차수열 같지만 그 다음 항들도 계속해서 확인해야 한다. 세 번째 항과 네 번째 항의 차는 8이 아닌 9이다. 따라서 수열의 모든 이웃하는 항들의 차가 상수가 아니므로 이 수열은 등차수열이 아니다.

 b. 수열의 항들이 작아지고 있으므로 주의해야 한다. 이웃하는 항들의 차를 구해보면 $(2 - 5) = -3$, $(-1 - 2) = -3$, $[-4 - (-1)] = -3$이다. 이웃하는 항들의 공차는 −3이므로 이 수열은 등차수열이다.

 c. 수열의 항들이 분수이므로 분모를 통분하여 항들의 차를 찾아야 하다. 실제로, 분석의 정확성을 위해 항들을 공통분모로 다시 쓰는 것이 좋은 방법이다. 공통분모는 8이므로 수열의 항들을 분모가 8이 되도록 하면 $\dfrac{4}{8}, \dfrac{5}{8}, \dfrac{6}{8}, \dfrac{7}{8}, \cdots$이다. 그러면 바로 공차가 $\dfrac{1}{8}$임을 알 수 있고 따라서 이 수열은 등차수열이다.

 d. 이 수열은 정수들의 수열이므로 예제 6.15c와 같이 복잡하지는 않다. $11 - 2 = 20 - 11 = 29 - 20 = 9$이므로 공차가 9이고 따라서 이 수열은 등차수열이다.

앞에서 등차수열은 초항과 이웃하는 항들의 차인 공차로 결정된다고 언급하였다. 결국 이러한 정보가 주어지면 항들을 나열할 수 있다.

예제 6.16 다음 초항과 공차를 갖는 등차수열의 첫 네 항을 쓰고 마지막에 줄임표를 붙여 나타내어라.

 a. 초항 3, 공차 7

 b. 초항 2, 공차 $\dfrac{2}{3}$

 c. 초항 $\dfrac{1}{2}$, 공차 −2

 d. 초항 0, 공차 −4

풀이

 a. 이 수열의 첫 네 항은 3, 10, 17, 24, …이다.

b. 이 수열의 첫 네 항은 $2, \frac{8}{3}, \frac{10}{3}, 4, \ldots$이다.

c. 수열의 항들의 계산을 쉽게 하기 위해 공차를 $-\frac{4}{2}$로 생각할 수 있다. 이 수열의 첫 네 항은 $\frac{1}{2}, -\frac{3}{2}, -\frac{7}{2}, -\frac{11}{2}, \ldots$이다.

d. 이 예제는 초항 0을 포함하지 않는다면 실수할 수 있는 문제이다. 이 수열의 첫 네 항은 $0, -4, -8, -12, \ldots$이다.

등차수열의 일반항을 구하고 이용하기

공차가 d인 등차수열의 일반항은 $a_n = a_1 + (n-1)d$이다. 따라서 등차수열의 일반항을 비교적 쉽게 구할 수 있다.

예제 6.17 다음 등차수열의 일반항을 구하여라.

a. $3, 8, 13, 18, \ldots$

b. $-5, -1, 3, 7, \ldots$

c. $4, \frac{11}{2}, 7, \frac{17}{2}, \ldots$

풀이

a. 초항은 3이고 공차는 5이다. 등차수열의 일반항 공식에 의해 $a_n = 3 + (n-1)(5)$이다.

b. 초항은 -5이고 공차는 4이다. 따라서 이 수열의 일반항은 $a_n = -5 + (n-1)(4)$이다.

c. 분수가 포함되어 있으므로 앞의 예제와 같이 주의하자. 항들을 $\frac{8}{2}, \frac{11}{2}, \frac{14}{2}, \frac{17}{2}$과 같이 생각하면 공차는 $\frac{3}{2}$이므로 수열의 일반항은 $a_n = 4 + (n-1)\left(\frac{3}{2}\right)$이다.

등차수열의 일반항을 알고 있는 경우, 수열의 임의의 항을 이에 대응하는 n의 값을 일반항에 대입하여 구할 수 있다.

예제 6.18 다음 등차수열의 100번째 항을 구하여라.

a. $a_n = -4 + (n-1)(7)$

b. $b_n = 12 + (n-1)(-3)$

c. $c_n = \frac{1}{2} + (n-1)\left(\frac{1}{3}\right)$

풀이

    a. 등차수열을 포함하여 임의의 수열의 100번째 항을 구하기 위해서는 일반항에 $n = 100$을 대입하기만 하면 된다. 이 경우 $a_{100} = -4 + (99)(7) = 689$이다.

    b. $n = 100$을 대입하면 $b_{100} = 12 + (99)(-3) = -285$이다.

    c. 한 번 더 $n = 100$을 대입하면 $c_{100} = \dfrac{1}{2} + (99)\left(\dfrac{1}{3}\right) = \dfrac{1}{2} + 33 = \dfrac{67}{2}$이다.

등차수열의 처음 k개의 항들의 합 구하기

6.1절에서 수열의 합을 소개할 때 유한수열의 합을 구하고 이 합을 시그마 기호로 나타내었다. 이제 등차수열의 처음 k개의 항들의 합을 구하는 규칙을 알아보자. 이 합의 공식을 찾는 방법은 다소 창의적이지만 그리 어려운 것이 아님을 예제를 통해 알 수 있다.

    예를 들어 등차수열의 처음 8개의 항 2, 5, 8, 11, 14, 17, 20, 23의 합을 구해 보자. 이 합을 S_8(아래첨자 8은 수열의 처음 8개의 항의 합을 더한다는 것을 의미)로 나타내면 다음과 같다.

$$S_8 = 2 + 5 + 8 + 11 + 14 + 17 + 20 + 23$$

    이 합을 계산하면 100인데 좀 더 창의적인 방법으로 계산해 보자. 덧셈은 교환법칙이 성립하므로 식의 항들의 순서를 바꿀 수 있다. 따라서

$$S_8 = 23 + 20 + 17 + 14 + 11 + 8 + 5 + 2$$

이다. 이 두 식을 항별로 더하면

$$2S_8 = 25 + 25 + 25 + 25 + 25 + 25 + 25 + 25$$

이다. 각 쌍의 합은 모두 25로 같은데, 이는 유한한 등차수열의 첫 번째 항과 마지막 항의 합이다. 이 25들을 첫 번째 항과 마지막 항의 합으로 쓰면

$$2S_8 = (2 + 23) + (2 + 23) + (2 + 23) + (2 + 23)$$
$$+ (2 + 23) + (2 + 23) + (2 + 23) + (2 + 23)$$

이므로

$$2S_8 = 8(2 + 23)$$

이다. 양변을 2로 나누어 S_8에 대해 풀면

$$S_8 = 8(2 + 23)/2$$

이다. 이 결과를 분석하면, 분자의 8은 등차수열의 더하는 항들의 개수이며 2와 23은 각각 a_1과 a_8이다. 따라서 등차수열의 처음 k개의 항들의 합을 구하는 공식은 다음과 같음을 유추할 수 있다.

$$S_k = \frac{k(a_1 + a_k)}{2}$$

Note

등차수열의 처음 k개의 항의 합을 계산하기 위해서는 첫 번째 항과 k번째 항을 더한 합에 k를 곱하고 그 결과를 2로 나눈다.

Note

등차수열의 n번째 항은 일반항 $a_n = a_1 + (n-1)d$를 이용하여 구할 수 있다.

예제 6.19 다음 등차수열의 처음 20개의 항들의 합을 구하여라.

a. 초항 3, 공차 7

b. 초항 2, 공차 $\frac{2}{3}$

c. 초항 0, 공차 −4

풀이

a. $a_1 = 3$이고 $a_{20} = 3 + (19)(7) = 3 + 133 = 136$이다. 따라서 처음 20개의 항들의 합은 $S_{20} = \frac{(20)(3+136)}{2} = (10)(139) = 1{,}390$이다.

b. $a_1 = 2$이고 $a_{20} = 2 + (19)(2/3) = 2 + 38/3 = 44/3$이다. 따라서 처음 20개의 항들의 합은 $S_{20} = \frac{(20)(2+44/3)}{2} = (10)(50/3) = \frac{500}{3}$이다.

c. $a_1 = 0$이고 $a_{20} = 0 + (19)(-4) = -76$이다. 따라서 처음 20개의 항들의 합은 $S_{20} = \frac{(20)[0+(-76)]}{2} = (10)(-76) = -760$이다.

등차수열은 다양하게 응용되는데 등차수열의 응용에 관한 몇 가지 문제를 살펴보면서 이 절을 마무리하고자 한다.

예제 6.20 어떤 대학에서 체육관을 설계하는데, 2층 관람석 첫 번째 열은 22석, 두 번째 열은 25석, 세 번째 열은 28석과 같이 열마다 좌석수를 다르게 두려고 한다. 2층에는 모두 17개의 열을 만들 수 있는 충분한 공간이 있다면 2층에 앉을 수 있는 관람객의 총 인원은 얼마인가?

풀이

문제에서 제일 마지막 열의 좌석수는 주어져 있지 않으므로 이를 구해야 한다. 수열의 17번째 항은 $a_{17} = 22 + (17-1)(3) = 22 + 48 = 70$이다. 따라서 열마다 배치할 수 있는 좌석수의 수열은 {22, 25, 28, ..., 70}이므로 공차가 3인 등차수열이다. 유한 등차수열의 합의 공식을 이용하면 2층 관람석의 총 좌석은

$$S_{17} = \frac{(17)(22+70)}{2} = \frac{17(92)}{2} = 782$$

이다. 따라서 총 782명이 체육관 2층 관람석에 앉을 수 있다.

예제 6.21 괘종시계가 종을 치는데 오후 1시에 1번, 오후 2시에 2번씩 매시간마다 그 시간만큼 종을 친다. 또한 정각과 정각 사이 15분마다도 종을 한 번 친다. 오후 12:01분부터 자정까지 12시간 동안 시계는 종을 몇 번 치는가?

풀이

문제의 수열은 각 시간마다 종을 치는 횟수에, 정각과 정각 사이에도 종을 3번 치므로 각각 3을 더해야 한다. 즉 시계 면의 숫자들에 3을 더한 수들이다. 따라서 수열은 {4, 5, 6, ..., 15}이고 이 수열은 공차가 1인 등차수열이다. 12시간 동안 종을 친 횟수는 $S_{12} = \frac{(12)(4+15)}{2} = \frac{(12)(19)}{2} = (6)(19) = 114$이다.

예제 6.22 고용주가 새로 뽑은 직원에게 제안한 급여는 첫 해 연봉 4,750만 원으로 해마다 270만 원을 인상한다고 한다. 이 직원이 회사에서 16년간 근무한다면 받는 총 급여는 얼마인가?

풀이

매년 급여 인상액은 상수이므로 매년 받은 급여액은 공차가 270인 등차수열이다. 이 수열의 첫 번째 항은 4,750이고 16번째 항은 $a_{16} = 4,750 + (15)(270) = 8,800$이다.

그러므로 총 급여는 등차수열의 합을 공식을 이용하여 계산할 수 있으며 $S_{16} = \frac{(16)(4,750+8,800)}{2} = \frac{(16)(13,550)}{2} = (8)(13,550) = 108,400$이므로 16년 동안 받은 급여는 총 10억 8천 4백만 원이다.

연습문제

다음 물음에 대해 답하여라.

1. '등차수열'이란 무엇을 의미하는가?

2. 수열의 '공차'란 무엇인가?

3. '줄임표'란 무엇을 의미하는가?

다음 수열이 등차수열인지 결정하여라. 만약 등차수열이면 공차를 구하여라. 등차수열이 아니면 그 이유를 설명하여라.

4. 3, 7, 11, 15, ...

5. $\frac{1}{2}, \frac{7}{8}, \frac{5}{4}, \frac{13}{8}, ...$

6. 4, 13, 22, 30, ...

7. 9, 4, −1, −6, ...

8. 1, 1.1, 2.1, 3.1, ...

9. −1, 2, −3, 4, ...

다음에는 등차수열의 초항과 공차가 주어져 있다. 이 수열의 처음 다섯 항을 구하고 마지막에 줄임표를 붙여 나열하여라.

10. $a_1 = 7$, 공차 −3

11. $a_1 = \frac{1}{2}$, 공차 $\frac{5}{7}$

12. $a_1 = 3.2$, 공차 0.5

13. $a_1 = 1$, 공차 π

14. $a_1 = \dfrac{2}{3}$, 공차 $\dfrac{1}{3}$

15. $a_1 = \sqrt{7}$, 공차 $2\sqrt{7}$

다음에는 등차수열의 처음 몇 개의 항들이 주어져 있다. 이 수열의 일반항을 구하여라.

16. 3, 7, 11, 15, …

17. −4, −11, −18, −25, …

18. 10, 20, 30, 40, …

19. 3, 6, 9, 12, …

20. 2, 6, 10, 14, …

21. −5, −3, −1, 1, …

22. −1, 10, 21, 32, …

23. 14, 19, 24, 29, …

다음은 수열에 대한 문제이다. 해당 문제의 수열의 100번째 항을 구하여라.

24. 연습문제 16의 수열

25. 연습문제 17의 수열

26. 연습문제 18의 수열

27. 연습문제 19의 수열

28. 연습문제 20의 수열

29. 연습문제 21의 수열

30. 연습문제 22의 수열

31. 연습문제 23의 수열

다음 일반항을 갖는 수열에 대해 해당 항들의 합을 구하여라.

32. $a_n = 3 + (n - 1)(9)$인 수열의 처음 45개 항의 합

33. $a_n = 5 + (n - 1)(-3)$인 수열의 처음 50개 항의 합

34. $a_n = 5 + (n - 1)(-2)$인 수열의 처음 100개 항의 합

35. $a_n = 8 + (n - 1)(4)$인 수열의 처음 100개 항의 합

36. $a_n = \left(\dfrac{1}{2}\right) + (n - 1)\left(\dfrac{3}{2}\right)$인 수열의 처음 40개 항의 합

37. $a_n = \left(\dfrac{3}{4}\right) + (n - 1)\left(\dfrac{5}{4}\right)$인 수열의 처음 30개 항의 합

38. $a_n = 9 + (n - 1)(0.5)$인 수열의 처음 80개 항의 합

39. $a_n = -3 + (n - 1)(0.7)$인 수열의 처음 80개 항의 합(소수점 두 번째 자리에서 반올림)

6.3 등비수열

등비수열의 정의

등차수열에서는 각 항들과 이전 항과의 차이는 항상 일정했으며 이 일정한 상수를 공차라고 하였다. 비슷하게 각 항들이 전항에 일정한 상수배가 되면 상수를 공비(common ratio)라 하며 이러한 수열을 등비수열(geometric sequence)이라 한다.

등비수열의 항들은 초항이라 부르는 첫 번째 항 a_1과 보통 r로 나타내는 공비로 결정된다. 공비는 바로 알 수도 있지만 수열의 임의의 특정 항을 그 바로 전항으로 나누어 구할 수도 있다. 모든 항은 다른 항과 마찬가지로 바로 전항의 배수이기 때문에 두 개의 연속된 항을 어떻게 선택하더라도 이 몫은 같다.

예제 6.23 만약 다음 수열이 등비수열이면 공비를 구하여라. 등비수열이 아니면 그 이유를 설명하여라.

a. {4, 12, 36, 108, …}

b. {9, 18, 27, 36, …}

c. {8, 4, 2, 1, … }

풀이

a. 수열의 항들을 살펴보면 $a_2 = 3a_1$, $a_3 = 3a_2$, $a_4 = 3a_3$이다. 긱 항은 전항의 3배이므로 이 수열은 공비가 3인 등비수열이다. 이는 각 항을 전항으로 나누어도 알 수 있다. $\dfrac{a_2}{a_1} = \dfrac{12}{4} = 3$, $\dfrac{a_3}{a_2} = \dfrac{36}{12} = 2$ 등이다. 따라서 이 수열은 공비가 3인 등비수열이다.

b. 얼핏 보면 등비수열로 보인다. 각 항들은 어떤 규칙을 따르지만 이 수열이 등비수열인가? 이 수열의 두 번째 항은 첫 번째 항의 2배이지만 세 번째 항은 두 번째 항의 2배가 아니다. 따라서 이 수열은 공비가 없으므로 등비수열이 아니다. 실제로 이 수열은 6.2절에서 살펴본 등차수열이다.

c. 이 수열이 등비수열임을 보이기 위해 예제 6.23a에서 살펴본 두 방법 중 어떠한 것도 사용할 수 있는데 각 항을 그 전항으로 나누어 보자. $\dfrac{a_2}{a_1} = \dfrac{4}{8} = \dfrac{1}{2}$, $\dfrac{a_3}{a_2} = \dfrac{2}{4} = \dfrac{1}{2}$, $\dfrac{a_4}{a_3} = \dfrac{1}{2}$에서 각 항은 전 항의 $\dfrac{1}{2}$배이므로 이 수열은 공비가 $\dfrac{1}{2}$인 등비수열이다.

등차수열의 경우와 같은 방법으로 등비수열의 일반항을 구해 보자. 등비수열의 정의에 의해 각 항은 이전 항의 상수배이므로 이 수열은 초항과 공비가 결정한다. 등비수열의 항들은 다음과 같이 나타낼 수 있다.

$$a_1 = a_1$$
$$a_2 = a_1 r$$
$$a_3 = a_2 r = (a_1 r)r = a_1 r^2$$
$$a_4 = a_3 r = (a_1 r^2)r = a_1 r^3$$

$r^0 = 1$이므로 a_1은 $a_1 r^0$으로 볼 수 있고 따라서 모든 항은 하나의 공통된 식으로 표현할 수 있다.

> **규칙** 공비가 r인 등비수열의 일반항은 $a_n = a_1 r^{n-1}$이다.

예제 6.24 다음 초항과 공비를 갖는 등비수열의 처음 네 항을 나열하여라.

a. $a_1 = 3$, $r = 5$

b. $a_1 = 6$, $r = \dfrac{1}{3}$

c. $a_1 = \dfrac{1}{2}$, $r = -\dfrac{1}{5}$

풀이

a. 등비수열의 항들은 a_1에서 시작하여 공비 r을 반복하여 곱해 얻을 수 있으므로 $a_1 = 3$이고 5를 반복해서 곱하여 그 다음 세 항을 구한다. 그러므로 $a_2 = 15$, $a_3 = 75$, $a_4 = 375$이다.

b. 초항에서 시작하여 $\frac{1}{3}$을 곱하면 $a_1 = 6$, $a_2 = 2$, $a_3 = \frac{2}{3}$, $a_4 = \frac{2}{9}$이다.

c. 이 예제는 분수를 포함하므로 유의하자. 초항에서 시작하면 $a_1 = \frac{1}{2}$, $a_2 = -\frac{1}{10}$, $a_3 = \frac{1}{50}$, $a_4 = -\frac{1}{250}$이다.

앞의 예제에서 볼 수 있듯이 등비수열은 항들이 진행하면서 매우 크게 변함을 알수 있다. 이러한 수열은 경제의 응용상황에서 매우 중요하며 심각한 결과를 얻을 수도 있다.

예제 6.25 계약자를 독립적으로 고용하고, 고용된 사람마다 3명의 신입사원을 고용하면 보상을 받는 재택자영업이 있다고 가정하자. 각 계약자가 3명의 신입사원을 모집하도록 제한한다면 회사의 급여대상자가 어떻게 늘어나는지 분석하여라. 단, 각 신규채용은 채용목표를 달성했다고 가정한다.

풀이

한 사람이 이 비즈니스 모델을 시작하고, 이 사람이 세 명의 다른 직원을 고용한다는 가정 하에, 첫 번째 채용에서 세 명의 직원을 뽑는다. 두 번째 채용에서는 각 직원이 세 명의 직원을 뽑으므로 총 9명의 직원을 새로 뽑는다. 따라서 각 단계에서 새로 채용한 직원들의 수는 등비수열 {1, 3, 9, 27, 81, 243, ...}을 이룬다.

이 예제에서 처음 몇 번의 채용 단계 이후, 채용 계획에 잠재적인 위험 요소가 있을 수 있음을 알 수 있다. 특정 채용 단계에서 새로 채용하는 직원들의 수는 등비수열의 일반항인 $a_n = 1(3^{n-1})$로 계산할 수 있다. 따라서 11번째 채용에서는 59,049명이 새로 채용되고 15번째 채용에서는 4,782,969명의 직원이 새로 채용된다.

이러한 채용 형태에서 특정 시점의 각 개인의 이익은 일반적으로 이후 채용의 성공 여부에 달려 있지만 인력은 제한되어 있기 때문에 나중에 채용되는 경우는 수익을 얻는 것이 점점 어려워진다.

조직의 성장을 뒷받침하는 데 필요한 직원이 큰 비율로 증가하기 때문에 이러한 조직 형태를 '피라미드 구조'라 부른다. 21번째 채용 이후에는 세계 거의 모든 인구가 필요할 것이다.

예제 6.26 다음 초항과 공비를 갖는 등비수열의 10번째 항을 구하여라.

    a. $a_1 = 3$, $r = 2$

    b. $a_1 = 1/2$, $r = 3$

풀이

    a. $n = 10$이므로 등비수열의 일반항 공식 $a_n = a_1 r^{n-1}$에 대입하여 구한다. $a_{10} = 3(2^9) = 1,536$이다.

    b. 앞의 경우와 같이 계산하면 10번째 항은 $a_{10} = (1/2)(3^9) = 9,841.5$이다.

등비수열의 처음 k개의 항들의 합 구하기

등차수열의 처음 k개의 항들의 합을 구하는 것과 같이 등비수열의 처음 k개의 항들의 합의 공식을 구할 수 있다. 수학자들은 이러한 공식을 유도하는 것을 즐기는데 여기에는 항상 기발한 아이디어가 포함되기 때문이다.

합 $a_1 + a_1 r + a_1 r^2 + \cdots + a_1 r^{k-1} = S_k$를 생각하자. 첨자 k는 수열의 처음 k개의 항들을 더함을 의미한다. 공비가 1인 경우는 합이 $a_1 k$임을 쉽게 계산할 수 있다. 따라서 공비가 1이 아니라고 가정하고 양변에 공비 r을 곱하면 다음을 얻는다.

$$a_1 + a_1 r + a_1 r^2 + \cdots + a_1 r^{k-1} = S_k$$
$$a_1 r + a_1 r^2 + \cdots + a_1 r^{k-1} + a_1 r^k = r S_k$$

위의 식에서 아래 식을 빼면 많은 항이 사라지고

$$a_1 - a_1 r^k = S_k - r S_k$$

또는

$$a_1 (1 - r^k) = S_k (1 - r)$$

이 된다. r은 1이 아니므로 양변을 $(1 - r)$로 나누어 S_k를 구하면

$$S_k = a_1 (1 - r^k)/(1 - r)$$

이다. 이 공식은 공비가 r인 등비수열의 처음 k개의 항들의 합을 구하는 공식이다.

> **규칙** 초항이 a_1이고 공비가 $r \neq 1$인 등비수열의 처음 k개의 항들의 합은 $S_k = \dfrac{a_1 (1 - r^k)}{(1 - r)}$ 이다.

예제 6.27 다음 초항과 공비를 갖는 등비수열의 처음 20개의 항들의 합을 구하여라.

a. $a_1 = 4$, $r = 5$

b. $a_1 = 10$, $r = -2$

c. $a_1 = 2$, $r = \dfrac{1}{3}$

풀이

a. 등비수열의 처음 k개의 항들의 합에 대한 공식을 이용하면 $k = 20$이고 $S_{20} = \dfrac{(4)(1 - 5^{20})}{1 - 5} = 95{,}367{,}431{,}640{,}625$이다. 이 수는 95조 3,674억 3,164만 625이다.

b. 항들의 합의 공식에 초항과 공비를 대입하면 $S_{20} = \dfrac{(10)[1 - (-2)^{20}]}{1 - (-2)} = \dfrac{(10)(1 - 1{,}048{,}576)}{3} = -3{,}495{,}250$이다. 이 경우 합은 음수이다. 예상할 수 있었는가? 공비가 -2이므로 짝수 번째 항들은 모두 음수이며 전항의 절댓값의 두 배이다. 따라서 S_{21}을 계산해 보면 양수가 된다.

c. 번분수를 계산해야 하므로 약간 복잡하다. 초항과 공비를 공식에 대입하면 다음과 같이 매우 복잡한 결과를 얻는다.

$$S_{20} = \frac{(2)\left[1 - (1/3)^{20}\right]}{1 - 1/3} = \frac{(2)\left(\dfrac{3{,}486{,}784{,}400}{3{,}486{,}784{,}401}\right)}{2/3}$$

$$= (2)\left(\frac{3{,}486{,}784{,}400}{3{,}486{,}784{,}401}\right)\left(\frac{3}{2}\right) = \frac{3{,}486{,}784{,}400}{1{,}162{,}261{,}467}$$

이는 더 이상 간단하게 할 수 없어 보인다. 하지만 이 분수를 확인하면 기약분수이다.

이 예제는 공비 r이 $|r| > 1$이면 이 등비수열의 항들은 매우 빠른 속도로 커진다는 것을 보여준다. 이러한 등비수열의 급격한 증가 특징은 유명한 고대 이야기 속에서도 나타난다.

예제 6.28 한 현자가 체스를 사랑하는 왕에게 체스 게임을 도전하였다. 현자는 게임을 이기면 다음과 같이 체스 판을 채운 쌀을 보상으로 받을 것을 요구하였다. 즉, 체스 판의 첫 번째 정사각형에 쌀 한 톨을 놓는다. 계속해서 옆 정사각형들을 쌀알로 채워 가는데 이전 정사각형의 쌀알의 두 배를 놓으며, 보드의 모든 정사각형이 채워질 때까지 계속한다. 왕은 이에 동의했으나 경기에서 졌다. 보상을 위한 정산이 시작된 후 왕에게 패배의 진정한 재앙이 돌아왔다. 왕이 지불한 쌀의 양은 얼마인가?

풀이

각 연속한 정사각형에 있는 쌀알의 수는 이전 정사각형에 놓인 양의 정확히 두 배이므로, 연속한 정사각형의 쌀알의 수는 1톨, 2톨, 4톨, … 등의 등비수열을 이룬다. 이 수열의 초항은 $a_1 = 1$이고 공비는 $r = 2$이다. 체스 판은 64개의 정사각형이 있으므로 현자가 받는 쌀알의 수는 등비수열의 합으로 계산할 수 있으며 $S_{64} = \dfrac{1(1-2^{64})}{1-2} = $ 18,446,744,073,709,551,615톨이다. 이 수는 1,800경 이상이며 쌀 한 톨이 25 mg이라면 쌀의 총량은 460억 톤이 넘을 것이고, 대략 154 km³의 공간을 채울 것이다!

이 예는 많은 변형이 있지만 기본 원리는 같다. 모든 경작지에서 쌀을 수확한다면 인류가 1년에 생산할 수 있는 쌀의 양의 80배가 된다.

연금과 등비수열의 관계

이 교재의 목적은 특정한 응용문제의 세부사항을 다루는 것이 아니지만 배운 내용을 적용할 수 있도록 여러 주제의 문제를 다루는 것이 필요하다. 등비수열의 아이디어는 특히 금융 분야에서 중요한 연금에 적용된다. 연금은 매년 개인(일반적으로 보험금 수령자 또는 퇴직자)에게 지급되는 금액이다. 연금 지급액이 매년 사전에 결정된 일정한 비율로 증가한다면 연금 지급액은 등비수열을 이룬다.

예를 들어 윤호는 딸 윤미에게 매년 1월 1일에 연금을 지급하는 신탁기금을 조성하기로 결정하였다. 올해 1월 1일의 첫 연금 지급액은 3,500만 원이었다. 이후 매년 1월 1일에는 이전 해의 연금 지급액의 6%를 올려 윤미에게 지급한다. 처음 몇 해에 대하여 윤미에게 지급한 연금액을 계산할 수 있는데 이를 살펴보면 등비수열임을 알 수 있다.

두 번째 해의 첫 날 받은 연금은 첫 번째 해에 지급된 연금액에 6%가 추가되었으므로 추가된 금액은 (3,500)(0.06) = 210이고 따라서 윤미는 두 번째 해의 첫 날에 3,710만 원을 받는다. 세 번째 해의 첫 날 받은 연금도 두 번째 해에 지급된 연금액에 6%가 추가되었으므로 추가된 금액은 (3,710)(0.06) = 222.6이고 따라서 윤미는 세 번째 해의 첫 날에 3,932.6만 원을 받는다. 이렇게 윤미가 받는 연금액의 수열은 {3,500, 3,710, 3,932.6, …}인데 얼핏 연금액은 등비수열이 아닌 것처럼 보이지만 좀 더 자세히 살펴보자.

두 번째 연금액은 첫 번째 연금액의 6%을 계산하여 첫 번째 연금액에 더한 것이다. 즉

$$3{,}500 + (3{,}500)(0.06) = 3{,}710$$

이 등식의 좌변을 인수분해하면

$$3,500(1 + 0.06) = (3,500)(1.06)$$

이다. 비슷하게 세 번째 연금액을 인수분해를 이용하여 계산하면 $(3,500)(1.06)^2$이다. 이제 연금액이 등비수열임은 분명해졌고, n번째 해에 윤미가 받는 연금액은 $(3,500)$ $(1.06)^{n-1}$만 원이다.

연금에 대해 아주 단순하게 접근하였는데, 실제로 연금 문제는 폭 넓고 깊은 주제이며 나름의 연구 분야를 가지므로 해당 주제를 본격적으로 연구할 때 생각날 수 있도록 개념을 단순하게 소개하였다.

여기서는 첫 해의 연금액이 P원이고 매년 일정 퍼센트(i는 퍼센트를 소수로 나타낸 것)로 연금액이 증가하는 경우, n번째 해에 지급되는 연금액은 $A = P(1 + i)^{n-1}$로 주어진다는 것을 확인하는 것으로 충분하다. 연금액의 값은 등비수열을 이루므로 총 연금 지급액은 등비수열의 처음 k개의 항들의 합 공식을 약간 수정하여 다음 예제와 같이 계산할 수 있다.

예제 6.29 아현이는 지금부터 퇴직년도까지 27년 동안 매년 말 일정 금액을 퇴직연금에 저축하기로 하였다. 그녀는 해마다 예상되는 급여 인상분을 고려하여 매년 7%씩 저축액을 늘리고자 한다. 퇴직연금 구좌의 이자는 무시하고 처음 저축한 금액이 500만 원이라 가정했을 때, 10년, 20년, 27년에 저축하는 금액을 구하여라.

풀이

이 문제는 앞서 이야기한 윤호가 자신의 딸을 위해 조성한 신탁기금의 경우와 매우 비슷한 상황이다. 새해 첫 날이 아닌 연말에 저축한다는 점에서 표면적인 차이점이 있지만 맥락에서의 차이는 없다. 이자를 계산하는 경우 이 차이는 중요할 수 있지만 여기서는 이자를 고려하지 않는다.

퇴직연금에 저축한 지 10년 후에는 n은 10이므로 저축액은 $A = P(1 + i)^{n-1} = 500(1 + 0.07)^9 = 919.23$만 원이다.

20년 후에는 n은 20이므로 다시 연금액의 공식을 이용하여 저축하는 금액을 계산하면 $A = P(1 + i)^{n-1} = 500(1.07)^{19} = 1,808.26$만 원이다. 비슷하게 27년 후에는 $n = 27$이므로 아현이가 퇴직할 시점에 저축하는 금액은 2,903.68만 원이다.

지금 생각해 볼 문제는 예제 6.29에서 살펴본 퇴직연금에 저축한 총 금액과 이 예제 바로 앞에서 언급한 내용이다. 즉 윤미는 아버지로부터 얼마의 연금액을 받았으며 아현이는 퇴직연금에 총 얼마를 저축하였는가?

연금액은 등비수열을 이루므로 등비수열의 처음 k개의 항들의 합의 공식을 이용하여 총 연금액을 계산할 수 있다. 이 공식은 $S_k = \dfrac{a_1\left(1 - r^k\right)}{1 - r}$이고 a_1은 처음 연금액이며 r은 해마다 늘어난 연금액을 계산하기 위해 곱하는 상수 $(1 + i)$인데 여기서 i는 연금액의 증가 비율에 해당하는 백분율을 소수로 나타낸 것이다.

예제 6.30 앞의 윤호와 딸 윤미의 상황에서 윤미가 처음 15년 동안 받은 연금액의 총 합은 얼마인가?

풀이

윤미의 처음 연금 지급액은 3,500만 원이고 매년 연금 증가율은 $i = 0.06$이므로 연금 지급액으로 이루어진 등차수열의 일반항은 $(3,500)(1.06)^{n-1}$이다. 등비수열의 처음 15개의 항들의 합의 공식을 이용하면 윤미가 받은 총 연금액은 $S_{15} = \dfrac{3{,}500\left(1 - 1.06^{15}\right)}{1 - 1.06} = $ 81,465.895이다. 따라서 윤미는 아버지로부터 연금 개시 이후 처음 15년 동안 총 81,465.895만 원을 받는다.

예제 6.31 예제 6.29의 아현이의 상황에서 27년 동안 저축한 총 금액은 얼마인가?

풀이

아현이는 처음 500만 원을 퇴직연금에 저축하였고 27년 동안 매년 7%씩 저축액을 늘리기로 하였다. 이 저축액들은 등비수열을 이루는데 일반항은 $500(1.07)^{n-1}$이다.

　수열의 처음 27개의 항들의 합의 공식을 이용하면 아현이가 저축한 총 금액은 $\dfrac{500\left(1 - 1.07^{27}\right)}{1 - 1.07} = $ 37,241.91이다. 따라서 총 37,241.91만 원을 저축하였다.

　윤미의 결과와 비교하면 매우 놀라운 결과일 수 있다. 이는 아현이는 윤미의 아버지보다 훨씬 적은 금액을 저축했지만 근무하는 기간이 상당히 길었기 때문이다.

　문제를 보는 시각을 바꾸어 다른 각도에서 문제를 살펴보자. 연금으로 지급된 총 금액을 알고 있으며 매년 연금액이 얼마만큼 증가하는지와 연금 지급기간을 알고 있다고 가정하자. 이때 지금 알고 있는 것들로부터 처음 연금 지급액을 알 수 있는가?

　다음 등비수열의 처음 k개 항들의 합의 공식을 생각하자.

$$S_k = \frac{a_1\left(1 - r^k\right)}{1 - r}$$

　다시 말해서 이 식을 a_1에 대해 풀 수 있을까? 만약 그렇다면 질문에 대한 답은 긍정적이다. 등식의 양변에 $(1 - r)$을 곱하여 우변의 분모를 없애면

$$S_k(1 - r) = a_1(1 - r^k)$$

이다. 이제 양변을 $(1 - r^k)$로 나누면 등비수열의 첫 번째 항이 처음 연금 지급액임을 알 수 있다.

$$\frac{S_k(1-r)}{(1-r^k)} = a_1$$

예제 6.32 필수는 연금저축에 10년 동안 매년 13%씩 저축액을 올려 저축하였다. 10년 후 저축한 총 금액은 13,814.81만 원이다. 처음 저축한 금액을 구하여라.

풀이

주어진 정보와 앞에서 설명한 공식

$$\frac{S_k(1-r)}{(1-r^k)} = a_1$$

을 이용하여 처음 저축한 금액을 구할 수 있다. 이 경우 $r = 1.13$이고 $S_{10} = 13,814.81$ 이다. 이들을 대입하면 다음과 같다.

$$\frac{S_k(1-r)}{(1-r^k)} = a_1$$

$$\frac{(13,814.81)(-0.13)}{(1-1.13^{10})} = a_1$$

$$750 \approx a_1$$

따라서 필수가 연금저축에 처음 저축한 금액은 약 750만 원이다.

연습문제

다음 물음에 대해 답하여라.

1. '등비수열'은 무엇을 의미하는가?

2. 등비수열의 '초항'은 무엇인가?

3. 등비수열의 '공비'는 무엇을 의미하며 어떻게 구할 수 있는가?

다음 수열이 등비수열이면 공비를 구하여라. 등비수열이 아니면 그 이유를 설명하여라.

4. $3, 9, 27, 81, \ldots$

5. $5, 10, 20, 40, \ldots$

6. $9, -3, 1, -\dfrac{1}{3}, \ldots$

7. $1, \pi, 2\pi, 3\pi, \ldots$

8. $4, 8, 12, 16, \ldots$

9. $1, 1, 1, 1, \ldots$

10. $2, -2, 2, -2, \ldots$

11. $8, 6, \dfrac{9}{2}, \dfrac{27}{10}, \ldots$

12. $10, 2, \dfrac{2}{5}, \dfrac{2}{25}, \ldots$

다음 초항과 공비를 갖는 등비수열의 처음 네 항을 구하여라.

13. $a_1 = 5, r = 3$

14. $a_1 = -2, r = \dfrac{1}{4}$

15. $a_1 = 10, r = \pi$

16. $a_1 = \dfrac{1}{4}, r = 6$

17. $a_1 = -5, r = 5$

18. $a_1 = 14, r = 2$

19. $a_1 = \dfrac{1}{3}, r = 9$

20. $a_1 = 100, r = \dfrac{1}{2}$

21. $a_1 = \dfrac{2}{3}, r = \dfrac{3}{5}$

22. $a_1 = \dfrac{5}{6}, r = \dfrac{2}{3}$

다음은 앞의 문제에서 주어진 등비수열에 관한 문제이다. 주어진 수열의 10번째 항을 구하여라.

23. 연습문제 13   24. 연습문제 14

25. 연습문제 15   26. 연습문제 16

27. 연습문제 17   28. 연습문제 18

29. 연습문제 19   30. 연습문제 20

31. 연습문제 21   32. 연습문제 22

다음은 등비수열의 처음 몇 개의 항을 나타낸 것이다. 공비와 제시한 항을 구하여라.

33. 7, 14, 28, ... 11번째 항

34. 9, −18, 36, ... 7번째 항

35. 3, 12, 48, ... 10번째 항

36. $\dfrac{1}{2}, \dfrac{1}{3}, \dfrac{2}{9}, \dots$ 20번째 항

37. $\dfrac{3}{7}, \dfrac{6}{7}, \dfrac{12}{7}, \dots$ 15번째 항

38. 3, $\sqrt{3}$, ... 5번째 항

39. 4, 24, 144, ... 8번째 항

40. 5, $-5\sqrt{5}$, 25, ... 9번째 항

41. 3, 36, 432, ... 10번째 항

42. 18, $-\dfrac{2}{3}$, ... 6번째 항

다음은 앞의 문제에서 주어진 등비수열에 관한 문제이다. 주어진 n에 대해 등비수열의 처음 n개의 항의 합을 구하여라.

43. 연습문제 13, $n = 8$ 44. 연습문제 14, $n = 10$

45. 연습문제 15, $n = 6$ 46. 연습문제 16, $n = 7$

47. 연습문제 17, $n = 15$ 48. 연습문제 18, $n = 16$

49. 연습문제 19, $n = 12$ 50. 연습문제 20, $n = 11$

51. 연습문제 21, $n = 10$ 52. 연습문제 22, $n = 30$

다음 유한 등비수열의 합을 구하여라.

53. $\displaystyle\sum_{n=1}^{12} 3(2/3)^n$ 54. $\displaystyle\sum_{n=1}^{15} 5(3/4)^n$

55. $\displaystyle\sum_{n=1}^{25} 5(2)^n$ 56. $\displaystyle\sum_{n=1}^{14} 4(3)^n$

57. $\displaystyle\sum_{n=1}^{8} \left(\dfrac{-1}{4}\right)^n$ 58. $\displaystyle\sum_{n=1}^{10} 3\left(\dfrac{2}{3}\right)^n$

59. $\displaystyle\sum_{n=1}^{20} 250(1.08)^n$ (소수점 두 번째 자리까지 반올림)

60. $\displaystyle\sum_{n=1}^{25} 400(1.15)^n$ (소수점 두 번째 자리까지 반올림)

61. $\displaystyle\sum_{n=1}^{15} 5\left(-\dfrac{1}{3}\right)^n$ (소수점 두 번째 자리까지 반올림)

62. $\displaystyle\sum_{n=1}^{30} 2\left(-\dfrac{4}{5}\right)^n$

다음 문제를 풀기 위해 등비수열을 이용하여라.

63. 8,000만 원의 원금을 5% 수익에 투자하였다고 가정하자. 이자가 (a) 매월 (b) 매 분기마다 복리로 지급되는 경우 10년 후 투자 원리금을 구하여라.

64. 1,000만 원의 원금을 7% 수익에 투자하였다고 가정하자. 이자가 (a) 매월 (b) 매 분기마다 지급되는 경우 10년 후 투자 원리금을 구하여라.

65. 매월 5%의 이자를 복리로 지급하는 예금에 매월 초 125만 원을 저금한다고 하자. 10년 후의 원리합계는 $125\left(1+\dfrac{0.05}{12}\right)^1 + 125\left(1+\dfrac{0.05}{12}\right)^2 + \cdots + 125\left(1+\dfrac{0.05}{12}\right)^{120}$ 이다. 10년 후의 원리합계를 구하여라.

66. 매월 6%의 이자를 복리로 지급하는 예금에 매월 초 75만 원을 저금한다고 하자. 7년 후의 원리합계는 $75\left(1+\dfrac{0.06}{12}\right)^1 + 75\left(1+\dfrac{0.06}{12}\right)^2 + \cdots + 75\left(1+\dfrac{0.06}{12}\right)^{84}$ 이다. 7년 후의 원리합계를 구하여라.

67. 매월 7%의 이자를 복리로 지급하는 정기예금에 얼마를 저축해야 5년 뒤 원리합계가 1,000만 원이 되는가?

68. 매월 4%의 이자를 복리로 지급하는 정기예금에 얼마를 저축해야 8년 뒤 원리합계가 600만 원이 되는가?

69. 승재는 어느 해 첫 날 400만 원을 저금한다. 이후 20년간 매년 초 10%씩 저축액을 늘려 저축하고자 한다. 이자를 무시했을 때 5년, 10년, 15년 초에 저

축하는 금액과 20년 후 승재가 받는 총 저축액은 얼마인가?

70. 사라는 어느 해 첫 날 550만 원을 저금한다. 이후 12년간 매년 초 15%씩 저축액을 늘려 저축하고자 한다. 이자를 무시했을 때 4년, 8년, 12년 초에 저축하는 금액과 12년 후 사라가 받는 총 저축액은 얼마인가?

6.4 수학적 귀납법의 원리

모든 양의 정수에 대해 성립하는 수학 공식들이 많이 있다. 예를 들어 독일 수학자 카를 프리드리히 가우스(Karl Friedrich Gauss)는 다음 공식을 만들었다.

$$1 + 2 + 3 + \cdots + n = \frac{n(n + 1)}{2}$$

이 공식은 처음 n개의 양의 정수들의 합은 n과 $(n + 1)$을 곱하고 그 곱을 2로 나눈 것과 같다는 것이다.

이러한 공식을 증명하는 것은 까다로울 수 있다. 아주 많은 양의 정수에 대해 수식이 성립한다는 것을 실험적으로 보이는 것에는 어려움이 따른다. 시간을 들여 많은 수들에 대해 공식이 성립하는지 확인할 수도 있지만 살펴보지 않은 다른 수들 중에서 이 공식이 성립하지 않는 수가 있을 수 있다. 하지만 수학적 증명(mathematical proof)은 해당 공식이 모든 양의 정수에 대해 성립한다는 것을 확증한다.

수학적 증명 방법은 여러 가지가 있지만 대부분은 여기서 다룰 수 있는 범위를 벗어난다. 하지만 여기에서 살펴볼 한 가지 방법은 **수학적 귀납법**(mathematical induction)이다.

이 방법은 수학적 귀납법 원리로 부르는 공리(axiom; 증명하지 않지만 자명한 사실)에 의존한다. 이 원리는 다음과 같다.

> 주어진 자연수에 관한 수학적 사실이 참임을 증명하기 위해 다음 두 가지 사실을 확인하면 된다. (1) 주어진 사실이 $n = 1$(또는 다른 적당한 n의 초기값)일 때 참이다. (2) 주어진 사실이 n의 어떤 (정해지지 않은) 값 k에 대해 성립하면 그 다음 정수인 $k + 1$일 때에도 성립한다.

이 두 조건을 증명하면 공리에 의해 이미 참임을 증명한 초기 값보다 같거나 큰 모든 자연수에 대해 공식이 성립한다. 예를 들어 가우스의 공식을 수학적 귀납법으로 증명하자.

예제 6.33 다음을 수학적 귀납법으로 증명하여라.

$$1 + 2 + 3 + \cdots + n = \frac{n(n+1)}{2}$$

풀이

귀납법으로 증명하려면 앞에서 언급한 두 단계를 수행한다. 먼저 이 공식이 $n = 1$일 때 성립함을 보인다. 즉

$$1 = \frac{1(1+1)}{2}$$

임을 보이면 된다. 우변을 간단히 정리하면

$$1 = \frac{1(2)}{2}$$

$$1 = 1$$

이므로 이 공식은 $n = 1$일 때 성립한다.

다음 이 공식이 $n = k$일 때 성립한다고 가정하자. 즉,

$$1 + 2 + 3 + \cdots + k = \frac{k(k+1)}{2}$$

가 성립한다. 이 사실을 바탕으로 공식이 $n = k + 1$인 경우에 성립함을 보이자.

즉, 다음 사실을 보이고자 한다.

$$1 + 2 + 3 + \cdots + (k+1) = \frac{(k+1)[(k+1)+1]}{2}$$

이를 위해 가정한 사실을 잘 활용할 수 있도록 변형하자. 좌변을

$$1 + 2 + 3 + \cdots + k + (k+1)$$

로 쓰면 이 합의 처음 k개의 항들의 합은 가정에 의해 $\frac{k(k+1)}{2}$이고 따라서 이 식을 다음과 같이 쓸 수 있다.

$$\frac{k(k+1)}{2} + (k+1)$$

분모를 통분하고 두 식을 더하면

$$\frac{k(k+1)}{2} + \frac{2k+2}{2}$$

또는

$$\frac{k^2+k+2k+2}{2}$$

이므로 간단히 하면

$$\frac{k^2+3k+2}{2}$$

이다. 이제 분자를 인수분해하면

$$\frac{(k+1)(k+2)}{2}$$

이고 분자의 두 번째 인수가 증명하려는 사실을 나타내도록 하면

$$\frac{(k+1)[(k+1)+1]}{2}$$

이다. 따라서 수학적 귀납법 공리에 의해 공식은 모든 자연수 n에 대해 참이다.

증명한 내용이 옳다고 스스로 확신할 수 있을 때까지 예제 6.33을 여러 번 읽어 보자. 수학적 증명은 지금까지 고안된 가장 추상적인 개념이므로 지금 증명한 것이 당장은 이해가 되지 않더라도 지속적으로 노력해야 할 것이다.

예제 6.34 모든 양의 정수 n에 대해 $1 + 4 + 9 + \cdots + n^2 = \dfrac{n(n+1)(2n+1)}{6}$이 성립함을 증명하여라.

풀이

수학적 귀납법으로 증명하기 위해 먼저 $n = 1$일 때 성립함을 보이자. 즉 $1 = \dfrac{1(1+1)(2+1)}{6}$이 성립하는지 확인하면 된다. 우변의 분자는 $(1)(2)(3) = 6$이므로 위 공식은 $n = 1$일 때 성립한다.

다음, 이 공식이 $n = k$일 때 성립한다고 가정하자. 즉, $1 + 4 + \cdots + k^2 = \dfrac{k(k+1)(2k+1)}{6}$가 성립한다고 하고 $1 + 4 + \cdots + k^2 + (k+1)^2$일 때에도 성립함을 확인하자.

이 합의 처음 k개의 항들은 합은 $\dfrac{k(k+1)(2k+1)}{6}$이므로

$$\frac{k(k+1)(2k+1)}{6} + (k+1)^2 = \frac{(k+1)[(k+1)+1][2(k+1)+1]}{6}$$

이 성립함을 확인하면 된다. 등식의 좌변은 명확하게 정리되어 있지 않다. 확인할 수 있는 것은 등식의 우변은 $\dfrac{k(k+1)(2k+1)}{6}$에서 k 대신 $k+1$이 대입되어 있다는 것이다. 양변이 같다는 것을 보이면 증명은 끝난다.

좌변은 공통분모로 만들어 더하고 우변은 간단히 하면

$$\frac{k(k+1)(2k+1)}{6}+\frac{6(k+1)^2}{6}=\frac{(k+1)(k+2)(2k+3)}{6}$$

$$\frac{k(k+1)(2k+1)+6(k+1)^2}{6}=\frac{(k+1)(k+2)(2k+3)}{6}$$

이제 대수적 작업이 약간 필요하다. 좌변의 분모는 $(k+1)$을 공통인수로 갖고 있으므로 이것으로 묶으면

$$\frac{(k+1)\big[k(2k+1)+6(k+1)\big]}{6}=\frac{(k+1)(k+2)(2k+3)}{6}$$

이다. 계속해서 좌변을 간단히 하고 살펴보자.

$$\frac{(k+1)\big[2k^2+k+6k+6\big]}{6}=\frac{(k+1)(k+2)(2k+3)}{6}$$

$$\frac{(k+1)\big[2k^2+7k+6\big]}{6}=\frac{(k+1)(k+2)(2k+3)}{6}$$

좌변의 분모의 2차식을 인수분해하면

$$\frac{(k+1)\big[(k+2)(2k+3)\big]}{6}=\frac{(k+1)(k+2)(2k+3)}{6}$$

이고 양변이 같음을 증명하였다. 그러므로 이 공식은 모든 양의 정수 n에 대해 성립한다.

절을 마무리하기 전에 두 가지 중요한 내용을 노트로 제시한다.

Note

결과가 성립하는 수많은 예를 갖고 이 예들을 나열하는 것으로 주어진 명제가 모든 정수 n에 대해 성립함을 증명할 수 있는 것은 아니다.

Note

어떤 결과가 성립하지 않는다는 것은 '반례(counterexample)'를 찾아 증명할 수 있다. 즉 그 결과가 참이 되지 않는 수 n을 하나만 찾을 수 있으면 이 결과가 모든 양의 정수 n에 대해 성립하지 않는다는 것을 증명한 것이다!

연습문제

다음 물음에 대해 답하여라.

1. '수학적 귀납법'이란 무엇을 의미하는가?

2. '귀납법 원리'를 나름대로 설명하여라.

다음 명제를 수학적 귀납법으로 증명하여라.

3. 모든 양의 정수 $n \geq 4$에 대해, $2^n > n$

4. 모든 양의 정수 $n > 2$에 대해, $2n^2 > (n+1)^2$

5. $1 + 3 + 5 + \cdots + (2n-1) = n^2$

6. $1^3 + 2^3 + 3^3 + \cdots + n^3 = \dfrac{n^2(n+1)^2}{4}$

7. $1^4 + 2^4 + 3^4 + \cdots + n^4$
$= \dfrac{n(n+1)(2n+1)(3n^2+3n-1)}{30}$

8. $\dfrac{1}{2} + \dfrac{1}{6} + \dfrac{1}{12} + \cdots + \dfrac{1}{n(n+1)} = \dfrac{n}{n+1}$

9. $\dfrac{1}{(1)(3)} + \dfrac{1}{(3)(5)} + \cdots + \dfrac{1}{(2n-1)(2n+1)} = \dfrac{n}{2n+1}$

10. 모든 양의 정수 n에 대해, 3은 $4^n - 1$의 약수이다.

11. 모든 양의 정수 n에 대해, 2는 $3n^4 - 3n - 12$의 약수이다.

12. 모든 양의 정수 n에 대해, $1^2 + 3^2 + \cdots + (2n-1)^2$
$= \dfrac{n(2n-1)(2n+1)}{3}$

13. 모든 양의 정수 n에 대해, $1 + 2 + 4 + 8 + \cdots + 2^n = 2^n - 1$

14. 모든 양의 정수 n에 대해, $1 + 4 + 7 + 10 + \cdots + (3n - 2) = \dfrac{3n^2 - n}{2}$

15. 모든 양의 정수 n에 대해, $1(1!) + 2(2!) + 3(3!) + \cdots + n(n!) = (n + 1)! - 1$

16. 어떤 부자는 무제한 공급이 가능한 2달러짜리 지폐와 5달러짜리 지폐만 가지고 있다. 4달러 그 이상의 금액을 청구한다면, 청구한 금액을 2달러와 5달러짜리 지폐로 정확히 지불할 수 있다.

17. 임의의 정수 $n > 23$에 대해 음이 아닌 정수 a와 b가 존재하여 $n = 7a + 5b$가 된다.

18. 임의의 정수 $n > 1$에 대해 수 $\sqrt{1 + \sqrt{1 + \sqrt{1 + \cdots}}}$는 무리수이다. 여기서 n은 1의 개수이다.

19. '하노이의 탑(Towers of Hanoi)' 문제. 세 개의 기둥과 이 기둥에 꽂을 수 있는 크기가 다양한 원판들이 있다. 퍼즐을 시작하기 전 첫 번째 기둥에는 원판들이 작은 것이 위에 있도록 (따라서 가장 작은 원판이 가장 위에 있도록) 순서대로 쌓여 있다. 이제 첫 번째 기둥에 꽂힌 원판들의 순서를 유지하면서 세 번째 기둥으로 모두 옮겨서 다시 쌓는데 한 번에 하나의 원판만 옮기며 큰 원판이 작은 원판 위에 있어서는 안 된다. 두 번째 기둥에도 원판을 꽂을 수 있는데 큰 원판이 작은 원판 위에 있어서는 안 된다. 첫 번째 기둥에서 세 번째 기둥으로 n개의 원판을 옮기려면 $2^n - 1$번 원판을 옮겨야 함을 증명하여라.

20. m은 고정된 정수로 $x - y$의 인수라 하자. 모든 양의 정수 n에 대해 m은 $x^n - y^n$의 인수임을 증명하여라.

21. 평면에서 어느 세 직선도 한 점에서 만나지 않는 n개의 서로 다른 직선은 평면을 $\dfrac{n^2 + n + 2}{2}$개의 영역으로 나눔을 증명하여라.

22. n개의 원소를 갖는 집합의 부분집합의 개수는 2^n임을 증명하여라.

23. 다음 베르누이 부등식(Bernoulli's inequality)의 특별한 경우를 증명하여라. 모든 양의 정수 $n > 1$에 대해 $4^n > 1 + 4n$이다.

6.5 이항정리

이항전개

항이 두 개인 식을 이항식(binomial expression)이라 한다. 예를 들어 $2x - 3$, $1 + x^2$, $\dfrac{3}{x} - 2$ 등이 이항식이다. 다음과 같이 이항식 $(a + b)$의 연속한 거듭제곱의 식들을 생각해 보자.

$$(a + b)^0 = 1$$
$$(a + b)^1 = a + b$$
$$(a + b)^2 = a^2 + 2ab + b^2$$
$$(a + b)^3 = a^3 + 3a^2b + 3ab^2 + b^3$$
$$(a + b)^4 = a^4 + 4a^3b + 6a^2 b^2 + 4ab^3 + b^4$$

위에서 등호 오른쪽의 식들을 **이항전개**(binomial expansion)라 한다. 이 이항전개를 좀 더 관찰해 보자.

- 각 전개식은 이항식의 지수보다 하나 더 많은 항을 갖는다. 예를 들어 $(a+b)^1$ 은 $1+1$인 2개의 항, $(a+b)^2$은 $2+1$인 3개의 항 등이다.
- 각 전개식의 첫 번째 항과 마지막 항의 지수는 이항식의 지수와 같다.
- 전개식의 각 항에서 a와 b의 지수의 합은 이항식의 지수와 같다.
- 전개식을 왼쪽에서 오른쪽으로 이동하면 a의 지수는 이항식의 지수에서 시작하여 0으로 줄어들고 b의 지수는 0에서 시작하여 이항식의 지수까지 늘어난다.
- 전개식의 항들의 계수는 대칭적이다. 예를 들어 $(a+b)^4$의 전개식에서 첫 번째와 다섯 번째 항의 계수가 같고 두 번째와 네 번째 항의 계수가 같다.

이항정리

이항정리(binomial theorem)는 이항식의 거듭제곱을 수열의 합의 형태로 전개하는 공식이다. 다음 공식은 실제로 거듭제곱을 하지 않고도 식을 전개할 수 있도록 한다.

$$(a+b)^n = a^n + na^{n-1}b + \frac{n(n-1)}{2}a^{n-2}b^2 + \frac{n(n-1)(n-2)}{3(2)}a^{n-3}b^3 + \cdots + b^n$$

이항정리로 알려진 이 공식은 이항식의 거듭제곱을 전개하는 데 유용하게 사용된다. 이 공식은 덧셈만이 아니라 $(a-b)$을 $[a+(-b)]$로 보면 $(a-b)$의 거듭제곱에도 적용할 수 있다.

이항정리를 앞에서 소개한 계승 기호를 사용해서 나타낼 수도 있다. 이항전개의 각 항의 계수는 '이항계수 공식'이라 부르는 $_nC_r$을 이용하여 계산할 수 있는데

$$_nC_r = \frac{n!}{(n-r)!r!}$$

Note

$n! = n(n-1)(n-2)(n-3) \cdots (3)(2)(1)$이고 $0! = 1$이다.

이다. $_nC_r$은 때로 'n 조합(choose) r'이라 읽는데 확률의 응용문제에서 서로 다른 n개의 물건에서 r개의 물건을 선택하는 서로 다른 방법의 수와 같기 때문이다. 이 기호를 사용한 이항전개 공식은 다음과 같이 나타낼 수 있다.

$$(a+b)^n = {}_nC_0a^n + {}_nC_1a^{n-1}b + {}_nC_2a^{n-2}b^2 + {}_nC_3a^{n-3}b^3 + \cdots + {}_nC_nb^n$$

$(a+b)^n$의 이항전개식은 $n+1$개의 항을 갖는다. 일반적으로 이 전개식의 r번째 항은

Note

이항전개의 r번째 항은 $_nC_{r-1}a^{n-r+1}b^{r-1}$이다.

$$_nC_{r-1}a^{n-r+1}b^{r-1}$$

이다.

예제 6.35 이항정리를 이용하여 $(a + b)^6$을 전개하여라.

풀이

$_nC_r = \dfrac{n!}{(n-r)!r!}$을 이용하여 계수를 계산하면 다음과 같다.

$$_6C_0 = \frac{6!}{(6-0)!0!} = \frac{6!}{6!(1)} = 1$$

$$_6C_1 = \frac{6!}{(6-1)!1!} = \frac{6!}{5!(1)} = \frac{6(5!)}{5!} = 6$$

$$_6C_2 = \frac{6!}{(6-2)!2!} = \frac{6!}{4!(2)(1)} = \frac{6(5)(4!)}{4!(2)} = 15$$

$$_6C_3 = \frac{6!}{(6-3)!3!} = \frac{6!}{3!(3!)} = \frac{6(5)(4)(3!)}{3!(3!)} = \frac{6(5)(4)}{3(2)(1)} = 20$$

$$_6C_4 = \frac{6!}{(6-4)!4!} = \frac{6!}{4!(2)(1)} = \frac{6(5)(4!)}{4!(2)} = 15$$

$$_6C_5 = \frac{6!}{(6-5)!5!} = \frac{6!}{5!(1)} = \frac{6(5!)}{5!} = 6$$

$$_6C_6 = \frac{6!}{(6-6)!6!} = \frac{6!}{6!(1)} = 1$$

이 계수들을 이용하여 전개식을 구하면 다음과 같다.

$$(a + b)^6 = a^6 + 6a^5b + 15a^4b^2 + 20a^3b^3 + 15a^2b^4 + 6ab^5 + b^6$$

예제 6.36 이항정리를 이용하여 $(2x-3y)^5$을 전개하여라.

풀이

$(2x - 3y)^5 = [2x + (-3y)]^5$이므로 이항정리를 이용하여 전개한다. 먼저 계수를 구하면 다음과 같다.

$$_5C_0 = \frac{5!}{(5-0)!0!} = \frac{5!}{5!(1)} = 1$$

$$_5C_1 = \frac{5!}{(5-1)!1!} = \frac{5(4!)}{4!(1)} = 5$$

$$_5C_2 = \frac{5!}{(5-2)!2!} = \frac{5!}{3!(2)(1)} = \frac{5(4)(3!)}{3!(2)} = 10$$

$$_5C_3 = \frac{5!}{(5-3)!3!} = \frac{5!}{2!(3!)} = \frac{5(4)(3!)}{2!(3!)} = \frac{5(4)}{2(1)} = 10$$

$$_5C_4 = \frac{5!}{(5-4)!4!} = \frac{5!}{(1)4!} = \frac{5(4!)}{4!} = 5$$

$$_5C_5 = \frac{5!}{(5-5)!5!} = \frac{5!}{(1)5!} = \frac{5!}{5!} = 1$$

이항정리에 이 계수들과 $2x$와 $(-3y)$의 거듭제곱들을 적용하면 다음을 얻는다.

$$(2x - 3y)^5 = {}_5C_0\,(2x)^5 + {}_5C_1(2x)^{5-1}(-3y) + {}_5C_2(2x)^{5-2}(-3y)^2 + {}_5C_3(2x)^{5-3}(-3y)^3$$
$$+ {}_5C_4(2x)^{5-4}(-3y)^4 + {}_5C_5(2x)^{5-5}(-3y)^5$$
$$(2x - 3y)^5 = (2x)^5 + 5(2x)^4(-3y) + 10(2x)^3(-3y)^2 + 10(2x)^2(-3y)^3$$
$$+ 5(2x)^1(-3y)^4 + (2x)^0(-3y)^5$$
$$(2x - 3y)^5 = 32x^5 - 240x^4y + 720x^3y^2 - 1080x^2y^3 + 810xy^4 - 243y^5$$

파스칼 삼각형

이항전개의 n차 항을 구할 때 가장 지루한 것이 바로 각 계수들의 계산이다. 그런데 이항전개의 계수를 구하기 위한 빠른 방법은 **파스칼 삼각형(Pascal triangle)**을 이용하는 것이다. 이 결과는 프랑스의 수학자 블레이즈 파스칼(Blaise Pascal)의 이름을 따서 붙였지만 실제로는 그 이전, 고대 페르시아, 인도, 중국 및 이탈리아 사람들도 사용하였다.

이름에서 알 수 있듯이 파스칼 삼각형은 삼각형 모양인데 첫 번째 행의 번호는 0이며 그 이유는 곧 설명할 것이다.

```
          1              0행
         1 1             1행
        1 2 1            2행
       1 3 3 1           3행
      1 4 6 4 1          4행
    1 5 10 10 5 1        5행
         .        .
         .        .
         .        .
```

각 행이 어떻게 이루어져 있는지 살펴보자. 각 행은 1로 시작하여 1로 끝나며 중간의 각 수들은 바로 위의 행의 양쪽에 있는 두 수의 합이다. 즉, 삼각형의 3행의 앞에 있는 3을 생각하자. 3은 바로 위의 행인 2행의 양쪽에 있는 1과 2를 더한 것이다.

이 삼각형을 이용하여 예제 6.35의 계수들을 구해 보면 파스칼 삼각형의 유용성이 분명해진다. 삼각형의 5행(실제로는 위에서 6번째 행)을 살펴보면 이 행에 있는 수들이 바로 예제에서 계산한 **이항계수(binomial coefficient)**들이다. 이는 각 계수들을 직접 계산하는 것보다 훨씬 빠르고 쉽다.

파스칼 삼각형을 이항전개에 이용하는 예제를 살펴보자.

예제 6.37   이항정리와 파스칼 삼각형을 이용하여 $(5x + y)^4$을 전개하여라.

풀이

파스칼 삼각형을 만들면 4행의 수들은 1 4 6 4 1이다. 이들이 전개식의 계수들이다.

다음의 이항정리에

$$(a + b)^n = {}_nC_0a^n + {}_nC_1a^{n-1}b + {}_nC_2a^{n-2}b^2 + {}_nC_3a^{n-3}b^3 + \cdots + {}_nC_nb^n$$

$a = 5x$, $b = y$, $n = 4$를 대입하면 다음을 얻는다.

$$\begin{aligned}
(5x + y)^4 &= 1(5x)^4 + 4(5x)^3y^1 + 6(5x)^2y^2 + 4(5x)y^3 + 1y^4 \\
&= 625x^4 + 500x^3y + 150x^2y^2 + 20xy^3 + y^4
\end{aligned}$$

예제 6.38   이항정리와 파스칼 삼각형으로 계수를 구하여 $\left(3+\dfrac{1}{x}\right)^5$을 전개하여라.

풀이

파스칼 삼각형의 5행의 수들은 1, 5, 10, 10, 5, 1이므로 이들이 전개식의 이항계수들이다.

이항정리에 $n = 5$, $a = 3$, $b = \dfrac{1}{x}$를 대입하면 다음과 같다.

$$\begin{aligned}
\left(3+\frac{1}{x}\right)^5 &= {}_5C_0(3)^5 + {}_5C_1(3)^{5-1}\left(\frac{1}{x}\right) + {}_5C_2(3)^{5-2}\left(\frac{1}{x}\right)^2 + {}_5C_3(3)^{5-3}\left(\frac{1}{x}\right)^3 \\
&\quad + {}_5C_4(3)^{5-4}\left(\frac{1}{x}\right)^4 + {}_5C_5(3)^{5-5}\left(\frac{1}{x}\right)^5 \\
&= 1(3)^5 + 5(3)^4\left(\frac{1}{x}\right)^1 + 10(3)^3\left(\frac{1}{x}\right)^2 + 10(3)^2\left(\frac{1}{x}\right)^3 + 5(3)^1\left(\frac{1}{x}\right)^4 + 1\left(\frac{1}{x}\right)^5 \\
&= 243 + \frac{405}{x} + \frac{270}{x^2} + \frac{90}{x^3} + \frac{15}{x^4} + \frac{1}{x^5}
\end{aligned}$$

지금까지 살펴본 예제와 설명에서는 명확하지 않았지만, 이항정리는 음수 거듭제곱에 대해서도 성립한다. 이 경우 파스칼 삼각형은 사용할 수 없는데 이항계수를 계산하는 원래의 방법을 사용하면 된다.

예제 6.39 $\dfrac{1}{(2+x)^4}$의 이항전개식의 첫 세 항을 구하여라.

풀이

$$\frac{1}{(2+x)^4} = (2+x)^{-4}$$

이항정리를 사용하면 다음과 같다.

$$(a+b)^n = a^n + na^{n-1}b + \frac{n(n-1)}{2}a^{n-2}b^2 + \frac{n(n-1)(n-2)}{3(2)}a^{n-3}b^3 + \cdots$$

$$\frac{1}{(2+x)^4} = (2)^{-4} + (-4)(2)^{-4-1}(x) + \frac{(-4)(-4-1)}{2}(2)^{-4-2}(x)^2 + \cdots$$

$$= \frac{1}{16} - \frac{1}{8}x + \frac{5}{32}x^2 + \cdots$$

연습문제

다음 물음에 대해 답하여라.

1. 파스칼 삼각형은 무엇이고 어떻게 만들며 어떻게 이용하는가?

2. 이항전개의 항들의 계수의 이름은 무엇이며 어떻게 계산하는가?

다음 이항계수를 계산하여라.

3. $_5C_2$ 4. $_7C_4$

5. $_8C_8$ 6. $_5C_5$

7. $_9C_0$ 8. $_3C_0$

9. $_{12}C_7$ 10. $_{25}C_{10}$

이항정리를 이용하여 다음 식을 전개하여라.

11. $(x+2)^5$ 12. $(x+4)^7$

13. $(x-3)^6$ 14. $(x-5)^4$

15. $(2x+3)^5$ 16. $(3x+2)^7$

17. $(4x+2y)^5$ 18. $(7x+3y)^8$

19. $(x+4y)^7$ 20. $(x+5t)^7$

21. $(x-3y)^4$ 22. $(x-8u)^6$

23. $(5x-7y)^4$ 24. $(3a-5b)^5$

25. $(x^2+2y^2)^4$ 26. $(x^2+4u)^5$

27. $\left(\frac{2}{x}+y\right)^4$ 28. $(1/u-v)^5$

29. $\left(\frac{3}{t}-4w\right)^5$

파스칼 삼각형을 이용하여 다음 식을 전개하여라.

30. $(4x-y)^5$ 31. $(3-2t)^6$

32. $(x+4y)^7$ 33. $(5x-2y)^5$

다음의 전개식에서 처음 세 항을 구하여라.

34. $\dfrac{1}{(x+2y)^3}$ 35. $\dfrac{1}{(3x-4y)^5}$

36. $\dfrac{1}{(4x+1)^6}$ 37. $\dfrac{1}{(5-x)^7}$

다음의 전개식에서 x^5의 계수를 구하여라.

38. $(x+2)^{12}$ 39. $(x-3)^8$

40. $(2x-5)^{10}$ 41. $(3x+4)^9$

다음의 전개식에서 네 번째 항을 구하여라.

42. $(2x+1)^8$ 43. $(5x+3)^9$

44. $(3-2x)^5$ 45. $(7-x)^6$

요약

이 장에서는 다음 내용들을 학습하였다.

- 수열과 수열의 합의 정의와 개념: 일반항과 귀납적 정의, 계승과 수열합 기호
- 등차수열과 등비수열: 일반항 구하기와 처음 k개의 항들의 합 구하기
- 수학적 귀납법의 원리
- 이항정리와 파스칼 삼각형을 이용한 이항전개

용어

계승factorial 특별한 수학적 곱을 나타내는데 $n!$은 자연수 n과 이보다 작은 자연수들의 곱.

공비common ratio 등비수열의 각 항과 그 전항의 비.

공차common difference 등차수열의 연속된 항들의 차이.

귀납적 관계recursive relationship 수열의 한 항이 이전 항들과 연관되어 있는 관계.

등비수열geometric sequence 각 항이 전항에 일정한 상수를 곱하여 얻어진 수열.

등차수열arithmetic sequence 연속하는 항들 사이의 차이가 일정한 수열.

수열sequence 순서를 바꿀 수 없는 수의 배열.

수열의 길이length of a sequence 수열의 항의 개수.

수열의 원소members of a sequence 수열에 나타나는 수.

수열의 일반항general term of a sequence 수열의 순서에 대한 함수로써 수열의 각 항들을 나타내는 식.

수열의 합/급수 series 수열의 항들의 합.

수열의 항 terms of a sequence 수열에 나타나는 수들.

수학적 귀납법mathematical induction 수학적 증명 방법 중 하나.

시그마 기호sigma notation 수열의 항들의 합을 나타내는 간단한 기호이며 합의 기호라고도 함.

이항계수 binomial coefficient 이항전개의 계수.

이항전개binomial expansion 임의의 수 a와 b, 임의의 정수 n에 대해 $(a + b)^n$의 전개식을 간단히 표현한 식.

이항정리binomial theorem 이항식의 전개를 계산하는 공식.

파스칼 삼각형 Pascal triangle 이항전개의 이항계수들을 빠르게 구할 수 있는 방법.

합의 위끝upper limit of summation 시그마 기호에서 합의 지표의 가장 큰 값.

합의 지표 index of summation 시그마 기호를 포함한 식에서 사용되는 변수.

종합문제

일반항이 주어진 다음 수열의 처음 다섯 항을 구하여라.

1. $a_n = 4n + 6$

2. $a_n = 2^{n-2}$

3. 연습문제 1의 수열의 10번째 항을 구하여라.

4. 연습문제 2의 수열의 15번째 항을 구하여라.

다음은 수열의 첫 네 항이다. 수열의 일반항을 구하여라. (답은 유일하지 않을 수 있다.)

5. $-1/2$, $1/4$, $-1/8$, $1/16$, $\ldots$

6. 27, 125, 343, 729, $\ldots$

7. 종합문제 5의 수열의 11번째 항

8. 종합문제 6의 수열의 6번째 항

다음 수열은 초항과 $n \geq 2$일 때의 귀납적 관계에 의해 귀납적으로 정의된 수열이다. 각 수열의 처음 6개의 항을 구하여라.

9. $a_1 = 3$, $a_n = 4a_{n-1} + 3$

10. $a_1 = 1$, $a_n = (2n + 1)a_{n-1}$

11. $a_1 = 7$, $a_n = 2/a_{n-1}$

계승을 포함한 다음 식을 간단히 하여라.

12. $\dfrac{137!}{134!}$

13. $\dfrac{37! - 35!}{33!}$

다음 합을 계산하여라.

14. $\displaystyle\sum_{n=1}^{7} \dfrac{1}{2^n}$

15. $\displaystyle\sum_{n=5}^{7} n^3 + 2n^2$

다음 문제는 유한수열의 합을 구하여 풀 수 있다. 문제에 포함된 합을 구하고 이를 이용하여 문제를 풀어라.

16. 노트북 컴퓨터의 배터리를 재충전하면 원래의 충진 상태를 모두 회복하지 못한다. 재충전하는 경우 이전 충전량의 99.5%만 재충전할 수 있다고 가정하자. n번의 방전/재충전 사이클 후에 배터리에 저장된 총 에너지를 표현하는 합의 공식을 구하여라. 초기 배터리 용량은 80 Wh이다. 7회의 방전/재충전 사이클 후에는 얼마나 많은 에너지가 배터리에 저장되어 있는가?

17. 헤르미오네(Hermione)는 학기 초 책을 사는 데 17 갈레온(galleon)을 쓴다. 이후 매주 3갈레온의 책을 산다. 헤르미오네가 이번 학기 중 n주 동안 책을 사는 데 쓴 비용의 합을 구하여라. 이 식을 사용하여 학기 중 13주 동안 책에 얼마를 지출했는지 확인하여라.

다음 수열이 등차수열인지 여부를 결정하여라. 등차수열이면 공차를 구하여라. 등차수열이 아니면 그 이유를 설명하여라.

18. -5, -1, 3, 7, $\ldots$

19. 17, 20, 24, 29, $\ldots$

다음은 등차수열의 초항과 공차이다. 각 수열을 처음 다섯 항과 그 끝에 줄임표를 붙여 나열하여라.

20. $a_1 = 3/2$, 공차 $3/8$

21. $a_1 = -7$, 공차 -4

다음은 등차수열의 처음 몇 개의 항들이다. 수열의 일반항을 구하여라.

22. 21, 26, 31, 36, $\ldots$

23. -4, -1, 2, 5, $\ldots$

24. 종합문제 22의 수열의 100번째 항을 구하여라.

25. 종합문제 23의 수열의 100번째 항을 구하여라.

다음은 일반항이 주어진 등차수열이다. 지시된 항들의 합을 구하여라.

26. 수열 $a_n = -5 + (n - 1)3/8$의 처음 60개의 항들의 합을 구하여라.

27. 수열 $a_n = 45 + (n - 1)(0.1)$의 처음 75개의 항들의 합을 구하여라.

다음 수열이 등비수열이면 공비를 구하여라. 등비수열이 아니면 그 이유를 설명하여라.

28. 1, 5, 25, 125, $\ldots$

29. 1, π, π^2, π^3, $\ldots$

30. 0, 3, 15, 225, $\ldots$

다음은 등비수열의 초항과 공비이다. 이 수열의 처음 네 항을 구하여라.

31. $a_1 = 3$, $r = 4$

32. $a_1 = 8$, $r = 1/2$

33. 종합문제 31의 수열의 10번째 항을 구하여라.

34. 종합문제 32의 수열의 10번째 항을 구하여라.

다음 문제에는 등비수열의 처음 몇 개의 항이 주어져 있다. 공비와 지시된 수열의 항을 구하여라.

35. 5, 15, 45, $\ldots$, 9번째 항

36. 7, 10.5, 15.75, $\ldots$, 7번째 항

다음 유한 등비수열의 합을 구하여라.

37. $\displaystyle\sum_{n=1}^{8} 3(2)^{n-1}$

38. $\displaystyle\sum_{n=1}^{7} \frac{1}{3}\left(\frac{1}{3}\right)^{n-1}$

등비수열을 이용하여 다음 응용문제를 풀어라.

39. 원금 1,000만 원을 1%의 이자를 주는 곳에 투자한다고 가정하자. 이자는 복리로 (a) 매년 (b) 매 분기마다 가산될 때 10년 후의 원리금 합을 구하여라.

40. 주현이는 은퇴를 계획하고 있다. 그는 은퇴 이후 20년을 살 것이며, 은퇴까지는 40년이 남아 있다고 한다. 그는 퇴직 첫 해에 4,000만 원을 받기를 희망하고 그 후 매년 이전 연도보다 3%씩 더 받기를 원한다. 주현이는 첫 해에 특정 금액을 저축하고, 그 후 은퇴 시까지 매년 4%씩 늘여 저축할 계획이다. 이자를 고려하지 않으면 주현이는 첫 해에 얼마를 저축해야 하는가?

다음 명제를 수학적 귀납법으로 증명하여라.

41. $6 + 18 + 54 + 162 + \cdots + 2 \cdot 3^n = 3^{n+1} - 3$

42. 모든 양의 정수 n에 대해 5는 $6n-1$을 나눈다.

다음 이항계수를 계산하여라.

43. $_8C_3$

44. $_{12}C_6$

이항정리를 사용하여 다음 식을 전개하여라.

45. $(2x + 5)^4$

46. $\left(3x^2 + \dfrac{2}{y}\right)^5$

파스칼 삼각형을 이용하여 다음 식을 전개하여라.

47. $(3x - y)^4$

48. $(2u + v)^5$

다음 식의 전개식에서 처음 세 항을 구하여라.

49. $\dfrac{1}{(u+v)^5}$

50. $\dfrac{1}{(5t-1)^4}$

Chapter 7

직각삼각형과 삼각법
Right-Triangle Geometry and Trigonometry

직각삼각형(right triangle)은 가장 많이 응용되는 기하학의 기본 도형 중 하나로 한 꼭짓점의 각이 90°인 삼각형이다. 직각삼각형은 삼각법 (trigonometry) 연구의 초석으로서 중요한 역할을 한다. 이 장에서 다루는 삼각 법은 말 그대로 삼각형의 연구(study of triangle)를 의미한다.

삼각법은 고대 그리스에서 그 기원을 찾을 수 있는데, 계산 측면의 기하학의 시 작점이며 먼 거리에서도 사물을 측정할 수 있는 도구로도 응용할 수 있다. 삼각법 은 기하학과 구별되는데, 삼각법은 삼각형의 변과 각의 측정과 그 측정에 의해 결정되는 관계들을 다루며, 기하학은 일반적인 도형의 성질에 대한 연구이다.

도형의 측정(변의 길이, 넓이, 둘레의 길이 등)은 센티미터, 미터 등과 같이 잘 알 려진 특정 단위를 사용하여 나타낸다. 한편 각에는 두 가지 측정단위가 있는데 하나는 잘 알고 있는 '도'이고 다른 하나는 이보다는 덜 알려진 '라디안'이다. 이 각의 측정은 사인, 코사인, 탄젠트 등의 삼각함수에 의해 삼각형의 변의 길이와 연관되어 있으며 이 장에서 살펴본다.

삼각함수는 앞에서 경험한 대수함수와는 전혀 다른 함수이다. 사실, 역사적으로, 수학에서 함수표는 함수들의 값을 표로 만든 것이지만 이를 이용하더라도 함수 와 관련된 계산은 복잡하며 이것이 로그와 로그자 같은 수학적 도구를 만들어 사 용하는 동기가 되었다. 그러나 함수는 다양한 응용 분야에서 수학적 모델에 사용 되므로 이러한 함수를 자세히 살펴보는 것이 필요하다.

이 장의 내용을 학습하면 다음을 할 수 있다.

- 각을 도에서 라디안으로 또는 그 반대로 변환하기
- 계산기를 이용하여 한 각에 대한 여섯 개의 삼각함수의 값 구하기
- 계산기를 이용하여 특정한 삼각함수 값을 갖는 예각 구하기
- 직각삼각형의 각 또는 변의 길이 구하기
- 직각삼각형을 포함한 응용문제 풀기

7.1 │ 각의 측정

도 단위의 각의 측정

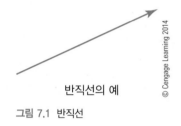

반직선의 예

그림 7.1 반직선

한 점에서 시작하여 한 방향으로 뻗어 나가는 반직선(ray)의 개념이 삼각법(trigo-nometry)의 기초가 된다. 반직선이 시작하는 점을 끝점(end point)이라 하며 반직선이 뻗어 나가는 방향은 반직선의 화살표 끝으로 나타낸다(그림 7.1).

끝점이 고정된 반직선이 그림 7.2와 같이 처음 위치에서 회전하여 새로운 위치로 이동하면 두 위치 사이에 각(angle)이라는 도형을 만든다. 반직선이 한 바퀴 돌아서 시작 위치로 돌아오는 것을 1회전 하였다고 말한다. 처음 위치는 수평선으로 설정하는 것이 일반적이다. 이렇게 처음 위치가 수평선인 각을 표준위치(standard position)의 각이라 한다.

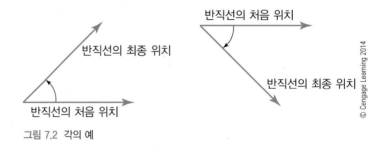

그림 7.2 각의 예

1회전을 360°로 정의하므로 1도(degree)는 1회전의 1/360이다. 1도를 더 나누어 세분화된 단위로 나타낼 수도 있고 소수 또는 분수로도 나타낼 수 있다. 따라서 $83.125°$ 또는 $71\frac{1}{2}°$와 같은 각도 드물지 않게 나타난다. 각도기를 사용하면 주어진 각을 도로 측정할 수 있다. 각도기는 일반적으로 $180°$가 1도 단위로 표시되어 있는 반원 모양을 갖는다(그림 7.3).

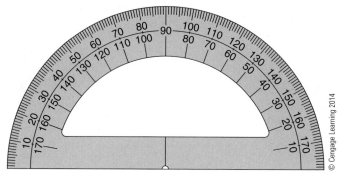

© Cengage Learning 2014

그림 7.3 각도기

'도' 단위를 분할하는 다른 방법은 **육십진법(sexagesimal system)**이다. '육십분의(sexagesimal)'라는 개념은 생소할 수 있다. 이는 일상적인 대화에서 사용하는 단어는 아니지만 1시간이 60분으로 나누어지고 1분이 60초로 나누어진 것과 같이 60으로 분할하는 것을 의미한다. 육십진법에서 1도는 60분으로, 1분은 60초로 나누어진다. 따라서 도는 시간이 '분'과 '초'로 구성되는 방식과 유사하게 나누어진다.

분을 나타내는 기호는 한 개의 아포스트로피(')이며, 초는 두 개의 아포스트로피(")로 나타낸다. 예를 들어 34°15'45"는 '34도 15분 45초'로 읽는다.

이 관계를 통해 한 측정 단위의 측정값을 다른 측정 단위의 값으로 변환하는 데 사용할 수 있는 **변환 요소(conversion factor)**를 얻을 수 있다. 이 경우 도 단위에서 분과 초를 정의했으므로 다음과 같은 변환 요소를 얻을 수 있다.

$$\left(\frac{1°}{60'}\right), \left(\frac{60'}{1°}\right), \left(\frac{1'}{60"}\right), \left(\frac{60"}{1'}\right)$$

이 변환 요소를 사용하면 다음과 같이 $1° = 3600"$임을 알 수 있다.

$$\frac{1°}{60'} \times \frac{1'}{60"} = \frac{1°}{3600"}$$

이 공식들을 사용하면 각의 분수나 소수부분을 분과 초로 쉽게 변환할 수 있으며 이를 통해 단위 변환 방법을 연습할 수 있다. 예를 들어 24.6°를 육십진법으로 변환하여 보자. 변환을 수행하면 도 단위의 정수부분은 그대로 유지되지만 소수부분은 분과 초로 변화된다. 변환을 위해 위의 변환 요소를 다음과 같이 사용한다.

$$\frac{0.6°}{1} \times \frac{60'}{1°} = \frac{36'}{1}$$

따라서 24.6°는 24°36'과 동치이다. 만약 초까지 나타내고자 한다면 24°36'0"로 나타낸다. 이렇게 도, 분, 초 전체를 나타내는 것을 **도분초 표기법** 또는 **DMS 표기법**이라 한다.

Note

다음 동치관계를 기억하는 것이 유용하다.

$1° = 60'$ (1도는 60분)

$1' = 60"$ (1분은 60초)

Note

도와 초 사이의 관계

$1° = 60' = 3600"$

예제 7.1 16.555°를 DMS 표기법으로 변환하여라.

풀이

도 단위의 수의 정수부분은 그대로 두고 소수부분을 분과 초로 변환하자. 변환 요소를 이용하여 먼저 분으로 변환하고 (필요하다면) 초로 변환한다.

$$\frac{0.555°}{1} \times \frac{60'}{1°} = 33.3'$$

분으로의 변환 결과가 정수가 아니므로 분의 소수부분을 초로 변환한다.

$$\frac{0.3'}{1} \times \frac{60''}{1'} = 18''$$

따라서 16.555°를 DMS 표기법으로 나타내면 16°33'18"이다.

예제 7.2 95°36'45"를 도 단위의 10진수로 나타내어라.

풀이

도를 DMS로 또는 그 반대로의 변환에서 각의 정수부분은 그대로 두므로 95°는 고려하지 않는다. 분과 초를 10진수 도 형식으로 변환하고 정수부분과 결합하자. 변환 요소를 사용하면 $\frac{36'}{1} \times \frac{1°}{60'} = 0.6°$이고 $\frac{45''}{1} \times \frac{1°}{3600''} = 0.0125°$이다. 따라서 이 결과를 더하면 10진수 도 형식은 95.6125°이다.

도 단위의 각의 측정에는 익숙하겠지만, 도 단위의 각의 사용은 삼각법의 실제 응용에서 약간 복잡한 상황을 만들 수 있다. 각도를 측정하는 또 다른 체계는 임의의 반지름의 원을 사용하는데, 도 단위의 각을 사용하여 생기는 문제로부터 벗어나게 한다. 이 각의 측정 방법은 원의 반지름과 호의 길이를 사용하기 때문에 **호도법**(radian system of measurement)이라 한다.

호도법에 의한 각의 측정

중심이 O이고 반지름이 r인 원에서 그림 7.4와 같이 반직선 OA를 그리자. 만약 반직선이 O를 중심으로 반지름의 길이와 같은 길이를 갖는 호 AB를 그려가며 회전한다고 하자. 이 각 AOB의 크기가 호도법에서의 단위각인데 이를 **1라디안**(radian, rad)이라 한다.

호도법에서 각의 측정은 시작 및 최종 반직선 위치 사이의 호의 길이를 측정하고 원의 반지름으로 이 호의 길이를 나누어 확인할 수 있다. 호의 길이와 반지름의 측정 단위에 상관없이 이 비율은 실수이며 호도법의 각이다.

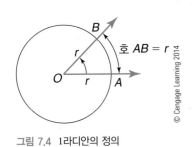

그림 7.4 1라디안의 정의

원의 둘레의 길이는 $C = 2\pi r$이므로 원의 1회전에 대응하는 각의 크기는 2π라디안이다. 이 각을 도 단위로 나타내면 360°이므로 두 각의 측정방법이 연결되는 중요한 동치관계를 발견하였다.

이 등식은 서로 다른 단위의 각을 변환하게 하는 변환 요소를 얻게 해준다.

$$\left(\frac{\pi}{180°}\right), \left(\frac{180°}{\pi}\right)$$

Note

1회전 = 2π라디안 = 360°이므로 π라디안 = 180°이다.

예제 7.3 2.456라디안을 도로 변환하여라.

풀이

단위 변환을 위해 주어진 각을 분모가 1인 분수 $\frac{2.456 \text{ rad}}{1}$로 두자. '라디안' 기호는 꼭 필요한 것은 아니지만 강조하기 위해 사용하였으며, 도 기호가 없는 각은 라디안 단위의 각이라 이해한다.

이렇게 바꾼 분수에 없애고자 하는 단위가 분모에 있는 변환 요소를 곱한다. 따라서 $\left(\frac{180°}{\pi}\right)$를 이용하여 곱하면 다음과 같다.

$$\frac{2.456 \text{ rad}}{1} \times \frac{180°}{\pi \text{ rad}} = 140.7°$$

이 과정은 각을 측정할 때 많이 사용된다. 따라서 다음 내용을 공부하기 전에 이 변환 과정을 완전히 이해해야 한다.

사실은 위 식에서 기술적으로 표기법을 남용하였다. 실제로 도 단위의 각은 정확히 140.7°가 아닌 약 140.7°이다. 이후 예제와 계산에서도 별 다른 언급 없이 근삿값을 사용할 것이다.

예제 7.4 60°를 라디안으로 변환하여라.

풀이

도를 라디안으로 변환하는 것이므로 적당한 변환 요소를 선택하자. 앞의 경우와 같이 분모가 1인 분수 $\frac{60°}{1}$로 바꾸자. 도 단위를 소거하기 위해 분모에 도를 포함한 변환 요소를 곱한다. 즉, 변환 요소 $\left(\frac{\pi}{180°}\right)$를 선택한다. 이 요소를 분수에 곱하면 다음을 얻는다.

$$\left(\frac{60°}{1}\right) \times \left(\frac{\pi}{180°}\right) = \frac{\pi}{3}$$

이제 자주 사용하는 예각과 이와 동치인 라디안의 각의 표를 작성하는 것이 도움이 된다(표 7.1). 예제 7.2와 같이 변환 요소 $\left(\dfrac{\pi}{180°}\right)$를 곱하면 바로 얻을 수 있으므로 계산은 연습문제로 남겨둔다.

표 7.1 예각에 대한 도와 라디안의 각

도 단위	라디안 단위
30°	$\dfrac{\pi}{6}$
45°	$\dfrac{\pi}{4}$
60°	$\dfrac{\pi}{3}$

© Cengage Learning 2014

예제 7.5 20°35'42"를 라디안으로 변환하여라.

풀이

먼저 분과 초를 도로 변환하고 정수부분과 함께 더하여 도 단위의 10진수를 구하자. 그리고 이 도 단위의 10진수를 라디안으로 변환한다.

$$분을 도로 변환: \frac{35'}{1} \times \frac{1°}{60'} = 0.5833°$$

$$초를 도로 변환: \frac{42"}{1} \times \frac{1°}{3600"} = 0.0117°$$

따라서 도, 분, 초와 각각 동치인 도 형식의 10진수들을 결합하면 20.5950°이다. 이제 이 각을 라디안으로 변환하면 다음과 같다

$$\frac{20.5950°}{1} \times \frac{\pi}{180°} = 0.3595$$

따라서 라디안으로 변환한 결과는 0.3595라디안이다.

예제 7.6 2.343782라디안을 도, 분, 초로 변환하여라.

풀이

먼저 라디안을 도로 변환하고 도로 변환된 결과의 소수부분을 분으로, 분으로 변환된 결과의 소수부분을 초로 변환한다. 매우 복잡해 보이지만, 실제로는 체계적이다. 먼저 라디안을 도로 변환한다.

$$2.343782 \text{ rad} = \frac{180°}{\pi} \times 2.343782$$

$$= 134.2888°$$

도 단위의 각의 소수부분을 분으로 변환한다.

$$1° = 60'\text{이므로 } 0.2888° × 60' = 17.328'$$

분 단위의 각의 소수부분을 초로 변환한다.

$$1' = 60''\text{이므로 } 0.328' × 60'' = 19''$$

따라서 $2.343782 \text{ rad} = 134°17'19''$이다(실제로는 $134°17'19.74''$).

연습문제

다음 물음에 대해 답하여라.

1. '1도'의 의미는 무엇인가?

2. '1라디안'의 의미는 무엇인가?

3. $19.3875°$와 같은 도 단위의 각을 DMS 표기법으로 변환하는 절차는 무엇인가?

4. 라디안의 각을 도 단위의 각으로 변환하는 절차는 무엇인가?

다음 각들을 표준위치에 그려라. 각의 최종 위치의 반직선이 위치하는 사분면을 구하여라.

5. $150°$ 6. $300°$

7. $310°$ 8. $285°$

9. $-200°$ 10. $260°$

11. $-40°$ 12. $400°$

다음 도 단위의 각을 라디안 단위의 각으로 변환하여라.

13. $45°$ 14. $30°$

15. $90°$ 16. $150°$

17. $235°$ 18. $245°$

19. $-48.5°$ 20. $175°$

다음 라디안의 각을 도의 각으로 변환하여라.

21. $\dfrac{\pi}{4}$ 22. $\dfrac{5\pi}{6}$

23. $\dfrac{13\pi}{12}$ 24. $\dfrac{11\pi}{12}$

25. $\dfrac{2\pi}{7}$ 26. $-\dfrac{9\pi}{2}$

27. $\dfrac{15\pi}{8}$ 28. 3

29. -4.5 30. 1.35

31. 2.75

다음 각들을 표준위치에 그려라. 각의 최종 위치의 반직선이 위치하는 사분면을 구하여라.

32. $\dfrac{3\pi}{5}$ 33. $\dfrac{7\pi}{6}$

34. $-\dfrac{5\pi}{4}$ 35. $-\dfrac{11\pi}{6}$

36. 5 37. -4

38. 1.5 39. 3.25

다음 도의 각을 DMS 표기법으로 변환하여라.

40. $200.25°$ 41. $175.375°$

42. $-25.6°$ 43. $-130.8°$

44. $0.65°$ 45. $-1.875°$

다음 각을 도 단위의 10진수로 변환하여라. 필요하면 소수점 네 번째 자리에서 반올림하여라.

46. $45°15'45''$ 47. $-50°18'30''$

48. $-230°50'$ 49. $300°10'45''$

다음 각을 라디안 단위로 변환하여라. 필요하면 소수점 네 번째 자리에서 반올림하여라.

50. $95°45'30''$ 51. $-120°20'15''$

52. $-300°12'24''$ 53. $210°18'36''$

7.2 삼각함수

이 절에서는 직각삼각형의 변들의 비를 이용하여 삼각함수를 정의한다. 삼각함수 또는 삼각비를 이용하면 직각삼각형의 알려지지 않은 변의 길이나 각의 크기를 구할 수 있고 다양한 응용문제도 해결할 수 있다.

삼각함수의 정의

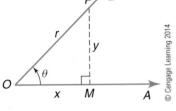

그림 7.5 예각과 이와 관련된 직각삼각형의 변들

그림 7.5와 같이 반직선 OA가 처음 위치에서 회전하여 OB까지 예각 θ만큼 회전했다고 하자. OB 위에 임의로 점 P를 잡고 P에서 OA의 점 M에 수직선을 그어 보자. 삼각형의 빗변(직각삼각형의 90° 각의 대변) $OP = r$로 두고 수직선 $PM = y$, 예각과 인접한 변 $OM = x$라 두자.

이러한 직각삼각형의 변의 길이를 이용하여 다음과 같이 삼각함수를 정의한다.

$$\theta\text{의 사인(sine)} = \sin\theta = \frac{y}{r} = \frac{\text{대변}}{\text{빗변}}$$

$$\theta\text{의 코사인(cosine)} = \cos\theta = \frac{x}{r} = \frac{\text{이웃변}}{\text{빗변}}$$

$$\theta\text{의 탄젠트(tangent)} = \tan\theta = \frac{y}{x} = \frac{\text{대변}}{\text{이웃변}}$$

$$\theta\text{의 코시컨트(cosecant)} = \csc\theta = \frac{r}{y} = \frac{\text{빗변}}{\text{대변}}$$

$$\theta\text{의 시컨트(secant)} = \sec\theta = \frac{r}{x} = \frac{\text{빗변}}{\text{이웃변}}$$

$$\theta\text{의 코탄젠트(cotangent)} = \cot\theta = \frac{x}{y} = \frac{\text{이웃변}}{\text{대변}}$$

Note

직각삼각형에서 각 θ의 대변이 y, 이웃변이 x, 빗변이 r이면 u에 대한 삼각함수는 다음과 같이 정의된다.

$$\sin\theta = \frac{y}{r}, \cos\theta = \frac{x}{r},$$
$$\tan\theta = \frac{y}{x}, \csc\theta = \frac{r}{y},$$
$$\sec\theta = \frac{r}{x}, \cot\theta = \frac{x}{y}.$$

머리글자 'SOHCAHTOA'를 이용하면 삼각함수의 정의를 기억할 수 있다. 이 머리글자는 세 부분 SOH, CAH, TOA로 나눌 수 있다. 이들은 사인(sine)은 대변(opposite) 나누기 빗변(hypotenuse) 'SOH', 코사인(cosine)은 이웃변(adjacent) 나누기 빗변(hypotenuse) 'CAH', 탄젠트(tangent)는 대변(opposite) 나누기 이웃변(adjacent) 'TOA'으로 정의됨을 의미한다. 이 관계를 기억하는 다른 방법도 있는데 어떤 방식을 사용하든지 삼각함수의 정의는 꼭 기억해야 한다. 삼각함수는 앞으로 여러 분야에서 사용되기 때문이다.

삼각함수는 각 θ에 의해 결정되는 값으로 반직선의 최종 위치인 OB 위의 점 P의 위치와는 상관없다. 즉 OB 위의 다른 점 P를 선택하면 PM, OM, OP의 길이는 바뀌지만 이들이 비는 변하지 않는다. 그 이유는 P와 다른 OB 위의 점을 P_1이라 하고

그림 7.6과 같이 처음 삼각형과 닮음인 삼각형을 만들어 보면 대응하는 변의 길이의 비는 같기 때문이다.

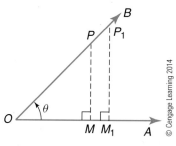

그림 7.6 기하학적으로 닮은 직각삼각형들

삼각함수들의 관계

앞에서 정의한 여섯 개의 삼각함수는 일반적인 대수 연산을 통해 상호 관련이 있음을 알 수 있다. 삼각함수는 3가지 역수관계를 이루며 2가지 몫의 관계를 형성한다. 이들 삼각함수의 관계들은 함수의 정의에 의한 직접적인 결과이므로 정의로부터 자연스럽게 성립한다.

역수관계는 다음과 같다.

$$\sin\theta = \frac{y}{r} \text{이고 } \csc\theta = \frac{r}{y} \text{이므로 } \sin\theta = \frac{1}{\csc\theta}$$

$$\cos\theta = \frac{x}{r} \text{이고 } \sec\theta = \frac{r}{x} \text{이므로 } \cos\theta = \frac{1}{\sec\theta}$$

$$\tan\theta = \frac{y}{x} \text{이고 } \cot\theta = \frac{x}{y} \text{이므로 } \tan\theta = \frac{1}{\cot\theta}$$

다른 역수관계는 이 역수관계들을 변형하여 얻을 수 있다.

삼각함수를 약간 변형하면 더 많은 관계를 찾을 수 있다. 이러한 관계식을 통해 삼각함수의 식을 간단히 할 수 있으므로 더 많은 관계를 찾을수록 편리하다. 예를 들어 사인과 코사인을 각각 분자와 분모로 또는 분모와 분자로 갖는 분수를 만들 수 있다.

$$\sin\theta = \frac{y}{r}, \cos\theta = \frac{x}{r}, \tan\theta = \frac{y}{x} \text{이므로}$$

$$\frac{\sin\theta}{\cos\theta} = \frac{y/r}{x/r} = \frac{y}{x} = \tan\theta$$

또한

$$\sin\theta = \frac{y}{r}, \cos\theta = \frac{x}{r}, \cot\theta = \frac{x}{y} \text{이므로}$$

$$\frac{\cos\theta}{\sin\theta} = \frac{x/r}{y/r} = \frac{x}{y} = \cot\theta$$

이러한 관계를 사인과 코사인의 '비' 또는 '몫' 관계라고 부른다.

삼각함수와 식의 값

직각삼각형의 한 각에 대한 삼각함수의 값은 삼각함수의 정의와 직각삼각형의 변의 길이를 이용하여 구할 수 있다. 각의 크기를 안다면 계산기를 이용하여 삼각함수의 값을 구할 수도 있다. 함수 입력버튼인 sin, cos, tan을 이용하여 세 삼각비를 구

Note

삼각함수들의 주요 역수관계는 다음과 같다.

$$\sin\theta = \frac{1}{\csc\theta}$$
$$\cos\theta = \frac{1}{\sec\theta}$$
$$\tan\theta = \frac{1}{\cot\theta}$$

Note

삼각함수들의 비(또는 몫) 관계는 다음과 같다.

$$\frac{\sin\theta}{\cos\theta} = \tan x$$
$$\frac{\cos\theta}{\sin\theta} = \cot x$$

하고 이들의 역수도 계산할 수 있다. 삼각함수를 포함하는 식의 계산도 다른 대수식과 마찬가지이다.

Note

계산기를 사용할 때는 '항상' 적당한 모드(도 또는 라디안)를 선택했는지 확인하자.

계산기를 사용할 때는 각의 '모드(mode)'를 주의해서 설정해야 한다. 측정값이 도 단위인 경우 계산기가 '도(degree) 모드'에 있는지 확인하고 측정값이 라디안인 경우 계산기가 '라디안(radian) 모드'인지 확인하자. 올바른 모드인지 확인하지 않으면 계산 오류가 발생할 수 있다.

재미있는 문제로 30°의 각과 30라디안의 각의 크기를 비교해 보자. 30라디안을 익숙한 단위인 도로 변환하면 약 3,437°가 된다. 따라서 30°와 30라디안의 계산결과는 매우 다르다는 것을 알 수 있다.

삼각함수의 값을 계산하기 위해 수학적 결과 중에 고대로부터 유명한 피타고라스 정리(Pythagorean Theorem)를 이용하자.

> 직각 삼각형의 직각을 낀 두 변(legs of a right triangle)의 길이의 제곱의 합은 빗변(hypotenuse)의 길이의 제곱과 같다.

그림 7.7 직각삼각형

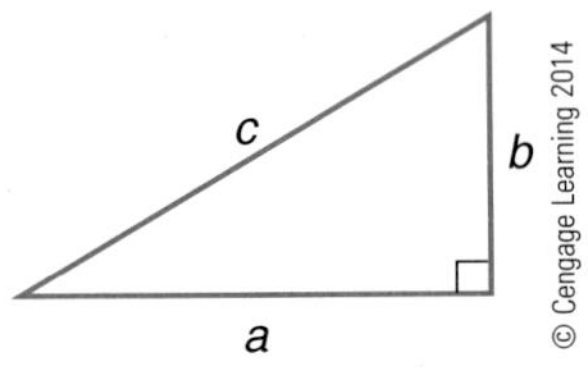

a와 b가 직각을 낀 두 변의 길이이고 c가 빗변(직각의 대변, 그림 7.7)의 길이라 하면 피타고라스 정리는 다음과 같다.

$$a^2 + b^2 = c^2$$

예제 7.7 그림 7.8의 직각삼각형의 각 θ에 대한 여섯 개의 삼각함수의 값을 구하여라.

그림 7.8 예제 7.7의 직각삼각형

풀이

직각삼각형의 빗변의 길이를 구하기 위해 피타고라스 정리를 이용하면 빗변 = $\sqrt{3.47^2 + 6.35^2} = \sqrt{52.3} = 7.23$이다.

세 변의 길이를 이용해 여섯 개의 삼각함수의 값을 정의에 의해 계산하면

$$\sin\theta = \frac{\text{대변}}{\text{빗변}} = \frac{3.47}{7.23} = 0.480$$

$$\cos\theta = \frac{\text{이웃변}}{\text{빗변}} = \frac{6.35}{7.23} = 0.878$$

$$\tan\theta = \frac{\text{대변}}{\text{이웃변}} = \frac{3.47}{6.35} = 0.546$$

$$\cot\theta = \frac{\text{이웃변}}{\text{대변}} = \frac{6.35}{3.47} = 1.83$$

$$\sec\theta = \frac{\text{빗변}}{\text{이웃변}} = \frac{7.23}{6.35} = 1.14$$

$$\csc\theta = \frac{\text{빗변}}{\text{대변}} = \frac{7.23}{3.47} = 2.08$$

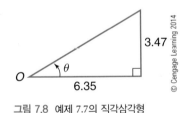

예제 7.8 sin(53°)의 값을 소수점 네 번째 자리까지 구하여라.

풀이

계산기를 도 모드로 설정하고 53을 입력한 후 sin 함수키를 누른다. 소수점 네 번째 자리까지 구하면 0.79863551이므로 다음과 같다.

$$\sin(53°) = 0.7986$$

Remark

계산기의 입력 순서를 언급하였는데 어떤 계산기는 순서가 다를 수 있다. 주로 그래픽 계산기나 다기능 계산기인 경우 먼저 sin 함수키를 누르고, 그 다음 53을 입력한 후 ENTER나 =키를 누른다. 계산기의 설명서를 참고하거나 실제로 입력하여 입력 순서를 알아두자.

예제 7.9 cos(1.298)의 값을 소수점 네 번째 자리까지 구하여라.

풀이

도 기호가 없으므로 각의 단위는 라디안이고 따라서 계산기를 라디안 모드로 설정한다. 1.298을 누른 후 cos 함수키를 누른다. 답은 0.2694254087이므로 소수점 네 번째 자리까지 구하면 다음과 같다.

$$\cos(1.298) = 0.2694$$

예제 7.10 cot(53°)의 값을 소수점 네 번째 자리까지 구하여라.

풀이

도 모드로 설정하고 53을 입력한 다음 tan키를 누른다. 이 값은 구하려는 값의 역수이므로 $1/x$나 x^{-1}키를 누른다. 결과는 0.753554051이므로 소수점 네 번째 자리까지 구하면 다음과 같다.

$$\cot(53°) = 0.7536$$

Note

예제 7.10에서 코탄젠트의 값을 구하기 위해 tan키와 역수키를 함께 이용했다. 계산기에는 함수 $\tan^{-1}$이 있는데 이는 코탄젠트와는 다른 함수이다. 이 함수에 대해서는 곧 설명할 것이다.

예제 7.11 2.5 sin 1.3 + 4 cos 0.6을 소수점 네 번째 자리까지 구하여라.

풀이

계산기를 라디안 모드로 설정하고 삼각함수의 값을 입력한다.

$$2.5 \sin 1.3 + 4 \cos 0.6 = 5.7102$$

삼각함수의 값에서 각 구하기

한 각의 삼각함수의 값을 아는 경우 역함수(inverse)를 이용하여 해당 각을 구할 수 있다. 이를 기호로 나타내면 다음과 같다.

$$\sin \theta = A \text{이면} \quad \theta = \arcsin A \ \text{또는} \ \theta = \sin^{-1} A$$

이를 '각 세타의 사인은 A', '세타는 A의 아크사인(arcsine)', '세타는 사인 A의 역함수 값'이라 한다. 세 명제는 모두 동치이다.

다른 삼각함수에 대해서도 같은 작업을 수행할 수 있다. 즉, $\arccos A$ 또는 $\cos^{-1} A$와 $\arctan A$ 또는 $\tan^{-1} A$를 정의할 수 있다. 계산기에서 $\sin^{-1}$, $\cos^{-1}$, $\tan^{-1}$ 키를 이용하여 각을 계산할 수 있는데 보통 이들 키는 'Shift' 키나 'INV' 키를 눌러 입력할 수 있다.

Note

$\sin \theta = A$이면 $\theta = \arcsin A$ 또는 $\theta = \sin^{-1} A$이다.

예제 7.12 $\sin \theta = 0.5432$일 때 θ를 도와 라디안으로 구하여라.

풀이

계산기를 도 모드로 설정하고 함수를 이용하면 $\sin^{-1} 0.5432 \approx 32.9°$이다. 라디안 모드로 변경하고 $\sin^{-1}$ 함수를 이용하면 $\sin^{-1} 0.5432 \approx 0.574$라디안이다.

예제 7.13 $\csc \theta = 1.841$일 때 θ를 도로 구하여라.

풀이

먼저 $\sin \theta = \dfrac{1}{\csc \theta} = \dfrac{1}{1.841} \approx 0.5432$이다. 계산기를 도 모드로 설정하고 $\sin^{-1}$ 함수를 이용하면 다음과 같다.

$$\sin^{-1} 0.5432 \approx 32.9°$$

연습문제

다음 물음에 대해 답하여라.

1. $y = \csc \theta$는 어떻게 읽는가? 각이 직각삼각형의 한 예각이면 y의 값은 어떻게 구하는가?

2. $y = \arccos x$는 어떻게 읽는가? 각이 직각삼각형의 한 예각이면 y의 값은 어떻게 구하는가?

3. 머리글자 SOHCAHTOA는 무엇을 나타내며 어떻게 사용하는가?

4. 기호 $\cos^{-1} x$와 $\sec x$ 사이의 차이점이 있다면 무엇인가? 두 기호가 같은 개념을 나타내는가?

직각삼각형의 한 예각이 θ이고 x는 θ와 인접한 빗변이 아닌 변, y는 θ를 마주보는 대변의 길이이다. θ의 여섯 개의 삼각함수의 값을 반올림하여 소수점 세 번째 자리까지 구하여라.

5. $x = 4.2, y = 6$

6. $x = 4.9, y = 2$

7. $x = 3.7, y = 8$

8. $x = 11.3, y = 5$

9. $x = 2.7, y = 3.1$

10. $x = 3.2, y = 9.7$

11. $x = 6, y = 10$

12. $x = 5, y = 11$

다음 각의 사인, 코사인, 탄젠트의 값을 반올림하여 소수점 네 번째 자리까지 구하여라.

13. $35°$

14. $57°$

15. $100°$

16. $120°$

17. $47°$

18. $19°$

19. $45°$

20. $20°$

21. 1.75

22. 2.8

23. 2.5

24. 3

직각삼각형의 한 예각이 θ이고 x, y, r은 각각 직각삼각형의 이웃변, 대변, 빗변의 길이를 나타낸다. 적당한 역삼각함수를 이용하여 각 θ의 값을 도와 라디안으로 구하여라.

25. $x = 14, y = 11$

26. $x = 9, y = 8$

27. $x = 3.1, y = 2.4$

28. $x = 6.4, y = 5$

29. $x = 3, r = 7$

30. $x = 1.5, r = 5$

31. $y = 3, r = 10$

32. $y = 1.8, r = 2$

33. $y = 4.7, r = 6$

34. $y = 3, r = 7.7$

다음 삼각함수의 식을 계산하여라. 반올림하여 소수점 네 번째 자리까지 구하여라.

35. $4 \cos(3.85) + 2 \sin(1.5)$

36. $2 \cos(1.75) - 4 \sin(2)$

37. $3 \cos 45° - 2 \sin 26°$

38. $10 \sin 80° - 5 \cos 30°$

39. $20 \sin 10° + 18 \cos 55°$

40. $\frac{3}{4} \cos 10 - \frac{1}{5} \sin 20$

41. $\frac{2}{7} \sin 40 + \frac{1}{3} \cos 15$

42. $9 \cos 2 + \frac{2}{3} \sin 3$

다음 주어진 조건으로부터 예각 θ를 도와 라디안으로 구하여라. 필요하면 반올림하여 소수점 네 번째 자리까지 구하여라.

43. $\sin \theta = 0.295$

44. $\cos \theta = 0.125$

45. $\cos \theta = 0.5$

46. $\sin \theta = 0.777$

47. $\tan \theta = 5$

48. $\tan \theta = 1.5$

49. $\csc \theta = 1.75$

50. $\csc \theta = 3.95$

51. $\sec \theta = 9.9$

52. $\sec \theta = 7.1$

53. $\cot \theta = 0.125$

54. $\cot \theta = 0.375$

7.3 직각삼각형

직각삼각형의 변과 각 구하기

직각삼각형의 각 중 하나는 직각이다. 만약 어느 한 변과 한 각 또는 두 변의 길이를 알면 피타고라스 정리를 이용하여 다른 모든 변과 각이 값을 구할 수 있다. 특성한 각의 삼각함수들은 두 변의 길이의 비이므로 이 세 가지 값 중 어느 두 값을 알면 나머지 값도 알 수 있다. 아울러 삼각형의 세 각의 합은 180°임을 기억하자. 다음 예제에서 이를 자유롭게 사용할 것이다.

그림 7.9 예제 7.14의 직각삼각형

© Cengage Learning 2014

예제 7.14 그림 7.9의 직각삼각형의 알려지지 않은 값을 구하여라.

풀이

변 AB와 AC, 각 ACB를 구하자. 변의 길이를 먼저 구하면

$$\sin 23.4° = \frac{3.47}{AC}$$

이므로 AC에 대해 풀면

$$AC = \frac{3.47}{\sin 23.4°} \approx \frac{3.47}{0.3971} \approx 8.74$$

이다. 비슷하게

$$\tan 23.4° = \frac{3.47}{AB}$$

이므로 AB에 대해 풀면

$$AB = \frac{3.47}{\tan 23.4°} \approx \frac{3.47}{0.4327} \approx 8.02$$

이다. 각 ACB를 구하기 위해 180°에서 다른 두 각의 합을 빼면 다음과 같다.

$$각\ ACB \approx 180° - (90° + 23.4°) = 66.6°$$

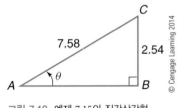

그림 7.10 예제 7.15의 직각삼각형

© Cengage Learning 2014

예제 7.15 그림 7.10의 직각삼각형의 알려지지 않은 값을 구하여라.

풀이

변 AB와 각 ACB, CAB를 구하자. 먼저 피타고라스 정리를 이용하여 AB를 구하면

$$AB = \sqrt{(7.58)^2 - (2.54)^2} \approx 7.14$$

이다. 그림에서

$$\sin\theta = \frac{2.54}{7.58} = 0.3351$$

이므로

$$\theta = \sin^{-1}(0.3351) \approx 19.6°$$

이다. 각 ACB를 구하기 위해 180°에서 다른 두 각의 합을 빼면 다음과 같다.

$$각\ ACB \approx 180° - (90° + 19.6°) = 70.4°$$

직각삼각형의 응용

직각삼각형을 사용하여 물체의 높이와 거리를 구할 수 있다. 물체의 상단을 바라보는 시선이 수평선과 이루는 각을 올림각(angle of elevation)이라 부른다. 물체의 상단에서 수평선의 한 점을 바라보는 시선이 이루는 각을 내림각(angle of depression)이라 부른다. 두 개의 다른 물체에 대한 올림각과 내림각이 그림 7.11에 나와 있다. 삼각함수는 이와 관련된 직각삼각형을 푸는 데 도움이 될 수 있다.

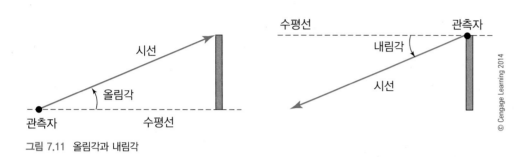

그림 7.11 올림각과 내림각

예제 7.16 관측자가 타워의 밑에서 600 m 떨어진 지점에서 타워의 꼭대기를 본 올림각이 30°이다. 타워의 높이를 구하여라.

풀이

그림 7.12의 직각삼각형에 각과 거리를 나타내었다. 타워의 높이를 h라 하면 $\tan 30° = \dfrac{h}{600}$이다. h에 관해 풀면 다음과 같다.

$$h = 600 \tan 30° = 600(0.5774) = 346.4 \text{ m}$$

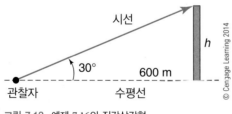

그림 7.12 예제 7.16의 직각삼각형

예제 7.17 두 관측자가 높이가 50미터인 타워의 반대편에 서 있다. 두 사람은 타워의 올림각이 각각 30°와 60°임을 측정하였다. 두 관측자와 타워가 동일한 높이의 위치에 서 있다고 가정하고 두 관측자 사이의 거리를 구하여라.

풀이

그림 7.13의 직각삼각형에 각과 거리를 나타내었다. 타워의 높이를 h라 하면 $\tan 60° = \dfrac{h}{x}$이다. x에 대해 풀면

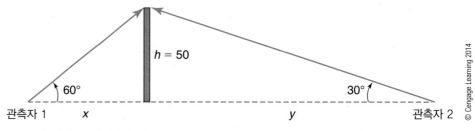

그림 7.13 예제 7.17의 직각삼각형

$$x = \frac{50}{\tan 60°} = \frac{50}{1.732} = 28.9 \text{ m}$$

비슷하게 $\tan 30° = \dfrac{h}{y}$이므로 y에 대해 풀면

$$y = \frac{50}{\tan 30°} = \frac{50}{0.5774} = 86.6 \text{ m}$$

따라서 두 관측자 사이의 거리는 다음과 같다.

$$x + y = 28.9 + 86.6 = 115.5 \text{ m}$$

예제 7.18 언덕 위에서 언덕의 같은 쪽으로 서로 1 km 떨어진 두 이정표를 바라본 내림각이 각각 30°와 45°이다. 언덕의 높이를 구하여라.

풀이

그림 7.14는 관련 높이와 거리를 나타낸다. 그림에서

$$\tan 45° = \frac{h}{x}$$

이므로 엇갈림 곱을 하면

$$h = x \tan 45° = x(1) = x$$

이다. 또한 큰 삼각형에서

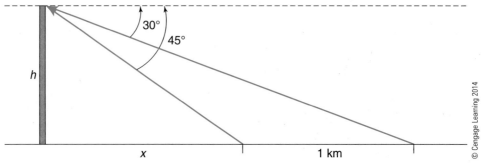

그림 7.14 예제 7.18의 직각삼각형

$$\tan 30° = \frac{h}{x+1}$$

이다. $h = x$를 대입하면 $\tan 30° = \dfrac{x}{x+1}$이다. 엇갈림 곱을 하면

$$x = (x + 1) \tan 30° = (x + 1)(0.5774)$$

이다. x에 대해 풀면 다음과 같다.

$$x \approx \frac{0.5774}{0.4226} = 1.4 \text{ km}$$

예제 7.19 ▶ 반지름이 100 cm인 원에 내접하는 정육각형의 한 변의 길이를 계산하여라.

풀이

그림 7.15는 원에 내접하는 정육각형이다. 정육각형의 대각선을 그리면 이들이 만나 생기는 삼각형은 이등변삼각형으로

$$OP = OQ = 100 \text{ cm}$$

이다. 1회전이 360°이고 1회전이 정육각형의 대각선에 의해 6개로 나뉘므로 각 $POQ = 60°$이다. 각 POQ 를 이등분하기 위해 점 O에서 밑변 PQ에 수선을 내린다. 그러면 각 MOQ는 30°이고 따라서

$$\sin 30° = \frac{QM}{OQ}$$

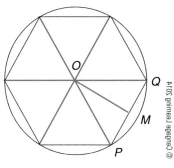

그림 7.15 원에 내접하는 정육각형

이다. QM을 구하면

$$QM = (100) \sin 30° = 100(0.5) = 50$$

이다. 이등변삼각형의 밑변에 수직인 선분은 밑변을 이등분하므로 다음과 같다.

$$PQ = 2(QM) = 2(50 \text{ cm}) = 100 \text{ cm}$$

연습문제

다음 물음에 대해 답하여라.

1. 직각삼각형에서 한 예각에 이웃한 변이란 무엇인가?
2. 직각삼각형에서 한 예각을 마주보는 대변이란 무엇인가?

3. 올림각과 내림각의 차이는 무엇인가?

B가 직각인 직각삼각형 ABC의 주어지지 않은 각과 변의 길이를 구하여라. 필요하면 반올림하여 소수점 두 번째 자리까지 나타내어라.

4. $A = 35°$, $a = 10$ 5. $A = 50°$, $a = 8$

6. $a = 3$, $c = 4$

7. $a = c$, $c = 6$

8. $a = 5$, $b = 8$

9. $a = 13$, $b = 15$

10. $c = 5$, $A = 45°$

11. $c = 7$, $A = 85°$

다음의 상황을 설명하는 직각삼각형을 만들고 삼각함수를 이용하여 풀어라. 필요하면 반올림하여 소수점 두 번째 자리까지 나타내어라.

12. 작은 섬의 해발 5미터 지점 위에 15미터의 등대가 서 있다. 바다 위에 배의 갑판(해발 2미터)에서 등대를 바라본 올림각이 20°임을 관측하였다. 배에서 등대까지의 거리는 얼마인가?

13. 30미터 높이의 창문에서 한 남자가 평지에서 15킬로미터 떨어진 곳 위에 떠 있는 풍선을 바라본다. 풍선에 대한 올림각이 5°이면 풍선의 높이는 얼마인가?

14. 평면 TV 시스템 설계자는 관람석 맨 앞줄에서 14미터 떨어진 수직 벽에 평면 TV를 설치한다. 맨 앞줄 의자에 앉아 있는 사람의 눈높이에서 2미터 높은 곳에 스크린 하단이 있다고 할 때 사람이 스크린 하단을 바라보는 올림각은 몇 도인가?

15. 연습문제 14에서 스크린의 폭이 1.5미터라면 사람이 스크린 상단을 바라보는 올림각은 몇 도인가?

16. 디자이너는 정팔각형 (8개의 각이 모두 같고 변도 서로 같은 도형) 모양의 로고를 만들려고 한다. 반지름 30센티미터 안에 정팔각형이 내접한다면 정팔각형의 변의 길이는 얼마인가?

17. 연습문제 16을 정구각형에 대해 풀어라.

18. 컴퓨터 화면의 너비는 45센티미터이고 높이는 40센티미터이다. 화면의 하단 왼쪽 모서리에서 오른쪽 상단 모서리에 이르는 선 위에 있으면서 화면 하단에서 13센티미터인 지점의 한 픽셀이 켜졌다. 이 픽셀과 화면의 오른쪽 하단 모서리가 이루는 각의 크기와 이 픽셀과 화면의 오른쪽 하단 모서리까지의 거리를 구하여라.

19. 어떤 제조회사에서 만든 마이크로폰은 사람의 입 앞 15센티미터 떨어진 곳에 위치한다. 사람의 입이 마이크로폰의 높이에서 8센티미터 위에 위치한다고 할 때, 사람의 입과 마이크로폰이 이루는 내림각의 크기는 얼마인가?

요약

이 장에서는 다음 내용들을 학습하였다.

- 각을 구하는 다양한 방법
- 삼각함수와 역함수
- 삼각함수 공식
- 직각삼각형을 이용하여 응용문제 풀기

용어

각angle   공통 끝점을 갖는 두 반직선 사이 부분.

각의 사인sine of an angle   표준위치에 있는 각의 최종 위치의 변 위에 있는 임의의 점의 y좌표 y와 이 점과 원점 사이의 거리 r에 대해 비 y/r.

각의 코사인cosine of an angle   표준위치에 있는 각의 최종 위치의 변 위에 있는 임의의 점의 x좌표 x와 이 점과 원점 사이의 거리 r에 대해 비 x/r.

각의 탄젠트tangent of an angle   표준위치에 있는 각의 최종 위치의 위에 있는 임의의 점의 x좌표 x와 y좌표 y에 대해 비 y/x.

끝점end point 반직선의 시점.

내림각angle of depression 물체의 상단에서 수평선과 시선이 이루는 각.

DMS 표기법DMS notation 각을 도, 분, 초로 나타낸 것.

올림각angle of elevation 물체의 상단을 바라보는 시선이 수평선과 이루는 각.

육십진법sexagesimal system 각의 단위를 분과 초로 나누는 기수법.

1도one degree 한 점을 중심으로 1회전의 $\dfrac{1}{360}$.

1라디안one radian 공통의 끝점을 갖는 두 반직선이 이루는 각과 공통의 끝점을 중심으로 하는 임의의 원이 만나 생기는 호의 길이가 원의 반지름과 같은 각의 크기.

직각삼각형right triangle 한 각이 90°인 삼각형.

호도법radian system of measurement 원점이 중심인 임의의 원을 이용하여 각을 측정하는 방법.

종합문제

다음 각을 표준위치에 나타내어라. 각의 최종 반직선의 위치가 놓인 사분면을 구하여라.

1. $135°$
2. $225°$
3. $315°$

다음 도의 각을 라디안의 각으로 변환하여라.

4. $225°$
5. $38°$
6. $75°$

다음 라디안의 각을 도의 각으로 변환하여라.

7. $\dfrac{3\pi}{4}$
8. 1.2
9. 2.7

다음 각을 표준위치에 나타내어라. 각의 최종 반직선의 위치가 놓인 사분면을 구하여라.

10. 3
11. $-\dfrac{5\pi}{4}$
12. 5

다음 10진수의 도의 각을 DMS 표기법으로 나타내어라.

13. $230.87°$
14. $90.125°$
15. $67.185°$

다음을 10진수 도 형식으로 변환하여라. 필요하면 반올림하여 소수점 세 번째 자리까지 나타내어라.

16. $53°12'30''$
17. $42°12'37''$
18. $73°28'53''$

다음을 라디안 형식으로 변환하여라. 필요하면 반올림하여 소수점 세 번째 자리까지 나타내어라.

19. $62°12'30''$
20. $46.7°$
21. $130°12'0''$
22. $70°12'6''$

다음에서 θ는 직각삼각형의 한 예각이고 x는 θ에 인접한 빗변이 아닌 변, y는 θ와 마주보는 변이다. θ의 여섯 개의 삼각함수의 값을 반올림하여 소수점 세 번째 자리까지 구하여라.

23. $x = 15,\ y = 25$
24. $x = 4.9,\ y = 5.5$
25. $x = 5.3,\ y = 3.7$
26. $x = 1.5,\ y = 3.0$

다음 각에 대해 사인, 코사인, 탄젠트의 값을 반올림하여 소수점 네 번째 자리까지 구하여라.

27. $45°$
28. $\dfrac{3\pi}{4}$
29. $27°32'45''$
30. $\dfrac{\pi}{6}$

다음에서 θ는 직각삼각형의 한 예각이고 x, y, r은 각각 이웃변, 대변, 빗변을 나타낸다. 적당한 역삼각함수를 이용하여 각 θ를 도와 라디안으로 구하여라.

31. $x = 1,\ r = 2$
32. $x = 4.7,\ y = 5.3$
33. $y = 5,\ r = 7$
34. $x = 3,\ y = 2$

다음 삼각함수의 식을 반올림하여 소수점 네 번째 자리까지 계산하여라.

35. $5 \sin(4.7) + 3 \tan(1)$

36. $4.7 \cos(1.7) - 3.8 \tan(47)$

37. $5.3 \sin(3.8) - 3.1 \cos(3)$

38. $7.2 \tan(3) + 5.4 \cos(2)$

주어진 조건을 만족하는 각 θ를 도와 라디안으로 구하여라. 필요하면 결과를 반올림하여 소수점 네 번째 자리까지 구하여라.

39. $\cos \theta = 0.375$

40. $\tan \theta = 1$

41. $\sin \theta = 1$

42. $\sec \theta = 2$

다음에서 각 B가 직각인 직각삼각형 ABC의 다른 변과 각을 구하여라. 필요하면 결과를 반올림하여 소수점 두 번째 자리까지 구하여라.

43. $A = 40°$, $a = 7$

44. $a = 6$, $c = 8$

45. $a = 6$, $b = 8$

46. $A = \dfrac{\pi}{4}$, $b = 20$

다음 상황에 맞는 직각삼각형을 구성하고 삼각함수를 이용하여 풀어라. 필요하면 결과를 반올림하여 소수점 두 번째 자리까지 구하여라.

47. 전신주의 그림자의 길이가 7미터이다. 해는 수평선보다 55° 위에 있다. 전신주의 높이는 얼마인가?

48. 한 남자가 아파트에서 창밖을 보고 있다. 그는 거리 반대면의 아파트 가장 밑에 있는 창을 내려다본다. 내림각이 59.8°이고 두 아파트 사이의 거리는 10미터이다. 마주 보는 아파트의 맨 아래 창은 지상에서 1미터 높이에 있다. 남자가 내다보고 있는 창문의 높이는 얼마인가?

49. 한 남자가 산꼭대기에서 내려다본다. 산은 해발 1,237미터이고 그가 보고 있는 지점은 해발 63미터로 알려져 있다. 이때 내림각이 27°이다. 지구의 곡률을 무시하면 그가 보고 있는 지점은 얼마나 멀리 떨어져 있는가?

50. 사라는 나무의 높이를 결정하기 위해 거리, 각 측정기를 사용한다. 올림각은 30°이고 측정기와 나무까지의 거리는 70미터이다. 측정기는 지상에서 1.5미터 위에 있다. 나무의 높이는 얼마인가?

Chapter 8 삼각함수 항등식
Trigonometric Identities

7장에서 여섯 가지 삼각함수의 정의와 그 응용에 대해 소개하였다. 이 장에서는 삼각함수들이 서로 어떻게 관련되어 있는지, 삼각함수를 다른 삼각함수로 나타내는 방법과 특정한 각의 삼각함수값을 구하는 방법을 알아보자.

궁극적인 목표는 삼각방정식(trigonometric equation)을 푸는 것이다. 이를 위해서는 먼저 삼각함수의 항등식들을 알아야 한다. 항등식이란 독립 변수의 모든 값에 대해 항상 성립하는 방정식을 말하며 따라서, 삼각함수 항등식(trigonometric identity)은 모든 각의 값에 대해 참인 방정식이다.

이 장에서는 피타고라스 정리와 삼각함수 사이에 존재하는 상호 관계를 기반으로 하는 항등식과 기본적인 삼각함수 항등식을 살펴볼 것이다. 또한 두 각의 합과 차에 대한 삼각함수 항등식을 살펴보고, 이를 이용하여 각의 배각에 대한 항등식도 살펴본다. 또한 기존의 항등식으로부터 새로운 항등식을 유도하는 방법도 알아본다.

이 장의 내용을 학습하면 다음을 할 수 있다.

- 기본적인 삼각함수 항등식을 이용하여 삼각함수식을 간단히 하기
- 기본적인 삼각함수 항등식으로부터 새로운 삼각함수 항등식을 유도하기
- 합과 차, 배각, 반각 공식을 이용하여 식을 간단히 하기

8.1 삼각함수와 삼각함수 항등식의 소개

기본 삼각함수 항등식과 그 유도과정

삼각함수 항등식이란 삼각함수를 포함하는 방정식으로 포함된 각의 모든 값에 대해 항상 참인 등식이다. 7장에서 몇 가지 삼각함수의 항등식을 살펴보았는데, 이제 피타고라스의 정리에 기초한 새로운 항등식을 살펴보자.

먼저, 피타고라스 정리의 의미를 다시 살펴보고 7장에서 살펴본 삼각함수들의 관계를 정리해 보자.

> **피타고라스 정리** 빗변이 c이고 직각을 낀 두 변의 길이가 a와 b인 직각삼각형에서 다음 관계가 성립한다.
>
> $$a^2 + b^2 = c^2$$

삼각함수의 역수 항등식

표 8.1의 삼각함수의 역수 관계는 가장 기본적인 삼각함수 항등식이다. 이들은 각 θ의 값에 상관없이 항상 참이므로 역수 항등식(reciprocal identity)이라 한다.

표 8.1 삼각함수의 역수 관계

$\sin\theta = \dfrac{1}{\csc\theta}$	$\csc\theta = \dfrac{1}{\sin\theta}$
$\cos\theta = \dfrac{1}{\sec\theta}$	$\sec\theta = \dfrac{1}{\cos\theta}$
$\tan\theta = \dfrac{1}{\cot\theta}$	$\cot\theta = \dfrac{1}{\tan\theta}$

삼각함수는 피타고라스 정리와 어떤 관계가 있을까? 이 관계는 직각삼각형의 한 예각이 θ인 경우, 변의 길이들을 대변, 이웃변, 빗변으로 두면 알 수 있다(그림 8.1).

이미 이들 변들의 비로 삼각함수를 정의하였다. 따라서 이 정의는 각 θ가 예각인 경우에만 성립하고 따라서 모든 각의 값에 대해 성립하는지는 추가로 확인해야 한다.

먼저 표 8.2는 θ의 삼각함수를 변들의 비를 사용한 정의이다.

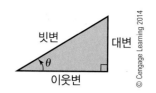

그림 8.1 직각삼각형에서 변과 각 사이의 관계

표 8.2 직각삼각형의 변들을 이용한 삼각함수의 정의

$\sin\theta = \dfrac{대변}{빗변}$	$\csc\theta = \dfrac{빗변}{대변}$
$\cos\theta = \dfrac{이웃변}{빗변}$	$\sec\theta = \dfrac{빗변}{이웃변}$
$\tan\theta = \dfrac{대변}{이웃변}$	$\cot\theta = \dfrac{이웃변}{대변}$

그림 8.1의 직각삼각형의 변의 이름에 대해 피타고라스 정리를 적용하고 표 8.2를 이용해 관계식을 찾아보자. 먼저 피타고라스 정리에 의해 다음이 성립한다.

$$(이웃변)^2 + (대변)^2 = (빗변)^2$$

삼각형에서 생각하므로 빗변은 0이 아니고 따라서 양변을 $(빗변)^2$으로 나눌 수 있다.

$$\frac{(이웃변)^2}{(빗변)^2} + \frac{(대변)^2}{(빗변)^2} = 1$$

지수법칙을 이용하여 정리하면

$$\left(\frac{이웃변}{빗변}\right)^2 + \left(\frac{대변}{빗변}\right)^2 = 1$$

이다. 따라서 표 8.2에 의해 매우 유용한 삼각함수 관계식을 얻을 수 있다.

$$\cos^2\theta + \sin^2\theta = 1$$

피타고라스 정리로부터 유도하였으므로 이 식을 **피타고라스 삼각함수 항등식**(Pythagorean trigonometric identity) 또는 간단히 피타고라스 항등식이라 부른다.

대변, 이웃변, 빗변으로 나타낸 피타고라스 공식은 다른 방식으로 바꿀 수 있는데 이는 다른 피타고라스 항등식을 유도한다. 삼각형에서 생각하므로 이웃변과 대변은 0이 아니고 따라서 다음 식을

Note

삼각함수의 거듭제곱을 적는 규칙은 알고 있어야 한다. $\cos^2\theta$는 $(\cos\theta)^2$을 나타내는 기호이다. 또한 모든 삼각함수의 거듭제곱도 비슷하게 나타낸다.

$$(\text{이웃변})^2 + (\text{대변})^2 = (\text{빗변})^2$$

$(\text{이웃변})^2$ 또는 $(\text{대변})^2$으로 나눌 수 있다. 각 식이 어떤 식을 유도하는지 살펴보자.

예제 8.1 피타고라스 정리 $(\text{이웃변})^2 + (\text{대변})^2 = (\text{빗변})^2$을 $(\text{이웃변})^2$으로 나누고 그 결과를 간단히 하여라. 이를 통해 새로운 피타고라스 항등식을 추론하여라.

풀이

$$(\text{이웃변})^2 + (\text{대변})^2 = (\text{빗변})^2$$

양변을 $(\text{이웃변})^2$으로 나누면 다음을 얻는다.

$$\frac{(\text{이웃변})^2}{(\text{이웃변})^2} + \frac{(\text{대변})^2}{(\text{이웃변})^2} = \frac{(\text{빗변})^2}{(\text{이웃변})^2}$$

앞의 경우와 마찬가지로 간단히 하면

$$1 + \left(\frac{\text{대변}}{\text{이웃변}}\right)^2 = \left(\frac{\text{빗변}}{\text{이웃변}}\right)^2$$

이다. 이는 표 8.2에 의해 다음과 동치이다.

$$1 + \tan^2\theta = \sec^2\theta$$

이것은 또 다른 피타고라스 항등식이다.

예제 8.2 피타고라스 정리 $(\text{이웃변})^2 + (\text{대변})^2 = (\text{빗변})^2$을 $(\text{대변})^2$으로 나누고 그 결과를 간단히 하여라. 이를 통해 새로운 피타고라스 항등식을 추론하여라.

풀이

$$(\text{이웃변})^2 + (\text{대변})^2 = (\text{빗변})^2$$

양변을 $(\text{이웃변})^2$으로 나누면 다음을 얻는다.

$$\frac{(\text{이웃변})^2}{(\text{대변})^2} + \frac{(\text{대변})^2}{(\text{대변})^2} = \frac{(\text{빗변})^2}{(\text{대변})^2}$$

앞의 경우와 마찬가지로 간단히 하면

$$\left(\frac{\text{이웃변}}{\text{대변}}\right)^2 + 1 = \left(\frac{\text{빗변}}{\text{대변}}\right)^2$$

이다. 이는 표 8.2에 의해 다음과 동치이다.

$$\cot^2 \theta + 1 = \csc^2 \theta$$

이것은 또 다른 피타고라스 항등식이다.

삼각함수 항등식의 활용으로 넘어가기 전에 다음 사항을 언급하고자 한다.

> 각각의 피타고라스 항등식은 대수적으로 다른 형식으로 쓸 수 있는데 모두 피타고라스 항등식이라 한다. (그러나 일반적으로 항등식 목록에서는 제외한다.)

예를 들어 첫 번째 항등식은 $\sin^2 \theta = 1 - \cos^2 \theta$로 쓸 수 있다. 곧 알게 되겠지만 이러한 피타고라스 항등식의 다른 형식이 때로 유용할 수 있다.

Note

덧셈의 교환법칙에 의해 이 항등식들을 각각

$$\tan^2 \theta + 1 = \sec^2 \theta$$
$$1 + \cot^2 \theta = \csc^2 \theta$$

와 같이 나타내거나 항들의 순서를 자유롭게 바꿀 수 있다. 모두 피타고라스 항등식이라 부르며 앞으로 중요한 항등식이 될 것이다!

삼각함수식을 간단히 하기 위한 삼각함수 항등식의 사용

삼각함수식이란 하나 또는 여러 개의 삼각함수를 포함하는 식을 말한다. 예를 들어 $\cos \theta - 3 \sin^2 \theta$는 삼각함수식이다. 이러한 식은 앞에서 제시한 항등식들 중 하나를 사용하여 다른 형태의 식으로 나타낼 수 있는데, 식이 더 간단하다면 향후 많은 삼각함수 항등식을 증명할 때 유용하게 사용될 수 있다.

이와 관련하여 다음 식을 생각해 보자.

$$\cos^4 \theta - \sin^4 \theta$$

이 식은 등호가 없으므로 방정식이 아니다. 흔히 '식(expression)'과 '방정식(equation)'의 용어를 서로 혼용하지만 여기서는 정확히 구분한다. 기존에 얻은 항등식들을 이용하여 이 식을 더 간결한 식으로 변형할 수 있다.

얼핏 보면, 이것이 어떻게 가능한지 알기 어려울 수도 있지만 약간의 기초적인 대수적 결과들을 기억하고 이들을 어떻게 사용할 수 있는지 생각해 보자.

크게 보면, 이 식은 제곱의 차로 볼 수 있다. 즉,

$$(\cos^2 \theta)^2 - (\sin^2 \theta)^2$$

와 동치이다. 제곱의 차에 대한 인수분해 공식

$$A^2 - B^2 = (A + B)(A - B)$$

을 생각하자. 주어진 식에 적용하여 인수분해하면

$$(\cos^2 \theta)^2 - (\sin^2 \theta)^2$$

$$(\cos^2 \theta + \sin^2 \theta)(\cos^2 \theta - \sin^2 \theta)$$

첫 번째 괄호의 식은 표 8.3의 피타고라스 항등식에 의해 1과 같고 따라서 이 곱은 다음과 동치이다.

$$(1)\ (\cos^2 \theta - \sin^2 \theta)$$

$$\cos^2 \theta - \sin^2 \theta$$

즉, $\cos^4 \theta - \sin^4 \theta = \cos^2 \theta - \sin^2 \theta$를 얻는다.

표 8.3 피타고라스 삼각함수 항등식

피타고라스 항등식
$\sin^2 \theta + \cos^2 \theta = 1$
$\tan^2 \theta + 1 = \sec^2 \theta$
$\cot^2 \theta + 1 = \csc^2 \theta$

© Cengage Learning 2014

다항식으로 구성된 방정식을 풀 때, 미지수의 차수가 증가함에 따라 방정식을 푸는 것이 점점 어려워졌던 경험이 있다. 따라서 이렇게 삼각함수의 차수를 낮추는 것은 유용하다. 앞서 언급한 것처럼 이 식이 어떻게 도움이 되는지는 현재로서는 분명하지 않지만 곧 알게 될 것이다.

이러한 방법으로 관계식을 얻으면 삼각함수 항등식이 늘어나게 된다. 즉, $\cos^4 \theta - \sin^4 \theta = \cos^2 \theta - \sin^2 \theta$은 새로 추가된 삼각함수 항등식이다. 이미 알고 있는 항등식을 이용하여 유도했기 때문에 각 θ의 모든 값에 대해 참이고 따라서 삼각함수 항등식 목록에 추가할 수 있다.

예제 8.3 $\sin^4 \theta + \cos^4 \theta$를 간단히 하여라.

풀이

이 절 초반의 예제에서 제곱차를 인수분해하는 방법을 살펴보았다. 하지만 그 방법을 지금 사용할 수 없다. 식이 제곱의 합으로 되어 있고 제곱의 합에 대한 인수분해 공식은 없기 때문이다.

그런데 $(\sin^2 \theta + \cos^2 \theta)^2$을 계산해 보면 $\sin^4 \theta + 2\sin^2 \theta \cos^2 \theta + \cos^4 \theta$이므로

$$\sin^4 \theta + \cos^4 \theta$$

는

$$(\sin^2 \theta + \cos^2 \theta)^2 - 2\sin^2 \theta \cos^2 \theta$$

와 동치이다. 이 식과 원래 식을 자세히 비교하자. 처음 봤을 때에는 분명하지 않지만 두 식은 동치이다. 피타고라스 항등식 중 하나를 적용하면 괄호 안의 식은 1이다. 따라서 주어진 식은

$$1 - 2 \sin^2 \theta \cos^2 \theta$$

과 동치이며 또 다른 항등식 $\sin^4 \theta + \cos^4 \theta = 1 - 2 \sin^2 \theta \cos^2 \theta$을 얻었다.

예제 8.4 $\dfrac{\cos \theta}{\sin \theta} + \dfrac{\sin \theta}{1 + \cos \theta}$를 간단히 하여라.

풀이

삼각함수를 간단히 하는 모든 문제는 항상 새로운 문제로 생각하자. 이전 문제와 관련되어 있을 수 있지만 창의적 방법이 필요한 문제일 수 있다. 식의 분모가 다르므로 공통분모로 나타내고 더해 보자.

간단히 하는 '옳은 방법'은 유일하지 않기 때문에 여기서 생각한 아이디어가 '옳은 방법 중 하나'인지는 알 수 없다. 실제로 이 아이디어가 식을 더 복잡하게 할 수도 있기 때문이다.

주어진 분모를 곱하여 서로 공통분모를 만들 수 있으므로

$$\frac{\cos \theta (1 + \cos \theta)}{\sin \theta (1 + \cos \theta)} + \frac{\sin \theta (\sin \theta)}{\sin \theta (1 + \cos \theta)}$$

이고 이를 더하여 하나의 분수로 간단히 하면

$$\frac{\cos \theta + \cos^2 \theta + \sin^2 \theta}{\sin \theta (1 + \cos \theta)}$$

이다. 피타고라스 항등식을 적용하면 분모의 $\cos^2 \theta + \sin^2 \theta$는 1임을 알 수 있다. 따라서 주어진 식은

$$\frac{\cos \theta + 1}{\sin \theta (1 + \cos \theta)}$$

과 동치이고 이를 약분하면

$$\frac{1}{\sin \theta}$$

이다. 표 8.1의 역수 항등식을 참고하면 이 식은

$$\csc \theta$$

와 동치이므로 최종적으로 간단히 정리된 식은

$$\frac{\cos\theta}{\sin\theta} + \frac{\sin\theta}{1 + \cos\theta} = \csc\theta$$

이다.

예제 8.4의 최종 결론에 대해 이 최종단계가 과연 필요한지, 즉 $\dfrac{1}{\sin\theta}$까지만 정리해도 괜찮은지 의문을 가질 수 있다. 이 질문에 대한 답은 쉽지 않은데, 실제로 각 단계에서 얻은 식들은 모두 동치이므로 어떤 것이 '간단한 답'이라고 합리적으로 주장하기가 어렵기 때문이다. 이러한 생각을 염두에 두고, 기본적인 항등식을 사용할 수 있다면 그것을 사용해야 한다는 일반적인 약속을 받아들이기로 하자. 삼각함수 식의 단순화는 마치 롤러코스터 타기와 같다. 끝날 때까지 아무도 내리지 못한다.

예제 8.5 $(\csc\theta - \sin\theta)(\sec\theta - \cos\theta)(\tan\theta + \cot\theta)$를 간단히 하여라.

풀이

이 예제의 최종 결과는 다소 충격적일 수 있다.

식에 여러 삼각함수가 포함되어 있다. 포함된 함수의 수를 반으로 줄이기 위해 괄호 안의 식들에 역수 항등식을 적용하자.

$$(\csc\theta - \sin\theta)(\sec\theta - \cos\theta)(\tan\theta + \cot\theta)$$

$$\left(\frac{1}{\sin\theta} - \sin\theta\right)\left(\frac{1}{\cos\theta} - \cos\theta\right)\left(\tan\theta + \frac{1}{\tan\theta}\right)$$

식이 점점 더 복잡해지는 것처럼 보이지만, 계속해서 진행하자. 예세 8.4의 빙법과 같이 공통분수를 이용하여 계산하면

$$\left(\frac{1 - \sin^2\theta}{\sin\theta}\right)\left(\frac{1 - \cos^2\theta}{\cos\theta}\right)\left(\frac{\tan^2\theta + 1}{\tan\theta}\right)$$

피타고라스 항등식을 이용하면

$$\left(\frac{\cos^2\theta}{\sin\theta}\right)\left(\frac{\sin^2\theta}{\cos\theta}\right)\left(\frac{\sec^2\theta}{\tan\theta}\right)$$

$$(\cos\theta)(\sin\theta)\left(\frac{\sec^2\theta}{\tan\theta}\right)$$

이제 식의 앞에 있는 사인과 코사인을 약분할 수 있다. 실제로 마지막 인수에서 역수 항등식을 한 번 더 적용하면

$$(\cos\theta)(\sin\theta)\left(\frac{1}{\cos^2\theta}\cdot\frac{\cos\theta}{\sin\theta}\right)$$

이다. 결과를 단순화하면 모두 약분되어 1이 된다. 즉,

$$(\csc\theta - \sin\theta)(\sec\theta - \cos\theta)(\tan\theta + \cot\theta) = 1$$

이다.

항등식의 목록은 끝이 없기 때문에 몇 가지 항등식만 더 살펴보고 마무리 하고자 한다. 대칭 항등식(symmetry identity) 또는 짝함수–홀함수 항등식(even-odd identity)이라 불리는 항등식들이다. 이 항등식들은 8.2절에서 (일부는 연습문제에서) 증명할 것이지만 이 정도로 살펴보고 정리하는 것이 편리하다.

표 8.4의 항등식들을 '대칭 항등식'이라 부르는데 삼각함수의 그래프의 대칭성을 이용해서 얻은 항등식이기 때문이다. 또한 '짝함수–홀함수 항등식'이라고도 하는데 대칭성은 삼각함수들이 짝함수(even function; 함수의 모든 정의역의 원소 x에 대해 $f(-x) = f(x)$이 성립하는 함수) 또는 홀함수(odd function; 함수의 모든 정의역의 원소 x에 대해 $f(-x) = -f(x)$이 성립하는 함수)이기 때문에 성립하는 성질이다.

표 8.4 대칭 항등식 또는 짝함수–홀함수 항등식

$\sin(-\theta) = -\sin\theta$
$\cos(-\theta) = \cos\theta$
$\tan(-\theta) = -\tan\theta$
$\cot(-\theta) = -\cot\theta$
$\sec(-\theta) = \sec\theta$
$\csc(-\theta) = -\csc\theta$

연습문제

다음 물음에 대해 답하여라.

1. '삼각함수 항등식'의 의미는 무엇인가?

2. $\cos^2 x + \sin^2 x = 1$을 '피타고라스 항등식'이라 부르는 이유는 무엇인가?

3. 연습문제 2의 항등식에서 다른 피타고라스 항등식들을 얻는 방법은 무엇인가?

4. 삼각함수 식이 특정한 각들(예를 들어 $\frac{\pi}{6}$, $\frac{\pi}{4}$, $\frac{\pi}{3}$)

들에 대해 성립하면 이 식이 삼각함수 항등식인가?

다음 항등식을 증명하여라.

5. $\cos t \sec t = 1$

6. $\dfrac{\cos^2\theta}{1 + \sin\theta} = 1 - \sin\theta$

7. $\cos^2 x - \sin^2 x = 2\cos^2 x - 1$

8. $\csc x - \sin x = \cos x \cot x$

9. $\sin t \cot t = \cos t$

10. $\csc x \sec x = \dfrac{\csc^2 x}{\cot x}$

11. $\dfrac{\cot^3 \theta}{\csc \theta} = \cos \theta \csc^2 \theta - \cos \theta$

12. $\dfrac{1}{\tan x} + \tan x = \sec^2 x \cot x$

13. $\cos t \cot t = \dfrac{1}{\sin t} - \sin t$

14. $\dfrac{1}{\sin \theta + 1} + \dfrac{1}{\csc \theta + 1} = 1$

15. $\dfrac{\cos x}{\tan x - \tan x \sin x} = 1 + \csc x$

16. $\dfrac{1 + \sin \nu}{\cos \nu} + \dfrac{\cos \nu}{1 + \sin \nu} = \dfrac{2}{\cos \nu}$

17. $\dfrac{\sec(-x)}{\csc(-x)} = -\tan x$

18. $\sec t - \dfrac{\cos t}{1 - \sin t} = -\tan x$

19. $(1 + \sin y)[1 + \sin(-y)] = \dfrac{1}{\sec^2 y}$

20. $\tan x + \cot y = (\tan y + \cot x)(\tan x \cot y)$

21. $\cos x \tan x \csc x = 1$

22. $\cot y \tan y \sin y \csc y = 1$

23. $\sec^2 \theta \cot \theta = \tan \theta + \cot \theta$

24. $\dfrac{\csc x + \sec x}{\sin x + \cos x} = \cot x + \tan x$

8.2 다양한 삼각함수 항등식: 각의 합과 차, 배각, 반각, 곱 항등식

각의 합과 차에 대한 항등식과 2배각 항등식

이 절에서는 또 다른 유용한 삼각함수 항등식들을 소개할 것이다. 이러한 공식을 증명하는 것은 다소 기술적이며 이 책의 관심인 활용과는 거리가 멀다. 그럼에도 불구하고 증명 방법에 대한 힌트를 얻기 위해 결과 중 하나만 증명하고 나머지는 증명하지 않거나 문제로 남겨둘 것이다.

이제 각의 합에 대한 삼각함수의 항등식을 생각하자. 각의 합이란 두 각 α와 β에 대해 $\alpha + \beta$를 의미한다. 또한 각의 차란 $\alpha - \beta$이다. 각의 합에 대한 항등식은 각 $\alpha + \beta$에 대한 삼각함수를 간단히 계산하는 식이며, $\alpha - \beta$에 대해서도 마찬가지이다.

우선 $\cos(\alpha-\beta)$에 대한 항등식을 구해 보자. 각은 임의이므로 편의상 $0 < \beta < \alpha < 2\pi$로 선택하여 $\alpha - \beta$가 양수가 되도록 하자. 그림 8.2에 그려진 단위원을 고려해 보자. (단위원은 평면에서 중심이 원점이고 반지름이 1인 원이다.)

그림과 같이 단위원 상의 각의 끝점을 A, B, C로 두고 D를 점 $(1, 0)$이라 하자. 각 점의 x좌표는 해당 각의 코사인과 정확히 일치하며 각 점의 y좌표는 해당각의 사인과 정확히 일치한다. 즉, $A = (x_A, y_A)$로 두면 $\cos \alpha = x_A$이고 $\sin \alpha = y_A$이다. 다른 점에 대해서도 비슷하게 생각할 수 있으며 직각삼각형을 그려 이를 확인할 수 있다. 단위원의 반지름의 길이는 1이므로 삼각함수의 값을 결정하기 위해 그린 직각삼각

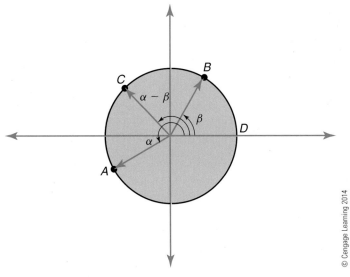

그림 8.2 각의 차에 대한 단위원

형의 빗변의 길이도 1이기 때문이다.

생각해 보면 선분 *AB*와 *CD*의 길이는 서로 같음을 알 수 있다. 따라서 평면의 거리공식을 이용하면 다음을 얻을 수 있다.

$$\sqrt{\left(x_A - x_B\right)^2 + \left(y_A - y_B\right)^2} = \sqrt{\left(x_C - 1\right)^2 + \left(y_C\right)^2}$$

$$x_A^2 - 2x_A x_B + x_B^2 + y_A^2 - 2y_A y_B + y_B^2 = x_C^2 - 2x_C + 1 + y_C^2$$

$$x_A^2 + y_A^2 + x_B^2 + y_B^2 - 2(x_A x_B + y_A y_B) = x_C^2 + y_C^2 - 2x_C + 1$$

점들이 단위원 위에 있으므로 모든 경우에 $x_i^2 + y_i^2 = 1$이다. 따라서 간단히 하면 다음과 같다.

$$x_A^2 + y_A^2 + x_B^2 + y_B^2 - 2(x_A x_B + y_A y_B) = x_C^2 + y_C^2 - 2x_C + 1$$

$$1 + 1 - 2(x_A x_B + y_A y_B) = 1 - 2x_C + 1$$

$$x_A x_B + y_A y_B = x_C$$

각 좌표를 사인 또는 코사인으로 나타내면

$$\cos\alpha \cos\beta + \sin\alpha \sin\beta = \cos(\alpha - \beta)$$

이다. 이 결과는 각의 차에 대한 삼각함수 항등식 중 하나이다. 증명은 기본적인 삼각함수에 대한 개념과 함께 평면의 거리공식과 대수식의 변형을 이용하였다. 특별히 어려운 점은 없지만 다소 까다롭고 한 번에 파악하기는 쉽지 않다.

다른 항등식의 증명은 생략할 것이다. 앞의 경우와 같이 사인과 코사인을 사용하여 비슷하게 증명할 수 있으므로 연습문제로 남겨둔다. 삼각함수 항등식을 증명하기 위해 시각적으로 접근하는 것이 좋다. 이는 관계식에 대한 이해를 돕고 각을 시각적으로 해석하는 능력을 기를 수 있기 때문이다.

표 8.5는 새로운 삼각함수 항등식을 소개한다. 그리고 이들을 이용하여 다른 관계식을 찾을 수 있다.

표 8.5 삼각함수의 덧셈에 대한 항등식

항등식 명칭	항등식
각의 합에 대한 코사인	$\cos(\alpha + \beta) = \cos\alpha\cos\beta - \sin\alpha\sin\beta$
각의 차에 대한 코사인	$\cos(\alpha - \beta) = \cos\alpha\cos\beta + \sin\alpha\sin\beta$
각의 합에 대한 사인	$\sin(\alpha + \beta) = \sin\alpha\cos\beta + \cos\alpha\sin\beta$
각의 차에 대한 사인	$\sin(\alpha - \beta) = \sin\alpha\cos\beta - \cos\alpha\sin\beta$
각의 합에 대한 탄젠트	$\tan(\alpha + \beta) = \dfrac{\tan\alpha + \tan\beta}{1 - \tan\alpha\,\tan\beta}$
각의 차에 대한 탄젠트	$\tan(\alpha - \beta) = \dfrac{\tan\alpha - \tan\beta}{1 + \tan\alpha\,\tan\beta}$
2배각의 사인	$\sin(2\alpha) = 2\sin\alpha\cos\alpha$
2배각의 코사인	$\cos(2\alpha) = \cos^2\alpha - \sin^2\alpha$

탄젠트와 2배각에 대한 항등식은 기하학적인 접근이 아닌 표에 있는 사인과 코사인의 항등식들을 이용하여 증명할 수 있다. (물론 사인과 코사인의 항등식이 기하적인 결과에 의존했던 것처럼 탄젠트나 2배각 공식도 기하학적으로 유도할 수 있다.) 이 항등식들 중 하나만 증명하고 나머지는 연습문제로 남겨둔다.

예제 8.6 대칭 항등식 $\sin(-t) = -\sin t$를 증명하여라.

풀이

8.1절의 끝에서 소개한 대칭 항등식을 증명할 것이다. 핵심 아이디어는 바로 $-t$를 $0 - t$로 생각하고 각의 차에 대한 사인함수의 항등식을 적용하는 것이다. 즉,

$$\sin(-t) = \sin(0 - t)$$
$$= \sin 0 \cos t - \cos 0 \sin t$$

$\sin(0) = 0$이고 $\cos(0) = 1$이므로

$$\sin(-t) = 0 - \sin t$$
$$\sin(-t) = -\sin t$$

이다.

예제 8.7 항등식 $\tan(\alpha + \beta) = \dfrac{\tan\alpha + \tan\beta}{1 - \tan\alpha\,\tan\beta}$ 을 증명하여라.

풀이

탄젠트는 표 8.1로부터 코사인에 대한 사인의 비이다. 그러므로

$$\tan(\alpha + \beta) = \frac{\sin(\alpha + \beta)}{\cos(\alpha + \beta)}$$

이다. 표 8.5에 의해 다음이 성립한다.

$$\tan(\alpha + \beta) = \frac{\sin\alpha\,\cos\beta + \cos\alpha\,\sin\beta}{\cos\alpha\,\cos\beta - \sin\alpha\,\sin\beta}$$

분모와 분자를 각각 $\cos\alpha\,\cos\beta$로 나누면

$$\tan(\alpha + \beta) = \frac{\dfrac{\sin\alpha\,\cos\beta}{\cos\alpha\,\cos\beta} \times \dfrac{\cos\alpha\,\sin\beta}{\cos\alpha\,\cos\beta}}{\dfrac{\cos\alpha\,\cos\beta}{\cos\alpha\,\cos\beta} - \dfrac{\sin\alpha\,\sin\beta}{\cos\alpha\,\cos\beta}} = \frac{\tan\alpha + \tan\beta}{1 - \tan\alpha\,\tan\beta}$$

이므로 증명이 끝난다.

예제 8.8 항등식 $\cos(2\alpha) = \cos^2\alpha - \sin^2\alpha$를 증명하여라.

풀이

이 경우 $2\alpha = \alpha + \alpha$로 생각하고 각의 합에 대한 코사인 공식을 사용한다.

$$\cos(2\alpha) = \cos(\alpha + \alpha) = \cos\alpha\,\cos\alpha - \sin\alpha\,\sin\alpha$$
$$\cos(2\alpha) = \cos^2\alpha - \sin^2\alpha$$

Note

$\cos^2 x$는 $(\cos x)^2$를 나타내는 표기법임을 명심하자.

예제 8.9 $\cos(2x) = 1 - 2\sin^2 x$임을 증명하여라.

풀이

이 항등식이 있다는 것은 $\cos(2x)$와 동치인 다른 항등식도 있다는 것을 의미한다. 표 8.3의 항등식으로부터 다음을 얻는다.

$$\begin{aligned}
\cos(2x) &= \cos^2 x - \sin^2 x \\
&= (1 - \sin^2 x) - \sin^2 x \quad \text{(피타고라스 항등식)} \\
&= 1 - 2\sin^2 x
\end{aligned}$$

예제 8.10 각의 합에 대한 사인공식을 이용하여 $\sin(3x)$를 $\sin x$만 포함한 식으로 표현하여라.

풀이

$\sin(3x) = \sin(2x + x)$로 보면 $\sin(3x)$를 $\sin x$만 포함한 식으로 표현할 수 있다.

$$
\begin{aligned}
\sin(2x) &= \sin(2x + x) \\
&= \sin(2x)\cos x + \cos(2x)\sin x \\
&= (2\sin x \cos x)\cos x + (1 - \sin^2 x)\sin x \quad \text{(예제 8.9에 의해)} \\
&= 2\sin x \cos^2 x + \sin x - \sin^3 x \\
&= 2\sin x(1 - \sin^2 x) + \sin x - \sin^3 x \\
&= 2\sin x - 2\sin^3 x + \sin x - \sin^3 x \\
&= 3\sin x - 3\sin^3 x
\end{aligned}
$$

Note

$\sin(3x)$와 같은 식에서 '3'이 식 앞으로 나가 $\sin(3x) = 3\sin x - 3\sin^3 x$라고 생각해서는 안 된다!

지금까지는 주로 이론적인 측변에서 살펴보았으므로 이 공식들이 어떻게 활용하는지를 살펴보자. 공식들은 주로 삼각함수 방정식 풀이에 사용하며 조화운동(harmonic motion)이나 공진(resonance)이 발생하는 상황의 문제해결에 유용하게 사용된다.

아직 삼각함수 방정식을 풀 수 있는 준비가 충분치 않으므로 2배각이 발생하는 상황에 대해서만 살펴보기로 하자.

예제 8.11 자체동력이 없는 발사체가 수평선과 이루는 각이 A이며 초기속도가 초당 v_0미터인 경우 수평이동거리를 R(미터)라 하면 $R = \frac{1}{32}v_0^2 \sin(2A)$로 주어진다. 투포환 선수가 수평선과 $22.5°$를 이루면서 시속 144킬로미터의 초기속도로 공을 던졌을 때, 공의 이동거리는?

풀이

초기속도가 시간당 킬로미터로 주어져 있으므로 이를 초당 미터로 변환하여야 한다. 따라서 단위분석을 하면

$$
\frac{144 \text{ km}}{\text{h}} \times \frac{\text{h}}{3600 \text{ sec}} \times \frac{1000 \text{ m}}{\text{km}} = \frac{40 \text{ m}}{\text{sec}}
$$

이다. 이 값을 공식에 대입하면 다음을 얻는다.

$$
\begin{aligned}
R &= \frac{1}{32}(40)^2 \sin[2(22.5°)] \\
&= \frac{1}{32}(1600)\sin(45°)
\end{aligned}
$$

$$= 50(0.7071)$$

$$= 35.3553 = 35.36 \text{ m}$$

따라서 공의 수평이동거리는 약 35.36미터이다.

반각 항등식

반각공식으로 각 α에 대해 $\dfrac{\alpha}{2}$를 갖는 각의 삼각함수 값을 구할 수 있다. 이 공식은 2배각 공식으로부터 얻을 수 있다. 앞에서 언급한 것처럼 하나의 공식만 증명하고 나머지의 확인은 연습문제로 남겨둔다.

증명하려는 것은 $\sin \dfrac{\alpha}{2} = \pm \sqrt{\dfrac{1 - \cos\alpha}{2}}$이다. 이 공식은 $\cos(2\alpha)$의 공식에서 α 대신 $\dfrac{\alpha}{2}$를 대입하면 얻을 수 있다. 대입하면

$$\cos\left[2\left(\frac{\alpha}{2}\right) \right] = \cos^2\left(\frac{\alpha}{2}\right) - \sin^2\left(\frac{\alpha}{2}\right)$$

$$\cos\alpha = 1 - \sin^2\left(\frac{\alpha}{2}\right) - \sin^2\left(\frac{\alpha}{2}\right)$$

$$\cos\alpha = 1 - 2\sin^2\left(\frac{\alpha}{2}\right)$$

이다. 이제 $\sin\left(\dfrac{\alpha}{2}\right)$에 대해 풀면

$$2\sin^2\left(\frac{\alpha}{2}\right) = 1 - \cos\alpha$$

$$\sin^2\left(\frac{\alpha}{2}\right) = \frac{1 - \cos\alpha}{2}$$

$$\sin\left(\frac{\alpha}{2}\right) = \pm \sqrt{\frac{1 - \cos\alpha}{2}}$$

이다. + 또는 −의 선택은 사인함수가 양수인지 음수인지에 따라 결정되는데 각 $\dfrac{\alpha}{2}$가 놓인 사분면에 따라 다르다. 이 선택의 문제는 나머지 반각 항등식을 정리한 후 다룰 것이다(표 8.6).

사인, 코사인, 삼각함수의 부호 결정하기

지금까지는 소위 직각삼각형 관점에서 삼각함수를 살펴보았다. 이 방법은 삼각법 탐구의 출발점으로서 매우 유용한 방법이지만 각을 예각으로만 제한해야 한다. 하지만 예각이 아닌 각도 생각할 수 있다. 이를 위해 처음 정의와 모순이 되지 않도록

표 8.6 반각 항등식

항등식 명칭	항등식
반각에 대한 사인	$\sin\left(\dfrac{\alpha}{2}\right) = \pm\sqrt{\dfrac{1 - \cos\alpha}{2}}$
반각에 대한 코사인	$\cos\left(\dfrac{\alpha}{2}\right) = \pm\sqrt{\dfrac{1 + \cos\alpha}{2}}$
반각에 대한 탄젠트	$\tan\left(\dfrac{\alpha}{2}\right) = \pm\sqrt{\dfrac{1 - \cos\alpha}{1 + \cos\alpha}} = \dfrac{1 - \cos\alpha}{\sin\alpha} = \dfrac{\sin\alpha}{1 + \cos\alpha}$

© Cengage Learning 2014

삼각함수의 정의를 확장해야 한다.

이제 표준위치의 각을 그리자. 즉, 평면에서 시작변(initial side)이 양의 x축이며 그 꼭짓점이 원점이 되도록 그린다. 또한 (x, y)를 각 α의 끝변(terminal side) 위의 임의의 한 점으로 두고 $r = \sqrt{x^2 + y^2}$이라 하자. 그러면 삼각함수는 표 8.7과 같이 정의된다.

표 8.7 삼각함수의 또 다른 정의

삼각함수
$\sin\alpha = \dfrac{y}{r}$
$\cos\alpha = \dfrac{x}{r}$
$\tan\alpha = \dfrac{y}{x}$
$\csc\alpha = \dfrac{r}{y}$
$\sec\alpha = \dfrac{r}{x}$
$\cot\alpha = \dfrac{x}{y}$

© Cengage Learning 2014

이 관점에서 각 삼각함수의 부호는 각의 끝변이 놓인 사변면의 위치에 따라 결정할 수 있다. 즉, r은 정의에 의해 양수이므로 x와 y의 부호는 해당 점이 놓인 사분면의 좌표의 값에 의해 결정된다. 언뜻 보면 표 8.8의 구성이 특이해 보이는데 이는 평면 내의 사분면의 배치에 따른 것이다.

표 8.8 사분면에 따른 삼각함수의 부호

II 사분면	I 사분면
사인은 양수, 코사인과 탄젠트는 음수	사인, 코사인, 탄젠트 모두 양수
III 사분면	**IV 사분면**
탄젠트는 양수, 사인과 코사인은 음수	코사인은 양수, 사인과 탄젠트는 음수

© Cengage Learning 2014

사인, 코사인, 탄젠트에 대해서만 부호의 결과들을 나열하였다. 나머지 세 삼각함수는 이들의 역수이며 상호 역수인 식의 부호는 같기 때문에 역수 함수의 부호를 참조하여 코시컨트, 시컨트, 코탄젠트의 부호를 결정할 수 있다.

다음 예제를 통해 위 결과를 반각 항등식에 적용해 보자.

예제 8.12 $\sin \alpha = \dfrac{7}{10}$이며 α는 II 사분면의 각일 때, $\sin\left(\dfrac{\alpha}{2}\right)$의 값을 구하여라.

풀이

이 문제는 비교적 간단한 문제로 보이지만 실제로는 그렇지 않다. 반각에 대한 사인함수 항등식을 이용해야 하며 추가로 고려할 사항도 있기 때문이다. 먼저 항등식 $\sin\left(\dfrac{\alpha}{2}\right) = \pm\sqrt{\dfrac{1 - \cos\alpha}{2}}$를 보면 문제에서 주어지지 않은 $\cos\alpha$가 포함되어 있다. 아울러 부호 (양수 또는 음수) 문제도 해결해야 한다.

코사인 값을 구하는 몇 가지 방법이 있지만 표 8.7에 나와 있는 정보를 사용해 보자. 사인함수의 정의에 따라 $y = 7$, $r = 10$으로 두고 $r = \sqrt{x^2 + y^2}$을 이용하여 x의 값을 구한다.

$$10 = \sqrt{x^2 + 7^2}$$
$$100 = x^2 + 49$$
$$51 = x^2$$
$$\pm\sqrt{51} = x$$

α가 II 사분면이므로 x의 부호는 음수이다. 따라서 $x = -\sqrt{51}$이며 $\cos\alpha = -\sqrt{\dfrac{51}{10}}$이다.

이 코사인 값을 공식에 대입하면 다음과 같다.

$$\sin\left(\frac{\alpha}{2}\right) = \pm\sqrt{\frac{1 - \cos\alpha}{2}}$$
$$\sin\left(\frac{\alpha}{2}\right) = \pm\sqrt{\frac{1 - \left(-\dfrac{\sqrt{51}}{10}\right)}{2}}$$
$$\sin\left(\frac{\alpha}{2}\right) = \pm\sqrt{\frac{10 + \sqrt{51}}{20}}$$
$$\sin\left(\frac{\alpha}{2}\right) = \pm\frac{1}{2}\sqrt{\frac{10 + \sqrt{51}}{5}}$$

여기서 제곱근을 유리화하지 않고 그대로 둔 식을 간단히 한 것으로 생각하자. 이제 등식의 오른쪽에 있는 부호를 결정하면 된다.

각 α가 II 사분면의 각이므로 다음과 같이 $\dfrac{\alpha}{2}$의 위치를 구할 수 있다.

$$90° < \alpha < 180°$$

$$45° < \frac{\alpha}{2} < 90°$$

따라서 $\dfrac{\alpha}{2}$는 I 사분면의 각이므로 사인은 양수이고 결국 다음 최종 결과를 얻는다.

$$\sin\left(\frac{\alpha}{2}\right) = \frac{1}{2}\sqrt{\frac{10 + \sqrt{51}}{5}}$$

몫 항등식

표 8.7에서 x, y, r을 사용하여 삼각함수를 정의하였다. 이 표의 항목들을 자세히 검토하면 다소 흥미롭고 유용한 두 가지 관계가 나타난다.

먼저 $\cos\alpha = \dfrac{x}{r}$이고 $\sin\alpha = \dfrac{y}{r}$이다. 이 두 식의 몫 $\dfrac{\cos\alpha}{\sin\alpha}$, $\dfrac{\sin\alpha}{\cos\alpha}$를 생각하자. $\dfrac{\cos\alpha}{\sin\alpha}$에 $\cos\alpha = \dfrac{x}{r}$와 $\sin\alpha = \dfrac{y}{r}$를 대입하고 정리하면 다음과 같다.

$$\frac{\cos\alpha}{\sin\alpha} = \frac{x/r}{y/r} = \frac{x}{r} \div \frac{y}{r} = \frac{x}{r} \times \frac{y}{r} = \frac{x}{y} = \cot\alpha$$

비슷한 방법으로 $\dfrac{\sin\alpha}{\cos\alpha} = \tan\alpha$임을 알 수 있다. 이 결과들은 중요하며 앞으로 폭넓게 사용된다. 이 관계식들을 정리하면 표 8.9과 같으며 몫 항등식이라 부른다.

표 8.9 몫 항등식

몫 항등식
$\dfrac{\sin\alpha}{\cos\alpha} = \tan\alpha$
$\dfrac{\cos\alpha}{\sin\alpha} = \cot\alpha$

연습문제

다음 물음에 대해 답하여라.

1. 각의 합이란 무엇인가? 각의 차란 무엇인가?

2. 2배각의 의미는 무엇인가?

3. 반각이란 무엇인가?

4. 짝함수의 의미는 무엇인가? 홀함수의 의미는 무엇인가?

다음 항등식을 증명하여라.

5. $\cos\left(\dfrac{\pi}{2} - x\right) = \sin x$

6. $\cos\left(\theta - \dfrac{\pi}{2}\right) - \sin\theta = 0$

7. $\tan(\theta + 5\pi) = \tan\theta$

8. $\sin\left(\dfrac{\pi}{6} + \theta\right) = \dfrac{\cos\theta + \sqrt{3}\sin\theta}{2}$

9. $\sqrt{2}\cos\left(\dfrac{5\pi}{4} - x\right) = -\cos x - \sin x$

10. $\cos(\pi - x) = \sin\left(x - \dfrac{\pi}{2}\right)$

11. $\sec(2x) = \dfrac{\sec^2 x}{2 - \sec^2 x}$

12. $2\cos\theta\,\csc(2\theta) = \csc\theta$

13. $(\sin x + \cos x)^2 = \sin(2x) + 1$

14. $\cos(2x) = \cos^4 x - \sin^4 x$

15. $\sec\dfrac{\theta}{2} = \pm\sqrt{\dfrac{2\tan\theta}{\tan\theta + \sin\theta}}$

16. $\tan\dfrac{\theta}{2} = \csc\theta - \cot\theta$

17. $\cos^2(2\theta) - \sin^2(2\theta) = \cos(4\theta)$

18. $\cos^4 t - \sin^4 t = \cos(2t)$

다음 대칭 항등식을 증명하여라.

19. $\cos(-t) = \cos t$

20. $\sec(-t) = \sec t$

21. $\tan(-t) = -\tan t$

22. $\cot(-t) = -\cot t$

23. $\csc(-t) = -\csc t$

24. 반각 항등식을 이용하여 $\cos(15°)$의 정확한 값을 구하여라.

25. 반각 항등식을 이용하여 $\sin(22.5°)$의 정확한 값을 구하여라.

26. 반각 항등식을 이용하여 $\tan(67.5°)$의 정확한 값을 구하여라.

27. 반각 항등식을 이용하여 $\sin(-67.5°)$의 정확한 값을 구하여라.

다음 문제에서 반각 항등식을 이용하여 $\sin\dfrac{x}{2}$, $\cos\dfrac{x}{2}$, $\tan\dfrac{x}{2}$의 정확한 값을 각각 구하여라. 문제에 제시된 변수를 이용하여라.

28. $\cos x = \dfrac{12}{13}$, $\dfrac{3\pi}{2} < x < 2\pi$

29. $\tan u = \dfrac{1}{3}$, $0 < u < \dfrac{\pi}{2}$

30. $\sec t = -5$, $\dfrac{\pi}{2} < t < \pi$

8.3 삼각함수 항등식 증명

지금까지 피타고라스 항등식, 역수 항등식, 각의 합과 차에 대한 항등식 등을 언급하였다. 이러한 항등식들은 특정한 이름을 사용하는데 삼각방정식을 풀어야 하는 많은 응용문제에서 사용되기 때문이다.

앞서 말했듯이, 삼각함수 항등식의 목록은 끝이 없다. 특정 삼각함수식은 무한히 많은 동치인 식으로 다시 쓸 수 있으며, 한 식이 다른 식보다 반드시 좋다고 할 수는 없다. 하지만 상황에 따라 특정 형식이 다른 형식보다 유용할 수가 있으므로 어떤 식을 사용하는지는 편의의 문제이다.

이 책이 삼각함수에 대해 폭넓게 다루는 책이라면 삼각방정식을 많이 다루겠지만 이 책은 삼각함수에만 초점을 두지 않으므로 적당한 수준의 삼각함수만 다룬다. 따라서 삼각함수의 항등식과 식의 다양한 표현을 창의적 방법으로 기술하고, 패턴과 관계를 파악할 수 있는 능력을 향상시키며, 인수분해 능력과 수학의 기본 원리에 대한 지식을 향상시키는 도구로써의 사용에 초점을 두고자 한다.

삼각함수 항등식의 증명문제는 주로 등식으로 제시되며 이 등식이 성립하는지를 '확인 또는 증명(verify)'하게 한다. 이미 알고 있는 항등식을 이용하여 증명하는데, 목표는 제시된 등식의 한 쪽 식을 변형하여 다른 한 쪽의 식으로 만드는 것이다. 이 작업을 수행할 수 있으면 항등식을 증명한 것이다.

만약 이것이 불가능하면 표면상으로는 증명하지 못한 것이다. 제시된 등식의 양변이 실제로는 일치하지만 그 관계를 증명하지 못한 것일 수도 있고, 양변이 같지 않기 때문에 항등식이 아닐 수도 있다. 이제 다음 **항등식의 증명(verification of iden-tity)** 절차를 살펴보자.

- 항등식의 좌변을 치환 또는 단순화를 통해 등식의 우변과 같도록 변형할 수 있는지 살펴본다. 만약 가능하면 항등식이 증명된다. 일반적으로 기본적인 항등식들을 바로 활용할 수 있도록 익혀두는 것이 좋다.
- 유용한 방법은 식의 인수분해, 분수의 합, 공통분모 구하기이다. 변형하고자 하는 등식의 우변을 주목하자. 최종 식에 포함된 삼각함수를 만들기 위해 기본 항등식들을 사용할 수 있는지 알아본다.
- 무엇을 할지 모르거나 어떤 시도도 실패하면, 모든 식을 사인과 코사인으로 바꾸어 다시 시도해 본다. 이 시도는 거의 마지막에 하는 방법이다.

예제 8.13 항등식 $\cos x + \sin x \tan x = \sec x$를 증명하여라.

풀이

증명을 시작해 보자. 우리가 다룰 대부분의 예제에서, 항등식의 증명은 해당 문제에 따라 다른 방법들이 사용된다. 등식의 좌변에는 세 가지 삼각함수가 있는데 $\tan x = \dfrac{\sin x}{\cos x}$를 이용해 삼각함수를 두 가지로 줄여 간단히 한다. 따라서

$$\cos x + \sin x \tan x = \sec x$$
$$\cos x + \sin x \left(\frac{\sin x}{\cos x} \right) = \sec x$$

이다. 다음 좌변의 두 번째 항을 간단히 하는 것이 가능한데

$$\cos x + \left(\frac{\sin^2 x}{\cos x} \right) = \sec x$$

이다. 이 시점에서 문제가 해결되고 있는지는 확신하기 어렵다. 이제 이미 알고 있

는 항등식과 대수적 방법을 적용하여 문제가 해결되기를 기대한다. 좌변에서 공통분모를 사용하면 두 항을 더할 수 있다.

$$\frac{\cos^2 x}{\cos x} + \frac{\sin^2 x}{\cos x} = \sec x$$

$$\frac{\cos^2 x + \sin^2 x}{\cos x} = \sec x$$

피타고라스 항등식에 의해 좌변의 분모가 1이므로

$$\frac{1}{\cos x} = \sec x$$

이다. 좌변에 역수 항등식을 적용하면

$$\sec x = \sec x$$

이므로 주어진 항등식을 증명하였다.

앞의 예제에서는 다양한 삼각함수 관계식과 대수적 방법을 사용했는데 항등식을 증명하기 위해서는 이들을 능숙하게 사용할 수 있어야 한다. 반복해서 말하지만 다른 항등식의 증명에도 이 방법이 사용될 것이라고 생각해서는 안 된다. 많은 문제를 증명해 보면 효과적인 증명 방법에 대한 경험을 쌓을 수 있지만, 각 상황은 그에 맞는 새로운 증명 방법이 필요할 수 있다.

예제 8.14 항등식 $\dfrac{\csc^2 \theta}{\cot \theta} = \csc \theta \sec \theta$를 증명하여라.

풀이

코탄젠트는 탄젠트의 역수이므로 좌변을 다음과 같이 쓸 수 있다.

$$\csc^2 \theta \tan \theta = \csc \theta \sec \theta$$

등식의 양변을 비교하면 좌변에는 두 개의 코시컨트 인수가, 우변에는 하나의 코시컨트 인수가 있다. 따라서 다음과 같이

$$\csc \theta \csc \theta \tan \theta = \csc \theta \sec \theta$$

이므로 $\csc \theta \tan \theta$를 $\sec \theta$로 쓸 수 있는지 확인하면 증명이 완성된다.

$$\csc \theta \left(\frac{1}{\sin \theta} \right) \left(\frac{\sin \theta}{\cos \theta} \right) = \csc \theta \sec \theta$$

$$\csc \theta \left(\frac{1}{\cos \theta} \right) = \csc \theta \sec \theta$$

$$\csc\theta\,\sec\theta = \csc\theta\,\sec\theta$$

따라서 주어진 항등식을 증명하였다.

예제 8.15 > 항등식 $\dfrac{\cos x - \cos y}{\sin x + \sin y} - \dfrac{\sin y - \sin x}{\cos x + \cos y} = 0$을 증명하여라.

풀이

좌변은 분수의 차이므로 공통분모를 구한 후 두 분수를 결합한다. 공통분모는 두 분모의 곱이므로

$$\frac{(\cos x - \cos y)(\cos x + \cos y)}{(\sin x + \sin y)(\cos x + \cos y)} - \frac{(\sin y - \sin x)(\sin x + \sin y)}{(\cos x + \cos y)(\sin x + \sin y)} = 0$$

이고 이를 다시 쓰면

$$\frac{(\cos x - \cos y)(\cos x + \cos y) - (\sin y - \sin x)(\sin x + \sin y)}{(\sin x + \sin y)(\cos x + \cos y)} = 0$$

이제 분모를 간단히 하기 위해 곱을 전개하면

$$\frac{\cos^2 x - \cos^2 y + \sin^2 x - \sin^2 y}{(\sin x + \sin y)(\cos x + \cos y)} = 0$$

$$\frac{\cos^2 x - \sin^2 y - (\cos^2 y - \sin^2 x)}{(\sin x + \sin y)(\cos x + \cos y)} = 0$$

$$\frac{1 - 1}{(\sin x + \sin y)(\cos x + \cos y)} = 0$$

$$\frac{0}{(\sin x + \sin y)(\cos x + \cos y)} = 0$$

$$0 = 0$$

이므로 항등식을 증명하였다.

예제 8.16 > 항등식 $\sec\theta + \tan\theta = \dfrac{\cos\theta}{1 - \sin\theta}$를 증명하여라.

풀이

계속해서 언급하지만 모든 삼각함수 항등식의 증명은 다른 것들과는 독립적으로 이루어지므로 연속되는 문제에 같은 방법으로 접근하는 것은 피해야 한다. 간혹 그런 상황이 있긴 해도 대부분의 경우 새로운 접근법이 필요하다.

증명하기 전에 몇 가지 방법을 생각해 보자. 먼저 등식의 좌변을 역수와 몫 항등식을 이용하여 분수로 바꾼 후 분수를 더하여 좌변과 비교해 본다.

또는 등식의 우변의 분모에는 두 항이 있으므로 분모와 분자에 분모의 켤레짝

(conjugate pairs)을 곱할 수 있다. 분모의 켤레짝은 분모의 두 항 사이의 부호를 바꾼 $1 + \sin\theta$이다.

어떤 방법을 사용해야 하는지 명확하지 않으므로 두 번째 방법을 선택하자. 앞서 설명한 것처럼 이미 시도한 방법이 아니기 때문이다.

$$\sec\theta + \tan\theta = \frac{\cos\theta}{1 - \sin\theta}$$

$$\sec\theta + \tan\theta = \frac{\cos\theta(1 + \sin\theta)}{(1 - \sin\theta)(1 + \sin\theta)}$$

우변의 분모에 제곱 차 공식을 적용하고 피타고라스 정리를 이용하여 간단히 하면

$$\sec\theta + \tan\theta = \frac{\cos\theta(1 + \sin\theta)}{\cos^2\theta}$$

우변의 분자는 아직 간단히 하지 않았다. 그 이유는 식을 변경하는 도중에 약분되는 경우가 있기 때문에 인수분해된 형태를 유지한 것이다. 코사인을 약분하면

$$\sec\theta + \tan\theta = \frac{(1 + \sin\theta)}{\cos\theta}$$

이다. 우변을 두 분수의 합으로 쓰면 바로 결과를 알 수 있다.

$$\sec\theta + \tan\theta = \frac{1}{\cos\theta} + \frac{\sin\theta}{\cos\theta}$$

$$\sec\theta + \tan\theta = \sec\theta + \tan\theta$$

다른 방법으로 더 쉽게 증명할 수 있을지 궁금할 수도 있다. 이 질문에 대한 답은 현재로서는 불명확하다. 불행히도 어떤 방법이 가장 빠르고 가장 쉬운 증명 방법인지는 알 수 없다. 말 그대로 수학의 숲에서 자신의 길을 찾을 수 있기를 바라며 계속 걸어갈 뿐이다.

예제 8.17 항등식 $\sec^6 t(\sec t \tan t) - \sec^4 t(\sec t \tan t) = \sec^5 t \tan^3 t$를 증명하여라.

풀이

이 경우 등호의 좌변에서 다소 큰 지수와 복잡한 식을 볼 수 있다. 하지만 잘 보면 공통인수 $(\sec t \tan t)$가 있으므로 좌변을 인수분해할 수 있다. 인수분해가 식을 더 복잡하게 만들 수도 있지만 현재로서는 다른 방법이 없으므로 인수분해할 것이다. 아무 것도 할 수 없는 최악의 상태에 도달하더라도 그 때 다른 방법을 사용하여 시도하면 된다.

$$\sec^6 t(\sec t \tan t) - \sec^4 t(\sec t \tan t) = \sec^5 t \tan^3 t$$

$$(\sec t \tan t)(\sec^6 t - \sec^4 t) = \sec^5 t \tan^3 t$$

이 식의 좌변은 두 번째 괄호 안에서 $\sec^4 t$의 인수를 묶어낼 수 있기 때문에 계속해서 인수분해가 가능하다.

$$(\sec t \, \tan t)\sec^4 t(\sec^2 t - 1) = \sec^5 t \, \tan^3 t$$

이제 좌변의 첫 번째 두 식을 괄호로 결합하고 마지막 괄호는 피타고라스 항등식을 이용하여 다른 식으로 나타낼 수 있다. 따라서 다음과 같이 변형할 수 있다.

$$(\sec^5 t \, \tan t)(\tan^2 t) = \sec^5 t \, \tan^3 t$$
$$\sec^5 t \, \tan^3 t = \sec^5 t \, \tan^3 t$$

따라서 주어진 항등식을 증명하였다.

삼각함수 항등식을 증명하기 위해 사용할 수 있는 아이디어를 다양한 예제를 통해 소개하였다. 하지만 모든 항등식들을 살펴본 것은 결코 아니다. 말 그대로 지금까지 살펴본 수학적 방법은 이미 삼각함수 항등식 증명에 사용되었으며 따라서 연습문제에서 접할 수 몇 가지 예제들의 증명은 상당히 어려울 수 있다.

다른 모든 방법이 실패하면, 마지막으로 할 수 있는 방법은 주어진 식을 오직 사인과 코사인으로만 표현하는 것이다. 이 방법은 항상 가능하다. 이렇게 하면, 식이 매우 복잡해질 수도 있지만 유일한 항등식인

$$\cos^2 \theta + \sin^2 \theta = 1$$

만을 이용하여 간단히 할 수 있다는 이점이 생긴다.

연습문제를 풀 때는 자신감을 갖기 바란다! 모든 증명문제는 적당한 수준의 문제로 모두 해결할 수 있을 것이다.

연습문제

다음 항등식을 증명하여라. 적당한 항등식을 이용하여라.

1. $\sin x \, \tan x + \cos x - \sec x = 0$

2. $\sin^2 x(\csc x + 1) = \dfrac{1 - \sin^2 x}{\csc x - 1}$

3. $\cot^4 \theta = \cot^2 \theta \, \csc^2 \theta - \cot^4 \theta$

4. $\sin x + \cos x = \dfrac{\cot x + 1}{\csc x}$

5. $(\sec x - \tan x)^2 = \dfrac{1 - \sin x}{1 + \sin x}$

6. $\dfrac{1}{\sec x - \tan x} = \sec x + \tan x$

7. $\dfrac{\cos(2x) - \cos(4x)}{\sin(2x) + \sin(4x)} = \tan x$

8. $\dfrac{\sin x}{1 - \cos x} - \dfrac{\sin x \cos x}{1 + \cos x} = \csc x \, (1 + \cos^2 x)$

9. $\left(\dfrac{\cos x}{\sin x}\right)(\sec x) = \csc x$

10. $\sin x + \cos x \cot x = \csc x$

11. $\left[\dfrac{\csc x}{1 + \csc x} - \dfrac{\csc x}{1 - \csc x}\right] = 2\sec^2 x$

12. $\sin x(\cot x + \cos x \tan x) = \cos x + \sin^2 x$

13. $\sin^2 x - \cos^2 x = \sin^4 x - \cos^4 x$

14. $\dfrac{1}{1 - \cos x} + \dfrac{1}{1 + \cos x} = 2\csc^2 x$

15. $\cos x \sin y = \dfrac{1}{2}\sin(x + y) - \dfrac{1}{2}\sin(x - y)$

16. $\tan\dfrac{\theta}{2} = \dfrac{1 - \cos\theta}{\sin\theta}$

17. $\cot x + \tan x = \dfrac{2}{\sin 2x}$

18. $\dfrac{\sin(x + y)}{\sin(x - y)} = \dfrac{\tan x + \tan y}{\tan x - \tan y}$

19. $\csc 2x = \dfrac{\sec x}{2\sin x}$

20. $\dfrac{1 + \sec x}{\csc x} = \sin x + \tan x$

21. $\tan\left(\dfrac{\pi}{4} + x\right) = \dfrac{\cos^2 x - \sin^2 x}{1 - \sin 2x}$

22. $\sin^2\left(\dfrac{x}{2}\right) = \dfrac{\sec x - 1}{2\sec x}$

요약

이 장에서는 다음 내용들을 학습하였다.

- 삼각함수 항등식을 이용하여 식 간단히 하기
- 주요 삼각함수 항등식의 정의와 유도: 역수와 피타고라스 항등식, 대칭과 짝함수–홀함수 항등식, 각의 합과 차에 대한 항등식, 2배각, 반각 항등식, 곱 항등식
- 여러 삼각함수 항등식의 증명 방법

용어

대칭 항등식symmetry identity 그래프가 나타내는 대칭적 성질과 관련된 함수관계를 표현하는 삼각함수 항등식. 짝함수–홀함수 항등식이라고도 함.

삼각함수 항등식trigonometric identity 등호가 항상 성립하는 두 삼각함수 등식.

역수 항등식reciprocal identity 역수 관계를 나타내는 삼각함수 항등식.

짝함수–홀함수 항등식even-odd identity 그래프가 나타내는 대칭적 성질과 관련된 함수관계를 표현하는 삼각함수 항등

식. 대칭 항등식이라고도 함.

켤레짝conjugate pairs 두 이항식으로 각 항의 연결부호가 서로 반대인 식.

피타고라스 삼각함수 항등식pythagorean trigonometric identity $\cos^2\theta + \sin^2\theta = 1$.

항등식의 증명 verification of identity 대수적 성질과 치환을 이용하여 두 개의 삼각함수식 사이의 등호가 항상 성립함을 확인하는 과정.

공식

각 θ에 대한 역수 삼각함수 항등식:

$$\sin\theta = \frac{1}{\csc\theta} \qquad \csc\theta = \frac{1}{\sin\theta}$$

$$\cos\theta = \frac{1}{\sec\theta} \qquad \sec\theta = \frac{1}{\cos\theta}$$

$$\tan\theta = \frac{1}{\cot\theta} \qquad \cot\theta = \frac{1}{\tan\theta}$$

직각삼각형의 변들을 이용한 삼각함수의 정의:

$$\sin\theta = \frac{\text{대변}}{\text{빗변}} \qquad \csc\theta = \frac{\text{빗변}}{\text{대변}}$$

$$\cos\theta = \frac{\text{이웃변}}{\text{빗변}} \qquad \sec\theta = \frac{\text{빗변}}{\text{이웃변}}$$

$$\tan\theta = \frac{\text{대변}}{\text{이웃변}} \qquad \cot\theta = \frac{\text{이웃변}}{\text{대변}}$$

피타고라스 항등식:

$$\sin^2\theta + \cos^2\theta = 1$$

$$\tan^2\theta + 1 = \sec^2\theta$$

$$\cot^2\theta + 1 = \csc^2\theta$$

대칭 항등식:

$\sin(-\theta) = -\sin\theta$
$\cos(-\theta) = \cos\theta$
$\tan(-\theta) = -\tan\theta$
$\cot(-\theta) = -\cot\theta$
$\sec(-\theta) = \sec\theta$
$\csc(-\theta) = -\csc\theta$

© Cengage Learning 2014

각의 합과 차에 대한 항등식:

항등식 명칭	항등식
각의 합에 대한 코사인	$\cos(\alpha + \beta) = \cos\alpha\,\cos\beta - \sin\alpha\,\sin\beta$
각의 차에 대한 코사인	$\cos(\alpha - \beta) = \cos\alpha\,\cos\beta + \sin\alpha\,\sin\beta$
각의 합에 대한 사인	$\sin(\alpha + \beta) = \sin\alpha\,\cos\beta + \cos\alpha\,\sin\beta$
각의 차에 대한 코사인	$\sin(\alpha - \beta) = \sin\alpha\,\cos\beta - \cos\alpha\,\sin\beta$

© Cengage Learning 2014

항등식 명칭	항등식
각의 합에 대한 탄젠트	$\tan(\alpha + \beta) = \dfrac{\tan\alpha + \tan\beta}{1 - \tan\alpha\,\tan\beta}$
각의 차에 대한 탄젠트	$\tan(\alpha - \beta) = \dfrac{\tan\alpha - \tan\beta}{1 + \tan\alpha\,\tan\beta}$
2배각의 사인	$\sin(2\alpha) = 2\sin\alpha\,\cos\alpha$
2배각의 코사인	$\cos(2\alpha) = \cos^2\alpha - \sin^2\alpha$

© Cengage Learning 2014

표준위치에 있는 각의 끝변 위의 점 (x, y)와 $x^2 + y^2 = r^2$에 의한 삼각함수의 정의:

삼각함수
$\sin\alpha = \dfrac{y}{r}$
$\cos\alpha = \dfrac{x}{r}$
$\tan\alpha = \dfrac{y}{x}$
$\csc\alpha = \dfrac{r}{y}$
$\sec\alpha = \dfrac{r}{x}$
$\cot\alpha = \dfrac{x}{y}$

© Cengage Learning 2014

종합문제

다음 항등식을 증명하여라.

1. $\sin t\,\csc t = 1$

2. $\dfrac{\sin^2\theta}{1 + \cos\theta} = 1 - \cos\theta$

3. $\tan\theta + \cot\theta = \csc\theta\,\sec\theta$

4. $\cos\theta\,\tan\theta = \sin\theta$

5. $\csc\theta\,\tan\theta = \sec\theta$

6. $\sec^2\theta + \csc^2\theta = \sec^2\theta\,\csc^2\theta$

7. $\dfrac{1}{\cos\theta + 1} + \dfrac{1}{\sec\theta + 1} = 1$

8. $\dfrac{\sin(-\theta)}{\cos(-\theta)} = \tan(-\theta)$

9. $\sec^2\theta - \tan^2\theta = 1$

10. $\sec^4\theta - \tan^4\theta = 1 + 2\tan^2\theta$

다음 항등식을 증명하여라.

11. $\sin(\alpha + \beta) = \sin\alpha\,\cos\beta + \cos\alpha\,\sin\beta$

12. $\tan(\alpha + \beta) = \dfrac{\tan\alpha + \tan\beta}{1 - \tan\alpha\,\tan\beta}$

13. $\sin(2\alpha) = 2\sin\alpha\,\cos\alpha$

14. $\cos\left(\dfrac{\alpha}{2}\right) = \pm\sqrt{\dfrac{1 + \cos\alpha}{2}}$

15. $\tan x\,\csc x\,\cos x = 1$

반각 항등식을 이용하여 다음 식의 정확한 값을 구하여라.

16. $\sin(15°)$　　　17. $\cos(45°)$

18. $\tan(22.5°)$　　19. $\sin(75°)$

20. $\cos(60°)$

반각 항등식을 이용하여 제시된 구간에서의 $\sin\dfrac{x}{2}$, $\cos\dfrac{x}{2}$, $\tan\dfrac{x}{2}$의 정확한 값을 구하여라.

21. $\sin x = \dfrac{5}{6}$, $\dfrac{\pi}{2} < x < \pi$

22. $\cos x = \dfrac{7}{9}$, $0 < x < \dfrac{\pi}{2}$

23. $\sec x = 5$, $0 < x < \pi$

24. $\csc x = 2$, $\pi < x < 2\pi$

25. $\sin(x) = \dfrac{1}{2}$, $0 < x < \dfrac{\pi}{2}$

적당한 항등식을 이용하여 다음 항등식을 증명하여라.

26. $\sin(3\theta) = 3\cos^2\theta\,\sin\theta - \sin^3\theta$

27. $\cos 3\theta = \cos^3\theta - 3\sin^2\theta\,\cos\theta$

28. $\tan 3\theta = \dfrac{3\tan\theta - \tan^3\theta}{1 - 3\tan^2\theta}$

29. $\sin^2\theta = \dfrac{1 - \cos 2\theta}{2}$

30. $\cos^2\theta = \dfrac{1 + \cos 2\theta}{2}$

31. $\cos\theta\,\cos\varphi = \dfrac{\cos(\theta - \varphi) + \cos(\theta + \varphi)}{2}$

32. $\sin\theta\,\sin\varphi = \dfrac{\cos(\theta - \varphi) - \cos(\theta + \varphi)}{2}$

33. $\tan(x) + \sec(x) = \tan\left(\dfrac{x}{2} + \dfrac{\pi}{4}\right)$

34. $\sin x + \sin y = 2\sin\dfrac{x + y}{2}\cos\dfrac{x - y}{2}$

35. $\sin\theta = \dfrac{2\tan(\theta/2)}{1 + \tan(\theta/2)}$

36. $\cos\theta = \dfrac{1 - \tan^2(\theta/2)}{1 + \tan^2(\theta/2)}$

37. $\tan\theta = \dfrac{2\tan(\theta/2)}{1 - \tan(\theta/2)}$

38. $\sin\alpha\,\cos\beta = \dfrac{1}{2}[\sin(\alpha + \beta) + \sin(\alpha - \beta)]$

39. $\cos\alpha\,\cos\beta = \dfrac{1}{2}[\cos(\alpha + \beta) + \cos(\alpha - \beta)]$

40. $\sin\alpha\,\sin\beta = -\dfrac{1}{2}[\cos(\alpha + \beta) - \cos(\alpha - \beta)]$

41. $\sin\alpha + \sin\beta = 2\sin\left(\dfrac{\alpha + \beta}{2}\right)\cos\left(\dfrac{\alpha - \beta}{2}\right)$

42. $\tan^2 x = \dfrac{1 - \cos 2x}{1 + \cos 2x}$

43. $\cos\alpha + \cos\beta = 2\cos\left(\dfrac{\alpha + \beta}{2}\right)\cos\left(\dfrac{\alpha - \beta}{2}\right)$

44. $\dfrac{\cos^2\theta}{1 - \sin\theta} = 1 + \sin\theta$

45. $\sin^2\theta\,\cos^2\theta = \dfrac{1}{4}\left(1 - \cos^2 2\theta\right)$

46. $\sin^4\theta + 2\sin^2\theta\,\cos^2\theta + \cos^4\theta = \tan\theta\,\cot\theta$

47. $\sec^4\theta - \tan^4\theta = 2\tan^2\theta + 1$

48. $\csc(2\alpha) = \dfrac{\csc(\alpha)\,\sec(\alpha)}{2}$

49. $\tan^4\theta - \sec^4\theta = 1 - 2\sec^2\theta$

50. $\sin^4\theta - \cos^4\theta = -\cos(2\theta)$

Chapter 9 복소수
The Complex Numbers

이 장에서는 실수를 확장한 새로운 수 체계를 소개할 것이다.

생각하는 모든 것은 '실제(real)'로 존재하는 것과 '가상(imaginary)'인 것으로 구분할 수 있다. 이 관점에서 지금까지 다룬 수는 '실수(real number)'이다. 앞에서 사용했던 모든 스칼라, 수열의 항, 행렬의 원소는 실수이다.

이제 복소수(complex number)의 기초를 이루는 '허수(imaginary number)'의 개념을 소개하고자 한다. 허수의 개념을 기초로 하는 새로운 수 체계를 사용해야 하는 이유가 궁금할 수도 있지만 이 책에서는 복소수에 대해 깊이 다루지 않을 것이다. 복소수는 많은 응용문제에서 폭넓게 기본적 원리를 제공하고 있으며, 수학과 이론물리에서 많은 어려운 문제를 해결할 수 있는 좋은 도구로 사용되고 있다.

학습목표

이 장의 내용을 학습하면 다음을 할 수 있다.

- 복소수의 개념 이해와 복소수인 근호를 포함하는 식의 계산
- 복소수를 직교형식, 극형식, 삼각함수 형식으로 표현
- 복소수의 덧셈, 뺄셈, 곱셈, 나눗셈, 거듭제곱의 계산
- 복소수를 포함한 응용문제 해결

9.1 복소수의 정의

거듭제곱근의 복습

복소수는 다양하고 광범위하게 응용되는데 이러한 응용문제를 해결하기 위해서는 복소수에 대한 기초지식을 갖고 있어야 한다. 따라서 먼저 제곱근(square root)의 정의를 다시 생각해 보자.

> **정의** 제곱근
>
> $\sqrt{A} = B$이기 위한 필요충분조건은 B가 음이 아니고 $A = B^2$

B를 A의 제곱근이라 한다. A의 값은 제곱근의 **피제곱근수**(radicand)라 하는데 정의에 의해 A는 음이 아니어야 한다.

정의로부터 $\sqrt{49}$는 7이다. 7은 음이 아니며 $49 = 7^2$이기 때문이다. 한편 $49 = (-7)^2$이지만 B는 음이 아니어야 하므로 7을 49의 주 제곱근(principal square root)이라고도 한다.

이제 $\sqrt{-49}$를 구하는 문제를 생각하자. 피제곱근수가 음수이므로 앞의 상황과 같지 않으며, 제곱근의 정의에 의해 $-49 = B^2$인 음이 아닌 수 B를 찾아야 한다.

하지만 제곱근의 정의에서 피제곱근수는 음수가 아니어야 한다. 수를 제곱하면 양수이므로 $-49 = B^2$를 만족하는 B의 값을 구할 수 없다. 경험상 '해가 없는' 방정식이 있으며 $\sqrt{-49} = B$도 그러한 방정식이라고 생각하면 그리 난감한 상황은 아니다. 하지만 이러한 입장은 현재로서는 불분명하며 궁극적으로는 설명할 수 있는 범위를 넘어선다. 하지만 많은 응용문제에서 이와 같은 방정식의 해를 구할 필요가 있으므로 문제를 보다 자세히 살펴보고자 한다. 지금까지 다룬 실수는 이러한 목적에

부적합하며 따라서 새로운 개념, 즉 '허수(imaginary number)'를 포함하여 수를 확장한다.

이 개념은 거듭제곱근, 특히 제곱근에 대한 법칙 중 하나를 이용하여 발전시킬 수 있다. 이 법칙은 바로 '곱의 규칙'인

$$\sqrt{ab} = \sqrt{a}\,\sqrt{b}$$

이다. 이 규칙은 각각의 제곱근이 실수인 경우에 성립하므로 현재 상황에는 도움이 안 된다. 하지만 한 가지 새로운 개념을 도입하여 제곱근의 곱의 규칙을 확장할 수 있다. 즉 음수의 제곱근에 대해서도 곱의 규칙이 성립한다면 $\sqrt{-49}$를 $\sqrt{49}\,\sqrt{-1}$과 같이 나타낼 수 있고, 따라서 $\sqrt{-1}$을 다루는 방법만 결정하면 상황은 해결된다. 또한 모든 음수의 제곱근에 대해서도 같은 아이디어를 적용할 수 있는데 비슷한 인수분해를 적용할 수 있기 때문이다.

허수단위의 정의

다음과 같이 두 가지 동치인 형식의 정의를 살펴보자.

> **정의** 허수단위
>
> $$\sqrt{-1} = i \quad \text{또는} \quad -1 = i^2$$

'수' i를 **허수단위**(imaginary unit)라고 하는데 이 수는 지금 '갑자기' 등장한 수이다. 또한 수를 나타내기 위해 문자 i를 사용하고 있는데 이러한 상황이 처음은 아니다. 잘 알고 있는 그리스 문자 π도 수를 나타내는 문자이다. i가 '어디에서 왔는지' 의문을 가질 수 있다. 하지만 i의 정의는 '어디에서 온' 것이 아닌 만들어 낸 것이다. 따라서 이 정의는 완전히 추상적이며 어떠한 방법으로 유도해낼 수 없는 것이다.

i를 이용하면 $\sqrt{-49}$를 간단히 할 수 있는데

$$\sqrt{-49} = \sqrt{49}\,\sqrt{-1} = 7i$$

이다. 앞서 언급한 것처럼 임의의 음수의 제곱근도 비슷하게 처리할 수 있는데 자세한 설명을 위해 한 가지 예를 더 살펴보자. (제곱근을 간단히 하는 방법도 확인할 수 있다.)

$$\sqrt{-128} = \sqrt{128}\,\sqrt{-1} = \sqrt{128}\,i$$

128은 완전제곱수(perfect square)가 아니므로 첫 번째 예처럼 제곱근을 간단히 하는 것이 쉽지 않다. 제곱근을 간단히 하는 것은 10진수 근사를 구하는 것이 아니

며 128의 약수로서 가장 큰 완전제곱수를 구해야 한다. 128의 약수인 완전제곱수가 없다면 간단히 할 수 없다.

완전제곱수들은 무한히 많은데 이들을 나열해보면 4, 9, 16, 36, 49, 64, 81, 100, 121, 144 등이다. 144에서 멈췄는데 피제곱근수보다 크기 때문이다. 이 완전제곱수들 중에서 128의 약수는 4가 있지만 가장 큰 약수는 64이다. 이를 이용하여 피제곱근수를 곱으로 표현하면

$$\sqrt{128}\,i = \sqrt{64}\,\sqrt{2}\,i = 8\sqrt{2}\,i$$

이다. 이것이 $\sqrt{-128}$을 '간단히' 나타낸 것이다.

이제 허수단위 i를 이용하여 복소수의 개념을 정의할 수 있다.

> **정의** 복소수
>
> 실수 a와 b에 대해 $a + bi$ 형태의 수

a의 값을 복소수의 **실수부**(real part)라 하고 b의 값을 복소수의 **허수부**(imaginary part)라 한다. $a = 0$인 경우 bi형태의 복소수를 **순허수**(pure imaginary)라 한다. $b = 0$이면 복소수는 a이고 따라서 실수가 된다. 순허수를 허수라고도 부른다. 허수(imaginary number)란 제곱이 음의 실수인 수를 말한다.

따라서 이 장의 소개에서 언급했던, 즉 도입하려는 새로운 수 체계가 다름 아닌 익숙하게 사용해온 실수의 '확장'이라는 점을 뒷받침한다. 실수는 복소수의 부분집합이다.

복소수의 예는 3, −7, 14 등과 같은 실수, −2i, 4i, $8\sqrt{2}\,i$ 등과 같은 순허수, 또는 5 + 3i, 7 − 16i, 1 + $\sqrt{5}\,i$ 등과 같은 수들이다.

복소수의 표준형식

$a + bi$를 복소수의 **표준형식**(standard form) 또는 **직교좌표 형식**(rectangular form)이라 부른다. 복소수를 표현하는 다른 방법으로는 그래프 형식, 극형식, 지수형식이 있지만 계산의 편의상 당분간 표준형식을 사용한다. 표현식을 재배열하여 $bi + a$와 같이 실수부를 뒤에 쓰는 것도 가능하지만, 일반적으로 사용하는 표현은 아니다. 따라서 실수부를 먼저 쓰는 일반적인 방법을 따를 것이다.

두 복소수의 실수부와 허수부가 서로 같으면 두 복소수를 '같다'고 한다. 즉, $a = c$이고 $b = d$일 때에만 $(a + bi) = (c + di)$이다.

허수단위의 거듭제곱

허수단위 i의 정의에 포함된 많은 사실들이 있다. 이 장에서 이들 중 일부를 살펴보겠지만 바로 궁금한 성질 한 가지를 살펴보자.

이는 많은 성질들 중에서 아주 기본적인 결과이지만, 언뜻 보기에는 놀라울 수 있다. 왜 i의 거듭제곱은 4가지뿐인가? 이를 살펴보면 i에 대한 정의의 자연스러운 결과라는 것을 알 수 있다.

먼저 임의의 수의 0제곱은 1이므로 $i^0 = 1$이다. 아울러 임의의 수의 1제곱은 자기 자신이므로 $i^1 = i$이고 정의에 의해서 $i^2 = -1$이다.

이 사실들을 염두에 두고 i^3을 생각해 보자. 지수법칙에 의해 $i^3 = i^2i = (-1)i = -i$이다. 놀랍게도 3번 곱했는데 오히려 '간단해졌다'.

또한 $i^4 = i^3i = (-i)i = -i^2 = -(-1) = 1$이다. 비슷하게 더 큰 수의 거듭제곱이 4가지 결과 중 하나로 줄일 수 있다. 예를 들어 $i^5 = i^4i = (1)i = i$이다. 지수법칙을 잘 사용하면 i의 임의의 거듭제곱도 계속 계산할 수 있다.

물론, i^{71}과 같이 매우 큰 지수의 계산을 위해 위 과정을 밟는 것은 현실적이지 않다. 알려진 4가지 i의 거듭제곱 중 하나에 도달할 때까지 지수를 1씩 줄여나가면서 계산하는 것은 다소 지루한 절차이기 때문이다. 하지만 지수의 거듭제곱 법칙을 적용하면 $i^{71} = i^{68}i^3 = (i^4)^{17}(-i) = -i$와 같이 간단히 계산할 수 있다.

이 문제를 해결하는 방법을 규칙으로 제시하고 다른 문제를 살펴보자.

먼저 규칙을 적용해 보고 거꾸로 왜 그 규칙이 성립하는지 설명하자. 예를 들어 i^{117}은 117/4의 나머지를 구하여 계산할 수 있다. 실제로 나눠보면 몫이 29, 나머지가 1이다. 그러므로 i^{117}은 $i^1 = i$와 같다. 왜 그런가?

117/4 = 29이고 나머지가 1이므로 117 = (29)(4) + 1이다. 따라서 (지수법칙에 의해)

$$i^{117} = i^{(4)(29)+1} = (i^4)^{29}i^1 = (1)^{29}i = i$$

이다. 이 규칙을 n이 음이 아닌 경우에 다루었지만, i의 지수를 모든 정수로 확장할 수 있으며 이는 연습문제로 다룬다.

복소수와 행렬의 관계

7장에서 행렬의 개념과 연산 방법을 살펴보았다. 행렬은 복소수와도 관련이 있다. 이러한 관련성은 자명하지 않지만 실제로 존재하며 다소 중요하고 놀라운 결과를 얻게 한다.

행렬 $i = \begin{bmatrix} 0 & 1 \\ -1 & 0 \end{bmatrix}$을 생각하자. 이 행렬의 이름을 i라 한 것에는 이유가 있다. 행렬

> **Note**
>
> i의 서로 다른 거듭제곱은 네 가지뿐이다. i의 모든 거듭제곱은 이 네 가지 중 하나로 간단히 된다.

> **Note**
>
> 임의의 자연수 n에 대해 $i^n = i^R$이다. 여기서 R은 n을 4로 나눈 나머지이다.

의 곱셈 방법에 따라 i^2을 계산해 보자.

$$\begin{bmatrix} 0 & 1 \\ -1 & 0 \end{bmatrix} \begin{bmatrix} 0 & 1 \\ -1 & 0 \end{bmatrix} = \begin{bmatrix} -1 & 0 \\ 0 & -1 \end{bmatrix} = -1 \begin{bmatrix} 1 & 0 \\ 0 & 1 \end{bmatrix}$$

마지막 행렬은 행렬의 곱셈에 대한 항등원(multiplicative identity)인 항등행렬이므로 행렬 i의 제곱은 허수단위와 같은 방법으로 계산한다. 즉, i의 제곱이 -1에 해당하는 행렬이 된다. 이는 놀라운 결과이며 행렬에 대한 많은 연구가 복소수에 적용될 수 있음을 알 수 있다.

주 복소수 제곱근

복소수의 도입으로 인해 생기는 자명하지 않은 문제를 간단히 살펴보면서 이 절을 마무리하자.

$\sqrt{9}$와 같은 실수 제곱근은 그 근호 안의 수가 3^2 또는 $(-3)^2$이 될 수 있다. 따라서 양수 3을 9의 주 제곱근(principal square root)이라 부르며 제곱근 기호는 항상 주 제곱근을 나타낸다.

복소수에도 같은 상황일까? 즉, $\sqrt{-9}$를 생각해 보면 $3i$와 $-3i$ 모두 제곱근의 정의를 만족하므로 복소수에 대해서도 주 제곱근을 지정할 수 있을까?

$$(3i)(3i) = 9i^2 = 9(-1) = -9$$

이고

$$(-3i)(-3i) = 9i^2 = 9(-1) = -9$$

이다. 따라서 주 복소수 제곱근을 지정할 수 있으며 양의 부호가 붙은 수를 주 (복소수) 제곱근으로 정한다.

연습문제

다음 물음에 대해 답하여라.

1. '복소수'의 의미를 나름대로 설명하여라.
2. $\sqrt{36} = \sqrt{-36}\sqrt{-1} = 6i \cdot i = 6i^2 = (6)(-1) = -6$ 이 성립하지 않는 이유는 무엇인가?
3. 복소수의 허수부와 실수부는 어떻게 다른가?
4. i^{43}을 간단히 하는 방법을 설명하여라.

다음 제곱근을 간단히 하여라. (근삿값을 계산하는 것이 아님을 기억하자.)

5. $\sqrt{-98}$
6. $\sqrt{-108}$
7. $\sqrt{-18}$
8. $\sqrt{-125}$
9. $\sqrt{-144}$
10. $\sqrt{-162}$

다음 복소수의 실수부와 허수부를 구하여라.

11. $8 + 5i$
12. $-12 + 7i$

13. $13 - 8i$	14. $-9 - 6i$	23. i^{48}	24. i^{70}
15. 5	16. $-8i$	25. i^{27}	26. i^{594}
17. $9i$	18. 21	27. i^{199}	

다음 허수단위 i의 거듭제곱을 간단히 하여라.

		행렬을 이용하여 다음 관계식을 증명하여라.	
19. i^7	20. i^9	28. $i^2 = -1$	29. $i^4 = 1$
21. i^{14}	22. i^{25}	30. $i^5 = i$	

9.2 복소수의 대수적 연산

수학에서 '대수(algebra)'라는 용어는 네 가지 연산, 즉 덧셈, 뺄셈, 곱셈, 나눗셈을 의미한다. 이러한 연산들은 복소수에 대해서도 적용 가능한데 실수의 연산과 유사하다.

복소수는 실수 a와 b에 대해 $a + bi$ 형태의 수이므로 복소수에 대한 대수적 연산을 자연스러운 방식으로 정의할 수 있다. 또한 이 연산들은 다항식의 연산과도 밀접한 관련이 있다. 연산과정은 다항식의 과정을 모방하지만 표현은 다항식이 아니라 복소수임을 명심하자. 이는 곱셈과 나눗셈의 연산을 살펴볼 때 중요해질 것이다.

먼저 일차다항식을 덧셈을 살펴보고 그 결과를 복소수의 덧셈과 관련하여 비교해 보자.

예제 9.1 ▶ 다항식의 덧셈 $(5 + 7x) + (8 - 2x)$을 간단히 하여라.

풀이

이 문제는 '동류항(like term)'끼리 더하면 되는데 동류항이란 변수와 변수의 차수가 같은 항을 말한다. 이 경우, 동류항은 5와 8, $7x$와 $-2x$이다. 식을 동류항끼리 모으면

$$(5 + 7x) + (8 - 2x) = (5 + 8) + (7x - 2x)$$
$$= 13 + 5x$$

이다. 이제 모을 수 있는 동류항이 없으므로 이 결과를 간단히 한 것으로 간주한다.

위의 예제와 복소수를 다항식으로 간주하여 계산하는 다음 예제를 비교해 보자.

예제 9.2 ▶ 복소수의 합 $(5 + 7i) + (8 - 2i)$을 간단히 하여라.

풀이

다항식의 덧셈의 경우와 비슷하게 복소수의 덧셈은 실수부는 실수부끼리, 허수부는 허수부끼리 더한다. 항을 재배열하면 다음을 얻는다.

$$(5 + 7i) + (8 - 2i) = (5 + 8) + (7i - 2i)$$
$$= 13 + 5i$$

명확히 하기 위해 복소수의 덧셈을 다음과 같이 정의한다.

> **정의** 직교좌표 형식의 두 복소수의 합
>
> $$(a + bi) + (c + di) = (a + c) + (b + d)i$$

일부 예제에서, 합의 실수부 또는 허수부가 사라지는 경우가 있을 수 있다. 이 경우 특별히 답을 표준형식으로 나타내야 하는 경우가 아니라면 사라진 부분은 생략할 수 있다.

예를 들면 다음과 같다.

$$(5 - 7i) + (-5 + 3i) = 0 - 4i = -4i$$

만약 표준형식으로 제시해야 하는 경우 올바른 답은 $0 - 4i$이지만 그러한 지침이 없다면 둘 다 올바른 표현이다.

복소수의 뺄셈도 비슷한 방법으로 계산할 수 있는데 일차다항식의 뺄셈을 비슷하게 모방한다. 항상 그렇듯이 부호가 결합되는 경우를 조심해야 한다.

예제 9.3 ▶ 복소수의 뺄셈 $(11 - 9i) - (13 - 5i)$를 계산하여라.

풀이

다항식의 경우와 같이 뺄셈을 괄호 안으로 분배하여 계산한다.

$$(11 - 9i) - (13 - 5i) = 11 - 9i - 13 + 5i$$

원하는 경우 동류항을 모을 수 있지만 이 과정은 명백하므로 식을 적을 때에는 생략할 수 있다.

$$11 - 9i - 13 + 5i = -2 - 4i$$

덧셈과 마찬가지로 뺄셈을 다음과 같이 정의한다.

> **정의** 직교좌표 형식의 두 복소수의 차
>
> $$(a + bi) - (c + di) = (a - c) + (b - d)i$$

복소수의 곱셈과 나눗셈

복소수의 곱셈도 분배법칙이나 이항식의 곱(종종 FOIL* 방법이라고도 함)을 사용하는 다항식의 곱셈의 절차를 따른다. 이 경우 계산이 약간 복잡해질 수도 있다.

몇 가지 예제를 살펴보면 곱셈 과정은 분명해진다.

Note

복소수의 계산에서 i^2이 나타나면 바로 이와 동치인 −1로 바꾸어 간단히 한다.

예제 9.4 $(9 - 3i)(5 + 7i)$를 간단히 하여라.

풀이

이항식으로 간주하고 FOIL을 사용하면

$$(9 - 3i)(5 + 7i) = 45 + 63i - 15i - 21i^2$$

이다. i^2을 (−1)로 바꾸면

$$45 + 63i - 15i + 21$$

이다. 동류항끼리 계산하면 다음과 같다.

$$66 + 48i$$

덧셈 및 뺄셈과 마찬가지로 곱셈의 정의는 다음과 같으며 이론 문제에서 유용하게 사용된다.

Note

$(a + b)(c + d)$
①②
③④

$= ac + ad + bc + bd$
① ② ③ ④
First Outside Inside Last

> **정의** 직교좌표 형식의 두 복소수의 곱
>
> $$(a + bi)(c + di) = (ac - bd) + (ad + bc)i$$

실제로는 정의에 의한 공식을 적용하기보다 위의 예제와 같이 FOIL을 이용하여 계산한다.

실수 또는 순허수를 복소수에 곱하는 경우에는 분배법칙이 사용된다. 앞의 경우들에서 복소수의 곱셈이 다항식의 곱셈과 유사함을 알 수 있다.

---

* 처음 항, 바깥쪽 항, 안쪽 항, 마지막 항(First Outside Inside Last)

예제 9.5 $8i(3 + 11i)$를 간단히 하여라.

풀이

분배법칙을 사용하면

$$24i + 88i^2$$

이고 간단히 하면

$$24i + 88(-1)$$
$$24i - 88$$

엄밀히 따지면 이 결과에는 아무런 문제가 없다. 그러나 앞에서 언급했듯이 수학자들은 복소수의 실수부를 먼저 적는다. 따라서 교환법칙을 적용하여 순서를 바꾸면

$$-88 + 24i$$

이다. 음수를 먼저 적는 것이 좋지 않다고 생각할 수도 있지만 어쩔 수 없는 부분이다.

예제 9.6 $(4 + 2i)^2$을 간단히 하여라.

풀이

이것은 대학 신입생의 희망(freshman's dream)으로 전 세계 수학 강사들에게 알려진 학생들의 실수에 관한 문제이다. 이항식의 제곱은 단지 각 항을 제곱하는 것이 아니다. 이 식은 $(4 + 2i)(4 + 2i)$와 같으므로 이항식의 곱셈을 이용하여 곱해야 한다.

$$(4 + 2i)(4 + 2i)$$
$$16 + 8i + 8i + 4i^2$$

다시 i^2은 (-1)이므로 뺄셈이 되어

$$16 + 8i + 8i - 4$$

이며 간단히 하면 다음과 같다.

$$12 + 16i$$

예제 9.7 $-5i(2 - 7i)$를 간단히 하여라.

풀이

이 경우 부호를 고려하면서 $-5i$를 괄호 안으로 분배하면

$$-10i + 35i^2$$
$$-10i + 35(-1)$$
$$-10i - 35$$

앞서 지적했듯이, 엄밀하게는 틀린 결과가 아니지만 일반적으로 실수부를 먼저 적으므로 다음과 같다.

$$-35 - 10i$$

이제 복소수에 대한 세 가지 연산이 익숙해졌을 것이다. 다항식과 그에 대한 대수적 연산에 대해 어느 정도 익숙했다면, 새로운 개념은 마치 복습하는 것과 같았을 것이다. 마지막 연산인 나눗셈은 다항식의 방법과 달리 새로운 접근법을 소개해야 하는데, 이에 앞서 한 가지 정의가 필요하다.

정의 복소수 켤레

허수부의 부호만 다른 두 복소수

즉 $a + bi$와 $a - bi$

예를 들어 $(3 + 2i)$와 $(3 - 2i)$는 서로 켤레이고 $(4 - 7i)$와 $(4 + 7i)$도 서로 켤레이다. 두 복소수의 허수부의 부호를 제외하고는 서로 같다. 복소수의 나눗셈에서 켤레의 역할이 매우 중요하다는 것을 바로 알게 된다.

복소수의 나눗셈은 일반적으로

$$\frac{4 + 5i}{3 - 2i}$$

와 같이 분수의 형태로 나타낸다. 복소수를 나누는 과정은 다음 절차를 따른다.

- 분모의 복소수 켤레를 분모와 분자에 곱한다.
- 분모와 분자를 간단히 정리한다.
- 결과를 $(a + bi)$ 형식으로 나타낸다.

이 절차가 어떻게 이루어지는지 살펴보기 위해 주어진 예를 살펴보자. 첫 번째 단계는 분모의 허수부의 부호를 바꾼 복소수 켤레 $3 + 2i$를 구하고 이를 분모와 분자

에 곱한다. 따라서

$$\frac{4 + 5i}{3 - 2i} \cdot \frac{3 + 2i}{3 + 2i}$$

이다. 분모와 분자를 간단히 하면

$$\frac{12 + 8i + 15i + 10i^2}{9 + 6i - 6i - 4i^2}$$

이다. 동류항을 간단히 하고 i^2은 (-1)로 바꾸면

$$\frac{2 + 23i}{13}$$

이다. 이제 거의 끝났는데 남은 것은 표준형식 $a + bi$로 나타내는 것이다. 분수를 공통분모로 나누어 보면

$$\frac{2}{13} + \frac{23}{13}i$$

이며 이것이 나눗셈 결과이다.

여기서 알 수 있듯이, 다른 연산과 달리 나눗셈에는 복소수 켤레의 개념이 포함되어 있다.

다른 예를 살펴보기 전에 생략했던 사항을 언급하고자 한다. 실수부가 없는 '순허수'도 복소수 켤레를 갖는다. 즉 $7i$를 $0 + 7i$로 생각하면 켤레는 $0 - 7i$, 즉 $-7i$이다.

예제 9.8 나눗셈 $\dfrac{11 - 6i}{5i}$를 구하여라.

풀이

앞의 나눗셈 절차대로 진행하면 먼저 분모 분자에 분모의 복소수 켤레인 $-5i$를 곱한다.

$$\begin{aligned}
\frac{11 - 6i}{5i} &= \frac{11 - 6i}{5i} \cdot \frac{-5i}{-5i} \\
&= \frac{-55i + 30i^2}{-25i^2} \\
&= \frac{-55i - 30}{25}
\end{aligned}$$

아직 실수부와 허수부로 나누지는 않았지만 이 절차는 다음과 같다. i^2을 -1로 바꾼 과정은 생략하였다.

$$\frac{-30-55i}{25} = \frac{-30}{25} - \frac{55}{25}i$$

$$= \frac{-6}{5} - \frac{11}{5}i$$

연습문제

다음 물음에 대해 답하여라.

1. 두 복소수의 덧셈 과정을 설명하여라.

2. 두 복소수의 곱셈 과정을 설명하여라.

3. 두 복소수를 나누는 과정을 설명하여라.

4. '복소수 켤레'의 의미는 무엇인가?

다음 각 식을 간단히 하고 표준형식으로 나타내어라.

5. $(3+2i)+(9+7i)$

6. $(4+11i)+(7+5i)$

7. $(9-2i)+(5+3i)$

8. $(6-5i)+(19+8i)$

9. $(2-4i)-(8+3i)$

10. $(5-7i)-(10+5i)$

11. $(3-5i)-(7-5i)$

12. $(10-i)-(4-i)$

13. $(4+6i)-(7+3i)$

14. $(22+8i)-(10+5i)$

15. $(3-8i)(5+6i)$

16. $(9-3i)(1+4i)$

17. $(5-6i)(5+6i)$

18. $(3+2i)(3-2i)$

19. $(5i)(6-5i)$

20. $(-7i)(2+8i)$

21. $\dfrac{4-7i}{3i}$

22. $\dfrac{9-3i}{2i}$

23. $\dfrac{4i}{5+7i}$

24. $\dfrac{11i}{1-4i}$

25. $\dfrac{4+9i}{3-7i}$

26. $\dfrac{19+4i}{4+11i}$

27. $(3+2i)^2$

28. $(4i-5)^2$

9.3 복소수의 그래프 표현

계산이 어려운 문제도 그래프를 이용하면 쉽게 풀리는 경우를 본 적이 있을 것이다. 따라서 복소수를 시각적으로 표현하는 방법이 있다면 편리할 것이다.

논의를 시작하기 전에 '표현(representation)'의 의미를 살펴보자. 이는 복소수를 나타내는 여러 방법들을 의미하는 것이다. 유리수를 소수로 표현한 것처럼, 또는 앞에서와 같이 복소수를 행렬로도 표현할 수 있다. 이제 복소수를 그래프로 표현하는 방법을 살펴보자.

아르강 다이어그램

복소수의 그래프 표현을 위해 데카르트 평면의 x축을 실수축(real axis), y축을 허수축(imaginary axis)으로 변경하자. 이렇게 하면 복소수 $a+bi$를 복소평면(complex plane)의 원점에서 점 (a, b)까지의 화살표(또는 반직선)으로 나타낼 수 있다. 이 표현 방법은 장-로베르 아르강(Jean-Robert Argand)에 의한 것으로 종종 아르강 다이어그램(Argand diagram)이라 한다.

예를 들어, 복소수 5 + 3i를 생각하자. 이 복소수를 복소평면의 원점에서 점 (5, 3)을 연결하는 화살표에 대응시켜 그림 9.1과 같이 시각화한다.

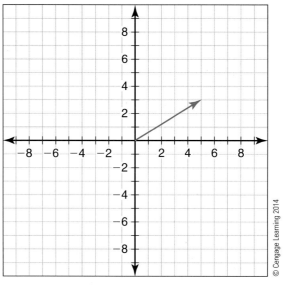

그림 9.1 5 + 3i의 그래프 표현

이제 복소수 −2 + 4i를 위의 복소수 5 + 3i에 더할 수 있다. 복소수의 덧셈 규칙에 의한 결과는 3 + 7i이다. 이것을 그래프 관점에서 어떻게 해석할 수 있을까?

복소수 −2 + 4i를 '이전과 다르게' 방금 그린 5 + 3i의 화살표의 끝점을 원점으로 간주하여 복소평면에 그리자. 직교좌표에서 −2 + 4i를 그리려면 왼쪽으로 두 칸, 위로 네 칸 이동하면 된다. 따라서 5 + 3i의 끝점에서 이동하면 결과의 '끝점'은 그림 9.2와 같다. 이 끝점은 점 (3, 7)이며 복소수 3 + 7i에 대응한다. 이와 같이 아르강 다

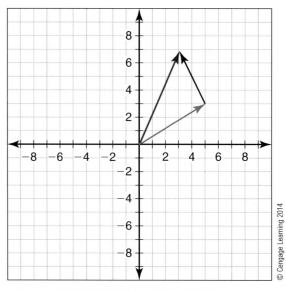

그림 9.2 시작점을 끝점에 붙이는 벡터의 덧셈 방법

이어그램에서 표현된 복소수의 덧셈 방법을 '시작점을 끝점에(tip-to-tail)' 붙이는 방법 또는 덧셈의 '삼각형' 방법이라고 한다.

예제 9.9 복소수의 덧셈 $(-1 + 4i) + (5 + i)$을 계산하고 그 결과를 그래프로 해석하여라.

풀이

순수하게 대수적으로 덧셈을 계산하는 것은 매우 자명하며 결과는 $4 + 5i$임을 바로 알 수 있다. 그래프 관점에서 복소평면의 화살표를 이용한 덧셈을 생각해 보자.

첫 번째 복소수를 원점에서 점 $(-1, 4)$를 연결하는 화살표로 생각하고 두 번째 화살표를 (복소수 $5 + i$에 대응하는 화살표의 시작점을 첫 번째 화살표의 끝점으로 이동시켜) 더한다. 이 두 번째 화살표의 끝점이 점 $(4, 5)$에 있으므로 원점을 이 점에 연결하여 복소수의 합을 나타내는 화살표를 그리면 그림 9.3과 같다.

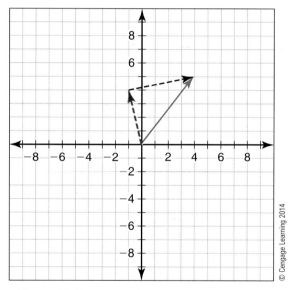

그림 9.3 시작점을 끝점에 붙이는 방법을 이용한 복소수의 덧셈

복소수를 시각적으로 더하는 경우, 자연스럽게 각각의 복소수의 화살표의 각과 합의 화살표의 각 사이의 관계를 궁금해할 수 있다. 삼각함수에 관한 내용을 상기하며 다음을 살펴보자.

앞의 예에서 첫 번째 화살표의 끝점은 $(-1, 4)$이므로 이 화살표가 양의 x축과 이루는 각을 θ라 하면 $\tan \theta = \dfrac{4}{-1}$이고 따라서 $\theta \approx 1.326$라디안이다. 두 번째 화살표를 표준위치에 그리면 끝점이 $(5, 1)$이므로 이 화살표가 양의 x축과 이루는 각을 ϕ라 하면 $\tan \phi = \dfrac{1}{5}$이고 따라서 $\phi \approx 0$라디안이다. 비슷한 방법으로 합의 화살표의 각은 근사적으로 0라디안이다. 따라서 현 시점에서는 각 화살표의 각과 합의 각 사이에는 아무런 관계가 없는 것처럼 보인다.

하지만 이러한 관찰은 현상에 대한 수학적이고 과학적인 접근방법을 보여준다. 즉, 특정 연산으로부터 파악할 수 있는 관계와 성질을 얻을 수 있다. 실험은 궁금한 수학적 관계를 밝힐 수도 그렇지 못할 수도 있지만 그 관계를 뒷받침하거니 반박하는 증거를 수집할 수 있다. 즉, 그 실험 자체가 수학적 관계의 존재를 증명하는 것은 아니고 단지 그 관계의 존재를 뒷받침하는 이론적 증거를 제공한다는 것이다.

예제 9.10 복소수 곱 $(2 + i)(i)$을 계산하고 그래프의 관점에서 각 복소수와 곱의 복소수를 비교하여라.

풀이

곱의 계산은 매우 쉬운데 단지 곱셈의 분배법칙을 사용하면 되기 때문이다. 결과는 $2i + i^2$이며 간단히 하면 $2i - 1$이고 일반적으로 $-1 + 2i$로 나타낸다.

그래프로 해석하기 위해 각각의 복소수를 나타내는 화살표를 연한 색상과 진한 색상으로, 이들의 곱을 나타내는 화살표는 검정으로 그림 9.4와 같이 그리자. 그런데 $2 + i$를 나타내는 연한 색상 화살표와 곱 $-1 + 2i$를 나타내는 화살표의 기울기를 확인하지 않으면 이들 화살표 사이의 관계를 명확히 알 수 없다. $2 + i$를 나타내는 화살표의 기울기는 $\frac{1}{2}$이고 곱 $-1 + 2i$를 나타내는 화살표의 기울기는 -2이다. 직선의 그래프에 대한 성질로부터 기울기의 곱이 -1이면 두 직선은 서로 직각을 이룬다는 것을 알 수 있다.

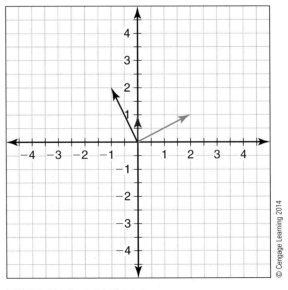

그림 9.4 복소수 $-1 + 2i$와 $2 + i$

연습문제

다음 물음에 대해 답하여라.

1. '아르강 다이어그램'의 의미는 무엇인가?

2. 아르강 다이어그램을 이용할 때 수평축의 값은 무엇을 나타내는가?

3. 아르강 다이어그램을 이용할 때 수직축의 값은 무엇을 나타내는가?

4. 시작점을 끝점에 붙여 복소수를 더하는 방법을 설명하고 예를 하나 들어 그 과정을 나타내어라.

다음 복소수를 아르강 다이어그램으로 나타내어라.

5. $4i$

6. $-2i$

7. 3

8. 5

9. $3 + 7i$

10. $-2 + 5i$

11. $-7 - 3i$

12. $-4 - 5i$

복소수의 합을 대수적으로 계산한 후 아르강 다이어그램을 이용하여 그래프적으로 해석하여라.

13. $(3 + 2i) + (4 + i)$

14. $(5 + i) + (-3 + 2i)$

15. $(5) + (6 - i)$

16. $(-4) + (4 + 3i)$

17. $(-6 - 2i) + (8 - 3i)$

18. $(-1 - 5i) + (5 + 4i)$

다음의 곱을 계산하여라. 각 복소수와 결과의 복소수를 아르강 다이어그램으로 나타내고 해석하여라. 첫 번째 복소수에 두 번째 복소수를 곱한 결과를 그래프로 해석하여라.

19. $(5 - 2i)(i)$

20. $(7 + 4i)(i)$

21. $(5 + 6i)(-1)$

22. $(3 - 2i)(-1)$

23. $(4 + 5i)(-i)$

24. $(6 - 3i)(-i)$

9.4 복소수의 여러 형식: 극형식, 삼각함수 형식, 지수형식

복소수의 극형식

자주 사용하는 x좌표와 y좌표로 작업하는 경우, 수학의 많은 응용문제가 어려워지거나 복잡해지는 경우가 있다. 이러한 문제는 주로 그래프가 수직선 테스트를 통과하지 못하여 함수가 아닌 상황에서 발생한다. 이 경우, 평면의 좌표를 표현하는 새로운 방법인 **극좌표**(polar coordinates)를 도입하여 해결한다.

극좌표는 평면의 모든 점에 순서쌍 (r, θ)를 대응시키는데 r은 원점에서 해당 점까지 이르는 **방향거리**(directed distance)이며 θ는 원점에서 해당 점을 연결하는 화살표와 양의 x축 사이의 각이다. 극좌표에서 각 θ는 주로 라디안의 각을 사용하지만 복소수에서는 종종 도 단위의 각도 사용한다. 따라서 각의 단위는 도 또는 라디안 모두를 사용하기로 한다.

방향거리란 임의로 한 방향을 '양'의 방향으로 생각하고 그 반대 방향을 '음'의 방향으로 간주하는 거리개념이다. 현재의 맥락에서는 원점에 앉아 해당 점을 가리키는 화살표를 따라 바라보고 있다고 보고 이 방향을 양의 방향이라 생각한다. 정확히

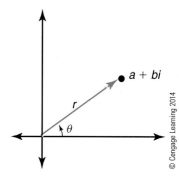

그림 9.5 복소수의 편각과 절댓값

반대방향인 원점을 향하는 방향을 음의 방향이라고 생각한다.

이제 복소평면에 아르강 다이어그램으로 $a + bi$를 나타내는 각 θ를 표시하자(그림 9.5). 원점에서 점 (a, b)를 향하는 화살표의 길이를 r로 두면 이 복소수를 $r\angle\theta$로 나타내는데 이를 **복소수의 극형식**(polar form of a complex number)이라 부른다. 각 θ를 구간 $[0, 2\pi)$ 또는 도 형식으로는 구간 $[0, 360°)$에서 생각하면 극형식 표현은 유일하다. 이때, r을 복소수의 **절댓값**(modulus of a complex number), θ를 복소수의 **편각**(argument of a complex number)이라 부른다.

예제 9.11 극형식 $10\angle 40°$로 주어진 복소수의 그래프 표현을 구하여라.

풀이

이 경우 길이가 10인 화살표를 양의 x축과 $40°$를 이루도록 그리면 된다. 각도기를 사용하여 해당 각을 표시하고 자를 이용하여 해당 길이의 화살표를 원점에서 표시된 방향으로 그리면 주어진 복소수의 아르강 다이어그램 표현은 그림 9.6과 같다. 그림에서 원점으로부터의 거리를 강조하기 위해 원점을 중심으로 하는 원형 격자를 표시하였다. 화살표의 길이는 10이며 x축의 양의 방향과 $40°$를 이루게 그렸음을 알 수 있다.

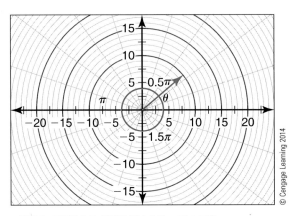

© Cengage Learning 2014

그림 9.6 극형식으로 주어진 복소수의 그래프 표현

복소수의 극형식은 해당 복소수에 대응하는 복소평면의 점을 표시하는 데 특히 편리하다. 라디안에 익숙하지 않으므로 각도가 도가 아닌 라디안 단위로 주어지면 약간 어려워질 수 있다. 하지만 각도를 도 단위로 변환하면 점의 위치를 쉽게 표시할 수 있다.

이제 직교좌표 형식에서 극형식으로 또는 그 반대로 변환하는 문제를 생각해 보자. 이러한 변환은 몇 가지 작업과 주의가 필요하다. 변환 계산은 대수적 방법만이 아니라 삼각함수도 이용해야 하며 때로는 계산기의 결과를 그대로 해석할 수 없고 상황이 복잡해지는 경우가 있다.

먼저 직교좌표 형식에서 극형식으로 변환하는 방법을 살펴본다. 이 변환은 다른 방향의 변환보다 어려운데 계산기의 결과를 해석하는 데 어려움이 있기 때문이다. r 의 값은 어려움 없이 구할 수 있다. r은 원점과 (a, b)의 길이이며 거리공식을 이용하면 $r = \sqrt{(a - 0)^2 + (b - 0)^2} = \sqrt{a^2 + b^2}$ 이고 (요구사항 또는 문제의 맥락에 따라) 정확한 값 또는 소수 근삿값으로 구할 수 있다.

어려운 점은 바로 복소수의 편각을 결정하는 것이다. θ를 구하는 자연스러운 방법은 삼각함수 관계식 $\tan\theta = \dfrac{b}{a}$를 이용하는 것인데 $\theta = \tan^{-1}\left(\dfrac{b}{a}\right)$이다. 복소수의 그래프 표현이 I 사분면에 있는 경우 이 관계식은 완벽한데, 이러한 복소수의 경우 역탄젠트 함수가 원하는 각의 값을 정확하게 구해주기 때문이다. 복소수의 그래프 표현이 II 사분면이나 III 사분면에 있는 경우 역탄젠트의 결과는 $\theta = \left(\tan^{-1}\dfrac{b}{a}\right) + \pi$를 이용하여 수정해야만 한다. IV 사분면에 있는 경우에는 $\theta = \left(\tan^{-1}\dfrac{b}{a}\right) + 2\pi$로 수정해야 한다.

상황이 복잡하므로 표로 정리하자.

표 9.1 복소수의 직교좌표 형식에서 r과 θ를 구하는 방법

복소수의 그래프 표현이 놓인 사분면	복소수의 직교좌표 형식에서 r과 θ를 구하는 공식
I	$r = \sqrt{a^2 + b^2},\ \theta = \tan^{-1}\left(\dfrac{b}{a}\right)$
II	$r = \sqrt{a^2 + b^2},\ \theta = \left(\tan^{-1}\dfrac{b}{a}\right) + \pi$
III	$r = \sqrt{a^2 + b^2},\ \theta = \left(\tan^{-1}\dfrac{b}{a}\right) + \pi$
IV	$r = \sqrt{a^2 + b^2},\ \theta = \left(\tan^{-1}\dfrac{b}{a}\right) + 2\pi$

© Cengage Learning 2014

예제 9.12 복소수 $-3 + 5i$의 극형식을 구하여라. 단, 각의 단위는 도이다.

풀이

복소수의 아르강 다이어그램에 대응하는 점은 $(-3, 5)$이므로 이 점을 표시하는 것은 어렵지 않으며 II 사분면에 위치한다.

예제 앞에서 논의한 대로 r의 값은 공식을 적용하면 $r = \sqrt{9 + 25} = \sqrt{34}$이다. θ도 공식을 적용하면 $\theta = \left(\tan^{-1}\dfrac{b}{a}\right) + 180° \approx -59.03° + 180° \approx 120.97°$이다.

그러므로 $-3 + 5i$의 극형식은 $\sqrt{34}\angle 120.97°$이다.

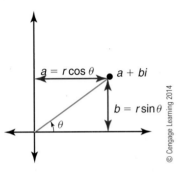

그림 9.7 복소수의 표준형식과 극형식 사이의 관계

© Cengage Learning 2014

예제 9.13 복소수 $16 - 4i$의 극형식을 구하여라. 단, 각의 단위는 라디안이다.

풀이

다시 복소수를 복소평면에 아르강 다이어그램을 그리면 IV 사분면에 위치함을 알 수 있다. 따라서 표 9.1에 의해 다음을 알 수 있다.

$$r = \sqrt{16^2 + (-4)^2} = \sqrt{256 + 16} = \sqrt{272} \approx 16.49$$

$$\theta = \left(\tan^{-1}\frac{-4}{16}\right) + 2\pi \approx 6.04$$

그러므로 $16 - 4i$의 극형식은 근사적으로 $16.49 \angle 6.04$이다.

극형식을 직교좌표 형식으로 변환하는 것은 어렵지 않다. 왜냐하면 역탄젠트 함수를 수정하는 절차가 없기 때문이다. 아르강 다이어그램의 점 (a, b)에서 x축으로 수선을 내리면 직각삼각형에 의해 $a = r\cos\theta$, $b = r\sin\theta$이다. 따라서 복소수의 직교좌표 형식은 $a + bi$의 a와 b에 이 식들을 대입하기만 하면 된다(그림 9.7).

예제 9.14 극형식으로 주어진 복소수 $16 \angle 110°$의 표준형식을 a, b의 값을 반올림하여 소수점 두 번째 자리까지 구하여라.

풀이

두 가지 계산이 필요하다. 즉, $a = 16\cos 110° \approx -5.47$, $b = 16\sin 110° \approx 15.04$이다. 따라서 복소수의 표준형식은 근사적으로 $-5.47 + 15.04i$이다.

예제 9.15 극형식으로 주어진 복소수 $13 \angle \dfrac{2\pi}{3}$의 직교좌표 형식을 구하여라.

풀이

복소수의 편각에 대한 삼각함수의 값을 이용하여 복소수의 극형식을 정확히 계산할 수 있다. 이를 위해 삼각함수에 관한 절을 복습할 필요가 있다. $\cos\dfrac{2\pi}{3} = -\dfrac{1}{2}$이고 $\sin\dfrac{2\pi}{3} = \dfrac{\sqrt{3}}{2}$이므로 $13 \angle \dfrac{2\pi}{3}$의 직교좌표 형식은 $-\dfrac{13}{2} + \dfrac{13\sqrt{3}}{2}i$이다.

복소수의 삼각함수 형식

복소수의 극형식으로부터 a와 b의 값을 계산하는 공식을 얻었고 이 값들을 $a + bi$ 형태로 나타내어 직교좌표 형식 또는 표준형식을 얻을 수 있었다. 이 과정을 공식으로 나타내면 $(r\cos\theta) + (r\sin\theta)i$인데 이것을 복소수의 삼각함수 형식(trigonometric form of a complex number)이라 한다. 이 형식은 실제로 극형식에서 얻은 결과지만 자주 사용되므로 독자적인 이름을 붙인 것이다. 간혹 삼각함수 형식에서 공통인수 r 을 인수분해하여 $r(\cos\theta + i\sin\theta)$와 같이 쓸 수 있다.

복소수의 지수형식

이미 복소수의 네 가지 표현(직교좌표 형식, 그래프 형식, 극형식, 삼각함수 형식) 을 갖고 있으므로 다섯 번째 형식까지 생각하는 것이 지나치다고 볼 수 있다. 그러나 이미 제시된 것과는 다른 형식을 이용하면 좀 더 쉽게 해결되는 특별한 문제들이 있다. 이 새로운 형식을 지수형식이라 부르며 스위스 수학자 레온하르트 오일러 (Leonhard Euler)에 의해 만들어졌다. 그는 19세기에 $e^{i\theta} = \cos\theta + i\sin\theta$가 성립함을 보였다. 이 항등식은 사인과 코사인 함수의 맥클로린 급수(Maclaurin series)로부터 얻을 수 있는데 여기서는 다루지 않는다.

복소수의 삼각함수 형식 $r(\cos\theta + i\sin\theta)$에 오일러 공식을 적용하면 $re^{i\theta}$가 되는데 이를 **복소수의 지수형식**(exponential form of a complex number)이라 한다. 복소수의 극형식과 삼각함수 형식은 라디안 또는 도 형식의 각을 자유롭게 사용할 수 있지만 지수형식은 라디안의 각에 대해서만 성립한다. 이 형식의 활용 가능성은 복소수의 응용에서 중요하다.

예제 9.16 5$(\cos 53° + i\sin 53°)$를 지수형식으로 나타내어라.

풀이

지수형식에서는 라디안의 각만 사용해야 하므로 먼저 각을 라디안으로 변환한다. 8 장에서 제시된 변환 방법을 적용하면

$$\frac{53°}{1} \times \frac{\pi}{180°} \approx 0.29\pi$$

이다. 따라서 공식에 대입하면 $5(\cos 53° + i\sin 53°) \approx e^{i(0.29\pi)}$이다.

예제 9.17 복소수 $17e^{i(1.4\pi)}$를 직교좌표 형식, 극형식, 삼각함수 형식으로 나타내어라.

풀이

삼각함수 형식은 바로 구할 수 있는데 r과 θ의 값을 대입하면 $17(\cos 1.4\pi + i\sin 1.4\pi)$이다. 극형식도 쉽게 얻을 수 있으며 $17 \angle 1.4\pi$이다. 복소수의 직교좌표 형식을 구하는 것은 조금 어려운데 극형식을 직교좌표 형식으로 변환하는 공식 $(r\cos\theta) + (r\sin\theta)i$에 r과 θ의 값을 대입한다. 결과는 $17(\cos 1.4\pi) + 17(\sin 1.4\pi)$ $i \approx -5.25 - 16.17i$이다.

극형식, 삼각함수 형식, 지수형식을 이용한 곱셈과 나눗셈

복소수의 극형식, 삼각함수 및 지수형식을 정의하였으므로 이미 수행한 몇 가지 연산을 자세히 살펴보고 이러한 형식들을 사용하는 경우 연산들이 어떻게 수행되는지 알아보고자 한다. 실제로 특정한 형식을 사용하면 특정 연산이 편리해진다.

극형식과 삼각함수 형식은 서로 밀접한 관련이 있으므로 함께 고려한다. 두 복소수 $r_1 \angle \theta_1$과 $r_2 \angle \theta_2$의 곱은 비교적 쉽게 계산할 수 있으며 놀라운 결과가 도출된다.

$$
\begin{aligned}
(r_1 \angle \theta_1)(r_2 \angle \theta_2) &= r_1 (\cos \theta_1 + i \sin \theta_1) r_2 (\cos \theta_2 + i \sin \theta_2) \\
&= r_1 r_2 (\cos \theta_1 + i \sin \theta_1)(\cos \theta_2 + i \sin \theta_2) \\
&= r_1 r_2 (\cos \theta_1 \cos \theta_2 + i \cos \theta_1 \sin \theta_2 \\
&\quad + i \sin \theta_1 \cos \theta_2 - \sin \theta_1 \sin \theta_2) \\
&= r_1 r_2 [\cos \theta_1 \cos \theta_2 - \sin \theta_1 \sin \theta_2 \\
&\quad + i(\cos \theta_1 \sin \theta_2 + \sin \theta_1 \cos \theta_2)]
\end{aligned}
$$

각의 합에 대한 사인과 코사인 함수의 공식은

$$
\cos (\theta_1 + \theta_2) = \cos \theta_1 \cos \theta_2 - \sin \theta_1 \sin \theta_2
$$
$$
\sin (\theta_1 + \theta_2) = \sin \theta_1 \cos \theta_2 + \cos \theta_1 \sin \theta_2
$$

이므로 이를 적용하면

$$
\begin{aligned}
(r_1 \angle \theta_1)(r_2 \angle \theta_2) &= r_1 r_2 [\cos(\theta_1 + \theta_2) + i \sin(\theta_1 + \theta_2)] \\
&= r_1 r_2 \angle (\theta_1 + \theta_2)
\end{aligned}
$$

이다. 즉 두 복소수를 곱하는 것은 절댓값을 곱하고 편각을 더하기만 하면 된다.

지수형식으로 주어진 두 복소수의 곱셈은 지수법칙 $a^m a^n = a^{m+n}$을 적용하여 계산하면

$$
r_1 e^{i\theta_1} r_2 e^{i\theta_2} = r_1 r_2 \, e^{(i\theta_1 + i\theta_2)} = r_1 r_2 \, e^{i(\theta_1 + \theta_2)}
$$

이다. 흥미롭게도 극형식, 삼각함수 형식, 지수형식을 사용한 결과가 모두 일치한다.

예제 9.18 ▷ 극형식의 복소수 $17 \angle 48°$와 $-3 \angle 12°$를 곱하여라.

풀이

절댓값은 곱하고 편각은 더하면 $-51 \angle 60°$이다.

예제 9.19 지수형식의 복소수 $5e^{i(2.3)}$과 $2e^{i(0.9)}$를 곱하여라.

풀이

지수형식의 복소수 곱셈 방법을 적용하면 $10e^{i(3.2)}$이다.

___

지수형식의 복소수 곱셈 방법을 확장하여 복소수의 자연수 거듭제곱을 계산해 보면

$$\left[re^{i\theta}\right]^n = r^n e^{i(n\theta)}$$

와 일반화된 결과를 얻을 수 있다. 이 결과 또는

$$[r(\cos\theta + i\sin n\theta)]^n = r^n[r(\cos(n\theta) + i\sin n\theta)]$$

를 드무아브르 정리(DeMoivre's theorem)라고 한다.

___

예제 9.20 $\left[2e^{i\left(\frac{\pi}{3}\right)}\right]^6$을 간단히 하여라.

풀이

지수법칙을 이용하면

$$\left[2e^{i\left(\frac{\pi}{3}\right)}\right]^6 = 2^6\left[e^{i\left(\frac{\pi}{3}\right)}\right]^6 = 64e^{i(2\pi)}$$

이다. $e^{i(2\pi)} = \cos(2\pi) + i\sin(2\pi) = 1 + i(0) = 1$이므로 최종 결과는 64이다. 복소수의 특정한 거듭제곱이 실수가 된다는 것은 다소 놀라운 일이다. 생각해 보면 $i^2 = -1$이므로 그러한 선례가 없었던 것은 아니지만 예상하지 못한 결과이다.

지수형식의 복소수의 나눗셈도 비슷한 방법으로 계산할 수 있는데 다음 두 식의 유도과정은 연습문제로 남겨둔다.

$$\frac{r_1\angle\theta_1}{r_2\angle\theta_2} = \frac{r_1}{r_2}\angle(\theta_1 - \theta_2) \quad \text{또는} \quad \frac{r_1 e^{i\theta_1}}{r_2 e^{i\theta_2}} = \frac{r_1}{r_2}e^{i(\theta_1 - \theta_2)}$$

___

예제 9.21 복소수의 나눗셈 $\dfrac{3\angle 48°}{6\angle 16°}$를 계산하여라.

풀이

복소수의 나눗셈은 절댓값은 나누고 편각은 뺀다. 따라서 결과는 $\dfrac{1}{2}\angle 32°$이다.

예제 9.22 복소수의 나눗셈 $\dfrac{14e^{i(3\pi)}}{2e^{i\left(\frac{\pi}{2}\right)}}$ 를 계산하여라.

풀이

지수형식이므로 절댓값의 비를 약분하고 지수법칙에 의해 편각을 뺀다. 따라서 결과는 $7e^{i\left(3\pi-\frac{\pi}{2}\right)} = 7e^{i\left(\frac{5\pi}{2}\right)}$ 이다.

연습문제

다음 물음에 대해 답하여라.

1. '극좌표'의 의미를 설명하고 직교좌표 (x, y)와 어떻게 다른지 설명하여라.

2. 복소수의 편각과 절댓값의 차이점은 무엇인가?

3. 복소수의 삼각함수 형식과 극형식의 차이점은 무엇인가? 한 형식에서 다른 형식으로 변환하는 방법은 무엇인가?

4. 복소수의 지수형식을 설명하고 삼각함수 형식과 어떤 관련이 있는지 설명하여라.

다음은 극형식으로 주어진 복소수이다. 복소수의 그래프 표현을 구하여라.

5. $13 \angle 50°$ 6. $10 \angle 120°$

7. $25 \angle 210°$ 8. $8 \angle 270°$

9. $20 \angle 300°$ 10. $5 \angle 45°$

다음 복소수의 극형식을 도와 라디안의 각으로 구하여라. (도와 라디안의 각은 필요하면 반올림하여 소수점 두 번째 자리까지 나타내어라.)

11. $5 - 2i$ 12. $4 + 3i$

13. $8 - 4i$ 14. $-2 + 3i$

15. $-5 - 8i$ 16. $-1 + i$

17. $3 - i$ 18. $\dfrac{1}{2} - \dfrac{2}{3}i$

19. $\dfrac{3}{5} + \dfrac{4}{5}i$ 20. i

21. $4i$ 22. 5

23. -7 24. $-6 + 8i$

다음 극형식으로 주어진 복소수를 표준형식으로 나타내어라. (필요하면 a와 b의 값을 반올림하여 소수점 두 번째 자리까지 나타내어라.)

25. $8 \angle 50°$ 26. $9 \angle 135°$

27. $25 \angle 180°$ 28. $12 \angle 90°$

29. $26 \angle 220°$ 30. $15 \angle 245°$

31. $50 \angle 300°$ 32. $45 \angle 315°$

다음 극형식으로 주어진 복소수에 대해 정확한 직교좌표 형식을 구하여라.

33. $5 \angle \dfrac{\pi}{4}$ 34. $4 \angle \dfrac{3\pi}{4}$

35. $9 \angle \dfrac{\pi}{6}$ 36. $11 \angle \dfrac{5\pi}{6}$

37. $17 \angle \dfrac{5\pi}{3}$ 38. $2 \angle \dfrac{7\pi}{6}$

다음은 앞의 문제에서 주어진 복소수에 관한 문제이다. 각 복소수의 삼각함수 형식을 구하여라.

39. 연습문제 25   40. 연습문제 26

41. 연습문제 27   42. 연습문제 28

43. 연습문제 29   44. 연습문제 30

45. 연습문제 31   46. 연습문제 32

다음은 앞의 문제에서 주어진 복소수에 관한 문제이다. 각 복소수의 지수형식을 구하여라.

47. 연습문제 25   48. 연습문제 26

49. 연습문제 27   50. 연습문제 28

51. 연습문제 29   52. 연습문제 30

53. 연습문제 31   54. 연습문제 32

다음 지수형식으로 주어진 각 복소수의 직교좌표 형식, 극형식, 삼각함수 형식을 모두 구하여라. (필요하면 각 형식의 성분들을 반올림하여 소수점 두 번째 자리까지 구하여라.)

55. $4e^{i\pi}$

56. $3e^{i\left(\frac{3\pi}{2}\right)}$

57. $7e^{i\left(\frac{2\pi}{3}\right)}$

58. $11e^{i\left(\frac{7\pi}{6}\right)}$

59. $5e^{i(2.4\pi)}$

60. $6e^{i(3.1\pi)}$

65. $4e^{i(4.5)}$, $6e^{i(5.25)}$

66. $7e^{i(3.14)}$, $15e^{i(1.57)}$

다음 두 복소수의 곱을 구하여라.

61. $5 \angle 25°$, $7 \angle 45°$

62. $9 \angle 105°$, $4 \angle 60°$

63. $9 \angle 75°$, $4 \angle 100°$

64. $3 \angle 0°$, $15 \angle 180°$

드무아브르의 정리를 사용하여 다음을 간단히 하여라.

67. $\left[3e^{i\left(\frac{\pi}{3}\right)}\right]^5$

68. $\left[7e^{i\left(\frac{\pi}{3}\right)}\right]^2$

69. $\left[2e^{i\left(\frac{2\pi}{3}\right)}\right]^4$

70. $\left[3e^{i\left(\frac{5\pi}{4}\right)}\right]^3$

다음 복소수를 간단히 하여라.

71. $\dfrac{5\angle 72°}{10\angle 38°}$

72. $\dfrac{20\angle 100°}{5\angle 45°}$

73. $\dfrac{35\angle 30°}{7\angle 15°}$

74. $\dfrac{45\angle 68°}{6\angle 28°}$

9.5 복소수의 응용

실생활에서의 허수

복소수를 '실(real)'수와 구분하기 위해 '허(imaginary)'수라는 용어를 사용하였기 때문에 이 새로운 수들이 실제 생활에도 적용되는지 궁금할 수 있다. 물론 복소수가 수학자들만의 창조물이기 때문에 복소수의 패턴과 행동을 연구하는 것은 흥미롭지만 실용적 측면의 유용성을 강조할 필요는 없다고 여길 수도 있다.

하지만 복소수는 실생활에서 다양한 용도로 사용되고 있다. 복소수의 개념은 전류, 열 흐름, 구조설계, 장애물 주변의 유체 흐름에 대한 연구 등에서 나타난다. 실제로 특정한 양이 규칙적으로 변하는 상황들은 복소수를 이용하면 더 쉽게 모델링할 수 있다. 이제 몇 가지 예를 살펴보고 실생활에서 허수를 사용하여 어떤 것들을 설명할 수 있는지 살펴보자.

전기 임피던스

거리와 같은 단일 차원을 나타내는 정보를 사용하는 경우, 해당 정보를 스칼라 양이라고 말한다. 실내 온도, 기둥의 길이, 전선을 통하는 전류의 양 등이 스칼라 양의 예이다.

기술자들은 교류(AC)회로에서 전압, 전류, 임피던스(교류회로에서 전압과 전류의 비로 직류회로의 저항에 해당)가 직류회로에서 관찰되는 것과 같은 1차원의 양이 아님을 발견하였다. 이들의 특성을 바꾸는 두 가지 차원(위상변이와 주파수)을 가지고 있기 때문이다. 따라서 교류회로를 연구하기 위해서는 주파수와 위상변이(phase shift)를 동시에 표현하기 위한 고차원의 수학적 도구가 필요하다.

전압, 전류, 임피던스와 관련된 공식은 옴의 법칙 $E - IZ$인데 여기서 E, I, Z는 각각 전압(voltage), 전류(current), 임피던스(impedance)를 나타낸다. 각 양은 그 본질적 성질 때문에 복소수로 표현한다. 예를 들어 임피던스는 $R \angle \theta$로 나타내는데 여기서 R는 임피던스의 크기(전류 진폭에 대한 전압 진폭의 비율)이고 θ는 전류와 전압의 위상변이이다.

예제 9.23 회로의 전류는 $3 + 2i$암페어(amp)이고 임피던스는 $3 - i$옴(ohm)이다. 전압은 얼마인가?

풀이

공식 $E = IZ$를 이용하면

$$E = (3 + 2i)(3 - i)$$
$$E = 9 - 3i + 6i - 2i^2$$
$$E = 9 + 2 + 3i$$
$$E = 11 + 3i$$

따라서 전압은 $11 + 3i$볼트(volt)이다. 극형식으로는 $\sqrt{130} \angle 15.26°$인데 이는 전압의 크기가 $\sqrt{130}$볼트, 위상변이는 $15.25°$임을 의미한다.

예제 9.24 회로의 전압이 $25 - 5i$볼트이고 임피던스는 $1 + 5i$옴이다. 전류는 얼마인가?

풀이

$E = IZ$를 이용하면 $E/Z = I$와 같이 전류에 대해 풀 수 있다. 따라서

$$\frac{25 - 5i}{1 + 5i} = I$$

$$\frac{25 - 5i}{1 + 5i} \cdot \frac{1 - 5i}{1 - 5i} = I$$

$$\frac{25 - 125i - 5i + 25i^2}{1 - 25i^2} = I$$

$$\frac{25 - 25 - 130i}{1 + 25} = I$$

$$\frac{-130}{26}i = I$$

$$\frac{-65}{13}i = I$$

$$I = -5i$$

이므로 전류는 $-5i$암페어이다.

마지막 예제에서 전류는 허수이다. 이는 실제로 전류가 없다는 것은 아니며 전류는 전압과 $-90°$의 위상변위가 있고 전류의 크기는 5암페어라는 것을 의미한다.

실수의 모든 n제곱근 구하기

대수학의 기본정리(the fundamental theorem of algebra)에 의하면 차수가 n인 다항방정식은 복소수 해와 중복된 해의 개수를 포함해서 정확히 n개의 해를 갖는다. 특히 $x^n = c$(c는 적당한 실수) 형태의 방정식은 정확히 n개의 해를 갖는데 이 방정식을 푸는 것은 실수 c의 n제곱근을 구하는 것과 같다.

이 문제는 간단하게 보이지만 실제로는 어려움이 있다. 방정식을 $x^n - c = 0$로 변형하고 좌변의 n차 다항식을 인수분해해야 되기 때문이다. 대수적으로 이 인수분해는 쉽지 않으며 우수한 학생들도 이 인수분해에 어려움을 느낀다.

다행히 이 문제는 복소수의 관점에서 보면 드무아브르의 정리를 이용하여 거의 바로 풀 수 있다. 드무아브르의 정리는 지수형식의 복소수의 거듭제곱을 하는 방법을 알려준다.

드무아브르 정리(DeMoivre's Theorem) [지수형식]

$$[re^{i\theta}]^n = r^n e^{i(n\theta)}$$

정리에서 n이 정수여야 한다는 조건이 없으므로 거듭제곱을 구하는 데 적용할 수 있다. 다음 풀이 과정을 관찰해 보면 매우 간단하다.

64의 6제곱근을 구하기 위해 64와 동치인 수 6개, 즉 $64 = 64e^{i(0)} = 64e^{i(2\pi)} = 64e^{i(4\pi)} = 64e^{i(6\pi)} = 64e^{i(8\pi)} = 64e^{i(10\pi)}$를 생각하고 드무아브르의 정리를 사용하여 이들의 $\frac{1}{6}$ 제곱을 계산하자.

$$\left[64e^{i(0)}\right]^{\frac{1}{6}} = 64^{\frac{1}{6}} e^{i\left(\frac{0}{6}\right)} = 2e^{i(0)} = 2[\cos(0) + i\sin(0)]$$
$$= 2(1 + 0i) = 2$$

$$\left[64e^{i(2\pi)}\right]^{\frac{1}{6}} = 64^{\frac{1}{6}} e^{i\left(\frac{2\pi}{6}\right)} = 2e^{i\left(\frac{\pi}{3}\right)} = 2\left[\cos\left(\frac{\pi}{3}\right) + i\sin\left(\frac{\pi}{3}\right)\right]$$
$$= 2\left(\frac{1}{2} + \frac{\sqrt{3}}{2}i\right) = 1 + \sqrt{3}i$$

$$\left[64e^{i(4\pi)}\right]^{\frac{1}{6}} = 64^{\frac{1}{6}} e^{i\left(\frac{4\pi}{6}\right)} = 2e^{i\left(\frac{2\pi}{3}\right)} = 2\left[\cos\left(\frac{2\pi}{3}\right) + i\sin\left(\frac{2\pi}{3}\right)\right]$$

$$= 2\left(-\frac{1}{2} + \frac{\sqrt{3}}{2}i\right) = -1 + \sqrt{3}i$$

$$\left[64e^{i(6\pi)}\right]^{\frac{1}{6}} = 64^{\frac{1}{6}} e^{i\left(\frac{6\pi}{6}\right)} = 2e^{i(\pi)} = 2[\cos(\pi) + i\sin(\pi)]$$

$$= 2(-1 + 0i) = -2$$

$$\left[64e^{i(8\pi)}\right]^{\frac{1}{6}} = 64^{\frac{1}{6}} e^{i\left(\frac{8\pi}{6}\right)} = 2e^{i\left(\frac{4\pi}{3}\right)} = 2\left[\cos\left(\frac{4\pi}{3}\right) + i\sin\left(\frac{4\pi}{3}\right)\right]$$

$$= 2\left(-\frac{1}{2} - \frac{\sqrt{3}}{2}i\right) = -1 - \sqrt{3}i$$

$$\left[64e^{i(10\pi)}\right]^{\frac{1}{6}} = 64^{\frac{1}{6}} e^{i\left(\frac{10\pi}{6}\right)} = 2e^{i\left(\frac{5\pi}{3}\right)} = 2\left[\cos\left(\frac{5\pi}{3}\right) + i\sin\left(\frac{5\pi}{3}\right)\right]$$

$$= 2\left(\frac{1}{2} - \frac{\sqrt{3}}{2}i\right) = 1 - \sqrt{3}i$$

이들 6개 모두 64의 6제곱근으로 실수인 해 두 개를 포함한다. 풀이를 좀 더 단순하게 n제곱근의 편각이 $\frac{2\pi}{n}$인 것을 이용하여 구할 수 있다. 즉, 0에서 시작하여 $\frac{2\pi}{n}$를 1회전, 즉 2π 직전까지 하나씩 더해간다.

예제 9.25 32의 5제곱근을 구하여라.

풀이

대수학의 기본정리에 의해 정확히 5개의 5제곱근이 존재한다. 하지만 처음에는 이들 중 몇 개가 실수이고 몇 개가 복소수인지 알 수 없다. 32의 5제곱근은 드무아브르의 공식에 의해 다음과 같다.

$$2e^{i(0)},\ 2e^{i\left(\frac{2\pi}{5}\right)},\ 2e^{i\left(\frac{4\pi}{5}\right)},\ 2e^{i\left(\frac{6\pi}{5}\right)},\ 2e^{i\left(\frac{8\pi}{5}\right)}$$

사인과 코사인의 근삿값을 이용하여 표준형식으로 나타내면 다음과 같다.

$$2,\ (0.309 + 0.951i),\ (-0.809 + 0.588i),\ (-0.809 - 0.588i),\ (0.309 - 0.951i)$$

프랙털 이미지 생성

프랙털을 간단히 설명한다면 전체를 부분으로 나누었을 때 각 부분은 전체 모양과 같고 크기만 줄어든 기하학적 구조이다. 즉 프랙털 이미지의 특정 영역을 확대해 보면, 전체 모양이 축소되어 복제된 모습을 관찰할 수 있다.

유명한 수학 프랙털 이미지 중 하나는 망델브로(Monelbrot) 집합으로, 프랙털에 대한 광범위한 연구를 수행한 수학자인 브누아 망델브로(Benoit Mandelbrot,

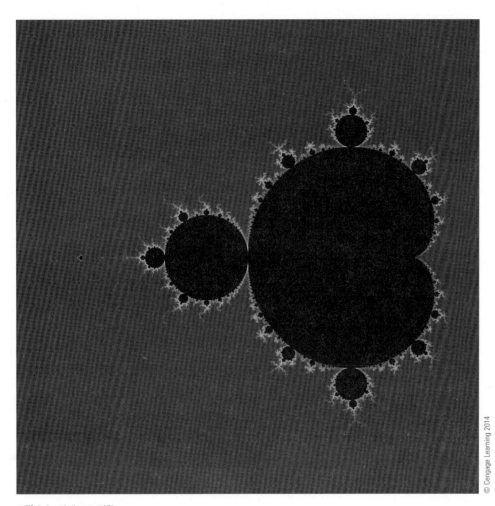

그림 9.8 망델브로 집합

1924~2010)의 업적을 기리기 위해 이름 붙였다. 망델브로 집합(그림 9.8)은 임의로 선택한 복소수에 반복적(iterative)인 절차를 적용하고 해당 반복절차가 특정한 값을 유도하는지(이를 고급 수학과정에서는 수렴(convergence)이라고 함) 또는 아닌지(이 조건은 수렴의 반대인 발산(divergence)이라고 함)를 결정함으로써 구성한다.

망델브로 집합을 구성하는 데 사용되는 반복절차는 귀납적(recursive)으로 정의되뒤, 수열 $z_n = (z_{n-1})^2 + c$로 정의되며 여기서 c는 어떤 특정한 복소수이고 z_0는 주어진다. 예를 들어 $c = 0.2 + 0.4i$이고 $z_0 = 0$이라 하자. 그러면 반복절차의 복소수 수열은 다음과 같다.

$$z_0 = 0$$
$$z_1 = 0.2 + 4i$$
$$z_2 = (0.2 + 4i)^2 + (0.2 + 4i) = -15.76 + 5.6i$$
$$\vdots$$

각 단계에서 복소수의 절댓값을 구하고 그 값들을 기록하자. 만약 이 절댓값들이 발산하면, 즉 절댓값들이 1보다 커지면 반복과정은 중지되고 아르강 다이어그램에서 c의 끝점을 흰색으로 표시한다. 그렇지 않으면, 즉 모든 절댓값이 1보다 작으면 그 끝점을 검은색으로 표시한다.

다른 값 c에 대해서도 반복하여 검은색인지 아니면 흰색인지를 결정하고 이를 모든 복소수에 대해서 수행하자. 그 결과를 망델브로 집합이라 한다.

다른 프랙털은 다른 반복절차를 사용하여 생성할 수 있다. 절댓값이 수렴하는 복소수의 값에 대한 특정한 절차를 정의함으로써 흑백 프랙털을 컬러로 변형할 수도 있으며 그 결과는 매우 우아하고 아름다움을 지닌 기묘한 모양이 된다.

연습문제

다음에 특정한 전류(암페어)와 임피던스(옴)가 주어져 있다. 각 경우의 전압을 정확히 구하고 위상변이를 (필요하면 반올림하여 소수점 두 번째 자리까지) 구하여라.

1. 전류: $4 + 3i$암페어, 임피던스: $2 - 4i$옴
2. 전류: $7 + i$암페어, 임피던스: $1 + 2i$옴
3. 전류: $5 + 4i$암페어, 임피던스: $4 + 5i$옴
4. 전류: $120 + 0i$암페어, 임피던스: $45 + i$옴
5. 전류: $18 - 2i$암페어, 임피던스: $15 + 0i$옴
6. 전류: $2 + 2i$암페어, 임피던스: $-3 + 3i$옴

다음에 특정한 전압과 전류가 주어져 있다. 각 경우의 임피던스를 필요하면 반올림하여 소수점 두 번째 자리까지 구하여라.

7. 전압: $30 - 10i$, 전류: $4 + 2i$

8. 전압: $1 - i$, 전류: $3 + 4i$
9. 전압: $125 + 10i$, 전류: $5 + i$
10. 전압: $35 + 20i$, 전류: $8 + 5i$

드무아브르 정리를 이용하여 주어진 실수의 n제곱근을 구하여라. 필요하면 반올림하여 소수점 두 번째 자리까지 구하여라.

11. 2의 4제곱근
12. 10의 6제곱근
13. 1의 8제곱근
14. 12의 12제곱근
15. 8의 3제곱근
16. 81의 4제곱근

다음 방정식의 모든 해를 구하여라. 필요하면 결과를 반올림하여 소수점 두 번째 자리까지 나타내어라.

17. $x^5 - 3 = 0$
18. $x^7 + 10 = 0$
19. $2x^3 + 32 = 0$
20. $5x^4 - 42 = 0$

요약

이 장에서는 다음 내용들을 학습하였다.

- 제곱근 간단히 하기
- 복소수와 허수단위의 정의
- 복소수의 대수적 연산
- 복소수의 형식과 표현: 직교좌표 형식, 극형식, 삼각함수 형식, 지수형식, 아르강 다이어그램
- 복소수의 응용

용어

극좌표polar coordinates 방향거리와 양의 실수축 사이의 각을 측정하여 평면 내의 위치를 나타내는 시스템.

방향거리directed distance 부호로 특정한 방향을 나타낸 거리.

복소수의 극형식polar form of a complex number $r \angle \theta$, 여기서 r은 아르강 다이어그램에서 원점에서 복소수를 나타내는 점까지의 방향거리. θ는 아르강 다이어그램에서 원점과 해당 복소수를 연결하는 선분이 양의 실수축과 이루는 각.

복소수의 삼각함수 형식trigonometric form of an complex number $(r \cos \theta) + (r \sin \theta)i$, 여기서 r과 θ는 각각 복소수의 절댓값과 편각.

복소수의 절댓값modulus of a complex number 극형식 $r \angle \theta$에서 r의 값.

복소수의 지수형식exponential form of a complex number $re^{i\theta}$, 여기서 r은 절댓값, θ는 복소수의 편각.

복소수의 직교좌표 형식rectangular form of an complex number $a + bi$. 표준형식이라고도 함.

복소수의 편각argument of a complex number $r \angle \theta$에서 θ의 값.

복소수의 표준형식standard form of an complex number $a + bi$. 직교좌표 형식이라고도 함.

복소평면complex plane 아르강 다이어그램.

순허수pure imaginary 실수부가 0인 복소수 또는 제곱이 음수인 실수가 되는 수. 허수라고도 함.

실수real number 허수부가 0인 복소수.

실수부real part 복소수 $a + bi$에서 a.

실수축 real axis 아르강 다이어그램에서의 수평축.

아르강 다이어그램Argand diagram x축은 실수축, y축은 허수축인 데카르트 유형의 평면구조로 복소수 $a + bi$를 점 (a, b)에 대응시킨 것.

주 제곱근 principal square root 수의 음이 아닌 제곱근.

피제곱수radicand 제곱근 안에 있는 수.

허수imaginary number 제곱이 음의 실수가 되는 수. 순허수라고도 함.

허수단위imaginary unit $i = \sqrt{-1}$로 정의된 수 i의 수학적 개념.

허수부imaginary part 복소수 $a + bi$에서 b.

허수축imaginary axis 아르강 다이어그램에서의 수직축.

종합문제

다음 제곱근을 간단히 하여라. (근삿값을 소수로 표현하는 것이 아니다.)

1. $\sqrt{-37}$
2. $\sqrt{-169}$

다음 복소수의 실수부와 허수부를 구하여라.

3. $17 + 5i$
4. $-8 + 7i$

다음 허수단위 i의 거듭제곱을 간단히 하여라.

5. i^{13}
6. i^{-273}

행렬을 이용하여 다음 관계식을 증명하여라.

7. $i^6 = -1$
8. $i^7 = -i$

다음 식을 간단히 하고 결과를 표준형식으로 나타내어라.

9. $(4 - 7i) + (-7 + 6i)$
10. $(-3 + 6i) + (3 + 6i)$
11. $(18 - 7i) - (-13 + 15i)$
12. $(17 + 8i) - (12 + 13i)$
13. $(14 - 7i)(2 + i)$
14. $(17 + 3i)(3 + 17i)$
15. $\dfrac{-7 + 4i}{-8 - 3i}$
16. $\dfrac{8 + 4i}{2 + 2i}$

17. $(13 + 7i)^2$

18. $(5 + 7i)^2$

다음 복소수를 아르강 다이어그램으로 나타내어라.

19. $3 + 2i$ 20. $-5 + 3i$

다음에서 제시된 덧셈을 대수적으로 구한 후 아르강 다이어그램을 이용하여 구하여라. 두 결과가 일치함을 보여라.

21. $(-4 + i) + (3 - 2i)$

22. $(5 - 3i) + (-3 - 2i)$

다음에서 제시된 복소수의 곱셈을 계산하여라. 각 복소수와 결과의 복소수를 아르강 다이어그램으로 나타내어라. 복소수의 편각과 결과의 복소수의 편각을 각각 구하여라. 첫 번째 복소수에 두 번째 복소수를 곱한 영향을 설명하여라.

23. $(5 + 3i)(-1 - 4i)$ 24. $(4 + 5i)(-1)$

다음에 극형식의 복소수가 주어져 있다. 복소수의 그래프 표현을 구하여라.

25. $5 \angle 30°$ 26. $7 \angle 180°$

다음 복소수의 극형식을 구하여라. 각은 도와 라디안으로 (필요하면 반올림하여 소수점 첫 번째 자리까지) 구하여라.

27. $-5 - 3i$ 28. $7 + i$

다음 극형식으로 주어진 복소수의 표준형을 (필요하면 a와 b의 값을 반올림하여 소수점 두 번째 자리까지) 구하여라.

29. $5 \angle 30°$ 30. $7 \angle 22.5$

다음 극형식으로 주어진 복소수의 정확한 직교좌표 형식을 구하여라.

31. $13 \angle \dfrac{\pi}{2}$ 32. $3 \angle \dfrac{\pi}{3}$

다음 복소수의 삼각함수 형식을 구하여라.

33. $5 \angle 30°$ 34. $7 \angle 22.5°$

다음 복소수의 지수형식을 구하여라.

35. $13 \angle \dfrac{\pi}{2}$ 36. $3 \angle \dfrac{\pi}{3}$

다음 지수형식으로 주어진 복소수의 직교좌표 형식, 극형식, 삼각함수 형식을 (필요하면 각 형식의 성분을 반올림하여 소수점 두 번째 자리까지) 구하여라.

37. $5e^{i(2\pi)}$ 38. $13e^{i(3\pi)}$

다음에 주어진 복소수의 곱을 구하여라.

39. $4 \angle 35°$와 $6.5 \angle 40°$ 40. $3 \angle 75°$와 $64 \angle 180°$

41. $6e^{i(3)}$과 $7e^{i(0.14)}$ 42. $13e^{i(3\pi)}$과 $3e^{i(5\pi)}$

드무아브르 정리를 이용하여 다음을 간단히 하여라.

43. $\left[4e^{i\left(\frac{\pi}{2}\right)} \right]^5$ 44. $\left[7e^{i\left(\frac{\pi}{4}\right)} \right]^7$

다음 복소수의 나눗셈을 구하여라.

45. $\dfrac{4\angle 72°}{2\angle 36°}$ 46. $\dfrac{10\angle 182°}{4\angle 23°}$

다음에 대해 지시된 반올림으로 답하여라.

47. 회로의 전류는 $7 + 3i$암페어이고 임피던스는 $3.5 + 4i$옴일 때, 전압의 정확한 값과 위상변이는 무엇인가? (필요하면 도 단위의 각을 반올림하여 소수점 세 번째 자리까지 구하여라.)

48. 회로의 소자에 걸린 전압은 $100 + 100i$볼트이고 흐르는 전류는 $4 + 3i$암페어일 때, 소자의 임피던스는 무엇인가? (필요하면 반올림하여 소수점 두 번째 자리까지 구하여라.)

49. 드무아브르 정리를 이용하여 128의 7제곱근을 구하여라. (필요하면 결과를 반올림하여 소수점 두 번째 자리까지 나타내어라.)

50. $3x^3 + 81 = 0$의 모든 해를 구하여라. (필요하면 결과를 반올림하여 소수점 두 번째 자리까지 나타내어라.)

Chapter 10 벡터
Vectors

벡 터(vector)는 크기와 방향의 두 성분을 가진 양이다. 이러한 벡터의 특성 때문에, 벡터를 완전하게 나타낼 수 있는 유일한 방법은 벡터의 크기와 방향을 나타내는 두 수를 사용하는 것이다.

벡터로 설명할 수 있는 개념들은 많이 있다. 예를 들어, 바람을 설명하는 방법을 생각해 보자. 가령 바람은 시간당 30킬로미터로 불었다고 말할 수 있다. 하지만 이것은 바람이 어떻게 부는지에 대한 완전한 설명은 되지 못한다. 어떤 면에서 바람의 속력(speed)은 바람의 속도(velocity)의 크기를 표현하는 용어이다. 의미 있는 정보를 얻으려면 바람의 방향(direction)을 알아야 한다.

또 다른 예는 제트기 편대의 비행 속도 표현이다. 제트기들의 움직임은 제트기가 이동하는 방향과 이동 속도로 나타낼 수 있다. 이 개념은 비행하는 제트기 편대의 속도벡터(velocity vector)라 부른다.

이 장에서는 크기와 방향의 두 가지 양을 사용하여 효과적으로 기술할 수 있는 벡터를 살펴보고 벡터에 관한 수학적 이론을 알아본다.

이 장의 내용을 학습하면 다음을 할 수 있다.

- 벡터를 이해하고 다양한 방식으로 벡터를 표현하기
- 벡터를 성분으로 분해하기
- 두 벡터의 덧셈의 계산
- 벡터를 이용하여 문장으로 제시된 문제해결

10.1 벡터와 벡터의 표현

유향선분을 이용한 벡터의 시각적 표현

벡터는 그 본질상 크기와 방향이 모두 지정되어야 하는 양이다. 이 장의 소개에서 살펴본 풍속 및 제트기 편대의 비행경로는 벡터이며 이들 외에도 많은 경우가 두 가지 양으로 기술된다. 벡터를 사용하면 좌표축을 사용하지 않고도 공간의 문제를 추론할 수 있다.

기초적인 이해를 돕기 위해 편대를 이루며 비행하는 제트기들이 N20°W 방향으로 시간당 600킬로미터의 속력으로 비행한다고 가정하자. 제트기들이 비행하는 영공에서는 맞바람이 북쪽으로부터 시속 80킬로미터로 불고 있다. (바람의 방향은 일반적으로 바람이 불어오는 방향을 기준으로 나타내므로 바람의 방향은 실제로 남쪽으로 향하고 있다.) 그러면 데카르트 평면에서 제트기의 움직임은 양의 x축과 110°를 이루고 길이가 600인 화살표로 나타낼 수 있다(그림 10.1).

또한 바람도 화살표(또는 일반적으로 공기의 흐름을 나타내는 화살표들)로 같은 평면에 나타낼 수 있다. 바람은 제트기를 밀어서 제트기의 속도를 약간 줄이고 방향을 약간 바꾼다고 생각할 수 있다(그림 10.2).

이 두 개념의 상호 작용, 즉 제트기의 움직임과 바람에 의한 영향을 고려하면 지상에서 본 제트기의 실제 방향과 속도를 결정할 수 있다. 평면에서 벡터를 나타내기 위해 화살표를 사용하는 것은 상당히 일반적이며 이 표현을 유향선분(directed line segments) 표현법이라 부른다(그림 10.3).

유향선분은 일반적으로 고정된 길이를 갖고 수평선에 대한 특정한 기울기 각을 갖는 선분인데 방향은 한쪽 끝에 화살표를 사용하여 표시한다. 유향선분과 반직선(ray)은 유사성이 있지만 둘을 혼동해서는 안 된다. 유향선분은 길이가 유한하지만 반직선은 한 방향으로 한 없이 확장할 수 있다. 이러한 관점에서, 유향선분의 길이

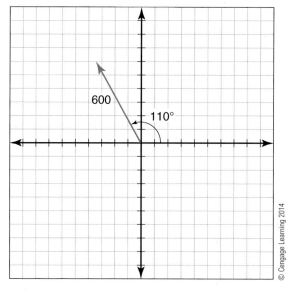

그림 10.1 제트기의 속력과 방향의 벡터 표현

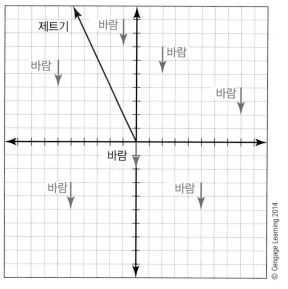

그림 10.2 제트기와 바람의 속력과 방향의 벡터 표현

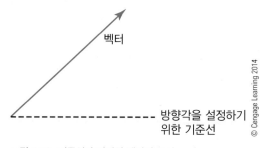

그림 10.3 기준선과 관련된 벡터의 표시

는 벡터의 크기를 나타내며 유향성분과 기준선이 이루는 각으로 벡터의 방향을 나타낼 수 있다.

크기와 방향이 같은 두 벡터는 서로 같다고 하자. 즉, 두 벡터가 같은 길이와 동일한 기울기 각을 가지고 있다면 평면 어디에 있어도 서로 같다. 유향선분의 끝점을 P와 Q로 나타내면 벡터를 $\overrightarrow{PQ}$로 표기한다. 이 표기법은 반직선의 표기법과 같지만 맥락으로 구분한다. 이 표기법이 번거롭다면 $\vec{v}$와 같이 한 문자로 표기할 수도 있다, 이 경우, 벡터를 명확하게 설명해야 한다. 벡터의 또 다른 표기법에는 **v**와 같이 굵은 문자도 있다.

명심해야 할 핵심 개념은 벡터는 이동에 대해 자유롭다는 것이다. 즉, 길이와 기울기 각을 바꾸지 않는 이상 평면의 어느 곳으로든 유향신분을 자유롭게 움직일 수 있다. 이 개념은 매우 유용한데 벡터대수(vector algebra)를 다루면서 이 속성을 이용할 것이다.

앞에서 설명한 방법대로 벡터의 이름을 사용하면 벡터의 크기에 대한 표기법을 도입할 수 있다. 이 표기법은 익숙한 절댓값 기호와 같지만 맥락을 통해 벡터의 크기를 나타내는 것으로 이해할 수 있다. 따라서 벡터 **v**의 크기를 $|\mathbf{v}|$로 나타낸다.

벡터의 극좌표 표현

벡터의 방향을 나타내기 위해 기울기 각의 개념을 이용하였으므로, 자연스럽게 양의 x축을 기준으로 이 각을 나타낼 수 있다. 시작점이 평면의 원점이 되도록 벡터를 배치했다고 가정하자. 양의 x축과 이루는 도 단위의 양의 각이 벡터의 기울기 각을 나타낸다고 볼 수 있다. 따라서 이 각을 θ라 하면 벡터를 $|\vec{v}| \angle \theta$로 표시할 수 있다. 이 표현을 벡터의 **극좌표 표현(polar representation)**이라 한다.

예제 10.1 시작점이 $(-2, 3)$, 끝점이 $(3, 7)$이 되는 벡터를 생각하자. 이 벡터의 극좌표 표현을 구하여라.

풀이

먼저, 평면에서 벡터의 그래프 표현을 그림 10.4와 같이 생각해 보자. 시작점이 원점이 되도록 벡터를 이동하자. (평면에서 길이와 기울기 각을 바꾸지 않는 한 유향선분은 자유롭게 움직일 수 있음을 기억하자.) 이렇게 시작점이 원점인 벡터를 **표준위치(standard position)**에 있는 벡터라 부른다(그림 10.5).

이 표준위치에 있는 벡터의 끝점은 $(5, 4)$이다. 벡터의 크기는 피타고라스 정리를 사용하면 $\sqrt{5^2 + 4^2} = \sqrt{41}$로 쉽게 구할 수 있다. 기울기 각은 역탄젠트 함수를 이용하여 구할 수 있는데 이 경우 각의 근삿값은 $\theta = \arctan\left(\dfrac{4}{5}\right) \approx 38.7°$이다. 따라서 벡터의 극좌표 표현은 $\sqrt{41} \angle 38.7°$이다.

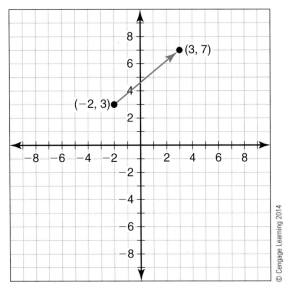

그림 10.4 평면 벡터의 그래프 표현

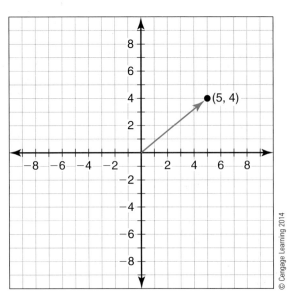

그림 10.5 표준위치의 벡터

벡터의 직교좌표 표현

벡터의 또 다른 표현 방법으로 **직교좌표 형식(rectangular form)**이 있다. 이 형식은 본질적으로 표준위치에 있는 벡터를 나타내는 방법이며 $\langle a, b \rangle$로 나타낸다. 이는 벡터를 표준위치에 놓으면 그 끝점이 (a, b)에 있음을 나타낸다. 그림 10.5에 나타난 벡터의 직교좌표 형식은 $\langle 5, 4 \rangle$이다.

예제 10.2 직교좌표 형식이 $\langle -3, 7 \rangle$인 벡터를 그래프로 나타내어라.

풀이

벡터를 표준위치에 그려야 하므로, 원점과 점 $(-3, 7)$을 연결하는 유향선분을 그리기만 하면 된다(그림 10.6).

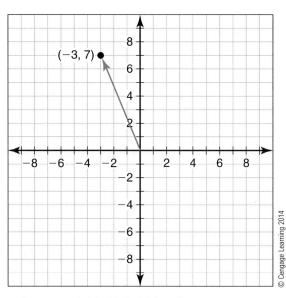

그림 10.6 표준위치에 나타낸 벡터 $\langle -3, 7 \rangle$

연습문제

다음 물음에 대해 답하여라.

1. 벡터의 의미를 나름대로 설명하고 벡터의 예를 몇 가지 제시하여라.
2. 벡터와 유향선분의 차이는 무엇인가?
3. 벡터의 극좌표 표현을 얻기 위해 벡터의 어떤 정보를 알고 있어야 하는가?
4. 벡터의 극좌표 표현을 직교좌표 표현으로 바꾸는 방법은 무엇인가?

다음에 벡터의 시작점과 끝점이 차례로 주어져 있다. 벡터의 극좌표 표현을 구하여라.

5. $(2, -5), (-3, 5)$ 6. $(1, 1), (-2, 4)$

7. $(9, 0), (3, 7)$ 8. $(-8, -3), (3, 4)$

9. $(-9, -7), (0, 0)$ 10. $\left(\dfrac{1}{2}, 5 \right), \left(\dfrac{-1}{3}, 2 \right)$

11. $\left(\dfrac{2}{3},\ 1\right),\ \left(\dfrac{1}{6},\ 5\right)$ 12. $(-3,\ 6),\ \left(5,\ \dfrac{1}{2}\right)$

다음은 앞의 문제에서 주어진 벡터에 관한 문제이다. 각 복소수의 직교좌표 형식을 구하여라.

13. 연습문제 5

14. 연습문제 6

15. 연습문제 7

16. 연습문제 8

17. 연습문제 9

18. 연습문제 10

19. 연습문제 11

20. 연습문제 12

다음에 벡터의 직교좌표 표현이 주어져 있다. 이를 극좌표 표현으로 변환하여라. 크기는 정확한 값으로 구하고 각은 도 단위로, 필요하면 반올림하여 소수점 첫 번째 자리까지 나타내어라. 또한 좌표평면에 벡터를 표준위치로 나타내어라.

21. $\langle 2,\ 6 \rangle$

22. $\langle 4,\ 5 \rangle$

23. $\langle -1,\ 4 \rangle$

24. $\langle -5,\ -7 \rangle$

25. $\langle -3,\ -8 \rangle$

26. $\langle -1,\ 9 \rangle$

27. $\left\langle \dfrac{1}{3},\ \dfrac{2}{3} \right\rangle$

28. $\left\langle \dfrac{-2}{5},\ \dfrac{4}{5} \right\rangle$

10.2 벡터의 분해

10.1절에서 벡터의 세 가지 표현, 즉 유향선분, 극형식, 직교좌표 형식을 살펴보았다. 극형식과 직교좌표 형식 사이의 관계는 유향성분 표현에 삼각함수의 결과들을 적용하여 알 수 있다.

표준위치에 있는 벡터(그림 10.6)의 시각적 표현을 염두에 두고 여기에 직각삼각형을 겹쳐 그리면 삼각함수를 사용하여 관계식을 살펴볼 수 있다(그림 10.7).

벡터의 직교좌표 표현이 $\langle a,\ b \rangle$일 때, 직각삼각형에 대한 삼각함수를 적용하면 $a = |\vec{v}|\cos\theta,\ b = |\vec{v}|\sin\theta$임을 알 수 있다. 따라서 벡터 $\vec{v}$의 두 표현 사이의 직접적인 관계를 얻었다.

Note

벡터 $\vec{v}$를 표준위치에 그려 그 끝점이 $(a,\ b)$이면 $\vec{v}$의 직교좌표 형식은 $\langle a,\ b \rangle$인데 여기서 $a = |\vec{v}|\cos\theta,\ b = |\vec{v}|\sin\theta$이고 θ는 벡터 $\vec{v}$의 방향각이다. 따라서 $\langle a,\ b \rangle = \langle |\vec{v}|\cos\theta,\ |\vec{v}|\sin\theta \rangle$이다.

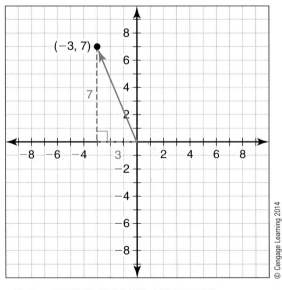

© Cengage Learning 2014

그림 10.7 표준위치의 벡터에 겹쳐 그린 직각삼각형

이 벡터의 표현에 관한 공식은 응용문제에서 자주 사용되므로 특별한 이름을 갖고 있는데 벡터 $\vec{v}$의 **직교좌표 성분**(rectangular components)이라 부르며, 앞에서 설명한 방식으로 벡터를 분해하는 것을 벡터의 *x*성분(x-component) 및 *y*성분(y-component)으로의 **분해**(resolution)라고 한다. 보통 *x*성분을 $R_x = (|\vec{v}|\cos\theta)\vec{i}$, *y*성분을 $R_y = (|\vec{v}|\sin\theta)\vec{j}$로 나타내는데 $\vec{i}$와 $\vec{j}$는 표준단위벡터(standard unit vectors)로 용어 부분에서 설명한다. 벡터를 분해하는 방법을 몇 가지 예를 통해 살펴보자.

예제 10.3 ▶ 벡터 $\vec{v} = \langle 5,\ 3 \rangle$를 분해하여 직교좌표 성분을 구하여라.

풀이

그림 10.8과 같이 벡터를 시각화하는 것이 분해를 계산하는 데 도움이 된다. 직교좌표 성분은 벡터의 크기와 방향에 의해 결정되므로 먼저 크기를 계산하자. 앞의 경우와 마찬가지로 피타고라스 정리를 이용하면 벡터의 크기는 $|\vec{v}| = \sqrt{5^2 + 3^2} = \sqrt{34}$이다. 벡터의 방향은 역탄젠트를 이용하여 구할 수 있는데 $\tan\theta = \dfrac{3}{5}$이므로 $\theta \approx 30.96°$이다. 따라서 벡터는 $\langle \sqrt{34}\cos 30.96°,\ \sqrt{34}\sin 30.96° \rangle$이고 벡터의 수평(*x*)성분과 수직(*y*)성분은 각각 $R_x = (\sqrt{34}\cos 30.96°)\vec{i}$와 $R_y = (\sqrt{34}\sin 30.96°)\vec{j}$이다.

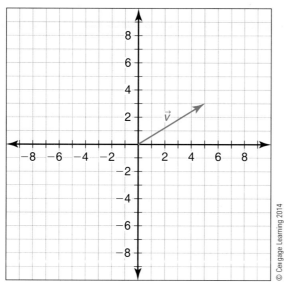

그림 10.8 표준위치의 벡터 $\langle 5,\ 3 \rangle$

예제 10.4 ▶ 벡터 $60 \angle 30°$를 수평성분과 수직성분으로 분해하여라.

풀이

벡터의 성분을 구하는 공식을 이용하면 *x*성분은 $R_x = (|\vec{v}|\cos\theta)\vec{i}$, *y*성분은 $R_y = (|\vec{v}|\sin\theta)\vec{j}$이므로 크기와 각의 값을 대입하면 다음과 같다.

$$R_x = (60 \cos 30°)\vec{i} \approx 60(0.866)\vec{i} \approx 51.96\vec{i}$$
$$R_y = (60 \sin 30°)\vec{j} = 60(0.5)\vec{j} \approx 30\vec{j}$$

예제 10.5 벡터 그래픽에서는 그래픽 디자이너가 그린 그림을 유향선분들에 의해 연결되는 일련의 점들로 저장하여 상당히 작은 크기의 파일을 생성한다. 그러한 평면의 그림에서 두 연속한 점이 (4, 1)과 (−2, 7)이라고 가정하자. 첫 번째 점을 두 번째 점에 연결하는 벡터를 분해하여 수평성분과 수직성분을 구하여라.

풀이

이 경우 벡터가 직교좌표 형식으로 주어지지 않았으므로 먼저 직교좌표 형식을 구하자. 벡터의 성분들을 빼면 $\vec{v} = \langle -2 - 4, 7 - 1 \rangle = \langle -6, 6 \rangle$이다. 그림 10.9는 이 벡터를 표준위치에 나타낸 것이다.

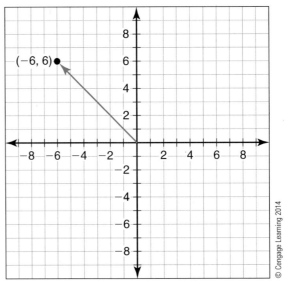

그림 10.9 표준위치의 벡터 $\langle -6, 6 \rangle$

피타고라스 정리를 이용하면 이 벡터의 크기는 $\sqrt{(-6)^2 + 6^2} = \sqrt{72} = 6\sqrt{2}$이다. 그런데 방향각을 구하기 위해 역탄젠트 함수를 이용하면 의외의 결과인 $\tan \theta = \frac{6}{-6} \Rightarrow \theta = -45°$가 나온다. 이 각은 IV 사분면에 있지만 벡터는 II 사분면에 있기 때문에 당황스러울 수 있다. 이유는 바로 역탄젠트의 정의 때문이며 역탄젠트의 각은 I 사분면과 IV 사분면의 각을 결과로 제시한다. 따라서 원래 각과 180°만큼 차이가 나므로 실제 각은 $\theta = -45° + 180° = 135°$임을 알 수 있다. 결국 $R_x = (6\sqrt{2} \cos 135°)\vec{i}$이고 $R_y = (6\sqrt{2} \sin 135°)\vec{j}$이다.

예제 10.6 무게가 20뉴턴(N)인 벽돌이 45°의 경사면에 놓여 있다. 벽돌의 무게 W를 경사면 방향과 이에 수직인 방향의 두 성분으로 분해하여라.

풀이

x축을 경사면의 방향과 평행하게, y축은 x축에 수직으로 설정하면 성분은 그림 10.10과 같다. 실제로 이러한 축의 선택은 완전히 자의적이며 편리한 방식으로 자유롭게 선택할 수 있다. 이것은 물리적 상황에서 좌표계를 설정하는 것과 관련이 있으며 실제로는 매우 일반적이다.

각 성분을 계산하면

$$W_x = (20 \sin 45°)\,\vec{i}$$
$$W_y = (20 \cos 45°)\,\vec{j}$$

이다. 따라서 벽돌 무게의 경사면 방향과 이에 수직인 방향의 성분은 각각 14.14뉴턴이다.

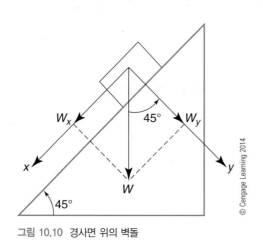

그림 10.10 경사면 위의 벽돌

© Cengage Learning 2014

연습문제

다음 물음에 대해 답하여라.

1. 벡터 $\vec{v}$의 직교좌표 성분이란 무엇인가?

2. 벡터를 x성분과 y성분으로 분해하는 것의 의미는 무엇인가?

3. 만약 시작점과 끝점이 주어진 벡터가 표준위치에 있지 않으면 어떻게 이 벡터를 분해할 수 있는가?

다음에 극형식의 벡터가 주어져 있다. 벡터의 직교좌표 성분들을 반올림하여 소수점 첫 번째 자리까지 구하여라.

4. $13 \angle 120°$

5. $8 \angle 73°$

6. $3 \angle 240°$

7. $1.25 \angle 50°$

8. $50 \angle 10°$

9. $\sqrt{21} \angle 300°$

10. $\sqrt{7} \angle 270°$

11. $\sqrt{47} \angle 180°$

다음 벡터를 직교좌표 성분들로 분해하여라. 필요하면 각을 도 단위로, 반올림하여 소수점 두 번째 자리까지 구하여라. 또한 벡터를 표준위치에 그려라.

12. $\langle 4, 1 \rangle$

13. $\langle 7, 3 \rangle$

14. $\langle -3, 7 \rangle$

15. $\langle -2.5, 11 \rangle$

16. $\langle -4.8, -3 \rangle$

17. $\langle -7, -9.9 \rangle$

18. $\langle \pi, 1 \rangle$

19. $\langle 2, \pi \rangle$

20. $\langle 4, -3\pi \rangle$

21. $\langle -5\pi, 2\pi \rangle$

다음은 벡터를 포함한 문제 상황이다. 문제와 관련된 벡터의 직교좌표 형식을 구하고 벡터를 분해하여라.

22. 좌표계가 그려진 마우스 패드 위에서 컴퓨터 마우스를 이동한다. 마우스는 초기위치 $(5, -2)$에서 최종위치 $(-7, -4)$로 이동한다. 벡터는 마우스의 초기위치에서 최종위치까지의 움직임을 나타낸다.

23. 무게가 60뉴턴인 벽돌이 70°의 경사면 위에 놓여 있다. 벽돌의 무게 W를 경사면 방향과 이에 수직인 방향의 두 성분으로 분해하여라.

24. 항해사는 보트를 방향이 210°이며 시속 12킬로미터로 몰고 있다. 보트의 움직임을 표현하는 벡터를 그리고 벡터를 수평성분과 수직성분으로 분해하여라.

10.3 두 벡터의 합벡터

평면의 두 벡터를 덧셈을 통해 결합할 수 있는데 이들 벡터의 합은 새로운 벡터가 되며 합성(resultant) 또는 합벡터라 부른다.

합벡터의 계산은 처음 주어진 두 벡터를 결합하여 하나의 새로운 벡터를 계산하는 것이므로 벡터를 성분들로 분해하는 과정의 반대로 생각할 수 있다.

벡터 덧셈의 대수적 과정

벡터가 $\vec{u} = \langle u_x, u_y \rangle$, $\vec{v} = \langle v_x, v_y \rangle$와 같이 성분들로 주어지면 각 성분을 더하여 벡터를 더할 수 있다. 즉, $\vec{u} + \vec{v} = \langle u_x + v_x, u_y + v_y \rangle$이다. 벡터 덧셈의 기호는 보통의 덧셈의 기호와 같다.

예제 10.7 벡터 $\langle 3, -2 \rangle$와 $\langle -4, 3 \rangle$의 합벡터를 구하여라.

풀이

벡터가 성분으로 주어진 경우 합벡터는 단지 성분별로 더하여 구할 수 있다. 따라서 합벡터는 $\langle 3 + (-4), -2 + 3 \rangle = \langle -1, 1 \rangle$이다.

예제 10.8 벡터 $\langle -4, 1 \rangle$와 $\langle 4, 5 \rangle$의 합벡터를 구하여라.

풀이

벡터의 성분들을 더하면 합벡터는 $\langle -4 + 4, 1 + 5 \rangle = \langle 0, 6 \rangle$이다. 어떤 면에서 벡터의 덧셈을 '좋은' 연산이라고 하는데, 기대하는 것과 정확히 일치하는 방식으로 연산이 이루어지기 때문이다. 즉, 벡터의 덧셈은 벡터의 대응하는 성분들을 더하는 것이며 이는 직교좌표 형식이 주어진 경우 매우 간단하다.

합벡터의 첫 번째 예제에서 두 복소수가 극형식으로 주어진 경우 합벡터를 구해 보자.

$\langle 3, -2 \rangle$의 극형식은 $\sqrt{13} \angle 326.3°$이고 $\langle -4, 3 \rangle$의 극형식은 $5 \angle 143.1°$이다. 이 벡터의 합은 어떻게 계산할까? 합벡터는 $\langle -1, 1 \rangle$이고 극형식은 $\sqrt{2} \angle 135°$이다. 이들을 살펴보면 개별 벡터의 극좌표 형식과 결과 벡터의 극좌표 사이의 관련성은 찾을 수 없으며 실제로 직접적인 관계가 없다. 따라서 극형식으로 주어진 벡터를 더할 때에는 벡터를 직교좌표 형식으로 변환하고 이들을 더한 후 다시 극형식으로 변환하는 것이 가장 좋은 방법이다.

예제 10.9 벡터 $3 \angle 50°$와 $6 \angle 75°$를 더하여라.

풀이

각 벡터를 직교좌표 형식으로 변환하면 각각 $\langle 1.928, 2.298 \rangle$과 $\langle 1.553, 5.796 \rangle$이다. 각 성분을 더하면 $\langle 3.481, 8.094 \rangle$이며 이를 다시 극형식으로 변환하자. 합벡터를 $\vec{R}$로 두면 $|\vec{R}| = \sqrt{3.481^2 + 8.094^2} = \sqrt{77.630} = 8.811$이고 $\theta = 66.729°$이다. 따라서 합벡터의 극형식은 $8.811 \angle 66.729°$이다.

벡터의 시각적 덧셈: 시작점을 끝점에 붙이는 방법

직교좌표 형식의 벡터를 더하는 것은 매우 쉬우며 극형식으로 주어진 벡터의 덧셈은 직교좌표 형식으로 변환하는 중간 단계가 필요하다는 것을 살펴보았다. 벡터가 유향선분으로 주어지면 어떻게 해야 할까? 유향선분을 더할 때에도 직교좌표 형식으로 변환해야 하는지 궁금할 수도 있다.

다행히 그렇지는 않다. 하지만 유향선분이 표준위치에 있으면 직교좌표 형식으로 변환하기도 하는데 이 경우 직교좌표 형식으로 변환하는 것이 어렵지 않기 때문이다. 그러나 물리학 응용문제에서 벡터를 분석할 때에는 시각적 방법이 유용한 대안이 될 수 있다.

이 방법은 여러 가지 이름을 가지고 있는데 여기서는 시작점을 끝점에 붙여 벡터를 더하는 방법(tip-to-tail method of vector addition)이라 부르기로 하자. 덧셈의 방법은 다음과 같다. $\vec{u}$와 $\vec{v}$의 합벡터를 구하기 위해 먼저 벡터 $\vec{u}$를 표준위치에 그린다. 다음, $\vec{v}$의 시작점을 벡터 $\vec{u}$의 끝점과 일치시킨다. 합벡터는 원점과 이렇게 위치시킨 $\vec{v}$의 끝점을 연결하는 벡터가 된다.

예제 10.10 ▶ $\vec{u} = \langle 5, -2 \rangle$와 $\vec{v} = \langle -1, 6 \rangle$의 합벡터를 구하여라.

풀이

앞에서 살펴본 벡터의 덧셈 방법을 사용하면 쉽게 계산이 가능하며 합벡터는 $\vec{u} + \vec{v} = \langle 5 + (-1), -2 + 6 \rangle = \langle 4, 4 \rangle$임을 바로 알 수 있다. 하지만 시각적으로 더하는 방법으로 얻은 결과와 일치함을 살펴보자. 먼저 벡터 $\vec{u}$를 그림 10.11과 같이 표준위치에 그리자.

이제 벡터 $\vec{v}$를 벡터 $\vec{u}$에 붙이는데 $\vec{v}$의 시작점이 $\vec{u}$의 끝점과 일치하도록 하자. 벡터 $\vec{v}$의 직교좌표 형식은 $\langle -1, 6 \rangle$이므로 그림 10.12와 같이 시작점에서 왼쪽으로 한 칸, 위로 여섯 칸 이동하는 방향으로 $\vec{v}$를 그린다.

이제 원점과 새로운 위치에 있는 벡터 $\vec{v}$의 끝점을 연결하면 그림 10.13과 같이 합벡터를 얻는다.

이렇게 얻은 합벡터와 대수적 계산에 의해 얻은 합벡터 $\langle 4, 4 \rangle$가 서로 일치함을 알 수 있다.

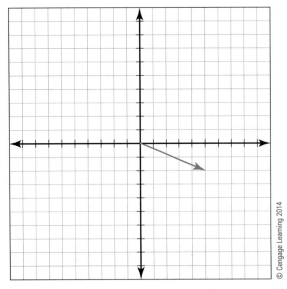

그림 10.11 표준위치에 그린 벡터 $\langle 5, -2 \rangle$

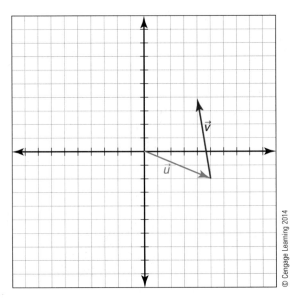

그림 10.12 시작점을 끝점에 붙인 벡터 $\langle 5, -2 \rangle$와 $\langle -1, 6 \rangle$

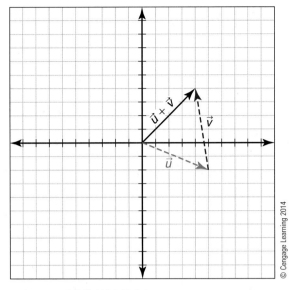

그림 10.13 벡터 $\vec{u}$와 $\vec{v}$의 합벡터

벡터의 덧셈에 대한 시각적 방법과 대수적 방법의 결과는 동일하므로 굳이 시각적 방법이 필요한지 여부는 논란의 여지가 있다. 그러나 응용문제를 풀다 보면 시작점을 끝점에 붙이는 덧셈의 방법을 사용하여 많은 작업을 수행할 수 있다. 예를 들어 물리 역학의 상황에서 힘들 사이의 상호작용에 대한 이해를 얻기 위해 이들을 시각적으로 살펴볼 수 있는데, 이 경우 대수적으로 계산하는 것이 분명하지 않은 경우도 있다.

예제 10.11 그림 10.14의 벡터 $\vec{u}$와 $\vec{v}$를 먼저 시각적으로 더하고, 그 다음 확인을 위해 대수적으로 더하여라.

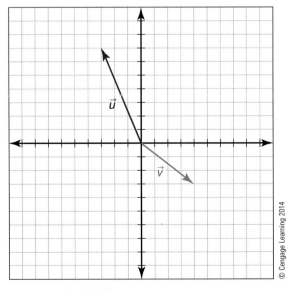

그림 10.14 벡터 $\vec{u}$와 $\vec{v}$

풀이

벡터 $\vec{u}$를 그대로 두고, 벡터 $\vec{v}$를 이동하여 시작점을 $\vec{u}$의 끝점과 일치하도록 하자 (그림 10.15). 합벡터는 원점과 $\vec{v}$의 새로운 끝점을 연결하여 얻을 수 있다.

그림에서 합벡터의 직교좌표 형식은 $\langle 1, 4 \rangle$이므로 이를 대수적 계산을 통해 확인 하자. 그림 10.4에서 원래 주어진 벡터는 $\vec{u} = \langle -3, 7 \rangle$과 $\vec{v} = \langle 4, -3 \rangle$이다. 벡터를 성분별로 더하면 합벡터는

$$\langle (-3) + 4,\ 7 + (-3) \rangle = \langle 1, 4 \rangle$$

이며 이는 시각적 결과와 일치한다.

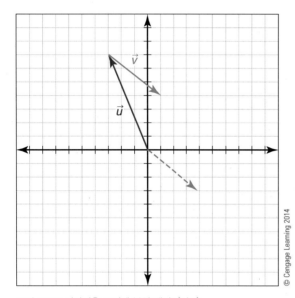

그림 10.15 시작점을 끝점에 붙인 벡터 $\vec{u}$와 $\vec{v}$

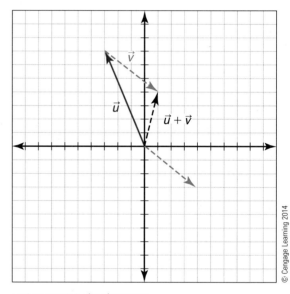

그림 10.16 벡터 $\vec{u}$와 $\vec{v}$의 합벡터

연습문제

다음 벡터 쌍의 합벡터를 구하여라.

1. $\langle 3, -4 \rangle$, $\langle 5, 8 \rangle$

2. $\langle 5, -13 \rangle$, $\langle 9, 2 \rangle$

3. $\langle -11, 5 \rangle$, $\langle 2, 3 \rangle$

4. $\langle -2, 7 \rangle$, $\langle 4, 2 \rangle$

5. $\langle -6, 5 \rangle$, $\langle -3, 3 \rangle$

6. $\langle -14, 9 \rangle$, $\langle -9, 4 \rangle$

7. $\left\langle -\dfrac{1}{2}, 3 \right\rangle$, $\left\langle \dfrac{2}{3}, 5 \right\rangle$

8. $\left\langle -\dfrac{3}{4}, 9 \right\rangle$, $\left\langle \dfrac{1}{5}, 7 \right\rangle$

9. $\left\langle \dfrac{2}{3}, \dfrac{5}{11} \right\rangle$, $\left\langle \dfrac{1}{4}, \dfrac{2}{3} \right\rangle$

10. $\langle 0.125, 0.9 \rangle$, $\langle 1.375, -2.4 \rangle$

11. $\langle 0.919, 0.875 \rangle$, $\langle 1.2, -3.5 \rangle$

다음 극형식으로 주어진 복소수를 직교좌표 형식으로 변환하 고 벡터의 합을 구하여라. 벡터의 합을 다시 극형식 표현으로 변환하여라.

12. $5 \angle 45°$, $3 \angle 90°$

13. $3 \angle 110°$, $8 \angle -20°$

14. $15 \angle 135°$, $9 \angle 45°$

15. $8 \angle 60°$, $14 \angle 120°$

16. $7 \angle 200°$, $2 \angle 70°$

17. $10 \angle 210°$, $11 \angle 125°$

머리를 꼬리에 붙이는 방법으로 벡터의 합을 구하여라. 먼저 주어진 벡터를 표준위치에 그리고 합벡터도 표준위치에 그

려라. 결과의 직교좌표 형식을 구하여 두 결과가 같음을 보여라.

18. $\langle 5, 7 \rangle$, $\langle 3, -8 \rangle$ 19. $\langle 2, 5 \rangle$, $\langle 6, -4 \rangle$

20. $\langle -1, 6 \rangle$, $\langle 3, 5 \rangle$ 21. $\langle -2, 7 \rangle$, $\langle 5, 3 \rangle$

22. $\langle -3, -1 \rangle$, $\langle -4, -7 \rangle$ 23. $\langle -1, -4 \rangle$, $\langle -5, -3 \rangle$

24. $\langle 6, -2 \rangle$, $\langle 5, -3 \rangle$ 25. $\langle 7, -6 \rangle$, $\langle 3, -5 \rangle$

10.4 벡터의 응용

많은 물리량은 벡터이다. 예를 들어, 속도, 가속도, 교류전압, 힘, 전기회로의 임피던스는 모두 벡터이며, 이러한 개념을 완전히 설명하기 위해서는 크기와 함께 방향을 지정해야 한다. 물체는 여러 힘이나 벡터로 표현되는 물리량을 가질 수 있다. 따라서 그 경우 벡터합에 대한 논의가 중요한데 속도, 힘, 전압의 합벡터를 계산해야 하는 경우가 생기기 때문이다. 또한 상황이 복잡하면, 특정 방향으로의 속도 또는 힘의 성분을 알아야 한다. 이러한 상황에서 벡터를 성분으로 분해하거나 여러 벡터의 합벡터를 구하는 방법을 모두 알고 있어야 한다. 이제 벡터의 응용문제의 몇 가지 예를 살펴보자.

움직이는 물체와 외력

이제 이 장의 시작 부분에서 다루었던 예, 즉 대형을 이루며 비행하는 제트기의 문제로 돌아가자. 비행편대는 시간당 600 km의 속도로 N20°W로 향하고 있다. 제트기가 날고 있는 대기 공간에서는 북쪽에서 시속 80 km로 바람이 불어오고 있다(그림 10.17). 비행편대의 속도와 비행 방향과 관련하여 각 제트기에 미치는 바람의 영향을 살펴보자.

생각하고자 하는 문제는 바람이 제트기의 움직임에 어떤 영향을 주는가이다. 바람은 일반적으로 제트기를 향해 불고 있기 때문에, 최종적으로 제트기를 남쪽 방향으로 약간 '밀면서' 제트기의 속도를 떨어뜨린다고 생각할 수 있다. 관련된 두 개의 힘, 즉 제트기의 움직임과 바람의 영향은 직접적으로 상호 작용하기 때문에 두 벡터의 합벡터를 계산하여 이 상호작용의 결과를 얻을 수 있다.

이 경우, 제트기의 움직임은 북쪽을 기준으로 하는 방위를 사용하여 나타낼 수 있으며 적당한 좌표계를 설정하고 그 평면에서 벡터의 방향각을 측정함으로써 움직

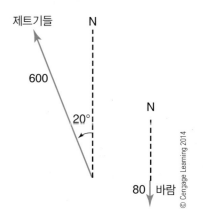

그림 10.17 바람의 방향과 제트기 비행편대의 방향을 나타내는 벡터들

임을 설명하는 벡터를 나타낼 수 있다. 그림 10.18과 같이 제트기 벡터의 방향각은 110°이고 크기는 600이다. 따라서 이 벡터의 극형식은 600 ∠ 110°이다.

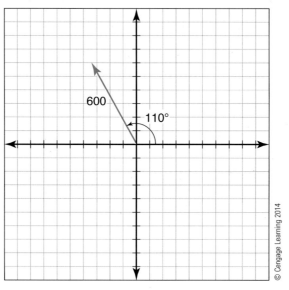

그림 10.18 제트기의 방향과 속력을 나타내는 표준위치의 벡터

북쪽에서 부는 바람은 시속 80킬로미터이므로 바람을 나타내는 벡터는 크기가 80이고 방향각은 270°이다. 따라서 이 벡터의 극형식은 80 ∠ 270°이다. 바람의 벡터와 제트 비행편대의 벡터를 같은 평면에 그림 10.19와 같이 나타내었다.

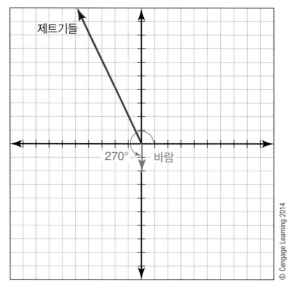

그림 10.19 제트기와 바람의 속력과 방향을 나타내는 표준위치의 벡터들

합벡터를 구하기 위해 이들 극형식을 직교좌표 형식으로 바꾸면 제트기의 경우 $\vec{J} = \langle -205.21, 563.82 \rangle$이고 바람의 경우 $\vec{W} = \langle 0, -80 \rangle$이다. 성분들을 더하면 합벡터는 $\vec{J} + \vec{W} = \langle -205.21, 483.82 \rangle$이다. 이를 극형식으로 변환하면 (과정은 생략함)

525.54 ∠ 112.98°이다.

이 결과를 분석해 보면 바람은 분명히 제트기 비행편대의 속도를 감소시켜서 속도를 시속 525.54킬로미터로 줄이고 제트기를 N22.98°W로 밀었다(그림 10.20). 따라서 제트기들은 적당한 방향을 유지하기 위해 지속적으로 비행 방향을 조정하여 바람의 영향을 상쇄시켜야 한다.

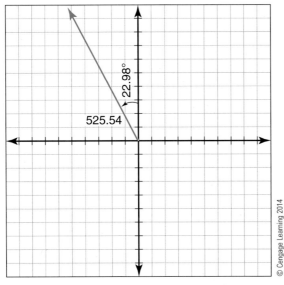

그림 10.20 제트기와 바람의 움직임을 나타내는 벡터들의 합벡터

예제 10.12 ▶ 수영선수는 물속에서 한 시간에 3킬로미터의 속도로 수영할 수 있다. 강물은 시속 4킬로미터의 속도로 흐른다. 수영선수가 강둑과 직각을 이루면서 수영한다면 수영선수의 실제 속도벡터의 크기와 방향을 구하여라.

풀이

그림 10.21은 문제에 포함된 속도 사이의 관계를 나타낸다. 만약 $\vec{v}$가 수영선수의 실제 속도벡터라고 하면 $|\vec{v}| = \sqrt{3^2 + 4^2} = 5$ km/h이다. 실제 속도벡터의 방향각은 $\theta = \arctan\frac{3}{4} \approx 37°$이므로 수영선수는 실제 강둑과 37°의 각을 이루며 시속 5킬로미터의 속도로 이동하고 있다.

물체를 움직이게 하는 여러 개의 힘

물체를 밀거나 잡아당기기 위해 물체에 여러 힘을 가하면 그 힘은 크기와 방향을 가지므로 벡터들이다. 이 힘들의 크기와 방향을 알면, 이들의 합벡터는 작용하는 힘들을 결합한 힘의 크기와 방향을 나타낸다. 따라서 최종적으로 물체에 영향을 주는 힘의 크기와 방향을 알고 작용하는 한 힘의 크기와 방향을 알면, 다른 벡터의 크기 또

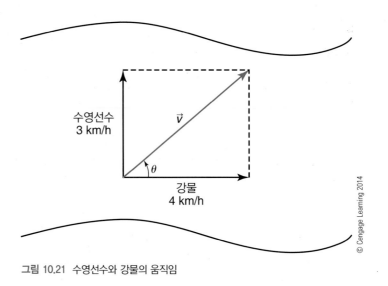

그림 10.21 수영선수와 강물의 움직임

는 방향을 아는 경우, 알려지지 않은 다른 요소를 결정할 수 있다.

두 사람, 즉 남성과 소년이 있다고 가정하고 물체의 측면에 설치된 고리에 부착된 로프를 사용하여 물체를 끌어당긴다고 하자. 그림 10.22는 이러한 상황을 설명한다. 남성은 물체를 10뉴턴의 힘으로 당기지만, 소년이 당기는 힘은 알 수 없다. 힘의 방향각이 그림과 같고 물체가 점선을 따라 움직인다면 소년이 사용해야 하는 힘의 크기는 얼마인가?

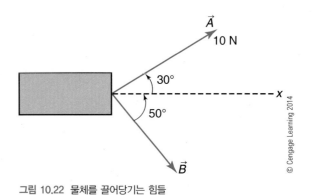

그림 10.22 물체를 끌어당기는 힘들

앞에서 설명한 방법을 적용하면, 남성이 잡아당기는 힘을 나타내는 벡터 $\vec{A}$의 직교좌표 형식은 $\langle 10 \cos 30°, \ 10 \sin 30° \rangle \approx \langle 8.66, \ 5 \rangle$이며 소년이 잡아당기는 힘을 나타내는 벡터의 직교좌표 형식은 $\langle F \cos 310°, \ F \sin 310° \rangle \approx \langle 0.64F, \ -0.77F \rangle$이다. 물체는 x축 방향으로 이동하므로 합벡터의 y성분은 '지워진다'. 즉, $5 + (-0.77F) = 0$ 이므로 $F \approx 6.49$이며 따라서 남성이 잡아당기는 힘과 함께 x축 방향으로 물체를 이동시키려면 소년이 잡아당기는 힘은 6.49뉴턴이어야 한다.

예제 10.13 기술자는 100킬로그램의 컴퓨터 관련 상자를 수평선과 30°를 이루는 경사로 위에 놓고 한쪽 끝(그림 10.23)에 부착된 와이어 벨트를 사용하여 상자를 경사로 위로 당긴다. 기술자가 경사로를 기준으로 20°의 각도로 75킬로그램의 힘을 유지하며 일정한 속도로 당길 때, 상자의 움직임을 막는 마찰력은 얼마인가?

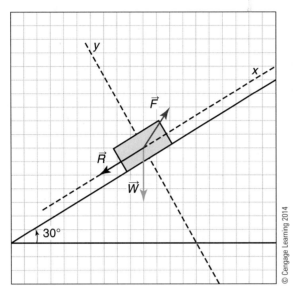

그림 10.23 경사면 위에 놓인 상자를 끌어당기기

풀이

그림에서 유향선분 $\vec{F}$, $\vec{W}$, $\vec{R}$은 각각 기술자가 당기는 힘, 아래방향으로 향하는 상자 무게의 힘, 경사면의 마찰력을 나타낸다. 편의상 양의 x축을 상자의 무게중심 운동 방향과 일치하도록 좌표계를 설정하였다.

뉴턴(Newton)의 운동법칙(law of motion)에 의하면 물체에 가하는 힘의 합은 물체의 질량과 가속도의 곱과 같다($F = ma$). 상자가 일정한 속도로 움직이므로 가속도는 0이고 따라서 상자에 가하는 힘의 합은 0이어야 한다.

물체의 마찰력은 (설정에 의해) x축의 음의 방향으로 작용하므로 세 힘 각각의 x 성분을 구하고자 한다. $\vec{F}$는 75킬로그램의 힘이 경사면과 20°의 각을 이루므로 힘 $\vec{F}$의 x성분은 $75 \cos 20° \approx 70.48$이다. 상자의 무게의 x성분은 $100 \cos(-120°) = -50$이고 마찰력 벡터 $\vec{R}$의 x성분은 $-|\vec{R}|$이다. 이들 x성분들의 합은 0이므로 $70.48 + (-50) + (-|\vec{R}|) = 0$, 즉 $|\vec{R}| \approx 20.48$킬로그램이다.

지능 시뮬레이션: 의미 유사성 검출

생각을 시뮬레이션 할 수 있는 기계를 만들고자 할 때의 문제 중 하나는 다름 아닌 비교 프로세스이다. 두 문서가 유사한지를 어떻게 결정할 수 있을까? 이것은 교수가 학생들이 작성하여 전자문서로 제출한 과제를 평가할 때 유용할 수 있다.

두 문서가 얼마나 밀접한 관련이 있는지에 대해 판단하기 위한 유용한 아이디어는 바로 의미 유사성(semantic similarity)이다. 불행히도, 이를 위해서는 두 개의 문서를 비교하는 것을 기계가 작업을 수행할 수 있도록 수단을 만들어야 한다. 벡터를 사용하면 이 수단을 만들 수 있지만 방법은 쉽지 않다.

영어 문장 내에 나타나는 단어에 특정한 순서에 따른 숫자를 배정한다고 가정하자. 예를 들어 표 10.1과 같은 등장 순서로 숫자를 할당할 수 있다.

표 10.1 단어의 빈도 순서

등장 순서	단어
1	the, a, an, I
2	pretty, attractive, glamorous
3	girl, woman, lady
4	walked, strolled, crept

© Cengage Learning 2014

논의를 위해 학생이 제출한 문서에 다음 같은 문장 조각들이 포함되어 있다고 가정해 보자.

The attractive woman walked ··· and A pretty girl ran ···

두 문장 조각에 하나의 벡터를 할당할 수 있다. 이 벡터의 성분은 표의 단어들이 문장에서 특정한 순서대로 얼마나 많이 등장하는지를 나타낸다. 즉 이 두 문장 조각에 대해 벡터 ⟨2, 2, 2, 1⟩을 대응시킬 수 있다. 이 벡터의 성분은 순서대로 표의 첫 번째 등장 순서의 단어가 두 문장 조각의 첫 번째 단어에서 일치함을, 표의 두 번째 등장 순서의 단어가 두 문장 조각의 두 번째 단어에서 일치함을, 표의 세 번째 등장 순서의 단어가 두 문장 조각의 세 번째 단어에서 일치함을, 표의 네 번째 등장 순서는 단어가 두 문장 조각의 네 번째 단어에서 일치하지 않음을 나타낸다. 따라서 이 과정을 통해 네 개의 성분을 갖는 벡터를 만들 수 있는데, 이 4차원 벡터는 벡터 소개의 수준을 넘는다. 따라서 만약 처음 두 단어만 살펴보면 즉, 두 성분으로 제한하면 문서 비교 문제에 대한 기본적인 견해를 얻을 수 있게 된다. 따라서 이렇게 제한하면 예로 생각한 문장 조각은 벡터 ⟨2, 2⟩에 해당된다.

과제를 제출한 학생이 유사한 주제가 포함된 다른 문서를 표절했고, 표절한 문서는 다음과 같은 문장 조각을 갖고 있다고 가정하자.

The glamorous woman walked ··· and His pretty girl smiled ···

이 두 문장 조각은 벡터 ⟨1, 2, 2, 1⟩인데, 다시 처음 두 성분으로만 제한하면 벡터 ⟨1, 2⟩로 표현할 수 있다. 물론 벡터의 두 성분으로만 제한하면 두 문서 사이의 비교는 매우 불완전하다. 하지만 이렇게 하는 이유는 이 책의 범위가 2차원 벡터로 한정되어 있기 때문이다.

두 문서를 비교하기 위해 벡터 ⟨2, 2⟩와 ⟨1, 2⟩를 어떻게 이용할까? 가능한 한 방법은 벡터들의 방향각의 차이를 계산하는 것이다. 의미적으로 두 문장 조각이 서로 가까울수록 문장 조각을 나타내는 벡터는 유사해지며 따라서 벡터 사이의 각도 차이는 더 작아진다. 이 경우, 첫 번째 벡터의 방향각은 45°이며 두 번째 벡터의 방향각은 63.4°임을 쉽게 알 수 있다. 따라서 두 방향각의 차는 18.4°이며 따라서 이 차는 두 문서 간의 의미상 유사성을 정의할 수 있는 수단을 제공하며, 그 유사성이 표절 수준에 이르렀는지 결정할 수 있다. 이제 남은 것은 과제에서 허용 가능한 유사성의 수준을 결정하는 기준을 정하는 것이다.

연습문제

다음 벡터의 응용이 포함된 문제를 풀어라.

1. 비행기는 시속 600킬로미터의 속력으로 북쪽으로 날아간다. 이 비행기는 서쪽으로 시간당 160킬로미터로 부는 바람 속을 비행한다. 지면에서 본 비행기의 이동방향과 비행기의 속력, 45분간 비행기가 이동한 거리를 구하여라.

2. 두 구급대원이 지면에서 럭비 선수를 들것에 실어 올린다. 구급대원 중 한 명은 400 N의 힘을 수평선과 50°의 각도로 쓰고, 다른 한 명은 수평선과 45°의 각도로 300 N의 힘을 쓴다. 럭비선수와 들것을 합친 무게는 얼마인가?

3. 폭이 0.6킬로미터인 강의 강물은 시간당 10킬로미디고 흐른다. 세호는 잔잔한 물에서 시간당 30킬로미터의 속력으로 보트를 운전한다. 그가 강을 일직선으로 건너가기를 원한다면 강가를 기준으로 어떤 방향으로 운전해야 하는가? 이 경우 강을 건너는 데 걸리는 시간은?

4. 그림 10.24와 같이 물체가 기둥에 매달려 있다. 물체를 아래로 당기는 힘의 크기는 1000 N이다. 물체에 묶여 있는 줄을 700 N의 힘으로 수평으로 잡아당긴다. 물체를 유지하기 위해 기둥에 연결된 줄

에 가해지는 힘의 크기는 얼마인가?

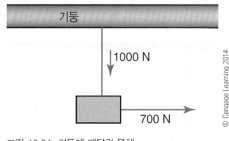

그림 10.24 기둥에 매달린 물체

5. 보영이는 잔잔한 물에서 초당 1.25미터의 속도로 수영할 수 있다. 그녀는 초당 0.8미터의 속도로 아래로 흐르는 강물을 일직선으로 건너갈 계획이다. 보영이는 강둑을 기준으로 수영 방향을 어떻게 잡아야 하는가? 또한 그녀의 수영 속력을 초낭 미터의 단위로 소수점 첫 번째 자리까지 반올림하여 구하여라.

6. 시간당 300마일의 속도로 동쪽으로 날아가는 비행기는 시속 56마일로 남쪽으로 부는 바람을 통과한다. 2시간 후, 비행기는 출발 지점에서 얼마나 멀리 떨어져 있는가? 지상에서 본 비행기의 실제 속도는 얼마인가? 실제로 비행기가 날아간 방향은

어느 방향인가? (도 단위의 각으로, 반올림하여 정수부분으로 나타내어라.)

7. 그림 10.25와 같이 두 농부가 움직이려 하지 않는 당나귀에 묶인 밧줄을 당긴다. 표시된 두 힘의 합에 해당하는 하나의 힘을 구하여라.

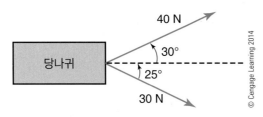

그림 10.25 당나귀를 당기는 밧줄

8. 한 물체에 세 힘이 작용한다. 힘 $\vec{A}$는 74 N의 크기로 서쪽에서 북쪽으로 85° 방향, 힘 $\vec{B}$는 125 N의 크기로 서쪽에서 남쪽으로 64° 방향, 힘 $\vec{C}$는 50 N의 크기로 동쪽에서 남쪽으로 80° 방향으로 작용한다. 세 힘의 합력의 크기와 방향을 구하여라.

9. 세 힘이 한 물체에 작용한다(그림 10.26). 이 물체에 작용하는 세 힘의 합력을 구하여라.

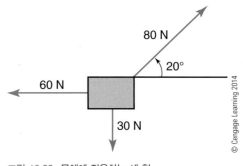

그림 10.26 물체에 작용하는 세 힘

10. 탱크는 초당 15미터의 속도로 북쪽으로 이동하며, 탱크에 탑승한 포격장교는 서쪽 방향으로 초당 250미터 속도의 포탄을 발사한다. 지면에 대한 포탄의 순수한 속도와 방향은 무엇인가?

11. 물체에 120 kg과 200 kg의 두 힘이 서로 62°의 각을 이루며 작용한다. 두 힘의 합력의 크기와 방향은 무엇인가?

12. 물체에 300 N과 58 N의 두 힘이 서로 110°의 각을 이루며 작용한다. 두 힘의 합력의 크기와 방향은 무엇인가?

요약

이 장에서는 다음 내용들을 학습하였다.

- 벡터 용어의 정의
- 벡터를 표현하는 여러 방법: 유향선분, 극형식, 직교좌표 형식
- 벡터를 x성분과 y성분으로 분해하기
- 두 벡터의 합벡터를 대수적 덧셈과 머리를 꼬리에 붙이는 방법으로 구하기
- 벡터를 이용한 몇 가지 응용문제

용어

벡터vector 방향과 크기를 갖는 양.

벡터의 x성분x-component of a vector $R_x = (|\vec{v}| \cos \theta)\vec{i}$, 여기서 $\vec{i}$는 표준단위벡터 $\langle 1, 0 \rangle$이고 θ는 표준위치에 있는 벡터가 x축의 양의 방향과 이루는 각.

벡터의 y성분y-component of a vector $R_y = (|\vec{v}| \sin \theta)\vec{j}$, 여기서 $\vec{j}$는 표준단위벡터 $\langle 0, 1 \rangle$이고 θ는 표준위치에 있는 벡터가 x축의 양의 방향과 이루는 각.

벡터의 직교좌표 성분rectangular components of a vector 벡터의

x성분과 y성분.

벡터의 직교좌표 형식rectangular form of a vector $\langle a, b \rangle$, 여기서 (a, b)는 표준위치에 있는 벡터의 끝점.

벡터의 표준위치standard position of a vector 시작점이 원점인 벡터.

시작점을 끝점에 붙이는 벡터의 덧셈 방법tip-to-tail method of vector addition 두 벡터의 합벡터를 구하는 시각적 방법.

유향선분directed line segment 한 쪽 끝에 화살표를 붙여 방향을 나타낸 선분.

합벡터resultant 두 벡터의 합.

종합문제

다음에 벡터의 시작점과 끝점이 주어져 있다. 벡터의 극형식 표현을 구하여라.

1. $(3, 5)$, $(4, 7)$
2. $(-8, 4)$, $(4, 3)$
3. $(-7, -15)$, $(12, -3)$
4. $(8, -15)$, $(-12, 35)$
5. $(-3, 7)$, $(6, 3)$

다음은 앞에 주어진 문제의 벡터에 관한 문제이다. 해당 벡터의 직교좌표 형식을 구하여라.

6. 종합문제 1
7. 종합문제 2
8. 종합문제 3
9. 종합문제 4
10. 종합문제 5

다음 문제에는 벡터의 직교좌표 형식이 주어져 있다. 이를 극형식 표현으로 변환하여라. 크기는 근삿값으로 구하지 말고 각은 필요하면 도 단위로 반올림하여 소수점 첫 번째 자리까지 나타내어라. 벡터를 평면에 표준위치로 그려라.

11. $\langle -3, 4 \rangle$
12. $\langle -3, -5 \rangle$
13. $\langle -2, 4 \rangle$
14. $\langle 4, -4 \rangle$
15. $\langle 5, 3 \rangle$

다음 벡터는 극형식으로 주어져 있다. 벡터의 직교좌표 성분을 반올림하여 소수점 첫 번째 자리까지 구하여라.

16. $5 \angle 75°$
17. $\sqrt{32} \angle 135°$
18. $43 \angle 125°$
19. $7 \angle 355°$
20. $15 \angle 225°$

다음 벡터를 직교좌표 성분들로 분해하여라. 도 단위의 각으로 필요하면 반올림하여 소수점 두 번째 자리까지 구하여라. 벡터를 표준위치로 그려라.

21. $\langle 4.75, -3.5 \rangle$
22. $\langle -3.5, 5 \rangle$
23. $\langle 2.5, 4 \rangle$
24. $\langle -4.5, -2 \rangle$
25. $\langle 2.5, 3.5 \rangle$

다음은 벡터가 포함될 수 있는 상황이다. 벡터의 직교좌표 형식을 구하고 벡터를 분해하여라.

26. 택배상자는 수평에서 25° 기울어진 경사면 위에 위치한다. 중력은 상자를 75 N의 힘으로 수직 아래방향으로 끌어당긴다. 상자에 가해지는 힘을 두 개의 성분, 즉 하나는 경사면을 따라, 다른 하나는 이에 수직인 성분으로 분해하여라.

27. 그래픽 태블릿은 1200 dpi의 해상도와 xy좌표계를 갖고 있다고 한다. $(-2412, 37)$에서 $(317, 245)$까지 선분이 그려져 있다. 스타일러스 펜의 시작점부터 끝점까지의 움직임을 벡터로 나타낸다. 이 벡터를 분해하고 스타일러스 펜이 움직인 거리를 구하여라.

28. 한 남자가 북쪽에서 서쪽으로 20° 방향으로 시속 60킬로미터로 자동차를 운전한다. 이 자동차는 서쪽으로 얼마나 빠르게 움직이는가? 북쪽으로는 얼마나 빠르게 움직이는가?

29. 한 자전거가 15° 경사진 언덕을 굴러가고 있다. 중력은 1000 N의 힘으로 수직 아래방향으로 작용하고 있다. 언덕 아래방향으로 향하는 힘의 크기는 얼마인가?

30. 요트는 용골과 방향타를 이용해 정북쪽으로 이동하고 있다. 시간당 20 km의 바람이 남동쪽에서 불고 있다. 바람을 북쪽 성분과 서쪽 성분으로 분해

하여라. (참고: 북쪽은 0°, 동쪽은 90°이다.)

다음 두 벡터의 합벡터를 구하여라.

31. $\langle -3, 5 \rangle$, $\langle 3, 5 \rangle$ 32. $\langle 18, -4 \rangle$, $\langle -2.75, 8 \rangle$

33. $\langle 15, -43 \rangle$, $\langle 37, 9 \rangle$ 34. $\langle -5, -3 \rangle$, $\langle -3.5, 12 \rangle$

35. $\langle 13, 13 \rangle$, $\langle -1, -3 \rangle$

다음 극형식으로 주어진 벡터를 직교좌표 형식으로 변환하고 두 벡터의 합을 구하여라. 두 벡터의 합을 다시 극형식 표현으로 변환하여라.

36. $5 \angle 60°$, $7 \angle 120°$ 37. $-\dfrac{7}{8} \angle 35°$, $1.2 \angle 193°$

38. $12 \angle 53°$, $7 \angle 225°$ 39. $7 \angle 115°$, $3 \angle 272°$

40. $5.5 \angle 195°$, $8.3 \angle 9.8°$

시작점을 끝점에 붙이는 방법으로 다음 벡터의 합벡터를 구하여라. 먼저 주어진 벡터를 표준위치에 그리고 합벡터도 표준위치에 그려라. 각 벡터의 직교좌표 형식을 구하여 시작점을 끝점에 붙이는 방법으로 구한 합벡터의 결과와 일치함을 보여라.

41. $\langle 2, -2 \rangle$, $\langle 3, 5 \rangle$

42. $\langle -3.5, -2.5 \rangle$, $\langle 4.25, 4.5 \rangle$

43. $\langle -4, -4 \rangle$, $\langle 1, 5 \rangle$

44. $\langle 3.25, -4.5 \rangle$, $\langle -3, 5 \rangle$

45. $\langle -2, -2 \rangle$, $\langle -2, 2 \rangle$

다음 벡터의 응용문제를 풀어라. 필요하면 그림을 그려 풀이 방법을 생각하여라.

46. 소형 비행기의 순항속도는 시속 100마일이라고 한다. N20°E로부터 시간당 20마일의 바람이 불고 있다. 비행기가 실제로 북쪽으로 이동하려면 실제로 어떤 방향으로 비행해야 하며 얼마나 바르게 이동하는가?

47. 물체에 세 힘이 작용한다. 첫 번째는 북쪽에서 동쪽으로 17° 방향으로 75 N이, 두 번째는 남쪽에서 서쪽으로 33° 방향으로 30 N이, 세 번째는 남쪽에서 25° 방향으로 45 N이 작용한다. 물체에 작용하는 합력은 무엇인가?

48. 무게가 10킬로그램인 화분이 천장에 매달려 있다. 중력은 수직 아래방향으로 981 N의 힘을 가하고 있다. 화분의 고리가 버티는 힘은 1200 N이다. 어떤 사람은 화분에서 오른쪽으로 수평으로 뻗어 있는 끈을 팽팽하게 400 N의 힘으로 잡아당기고 있고, 다른 한 사람은 이를 움직이지 못하게 막고 있다. 이 상황에서 화분 고리는 버틸 수 있는가?

49. 자동차는 사막의 한 지점 A에서 출발하여 북서쪽으로 45 km로 이동한다. 이후 방향을 동쪽에서 북쪽으로 20°만큼 변경하고 30 km 더 이동하였다. 이후 다시 북쪽으로 방향을 바꾼 후 60 km를 이동하였다. 자동차는 A 지점에서 어느 방향으로 얼마나 멀리 떨어져 있는가?

50. 우주선의 메인 노즐의 조정이 잘못되어 우주선의 중심선에서 오른쪽으로 5° 정도 틀어져 연료가 분사된다. 연료의 분사력은 10,000,000 N이다. 우주선이 똑바로 날아가기 위해 우주선의 측면에 있는 추진기에는 어떤 힘이 필요한가? 우주선 측면에 부착된 추진기는 중심선과 90°의 각을 이룬다고 가정하자.

Chapter 11

지수와 로그방정식
Exponential and Logarithmic Equations

컴퓨터 등장 초기, 인텔(Intel) 설립자 중 한 명인 고든 무어(Gordon E. Moore)는 집적회로(Intergrated Circuit)가 발명된 1958년부터 1965년까지 최소비용당 집적회로 소자 개수가 매년 두 배씩 증가한 사실을 발견하였다. 무어는 이러한 추세가 앞으로 적어도 10년 동안은 계속될 것으로 예측했는데 그의 분석과 추측은 매우 정확한 것으로 밝혀졌다. 기술적 진보의 많은 상황은 이와 비슷한 성장패턴을 따르는데, 일반적으로 이러한 성장패턴을 무어의 법칙(Moore's law)이라 부른다.

해마다 전년도의 상수배가 되는 유형의 변화를 지수변화라고 부른다. 이 변화가 증가하는 경우 지수적 증가(exponential growth)라 하고, 감소하는 경우 지수적 감소(exponential decay)라 한다. 그러한 변화가 일어나는 방정식을 지수방정식이라 부르는데 이 새로운 유형의 방정식을 살펴보고자 한다.

로그(logarithm)는 지수와 밀접한 관련이 있는 개념으로 수학적으로는 지수연산의 반대 개념이다. 이 두 개념의 방정식은 '실생활'에서 다양한 응용문제에 적용시킬 수 있으며, 이를 이용하여 중요한 해석 방법을 얻을 수 있다.

이 장의 내용을 학습하면 다음을 할 수 있다.

● 지수함수의 그래프를 그리고 이를 지수적 증가와 감소의 표현으로 해석

● 지수적 증가와 감소가 포함된 문제 해결

● 지수와 로그 사이의 변환

● 로그와 진수 계산

● 로그의 성질 사용

● 로그와 지수방정식 풀이

● 지수와 로그방정식의 응용문제 풀이

11.1 지수함수

집적회로 소자의 수 증가에 대한 무어(Moore)의 개념을 좀 더 자세히 살펴보자. 단순화를 위해 하나의 집적회로 위에 최소비용으로 부착시킬 수 있는 소자의 수가 1958년에는 5개였다고 가정해 보자. 무어가 말한 성장 패턴은 소자의 수가 1959년에는 10개로 증가하고, 1960년에는 20개, 1961년에는 40개 등으로 증가한다는 것이다.

1958년에 해당하는 기준시간을 $t = 0$으로 두면 집적회로에 사용되는 소자 수의 증가는 함수 $f(t) = 5(2^t)$를 만족한다. 이 함수의 값을 $t = 0, 1, 2$ 등에서 계산하면 각 해마다 집적회로에 최소비용으로 부착할 수 있는 소자의 수를 얻을 수 있다.

이러한 유형의 함수, 즉 c가 0이 아닌 상수이고 a는 0과 1이 아닌 양의 상수일 때, 관계식이 $f(x) = ca^x$인 함수를 지수함수(exponential function)라 부른다. 이 함수의 특징은 함숫값의 변화량이 특정 시간에 존재하는 양에 비례한다는 것이다.

$f(x) = ca^x$에 있는 지수는 x이지만 이처럼 간단할 필요는 없으며 사실 x를 포함한 식도 올 수 있다. 상수 a를 지수함수의 밑(base of an exponential function), 지수의 식을 변수 지수(variable exponent)라 부른다. 변수 지수가 x의 일차식이면 지수함수의 그래프는 계속해서 증가하거나 감소함을 곧 알게 된다.

지수함수의 그래프를 그릴 때에는 곡선을 그릴 수 있는 함숫값의 표를 만들거나 그래프 도구를 활용한다. 어느 경우이든 그래프는 두 가지 특별한 공통적인 모양을 갖는다. 하나는 지수적 증가곡선이고 다른 하나는 지수적 감소곡선이다.

지수적 증가곡선은 x가 왼쪽에서 오른쪽으로 증가할 때 함숫값이 점점 빠른 비율로 증가하는데 그림 11.1과 같은 모양의 곡선이다. 한편, 지수적 감소곡선은 x가 왼

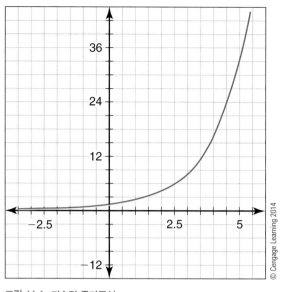

그림 11.1 지수적 증가곡선

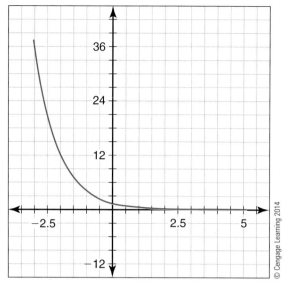

그림 11.2 지수적 감소곡선

쪽에서 오른쪽으로 증가할 때 함숫값이 점점 느린 비율로 감소하는데 그림 11.2와 같은 모양의 곡선이다.

 무어의 법칙의 단순화 모델인 $f(t) = 5(2^t)$의 그래프를 그려라.

풀이

문맥상 함수의 정의역은 $t \geq 0$이므로 0에서 시작하는 함숫값을 표 11.1과 같이 작성할 수 있다. 좌표평면에 이 점들을 표시하거나 컴퓨터 그래프 도구를 이용하여 더 정확한 함수의 그래프를 그림 11.3과 같이 그릴 수 있다. 그림 11.3의 그래프를 보면 오른쪽 끝에서 급격히 증가한다. 이것이 지수함수 그래프의 특징이다. 컴퓨터를 사용하여 그래프를 그리면 그래프가 수평축의 어떤 위치에서 수직 점근선(vertical asymptote)을 가지고 있다고 생각할 수 있지만 이는 사실이 아니다.

표 11.1 $f(t) = 5(2^t)$의 함숫값

t	$f(t)$
0	5
1	10
2	20
3	40
4	80
5	100

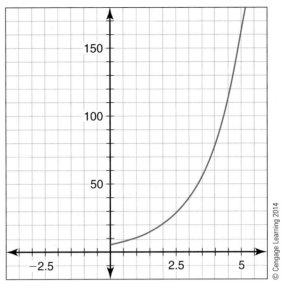

그림 11.3 무어의 법칙 그래프

예제 11.2 $e \approx 2.718$일 때, 함수 $g(x) = e^{-0.5x}$의 그래프를 그려라.

풀이

앞의 예제와 같이 함숫값의 표를 작성하고 점들을 표시할 수 있지만, 컴퓨터 그래프 작성 도구를 사용하여 그래프를 그림 11.4와 같이 그린다. 예제 11.1에서 보았던 상황과 반대의 경우임을 알 수 있다. 왼쪽에서 오른쪽으로 이동하면 그래프는 감소하며 오른쪽에서 수평을 이룬다. 이러한 그래프를 지수적 감소라 부르며 일반적으로 일정기간 동안 특정한 비율로 값이 감소하는 문제에서 볼 수 있다. 또한 불안정한 원소의 방사능 붕괴와 같은 응용 상황에서도 볼 수 있다.

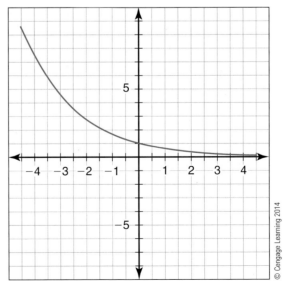

그림 11.4 지수함수의 그래프

예제 11.2에서 근삿값이 약 2.718인 e가 지수함수의 밑으로 사용되었다. e의 값은 매우 중요한 상수로 **자연지수 밑**(natural exponential base)이라 부른다. 이러한 이름을 사용하는 이유는 금융에서 광학, 음향, 인구 증가에 이르는 다양한 응용 분야에서 자연적으로 발생하기 때문이다. e의 값을 구하는 것은 이 교재의 범위를 벗어나지만 흥미로운 내용이며 미적분학이나 다른 과정에서 살펴볼 수 있다. π처럼 e의 값은 무리수이고 따라서 순환하지 않는 무한소수 표현을 갖는다. e는 2.71828182845904523560287…이며 보통 근삿값 2.718을 사용한다. 계산기는 e의 적당한 근삿값을 저장하고 있으므로 어떤 근삿값을 사용하는지 확인해야 한다. 상수 e가 밑인 지수함수를 **자연지수 함수**(natural exponential function)라 부른다.

예제 11.3 회의가 진행되는 회의실의 온도가 너무 높아지지 않도록 하는 연구가 진행되었다. 기술자는 회의실 내의 온도를 함수 $T(t) = 25 - 5e^{-t}$로 모델링할 수 있음을 확인하였다. 여기서 t는 분 단위의 시간이다. 회의가 2시간을 넘지 않는 경우, 온도함수의 그래프를 작성하고 회의 중 실내온도에 대한 결론을 도출하여라.

풀이

그래프 도구를 사용하여 지수함수의 그래프를 그릴 수 있으며 이로부터 결론을 도출할 수 있다. 그래프는 그림 11.5와 같다. 이 그래프에서 회의실의 온도는 20°에서 시작하여 빠르게 올라간 뒤 수평을 유지한다. 일정하게 유지되는 온도는 약 25°임을 알 수 있다. 이로부터 기술자는 이 온도가 불편할 정도로 높은지를 결정할 수 있고, 그에 따라 에어컨을 조정할 필요가 있다.

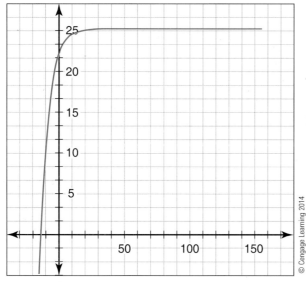

© Cengage Learning 2014

그림 11.5 $T(t)$의 그래프

이 그래프는 지수적 증가 또는 감소를 나타내지는 않는다. 분명히 실내 온도가 일정하게 유지되는 일종의 점근적인 모습을 보여주므로 지수적 증가가 아니고 감소하지 않으므로 지수적 감소도 아니다.

특정한 지수함수의 그래프를 보고 지수적 증가인지 감소인지를 확인하는 것은 일반적으로 어렵다. 지수함수의 밑의 값 (1보다 큰지 작은지) 또는 변수 지수의 부호 (양수인지 음수인지)가 결정한다고 생각해 볼 수 있지만, 이것으로 지수적 증가 감소 여부를 결정하기는 어려울 수 있다.

예를 들어 예제 11.2에서 지수적 감소의 예를 살펴보았는데 밑의 값은 e였다. 그러면 e가 지수적 감소를 결정한다고 볼 수도 있지만 이는 바로 예제 11.3에서 아닌 것으로 밝혀졌다. 먼저 지수함수의 그래프를 생성한 다음 생성된 곡선을 보고 증가 또는 감소를 결정하는 것이 바람직하다.

예제 11.4 케이블 회선에 분배기를 사용하면 케이블 회사로 가는 신호가 약해져 케이블 모뎀을 사용할 때 특히 문제가 될 수 있다. 모뎀이 회사에 보내는 신호가 너무 약하면 통신이 불가능하다. 분배기의 신호 강도를 백분율로 하면 함수 $L(x) = 100(0.68)^x$로 모델링할 수 있다고 가정하자. 여기서 x는 분배기의 포트 수이다. 이 지수함수의 그래프를 그리고 지수적 증가인지 감소인지 결정하여라.

풀이

$L(x)$의 그래프는 그림 11.6과 같다. 분명히 그래프는 지수적 감소를 나타내고, 따라서 분배기의 포트 수가 증가함에 따라 신호 강도가 급격히 감소함을 알 수 있다. 포

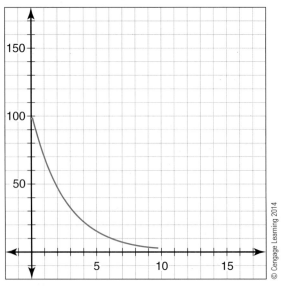

그림 11.6 $L(x)$의 그래프

트가 3개인 분배기를 사용할 때에는 회신 신호의 강도는 35% 미만이며 이 경우 통신 서비스에 오류가 발생할 수 있다고 한다.

연습문제

다음 함숫값을 구하여라.

1. $f(x) = 6^x$일 때 $f(2)$
2. $f(x) = \left(\dfrac{1}{6}\right)^x$일 때 $f(2)$
3. $f(x) = 4^x$일 때 $f(-3)$
4. $f(x) = \left(\dfrac{1}{3}\right)^x$일 때 $f(-3)$
5. $f(x) = 2^x$일 때 $f(5)$
6. $f(x) = 2^x$일 때 $f(1.5)$
7. $f(x) = 2^x$일 때 $f(2.96)$
8. $g(x) = \left(\dfrac{1}{3}\right)^x$일 때 $g(1.5)$
9. $f(x) = 4^x$일 때 $f\left(\dfrac{5}{2}\right)$
10. $g(x) = \left(\dfrac{1}{3}\right)^x$일 때 $f\left(\dfrac{5}{2}\right)$

다음 함수의 그래프를 그려라.

11. $f(x) = 4^x$
12. $f(x) = \left(\dfrac{1}{5}\right)^x$
13. $f(x) = 4^{-x}$
14. $f(x) = 2^{|x|}$
15. $f(x) = \left(\dfrac{9}{2}\right)^x$
16. $f(x) = \left(\dfrac{4}{5}\right)^x$

다음 방정식을 풀어라.

17. $2401^x = 7$
18. $\left(\dfrac{1}{7}\right)^x = 49$
19. $\left(\dfrac{5}{4}\right)^x = \dfrac{16}{25}$
20. $2^{-x} = \dfrac{1}{8}$
21. $4^{(9-3x)} = 64$
22. $2^{(5-3x)} = \dfrac{1}{64}$
23. $4^{(5+3x)} = \dfrac{1}{256}$
24. $36 = b^{\frac{2}{5}}$
25. $a^{\frac{3}{5}} = 64$
26. $\left(\dfrac{64}{27}\right)^{x+1} = \left(\dfrac{3}{4}\right)^{x-1}$

11.2 로그

로그(logarithm)는 1614년 존 네이피어(John Napier)가 개발한 것으로 널리 알려져 있지만, 원래는 1544년 미하엘 슈티펠(Michael Stifel)이 쓴 교과서 '산술총서(Arithmetica Integra)'에서 처음 정의한 것이다.

로그의 탄생은 오늘날의 수학자와 과학자들로 하여금 응용분야에서 아주 어려운 계산도 수행할 수 있게 해주었고 과학적 지식의 발전에도 크게 기여했다.

로그의 정의

로그는 본질적으로 지수이지만 실제로 로그를 그렇게 생각하는 경우는 거의 없다. 이 절에서는 로그의 정의와 지수와의 관계를 설명하고 로그의 성질에 대해 살펴본다.

먼저 정의부터 시작하자. A는 1이 아닌 양수일 때, $A^N = B$이면 N을 밑이 A인 B의 로그(logarithm)라 한다. 즉, B가 되기 위한 A의 지수가 N이라는 것이다. 임의의 특정한 밑을 가진 로그를 포함한 식을 **로그식**(logarithmic expression)이라 부른다.

예를 들어 $4^2 = 16$이므로 '2는 밑이 4인 16의 로그'라 말한다. 기호로는 $2 = \log_4 16$로 나타내며 '2는 밑이 4인 16의 로그' 또는 간단히 '2는 로그 4의 16'이라 읽는다. 로그의 값, 즉 지수 N의 값을 모르는 경우, 이를 구해야 할 필요가 있는데 어떤 경우는 간단하게 구할 수 있다.

예제 11.5 $\log_3 81$의 값을 구하여라.

풀이

로그의 값(지수임을 기억하자)을 계산할 때에는 일반적으로 x와 같은 '추가' 변수를 설정하고 x를 로그와 같게 둔 다음 로그의 정의를 사용하면 방정식을 좀 더 익숙한 형태로 풀 수 있다.

즉, $x = \log_3 81$이라 하면 정의에 의해 $3^x = 81$이 된다. 81은 3의 4제곱이므로 $x = 4$이다.

이렇게 로그의 정의를 사용하여 식을 변환하는 것은 매우 일반적이므로 정의 내의 두 등식에 특정한 이름을 붙인다. $A^N = B$를 방정식의 **지수형식**(exponential form of an equation)이라 부르고 $N = \log_A B$를 방정식의 **로그형식**(logarithmic form of an equation)이라 부른다. 정의에 의해 이들 두 식은 서로 교환 가능하므로 편리한 식을 사용한다. 계속 진행하기 전에 두 형식 사이의 변환 방법을 연습하여 이 동치관계를 완전히 이해할 수 있도록 하자.

Note

$A^N = B$이면 $N = \log_A B$이다.

예제 11.6 다음 지수형식을 이와 동치인 로그형식으로 변환하여라.

$$2^5 = 32$$
$$4^{-3} = \frac{1}{64}$$
$$10^3 = 1000$$

풀이

첫 번째 경우, 지수의 밑은 2이므로 이는 또한 로그의 밑이다. 앞에서 설명한 동치관계를 이용하면 로그형식은 $5 = \log_2 32$이다. 두 번째 경우, 지수와 로그의 밑은 4이므로 동치인 로그형식은 $-3 = \log_4\left(\frac{1}{64}\right)$이다. 세 번째 지수의 밑은 10이므로 로그형식의 밑도 10이다. 따라서 동치형식은 $3 = \log_{10} 1000$이다.

예제 11.7 다음 로그형식을 이와 동치인 지수형식으로 변환하여라.

$$\log_5 625 = 4$$
$$\log_7\left(\frac{1}{49}\right) = -2$$
$$\log_2 512 = 9$$

풀이

지수형식에서 로그형식으로 변환하는 경우처럼 핵심 아이디어는 로그의 밑을 확인하여 이를 지수의 밑으로 사용하는 것이다.

첫 번째 경우, 밑은 5이므로 동치인 지수형식은 $625 = 5^4$이다. 두 번째 경우, 로그의 밑은 7이므로 이는 지수형식의 밑이며 따라서 $\frac{1}{49} = 7^{-2}$이다. 세 번째 경우, 로그와 지수 모두의 밑은 2이므로 동치인 지수형식은 $512 = 2^9$이다.

이제 두 형식 간의 변환을 자유롭게 할 수 있으므로 쉽게 파악하기 어려운 특정한 로그의 근삿값을 계산할 수 있다. 이는 함숫값의 표를 이용하거나 로그 계산 규칙을 이용하여 계산기로 구할 수 있다.

예제 11.8 $\log_5 75$의 값을 구하여라.

풀이

예제 11.5의 과정을 적용해 보면 어려운 점을 곧바로 발견하게 된다. $x = \log_5 75$로 두고 지수형식으로 변환하면 $5^x = 75$를 얻는다. 하지만 75는 5의 거듭제곱이 아니므로 쉽게 계산할 수 없다.

하지만 식을 잘 이용하여 x의 '대략적인' 값을 구해 보자. $5^2 = 25$이고 $5^3 = 125$이므로 5의 지수인 x는 2와 3 사이에 있다.

임의로 $5^{2.5}$를 계산해 보면 약 55.9이므로 x의 실제 값은 2.5보다 크다는 결론을 얻는다. 표 11.2에서 이 작업들을 정리하였다. 분명히, 원하는 정도의 정확도를 얻을

표 11.2 로그의 추정

x	5^x
2.6	65.7 (작다)
2.7	77.12 (크다)
2.65	71.2 (작다)
2.675	74.1 (작다)
2.685	75.3 (크다)
2.68	74.7 (작다)

때까지 x의 값을 계속 추측해 나갈 수 있다. 상당한 계산이 필요하기 때문에 이 방법은 x의 값을 찾는 효율적인 방법은 아니지만, 몇 단계만 수행하면 구할 수 있다. 표에서 실제의 값이 2.68과 2.685 사이에 있어야 함을 입증했으며 이 정도면 꽤 정확하다고 볼 수 있다. 이 x의 값을 빠르게 계산하는 방법을 곧 살펴본다.

예제 11.9 ▶ $\log_3 100$의 값을 구하여라.

풀이

$x = \log_3 100$으로 두고 지수형식으로 변환하면 $3^x = 100$이다. 예제 11.8의 경우와 같이 100은 3의 거듭제곱이 아니므로 함숫값의 표를 이용하여 실험을 통해 로그의 값을 추정한다.

$3^4 = 81$이고 $3^5 = 243$이므로 x는 4와 5 사이에 있으며 아무래도 4에 더 가까울 것이다. 따라서 실험에 의한 함숫값들을 표 11.3과 같이 작성할 수 있다. 이 표에 의하면 $\log_3 100$은 약 4.1918임을 추정할 수 있다.

표 11.3 로그의 추정

x	5^x
4.2	100.904 (크다)
4.18	98.711 (작다)
4.19	99.802 (작다)
4.195	100.351 (크다)
4.193	100.131 (크다)
4.192	100.021 (크다)
4.1919	100.010 (크다)
4.1918	99.999 (작다)

© Cengage Learning 2014

로그의 근삿값을 구하는 방법은 어렵지는 않지만 다소 불편하고 비효율적이다. 이제 계산기를 이용하여 소수 근삿값을 구하는 방법을 알아보고 몇 개의 응용문제를 살펴본 뒤, 로그의 다른 성질들을 소개하기로 한다.

Note

밑이 10인 로그를 상용로그라 하고 $\log B$로 나타낸다.

Note

밑이 e인 로그를 자연로그라 하고 $\ln B$로 나타낸다.

상용로그와 자연로그

로그의 밑이 10 또는 e인 경우 계산기의 키를 이용하여 로그의 값을 계산할 수 있다. 밑이 10인 로그를 **상용로그**(common logarithm)라 하는데 이에 대한 계산기의 키는 LOG 또는 log이다. 밑이 e인 로그를 **자연로그**(natural logarithm)라 하는데, 이에 대한 계산기의 키는 LN 또는 ln이다. 이 키들과 관련된 상용로그와 자연로그는 다른 밑을 쓰는 로그와는 다소 차이가 있다.

밑이 10인 경우 보통 밑을 생략하며 따라서 $\log B$는 $\log_{10} B$를 의미한다. 밑이 e인 경우 $\log_e B$로 쓰지 않고 보통 $\ln B$로 나타낸다.

예제 11.10 계산기의 적당한 키를 사용하여 다음 로그의 소수 근삿값을 구하고 지수형식으로 변환하여 결과를 확인하여라.

a. $\log 15$

b. $\ln 15$

c. $\log 138$

d. $\ln 138$

e. $\log(-200)$

f. $\ln(-200)$

풀이

a. 계산기의 LOG 키를 이용하여 $\log 15$의 근삿값을 구하면 1.176이다. 지수형식으로 변환하면 $10^{1.176} \approx 15$인데 실제로 좌변의 근삿값을 구해 보면 $14.997 \approx 15$이다.

b. 계산기의 LN 키를 이용하면 $\ln 15 \approx 2.708$이다. 서로 다른 로그의 키가 실질적으로 다른 수치적 결과를 산출하기 때문에 계산기 키의 적절한 사용이 중요하다. 지수형식으로 변환하면 $e^{2.708} \approx 14.999 \approx 15$이다.

c. 다시 LOG 키를 사용하면 $\log 138 = 2.140$이며 지수형식으로 변환하면 $10^{2.140} \approx 138.038$임을 확인할 수 있다. 지수의 값은 138에 매우 가까운 수이다.

d. LN 키를 이용하면 $\ln 138 \approx 4.927$이다. 이 결과를 지수형식으로 변환하면 $e^{4.927} \approx 137.965$이다.

e와 f. 두 경우 모두 에러 메시지가 나타난다. 그 이유는 무엇일까? $\log(-200) = x$로 두고 지수형식 $-200 = 10^x$로 변환해 보자. 이것이 성립하려면 양수 10의 거듭제곱의 결과가 음수여야 한다. 이것은 실수의 성질에 의해 불가능하므로 그러한 실수 x는 존재하지 않는다. 비슷하게 자연로그의 경우에도 에러 메시지가 나타난다.

밑변환 정리

만약 로그의 밑이 10과 e가 아니면 계산기로 로그의 값을 바로 입력하여 계산할 수 없다*. 무한히 많은 수, 즉 1보다 큰 임의의 수가 로그의 밑이 될 수 있으므로 이러한 경우를 해결해야 한다. 다행히 다음의 밑변환 정리(change of base theorem)를

---

* 일부 계산기는 입력 가능한 경우가 있다.

사용하면 계산기의 두 키로도 충분히 밑이 다른 로그의 값을 계산할 수 있다.

밑변환 정리

임의의 1이 아닌 양수 A에 대해 $\log_A B$를 계산하기 위해 임의의 1이 아닌 양수 t에 대해 $\log_A B = \dfrac{\log_t B}{\log_t A}$를 이용할 수 있다. 특히 $\log_A B = \dfrac{\log B}{\log A}$이며 또한 $\ln_A B = \dfrac{\ln B}{\ln A}$이다.

예제 11.11 다음 로그의 근삿값을 계산하고 예제 11.8과 11.9의 결과와 비교하여라.

$$\log_5 75$$

$$\log_3 100$$

풀이

밑변환 정리를 이용하면 $\log_5 75 = \dfrac{\log 75}{\log 5} \approx \dfrac{1.875}{0.699} \approx 2.683$이다. 예제 11.8의 결과는 이 로그의 값이 2.68과 2.685 사이에 있다는 것이므로 당시 근삿값의 범위는 참값을 포함한다.

다시 밑변환 정리를 이용하면 $\log_3 100 = \dfrac{\log 100}{\log 3} \approx \dfrac{2}{0.477} \approx 4.192$이다. 예제 11.9 에서 표를 통해 얻은 근삿값은 4.1918이므로 거의 비슷하다. 밑변환 정리를 이용해 계산기로 구한 값은 실제로 약 4.1918065이며 표를 이용해 찾은 값보다 더 정확하다.

$\log_A B = N$이면 N을 밑이 A인 B의 로그라 한다. 한편 B는 밑이 A인 N의 진수 (antilogarithm)라 부른다. 밑이 A인 어떤 수의 진수를 찾는 경우 지수형식으로 변형하면 바로 찾을 수 있다.

예제 11.12 밑이 8인 −1.35의 진수는 무엇인가?

풀이

이 문제는 밑이 8인 −1.35의 진수를 미지수 x로 보면 $\log_8 x = -1.35$를 푸는 것과 같다. 지수형식으로 변환하면 $x = 8^{-1.35}$이므로 진수는 약 0.0604이다.

로그의 응용

지수함수 표현을 이용하여 많은 현상을 모델링할 수 있는 것처럼, 어떤 상황들은 로그를 사용하여 설명할 수 있다. 로그로 표현할 수 있는 양은 시간이 지남에 따라 점점 더 천천히 증가하는 것이 특징이다. 하지만 이러한 증가형태를 모두 로그함수로 설명할 수 있는 것은 아니다.

예를 들어 크기가 R인 저항, 용량이 C인 축전기가 직렬로 연결된 축전기-저항 ($R-C$) 회로에 공급되는 전압이 V인 경우를 살펴보자. 회로가 꺼진 후 시간 t초가 지났을 때의 흐르는 전류는 $C = \dfrac{t}{R(\ln V - \ln R - \ln I)}$ 를 만족한다. 만약 $V = 100$ 이고 $R = 500$이면 회로가 꺼진 후 0.01초 후에 흐르는 전류가 0.198암페어인 경우, 해당 축전기 용량을 구할 수 있다. 이 경우 식에 대입해서 구하면 축전기 용량은 $C = 0.002$이다.

속도는 점점 느려지지만 양은 계속 증가하는 다른 상황은 어떤 것들이 있을까? 일상의 예로는 어떤 조직의 인사부서에 배치된 직원의 증가상황이 이에 해당할 것이다. 작은 규모의 회사는 성장하기 위해 사업 확장에 필요한 긴급한 인력 수요를 수용해야 하고 따라서 초기 인사부서의 직원 수는 빠르게 증가한다. 하지만 직원들이 경험을 축적함에 따라 업무 책임 범위를 넓힐 수 있고, 인사부서의 각 직원은 더 많은 수의 직원이 하는 일을 효과적으로 대처할 수 있도록 다양한 업무를 자동화하여 처리할 수 있게 된다. 따라서 인사부서의 직원의 증가는 그림 11.7과 비슷한 곡선을 따를 것으로 예측할 수 있다. 여기서 x는 회사 전체의 직원 수를 백단위로 나타낸 것이며 y는 인사부서의 직원 수이다. 이 상황을 예제 11.13에서 자세히 설명한다.

예제 11.13 어떤 회사의 인사부서의 직원 수는 방정식 $y = 3 + \ln(40x)$로 모델링할 수 있는데, 여기서 x는 백 단위의 회사의 직원 수이다. 이 공식을 이용하여 회사의 직원이 100, 200, 300, 1,000명인 경우의 인사부서의 직원 수를 결정하여라.

풀이

직원 수가 100명이면 x의 값은 1이므로 방정식에 대입하면 $y = 6.68$이며 소수에 해당하는 사람은 없으므로 소수점 이하를 버리면 6이다. 직원 수가 200명이면 $y = 7.38$이며 소수점 이하를 버리면 7이고 따라서 직원 수가 100명에서 200명으로 증가할 때 인사부서의 직원은 한 명 증가한다.

만약 직원 수가 300명으로 증가하면 $y = 7.79$이며 따라서 7명의 직원이 추가 지원 없이 증가된 직원업무를 처리할 수 있으며, 직원 수가 1,000명으로 증가하면 $y = 8.99$이므로 인사부서에는 8명의 직원이 필요하다.

이제 이 공식을 이용하면 채용 예상 직원 수를 기준으로 인사부서 인원의 증가를

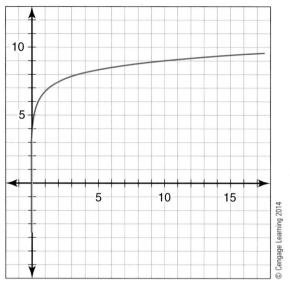

그림 11.7 인사부서의 직원 수를 나타내는 그래프

설명할 수 있다. 예를 들어 부사장이 인사부서의 인력이 12명이 필요하게 되는 회사 직원의 수를 알고 싶다면 어떻게 해야 할까? 이 값을 방정식의 y에 대입하고 지수형 식으로 변환하여 풀면 된다.

$$12 = 3 + \ln(40x)$$
$$9 = \ln(40x)$$
$$e^9 = 40x$$
$$8103 \approx 40x$$
$$202.58 \approx x$$

x는 백 단위의 직원 수이므로 인사부서의 인력을 12명으로 늘리기 위해서는 직원 수가 20,258명이 되어야 한다.

예제 11.14 새 휴대폰의 광고 효과는 $S(D) = 3500 + 80 \ln D$로 모델링할 수 있는데, 여 기서 S는 D백만 원의 광고비를 사용했을 때의 백 단위의 휴대폰 판매대수이다. $D = 10$, 20, 30일 때를 계산하고 결과를 해석하여라.

풀이

$D = 10$이면 $S = 3684.21$이므로 광고비가 1천만 원인 경우 368,421대의 휴대폰이 팔린다. 비슷하게 $D = 20$과 30인 경우를 계산하면 각각 373,966대와 377,210대가 팔림을 알 수 있다.

 광고비 지출을 1천만 원에서 2천만 원으로 늘리면 5,545대의 휴대폰을 더 팔게 되지만 다시 1천만 원을 더 증가시켜 3천만 원을 지출하면 단지 3,244대의 휴대폰을 더 팔게 된다. 이 상황에 대한 이유는 여러 가지가 있을 수 있지만 판매 함수의 그래

프를 살펴보면, 광고 지출이 계속 증가함에 따라 매출 증가에 따른 수익은 그림 11.8
과 같이 감소한다는 것을 알 수 있다.

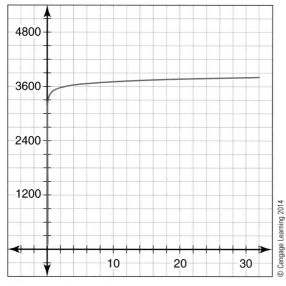

그림 11.8 판매 수익 감소

연습문제

다음 로그를 계산하여라.

1. $\log_2\left(\dfrac{1}{2}\right)$

2. $\log_9\left(\dfrac{1}{81}\right)$

3. $\log_{10}1$

4. $\log_{\frac{1}{5}}5$

5. $\log_7\sqrt{7}$

6. $\log_7 343$

7. $\log_\pi \pi$

8. $\log_{20}1$

9. $\log_{10}(1,000,000)$

10. $\log_{20}(-1)$

다음을 로그형식으로 바꾸어라.

11. $6^3 = 216$

12. $2^3 = 8$

13. $2^{-3} = \dfrac{1}{8}$

14. $\left(\dfrac{3}{11}\right)^3 = \dfrac{27}{1331}$

15. $\left(\dfrac{3}{11}\right)^{-3} = \dfrac{1331}{27}$

16. $4^{\frac{3}{2}} = 8$

17. $10^4 = 10,000$

18. $10^{-5} = 0.00001$

다음을 지수형식으로 바꾸어라.

19. $\log_5 125 = 3$

20. $\log_2\left(\dfrac{1}{4}\right) = -2$

21. $\log_{10}(0.0001) = -4$

22. $\log_{256}4 = \dfrac{1}{4}$

23. $\log_{10}(0.0000001) = -7$

24. $\log_2 64 = 6$

다음 방정식을 풀어라.

25. $\log_3 27 = x$

26. $\log_9\dfrac{1}{729} = x$

27. $\log_4\sqrt{4^{10}} = x$

28. $\log_x 8 = 3$

29. $x = 3^{\log_3 11}$

30. $x = \log_{10}(0.00001)$

31. $x = \log_3\sqrt[4]{81}$

32. $\log_x 36 = -2$

33. $\log_4 x = -3$

34. $\log_5 x = -2$

다음 함수의 그래프를 그려라.

35. $f(x) = \log_4 x$

36. $f(x) = \log_{\frac{1}{5}}x$

37. $f(x) = \log_4 x + 4$

38. $f(x) = \log_5(x + 3)$

39. $f(x) = \log_{\frac{1}{2}}(x + 2)$

40. $f(x) = \log_5(x - 4)$

41. $f(x) = \log_{\frac{1}{2}}(2 - x)$

42. $f(x) = \log_{\frac{1}{3}}(1 - x)$

43. $f(x) = \log_6(x^6)$

44. $f(x) = |\log(x + 1)|$

11.3 로그의 성질

로그를 포함한 방정식을 풀기 전에 로그식을 처리할 수 있는 여러 규칙을 소개하고 자 한다. 이 규칙들은 이미 살펴본 지수의 성질과 유사하며 **로그의 성질**(properties of logarithm)이라 부른다. 로그의 성질이란 로그식을 이와 동치인 다른 형태의 식 으로 표현할 수 있게 하는 규칙을 말한다. 첫 번째 성질은 로그의 정의의 결과이며 때로 로그의 기본 성질(fundamental properties of logarithm)이라 부른다. 또한 더 일반적으로 사용되는 마지막 세 성질을 로그의 계산 성질(computational properties of logarithm)이라 부른다.

로그의 기본 성질들을 표 11.4에 정리하였다. 이들은 지수의 성질의 직접적인 결 과임을 증명에서 알 수 있다.

표 11.4 로그의 기본 성질들

규칙	증명
$\log_b b = 1$	$\log_b b = x$로 놓고 로그의 정의를 이용하여 지수형식으로 변환하면 $b = b^x$이다. 따 라서 $x = 1$임을 바로 알 수 있다.
$\log_b 1 = 0$	$\log_b 1 = x$로 놓고 로그의 정의를 이용하여 지수형식으로 변환하면 $1 = b^x$이고 따 라서 $x = 0$이다.
$\log_b b^n = n$	$\log_b b^n = x$로 두면 로그의 정의에 의해 $b^n = b^x$이므로 $n = x$이다.
$b^{\log_b n} = n$	좌변의 지수를 x로 두면, 즉 $\log_b n = x$이면 $n = b^x$이다. 따라서 $b^{\log_b n} = b^x \Rightarrow$ $\log_b n = x$이므로 $b^{\log_b n} = b^x = n$이다.

이러한 성질들 중에서 로그의 계산 성질이 가장 많이 사용된다. 그리고 처음 두 성질보다는 마지막 두 성질이 사용되는 빈도가 상대적으로 많으므로 주의 깊게 보 아야 한다.

로그의 계산 성질은 매우 중요하기 때문에 로그의 곱 규칙(product rule of loga- rithm), 로그의 몫 규칙(quotient rule of logarithms)과 같이 특별한 이름을 가지고 있다. 이러한 규칙에 '로그의'라는 용어를 반드시 명시해야 하는데 지수법칙에서도 곱 규칙과 몫 규칙이 있기 때문이다.

로그의 곱 규칙은 두 수의 곱의 로그는 각 로그의 합과 같다는 것이다. 즉, $\log_a(uv)$ $= \log_a u + \log_a v$이 성립하는데 좌변의 식은 우변의 식의 축소 형식(condensed form), 우변의 식은 좌변 식의 전개 형식(expanded form)이라 부른다.

> **로그의 곱 규칙** 임의의 $a > 0$이고 $a \neq 1$인 밑 a에 대해 $\log_a(uv) = \log_a u +$ $\log_a v$이다.

예제 11.15 로그의 곱 규칙을 사용하여 다음 로그를 전개하여라.

$$\log_2 3x$$

$$\log 7y$$

풀이

주어진 식과 축소 형식 $\log_a(uv)$을 비교하면 $a = 2$, $u = 3$과 $v = x$이다. 곱 규칙을 이용하여 로그를 전개하면 $\log_2 3 + \log_2 x$이다.

로그의 성질은 상용로그와 자연로그에도 적용되므로 두 번째 경우도 곱의 규칙을 사용할 수 있다. $u = 7$이고 $v = y$이므로 로그를 전개하면 $\log 7y = \log 7 + \log y$이다.

예제 11.16 로그의 곱 규칙을 사용하여 다음 로그를 축소하여라.

$$\log_2 5 + \log_2 m$$

$$\ln 10 + \ln x$$

풀이

첫 번째 식과 전개 형식 $\log_a u + \log_a v$을 비교하면 $a = 2$, $u = 5$과 $v = m$이다. 곱 규칙을 이용하여 로그를 축소하면 $\log_2 5m$이다.

두 번째 경우는 자연로그이지만 앞의 보기에서 언급한 대로 곱 규칙을 적용할 수 있다. $u = 10$이고 $v = x$이므로 축소 형식은 $\ln 10x$이다.

두 번째 로그의 계산 성질은 로그의 몫 규칙이다. 이 규칙은 몫의 로그가 각 로그의 차와 같다는 것이다. 즉, $\log_a\left(\frac{u}{v}\right) = \log_a u - \log_a v$이다. 곱 규칙과 마찬가지로 좌변 식은 우변 식의 축소 형식(condensed form), 우변 식은 좌변 식의 전개 형식(expanded form)이라 부른다.

로그의 몫 규칙 임의의 $a > 0$이고 $a \neq 1$인 밑 a에 대해 $\log_a\left(\frac{u}{v}\right) = \log_a u - \log_a v$이다.

예제 11.17 로그의 곱 규칙을 사용하여 다음 로그를 전개하여라.

$$\log_4\left(\frac{7}{11}\right)$$

$$\ln\left(\frac{c}{5}\right)$$

풀이

첫 번째 식과 축소 형식 $\log_a\left(\dfrac{u}{v}\right)$을 비교하면 $a = 4$, $u = 7$과 $v = 11$이다. 전개 형식에 대입하면 $\log_4 7 - \log_4 11$이다.

곱 규칙과 마찬가지로 몫 규칙은 자연로그에도 적용되므로 두 번째 경우는 $a = e$, $u = c$, $v = 5$이다. 따라서 주어진 로그의 전개 형식은 $\ln c - \ln 5$이다.

예제 11.18 로그의 몫 규칙을 사용하여 다음 로그를 축소하여라.

$$\log x - \log t$$
$$\log_7 3 - \log_7 2$$

풀이

주어진 식과 몫 규칙의 전개 형식 $\log_a u - \log_a v$을 비교하고 밑 a가 없는 상용로그임을 감안하면 $a = 10$, $u = x$과 $v = t$이다. 몫 규칙의 축소 형식에 대입하면 $\log\dfrac{x}{t}$이다.

두 번째 경우는 $a = 7$, $u = 3$, $v = 2$이므로 로그의 축소 형식은 $\log_7 \dfrac{3}{2}$이다.

분수 $\dfrac{u}{v}$가 약분이 가능하면 일반적으로 기약분수로 나타내며 대분수로 바꾸지 않는다. 때로 소수를 포함한 식을 다루지만 문제에서 주어진 경우가 아니면 소수가 나타나지 않도록 할 것이다.

마지막 로그의 계산 규칙은 로그의 거듭제곱 규칙(power rule of logarithm)이라 부른다. 즉 $\log_a(u^n) = n \log_a u$이다. 따라서 거듭제곱의 로그는 거듭제곱 수와 로그의 곱과 같다.

> **로그의 거듭제곱 규칙** 임의의 $a > 0$이고 $a \neq 1$인 밑 a와 지수 n에 대해 $\log_a(u^n) = n \log_a u$이다.

예제 11.19 다음 로그식에 로그의 거듭제곱 규칙을 적용하여라.

$$\log_2\left(x^8\right)$$
$$\log_5\left(\frac{1}{t^2}\right)$$

풀이

첫 번째 경우 로그의 밑은 $a = 2$이고 로그의 거듭제곱 규칙에 포함된 다른 값들은 $u = x$, $n = 8$이다. 이 값들을 거듭제곱 규칙에 대입하면 $\log_2(x^8) = 8 \log_2 x$이다.

$\log_5\left(\dfrac{1}{t^2}\right)$에 로그의 거듭제곱 규칙을 적용하려면 $\dfrac{1}{t^2}$을 t^{-2}로 나타내야 하고 따라서 $\log_5\left(\dfrac{1}{t^2}\right) = \log_5(t^{-2})$ 이다. 이 형식에서 $a = 5$, $u = t$, $n = -2$임을 알 수 있다. 이들 값들을 로그의 거듭제곱 규칙에 적용하면 $\log_5\left(\dfrac{1}{t^2}\right) = \log_5(t^{-2}) = -2\log_5 t$이다.

로그의 세 가지 규칙을 다음과 같이 요약한다.

로그의 곱 규칙 임의의 $a > 0$이고 $a \neq 1$인 밑 a에 대해 $\log_a(uv) = \log_a u + \log_a v$이다.

로그의 몫 규칙 임의의 $a > 0$이고 $a \neq 1$인 밑 a에 대해 $\log_a\left(\dfrac{u}{v}\right) = \log_a u - \log_a v$이다.

로그의 거듭제곱 규칙 임의의 $a > 0$이고 $a \neq 1$인 밑 a와 지수 n에 대해 $\log_a(u^n) = n\log_a u$이다.

한 문제에서 여러 규칙들이 함께 사용될 수 있다. 개별 규칙들을 적용하는 데 필요한 사항을 염두에 두면 쉽게 여러 규칙들을 동시에 사용할 수 있다.

예제 11.20 로그의 성질을 이용하여 다음 로그식을 전개하여라.

$$\log_5\left(\frac{x^4}{5y}\right)$$

$$\ln\left(\frac{7x^3}{w^2}\right)^4$$

풀이

첫 번째 식을 간단히 하기 위한 열쇠는 바로 로그의 진수를 '크게 보는 것'이다. 이 식의 진수는 $\dfrac{u}{v}$ 형태의 분수가 괄호로 묶여 있는데 $u = x^4$이고 $v = 5y$이다. 따라서 로그의 몫 규칙을 적용할 수 있다. 몫 규칙을 적용하면 $\log_5 x^4 - \log_5 5y$인데 이 식을 더 간단히 해 보자. 첫 번째 로그는 x의 거듭제곱을 포함하고 있으므로 로그의 거듭제곱 규칙을 적용한다. 두 번째 로그의 진수는 $5y$이므로 곱의 꼴이고 따라서 로그의 곱의 규칙을 적용하여 전개할 수 있다. 따라서 다음과 같다.

$$
\begin{aligned}
\log_5\left(\frac{x^4}{5y}\right) &= \log_5 x^4 - \log_5 5y &&\text{(몫 규칙)}\\
&= 4\log_5 x - (\log_5 5 + \log_5 y) &&\text{(거듭제곱 규칙과 곱 규칙)}\\
&= 4\log_5 x - \log_5 5 - \log_5 y &&\text{(분배법칙)}
\end{aligned}
$$

로그의 성질들을 사용할 때에는 '규칙을 사용할 수 있다면 반드시 사용하는 것'을 제안한다. 이 식의 각각의 로그를 생각하면 두 번째 로그, 즉 $\log_5 5$는 로그의 기본 성질 중 하나인 $\log_a a = 1$을 이용하여 간단히 할 수 있으므로

$$\log_5 \left(\frac{x^4}{5y} \right) = 4 \log_5 x - 1 - \log_5 y$$

이다.

두 번째 로그식에서 진수는 거듭제곱의 형태이므로 로그의 거듭제곱 규칙을 적용할 수 있다. 필요한 로그의 각 성질들을 적용하면 다음과 같이 간단히 할 수 있다.

$$\ln \left(\frac{7x^3}{w^2} \right)^4 = 4 \ln \left(\frac{7x^3}{w^2} \right) \quad \text{(거듭제곱 규칙)}$$

이제 로그의 진수가 몫이므로 로그의 몫 규칙을 적용하면

$$= 4[\ln(7x^3) - \ln(w^2)]$$

이다. 이 첫 번째 로그의 진수는 곱이므로 곱의 규칙을 적용하면

$$= 4[\ln 7 + \ln(x^3) - \ln(w^2)]$$

이다. 여기서 마지막 두 로그는 거듭제곱을 포함하므로 로그의 거듭제곱 규칙을 적용하여 간단히 하면 최종적으로 다음과 같다.

$$\ln \left(\frac{7x^3}{w^2} \right)^4 = 4(\ln 7 + 3 \ln x - 2 \ln w)$$

로그의 성질을 익히는 것은 많은 연습이 필요하다. 그러나 부지런히 공부하다 보면 매우 복잡한 식도 처리할 수 있게 된다. 연습문제를 통해 로그의 성질을 충분히 익히도록 하자.

연습문제

다음을 로그의 합, 차 등으로 나타내어라.

1. $\log_a(4^x 2y)$

2. $\log_6 \left(\frac{\sqrt{13}}{9} \right)$

3. $\log_6 \left(\frac{4\sqrt{9}}{8} \right)$

4. $\log(8x + 13y)$

5. $\log_{13} \left(\frac{19m}{n} \right)$

6. $\log_{19} \left(\frac{4\sqrt{x}}{y} \right)$

7. $\log_3 \left(\frac{x^6 \, y^3}{3} \right)$

8. $\log_6 \left(\frac{m^5 \, p^3}{36t^8} \right)$

9. $\log_6 \sqrt{\frac{4x^9}{z^4}}$

10. $\log_6 \sqrt[3]{\frac{x^4}{y^6 z^9}}$

다음 로그의 합, 차, 곱을 로그의 성질을 이용하여 (가능하면) 하나의 로그로 나타내어라.

11. $\log_4 13 - \log_4 a$

12. $\log_3 w - \log_3 s$

13. $6\log_5 q - \log_5 r$

14. $(\log_a m - \log_a n) + 4\log_a p$

15. $\dfrac{2}{3}\log_7 x + \dfrac{5}{6}\log_7 x - \dfrac{1}{9}\log_7 x$

16. $\dfrac{1}{3}\log_3(x^6) + \dfrac{1}{6}\log_3(x^9) - \dfrac{4}{9}\log_3 x$

17. $7\log_5 p - 6\log_5 y$

18. $2\log_6(5y) + 4\log_6(2y^2)$

19. $6\log_6(6x - 1) + 4\log_6(2x - 7)$

20. $\dfrac{3}{4}\log_2(p^2 q^8) - \dfrac{1}{2}\log_2(p^5 q^2)$

다음 로그의 값을 계산기로 반올림하여 소수점 세 번째 자리까지 구하여라. 로그의 성질을 이용하고 근삿값 $\log_{10} 2 \approx 0.301$, $\log_{10} 3 \approx 0.477$을 이용하여 얻은 결과와 비교하여라.

21. $\log_{10} 6$

22. $\log_{10} 18$

23. $\log_{10}\dfrac{27}{4}$

24. $\log_{10}(\sqrt[3]{18})$

25. $\log_{10}\sqrt[3]{24}$

26. $\log_{10}(54)$

다음 연습문제에서 $u = \ln a$, $v = \ln b$로 두자. 다음 식들을 (자연로그 함수를 사용하지 않고) u와 v의 식으로 나타내어라.

27. $\ln\left(\dfrac{a^4}{b^2}\right)$

28. $\ln(b^9 a^4)$

29. $\ln\sqrt[4]{\dfrac{a^9}{b^8}}$

30. $\ln(\sqrt[5]{ab^7})$

다음을 계산하여라.

31. $f(x) = \log_3 x$일 때 $f(3^2)$

32. $f(x) = \log_5 x$일 때 $f(125)$

33. $f(x) = 4^x$일 때 $f(\log_4 8)$

34. $f(x) = 6^x$일 때 $f(\log_6 9)$

11.4 지수와 로그방정식

방정식의 일부 또는 전부에 로그가 포함되면 로그방정식이라 하고 방정식의 일부 또는 전부에 지수가 포함되면 지수방정식이라고 한다. 물론 지수와 로그가 모두 포함될 수도 있지만 이러한 방정식은 일반적으로 계산에 의해 풀 수 없으며 따라서 여기서는 다루지 않는다.

먼저 정확한 해를 구할 수 있는 로그방정식을 살펴보고 그렇지 않은 경우에는 근사해를 구하도록 한다. 로그방정식의 정확한 해를 구하는 일반적인 방법으로 구할 수 없다면, 근사해를 구하는 방법으로 전환해야 한다.

로그방정식을 풀기 전에 언급해야 할 사실은 정확한 해를 찾을 수 있는 모든 경우, 해의 유효성을 확인해야 한다는 것이다. 즉, 찾은 해가 원래 방정식을 만족하는지 확인해야 한다. 곧 살펴보겠지만 해를 구하는 방법이 틀리거나 무연근이 나올 수도 있기 때문에 해는 반드시 확인해야 한다.

먼저 고려할 로그방정식은 로그의 밑이 모두 같은 경우이다. 만약 밑이 같지 않으면 로그의 기본 규칙을 사용하여 밑을 일치시킬 수 있다. 하지만 이것은 이 책이 다루고자 하는 범위를 넘어 복잡해지므로 다루지 않을 것이다.

로그방정식을 푸는 방법은 방정식을 다음의 두 가지 상황 중 하나가 되도록 고쳐 쓰는 것이다. 즉, 하나의 로그가 다른 하나의 로그와 같게 하거나, 하나의 로그가 상수와 같도록 하는 것이다.

로그방정식을 풀기 위해 방정식을

$$\log_a u = \log_a v$$

또는

$$\log_a u = C$$

로 나타내자.

첫 번째 경우, 로그의 성질을 이용하면

$$\log_a u = \log_a v \Rightarrow u = v$$

이며 두 번째 경우에는 로그의 정의를 이용하여 지수형식으로 변환하면

$$\log_a u = C \Rightarrow u = a^C$$

이다. 두 경우 방정식은 이미 알고 있는 방법으로 풀 수 있다. 물론 u와 v가 매우 복잡한 경우는 풀기 어려울 수도 있다. 예제와 연습문제들은 복잡한 경우를 제외하였다.

방금 언급한 두 가지 형식 중 하나를 얻는 방법은 문제에서 알려주지 않는다. 따라서 원하는 형태의 방정식 중 하나로 변형하여 풀기 위해서는 로그의 성질을 잘 알고 있어야 한다.

예제 11.21 방정식 $\log_3 x - \log_3(x + 1) = 2$를 풀고 해를 확인하여라.

풀이

방정식을 푸는 방법은 방정식을 두 가지 특정 형태 중 하나로 고치고 그 방정식을 푸는 것이다. 따라서 먼저 $\log_a u = \log_a v$ 또는 $\log_a u = C$ 중 어떤 형태로 바꾸는 것이 가능한지 확인하자. 주어진 방정식은 로그를 포함하지 않는 항들이 있기 때문에 후자의 형태를 이용하기로 하자. 모든 항이 로그를 포함한다면 하나의 로그가 다른 로그와 같다는 형태를 이용한다.

로그의 몫 규칙에 의해 주어진 방정식은

$$\log_3 \left(\frac{x}{x + 1} \right) = 2$$

로 고칠 수 있다. 로그를 지수형식으로 변환하면

$$\frac{x}{x+1} = 9$$

이다. 이제 문제에서 로그가 없어졌으므로 이미 알고 있는 방법을 사용하여 방정식을 풀 수 있다. 분수를 없애기 위해 양변에 $(x+1)$을 곱하면 $x = 9x + 9$이며 이를 풀면 다음과 같다.

$$-8x = 9$$
$$x = -\frac{9}{8}$$

물론 이렇게 로그가 없는 방정식도 방법을 스스로 결정해야 하므로 걱정하거나 불안해 할 수 있다. 하지만 문제에서 로그가 없어지면 문제를 거의 푼 것이고 이후 이 방정식을 풀 수 있기를 바라며 알고 있는 필요한 모든 수학적 수단을 떠올려야 한다.

이제, 구한 답이 맞는지 확인하자. 즉, 원래 방정식에 얻은 해를 대입하여 방정식이 성립하는지 확인해야 한다.

해를 대입하면

$$\log_3\left(-\frac{9}{8}\right) - \log_3\left(-\frac{9}{8} + 1\right) = 2$$

이다. 식의 두 로그 모두 정의되지 않는데 로그의 진수는 음수가 될 수 없기 때문이다. 그러므로 위에서 찾은 해는 원래 방정식을 만족하지 못하므로 버려야 한다. 이 해는 유일하게 얻은 것이므로 원래 방정식은 해가 없다는 결론을 얻는다.

이는 해가 음수라서 등호가 성립하지 않거나 무연근이 된 것이 아니라 원래의 방정식에 해를 대입했을 때 정의되지 않는 표현이 나와서 버린 것이다. 하지만 문제 내에 존재하는 대수적 조건에 의해 음수도 해가 되는 경우도 있다.

예제 11.22 방정식 $\log_6(5-x) + \log_6(-x) = 1$를 풀고 해를 확인하여라.

풀이

방정식의 모든 항이 로그가 아니므로 예제 11.21의 경우와 같이 $\log_a u = C$ 형식으로 방정식을 다시 작성해야 한다. 로그의 곱 규칙을 적용하면

$$\log_6[(5-x)(-x)] = 1$$

이므로 간단히 하면

$$-5x + x^2 = 6$$

이다.

$$x^2 - 5x - 6 = 0$$
$$(x - 6)(x + 1) = 0$$
$$x - 6 = 0 \quad x + 1 = 0$$
$$x = 6 \quad x = -1$$

문제의 특수함 때문에 양수인 $x = 6$을 원래 방정식에 대입하면 정의되지 않은 로그가 나타나므로 무연근이며 버려야 한다.

한편, $x = -1$을 대입하면

$$\log_6[5 - (-1)] + \log_6[-(-1)] = 1$$
$$\log_6 6 + \log_6 1 = 1$$
$$1 + 0 = 1$$

이므로 음수해 $x = -1$은 방정식의 유효한 해이다.

예제 11.22의 로그방정식을 풀어 얻은 해를 확인과정 없이 올바른 해로 결론 내려서는 안 된다. 구한 모든 해는 각각 유효한 해인지 반드시 확인해야 한다. 경우에 따라 하나 또는 그 이상의 해가 유효하지 않을 수 있지만 사전에 이를 알 수 있는 방법은 없다.

예제 11.23 ▶ 방정식 $\log_4(x - 3) + \log_4(x + 5) = \log_4 20$을 풀고 해를 확인하여라.

풀이

이 경우 모든 항은 밑이 4인 로그이다. 따라서 방정식을 $\log_a u = \log_a v$의 형태로 바꾼다. 물론 모든 항을 좌변으로 이항하여 $\log_a u = C$의 형태로 바꿀 수도 있지만 보통은 먼저 $\log_a u = \log_a v$의 형태로 바꾼다.

방정식의 좌변에 로그의 곱 규칙을 적용하면

$$\log_4[(x - 3)(x + 5)] = \log_4 20$$

이다. 밑이 4인 두 로그가 서로 같으므로 로그의 진수도 서로 같아야 한다. 그러므로

$$(x - 3)(x + 5) = 20$$

이다. 이차방정식을 푸는 방법을 적용하면

$$x^2 + 2x - 15 = 20$$
$$x^2 + 2x - 35 = 0$$
$$(x + 7)(x - 5) = 0$$
$$x = -7 \quad x = 5$$

풀이의 마지막에서 인수분해의 각 인수가 0이 되어야 하는 단계를 생략하였지만 이 과정은 매우 간단하므로 큰 문제는 없다.

이렇게 얻은 해를 원래 방정식에 대입하면 첫 번째 해 $x = -7$은 무연근이지만 두 번째 해 $x = 5$는 유효한 해이다. 이의 확인은 연습문제에서 다루며, 이를 통해 원래 방정식의 해는 $x = 5$임을 알 수 있다.

예제 11.24 6볼트를 입력하면 12데시벨의 신호 손실이 생기는 네트워크 케이블에서 케이블 끝의 전압 V는 다음 공식에 의해 주어진다.

$$-12 = 20(\log V - \log 6)$$

V에 대한 방정식을 풀고 결과를 해석하여라.

풀이

방정식에 포함된 로그의 밑이 생략되어 있으므로 밑이 10인 상용로그와 관련된 문제로 생각하자. 더욱이 방정식의 전부가 아닌 일부 항들이 로그를 포함하므로 $\log_a u = C$의 형태로 바꾸기로 하자.

괄호 안의 로그를 로그의 몫 규칙을 이용하여 결합하면

$$-12 = 20 \log\left(\frac{V}{6}\right)$$

이다. 양변을 20으로 나누면

$$-0.6 = \log\left(\frac{V}{6}\right)$$

이다. 이제 지수형식으로 바꾸고 방정식을 풀면 다음과 같다.

$$10^{-0.6} = \frac{V}{6}$$
$$6(10^{-0.6}) = V$$
$$1.5071 \approx V$$

따라서 네트워크 케이블의 끝에 있는 전압은 1.5볼트를 약간 넘는다. 이는 케이블을 통과하면서 원래 전압의 약 4분의 1이 떨어졌음을 나타낸다.

예제 11.24에서는 해의 10진수 근삿값을 구하였다. 응용문제에서는 정확한 형태의 해를 제시하는 것이 거의 불가능하다. 또한 해의 수치적 값을 어디까지 나타내야 하는지 분명하지 않으며 모두 표시하는 것도 유용하지 않다. 따라서 연습문제에서는 근삿값을 구해야 하는지, 어디서 반올림해야 하는지를 제시한다.

지수방정식

로그방정식 예제의 경우와 마찬가지로 지수방정식을 풀 수 있는 여러 가지 방법이 있다. 문제에 따라 푸는 방법이 달라지므로 방정식의 형태를 분석하는 것을 먼저 살펴보자.

먼저 가능성은 많지 않지만 $a^u = a^v$의 형태로 주어지거나 변형할 수 있는 방정식을 푼다고 하자. 두 지수의 밑은 같고 방정식에는 다른 항들이 없다. 이 상황에서는 지수의 성질을 적용하여 $u = v$이며 따라서 적당한 방법을 사용하여 결과의 방정식을 풀 수 있다.

다른 형태의 지수방정식은 상수 C에 대해 $a^u = C$의 형태로 변형 가능한 방정식이다. 이 형태의 지수방정식은 로그형식으로 변환하여 풀 수 있다.

예제 11.25 ▶ 지수방정식 $3^{x^2 - 4x} = 3^5$을 풀어라.

풀이

방정식에 포함된 두 지수의 밑이 같으므로 지수가 같다고 가정하여 방정식을 푼다. 따라서

$$x^2 - 4x = 5$$
$$x^2 - 4x - 5 = 0$$
$$(x - 5)(x + 1) = 0$$
$$x = 5 \quad x = -1$$

두 해 모두 유효한 해임을 확인할 수 있으므로 방정식의 해는 두 개다.

예제 11.25에 제시된 상황을 약간 변형하면, 주어진 방정식의 양변에 있는 지수의 밑이 다르지만 밑이 같도록 식을 잘 변형할 수 있다.

예제 11.26 ▶ 지수방정식 $2^{5x} = 8^{x-4}$를 풀어라.

풀이

밑은 2와 8로 다르므로 앞에서 사용한 방법은 적용할 수 없다. 하지만 잘 관찰하면 밑 8은 다행히 밑 2의 거듭제곱이 된다. 즉 $8 = 2^3$이다. 언뜻 보기에는 별로 도움이 되지 않을 것 같지만 이것이 방정식을 푸는 열쇠가 된다.

지수의 성질을 이용하면

$$2^{5x} = 8^{x-4}$$
$$2^{5x} = (2^3)^{x-4}$$

$$2^{5x} = 2^{3x-12}$$

이다. 이는 앞에서 언급한 대로 서로 다른 밑을 가진 방정식을 동일한 밑을 가진 방정식으로 변형한 것이다.

$$5x = 3x - 12$$
$$2x = -12$$
$$x = -6$$

이 값을 원래 방정식에 대입하면 성립하므로 정확한 해이다.

지수식은 로그식과 같이 정의역의 제한이 없다. 따라서 지수방정식에서 구한 해를 원래 방정식에 대입하면 정의되지 않는 지수식이 없으므로 해를 반드시 확인할 필요가 없다. 그럼에도 불구하고 해를 확인하는 것은 항상 좋은 습관이며, 시간이 허락한다면 확인하는 것이 좋다.

예제 11.27 지수방정식 $5^{2x-7} = 30$을 풀어라.

풀이

이 문제는 앞의 두 예제와 다른데 우변은 지수식이 아니며 30이 5의 거듭 제곱이 아니므로 지수식으로 변환할 수도 없다. 결과적으로 해를 구하기 위해서는 다른 방법을 사용해야 한다.

주어진 방정식은 $a^u = C$의 형태이므로 로그형식으로 변환하여 푼다. 보통의 시험에서 이렇게 얻는 해는 이해하기 어렵기 때문에 정확한 해를 구하는 것과 함께 반올림하여 소수점 세 자리로 나타내는 연습도 병행한다.

$5^{2x-7} = 30$과 동치인 로그형식은 $2x - 7 = \log_5 30$이므로 x에 대해 풀면 정확한 해를 구할 수 있다.

$$2x - 7 = \log_5 30$$
$$2x = 7 + \log_5 30$$
$$x = \frac{1}{2}(7 + \log_5 30)$$

이 해의 수치적 값은 다소 명확하지 않으므로 밑변환 공식을 사용하여 로그의 근삿값을 구한 다음 x의 값을 얻는다.

$$x \approx 0.5(7 + 2.11328)$$
$$x \approx 0.5(9.11328)$$
$$x \approx 4.557$$

이 해는 앞의 예제의 해보다 다소 복잡하므로 실험적으로 해를 확인해 보자.

$$5^{2(4.557) - 7} \approx 30$$
$$5^{2.114} \approx 30$$
$$30.035 \approx 30$$

해의 10진수 근사를 이용했기 때문에 정확하게 등호가 성립함은 확인할 수 없다. 하지만 거의 정확한 값을 얻었으며 따라서 해가 타당함을 확인할 수 있다.

예제 11.28 소비자 서비스 연구결과에 따라 특정 브랜드의 컴퓨터 가격이 매년 37%씩 감소한다고 가정하자. 즉, t년 후 컴퓨터의 가격 V는 공식 $V = P_0(0.63)^t$로 주어지는데 여기서 P_0는 컴퓨터의 최초 가격이다. 컴퓨터의 가격이 최초 138만 6천 원에서 41만 9천 원으로 떨어졌다면 컴퓨터는 제조된 지 몇 개월이 지났는가?

풀이

P_0와 V의 값이 주어졌으므로 t의 값을 구하자. 공식에서 t는 년 단위이므로 월 단위로 바꾸려면 나중에 12를 곱해야 한다.

$$419 = 1386(0.63)^t$$

이 방정식은 하나의 지수식을 포함하므로 $a^u = C$의 형태로 변환할 수 있다. 이를 위해 양변을 1386으로 나눈다.

$$419 = 1386(0.63)^t$$
$$\frac{419}{1386} = 0.63^t$$
$$0.3023 \approx 0.63^t$$

이제 로그형식으로 변환하고 예제 11.27에서와 같이 밑변환 공식을 이용하여 t의 근삿값을 구하거나 로그의 형태로 답을 구할 수 있다.

양변에 자연로그를 취하면

$$\ln(0.3023) \approx \ln(0.63^t)$$

이며 로그의 거듭제곱 규칙을 적용하면

$$\ln(0.3023) \approx t \ln(0.63)$$

이다. 이제 로그의 근삿값을 구하여 대입하면

$$-1.196 \approx t(-0.462)$$

이므로 이를 풀면

$$2.589 \approx t$$

이다. t는 년 단위이므로 월 단위의 값을 구하기 위해 12를 곱하면 약 31이다.

———————————————————————

    이제 로그방정식과 지수방정식 모두 풀 수 있으므로 이 절을 마무리하고자 한다. 마지막으로 한 가지 중요한 사실을 다시 강조한다. 로그방정식과 지수방정식의 경우 형태에 따라 해결 방법이 다르다는 것이다. 따라서 방정식을 신중하게 분석하고 풀이 방법을 현명하게 선택해야 한다. 부정확한 방법을 선택한 경우, 바로 풀이가 막히게 되므로 이 경우 다른 방법을 시도하는 것이 좋다.

    마지막으로 로그방정식의 모든 해는 반드시 확인해야 하는데 로그함수는 정의역에 제한이 있기 때문이다. 지수방정식의 경우 해를 꼭 확인할 필요는 없지만 확인하는 것을 권장한다.

연습문제

다음 방정식을 풀어라. 구한 해가 유효한지 반드시 확인하여라.

1. $\ln(18x + 3) = \ln 11$

2. $\log(x - 3) = \log 2$

3. $\log(x - 3) = 1 - \log x$

4. $\log_9(x - 7) + \log_9(x - 7) = 1$

5. $\log(4x) - \log 5 = \log(x + 1)$

6. $\log(2 + x) = \log 5 + \log(x - 2)$

7. $\ln(2x) + \ln(8x) = \ln 17$

8. $\log(3x) + \log(2x) = \log 35$

9. $\ln(-x) + \ln 4 = \ln(3x - 9)$

10. $\log(x + 10) - \log(4x - 3) = 1$

11. $\ln(e^x) - \ln(e^y) = \ln(e^8)$

12. $\ln(e^{2x}) + \ln(e^5) = \ln(e^{20})$

13. $\log_2 \sqrt{2x^2} = \dfrac{7}{2}$

14. $\log_3 \sqrt{27x^6} = 48$

다음 응용문제를 로그방정식 또는 지수방정식을 이용하여 풀고 답을 완전한 문장으로 제시하여라. 필요하면 반올림하여 정수로 나타내어라.

15. 특정 도시의 인구 증가는 공식 $P(t) = 9,759e^{0.002t}$ 로 모델링할 수 있는데 여기서 t는 1984년 이후의 연도 수이다. 이 공식을 이용하여 1994년의 도시 인구를 구하여라.

16. 특정 도시의 인구 증가는 공식 $P(t) = 12,965e^{0.006t}$ 로 모델링할 수 있는데, 여기서 t는 1970년 이후의 연도 수이다. 이 공식을 이용하여 인구가 두 배가 되는 데 필요한 시간을 구하여라.

17. 특정 도시의 인구 증가는 공식 $P(t) = 10,226e^{0.005t}$ 로 모델링할 수 있는데, 여기서 t는 1970년 이후의 연도 수이다. 이 공식을 이용하여 도시 인구가 15,339명에 도달하는 연도를 구하여라.

18. 특정 도시의 인구 증가는 공식 $P(t) = 18,920e^{0.008t}$ 로 모델링할 수 있는데, 여기서 t는 1970년 이후의 연도 수이다. 이 공식을 이용하여 도시 인구가 100,000명에 도달하는 연도를 구하여라.

다음 연습문제의 답을 제시된 방법대로 반올림하여 제시하여라.

19. $f(x) = 34.2 + 1.2\log(x + 1)$이 지구상의 특정 위치에서 특정 깊이의 해수의 염도를 모델링한다고 가정하자. x가 미터 단위의 해수의 깊이이고 $f(x)$가 해당 깊이에서 바닷물의 킬로그램당 소금의 그램이라 하자. 72미터 깊이에서의 염분(그램/킬로그램)을 반올림하여 소수점 두 번째 자리까지 구하여라.

20. $f(x) = 25.2 + 1.4\log(x + 1)$이 지구상의 특정 위치에서 특정 깊이의 해수의 염도를 모델링한다고 가정하자. x가 미터 단위의 해수의 깊이이고 $f(x)$가 해당 깊이에서 바닷물의 킬로그램당 소금의 그램이라 하자. 염분이 킬로그램당 30그램이 되는 해수의 깊이를 반올림하여 정수로 나타내어라.

21. 특정 부족 여성의 키는 공식 $H(t) = 0.52 + \log\left(\dfrac{t^2}{9}\right)$미터로 근사시킬 수 있다. 여기서 t는 여성의 나이이다. 이 부족의 4살 여성의 키의 근삿값을 반올림하여 소수점 두 번째 자리까지 구하여라.

22. 연구 대상 지역의 특정 동물의 개체 수 증가는 $F(t) = 400\ln(2t + 3)$으로 설명할 수 있는데 여기서 t의 단위는 개월이다. 이 동물이 해당 지역에 처음 유입된 6개월 후, 해당 지역의 동물의 개체수를 구하여라.

요약

이 장에서는 다음 내용들을 학습하였다.

- 지수함수와 지수함수의 그래프 그리기, 지수적 증가와 감소 구분하기
- 로그함수와 로그함수의 성질, 지수형식과 로그형식 사이의 변환 방법, 로그와 진수 구분하고 계산하기
- 로그방정식과 지수방정식 및 그 응용

용어

로그logarithm   1이 아닌 양수 A에 대해 수 N이 $A^N = B$를 만족하면, N을 밑이 A인 B의 로그라 함.

로그식logarithmic expression   특정한 밑을 가진 로그를 포함한 식.

로그의 성질properties of logarithm   로그식을 다른 형식으로 변형하는 데 사용되는 특정한 로그식과 동치인 식들의 집합.

밑이 A인 N의 진수antilogarithm of N, base A $\log_A B = N$에서 B.

방정식의 로그형식logarithmic form of an equation $N = \log_A B$, 여기서 A와 B는 양의 상수이며 A는 1이 아님.

방정식의 지수형식exponential form of an equation $A^N = B$, 여기서 A와 B는 양의 상수이며 A는 1이 아님.

변수 지수variable exponent   지수함수의 지수에 포함된 식.

자연로그natural logarithm   밑이 수학상수 e인 로그.

자연지수 밑natural exponential base   수학상수 e. 그 근삿값은 $e \approx 2.7182818284590452356 0287$.

자연 지수함수natural exponential function   밑이 수학상수 e인 지수함수.

지수함수exponential function $f(x) = ca^x$꼴의 함수.

지수함수의 밑base of an exponential function   함수 $f(x) = ca^x$에서 a의 값.

공식

로그의 곱 규칙: $a \neq 1$이고 $a > 0$인 임의의 밑 a에 대해 다음이 성립한다.

$$\log_a(uv) = \log_a u + \log_a v$$

로그의 몫 규칙: $a \neq 1$이고 $a > 0$인 임의의 밑 a에 대해 다음이 성립한다.

$$\log_a\left(\frac{u}{v}\right) = \log_a u - \log_a v$$

로그의 거듭제곱 규칙: $a \neq 1$이고 $a > 0$인 임의의 밑 a와 지수 n에 대해 다음이 성립한다.

$$\log_a(u^n) = n\log_a u$$

종합문제

다음 함수의 값을 구하여라.

1. $f(x) = \left(\dfrac{1}{4}\right)^x$일 때, $f(3)$

2. $g(x) = 3^x$일 때, $g(3.5)$

3. $f(x) = 2^{(2-x)}$일 때, $f(4.5)$

다음 함수의 그래프를 그려라.

4. $f(x) = 2^{\frac{2}{3}x}$

5. $g(x) = \left(\dfrac{3}{4}\right)^{-x}$

6. $f(x) = 3^{-3x}$

다음 방정식을 풀어라.

7. $5^{(4-2x)} = \dfrac{1}{25}$

8. $c^{\frac{2}{7}} = 4$

9. $7^{\left(4 - \frac{1}{2}x\right)} = 49$

10. $9^{(x+2)} = \dfrac{1}{81}$

다음을 계산하여라.

11. $\log_6 216$

12. $\log_{\frac{1}{2}} 4$

13. $\log_8 512$

다음을 로그형식으로 바꾸어라.

14. $\left(\dfrac{4}{9}\right)^{\frac{3}{2}} = \dfrac{8}{27}$

15. $\left(\dfrac{16}{81}\right)^{\frac{5}{4}} = \dfrac{32}{243}$

16. $13^3 = 2197$

17. $15^4 = 50625$

다음을 지수형식으로 바꾸어라.

18. $\log_{32} 64 = \dfrac{6}{5}$

19. $\log_{\frac{3}{2}} \dfrac{16}{81} = -4$

20. $\log_{15} 225 = 2$

다음 방정식을 풀어라.

21. $\log_x 0.8 = 1.2$

22. $x = \log_5 \sqrt[5]{15625}$

23. $1 = \log_5 \sqrt[3]{x-6}$

24. $\log_3(27) = \sqrt[x]{\dfrac{1}{243}}$

다음 함수의 그래프를 그려라.

25. $f(x) = \log_{\frac{5}{2}}(x+4)$

26. $f(x) = \log_{\frac{1}{2}}(x-3)$

27. $f(x) = \log_5\left(\dfrac{3}{2}x\right)$

다음 식을 간단히 하여라

28. $\log_6(6^x 3^y)$

29. $\log_a\left(\dfrac{b^{2.5}}{c^3 d^4}\right)$

30. $\log_a\left(\dfrac{a^3 b^4}{c^a d^5}\right)$

31. $\log_3\left[9^4 \cdot \left(\dfrac{1}{81}\right)^5\right]$

다음 로그를 계산하여라.

32. $\log_{10}\left(\sqrt[5]{24}\right)$

33. $\ln\left(17^{\frac{1}{7}}\right)$

34. $\log_8(\sqrt[3]{17})$

35. $\log_7\left(\sqrt[3]{343^4 \cdot 2401^3}\right)$

다음 연습문제에서 $u = \ln(a)$, $v = \ln(b)$로 두고 함수 $\ln$을 사용하지 않고 u와 v의 식으로 바꾸어라.

36. $\ln\left(a\sqrt[5]{\dfrac{b^5}{a^4}}\right)$

37. $\ln\left(b^7 a^{\frac{1}{4}}\right)$

38. $\ln\left(\dfrac{b^{3a}}{a^{\frac{b}{2}}}\right)$

39. $\ln\left(\dfrac{\sqrt[3]{b}}{a^5}\right)$

다음 식을 가능한 한 간단히 나타내어라.

40. $f(x) = \log_5(x)$일 때, $f(5\sqrt{5})$

41. $f(x) = 7^x$일 때, $f(\log_7(33))$

42. $f(x) = 9^{3x}$일 때, $f(\log_9(3))$

43. $f(x) = \log_{13}(3x)$일 때, $f\left(\dfrac{13}{3}\right)$

다음 x에 관한 방정식을 풀어라.

44. $\ln(6x + 5) + \ln(3x - 4) = \ln(12)$

45. $\log(3 + x) - \log(x - 3) = \log(6)$

46. $\ln(6x - 4) + \ln(3 - x) = \ln(8)$

47. $\log\left(\dfrac{3x - 2}{4 - 2x}\right) = 3$

다음 로그의 응용문제를 풀어라.

48. 소비자 물가 지수가 2011년 초 220.223을 기본값으로 시작하여 매년 3%씩 증가하면, 몇 년 후 물가 지수가 두 배가 되는가?

49. 방사성 폐기물을 운반하는 어떤 용기는 10,000 mSv/h (시간당 밀리시버트)의 비율로 방사선을 방출한다. 폐기물의 반감기는 10,000년으로 이는 폐기물의 방사선 방출량이 10,000년 동안 1/2로 감소함을 의미한다. 방사선의 안전수준을 연 3.5 mSv라 가정하면 폐기물 용기가 안전하기까지 몇 년이 지나야 하는가?

50. 그림 11.9와 같이 $R = 1\ \text{k}\Omega$이고 $C = 1\ \mu\text{F}$인 전기 회로가 주어져 있다고 하자. 축전기가 완전히 방전되기 시작하고 $t = 0$일 때, 회로가 닫히면 축전기에 걸리는 전압 E_C의 공식은 $E_C = E - Ee^{(-t/\tau)}$로 주어지는데 여기서 $\tau = RC = 0.0001$이다. 축전기의 전압 E_C가 언제 배터리의 전압 E의 90%가 되는가?

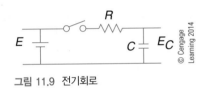

그림 11.9 전기회로

51. 사자의 개체 수는 매년 3%씩 자연 성장한다. 불행히도, 사냥꾼은 매년 개체 수의 5%를 죽이고 있다. 사자의 개체 수가 언제 절반이 되는가?

Chapter 12 확률
Probability

확률을 생각해야 하는 경우는 불확실하거나 위험이 있는 결과와 관련된 상황을 분석할 필요가 있을 때이다. 확률은 불확실성이나 위험의 정도를 알려주며 어떻게 행동해야 하는지에 대한 방향을 제시해 준다.

일상에서 불확실성이 발생할 수 있는 상황은 많다. 정치인들은 선거에서의 당선 가능성을, 소비자는 특정 기기의 신뢰성을 알고 이 정보에 근거하여 구매 선택을 할 수도 있다. 또한 네트워크 설계자는 컴퓨터 시스템을 설계할 때 전자 부품의 고장 가능성에 관심을 둘 수 있다.

사람들은 대부분 살아오는 동안 확률에 대한 기초적인 이해와 지식을 가지고 있다. 이 장에서는 확률 개념에 대해 자세히 살펴보고 삶의 경험을 통해 습득한 직관적인 확률을 체계적으로 이해한다. 이로써 불확실성이 발생하는 문제를 분석하고 이들이 나타나는 상황에서 확률에 근거한 결정을 내릴 수 있게 된다.

학습목표

이 장의 내용을 학습하면 다음을 할 수 있다.

- 확률과 승산의 개념 이해와 활용
- 기댓값의 개념 적용과 계산
- '또는'과 '그리고' 문제의 이해와 해결
- 조건부 확률과 베이즈 정리 활용
- 순열과 조합의 이해와 활용

12.1 확률의 기초

'확률(probability)'과 '승산(odds)'이라는 용어는 때로 동의어로 사용되지만, 이 두 개념은 분명히 다르다. 확률은 장기간 동안 발생하는 사건의 상대적 빈도를 나타낸다. 그러나 승산은 사건이 발생하는 횟수와 발생하지 않는 횟수의 상대 비율을 의미한다. 따라서 이 두 개념의 의미는 크게 다르다.

확률과 승산을 살펴보기 전에 먼저 기본적인 용어를 정리해 보자. 확률 및 통계의 기본 개념은 시행, 결과, 표본공간, 사건 등이다.

시행, 결과, 표본공간, 사건

시행(experiment)이란 통제된 조건 하에서 진행되는 계획된 조작을 말한다. 동전을 던지거나 주사위를 굴리는 것과 같은 기본적인 시행부터 컴퓨터 부품에 내장된 특정 유형의 회로가 고장 나는 횟수를 관찰하는 특별한 시행도 있다. 시행의 핵심은 관찰하는 활동이라는 것이다.

결과(outcome)란 시행의 결과를 의미하며 **표본공간(sample space)**은 시행의 모든 가능한 결과들의 집합을 말한다. 표본공간의 크기(개수)는 매우 클 수도 있으며 이 크기를 계산하는 것도 중요한 문제이다.

사건(event)이란 표본공간의 특정 부분집합을 말한다. 사건은 표본공간에서 하나의 특별한 결과인 **단순사건(sample event)** 또는 여러 결과들로 이루어진 집합일 수 있다. 사건은 일반적으로 관심의 대상이거나 연구의 대상이 되는 특별한 결과들을 말하며 사건 *A*나 사건 *B*와 같이 보통 대문자로 나타낸다.

예제 12.1 각 면에 1, 2, 3, 4가 표시된 한 쌍의 사면체(4개의 면) 주사위를 던지는 경우 표본공간을 구하고 사건의 두 가지 예를 제시하여라.

풀이

각 면에 1, 2, 3, 4가 표시된 면이 4개인 주사위 한 쌍을 던지는 시행에서 표본공간은 순서쌍으로 나열할 수 있다. 순서쌍의 첫 번째 수는 첫 번째 주사위의 바닥면에 있는 수를, 순서쌍의 두 번째 수는 두 번째 주사위의 바닥면에 있는 수를 나타낸다. 따라서 표본공간은 다음과 같다.

$$\{(1, 1), (1, 2), (1, 3), (1, 4), (2, 1), (2, 2), (2, 3), (2, 4),$$
$$(3, 1), (3, 2), (3, 3), (3, 4), (4, 1), (4, 2), (4, 3), (4, 4)\}$$

표본공간에는 16개의 가능한 결과가 있음을 알 수 있다. 사건은 표본공간의 특정한 부분집합이므로 매우 많은 사건들을 나열할 수 있다. 예를 들어 사건 $\{(1, 1), (2, 2), (3, 3), (4, 4)\}$은 '두 주사위의 밑면이 같은 수인 사건', 사건 $\{(1, 2), (2, 3), (3, 4)\}$는 '첫 번째 주사위의 밑면의 수가 두 번째 주사위의 밑면의 수보다 정확히 1만큼 작은 사건'이다.

수학적 확률

확률에는 두 가지 유형이 있다. 첫 번째 유형은 이론적 확률(theoretical probability)이라고도 부르는 수학적 확률(mathematical probability)이고, 두 번째 유형은 경험적 확률(empirical probability)이다.

이 책에서의 '확률'은 수학적 확률을 말한다. 주로 수학적 확률에 관심이 있기 때문에, 경험적 확률은 일부만 다루기로 한다.

사건 A의 수학적 확률(mathematical probability of event A)은 사건 A에 해당하는 결과의 개수를 표본공간의 총 결과의 수로 나눈 값으로 정의하며 $P(A)$로 나타낸다. 모든 가능한 결과의 수는 항상 특정 사건의 결과의 수보다 크거나 같으므로 $P(A)$의 값은 0과 1 사이에 있어야 한다. 확률이 0인 사건은 **불가능한 사건**(impossible event)이라 하며, 확률이 1인 사건은 **확실한 사건**(certain event/certainty) 또는 반드시 일어나는 사건이라 한다. 서로 다른 두 사건의 확률이 같다면 두 사건은 일어날 가능성이 같다(equally likely events)고 한다.

예제 12.2 사면체 주사위 두 개를 굴리는 경우, 첫 번째 주사위 밑면에 표시된 값이 두 번째 주사위 밑면에 표시된 값보다 정확히 1만큼 작을 확률은 무엇인가?

풀이

예제 12.1에서 이 시행의 표본공간의 크기가 16이고 문제의 사건의 결과의 수는 3이라는 것을 알 수 있었다. 따라서 이 사건을 A라 하면 $P(A) = 3/16$ 또는 $P(A) = 0.1875$이다.

만약 두 사건 A와 B가 있을 때, 한 결과가 사건 A나 사건 B에 속하거나 또는 두 사건 모두에 속하면 이 결과를 사건 A 또는 B에 속한다고 한다. 여기서 '또는(or)'은 논리에서 언급한 포함적(inclusive) 논리합의 형태이다. 만약 시행의 결과가 두 사건 A와 사건 B에 동시에 포함되면 결과는 사건 A 그리고(and) B에 포함된다고 한다.

예제 12.3 두 사면체 주사위를 굴릴 때, 다음 두 사건

$$A = \{(1, 3), (2, 1), (3, 3)\}, \; B = \{(1, 1), (2, 2), (3, 3), (4, 4)\}$$

에 대해 사건 A 또는 B와 사건 A 그리고 B를 구하여라.

풀이

$$A \text{ 또는 } B = \{(1, 3), (2, 1), (3, 3), (1, 1), (2, 2), (4, 4)\}$$

이 사건은 사건 A, 사건 B, 또는 두 사건 모두에 속하는 결과들을 포함하는 사건이다.

$$A \text{ 그리고 } B = \{(3, 3)\}$$

이 사건은 사건 A와 B 모두에 속하는 결과들을 포함하는 사건이다.

예제 12.2에서 사건 A의 확률이 0.1875임을 알았다. 이 값은 무엇을 의미할까? 확률의 값은 시행이 장기간 많이 반복될 경우에 해당 사건이 일어나는 상대적 빈도를 예측할 수 있게 한다. 물론 '많이'라는 단어는 다소 모호하지만 어쩔 수 없다.

예제를 다시 살펴보면서 시행에 확률을 적용하여 해석해 보자. 한 쌍의 사면체 주사위를 굴리고 있다. 첫 번째 주사위 밑면에 표시된 수가 두 번째 주사위 밑면에서 표시된 수보다 정확히 1만큼 작은 경우가 관심이다. 이 한 쌍의 주사위를 10만 번 던졌다고 가정해 보자. 사건 A의 확률이 0.1875이라는 것은 첫 번째 주사위 밑면에 표시된 수가 두 번째 주사위 밑면에서 표시된 수보다 정확히 1만큼 작은 경우가 총

(100,000)(0.1875) = 18,750번 나타난다는 것이다.

물론, 사건 A가 발생하는 횟수는 정확히 18,750번은 아닐지라도 이에 매우 가까울 것이다. 그렇지 않다면 두 주사위에 본질적인 문제가 있다고 의심할 수 있다. 왜냐하면 확률은 시행이 반복되는 경우 사건의 일어나는 상대 빈도를 알려주기 때문이다.

모든 사건은 그 사건에 포함되지 않는 모든 결과들로 이루어진 여사건(comple-ment)을 갖는다. 사건 A의 여사건은 $A'(A$ 프라임(prime)이라 읽는다)으로 나타내며 A와 A'은 정의에 의해 시행의 모든 결과를 집합적으로 포함하므로 $P(A) + P(A') = 1$이 성립한다.

예제 12.4 6면체 주사위 두 개를 던졌을 때, 두 주사위가 같은 수를 나타내지 않는 경우의 확률은 무엇인가?

풀이

두 주사위를 던지면 그림 12.1과 같이 모두 36가지의 결과가 있을 수 있다. 문제의 확률을 구하기 위해서는 두 가지 방법이 있다. 먼저 두 개의 주사위가 다른 수를 나타내는 사건 A의 결과의 수를 계산할 수 있다. 두 번째는 두 주사위가 정확히 같은 수를 나타내는 여사건 A'의 결과의 수를 계산할 수 있다. A'이 결과의 수가 작으므로 이를 계산하기로 하자. $A' = \{(1, 1), (2, 2), (3, 3), (4, 4), (5, 5), (6, 6)\}$이므로 따라서 $P(A') = 6/36 \approx 0.167$이다.

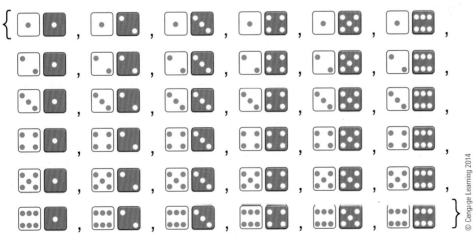

그림 12.1 두 6면체 주사위를 던졌을 때 결과들의 집합

© Cengage Learning 2014

$P(A) + P(A') = 1$이므로 $P(A) + 0.167 \approx 1$이고 따라서 $P(A) \approx 0.833$이다. 그러므로 6면체 주사위 두 개를 던졌을 때, 두 주사위가 같은 수를 나타내지 않는 경우의 확률은 약 0.833이다.

경험적 확률

수학적 확률이 주 관심사이지만 경험적 확률도 어느 정도 알아둘 필요가 있다. 경험적 확률은 표본공간과 특정 사건의 크기를 조사하는 것보다는 관찰을 기초로 결정된다.

사건 A의 **경험적 확률(empirical probability of event A)**은 다음과 같이 계산한다. n번의 시행에서 사건 A가 발생하는 횟수를 k라고 하자. 사건 A의 경험적 확률은 k/n이다.

예제 12.5 동전을 10번 던졌을 때 앞면이 7번 나왔다. 이 동전을 던질 때 앞면이 나오는 경험적 확률은 무엇인가?

풀이

동전을 10번 던졌으므로 $n = 10$이고 앞면이 7번 나왔으므로 $k = 7$이다. 이 사건을 A라 하면 경험적 확률은 $P(A) = 7/10 = 0.7$이다.

경험적 확률의 결함은 자명하지만 여기서는 하나만 언급한다. 예제 12.5와 같은 실험을 수행할 때에는 동전에는 '기억이 없다'라는 것이다. 즉 동전이 공정하며 '속임수 동전'이 아닌 경우, 동전을 던질 때마다 앞면이 나올 확률은 그 이전에 앞면이 나온 횟수에 의존하지 않는다.

그런데 소위 큰 수의 법칙(law of large numbers)에 의해, 시행이 매우 많이 반복되면 경험적 확률은 수학적 확률의 값과 거의 일치하게 된다. (여기서 '많이'는 모호한 단어지만 사용이 가능하며 이를 나중에 살펴볼 것이다.) 즉 동전이 공정하다면, 동전을 10번 던졌을 때 앞면이 7번 나올 가능성은 충분히 있다. 하지만 시행을 여러 번, 예를 들어 1,000번 반복한다면, 경험적 확률은 동전의 던졌을 때 앞면이 나오는 경우에 대한 수학적 확률인 0.5에 가까워진다는 것을 알 수 있다.

연습문제

다음 물음에 대해 답하여라.

1. 표본공간과 결과는 어떤 차이가 있는가? 두 개념의 차이를 보여주는 각 개념의 예를 제시하여라.

2. 경험적 확률과 수학적 확률은 어떻게 다른가?

3. 확률 값이 0과 1 사이에 있어야 하는 이유와 확률 값으로 0과 1이 가능한 이유를 설명하여라.

확률 값

4. −0.85는 어떤 사건의 확률이 될 수 없다. 그 이유는 무엇인가?

5. 120%는 어떤 사건의 확률이 될 수 없다. 그 이유는 무엇인가?

표본공간

6. 어떤 해의 하나의 날짜를 선택하는 시행을 한다고 하자. 예를 들어 사람을 임의로 선택하고 생일을 물어볼 수 있다. 단순하게 하기 위해 윤년을 무시하면 표본공간은 무엇인가?

7. 가방 안에 5개의 공이 들어 있다. 2개의 공에는 1이, 2개의 공에는 2가, 나머지 1개의 공에는 3이 쓰여 있다. 가방에서 무작위로 공을 꺼내는 게임에서 표본공간은 무엇인가?

8. 유빈이는 TV 앞에 앉아서 박스에 담긴 초콜릿을 한 번에 두 개씩 무작위로 꺼낸다. 박스에는 각각 너트 초콜릿, 터키 초콜릿, 모카 초콜릿 세 종류가 충분히 담겨있다. 이 경우 표본공간과 유빈이가 한 번에 적어도 하나의 모카 초콜릿을 선택하는 사건을 구하여라.

9. 동전 하나를 던지고 {1, 2, 3, 4, 5} 중 하나의 수를 선택한다고 하자. 표본공간은 무엇인가?

10. 10개의 서로 다른 알파벳 문자들 중에서 중복 없이 두 문자를 선택하여 만든 모든 문자열로 이루어진 표본공간에는 얼마나 많은 결과가 있는가?

수학적 확률

11. 한 쌍의 8면체 주사위를 굴려 윗면에 표시된 수의 합을 세는 경우, 가능한 모든 결과의 표본공간은 무엇인가? 각 결과가 나올 가능성들이 같은가? 표본공간의 모든 결과들 각각의 확률을 구하여라. 또한 한 번 굴렸을 때, 윗변에 표시된 수의 합이 6 또는 7이 될 확률을 구하여라.

12. 한 쌍의 10면체 주사위를 굴려 밑면에 표시된 수의 합을 세는 경우, 가능한 모든 결과의 표본공간은 무엇인가? 각 결과가 나올 가능성들이 같은가? 한 번 굴렸을 때, 밑면에 표시된 수의 합이 4보다 작을 확률은 어떻게 되는가?

13. 어떤 회사의 근로자를 대상으로 진행된 생산성 연구에서 하루 중 가장 생산성이 높은 시간은 근로자마다 다르다는 것이 밝혀졌다. 310명은 오전 9시에서 정오 사이에 가장 생산적이며, 280명은 정오와 오후 3시 사이에, 175명은 오후 3시에서 오후 6시 사이에 가장 생산적이다. 이 시간대의 구간에서 앞의 시간은 포함하며 뒤의 시간은 포함하지 않는다고 가정하자. 무작위로 선택된 직원이 각 시간대에서 생산적일 확률들을 계산하여라.

14. 어떤 회사는 직원들이 한 달에 한 번 PC에서 자동 업데이트 프로그램을 실행하는 것이 표준 정책이라고 한다. 이 회사 정보기술 부서의 연구에 따르면 1,375명의 직원 중 1,180명이 해당 달에 프로그램을 실행하고 있다. 무작위로 선택된 어떤 직원이 업데이트 프로그램을 실행하게 될 경험적 확률은 어떻게 되는가?

15. 첫 번째 가방에는 빨간색, 파란색, 노란색 공이 들어 있다. 두 번째 가방에는 빨간색 공과 노란색 공이 들어 있다. 두 가방에서 각각 하나씩 무작위로 공을 꺼내는 시행의 표본공간은 무엇인가? 같은 색의 공을 꺼낼 확률은 어떻게 되는가?

16. 조커를 제외한 52장의 트럼프 카드를 섞은 후 4장의 카드를 나누어준다. 다음 조건을 만족하도록 나누어주는 경우의 수는? (a) 모두 검은색의 카드인 경우. (b) 잭 카드 3장이 포함된 경우. (c) 모두 다이아몬드 카드인 경우. 그리고 (b)의 사건이 일어날 확률은 어떻게 되는가?

17. 6면체의 빨간색과 파란색 주사위 두 개를 던진다고 가정하자. 빨간색 주사위가 2, 파란색 주사위가 4가 나올 확률은 무엇인가? 빨간색 주사위에서 짝수가, 파란색 주사위에서 홀수가 나올 확률은 무엇인가? 두 주사위에서 모두 1이 나올 확률은? 두 주사위에서 모두 2가 나올 확률은?

여사건

다음 사건의 여사건은 무엇인가? 또한 주어진 사건과 그 여사건의 확률은 어떻게 되는가?

18. 6면체 주사위 하나를 던졌을 때, 4 또는 5가 나오는 사건

19. 알파벳 문자 중 하나를 임의로 선택했을 때 모음이 나오는 사건

20. 세 글자로 이루어진 요일 명칭 중 하나를 선택했을 때, 끝이 '일'로 끝나는 사건

21. 12달의 영어 단어들 중 하나를 선택했을 때, 'J'로 시작되는 단서를 선택하는 사건

경험적 확률

22. 영어로 된 표준 문장에서 가장 일반적으로 등장하는 문자는 e, t, a이다. 이 문자가 등장할 확률은 각각 0.131, 0.104, 0.081이라고 한다. 영어로 된 컴퓨터과학 교재의 특정 페이지에 총 480자의 문자가 포함되어 있다면 이 페이지에 e, t, a는 얼마나 많이 포함되어 있는가?

23. 어떤 회사에서, 근무 시작시간 오전 9시 전후에 회사에 도착한 직원의 수를 조사한 결과는 표 12.1과 같다고 한다. 무작위로 선택한 한 직원이 오전 9시에서 9시 5분 사이에 도착할 확률은 무엇인가? 무작위로 선택한 직원이 오전 9시 5분 또는 그 이전에 도착할 확률은 어떻게 되는가?

표 12.1 연습문제 23의 표

도착시간	직원 수
오전 9시 이전	65
오전 9시부터 오전 9시 5분까지	42
오전 9시 5분 이후	18

© Cengage Learning 20`4

24. 128명의 고객이 컴퓨터 매장을 방문하였으며 이 중 37명이 Mac 소유자이다. 이 날의 결과를 바탕으로 한 주당 900명이 방문한 경우 이 중 Mac 소유자일 가능성이 있는 고객은 몇 명인가?

25. 받은 편지함에 있는 284개의 메일 중 31개가 스팸메일이다. 이 날의 결과를 바탕으로 그 다음 날 받은 편지함에서 무작위로 선택한 이메일이 스팸메일이 될 확률은 어떻게 되는가?

12.2 승산

카지노와 같은 도박 시설에 가본 적이 있거나 복권을 사본 적이 있다면 일반적으로 '이길 가능성(odds of winning)'과 관련된 용어인 '승산(odds)'에 대한 언급을 보았을 것이다. 물론 승리는 상대적인 것이기 때문에 게임의 어느 편이냐에 따라 다르지만 플레이어의 관점에서 상황을 관찰한다고 가정하자. 운에 의해 좌우되는 게임에서 '승(win)' 또는 '패(loss)'를 '사건(event)'이라 부른다. 즉, 사건은 관찰 대상인 특정한 승 또는 패의 결과를 말한다.

사건이 일어날 승산과 사건이 일어나지 않을 승산

수학적 관점에서 승산은 크게 두 가지 유형으로 나눌 수 있는데 바라는 사건이 일어날 승산(odds in favor of an event)과 바라는 사건이 일어나지 않을 승산(odds against an event)이다. 각 표기법은 같으므로 두 용어를 혼동하지 않도록 주의하자.

먼저 사건이 일어날 승산에 대해 알아보자. 먼저 관찰하고 있는 특정한 상황의 결과가 모두 n가지라고 가정하자. 이러한 상황을 조사하고 이해하기 위해서는 상황의

모든 가능한 결과의 수를 아는 것이 필수적이다. 따라서 궁극적으로 가능한 모든 경우의 수를 세는 문제를 해결해야 한다.

예를 들어 공정한 동전을 두 번 던진다고 가정하자. '공정한(fair)'이라는 말은 동전의 중립성을 의미하며 '속임수(trick) 동전'이 아니며 모든 가능한 결과들은 다른 결과들과 나타날 가능성이 같다는 것이다. 이 경우는 네 가지 결과, 즉 HH, HT, TH, TT가 가능한데 H와 T는 각각 동전의 '앞면'과 '뒷면'이고 첫 번째 문자는 첫 번째 던진 동전의 결과, 두 번째 문자는 두 번째 던진 동전의 결과를 나타낸다. 따라서 이 경우 n은 4이다. 모두 앞면이 나오는 사건에 관심을 가져 보자. 이 사건은 한 가지, 즉 HH가 있다. 이 결과가 '바라는' 결과라는 것은 바로 이 시행에서 관심을 갖는 조건을 만족시킨다는 것을 의미한다. '바라지 않는' 결과는 관심을 갖는 조건을 만족시키지 않는 결과를 말한다.

바라는 사건이 일어날 승산은 $a:b$로 주어지며 'a 대 b'로 읽는다. a의 값은 바라는 결과의 수이고 b의 값은 바라지 않는 결과의 수이며, 이 두 수의 합은 시행의 모든 가능한 결과의 수이므로 $a + b = n$이다. 예에서, 동전을 두 번 던졌을 때 두 번 모두 앞면이 나오는 사건의 승산은 1:3이며 이는 모든 가능한 결과들 중에 바라는 결과가 1번, 바라지 않는 결과가 3번 나타난다는 의미이다.

바라지 않는 사건이 일어날 승산은 바라는 사건이 일어날 승산을 반대로 바꾼 것으로, 바라지 않는 결과의 수를 먼저, 바라는 결과의 수를 나중에 쓴다. 따라서 동일한 상황에서 동전을 두 번 던졌을 때 앞면이 두 번 나오지 않는 승산은 3:1이다.

잠시 표기법을 명확히 하고 표준화하기 위해 몇 가지 사항을 확인하자. 표기법 $a:b$에서 a와 b의 값은 정수여야 하며 공통인수가 없어야 한다. (이러한 두 수를 서로소(relatively prime)라고도 한다.) a와 b가 공통인수를 갖는다면 두 수를 공통인수로 나누어 승산을 간단하게 나타낼 수 있다. 즉, 어떤 시행에서 바라는 결과가 14번, 바라지 않는 결과가 10번 나타난다면 바라는 사건이 일어날 승산은 14:10인데, 2가 공통인수이므로 두 수를 2로 나누면 바라는 사건의 승산은 7:5가 된다. 이 '간단한' 형태는 바라는 결과가 7번 나타나면 바라지 않는 결과가 5번 나타난다는 것을 의미한다.

예제 12.6 컴퓨터 하드디스크 케이스 안에 두 가지 결함이 있는 하드디스크와 잘 작동하는 하드디스크 중 하나가 무작위로 들어 있다고 한다. 육안 검사를 통해서는 결함이 있는 하드디스크를 판별할 수 없으며 컴퓨터에 결합하는 과정에서만 알 수 있다. 74개의 결함이 있는 하드디스크와 26개의 정상적인 하드디스크가 있는 경우 결함이 있는 하드디스크를 무작위로 선택하는 사건의 승산을 구하여라.

먼저 결함이 있는 하드디스크를 무작위로 선택하는 사건이 '바라는' 사건이다. 따라서 74가지의 바라는 결과와 26가지의 바라지 않는 결과가 있기 때문에 결함이 있는 하드디스크를 선택하는 것에 대한 승산은 우선 74:26로 표시될 수 있다. 이 두 수의 공통인수는 2이므로 이를 간단히 하면 37:13이며 이것이 구하려는 승산이다.

예제 12.7 회사의 직원 86명 중 24명이 여성으로 알려져 있다. 생산성 조사를 위해 무작위로 직원을 선택하는 경우, 선택한 직원이 여성이 아닌 승산을 구하여라.

풀이

먼저 무작위로 여성 직원을 선택하는 승산을 구하여 이를 뒤집을 수 있다. 총 86명의 직원이 있으므로 여성 24명과 남성 62명이 있음을 알 수 있다. 따라서 여성 직원을 무작위로 선택하는 승산은 24:62 또는 12:31이다. 이 결과를 바꾸면 여성 직원을 선택하지 않는 사건의 승산은 31:12이다.

확률과 승산과의 관계

이 두 개념은 동의어가 아니지만 확률과 승산은 관계가 있으며 하나를 찾기 위해 다른 개념을 사용할 수 있다. 한 회사의 컴퓨터가 리눅스(Linux) 시스템을 사용할 확률이 37%라고 가정하자. 회사 컴퓨터를 무작위로 선택하는 경우, 선택한 컴퓨터가 리눅스 시스템을 사용할 승산은 무엇인가?

이 문제를 푸는 열쇠는 백분율을 분수 또는 소수 표시하고 이를 사용하여 특정 유형의 컴퓨터를 선택할 승산과 선택하지 않을 승산을 구할 수 있나는 것이다. 확률이 37%라는 것은 100대의 컴퓨터 중 37대가 리눅스 컴퓨터임을 의미한다. 따라서 선택한 컴퓨터가 리눅스 시스템을 사용할 승산은 37:63이다.

> **사건 E의 확률을 사건 E가 일어날 승산으로 변환하는 규칙**
> 사건 E의 확률이 P%이면 사건 E가 일어날 승산은 $P:(100-P)$이며 P와 $100-P$는 공통인수가 없을 때까지 줄일 수 있다. 만약 확률이 소수나 분수 P로 주어지면 사건 E가 일어날 승산은 $P:(1-P)$이다.

반대 방향으로의 변환, 즉 승산을 확률로 바꾸는 것은, 사건 E가 일어날 승산이 $a:b$인 경우 사건 E가 일어날 확률은 공식 $P(E) = a/(a+b)$로 계산한다.

> **사건 E가 일어날 승산을 사건 E의 확률로 변환하는 규칙**
>
> 사건 E가 일어날 승산이 $a:b$이면 사건 E가 일어날 확률은 $a/(a+b)$이다.

예제 12.8 6면체 주사위 두 개를 던져서 눈의 합이 7이 될 확률이 $\dfrac{1}{6}$이면 두 주사위의 눈의 합이 7이 되지 않을 승산은 무엇인가?

풀이

눈의 합이 7이 될 확률이 분수로 주어졌으므로 승산으로 변환하는 규칙을 사용하면 $\left(\dfrac{1}{6}\right):\left(1-\dfrac{1}{6}\right)$ 또는 $\dfrac{1}{6}:\dfrac{5}{6}$이며 이를 간단히 하면 1:5이다. 따라서 두 주사위의 눈의 합이 7이 되지 않을 사건의 승산은 5:1이다.

예제 12.9 특정 비디오 게임기의 경우, 불량인 샘플 게임 디스크가 포함된 게임기를 구입할 확률은 0.035이다. 불량인 샘플 디스크가 있는 게임을 구입할 승산은 무엇인가?

풀이

바라는 사건은 불량인 샘플 디스크를 포함하는 게임기를 구입하는 것이며 그 확률은 0.035이다. 이를 분수로 바꾸면 35/1,000이며 따라서 승산은 0.035:(1 − 0.035) = 0.035:0.965이다.

하지만 이는 정수비가 아니므로 승산이 될 수 없다. 이를 정수로 만들기 위해서 1,000을 곱하면 35:965를 얻을 수 있다. 이들은 공통인수 5를 가지고 있으므로 5로 나누면 7:193이다. 이제 포함된 수에 공통인수가 없으므로 결함이 있는 샘플 게임 디스크가 있는 게임기를 구입할 승산은 7:193이다.

사건이 일어날 승산에서 나타나는 값들의 중요성을 확인해 보자. 예제 12.9에서 결함이 있는 샘플 게임 디스크를 포함한 게임기를 구입할 승산이 7:193임을 알았다. 이것은 그러한 게임기를 구입하는 경우 결함이 있는 샘플 게임 디스크가 들어 있는 7명의 구매자가 생길 때마다 해당 디스크를 포함하지 않은 193명의 구매자가 있다는 것을 나타낸다.

연습문제

다음 물음에 대해 답하여라.

1. 바라는 사건이 일어날 승산과 바라는 사건이 일어나지 않을 승산의 차이를 설명하여라.

2. 확률과 승산은 어떤 차이가 있는가?

3. 승산을 계산할 때 결과가 '바라는' 사건인지 여부를 어떻게 결정하는가?

4. 바라는 사건이 일어날 승산을 이용해 해당 사건의 확률을 구하는 방법을 설명하여라.

다음에 제시된 사건이 일어날 승산을 계산하여라.

5. 표준 52장의 트럼프 카드 중 빨간색 카드만 모아 놓은 후 이 중에서 하트 카드를 선택할 승산은 무엇인가?

6. 16진법으로 표현된 자연수들 중에서 가장 오른쪽에 있는 숫자가 2가 아닐 승산은 무엇인가?

7. 사건이 일어날 또는 일어나지 않을 승산이 1:1이면 비등한 사건이라 부른다. 비등한 사건의 확률은 무엇인가?

8. 받은 메일함에 있는 20개의 이메일 중 13개는 스팸메일이다. 이메일 중 하나를 무작위로 열었을 때 스팸메일을 여는 승산은 무엇인가? 스팸메일을 열지 않을 승산은 무엇인가?

9. 어떤 MP3 제조업체의 검사관은 MP3 플레이어의 0.5%가 결함이 있다고 추정한다. 이 제조업체가 만든 MP3 플레이어를 무작위로 선택했을 때, 제대로 작동하는 MP3 플레이어를 선택할 승산은 무엇인가?

10. 승민이는 여러 나라의 동전을 수집한다. 그는 캐나다 동전 5개, 프랑스 동전 2개, 러시아 동전 1개, 영국 동전 4개, 독일 동전 1개를 가지고 있다. 그가 실수로 동전 하나를 잃어버린다면 잃어버린 동전이 러시아 동전일 승산은 무엇인가?

11. 일기 예보관은 오늘 비가 올 확률이 25%라고 하였다. 오늘 비가 올 승산은 무엇인가?

12. 25명이 참석한 어떤 회사의 크리스마스 파티에서 개인별로 사용하는 종이접시의 바닥에 1에서 25까지 숫자를 추첨하여 상품을 준다. 한 개인이 추첨될 확률은 무엇인가? 추첨될 접시를 가지고 있지 않을 승산은 무엇인가?

13. 미국 인구의 13%은 왼손으로 컴퓨터 마우스를 조작하는 것을 선호한다는 것이 알려져 있다. 미국에서 임의로 한 사람을 선택했을 때, 왼손으로 마우스를 조작하는 것을 선호하지 않을 승산은 무엇인가?

14. 어느 미니 골프 코스에서는 마지막 홀에서 홀인원을 한 골퍼에게 무료로 게임을 제공한다. 지난 주, 256명의 골퍼 중 44명이 마지막 홀에서 홀인원을 하였다. 이들 골퍼 중 한 명을 무작위로 선택했을 때, 마지막 홀에서 홀인원을 하지 않았을 승산은 무엇인가?

15. 한 사람은 1에서 30까지의 숫자 중 하나를 무작위로 선택해야 한다. 선택된 수가 소수일 승산은 무엇인가?

16. 가로 110미터, 세로 65미터인 직사각형 모양의 평지 위에서 반지를 잃어버렸다. 가로와 세로가 각각 25미터, 32미터인 직사각형 모양의 평지 위에서 반지를 찾는다고 하자. 찾는 지역에서 반지를 찾지 못할 승산은 무엇인가?

17. 기차는 15분마다 출발한다. 열차 시간표를 알아보지 않고 열차 역에 도착하였다. 열차를 10분 이상 기다릴 승산은 무엇인가?

18. 신호등은 초록색이 17초 동안, 노란색이 3초 동안, 빨간색이 20초 동안 켜진다. 신호등에 도착하는 것이 교통상황이나 다른 요인들에 의해 영향을 받지 않는다고 가정하자. 신호등을 처음으로 봤을 때 초록색일 승산은 무엇인가?

19. 많은 웹 사이트는 확률에 의해 광고를 표시한다.

광고주는 광고가 노출되는 횟수에 따라 웹 사이트에 비용을 지불한다. 특정 웹 사이트에 광고가 노출될 확률이 0.2인 경우, 광고주가 웹 사이트를 방문하여 광고를 보게 될 승산은 무엇인가?

승산과 확률

20. 어떤 사건이 일어날 승산이 3:8인 경우 이 사건일 일어날 확률은 어떻게 되는가?

21. 연습문제 20에서 이 사건이 일어나지 않을 확률은 어떻게 되는가?

22. 어떤 사건이 일어나지 않을 승산이 11:5이면 이 사건이 일어날 확률은 어떻게 되는가?

23. 연습문제 22에서 이 사건이 일어나지 않을 확률은 어떻게 되는가?

24. 4,000개의 마이크로프로세서 묶음에서 결함이 있는 프로세서를 무작위로 선택할 승산이 1:100이라고 가정하자. 결함이 있는 프로세서를 임의로 선택할 확률은 어떻게 되는가?

25. 인기 있는 소프트웨어 패키지가 어떤 회사의 일부 컴퓨터에 잘못 설치되어 있다고 알려졌다. 잘못 설치될 승산이 1:5인 경우, 무작위로 선택한 컴퓨터에 소프트웨어가 잘못 설치되었을 확률은 어떻게 되는가?

26. 미국 남성의 2.4%가 색맹의 한 형태인 적색맹으로 고통 받고 있는 것으로 알려져 있다. 미국에서 한 남성을 선택했을 때 적색맹으로 고통 받고 있는 사람일 승산은 무엇인가?

12.3 기댓값

다음 상황을 생각해 보자. 객관식 시험에서 네 가지 답지 중 하나를 선택할 수 있다. 답지에는 정답이 하나뿐이며 다른 세 답은 틀린 답이다. 문제를 맞히면 4점을 얻는다. 답을 찍는 것을 방지하기 위해 답이 틀리거나 답을 표시하지 않은 문제는 1점을 감점한다.

무엇이 정답인지 모르고, 또한 어떤 답이 오답인지도 전혀 모르는 문제는 어떻게 하는 것이 좋을까?

이에 대한 답은 확률의 **기댓값**(expected value)이란 개념에 달려 있다. 확률의 기댓값은 확률게임에서 예상되는 이익을 알게 해 주는데, 여기서 '확률게임(game of chance)'이란 각각 미리 결정된 확률을 가진 일련의 대상들 중에서 선택하는 상황을 의미한다. 분명히, 객관식 시험을 치르는 상황은 이 기준을 만족하므로 확률게임으로 볼 수 있다.

확률의 기댓값을 결정하기 위해서는 두 가지를 알아야 한다. 즉, 선택 대상들 각각에 할당된 값과 그 대상들 각각을 선택할 확률이다. 일부 결과들은 바라는 결과이며 일부 결과는 바라지 않는 결과일 수 있다. 따라서 바라는 결과에는 양의 값을, 바라지 않는 결과에는 음의 값을 선택하기로 한다.

기댓값은 확률게임에만 적용할 필요는 없다. 기댓값은 다양한 결과가 존재하는 모든 상황과 관련될 수 있는데, 단, 모든 결과에는 발생할 수 있는 특정 확률과 그 결과에 할당된 값이 있어야 한다. 예제를 통해 그러한 상황이 다양하게 존재한다는 것을 알게 될 것이다. 따라서 기댓값은 매우 중요한 개념이다.

기댓값

확률게임의 상황에서 n개의 결과의 값을 $x_1, x_2, \cdots, x_n$이라 하고, 이 결과들이 일어날 확률이 $P(x_1), P(x_2), \cdots, P(x_n)$이면 이 게임의 기댓값은 다음과 같이 정의된다.

$$E = x_1 P(x_1) + x_2 P(x_2) + \cdots + x_n P(x_n)$$

앞에서 언급한 객관식 시험의 예를 살펴보자. 네 가지 답지 중 하나를 선택할 수 있으며 이 중에서 하나만 정답이다. 따라서 무작위로 정답을 추측할 확률은 $\frac{1}{4}$이다. 또한 답지 중 세 개는 정답이 아니므로 오답을 추측할 확률은 $\frac{3}{4}$이다. 정답에는 4점을 부여하지만 오답에는 1점을 감점하므로 정답의 값은 4, 오답의 값은 -1이다.

따라서 기댓값은

$$E = 4\left(\frac{1}{4}\right) + (-1)\left(\frac{3}{4}\right) = \frac{4}{4} - \frac{3}{4} = \frac{1}{4}$$

이다. 이 결과를 어떻게 해석해야 할까? 추측의 기댓값이 $\frac{1}{4}$이므로 문제를 추측할 때마다 $\frac{1}{4}$점씩 얻는 것을 기대할 수 있다. 따라서 총 20문제의 시험의 답을 무작위로 선택하는 경우라도 $(20)\left(\frac{1}{4}\right) = 5$점을 기대할 수 있다.

다시 말해, 이러한 배점을 가진 시험에서는 답을 모르는 경우 어떤 답이라도 선택해야 하는데, 오답에 대한 감점이 전체 점수에 영향을 줄 만큼 크지 않기 때문이다. 학생들이 시험문제를 추측하지 못하게 하려면, 오답에 대해 충분한 감점을 부여하여 추측하려는 문제에 대한 기댓값이 음수가 되게 해야 한다.

예제 12.10 어느 교과서 제작회사가 과거 데이터를 기반으로 하여, 일반적인 역사교과서 초안은 챕터당 5개의 오류를, 일반적인 철학교과서 초안은 챕터당 3개의 오류를 포함하는 것으로 결론 내렸다고 가정하자. 책상 위 11권의 책 중 7권은 철학교과서, 나머지는 역사교과서인 경우, 이 중 하나를 무작위로 선택하였을 때, 제작회사는 임의의 챕터에 포함된 오류가 몇 개라고 예측할 수 있는가?

풀이

이 상황에서 오류의 개수를 세고 있으므로 각 결과의 값은 챕터당 오류의 수이며 두

교과서의 경우 모두 양수이다. 역사교과서를 선택할 확률은 $\frac{4}{11}$, 철학교과서를 선택할 확률을 $\frac{7}{11}$이므로 임의로 선택한 교재의 임의의 챕터에 포함된 오류 개수의 기댓값은

$$E = 5\left(\frac{4}{11}\right) + 3\left(\frac{7}{11}\right) = \frac{20}{11} + \frac{21}{11} = \frac{41}{11} \approx 3.7$$

이다.

예제 12.11 항공사가 특정 항공편을 예약하는 사람의 7%는 공항에 나오지 않을 것으로 예상한다고 하자. 결과적으로, 승객 50명을 수용할 수 있는 항공편에 53장의 항공권을 판매하는 것이 항공사의 정책이다. 예약 판매를 통해 항공권을 27만 5천 원에 판매하여 해당 항공편이 완전히 매진된 경우, (공항에 나타나지 않는 승객은 모두 다른 항공편으로 변경한다고 가정하고) 예약한 항공편을 탑승하지 않은 사람에게는 7만 5천 원의 변경 수수료를 부과한다면 이 항공편의 천 원 단위의 기댓값은 무엇인가?

풀이

항공사는 예상되는 '노쇼(no show)'를 고려하여 항공권을 판매하는 전략을 선택하였다. 실제로 항공사들은 예상보다 높은 탑승률일 때, 공항에 도착했으나 탑승하지 못한 승객에게 지불해야 하는 '오버부킹 보상금'을 반영한 보다 복잡한 항공요금 체계를 갖고 있다. 따라서 이 경우 문제의 항공편에 예약한 승객의 93%가 비행기에 탑승한다고 생각하자. 이 항공편의 기댓값은 항공권 판매금액의 합과 항공사가 늦게 도착한 승객에게 청구하는 변경 수수료를 더한 것이다. 따라서 해당 항공편의 기대 수익은 다음과 같다.

$$E = (275)(53)(0.93) + (275 + 75)(53)(0.07)$$
$$E = 13{,}554.75 + 1{,}298.50$$
$$E = 14{,}853.25$$

예제 12.12 병원은 환자가 중환자실(ICU)에서 치료받을 예상기간을 결정하고자 한다. 해당 연구가 진행되어 그림 12.2와 같은 데이터가 수집되었다. 데이터에 의해 ICU에서 체류하는 예상기간은 며칠인가?

풀이

이 경우 결과의 값은 체류기간이며 결과의 값들은 모두 양수이다.

표에 의해 기댓값을 계산하면

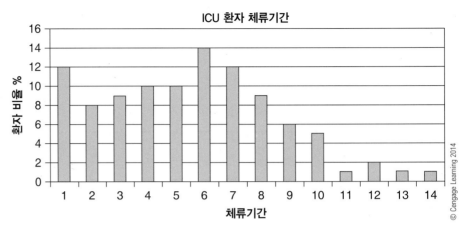

그림 12.2 ICU 체류기간

$$E = (1)(0.12) + (2)(0.08) + (3)(0.09) + (4)(0.10) + (5)(0.10)$$
$$+ (6)(0.14) + (7)(0.12) + (8)(0.09) + (9)(0.06) + (10)(0.05)$$
$$+ (11)(0.01) + (12)(0.02) + (13)(0.01) + (14)(0.01)$$
$$E = 0.12 + 0.16 + 0.27 + 0.40 + 0.50 + 0.84 + 0.84 + 0.72$$
$$+ 0.54 + 0.50 + 0.11 + 0.24 + 0.13 + 0.14$$
$$E = 5.51$$

따라서 병원은 ICU의 평균 체류기간이 5.51일이라고 예상할 수 있다.

예제 12.13 보통의 아기가 밤에 깨는 횟수를 예상하는 연구가 진행되었다. 특정 임상시험에서 아기가 잠에서 깨어나는 횟수와 해당 확률은 표 12.2와 같다는 것이 밝혀졌다. 이 정보에 의하면 보통의 아기가 밤에 잠에서 깨어나는 예상 횟수는 몇 번인가?

표 12.2 아기가 깨어나는 확률

깨어나는 횟수	확률
0	0.02
1	0.13
2	0.28
3	0.52
4	0.02

풀이

이 예제에서는 깨어나는 횟수가 각 경우의 값이 되므로 기댓값을 계산하는 공식에 의해 계산하면 다음과 같다.

$$E = (0)(0.02) + (1)(0.13) + (2)(0.28) + (3)(0.52) + (4)(0.02) + (5)(0.03)$$
$$E = 0 + 0.13 + 0.56 + 1.56 + 0.08 + 0.15$$

$$E = 2.48$$

따라서 보통의 아기가 밤에 잠에서 깨어나는 예상 횟수는 두 번 내지 세 번이다.

마지막으로 시행의 기댓값은 시행의 절차 또는 상황을 상당히 여러 번 관찰해야만 실제적인 기댓값을 얻을 수 있음을 염두에 두어야 한다. 예를 들어 잠에서 깨어나는 아기의 예제에서, 많은 수의 아기를 관찰해야만 깨어나는 횟수를 예측할 수 있다. 예를 들어, 하루에 보통 다섯 번 깨어나는 아기를 찾은 것은 어려운 일이 아니다. 기댓값의 중요한 점은 바로 많은 수의 반복 시행이 있을 때에만 정확히 예측할 수 있다는 것이다.

연습문제

다음 물음에 대해 답하여라.

1. 기댓값의 의미와 계산 방법을 설명하여라.

2. 기댓값을 계산할 때, 바라는 사건과 바라지 않는 사건은 어떻게 차이를 두어야 하는가?

다음에 제시된 기댓값을 계산하여라.

3. 6면체 주사위를 던지는 게임을 한다. 던진 결과가 4이면 13달러를 받는다. 던진 결과가 다른 수라면 2달러를 잃는다. 한 번 게임에서의 기댓값은 무엇인가?

4. 6면체 주사위를 던지는 게임을 한다. 던진 결과가 4이면 13달러를 받는다. 던진 결과가 1이면 6달러를 받고 그 외의 다른 수라면 5달러를 잃는다. 한 번 게임에서의 기댓값은 무엇인가?

5. 6면체 주사위를 던지는 게임을 한다. 던진 결과가 1 또는 2이면 6달러를 받는다. 던진 결과가 3이면 18달러를 받는다. 결과가 5이면 20달러를 잃고 그 외의 다른 수라면 받거나 잃지 않는다. 한 번 게임에서의 기댓값은 무엇인가?

6. 2부터 10까지 번호가 매겨진 카드 중 하나를 무작위로 선택한다. 카드의 번호가 홀수이면 1달러를 받고, 짝수인 경우 1달러를 잃는다. 이 경우 기댓값은 무엇인가?

7. 트럼프 카드 42장 중 하나를 무작위로 선택한다. 카드의 색이 빨간색이면 1달러를 받고, 검은색이면 2달러를 잃는다. 이 게임의 기댓값은 무엇인가?

8. 100달러를 가지고 다음 게임을 한다고 하자. 항아리에는 두 개의 흰 공과 두 개의 검은 공이 있다. 항아리에서 한 번에 하나의 공을 꺼내는데 꺼낸 공들은 다시 넣지 않는다고 하자. 각각의 공을 꺼낼 때, 흰 공을 선택하는 것에 가지고 있는 금액의 절반을 건다고 하자. 따라서 하얀 공을 꺼내면 건 금액과 함께 건 금액에 해당하는 상금을 가져간다고 할 때 기댓값은 무엇인가?

9. 8개의 유사한 패스워드 중 정확히 하나만이 어떤 프로그램에 접속할 수 있게 한다. 패스워드를 하나씩 시도할 때, 프로그램에 접속하기 위한 패스워드 입력 횟수의 기댓값은 무엇인가?

10. 자동차 정비사가 차량을 검사한 결과 엔진에 불량 피스톤링 또는 불량 밸브가 있음을 확인하였다. 정비사는 엔진을 분해하지 않고도 피스톤링의 문제일 확률은 60%, 밸브의 문제일 확률은 40%, 피스톤링과 밸브 모두 문제일 확률은 80%라고 말한다. 피스톤링의 수리비용은 230만 원이며 밸브의 수

리비용은 180만 원, 링과 밸브의 결합 수리비용은 330만 원이다. 괜찮은 중고차 가격이 300만 원인 경우 자동차를 수리해야 할지 중고차를 사야 할지를 비용 관점에서 결정하여라.

11. 마리오와 존은 카드 게임을 하고 있다. 마리오가 잭이나 퀸을 뽑을 때마다 존은 마리오에게 4달러를 준다. 마리오가 킹이나 에이스를 뽑을 때마다 존은 5달러를 주지만 다른 카드를 뽑으면 마리오는 존에게 X달러를 준다. 존이 카드를 한 번 뽑을 때마다 1달러를 받을 기대를 한다면 X의 값은 무엇인가?

12. 슈와 야이는 동전 던지기 게임을 하고 있다. 각자 공정한 동전을 두 번 던지는데, 모두 앞면이 나오면 슈는 야이에게 5달러를 지불한다. 모두 뒷면이 나오면 슈는 야이에게 1달러를 지불한다. 다른 경우에는 야이가 슈에게 2달러를 지불한다. 야이의 관점에서 이 게임의 기댓값은 무엇인가?

13. 새로운 직원을 섬세한 기계작업을 수행할 수 있도록 훈련시키는 과정에서, 직원이 첫 번째, 두 번째, 세 번째 훈련에서 작업을 성공할 확률은 각각 0.1, 0.2, 0.7이다. 이 직원이 세 번 훈련할 때, 몇 번째에 성공할 것인지 기댓값을 구하여라.

14. 10달러를 가진 도박꾼이 다음 게임을 한다. 먼저 2달러를 내고 하나의 동전을 던져 앞면이 나오면 도박꾼은 낸 돈에 5달러를 더 받으며 게임은 종료된다. 그가 지는 경우, 두 번째 던지기에 다시 4달러를 걸고 앞면이 나오면 낸 돈과 함께 5달러를 더 받고 게임은 종료된다. 만약 그가 다시 지면 세 번째 던지기에서 앞면에 마지막 4달러를 건다. 이때에도 이기면 낸 돈과 함께 5달러를 받고 지면 건 돈을 모두 잃는다. 이 게임에서 기대되는 최종 이익은 어떻게 되는가?

15. 유명한 '상트페테르부르크의 역설(St. Petersburg Paradox)' 게임에서 도박꾼은 0.5의 확률로 2루블, 0.25의 확률로 4루블, 0.125의 확률로 8루블, 즉 $\left(\frac{1}{2}\right)^n$의 확률로 2^n루블을 받는다. 계산하기 전에 이 게임에 참여하는 금액을 얼마로 하면 기댓값이 0인 '공평한' 게임이 될지 추측하여라. 이 게임의 기댓값은 무엇인가?

16. 어떤 거리의 세 구역을 조사하여 각 구역에 세워진 건물들의 표본을 추출하였다. 표 12.3과 같이 건물 중 일부는 아파트이다. 표본으로 선택된 건물들 중에서 아파트 개수의 기댓값은 무엇인가?

표 12.3 연습문제 16의 건물 분포

구역	1	2	3
아파트 수	2	5	1
단독주택 수	11	4	9

17. 상자에는 1에서 5까지 번호가 매겨진 5장의 표가 들어 있다. 상자에서 표를 하나씩 추첨한다. 표의 번호가 추첨 순서와 일치하는 (예를 들어, 세 번째 추첨에서 3번 표를 선택하는 경우) 횟수의 기댓값은 무엇인가?

18. 라스베이거스의 룰렛에는 0, 00, 1, 2, ..., 36의 번호가 붙은 38개의 슬롯이 있다. 0과 00 슬롯은 초록색이며 나머지 36개의 슬롯 중에서 반은 빨간색, 나머지 반은 검은색이다. 딜러가 룰렛을 돌리고 상아로 만든 공을 던진다. 빨간색 슬롯에 1달러를 걸고 공이 빨간색 슬롯에 들어가면 1달러를 받지만 그렇지 않으면 1달러를 잃는다. 1달러를 빨간색 공에 거는 경우의 기댓값은 무엇인가?

19. 라스베이거스의 룰렛에는 0, 00, 1, 2, ..., 36의 번호가 붙은 38개의 슬롯이 있다. 룰렛을 돌리면 공은 무작위로 한 슬롯에서 멈춘다. 한 숫자에 1달러를 걸고 공이 해당 숫자의 슬롯에서 멈추면 36달러를 받고 따라서 35달러의 수익이 생기는데, 다른 숫자의 슬롯에 멈추면 낸 돈은 잃는다. 이 게임의 기댓값을 구하여라.

20. 어떤 회사의 정보기술부서의 대표번호로 한 시간

에 걸려오는 서비스 요청 전화의 수는 표 12.4와 같은 분포를 따른다고 한다. 시간당 예상되는 서비스 요청 건수는 무엇인가?

표 12.4 연습문제 20의 전화 분포

전화 건수 X	0	1	2	3	4	5
$P(X)$	0.08	0.10	0.15	0.40	0.25	0.02

© Cengage Learning 2014

21. 네트워크의 설치 초기 단계에서 컴퓨터 네트워크가 일주일당 지정된 시간만큼 작동하지 않을 확률은 표 12.5와 같다고 한다. 네트워크가 작동되지 않을 것으로 예상되는 시간은 몇 시간인가?

표 12.5 연습문제 21의 네트워크가 작동되지 않는 시간

시간 수 X	4	5	6	7	8	9
$P(X)$	0.01	0.10	0.29	0.33	0.25	0.02

© Cengage Learning 2014

12.4 '그리고'와 '또는'의 문제와 조건부 확률

두 사건이 조화를 이루는 상황을 생각해 보자. 예를 들어 사건 A는 데스크톱 컴퓨터의 하드디스크가 오류가 나는 사건이고 사건 B는 같은 컴퓨터의 사운드 카드가 오류가 나는 사건이라 하자. 이들 사건 각각이 일어날 가능성을 알고 있을 때, 사건 A 그리고 사건 B가 동시에 발생할 가능성이나 사건 A 또는 사건 B가 발생할 가능성을 생각할 수 있다. 이렇게 사건 A와 B를 '그리고(and)' 또는 '또는(or)'을 사용하여 결합시킨 것을 복합사건(compound event)이라 부른다.

'그리고' 문제와 '또는'의 문제를 다룰 때 이러한 상황이 발생한다. 이러한 복합사건의 확률 계산은 사건 A와 사건 B 사이의 관계에 따라 달라진다.

'그리고' 문제

먼저 단어 '그리고(and)'가 포함된 복합사건을 생각하자. 먼저 한 쌍의 사건이 서로 독립이라는 것의 의미를 정의하자. 사건 A의 발생이 사건 B의 발생에 영향을 주지 않으면 두 사건 A와 B를 독립(independent)이라고 한다. 독립이 아닌 두 사건을 서로 종속(dependent)사건이라 부른다. 때로 경험에 의해 두 사건이 서로 독립이라는 것을 알 수도 있지만 명확치 않은 경우도 있다.

예제 12.14 6면체 주사위를 두 번 던진다고 하자. 사건 A는 첫 번째 던진 주사위가 4가 나오는 사건, 사건 B는 두 번째 던진 주사위가 3이 나오는 사건이라 하자. 사건 A와 B는 독립인가?

풀이

독립이다. 첫 번째 주사위를 던진 결과가 두 번째 주사위를 던진 결과에 영향을 미

치지 않는다. 따라서 사건 A가 일어나는 것이 사건 B가 일어나는 것에 영향을 주지 않는다.

예제 12.15 ▶ 표준 트럼프 카드 52장에서 카드 2장을 연속적으로 뽑는다. 사건 A는 첫 번째 뽑은 카드가 에이스인 사건, 사건 B는 두 번째 뽑은 카드가 에이스인 사건이다. 사건 A와 사건 B가 독립인가?

풀이

그렇지 않다. 두 번째 카드를 뽑기 전에 첫 번째 뽑은 카드를 되돌려 놓지 않는다는 것이 두 사건을 서로 종속이 되도록 만든다. 예를 들어 첫 번째 뽑은 카드가 에이스가 아니고 따라서 사건 A가 일어나지 않았다고 하자. 그러면 에이스 네 장이 51장의 카드 속에 남아 있게 되므로 $P(B) = \dfrac{4}{51}$이다. 만약 사건 A가 일어났다면 남아 있는 51장의 카드 중에 세 장의 에이스가 있으므로 $P(B) = \dfrac{3}{51}$이다. 따라서 사건 A가 일어나는 경우와 그렇지 않은 경우가 사건 B가 일어나는데 영향을 주므로 두 사건은 종속이다.

만약 사건 A와 B가 독립이면 $P(A \text{ and } B)$를 계산하는 것은 비교적 쉽다. A와 B가 동시에 일어날 확률은 $P(A)$와 $P(B)$의 곱이다. 즉, 독립사건인 경우 $P(A \text{ and } B) = P(A)P(B)$이다. 이 규칙을 곱셈규칙이라 부른다.

> 독립사건의 곱셈 규칙 사건 A와 B가 독립이면 $P(A \text{ and } B) = P(A) \cdot P(B)$이다.

예제 12.16 ▶ 앞의 예제를 수정한 다음 상황을 생각하자. 표준 트럼프 카드에서 한 장을 뽑은 후 그 값을 기록하고 카드는 돌려놓는다. 그리고 두 번째로 한 장의 카드를 뽑는다. A는 첫 번째 뽑은 카드가 에이스인 사건, B는 두 번째 뽑은 사건이 에이스인 사건이라 하자. $P(A \text{ and } B)$는 무엇인가?

풀이

두 번째 카드를 뽑기 전 첫 번째로 뽑은 카드를 돌려놓기 때문에, 첫 번째로 뽑은 카드의 값은 두 번째 카드의 값에 영향을 주지 않는다. 따라서 두 사건은 서로 독립이다. $P(A) = \dfrac{4}{52} = \dfrac{1}{13} = P(B)$이므로 $P(A \text{ and } B) = P(A)P(B) = \left(\dfrac{1}{13}\right)\left(\dfrac{1}{13}\right) = \dfrac{1}{169}$이다. 놀랍게도 이 상황은 실제로 일어나기 어렵다.

예제 12.17 컴퓨터 하드디스크의 고장과 사운드 카드의 고장은 완전히 독립적이며 하루 중 하드디스크가 고장 날 확률은 0.001이고 사운드 카드가 고장 날 확률은 0.00035라고 가정한다. 하드디스크와 사운드 카드가 모두 고장 날 확률은 어떻게 되는가?

풀이

하드디스크가 고장 나는 사건을 A, 사운드 카드가 고장 나는 사건을 B라고 하자. 두 사건이 완전히 독립적이라고 가정했으므로 $P(A \text{ and } B)$를 구하기 위해 곱의 규칙을 적용할 수 있다. 따라서

$$
\begin{aligned}
P(A \text{ and } B) &= P(A)\,P(B) \\
&= (0.001)(0.00035) \\
&= 0.00000035
\end{aligned}
$$

한 사건의 발생이 다른 사건의 발생에 영향을 미치지 않기 때문에, 두 컴퓨터 구성요소가 같은 날에 고장이 날 가능성은 거의 없다는 것을 알 수 있다.

만약 $P(A \text{ and } B) = 0$이 되면 두 사건은 동시에 일어날 수 없다. 그러한 사건을 서로 배반(mutually exclusive)이라고 한다. 배반사건의 예로는 A가 컴퓨터가 꺼져 있는 사건, B는 컴퓨터가 켜져 있는 사건인 경우이다. 이러한 두 상황은 함께 존재할 수 없으므로 사건 A와 B는 서로 배반이다.

이제 사건 A와 B가 독립인 경우로 제한하지 않는다. 즉 사건 A와 B가 종속이면 어떻게 될까? 이 경우, 두 번째 사건의 확률은 첫 번째 사건이 일어나는지 아닌지에 영향을 받는다. 이에 대한 공식을 얻기 위해서는 '또는'의 문제에 대해 살펴본 후 조건부 확률의 개념을 정의하고 이해할 필요가 있다. 그 다음 종속사건에 대한 '그리고' 문제로 돌아올 것이다.

> **Note**
> $P(A \text{ and } B) = 0$이면 사건 A와 B를 서로 배반이라고 한다.

'또는' 문제

이제 '또는(or)'이 포함된 복합사건에 대해 생각해 보자. 복합사건 'A 또는 B'란 A, B 또는 둘 다 일어나는 것을 의미한다. 2장 논리에서, '포함적 논리합(inclusive or)'을 다룬 기억이 날 것이다

예를 들어 '노트북을 분실한' 사건을 A, '신분증을 분실한' 사건을 B라고 하자. 복합사건 'A 또는 B'는 '노트북을 분실하거나 신분증을 분실한' 사건을 의미한다. 이 경우 노트북을 분실하든지 신분증을 분실하든지, 아니면 둘 다 분실하면 사건 'A 또는 B'가 일어났다고 한다. 이렇게 폭 넓게 해석하는 관점을 취한다.

복합사건 'A 또는 B'가 일어날 확률은 다음 규칙에 의해 정의된다.

$$P(A \text{ or } B) = P(A) + P(B) - P(A \text{ and } B)$$

A와 B가 서로 배반사건인 경우 이 공식은 다음과 같이 단순화된다.

$$P(A \text{ or } B) = P(A) + P(B)$$

예제 12.18 워드와 엑셀 소프트웨어의 문제해결 담당 기술자는 컴퓨터실에 있는 컴퓨터의 절반에 설치된 워드 프로그램과 컴퓨터실의 2/3에 해당하는 컴퓨터에 설치된 엑셀 프로그램을 테스트했다. 특별히 신경 쓰지 않았기 때문에, 기술자는 어떤 컴퓨터에 대해 어떤 프로그램을 테스트 했는지 기록하지 않았다. 컴퓨터실의 어느 한 컴퓨터에 대해 최소한 한 종류의 프로그램 테스트가 진행되었을 확률은 어떻게 되는가?

풀이

W를 어느 한 컴퓨터가 워드 프로그램을 테스트 받을 사건, E는 어느 한 컴퓨터가 엑셀 프로그램을 테스트 받을 사건이라 하면 $P(W \text{ or } E)$를 구해야 한다. 이 두 사건은 분명히 서로 배반이 아닌데, 적어도 몇 대의 컴퓨터는 두 프로그램 모두 테스트 받은 것이 확실하기 때문이다. 따라서 적용할 공식은 $P(W \text{ or } E) = P(W) + P(E) - P(W \text{ and } E)$이다.

아울러, 어느 한 프로그램이 테스트 받는 것과 이와 다른 프로그램이 테스트 받는 것은 무관하므로 두 사건은 독립이고 따라서 $P(W \text{ and } E) = P(W)P(E) = \left(\dfrac{1}{2}\right)\left(\dfrac{2}{3}\right) = \dfrac{1}{3}$ 이다.

따라서 주어진 공식에 의해 다음이 성립한다.

$$P(W \text{ or } E) = \frac{1}{2} + \frac{2}{3} - \frac{1}{3} = \frac{5}{6}$$

예제 12.19 어느 대학의 학생을 대상으로 집에 어떤 컴퓨터가 있는지 조사하였다. 이 학생이 매킨토시 컴퓨터를 가졌을 확률은 0.37이고, 일반 컴퓨터를 가졌을 확률은 0.81이며, 두 종류의 컴퓨터 모두 가졌을 확률은 0.27이다. 한 학생이 매킨토시, 일반 컴퓨터 또는 둘 다 가지고 있을 확률은 어떻게 되는가?

풀이

학생이 매킨토시 컴퓨터를 가지고 있을 사건을 M, 일반 컴퓨터를 가지고 있을 사건을 P라고 하면 문제는 다음 공식에 바로 대입하여 해결할 수 있다.

$$P(M \text{ or } P) = P(M) + P(P) - P(M \text{ and } P) = 0.37 + 0.81 - 0.27 = 0.91$$

$$P(A \mid S) = \frac{P(A \text{ and } S)}{P(S)}$$

이다. 가능한 사건의 조합은 모두 7가지이며 가방 A를 선택하고 쇠구슬을 꺼낼 확률은 $\frac{3}{7}$이며 쇠구슬을 꺼낼 확률은 $\frac{4}{7}$이다. 따라서 다음과 같다.

$$P(A \mid S) = \frac{3/7}{4/7} = \frac{3}{4}$$

예제 12.23 1,500대의 컴퓨터 중에서 400대는 교육기관 소유이고 1,100대는 개인 소유이다. 교육기관 소유의 컴퓨터 중 24대가 고장 났고, 개인 소유의 컴퓨터 중 38대가 고장 났다. 무작위로 선택한 한 대의 컴퓨터가 고장 난 컴퓨터인 경우, 이 컴퓨터가 교육기관 소유일 확률은?

풀이

A를 교육기관 소유의 컴퓨터일 사건이라 하고 B를 컴퓨터가 고장 나는 사건이라 하자. 그러면 주어진 정보에 의해 $P(B) = 0.0413$이므로 $P(A \text{ and } B) = 0.016$이다. 베이즈 정리를 이용하면 $P(A \mid B) = P(A \text{ and } B)/P(B) \approx 0.016/0.0413 \approx 0.387$이다. 다시 말해, 임의로 선택한 컴퓨터가 고장 난 컴퓨터일 경우 이 컴퓨터가 교육기관 소유일 확률은 38.7%라는 것이다.

순열과 조합

어떤 대상들의 집합에서 모든 대상들을 배열하는 방법의 수를 알아야 하는 경우가 있다. 예를 들어 세 문자의 집합 {M, A, C}가 있을 때, 이들 문자들을 배열하여 세 문자로 이루어진 단어들을 만들 수 있는데, 이렇게 세 문자를 배열하는 방법이 몇 가지나 있을까?

집합이 작기 때문에 하나하나 나열해도 시간이 그렇게 많이 걸리지 않는다. 세 문자를 배열하는 방법은 {MAC, MCA, AMC, ACM, CMA, CAM}이다. 따라서 세 문자의 배열은 모두 6가지가 존재한다. 이러한 배열을 집합의 원소들의 **순열(permutation)**이라고 한다.

배열 내의 각 위치에 대해 선택 가능한 상황을 고려하여 집합의 원소들을 배열하는 순열의 수를 계산할 수 있다. 예를 들어 설명하면, 집합 {M, A, C}에서 배열의 첫 번째 문자는 세 문자 모두를 선택할 수 있다. 이렇게 첫 번째 문자를 선택하면, 두 개의 문자가 남고 이 중에서 두 번째 문자를 선택해야 하므로 세 번째 숫자는 남은 한 개의 문자를 선택해야만 한다. 따라서 모두 (3)(2)(1) = 6가지 배열이 존재한다.

Note

대상들의 순열이란 이들 대상들을 순서대로 배열하는 것을 말한다.

Note

n이 자연수일 때, 계승기호 $n!$은 n과 1보다 작은 모든 자연수들의 곱을 의미한다. $n!$의 값은 n개의 원소를 갖는 집합의 순열의 수이다.

어떤 자연수 n에서 시작하여 이보다 작은 모든 자연수들을 곱한 것을 계승 기호 (factorial notation) $n!$로 나타낸다. 즉,

$$n! = n \times (n - 1) \times (n - 2) \cdots 3 \times 2 \times 1$$

이다.

예제 12.24 ▶ 다음 계승의 값을 구하여라.

   a. 5!   b. 9!   c. (3.5)!

풀이

  a. 5!은 5와 이보다 작은 모든 자연수들의 곱을 의미하므로 5! = (5)(4)(3)(2)(1) = 120이다.

  b. 9!은 9와 이보다 작은 모든 자연수들의 곱을 의미하므로 9! = (9)(8)(7)(6)(5)(4)(3)(2)(1) = 362,880이다.

  c. 계승은 자연수에 대해서만 정의한다. 따라서 (3.5)!은 정의되지 않는다.

집합의 원소 중 일부만을 선택하여 배열하는 경우에는 공식을 약간 수정하면 된다. 예를 들어 17개의 대상이 존재한다고 하고 이들 중 4개를 선택하여 배열하는 방법의 수를 구해 보자. 이 경우, 첫 번째로 선택할 수 있는 대상은 17개이며 선택을 하고 나면 두 번째로 선택할 수 있는 대상은 16개이며, 계속해서 세 번째로 선택할 수 있는 대상은 15개, 네 번째로 선택할 수 있는 대상은 14개이므로 모두 (17)(16)(15)(14) = 57,120가지 배열이 가능하다.

일반적으로 n개의 대상에서 r개를 선택하여 배열할 수 있는 방법의 수는 $n(n - 1) \cdots (n - r + 1)$이다. 또는 이를 $\dfrac{n!}{(n - r)!}$로도 나타낼 수 있다. 수학적으로는 이 수를 n개에서 r개를 선택하는 순열의 수라고 하며 $_nP_r$로 나타낸다.

예제 12.25 ▶ 트라이펙터(trifecta)란 경마 경기에서의 내기 방법 중 하나로, 1, 2, 3위로 들어오는 말을 순서대로 모두 맞추어야 이긴다. 어떤 경마 시합에서 19마리가 경주를 벌인다면 트라이펙터 배팅의 서로 다른 방법의 수는 얼마나 많은가?

풀이

문제는 19마리의 말 중에서 3마리의 말을 선택하여 배열하는 순열 $_{19}P_3$을 묻고 있다. 따라서 $_{19}P_3 = \dfrac{n!}{(n - r)!} = \dfrac{19!}{(19 - 3)!} = \dfrac{19!}{16!} = (19)(18)(17) = 5,814$이다.

예제 12.26 어떤 회의의 경우 연사들 중 일부는 회의장 앞에 배치된 긴 테이블에 앉을 수 있지만 (테이블의 크기 때문에) 다른 연사들은 별도의 강당에 앉아 있다가 호명되어야 한다고 가정하자. 모두 8명의 연사가 초청되었으며, 테이블에는 5명만 앉을 수 있다. 개인적 명성과 자존심 문제로 인해, 연사들은 테이블 좌석에 앉는 것을 중요한 것으로 생각한다. 5명의 연사가 회의장 앞에 있는 테이블에 앉는 순열의 수는 어떻게 되는가?

풀이

8명의 연사 중에서 테이블에 앉을 수 있는 사람은 5명뿐이다. 테이블에서 앉는 순서도 중요하므로 A, B, C, D, E 순으로 앉은 것과 A, C, B, D, E 순으로 앉은 것은 다른 순열로 본다. 따라서 테이블에 앉는 모든 가능한 배열의 수는 다음과 같다.

$$_8P_5 = \frac{8!}{(8-5)!} = \frac{8!}{3!} = 6{,}720$$

순열에서 중요한 사실 중 하나는 순서를 바꾸면 다른 배열이 된다는 것이다. 하지만 서로 다른 대상들의 모임에서 일부를 선택할 때 그 순서가 중요하지 않다고 생각하면, 이 경우 대상들의 조합(combination)을 고려하고 있다고 말한다.

이 문제는 매우 미묘하기 때문에 동일한 집합을 사용하여 두 개념의 차이를 설명하고자 한다. 집합 $\{M, A, C\}$를 생각하고 이로부터 모든 가능한 2개의 문자의 순열을 생각하고자 한다. 이러한 순열의 수는 $_3P_2 = \frac{3}{1!} = 6$이며 순열을 나열하면 $\{MA,$ $MC, AM, AC, CA, CM\}$이다.

순열에서 순서가 중요하다는 것은 예를 들어 MA와 AM은 같은 글자를 포함하지만 다른 순열로 생각한다는 것이다. 반면에 조합은, 순서는 중요하지 않고 대상들만 따진다. 따라서 동일한 대상이 포함된 경우 서로 같은 조합으로 간주한다. 그러므로 집합 $\{M, A, C\}$에서 두 문자를 선택하는 모든 조합은 $\{MA, MC, AC\}$이다.

가능한 조합의 수를 계산하는 것은 순열의 수를 계산하는 데 사용한 방법과는 약간 다르다. 핵심 아이디어는 동일한 대상들이 순서가 달라져 생기는 반복을 제거하기 위해 나눗셈을 사용한다는 것이다. 이렇게 같은 대상들로 이루어진 순열의 수는 순열에 포함된 대상들을 배열할 수 있는 방법의 수, 즉 선택한 대상들의 순열의 수이다.

따라서 n개의 대상들의 집합에서 r개의 대상을 선택하는 조합의 수는 $_nC_r$로 나타내며 공식 $\frac{n!}{r!(n-r)!}$로 계산한다.

> **Note**
> 집합의 원소들의 조합이란 집합의 원소 전체 또는 일부를 순서를 고려하지 않고 선택한 것들의 모임을 의미한다. 두 조합은 순서에 관계없이 동일한 대상을 포함하는 경우 같은 것으로 간주한다.

예제 12.27 어느 회사는 14명의 직원 중 3명을 선택하여 조직의 새로운 로고를 개발하는 TF팀을 구성한다고 가정하자. 얼마나 많은 TF팀을 만들 수 있는가?

풀이

직원의 순서는 관련이 없다. 즉 A, B, C로 구성된 TF팀과 B, C, A로 구성된 TF팀이 동일한 조합의 문제이다. 전체 집합(회사)의 직원 수는 14명이고 TF팀은 3명으로 구성하므로 다음과 같이 계산한다.

$$_{14}C_3 = \frac{14!}{3!11!} = \frac{14 \cdot 13 \cdot 12 \cdot 11!}{3 \cdot 2 \cdot 1 \cdot 11!} = 364$$

따라서 TF팀을 구성하는 모든 방법의 수는 364이다.

예제 12.28 로또 게임은 43개의 숫자 중에서 6개의 숫자를 선택한다. 당첨번호를 추첨하는 과정은 방송으로 보여주는데 43개의 번호가 쓰여 있는 공이 잘 섞여 있는 추첨기계에서 6개의 공을 선택하게 된다. 얼마나 많은 당첨번호 조합이 존재할 수 있는가? (번호의 순서는 중요하지 않다.)

풀이

번호를 추첨하는 순서는 중요하지 않으므로 조합의 문제이며, 따라서 43개의 대상 중에서 6개를 선택하는 조합의 수를 계산하면 된다. 즉,

$$_{43}C_6 = \frac{43!}{6!37!} = \frac{(43)(42)(41)(40)(39)(38)37!}{(6)(5)(4)(3)(2)(1)37!} = 6,096,454$$

이다.

예제 12.29 이 책의 3장에서 이진수(숫자 0과 1만 사용하여 나타낸 수)를 소개하였다. 9자리의 2진수 중에서 정확히 2개의 1을 가지고 있는 이진수는 몇 개인가?

풀이

이 문제는 꽤 복잡하다. 이진수가 모두 7개의 0과 2개의 1로 이루어져야 하기 때문에 이 문제를 풀려면 수의 표현방법을 잘 고안해야 한다. 사용할 방법은 각 이진수와 두 개의 수의 집합 $\{a, b\}$을 연관시키는 것이다. 여기서 a와 b는 이진수에서 1이 있는 위치를 나타낸다. a와 b의 순서는 무의미하므로 이 문제는 조합의 문제로 생각할 수 있다. 즉, 수 100100000은 $\{9, 5\}$ 또는 $\{5, 9\}$로 표현할 수 있다. 따라서 9개의 숫자 $\{1, 2, 3, 4, 5, 6, 7, 8, 9\}$에서 두 숫자를 선택하는 조합의 수를 결정하는 문제와 같다. 즉 $_9C_2 = \frac{9!}{2!7!} = \frac{(9)(8)7!}{(2)(1)7!} = 36$이다. 그러므로 9자리 이진수 중에서 정확히 36개만이 두 개의 1을 가진 이진수임을 알 수 있다.

연습문제

다음 물음에 대해 답하여라.

1. 독립사건과 종속사건은 어떻게 구분하는가? 각 유형별 사건의 예를 제시하고 그 예가 독립/종속 사건인지의 이유를 설명하여라.

2. 조건부 확률의 개념은 무엇인가?

3. 순열이 조합과 어떻게 다른가?

4. 두 사건이 '서로 배반'이라는 것의 의미는 무엇인가?

다음 두 사건 A와 B가 독립인가 종속인가? 이유를 설명하여라.

5. A: 컴퓨터 하드디스크가 깨진다.
   B: 컴퓨터 모니터가 고장 난다.

6. A: 집이 번개에 맞았다.
   B: 컴퓨터가 고장 난다.

7. A: 컴퓨터 메모리 용량이 부족하다.
   B: 파일 저장 작업이 실패한다.

8. A: 새 컴퓨터를 사야 한다.
   B: 하드 디스크가 고장 났다.

9. A: 6면체 주사위를 첫 번째로 던졌을 때 1이 나온다.
   B: 6면체 주사위를 두 번째로 던졌을 때 1이 나온다.

10. 52장의 카드에서 2장의 카드를 뽑는데, 첫 번째 카드를 뽑은 후 되돌려 놓고 다시 두 번째 카드를 뽑는다. A: 첫 번째 카드를 뽑을 때 에이스를 선택한다. B: 두 번째 카드를 뽑을 때 에이스를 선택한다.

사건 A와 B는 독립사건으로 알려져 있다. 다음에서 $P(A$ and $B)$를 구하여라.

11. $P(A) = 0.8$, $P(B) = 0.2$

12. $P(A) = 0.25$, $P(B) = 0.25$

13. $P(A) = \dfrac{1}{3}$, $P(B) = \dfrac{2}{5}$

14. $P(A) = \dfrac{6}{7}$, $P(B) = \dfrac{1}{3}$

다음 연습문제의 확률을 계산하여라.

15. 자동차 경보 시스템의 고장은 위성 무선 시스템의 고장과는 무관하다고 알려져 있다. 경보 시스템이 고장 날 확률이 0.025이고 위성 무선 시스템이 고장 날 확률이 0.125라고 할 때, 어느 날 두 시스템이 모두 고장 날 확률은 어떻게 되는가?

16. 한 생산 시설의 특정한 날에 산업재해 발생 확률은 지방 안전 공무원의 방문과 무관하다는 것이 알려져 있다고 가정하자. 어느 날 산업재해가 발생할 확률이 0.05이고 지방 안전 공무원이 방문할 확률이 0.00125인 경우, 지방 안전 공무원이 현장에 있는 날에 산업재해가 발생할 확률은 어떻게 되는가?

17. 어느 해, 어떤 사업의 실패가 그 해의 새로운 지방세 부과와는 독립적이라고 하자. 사업 실패 확률이 0.33이고 새로운 지방세를 부과할 확률이 0.05인 경우, 새로운 지방세 제도가 시행되는 그 해에 사업이 실패할 확률은 어떻게 되는가?

18. 어느 달, 어느 개인이 신차를 구매하는 것이 해당 달의 휘발유 가격의 변화와는 무관하다고 한다. 그 달에 개인이 신차를 구매할 확률은 0.15이며, 휘발유 가격이 변화할 확률은 0.25라고 한다. 개인이 차를 사고 휘발유 가격이 바뀔 확률은 어떻게 되는가?

19. 컴퓨터 네트워크에서 바이러스가 공격할 확률은 네트워크 내의 새로운 운영체제 설치와는 무관하다는 것이 알려져 있다. 새 운영체제가 설치될 확률은 0.33이며, 바이러스 공격이 발생하고 새 시스템이 설치될 확률은 0.012이다. 컴퓨터 네트워크에서 바이러스 공격이 발생할 확률은 어떻게 되는가?

20. 어느 날, 제조 공장의 근로자가 자동차를 노란색으로 칠할 확률은 당일 그 차에 검은색 가죽시트가 설치될 확률과 무관하다. 어느 날, 검은색 가죽시

트를 가지고 있는 노란색 차가 생산될 확률이 0.04 이고, 그 날에 노란색으로 칠할 확률이 0.2라면, 같은 날, 차에 검은색 가죽시트가 설치될 확률은 어떻게 되는가?

21. 두 사람이 30년 동안 살아 있을 확률은 서로 독립이다. 사람 A가 30년 동안 살아 있을 확률이 0.4이고, 사람 B의 확률이 0.25라면, 30년 동안 두 사람 모두 살아 있을 확률은 어떻게 되는가?

22. 연습문제 21에서 30년 동안 사람 A 또는 사람 B가 살아 있을 확률은 어떻게 되는가?

23. 국제회의에서 한 회사를 대표하기 위해 이 회사의 4명의 이사 중에서 2명으로 구성된 대표단을 무작위로 뽑고자 한다. A, B, C, D는 회사의 임원을 나타낸다. 이때, A 또는 B가 선택될 확률은 어떻게 되는가?

24. 단어 'GOOD' 및 'BYE'의 각 글자들을 카드에 기록하고 이 카드들을 봉투에 넣는다. 이 카드 중에서 임의로 한 장을 선택한다. 이때, 문자 O 또는 문자 E가 써진 카드를 선택할 확률은 어떻게 되는가?

25. 한 쌍의 주사위를 던진다. 던져진 주사위의 눈의 합이 7 또는 11일 확률은 어떻게 되는가?

26. 한 고등학교의 학생 중 25%는 2학년, 15%는 3학년이고 나머지 60%는 다른 학년이다. 이 고등학교에서 한 학생을 무작위로 선택할 때, 선택된 학생이 2학년 또는 3학년일 확률은 어떻게 되는가?

27. 동전을 두 번 던져, 두 번 모두 앞면 또는 두 번 모두 뒷면이 나올 확률은 어떻게 되는가?

28. 동전을 두 번 던졌을 때, 첫 번째 던진 동전이 앞면이 나오고 두 번째 던진 동전이 뒷면이 나올 확률은 어떻게 되는가?

29. 컴퓨터 키보드를 제조하는 공장의 검사관은 어느 날 특정 생산라인에서 생산되는 제품의 1/3의 기능과 2/3의 배선상태를 검사하였다. 해당 생산 라인에서 임의로 선택한 키보드에 대해 이날 검사관이 기능 또는 배선을 검사했을 확률은 어떻게 되는가?

30. 한 대학 학생에게 교육비를 어떻게 마련하고 있는지 질문한다. 이 학생이 국가장학금을 받을 확률은 0.7, 부모로부터 교육비를 받을 확률은 0.45, 두 가지 유형의 지원을 모두 받을 확률은 0.37이다. 이 학생이 이러한 형태의 재정 지원 중 하나 또는 둘 다 받을 확률은 어떻게 되는가?

31. 어느 지역 기상 예보관은 어느 날 비가 오면 그 다음날에 비가 올 확률을 10%로 예측한다. 어느 날 비가 오지 않는다면, 그 다음날 비가 올 확률은 22%이다. 월요일에 비가 올 확률이 75%이면 화요일에 비가 올 확률은 어떻게 되는가?

32. 시애틀에서 12월 어느 날 비가 올 확률은 0.45이다. 비가 오는 날 커트가 우산을 가지고 나갈 확률은 0.75이며, 비가 오지 않는 날에 커트가 우산을 가지고 나갈 확률은 0.2이다. 12월 어느 무작위로 선택한 날에 커트가 그의 우산을 가지고 나갔다면, 이날 비가 올 확률은 어떻게 되는가? 정답을 반올림하여 소수점 세 번째 자리까지 나타내어라.

33. 어느 의학 연구 실험실이 질병에 대한 간이검사를 실시하고자 한다. 이 검사는 100명을 대상으로 하는데, 30명은 질병에 걸린 것으로 알려져 있으며 70명은 질병에 걸리지 않는 것으로 알려져 있다. 검사결과 양성판정은 질병에 걸렸음을 나타내며, 음성판정은 질병에 걸리지 않았음을 나타낸다. 불행히도 이러한 의료 검사는 두 가지 종류의 오류를 포함할 수 있다. 사람이 실제로 질병에 걸렸지만 검사결과 음성이 나타나는 '거짓음성 결과', 또는 사람이 질병에 걸리지 않지만 검사결과 양성인 '거짓양성 결과'이다. 이 검사가 질병의 존재를 결정하는 데 99% 효과적이라고 판단되며 (즉, 질병이 존재할 때 양성인 검사결과를 받게 될 확률이 0.99), 검사가 거짓양성 결과를 주는 경우가 7%로 알려져 있다면, 검사결과가 거짓음성일 확률은 어떻게 되는가? 정답을 반올림하여 소수점 세 번째 자리까지 나타내어라.

34. 남자가 태어날 확률과 여자가 태어날 확률이 같을 때, 두 자녀를 둔 가정에 태어난 첫 번째 아이가 남자 아이라면, 이 가정에 2명의 남자 아이가 있을 확률은 어떻게 되는가?

35. 포커에서 받은 5장의 카드를 핸드(hand)라고 한다. 존은 매우 강한 핸드를 가지고 있으므로 5달러를 베팅한다. 미샤가 더 좋은 핸드를 가질 확률은 0.04이다. 미샤가 더 좋은 핸드를 가지고 있다면, 확률 0.8로 돈을 더 베팅하지만 핸드가 약하면 확률 0.2로 돈을 더 베팅한다. 미샤가 돈을 더 베팅했을 때, 미샤가 존보다 더 좋은 핸드를 가졌을 확률은 어떻게 되는가?

36. 어느 회사 직원의 15%는 흡연자이고 나머지는 비흡연자이다. 각 비흡연자의 경우, 연중 사망할 확률은 0.02이며, 흡연자의 경우 사망할 확률은 0.07이다. 한 해 동안 한 직원이 사망했다면 그 직원이 흡연자일 확률은 어떻게 되는가?

37. 회사 X의 작업장 사고는 경미하거나 심각한 것으로 분류할 수 있다. 작년에 X사의 사고 중 84%는 경미한 것이고 나머지는 심각했다. 경미한 사고를 당한 근로자의 12%는 의사의 진찰이 필요했고, 심각한 사고를 당한 근로자의 76%가 의사의 진찰이 필요했다. 회사 X의 근로자가 의사의 진찰이 필요로 하지 않는 사고에 연루되었다면 이 사고가 경미했을 확률은 어떻게 되는가?

38. 어느 자동차 보험 회사는 보험 계약자를 좋은 운전자와 나쁜 운전자 두 그룹으로 구분한다. 회사와 보험 계약한 3,000명의 운전자에 대한 연구에서 이들 중 2,750명이 좋은 운전사라는 사실이 밝혀졌다. 좋은 운전자는 한 해에 사고를 낼 확률이 0.02이며, 나쁜 운전자는 한 해에 사고를 낼 확률이 0.12이다. 어떤 보험 계약자가 보험금을 청구했을 때, 이 보험 계약자가 좋은 운전자였을 확률은 어떻게 되는가?

39. 빨간색이 10개, 초록색이 5개, 주황색이 7개, 총 22

개의 젤리가 들어 있는 상자가 있다고 하자. 되돌려 놓지 않으면서 임의로 2개를 차례로 선택한다. 첫 번째가 빨간색이고 두 번째가 주황색인 젤리를 뽑을 확률은 어떻게 되는가?

40. 어느 컴퓨터 제조업체는 세 회사의 케이블을 구입한다. A 회사는 전체 케이블의 50%를 공급하며 결함 비율은 1%이다. B 회사는 전체 케이블의 30%를 공급하며 결함 비율은 2%이다. C 회사는 케이블의 나머지 20%를 공급하며 결함 비율은 5%이다. (a) 컴퓨터 제조업체가 구입한 케이블 중 무작위로 하나 선택했을 때, 이 케이블에 결함이 있을 확률은 무엇인가? (즉, 구매한 모든 케이블 중 불량 케이블의 비율은 무엇인가?) (b) 케이블에 결함이 있는 것을 알았을 때, 이 케이블이 A 사에서 제조했을 확률은 어떻게 되는가? B 사에서 제조했을 확률은 어떻게 되는가? C 사에서 제조했을 확률은 어떻게 되는가?

41. 40세에서 50세 여성의 약 1%가 유방암에 걸린다. 유방암을 앓고 있는 여성이 유방암 검사에서 양성 반응을 보일 확률은 90%이며, 유방암이 없는 여성에서도 10%의 확률로 양성결과가 나타난다. 여자가 유방암에 걸린 확률은 어떻게 되는가? 한 여성이 양성반응을 보인 경우 이 여성이 유방암에 걸렸을 확률은 어떻게 되는가?

42. 무작위로 선택한 남성이 순환기 질병을 가졌을 확률은 0.25이다. 또한 무작위로 선택한 남성이 순환기 장애가 있는 흡연자일 확률은 0.072이다. 순환기 장애가 있는 남성이 흡연자일 확률은 어떻게 되는가?

43. 3개 구에서 유권자 투표가 진행되었다. A구에서는 유권자 중 50%의 자유당 후보를 지지한다. B구의 경우 유권자의 60%가 자유당 후보를 지지한다. C구의 경우 유권자의 35%가 자유당 후보를 지지한다. 3개 구 전체 인구 중 40%는 A구에 거주하고 25%는 B구에, 35%는 C구에 거주한다. 유권자가

자유당 후보를 지지한다고 가정했을 때 이 사람이 B구에 거주할 확률은 어떻게 되는가?

44. 한 건물에 사는 60명 중 15명은 여성, 45명은 남성이다. 남성이 색맹일 확률은 $\frac{1}{2}$, 여성이 색맹일 확률은 $\frac{1}{3}$이다. 이 건물에 사는 60명 중 한 명을 무작위로 선택했을 때, 이 사람이 색맹일 확률은 어떻게 되는가?

45. 6개의 문자로 이루어진 단어 'Galois'의 순열은 모두 6!개다. 이 중에서 G가 앞에서 두 번째에 위치한 순열은 모두 몇 개인가?

46. 선반 위에 7개의 서로 다른 책이 있다. 이들을 배열하는 서로 다른 방법의 수는 무엇인가?

47. 세 개의 알파벳 문자와 중복하지 않은 5자리 숫자로 번호판을 만드는 경우 얼마나 많이 만들 수 있는가?

48. 원형 탁자에 7명이 둘러앉는 방법의 수는 무엇인가?

49. 3명의 여성과 7명의 남성으로 구성된 모임에서 여성 2명과 남성 3명으로 구성된 서로 다른 위원회를 얼마나 많이 구성할 수 있는가? 남성 중 2명이 대립하고 함께 위원회에 봉사하는 것을 거부한다면 어떻게 될까?

50. 컴퓨터 암호는 4자의 알파벳 문자로 구성된다. 서로 다른 4개의 문자 조합을 얼마나 많이 만들 수 있는가? 4개의 문자가 모두 달라야 한다면 서로 다른 암호 조합은 얼마나 많이 존재할까?

51. 소비자 모임은 화질을 확인하기 위해 출하된 8대 중에서 2대의 컴퓨터 모니터를 조사할 계획이다. 2대의 모니터를 선택하는 방법은 몇 가지인가?

52. 20명의 배심원 후보 중에서 12명의 배심원을 구성하는 서로 다른 방법은 몇 가지인가?

53. 6개의 동일한 공을 7개의 서로 다른 상자에 넣는 방법은 모두 몇 가지인가?

54. 어느 출판사가 이산수학 교재 3,000부를 가지고 있다. 교재는 서로 구별할 수 없다고 할 때, 창고 세 곳에 이 책들을 보관할 수 있는 방법은 몇 가지인가?

요약

이 장에서는 다음 내용들을 학습하였다.

- '확률'과 '승산'의 차이점
- 시행, 결과, 표본공간, 사건을 이용한 문제 해결
- 기댓값의 계산과 기댓값 개념의 응용
- '그리고'와 '또는' 문제의 인식과 해결
- 조건부 확률과 베이즈 정리 활용
- 순열과 조합의 이해와 적용

용어

결과outcome 시행의 결과.

계승 기호factorial notation 자연수 n에 대해 $n!$로 나타내는 기호로 n과 이보다 작은 모든 자연수들의 곱으로 정의됨.

기댓값expected value 한 시행이나 확률게임에서 기대되는 결과.

단순사건simple event 표본공간의 하나의 특정한 결과.

독립사건independent events 한 사건이 일어나는 경우와 일어나지 않는 경우가 다른 사건이 일어나는지 또는 일어나지 않는지에 영향을 주지 않는 두 사건.

독립사건의 곱셈 규칙multiplication rule for independent events A와 B가 독립사건이면 $P(A \text{ and } B) = P(A) \times P(B)$.

복합사건compound event '그리고' 또는 '또는'의 용어를 이용하여 사건 A와 B를 결합한 사건.

불가능한 사건impossible event 일어날 확률이 0인 사건.

사건event 시행의 표본공간의 한 부분집합.

사건 A의 경험적 확률empirical probability of event A 여러 번 시행의 결과를 관찰하여 얻은 확률. n번 시행에서 사건 A가 일어난 횟수가 k번이면 사건 A가 일어날 경험적 확률은 k/n.

사건 A의 수학적 확률mathematical probability of event A 사건 A의 결과들의 수를 표본공간에 속한 모든 결과들의 수로 나눈 것.

사건이 일어나지 않을 승산odds against an event 비 $b{:}a$로 a는 사건이 일어나는 횟수, b는 사건이 일어나지 않는 횟수.

사건이 일어날 승산odds in favor of an event 비 $a{:}b$로 a는 사건이 일어나는 횟수, b는 사건이 일어나지 않는 횟수.

서로 배반사건mutually exclusive events $P(A \text{ and } B) = 0$인 두 사건 A와 B.

순열permutation 집합의 원소들을 순서를 고려하여 배열하는 것.

시행experiment 통제된 조건 하에서 진행되는 계획된 조작.

여사건complement 해당 사건에 속하지 않은 표본공간의 모든 결과들의 집합.

일어날 가능성이 같은 사건equally likely events 일어날 확률이 같은 두 사건.

종속사건dependent events 한 사건이 일어나는 경우와 일어나지 않는 경우가 다른 한 사건의 일어나는지 또는 일어나지 않는지에 영향을 주는 두 사건.

종속사건의 곱셈 규칙multiplication rule for dependent events A와 B가 종속사건이면 $P(A \text{ and } B) = P(A) \times P(B|A)$.

큰 수의 법칙law of large numbers 시행이 매우 많이 반복되면 사건의 경험적 확률은 수학적 확률의 값과 거의 일치한다는 법칙.

표본공간sample space 시행에서 모든 가능한 결과들의 집합.

확실한 사건certainty 일어날 확률이 1인 사건.

종합문제

다음 물음에 대해 답하여라.

1. 6면체 주사위를 3개를 던지는 시행을 한다. 표본공간은 무엇인가? 주사위의 눈의 합이 정확히 4인 사건을 설명하여라.

2. 가방 안에는 빨간색, 초록색, 파란색 공이 각각 하나씩 있다. 가방에서 하나씩 두 개의 공을 꺼낸다. 표본공간은 무엇인가?

3. 공정한 동전을 세 번 던져 나온 결과를 순서대로 기록한다. 표본공간은 무엇인가? 뒷면이 정확히 두 번 나타난 사건을 설명하여라.

4. 20면체 주사위를 두 번 던져 나온 숫자를 기록한다. 표본공간은 무엇인가? 주사위 눈의 합이 적어도 39인 사건을 설명하여라.

5. 화살표가 1에서 10까지의 숫자 중 하나에 오는 회전판을 생각하자. 회전판을 두 번 돌려 표시된 숫자를 기록하는 경우 표본공간은 무엇인가? 화살표가 회전판의 숫자 사이에 멈출 가능성은 무시한다. 두 숫자의 합이 정확히 4인 사건을 설명하여라. 이 사건의 확률은 어떻게 되는가?

6. 두 개의 가방이 있다. 각각의 가방에는 빨간 공, 초록색 공, 파란색 공이 각각 하나씩 들어 있다. 각 가방에서 하나의 공을 꺼내는 시행을 하자. 표본공간은 무엇인가? 꺼낸 두 공의 색깔이 같은 사건을 설명하여라. 이 사건의 확률은 어떻게 되는가?

7. 한 양로원을 조사한 결과 입주자의 연령과 성별을 표 12.6에 요약하였다.

표 12.6 양로원 입주자의 나이와 성별

나이 범위	여성	남성
61~70	155	143
71~80	85	56
81~90	42	18
90 이상	12	1

© Cengage Learning 2014

임으로 선택한 입주자가 여성일 확률은 무엇인가? 임으로 선택한 거주자가 80세 이상일 확률은 어떻게 되는가?

8. 도넛 가게는 여덟 가지 종류의 도넛을 만든다. 매일 밤, 표 12.7과 같이 도넛을 만든다.

표 12.7 도넛 가게 판매량

도넛 종류	수량
글레이즈 젤리	144
가루 젤리	180
설탕 젤리	72
플레인	96
글레이즈 초콜릿	156
블루베리	36

© Cengage Learning 2014

도넛 종류	수량
레몬	72
글레이즈	240

저녁에 만든 도넛이 젤리 도넛일 확률은 무엇인가? 레몬 도넛일 확률은 어떻게 되는가?

다음 사건의 여사건은 무엇인가? 또한 주어진 사건과 그 여사건의 확률은 어떻게 되는가?

9. 공정한 동전 3개를 던져 모두 앞면이 나오는 사건

10. 12달 중 한 달을 선택하고 31일 중 하루를 선택하는 사건

11. 6면체 주사위를 2번 던져 나온 눈의 합이 8인 사건

12. 룰렛에는 38개의 슬롯, 즉 00, 0, 1, …, 36이 있는데, 이 중 18개가 빨간색이고 18개는 검은색이다. (00과 0 슬롯은 빨간색도 검은색도 아니다.) 구슬이 빨간색 슬롯에 들어가는 사건

다음 물음에 대해 답하여라.

13. 농산물 도매시장에서 브로콜리의 상품을 조사한다. 총 133가지 상품 중 23가지는 유기농인 것으로 나타났다. 무작위로 선정된 브로콜리가 유기농일 (경험적) 확률은 어떻게 되는가? 972가지 제품을 조사한다면 얼마나 많은 제품이 유기농일 것으로 기대할 수 있는가?

14. 한 학교의 학생들에게 컴퓨터에 대해 설문조사를 실시한 결과, 573명은 윈도우, 862명은 Mac OS, 37명은 리눅스를 사용하고 있다고 한다. 이에 근거해서 임의로 선택한 한 학생이 Mac OS를 사용할 확률은 어떻게 되는가? 10,000명의 학생들을 대상으로 설문조사를 한다면, 얼마나 많은 학생들이 Mac OS를 사용할 것으로 기대하는가?

15. 어떤 어드벤처 게임을 432번 하는 동안 게임의 특정한 방에 1,286번 입장하였다. 이 방에서 도깨비는 255번 나타났다. 이 방에 들어가서 도깨비와 마주칠 (경험적) 확률은 어떻게 되는가? 726번의 게임을 더 하고 이 방에 1,326번 더 입장한다면, 도깨

비와 얼마나 마주칠 것으로 예상하는가?

16. 생산된 자동차들은 공장에서 출고된 후 검사가 이루어진다. 표 12.8은 자동차에서 발견된 결함의 수를 보여준다. 출고된 자동차들 중에서 임의로 선택한 자동차에 적어도 두 가지 결함이 있을 (경험적) 확률은 어떻게 되는가? 다른 1,000대의 자동차를 검사한 경우, 결함이 2개 이상 있을 것으로 예상되는 자동차는 몇 대인가?

표 12.8 공장에서 출고된 자동차의 결함

결함의 수	출고된 자동차 대수
0	327
1	86
2	45
3개 이상	22

© Cengage Learning 2014

다음의 승산을 계산하여라.

17. 인천 전자랜드는 지난 16경기에서 10승을 거뒀다. 이 실적을 기준으로 다음 경기에서 이길 승산은 무엇인가?

18. 자동차 제조업체는 출고하는 차량의 0.04%가 '불량제품'일 것으로 추정한다. 불량제품을 구입하지 않을 승산은 무엇인가?

19. 어떤 경주마는 지난 20경기에서 18승을 기록했다. 이 결과에 의해, 다음 경기에서 우승하지 않을 승산은?

20. 한 공장에서 자동차용 벨트를 만든다. 이 중 0.01%가 어떤 면에서 결함이 있는 것으로 추정된다. 임의로 결함이 있는 벨트를 선택하지 않을 승산은 무엇인가? 그리고 결함이 있는 벨트를 선택할 승산은 무엇인가?

21. 특정 사건이 일어나지 않을 승산이 7:13인 경우, 이 사건이 일어날 확률은 어떻게 되는가?

22. 컴퓨터에 바이러스가 감염되지 않을 승산이 13:9일 때, 무작위로 선택한 컴퓨터에 바이러스가 감염되어 있을 확률은 어떻게 되는가?

23. 결혼이 이혼으로 끝날 승산이 10:11인 경우, 임의로 선택한 결혼한 커플이 이혼으로 끝나지 않을 확률은 어떻게 되는가?

24. LG는 22번 시즌 중 5번의 우승을 기록하였다. 이 성적에 따라 다음 시즌에서 우승하지 못할 승산은 무엇인가?

다음 종합문제에 제시된 기댓값을 계산하여라.

25. 어떤 게임은 표준 트럼프 카드에서 한 장을 선택한다. 선택한 카드가 다이아몬드 잭이라면 10달러를 받는다. 선택한 카드가 스페이드 퀸이면, 13달러를 잃게 된다. 또한 카드가 하트인 경우에도 1달러를 잃게 된다. 게임을 한 번 했을 경우의 예상 기댓값은 무엇인가?

26. 한 학급의 학생의 성적을 조사한 결과가 표 12.9에 정리되어 있다.

표 12.9 한 학급의 성적 분포

등급	학생 수
A	12
B	27
C	24
D	5
F	3

© Cengage Learning 2014

표준 성적 환산점수(즉, A = 4.0, B = 3.0, C = 2.0, D = 1.0, F = 0.0)를 적용할 때, 임의로 선택한 학생의 예상 성적 환산점수는 무엇인가?

27. 공장에서 작은 장치를 만든다. 표 12.10은 임의의 작은 장치 샘플에서 발견된 결함 수와 해당 결함을 가진 장치의 개수를 나타낸다. 임의로 작은 장치를 선택할 때 발견되는 결함 수의 기댓값은 무엇인가?

표 12.10 작은 장치의 결함 분포

결함의 수	해당 장치의 수
0	371
1	25
2	3
3	1

© Cengage Learning 2014

28. 창업에 투자할지 여부를 선택해야 한다고 하자. 투자 금액은 1천만 원이며 세 가지 가능한 결과가 있을 수 있다. (1) 회사는 엄청난 성공을 거둘 것이며 10억 원을 돌려받을 수 있다. (2) 회사는 적당히 성공할 것이며, 5천만 원을 돌려받을 수 있다. (3) 회사는 파산할 수 있으며 이 경우 아무것도 얻을 수 없다. 첫 번째 결과의 확률은 0.1%, 두 번째 결과의 확률은 2%로 추정된다. 되돌려 받을 수 있는 기대 금액은 얼마이고 투자 가치는 있는가?

다음 두 사건 A와 B는 독립인가 종속인가? 설명하여라.

29. A: 성원이의 차가 고장 난다. B: 성원이의 아버지는 노벨상을 받는다.

30. 흰색 공 50개와 검은색 공 50개가 들어 있는 가방이 있다. 하나씩 두 개의 공을 선택하는데 처음 선택한 공을 되돌려 놓지 않는다. A: 첫 번째 선택한 공은 흰색 공이다. B: 두 번째 선택한 공은 흰색 공이다.

31. 포커에서 5장의 카드를 받는다고 하자. A: 플러시(카드 다섯 장 모두 동일한 종류)를 받는다. B: 로열 플러시(같은 종류의 A, K, Q, J, 10)를 받는다.

32. 주머니에 네 종류의 동전, 즉 25원짜리, 10원짜리, 5원짜리, 1원짜리 동전이 각각 한 개씩 있다. 첫 번째 동전을 꺼낸 후 다시 넣지 않고 두 번째 동전을 꺼낸다. A: 첫 번째 꺼낸 동전은 25원짜리이다. B: 두 번째 꺼낸 동전은 25원짜리이다.

사건 A와 B는 독립사건이다. 다음 종합문제에 대해 P(A and B)를 구하여라.

33. $P(A) = 0.10$, $P(B) = 0.30$

34. $P(A) = \dfrac{11}{13}$, $P(B) = \dfrac{13}{110}$

다음 종합문제에 제시된 확률을 계산하여라.

35. 표준 트럼프 카드에서 두 장의 카드를 뽑는다. 첫 번째 뽑은 카드가 잭 카드인 경우, 두 번째 뽑은 카드도 잭 카드일 확률은 어떻게 되는가?

36. 표준 트럼프 카드 중 동일한 종류의 카드 12장이 있다고 하자. 이 중에서 9장의 카드를 선택할 때, 적어도 한 장의 잭 카드를 선택할 확률은 어떻게 되는가?

37. 어떤 댄스모임에 91명의 남성과 97명의 여성이 있다. 60세 이상인 남성은 전체의 25%, 60세 이상인 여성은 전체의 35%이다. 댄스모임에서 한 사람을 임의로 선택한 경우, 60세가 넘을 확률은 어떻게 되는가?

38. 카지노의 어떤 게임에서 승리할 확률이 47%라고 가정한다. 이기면 1달러를 받는다. 지면 1달러를 잃는다. 10번의 게임을 했을 때 예상되는 받는 또는 잃는 돈의 기댓값은 얼마인가?

39. 포커에서 5장의 카드를 받는다. 플러시(동일한 종류의 카드 5장)를 받을 확률은 어떻게 되는가?

40. 포커에서 5장의 카드를 받았는데 거의 플러시(동일한 종류의 카드 5장)이다. 즉, 같은 종류의 카드 4장과 다른 종류의 카드 1장을 받았다. 한 장의 카드를 버리고 다른 한 장의 카드를 받아 플러시를 만들 수 있는 확률은 어떻게 되는가?

41. 포커에서 얼마나 많은 5장의 카드 조합이 있을 수 있는가? 카드의 순서는 중요하지 않다는 것을 기억하자. 로열 플러시(종류가 같은 A, K, Q, J, 10)를 받을 확률은 어떻게 되는가?

42. 1에서 12까지 적혀진 12개의 카드가 가방에 들어 있다. 순서를 고려할 때, 3장을 선택하는 서로 다른 방법의 수는 몇 가지인가? 이 경우 3이 적힌 카드가 포함될 확률은 어떻게 되는가?

43. 4문자로 이루어진 영어 단어는 모두 40,132개라고 한다. 대문자는 무시한다. 임의로 선택한 4문자 단어가 실제로 영어 단어일 확률은 어떻게 되는가? 문자를 반복하지 않고 선택한 4문자 단어가 실제로 영어 단어일 확률은 어떻게 되는가? (반복되는 문자가 없는 4문자 영어 단어는 모두 30,176개라고 가정한다.)

44. 1에서 10까지 적혀진 10개의 카드가 있다. 이들을 (순서를 고려하여) 배열하는 방법은 10!가지이다. 이 배열 중 두 번째에 3이 있는 배열은 모두 몇 가지인가? 이렇게 배열할 때 3이 두 번째로 위치할 확률은 어떻게 되는가?

45. 미국에는 1억 대의 자동차가 있으며 이 중 1,500만 대는 일본 자동차라고 한다. 아울러 일본 자동차 중 500만 대가 혼다(일본 자동차 제조업체)라고 한다. 무작위로 선택된 자동차가 혼다일 확률은 무엇인가? 임의로 선택한 자동차가 일본 자동차라고 할 때, 이 자동차가 혼다일 확률은 어떻게 되는가?

46. 임의의 두 사건 A, B에 대해 $P(B) = P(A)P(B|A) + P(A')P(B|A')$가 성립한다고 한다. $P(A) = \frac{1}{3}$, $P(A \text{ and } B) = \frac{1}{5}$, $P(B) = \frac{1}{4}$일 때, $P(B|A)$, $P(B|A')$, $P(A' \text{ and } B)$는 무엇인가?

47. 식료품 상점에 15종류의 시리얼이 있다. 시리얼은 순서대로 진열되어 있다. 얼마나 많은 순서배열이 있을 수 있는가? 시리얼 A가 가장 앞에 올 확률은 어떻게 되는가? 시리얼 A가 제일 앞에, 그리고 시리얼 B가 두 번째로 배열되는 확률은 어떻게 되는가?

48. 15명의 직원을 둔 회사가 복지 위원회를 구성하려고 한다. 위원회는 3명으로 구성된다. 서로를 싫어하는 보영이와 아현이가 위원회에 포함될 확률은 어떻게 되는가?

49. 1,000명을 대상으로 설문조사를 실시한 결과 그중 10명이 헤로인에 중독되어 있는 것으로 나타났다. 헤로인에 중독된 10명 중 2명은 마리화나를 피우고 있다. 헤로인에 중독되지 않은 사람들 중 198명은 마리화나를 피운다고 한다. 마리화나를 피우면 사람이 헤로인에 중독되었을 조건부 확률은 어떻게 되는가? 어떤 사람이 마리화나를 피울 확률은 어떻게 되는가? 헤로인을 피우는 사건과 마리화나를 피우는 사건은 독립인가?

50. 10,147명 중 3,032명이 대학 졸업자이고, 2,732명은 부모가 대학을 졸업했으며, 1,563명은 대학을 졸업하였고 부모님 또한 대학을 졸업하였다고 한다. 대학을 졸업한 사람이 그 부모도 대학을 졸업했을 조건부 확률은 어떻게 되는가?

Chapter 13 통계
Statistics

통 계는 수치 자료의 수집, 분석, 평가, 사용과 자료의 표현을 다루는 수학
의 한 분야이다. 자료는 특정한 사물 또는 활동에 대한 관찰과 분석 정
보들로 구성된다.

통계는 기술통계(descriptive statistics)와 추측통계(inductive statistics)의
두 가지 유형으로 나눈다. 전자는 관찰된 현상에 대한 정보를 수집하고 정리하
며, 후자는 수집된 자료를 통해 결론을 이끌어낸다.

이 책에서는 주로 기술통계에 초점을 맞추며, 추측통계는 다루지 않는다.

학습목표

이 장의 내용을 학습하면 다음을 할 수 있다.

- 다양한 표본추출 방법을 이해하고 적절히 선택하기
- 통계 그래프를 그리고 해석하기
- 중심경향도를 이해하고 계산하기
- 정규분포를 이해하고 정규분포를 이용하여 계산하기
- 이항분포를 이해하고 이항분포를 이용하여 계산하기
- 선형 상관과 선형 회귀를 분석하기

13.1 표본추출의 여러 방법

통계에서 조사하는 대상 또는 사람들의 집합을 모집단(population)이라 한다. 이상적으로는 전체 모집단을 대상으로 모집단에 속하는 모든 대상들을 조사할 수 있다. 하지만 여러 가지 제약(시간, 편의, 비용, 실용성) 때문에 모집단 전체를 조사하는 것은 일반적으로 불가능하다. 이러한 이유로 모집단의 부분집합인 표본(sample)을 통해 모집단을 조사한다. 모집단에서 표본을 얻는 과정을 표본을 추출한다고 하거나 간단히 표본추출(sampling)이라 말한다. 이렇게 얻은 표본에서 모집단의 자료(data)에 대한 정보를 수집할 수 있다.

자료가 주어지면 이로부터 얻은 표본에 대해 측정값 또는 수치정보를 얻을 수 있는데 이 정보를 통계량(statistic)이라고 한다. 전체 모집단에 대한 통계량을 얻는 경우 이를 모수(parameter)라 부른다. 모집단 전체의 특성과 매우 가까운 모집단의 부분집합을 대표표본(representative sample)이라 한다. 대표표본을 구성할 수 있다면 통계량의 값이 모수의 값을 예측하는 역할을 할 수 있다고 추측할 수 있다.

예제 13.1 정부는 새로운 버전의 휴대폰에 대한 신뢰성에 관심이 있으며 특히 내장된 웹 브라우저의 신뢰성을 검토하고 있다. 200만 대가 넘는 휴대폰이 판매되었기 때문에 모든 휴대폰을 검사하는 것은 비실용적이다. 따라서 5,000대의 휴대폰을 모아 웹 브라우저의 결함 여부를 검사한다. 이 상황에서 모집단과 표본은 무엇이며 통계량과 모수는 무엇인가?

풀이

연구대상 전체의 모임인 모집단은 새로운 휴대폰의 특정 버전 전체의 집합이며, 표본은 검사할 5,000대의 휴대폰이다. 이 연구의 초점은 웹 브라우저의 신뢰성이므로 통계량은 불량 브라우저가 있는 휴대폰의 개수, 모수는 불량 브라우저가 있는 전체 휴대폰의 개수이다.

모집단에 관한 정보를 수집할 때 주요 쟁점 중 하나는 통계량을 계산하는 데 사용할 표본을 추출하는 방법이며, 이 표본으로부터 모수를 예측할 수 있기를 기대한다. 따라서 대표표본을 효율적으로 얻을 수 있는 방법을 사용해야 한다. 물론 대표표본을 얻을 수 있는 여러 가지 방법이 있지만 상황이나 제약에 따라 편의상 특정 방법을 선택할 수 있다.

표본을 구성하는 방법을 표본추출(sampling) 방법이라고 한다. 여기에서 살펴볼 표본추출 방법은 편의 표본추출, 계통 표본추출, 무작위 표본추출, 군집 표본추출, 층화 표본추출법이다. 이러한 유형을 각각 정의한 다음 사용법의 예를 살펴본다.

먼저 언급할 사항이 있는데 첫 번째 유형인 편의 표본추출만이 **비확률적 표본추출 방법(nonprobability sampling method)**이라는 것이다. 이 방법은 모집단에 속한 각 대상들이 표본으로 선택될 가능성이 같지 않다는 것이 특징이다. 나머지 유형의 표본추출 방법은 확률적 표본추출 방법이며, 모집단의 모든 대상이 표본으로 선택될 가능성이 서로 같다.

편의 표본추출

예를 들어 대전광역시와 같은 특정 도시 거주자의 평균 소득 수준을 결정할 수 있는 정보를 수집한다고 가정하자. 물론 대전시의 모든 거주자를 조사하여 그 결과를 기록한 다음, 그 급여의 평균을 계산할 수 있다. 하지만 이 방법은 시간이 많이 걸릴 뿐 아니라, 어렵고 비용도 많이 든다. 따라서 대전광역시 거주자의 일부를 표본으로 추출하여 이 표본의 평균 급여를 계산한 다음 이를 통해 도시 전체의 평균 급여를 추측하기로 하자.

편의 표본(convenience sample)을 얻는 것은 어렵지 않으며 간단한 정보를 사용하여 선택할 수 있다.

도시의 여러 곳을 다니다 보면 20대 초반의 남성 세 사람을 쉽게 만날 수 있다. 이 세 남성에게 연봉 수준을 조사하고 이들을 표본으로 선택할 수 있다. 이들 중 두 명은 급여가 낮은 직업에 종사하며 연봉은 각각 1,860만 원과 1,200만 원인 반면, 세 번째 남성은 레스토랑 직원으로 일하면서 3,200만 원의 연봉을 받는다. 이 세 명의 연봉 평균은 약 2,086.67만 원이므로 이것이 표본 통계량이며, 이로부터 모집단의 모수(대전광역시 거주자의 평균 연봉)가 2,086만 원이라고 결론 내릴 수 있다.

편의 표본추출의 약점은 쉽게 파악할 수 있다. 매우 행운이 따르는 경우를 제외하고 이렇게 구성한 표본이 대표표본이 될 가능성은 거의 없으며, 표본에 편향(bias)이 존재할 수 있다. 편의 표본추출의 장점은 정보수집이 용이하며 결론을 빠르게 도출할 수 있다는 것이다.

편의 표본추출이 모집단의 모수를 정확히 예측할 수 있는 경우는 연구 대상 집단이 동질(homogeneous)인 경우뿐이다. 즉, 모집단의 대상들 간에 아주 작은 차이만이 존재하는 경우이다.

이러한 종류의 표본추출은 연구자가 기초자료를 수집하는 선행 연구 단계에서 주로 사용한다. 연구의 시작단계에서는 기초적인 자료가 필요하며 따라서 편의 표본추출의 방법을 사용하면 시간을 줄일 수 있다.

예제 13.2 ▶ 명수는 자신이 다니는 대학 학생들의 평균 연령을 알고자 한다. 모든 학생들을 조사하는 것은 비실용적이므로, 그는 자신의 경제학 수업을 수강하는 학생들을 표본으로 사용하기로 하였다. 이 표본은 명수가 쉽게 이용할 수 있는 모집단의 부분집단이지만 모집단 전체를 대표하지는 못하기 때문에 편의 표본이다.

계통 표본추출

계통 표본(systematic sample)은 미리 설계된 알고리즘을 사용하여 모집단의 원소들을 선택하여 얻은 표본을 말하는데, 표본의 대상은 모집단 원소 중에서 주기적인 방법으로 선택한다. 편의 표본과 마찬가지로 표본 구성이 비교적 쉬우면서 표본을 주기적인 방법으로 선택하여 편의 표본의 약점을 극복할 수 있다.

모집단의 구성원을 (특정 기준으로) 정렬시키고 번호를 부여한 다음 선택 절차를 위한 시작 번호를 선택한다. 그 다음 예를 들어 6과 같은 구간의 길이를 선택하는데, 시작 번호에서 출발하여 매 6번째 원소를 표본으로 선택하여 조사하게 된다.

앞에서 살펴본 대전광역시 평균 연봉을 조사하는 것을 다시 생각해 보자. 모든 주민의 이름을 1번부터 순서대로 번호를 붙여 나열할 수 있다. 그런 다음 312와 같이 시작 값을 임의로 선택할 수 있다. 그리고 구간 길이를 예를 들어 500으로 선택할 수 있다. 그러면 표본은 번호가 312, 812, 1312, 1812, ...인 주민들로 구성된다.

모든 표본추출 방법과 마찬가지로 계통 표본추출 방법에는 장단점이 있다. 장점은 방법이 비교적 간단하고, 모집단의 비교적 넓은 범위에 걸쳐 표본을 추출할 수 있으며, 체계적인 선택을 통해 공통적인 특징을 공유하는 특정 부분집단을 임의로 선택할 가능성을 제거할 수 있다. 이 방법의 주된 단점은 표본추출의 체계성이 집단 내에 존재하는 숨겨진 주기적 특성과 동시에 상호작용할 수 있는 가능성이다. 표본추출이 특정의 주기성과 일치한다면, 공통적인 특징을 공유하는 대상들이 표본으로 선택될 수도 있다.

예제 13.3 ▶ 마포대로 길가에 위치한 각 집에 평균적으로 몇 명의 어린이가 살고 있는지 조사하기 위해 계통 표본추출법을 사용하기로 하자. 마포대로에는 총 40구역이 존재하며 400가구가 위치해 있다. 이 집들에 1번에서 400번까지의 번호를 붙인 다음 표본으로 25개의 집을 조사하기로 한다. 7번 집에서 시작하면 $\frac{400 - 7}{25} = 15.72$이므로 이후 매 15번째 집을 선택할 수 있다. 따라서 조사 대상인 집은 7, 22, 37, 52, ... 등이다.

무작위 표본추출

무작위 표본(random sample)을 위해 연구자는 모집단의 모든 구성원들의 목록을 만들고 이로부터 원하는 수의 표본을 얻기 위한 무작위 방법을 고안하면 된다. 무작위 표본을 선택하는 방법은 선택 절차가 무작위인 모든 방법이 될 수 있다. 예를 들어 모든 구성원들의 이름을 적은 종이를 잘 섞은 후 원하는 수만큼의 종이를 선택할 수도 있으며 컴퓨터 소프트웨어를 사용하여 모집단의 구성원을 무작위로 선택할 수도 있다.

　무작위 표본추출의 장점은 표본을 쉽게 구성할 수 있다는 점과 표본 대상을 선택하는 방법이 공정하다는 점이다. 이론적으로 무작위 표본추출은 모집단의 대표표본을 생성할 가능성이 매우 높다. 무작위 표본추출의 단점은 모집단의 최신 목록이 필요하고 표본을 선택하기 위한 일종의 완전한 무작위 방법을 사용해야 한다는 것이다.

예제 13.4 ▶ 미군은 군대에 입대한 남자 군인의 신발 크기의 평균값을 조사하고자 한다. 군대는 잘 조직되어 있으므로, 입대한 남자 군인의 모집단의 완전한 목록작성이 가능하고 컴퓨터 데이터베이스에 저장할 수 있다. 5,000명의 남자 군인을 표본으로 구성하기로 하고 남자 군인들에 번호를 부여한 후 난수발생기를 이용하여 무작위로 5,000개의 숫자를 선택한다. 선택된 5,000개의 숫자에 해당하는 군인들로 무작위 표본을 구성한 후 신발 크기의 평균을 구한다.

군집 표본추출

모집단이 너무 커서 무작위 표본추출이 불가능한 경우 대신 사용할 수 있는 일반적인 방법은 **군집 표본추출(cluster sampling)** 방법이다. 군집 표본추출에서 모집단은 지역, 연령 등과 같은 자연스러운 방식으로 세분화되어 모집단의 군집을 만든다. 예를 들어 모집단이 대한민국 국민 전체인 경우 군집은 대한민국 내의 개별 시도가 될 수 있다. 그런 다음 이 군집 중 하나 이상을 무작위로 선택하고 (단, 각 군집을 선택하는 가능성은 모두 같아야 한다.) 선택한 군집 내의 사람들의 전체 집합 또는 해당 군집에 속한 사람들 중 무작위로 선택한 사람들을 표본으로 정한다.

물론 희망사항은 개별 군집이 모집단 전체의 성질과 매우 유사한 성질을 갖도록 하는 것이다. 이 경우 군집은 모집단의 축소판이 될 수 있으며 따라서 조사를 진행하기에 매우 유용하게 된다.

예를 들어 대한민국 국민이 현 대통령의 경제정책을 어떻게 생각하는지 알고 싶다고 하자. 대한민국 인구는 너무 많으므로 모든 사람들의 정보를 조회할 수 없기 때문에 군집 표본추출로 전체적인 여론을 파악할 수 있다. 대한민국은 시도 단위로 나눌 수 있으며 이를 군집으로 사용할 수 있다. 그런 다음 무작위 선택을 통해 예를 들어 경상남도를 표본으로 선택할 수 있다. 하지만 경상남도에도 인구가 상당히 많기 때문에 경상남도 주민 중 무작위로 선택하여 모집단의 표본으로 이용한다. 그리고 이 표본에 속한 사람들에 대해 현 대통령의 경제정책에 대한 견해를 묻는 것이다.

군집 표본추출은 상대적으로 신속하고 수행하기 쉬우며 비용도 저렴하다. 연구자는 모집단 전체를 조사하여 정보를 수집하기보다는 무작위로 선택된 몇 개의 군집에 제한된 인원의 조사원을 파견할 수 있다. 또한 조사원이 조사해야 하는 지역이 작다면 무작위 표본추출로 얻은 것보다 더 많은 개인을 조사할 수도 있다. 군집 표본추출의 단점은 군집이 모집단 전체의 특성을 대표하지 않을 수도 있다는 것인데, 함께 사는 사람들은 같은 생각을 하기 쉬워 특정 군집이 다른 군집이나 모집단과 다른 견해나 의견을 가질 수 있기 때문이다. 또한 군집 표본추출은 그 특성상 표본으로 추출되지 않는 많은 미조사 영역을 남겨두게 된다. 따라서 모집단의 통계적으로 의미 있는 많은 대상들을 간과하게 된다.

예제 13.5 어떤 전국 지점망을 가진 회사 직원들의 휴대전화 사용률을 조사한다고 가정한다. 회사는 우선 거주지역에 따라 군집으로 나눈다. 이러한 지역적 분류는 표본을 구성하는 군집의 역할을 한다. 표본 직원을 선택하기 위해 거주지역들 중 세 지역을 무작위로 선택하고 이들 세 지역에서 직원들을 무작위로 선택한다. 그리고 이 선택된 직원들의 표본에 대해 휴대전화 이용시간의 평균을 조사한다. 세 군집에서 생성된 표본의 휴대전화 사용량 평균은 회사 직원 전체에 대한 휴대전화 사용 평균의 추정값으로 사용할 수 있다.

층화 표본추출

연구자는 모든 특정 하위 집단, 즉 **계층(strata)**들이 표본에 포함되는 것을 원하는 경우가 있다. 이 경우 **층화 표본추출(stratified sampling)** 방법을 사용한다. 즉, 모집단을 관심 있는 특정 하위 집단으로 세분화하고 각 계층에서 표본을 무작위로 선택한다. 이 책에서는 비례(proportionate) 층화 표본추출 방법만 다룰 것인데, 각 표본들은 전체 모집단에서 각 하위집단이 차지하는 구성비를 고려하여 추출한다. 다른 유형은 비비례(disproportionate) 층화 표본추출 방법으로 이러한 구성비 기준을 무시한다.

층화 표본추출에서는 계층이 겹치지 않도록 하는 것이 필수적이다. 즉, 모집단의 특정 대상이 여러 계층에 동시에 속하지 않도록 해야 한다. 보편적으로 가장 많이 사용하는 계층은 연령, 성별, 종교, 국적, 교육 수준, 사회경제적 지위 등이다.

계층이 겹치지 않게 하고 계층에서 얻은 무작위 표본이 전체 모집단에서의 계층 구성비에 비례하게 하면, 이러한 표본추출은 높은 수준의 통계적 정확도를 가지므로 표본의 크기는 상대적으로 크지 않아도 된다. 이를 통해 연구자는 시간, 비용과 노력을 절약할 수 있다.

예제 13.6 컴퓨터 게임 회사는 서울시에 사는 모든 개인이 소유한 게임의 개수를 조사하려고 한다. 서울 시민이 모두 등록되어 있다고 할 때, 인구는 연령에 따라 10년 단위의 연령대(1~10세, 11~20세, 21~30세 등)로 나눌 수 있다. 각 연령대에서 무작위 표본을 선택하고 표본의 각 구성원에게 몇 개의 게임을 소유하는지 질문한다. 각 연령대에서 선택된 사람의 비율을 서울시 전체의 연령대 비율과 일치하도록 한다.

연습문제

다음 각 연습문제에 사용된 표본추출 방법(무작위, 층화, 계통, 군집, 편의)을 설명하여라.

1. 한 고등학교의 1학년, 2학년, 3학년 학생들 중에서 각각 54명, 81명, 48명의 학생을 뽑는다.

2. 한 대규모 대학 학생들의 전체 명단을 임의 순서대로 작성하고 매 71번째 학생을 선택하여 표본으로 만든다.

3. 시장 조사관은 미국의 10대 도시에서 각각 600명씩 인터뷰한다.

4. 보험 계리사는 그의 회사 고객 목록에서 40세에서 70세 사이의 운전자 500명을 대상으로 사고 기록을 조사한다.

5. 세무 감사원은 세무서에서 받은 매 1,000번째의 세금 신고서를 조사한다.

6. 선거 여론조사 회사는 유권자에게 해당 지역에 할당된 번호를 붙인 다음 컴퓨터를 사용하여 100개의 임의의 번호들을 생성하고 해당 번호에 해당하는 지역의 유권자를 인터뷰한다.

7. 검사관은 특정 공장에서 생산된 자동차의 품질을 평가하기 위해 조립라인에서 생산된 매 25번째의 차량을 점검한다.

8. 교육 연구자는 무작위로 100개의 초등학교를 선정하고 각 학교의 선생님들을 인터뷰한다.

9. 정치 연구자는 미국 대통령의 지지율을 조사하기 위해 자신의 지역 민주당 사무실에서 근무하는 100명의 직원을 조사한다.

10. 어느 게임 쇼 참가자의 이름을 각각 카드에 적고, 이 카드들을 가방 안에 넣은 후 가방에서 카드를 한 장 선택한다.

13.2 통계 그래프

자료를 수집하고 나면 다음과 같은 자연스런 질문을 할 수 있다. 이 자료를 분석하고 해석하기 위해 자료를 어떻게 표현할 수 있을까? 예를 들어, 대기업 내 컴퓨터의 제조년도를 조사한다고 가정해 보자. 회사 규모가 크기 때문에 컴퓨터들의 표본을 조사할 수도 있지만 그렇다 하더라도 표본에 속한 모든 컴퓨터의 제조년도를 조사하여 표로 나열하는 것은 힘든 작업일 수 있다. 더 나은 생각은 컴퓨터 제조년도의 중앙값과 표준편차를 조사하는 것이다. 이것들은 자료를 설명할 때 사용할 수 있는 중요한 두 가지 통계량이며 이에 대해 소개하고 자세히 다룰 것이다. 또한 자료의 **통계 그래프**(statistical graph)를 작성하고 검토할 것이다.

자료를 그래프로 표현하는 방법은 여러 가지이며 각각의 장단점이 존재한다. 유형이 무엇이든 통계 그래프를 통해 추세를 관찰하고 패턴을 파악하여 자료의 값을 신속하게 비교할 수 있다.

자료를 설명하는 그래프의 유형은 점 그림(dot plot), 막대그래프(bar chart), 히스토그램(histogram), 줄기-잎 그림(stem-and-leaf plot), 도수다각형(frequency polygon), 상자-수염 그림(box-and-whisker plot), 원 도표(pie chart) 등이 있다. 이러한 각각의 유형에 대한 설명은 통계학 과정에서 자세히 다루며 여기에서는 줄기-잎 그림, 히스토그램, 상자-수염 그림의 세 가지 유형만 집중적으로 살펴본다.

줄기-잎 그림

특정 6개월 동안 어느 집단에 속한 근로자의 근무일수를 조사한다고 가정하자. 이 기간 동안 총 근무일수는 118일이며 각 근로자의 근무일수는 (오름차순으로) 다음과 같다.

$$92, 98, 107, 109, 112, 112, 112, 114, 114, 115, 116, 116,$$
$$116, 117, 117, 118, 118, 118, 118$$

이 자료는 체계적으로 정리되어 있지만 보통은 이렇게 정리되어 있지 않다. 이제 자료의 값을 줄기와 잎의 두 부분으로 나누어 더 체계화할 수 있다. 잎은 총 근무일수의 마지막 자리이고 줄기는 그 앞자리 숫자들로 구성된다. 따라서 자료 98에서 줄기는 9이고 잎은 8이다. 자료 115에서 줄기는 11이고 잎은 5이다.

줄기-잎 그림을 그리려면 줄기를 왼쪽 열에 세로로 나열하고 잎들은 해당 줄기의 오른쪽에 (오름차순으로 반복을 포함하여) 나열한다. 앞의 예의 경우는 표 13.1과 같은 줄기-잎 그림을 갖는다.

표 13.1 줄기-잎 그림

줄기	잎
9	2, 8
10	7, 9
11	2, 2, 2, 4, 4, 5, 6, 6, 6, 7, 7, 8, 8, 8, 8

© Cengage Learning 2014

　　줄기-잎 그림은 자료를 정리하고 조사할 수 있는 그래프를 얻는 빠른 방법을 제공한다. 이 방식으로 제시된 자료를 검토 할 때에는 다른 데이터와 멀리 떨어져 있는 극값(extreme value)이라고도 부르는 **특이값**(outlier)에 유의해야 한다. 이 경우 다른 자료와 좀 떨어진 특이값은 92와 98이 될 수 있다.

예제 13.7 ▶ 어느 대학의 학생들의 나이를 조사한다고 하자. 무작위로 학생들의 표본을 구성하여 나이를 조사한 결과는 다음과 같다.

18, 18, 18, 19, 19, 19, 19, 19, 20, 20, 20, 21, 21, 21, 24, 24, 25, 25, 28, 31, 32, 46

줄기-잎 그림을 그리고 특이값이 있으면 제시하여라.

풀이

줄기의 값은 1, 2, 3, 4, 잎은 마지막 자리의 숫자로 하면 자료의 줄기-잎 그림은 표 13.2와 같다. 학생들의 주요 연령대는 10대와 20대에 밀집되어 있는 것처럼 보인다. 46은 특이값인데 이것은 이 대학에 다니는 보통 연령대의 학생들과 차이가 매우 크다. 학생들의 대다수는 20대로 나타났는데 이는 대학에 입학하는 학생들의 보통 연령대와는 차이를 보인다. 이는 자료의 표본에 다소 결함이 있거나 '보통 연령대의 대학생'에 대한 개념이 부정확하다고 볼 수 있다.

표 13.2 학생들의 나이에 대한 줄기-잎 그림

1	8, 8, 8, 9, 9, 9, 9, 9
2	0, 0, 0, 1, 1, 1, 4, 4, 5, 5, 8
3	1, 2
4	6

© Cengage Learning 2014

히스토그램

히스토그램(histogram)은 자료를 표현하기 위한 유용하고 일반적인 도구이다. 주로 자료의 값이 100개 또는 그 이상으로 많은 경우 사용한다. 히스토그램을 작성하기 위해서 그 정도로 많은 자료가 없어도 상관은 없지만 일반적으로 100이 기준이 된다.

히스토그램은 가로축과 세로축이 표시된 영역 내에 연속적으로 배치된 막대들로 이루어진 도표이다. 가로축에는 자료가 나타내는 양이, 세로축에는 자료집합의 각 부분집합의 빈도수가 표시되어 있다. 자료집합이 큰 경우, 세로축에는 곧 설명할 예정인 **상대도수(relative frequency)**를 표시할 수도 있다.

줄기−잎 그림과 마찬가지로 히스토그램은 자료의 분포와 중심을 이루는 값들을 시각적으로 제시한다. 히스토그램을 구성하기 위해 먼저 자료를 나타내기 위해 사용할 막대(bar; 또는 구간(interval), 계급(class))의 수를 결정한다. 일반적으로 막대의 수는 5에서 15까지이지만 꼭 그럴 필요는 없다.

그런 다음 시작점을 가장 작은 자료의 값보다 작게 선택한다. 편의를 위해 일반적으로 가장 작은 자료의 값과 비교적 가까운 값을 시작점으로 선택한다. 끝점은 가장 큰 자료의 값보다 크게 선택한다.

각 막대의 폭은 끝점과 시작점의 차이를 계산하고 원하는 막대의 수로 나누어 계산할 수 있다. 원할 경우 막대의 폭은 반올림할 수 있는데, 이 경우 선택한 두 막대의 경계에 자료의 값이 위치해서는 안 된다.

예제 13.7을 다시 생각하고 이 자료의 히스토그램을 작성해 보자.

예제 13.8 어느 대학의 학생들의 나이를 조사한다고 하자. 학생들의 무작위 표본을 구성하여 나이를 조사한 결과는 다음과 같다.

18, 18, 18, 19, 19, 19, 19, 19, 20, 20, 20, 21, 21, 21, 24, 24, 25, 25, 28, 31, 32, 46

자료를 설명하기 위해 10개의 구간을 가진 히스토그램을 작성하여라.

풀이

가장 작은 자료의 값은 18이며 따라서 편리한 시작점은 18 미만의 값이다. 17을 선택할 수도 있지만 모든 데이터 값은 정수이므로 이 값을 선택하면 자료의 값이 두 막대 사이의 경계에 놓일 가능성이 높아진다. 따라서 17.5를 시작점으로 선택한다. 가장 큰 자료의 값은 46이므로 46.5를 끝점으로 선택한다.

10개의 구간으로 작성해야 하므로 구간의 길이는

$$\frac{46.5 - 17.5}{10} = \frac{29}{10} \approx 3$$

이다. 따라서 막대의 경계값들은 17.5, 20.5, 23.5, 26.5, 29.5, 32.5, 35.5, 38.5, 41.5, 44.5, 47.5이다.

그림 13.1에서 가장 큰 경계값은 끝값으로 설정한 값과 정확히 같지는 않지만 어쩔 수 없다.

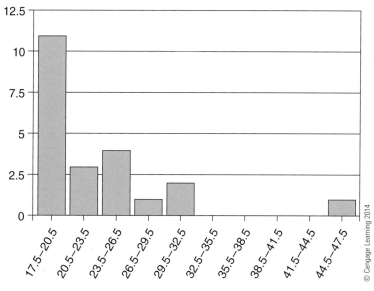

그림 13.1 학생 연령자료의 히스토그램

예제 13.9 ▷ 하루 수면시간이 생산성에 영향을 미친다고 생각한 회사는 직원들의 수면시간을 조사하기로 하였다. 직원의 표본을 추출하여 표 13.3의 정보를 얻었다. 직원들의 수면 패턴에 대한 히스토그램을 작성하여라.

표 13.3 직원들의 하루 수면시간

수면시간	직원 수
4	2
5	5
6	8
7	11
8	13
9	6
10	2

풀이

여기서는 폭이 1인 막대를 사용하는 것이 좋다. 시작점을 3.5로 선택하면 막대의 경계들은 3.5, 4.5, 5.5, 6.5, 7.5, 8.5, 9.5, 10.5이며 따라서 막대들은 각 수면시간을 나타낼 수 있다. 직원 수는 각 자료의 값들의 빈도에 해당하므로 그림 13.2와 같은 히스토그램을 작성할 수 있다.

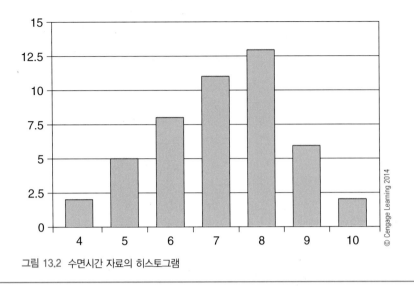

그림 13.2 수면시간 자료의 히스토그램

상자-수염 그림

상자-수염 그림(box-and-whisker plot)은 표본 자료의 집중화를 표현하는 훌륭한 그래프 도구이다. 또한 그래프를 통해 자료의 특이값을 확인할 수 있으며 자료의 범위나 퍼져 있는 정도를 파악할 수 있다. 이 그림은 다섯 가지 정보로 구성되는데 가장 작은 값과 가장 큰 값, 제1사분위수, 중앙값, 제3사분위수이다.

먼저 방금 언급한 마지막 세 가지 정보에 대해 알아보자. **중앙값**(median)이란 중심경향도(central tendency)를 다루는 절에서도 다시 언급하겠지만 매우 간단한 개념이므로 여기서 소개한다. 제1사분위수와 제3사분위수는 중앙값의 다른 유형으로 중앙값의 의미를 알면 바로 이해할 수 있는 개념이다.

중앙값은 자료집합의 **중간** 또는 가운데에 있는 값을 말한다. 따라서 자료들의 절반은 중앙값보다 작고 다른 절반은 중앙값보다 크다. 중앙값을 찾기 위해서는 자료를 커지는 순서대로 배열해야 한다. 자료의 수가 짝수인 경우 중앙값은 자료들의 값이 아닐 수도 있다.

예를 들어 다음 자료집합을 생각하자.

$$4,\ 5,\ 7,\ 11,\ 12,\ 13,\ 14,\ 15,\ 18,\ 19,\ 21$$

11개의 자료가 있으므로 중앙값은 정확히 가운데에 위치한 자료의 값이다. 따라서 6번째 자료의 값인 13에 대해 이보다 작은 자료가 5개, 이보다 큰 자료가 5개 있게 된다. 따라서 이 값은 자료를 정확히 반으로 나눈다.

중앙값을 찾기 위한 공식은 다음과 같다. 자료의 개수가 n이고 n이 홀수인 경우, 자료를 증가순서로 배열하면 중앙값은 $\dfrac{n+1}{2}$번째 자료이다. 위의 예에서는 자료의 개수가 11개이므로 따라서 $\dfrac{11+1}{2} = \dfrac{12}{2} = 6$번째 자료인 13이 중앙값이다.

만약 자료의 개수가 홀수 개라면 중앙값은 가운데 있는 두 자료의 평균이다. 즉, 만약 자료집합이

$$1, 1, 2, 2, 4, 6, 7, 9, 10, 12, 15, 15, 17, 18$$

으로 14개라면 중앙에 있는 7번째와 8번째의 두 자료는 7과 9이므로 중앙값은 $\dfrac{7+9}{2} = \dfrac{16}{2} = 8$이다. 이 경우 중앙값은 자료의 값이 아니다. 중앙값은 반드시 자료집합의 원소일 필요는 없다.

예제 13.10 다음 자료집합의 중앙값을 구하여라.

$$3, 5, 7, 12, 13, 14, 21, 23, 23, 23, 23, 29, 39, 40, 56$$

풀이

자료의 값이 증가하는 순서로 제시되었다. 만약 그렇지 않다면 먼저 자료를 증가하는 순서로 바꾸어야 한다. 자료의 개수는 15이다.

15는 홀수이고 $\dfrac{15+1}{2} = 8$이므로 8번째 값이 중앙값이다. 따라서 23이 자료의 중앙값이다.

중앙값을 염두에 두고 첫 번째와 세 번째 사분위수(quartile)를 찾아보자. 그러면 상자–수염 그림을 작성할 수 있는 준비를 마치게 된다. 제1사분위수(이 값보다 작거나 같은 자료가 전체의 25%인 수)는 자료의 앞 절반의 중앙값이며, 제3사분위수(이 값보다 작거나 같은 자료가 전체의 75%인 수)는 자료의 뒤 절반의 중앙값이다.

왜 '제2사분위수'가 없는지 궁금해할 수 있다. 사실 제2사분위수는 바로 자료의 중앙값과 같다.

예제 13.10의 자료집합에서 제1사분위수와 제3사분위수를 찾아보자.

예제 13.11 다음 자료집합의 제1사분위수와 제3사분위수를 구하여라.

$$3, 5, 7, 12, 13, 14, 21, 23, 23, 23, 23, 29, 39, 40, 56$$

풀이

중앙값은 순서대로 8번째 자료의 값이므로 첫 번째 나타난 23이다. 중앙값보다 작은 자료의 개수는 7개이므로 홀수이며 $\dfrac{7+1}{2} = \dfrac{8}{2} = 4$이므로 4번째 자료의 값인 12가 제1사분위수이다.

제3사분위수는 자료의 뒤 절반의 중앙값이고 뒤 절반에는 7개의 자료가 있으므로 중앙값에서 4번째 뒤에 있는 자료인 29가 제3사분위수이다.

상자–수염 그림을 그리기 위해서 수평선과 직사각형 상자를 이용한다. 수직선 (number line)에는 가장 큰 자료와 가장 작은 자료의 값을 나타내는데 보통 이 값들을 포함하도록 더 크게 잡는다. 상자의 왼쪽 끝은 제1사분위수를, 오른쪽 끝은 제3사분위수를 표시하도록 한다. 이는 자료집합의 50%가 이 상자 안에 있어야 함을 의미한다. 상자 안에 중앙값을 표시하는 선을 세로로 표시하고 '수염(whisker)' 선들은 왼쪽과 오른쪽 극값까지 확장한다.

예제 13.12 예제 13.10과 13.11에서 다룬 자료에 대해 상자–수염 그림은 그림 13.3과 같다. 상자–수염 그림은 자료의 시각적 표현을 제공하며, 자료의 분포와 자료가 많이 집중되어 있는 곳도 파악할 수 있다.

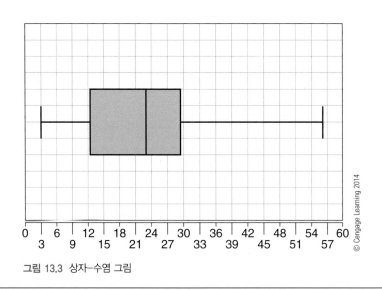

그림 13.3 상자–수염 그림

이 절을 마무리하면서, 특이값의 개념에는 여전히 모호함이 남아 있다는 것을 언급하고자 한다. 자료 중 어떤 값이 특이값이 되는가? 자료의 특이값을 결정하는 일반적인 합의는 없지만 좋은 '경험법칙'은 있다.

Q_1을 제1사분위수, Q_3을 제3사분위수라 하면 차 $Q_3 - Q_1$을 **사분위 범위(inter-quartile range, IQR)**라고 정의한다. 보통 제1사분위수보다 (1.5)(IQR) 작은 값이나 제3사분위수보다 (1.5)(IQR) 큰 값을 특이값으로 간주한다.

예제 13.11에서 IQR = 29 − 12 = 17이고 (1.5)(IQR) = 25.5이다. 따라서 (12 − 25.5) = −13.5보다 작은 자료 값이나 (29 + 25.5) = 54.5보다 큰 값은 특이값이다. 따라서 이 예제에서는 56이 유일한 특이값이다.

연습문제

다음 연습문제의 히스토그램을 작성하여라.

1. 다음 도수분포표는 30명의 컴퓨터 프로그래머의 1년 중 휴가일수를 나타낸다. 이 자료의 히스토그램을 작성하여라.

휴가일수	도수
0~1	10
2~3	1
4~5	7
6~7	7
8~9	1
10~11	4

2. 다음은 20명의 유권자의 연령을 조사한 결과의 도수분포표이다. 이 자료의 히스토그램을 작성하여라.

나이	도수
20~29	5
30~39	5
40~49	6
50~59	0
60~69	4

3. 간단히 유권자의 나이를 조사하였다. 폭을 10년, 5개의 동일한 계급을 갖는 히스토그램을 작성하여라.

35 29 48 63 64 38 21 23 41 68
61 42 43 47 33 37 46 27 23 30

다음 연습문제의 히스토그램을 작성하여라.

4.

전구의 수명(시간)	전구의 개수
400~499	50
500~599	75
600~699	125
700~799	100
800~899	50

5.

시험성적	학생 수
50~59	2
60~69	8
70~79	45
80~89	35
90~100	15

6.

신장(cm)	사람(명)
150~154	40
155~159	75
160~164	110
165~169	75
170~174	30

7.

게임 패키지의 무게(그램)	패키지 수
1200~1249	50
1250~1299	75
1300~1349	125
1350~1399	100
1400~1449	50

8.

무게(파운드)	학생 수
101~130	25
131~160	75
161~190	55
191~220	86
221~250	14

9.

휴가기간(주)	직원 수
1~2	24
3~4	30
5~6	18
7~8	15
9~10	9
11~12	6

10.

하루 수면시간	학생 수
4~5	14
6~7	40
8~9	32
10~11	14

11.

하루 근무시간	직원 수
2~3	5
4~5	20
6~7	45
8~9	50
10~11	15

© Cengage Learning 2014

다음 연습문제의 자료집합에 대해 줄기-잎 그림과 상자-수염 그림을 그려라.

12. 어느 수업의 기말고사 성적은 다음과 같다.

88	93	62	67	90	45	83	83	92	94
68	72	81	93	53	74	80	95	93	53
78	99	74	51	96	97	94	51	88	48
84	69	66	60	57	78	74	68	62	75

13. 인수가 자신의 회사직원 연령을 조사하였다. 그 결과는 다음과 같다.

49	20	26	55	29	45	55	23	41	25
53	54	24	18	18	39	30	29	47	35
30	35	51	29	45	33	48	31	52	40

14. 기숙사가 없는 대학의 학생들의 평균 통학시간(분)은 다음과 같다.

23	33	36	37	11	5	6	44	5	25
3	39	21	12	32	43	10	27	37	4
7	12	26	42	8					

15. 어느 대학에서 15주 동안 특정 과목에 출석한 학생들의 수는 다음과 같다.

20	24	14	40	32	42	29	22	41	34
36	42	18	17	19	34	28	17	15	16
26	12	21	33	19	20	30	34	36	35

16. 어떤 사립 기술대학의 교수 35명의 나이를 조사한 결과는 다음과 같다.

44	45	39	50	52	39	48	48	37	51
50	35	45	36	42	42	36	45	52	50
36	48	52	33	47	52	52	44	36	41
40	38	41	31	51					

17. 어느 프로농구팀은 한 시즌에 81경기를 하였는데 각 경기의 최종점수는 다음과 같다.

113	98	84	85	95	83	116	108	92	86
110	106	107	117	100	106	107	108	104	87
97	85	102	117	98	102	102	112	109	83
110	98	87	90	102	117	98	97	89	111
90	110	89	116	110	86	104	86	85	115
108	110	85	104	88	90	83	100	106	98
102	93	90	102	85	102	105	114	113	113
91	102	117	112	87	85	115	111	102	88
97	106								

18. 과거 30년 동안 어떤 회의의 참석자 수는 다음과 같다.

236	204	214	217	212	214	226	243	205	215
209	247	218	201	219	228	212	215	231	201
206	219	250	234	209	216	205	229	200	218

다음 연습문제의 줄기-잎 그림을 그려라.

19. 지구력 연구에 참여한 20명의 오래달리기 결과는 다음과 같다. (단위: 분)

24	46	21	32	29	21	24	30	23	44
39	22	36	31	53	28	51	26	55	42

20. 16번 열린 축구경기의 관람객 수는 다음과 같다. (단위: 천 명)

84	96	67	85	67	74	87	84	92	76
95	80	88	62	90	93				

21. 한 대학의 통계학 수업을 수강하는 30명의 중간고사 점수는 다음과 같다.

95	74	69	86	74	65	90	96	90	63
85	67	94	69	87	66	71	88	78	92
67	70	70	95	88	93	74	73	91	65

22. 미식축구 대표팀 선수 22명의 몸무게는 다음과 같다. (단위: 파운드)

144	152	142	151	160	152	131	164	141	153	140
144	175	156	147	133	172	159	135	159	148	171

23. 매일 기차로 통근하는 근로자 25명의 통근시간은 다음과 같다. (단위: 분)

79	29	83	32	89	33	18	39	18	64
70	32	81	25	95	69	20	59	18	37
94	24	33	36	52					

24. 어느 지역 다이빙 클럽 회원 45명의 연령은 다음과 같다.

25	37	40	27	18	50	29	45	49	43
27	49	33	27	49	32	48	42	42	44
19	24	38	21	29	48	21	18	35	45
46	26	36	41	47	23	24	38	34	44
24	22	42	20	41					

25. 미국의 39개 도시의 월간 평균 강수량은 다음과 같다. 이 문제는 한 열이 13개의 자료로 구성되어 있다. (단위: 인치)

3.5	1.6	2.4	3.7	4.1	3.9	1.0	3.6	1.7	0.4	3.2	4.2	4.1
4.2	3.4	3.7	2.2	1.5	4.2	3.4	2.7	4.0	2.0	0.8	3.6	3.7
0.4	3.7	2.0	3.6	3.8	1.2	4.0	3.1	0.5	3.9	0.1	3.5	3.4

26. 임의로 선택한 젊은 남성 25명의 몸무게는 다음과 같다. (단위: 파운드)

154	154	160	150	145	161	154	164	150	162
162	162	161	157	157	165	164	145	158	163
156	154	162	159	156					

27. 어느 간호사는 병원 방문자들의 혈압을 측정한다. 다음은 간호사가 측정한 혈압수치의 상대도수 히스토그램이다. 혈압은 반올림하여 정수로 나타내었다. 혈압이 100에서 119 사이에 있는 사람들의 비율을 추정하여라.

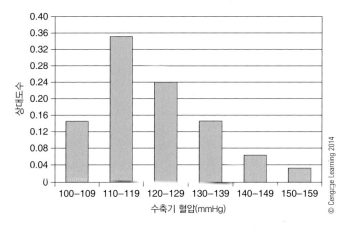

28. 어느 간호사는 병원 방문자들의 혈압을 측정한다. 다음은 간호사가 측정한 혈압수치의 상대도수 히스토그램이다. 혈압은 반올림하여 정수로 나타내었다. 혈압이 120에서 139 사이에 있는 사람들의 비율을 추정하여라.

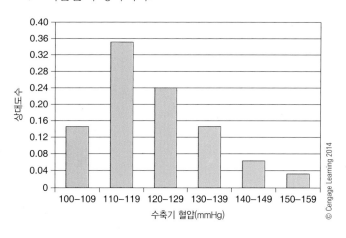

29. 연습문제 27에서 히스토그램의 계급 폭을 구하여라.

30. 연습문제 28에서 히스토그램의 계급 폭을 구하여라.

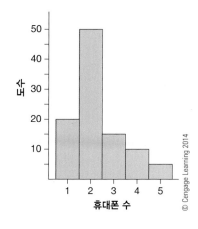

31. 왼쪽의 히스토그램은 어느 마을에서 휴대폰을 소유하고 있는 세대의 수를 나타낸다. 그래프에는 얼마나 많은 가구가 나타나는가?

32. 연습문제 31의 히스토그램에 대해 상대도수 히스토그램을 작성하여라.

33. 한 설문조사에서 26명의 유권자 나이를 조사하였다. 다음 자료의 5개의 계급을 가진 히스토그램을 작성하여라.

33	43	42	50	30	41	48	53	54	42
39	29	28	47	50	51	30	26	29	50
35	29	41	31	44	25				

34. 50명에 대한 설문조사에서 각자 소유한 차량의 수를 조사하였다. 그 결과는 다음과 같다. 최소 6개의 계급을 갖는 히스토그램을 작성하여라.

0	2	2	5	0	2	5	1	6	4
2	3	0	6	2	4	1	4	1	1
2	2	1	3	6	6	3	0	5	3
1	1	5	0	0	0	3	4	1	0
1	0	1	6	3	2	0	1	4	3

13.3 중심경향도

'중심경향(central tendency)'을 논의한다는 것은 실제로 자료집합의 평균의 값을 결정하는 방법을 논의한다는 것이다. '평균'이라는 단어를 정확히 이해하는 것이 매우 중요하다. 자료집합의 평균의 개념은 무엇인가?

직관적으로 평균(average)이란 '대부분의 자료의 값과 비슷한 것' 또는 '대표적인 것'을 나타낸다. 그러나 이는 매우 모호한 개념이다.

자료의 평균에 대해서는 적어도 세 가지 개념이 있으며 각각 다른 상황에서 평균으로서의 역할을 한다. 이 세 가지 개념은 바로 평균값(mean), 중앙값(median), 최빈값(mode)이다. 이 절에서는 이러한 중심경향도(measure of central tendency)를 계산하는 방법을 배운다.

중앙값은 이미 13.2절에서 다루었는데 자료를 오름차순으로 배열했을 때 중간에 위치한 값이다. 이는 시각적으로 도로의 중앙선(medina)과 같은 것이며 도로의 절반을 나누는 노란선이나 분리대이다.

예제 13.13 다음 자료집합의 중앙값을 구하여라.

50, 53, 59, 59, 63, 63, 72, 73, 74, 75, 77, 81, 83, 88, 92, 93, 94

풀이

자료의 개수는 17개이므로 중앙값은 앞에서 $\dfrac{17+1}{2} = \dfrac{18}{2} = 9$번째 자료의 값이다. 따라서 중앙값은 74이다. 자료를 순서대로 정렬하고 중앙값을 화살표로 표시하면 중앙값은 그림 13.4와 같이 자료를 절반으로 나눈 형태가 된다.

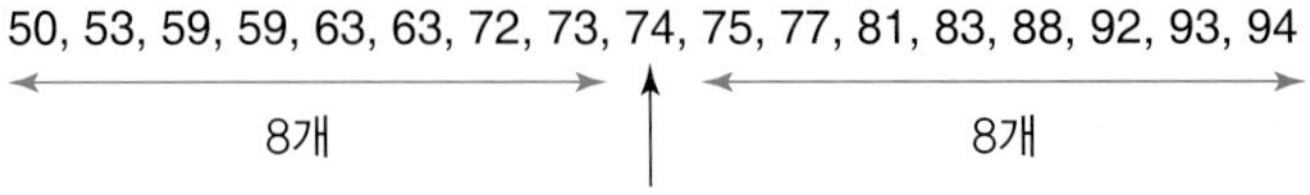

50, 53, 59, 59, 63, 63, 72, 73, 74, 75, 77, 81, 83, 88, 92, 93, 94

8개   8개

© Cengage Learning 2014

그림 13.4 중앙값의 위치

특이값이 있는 경우 중앙값은 자료집합의 평균을 나타내는 좋은 지표이다. 곧 다룰 평균값은 특이값에 민감할 수 있다. 따라서 자료의 평균값은 다소 현실을 반영하지 못할 수 있다.

예제 13.14 한 소비자 잡지가 무선 광 마우스의 수명을 테스트하기 위해 25대의 마우스를 실험하고자 한다. 각각의 마우스의 수명은 월 단위로 다음과 같다.

$$3, 11, 11, 14, 15, 16, 16, 17, 21, 21, 21, 22, 23,$$
$$25, 28, 28, 29, 31, 33, 35, 35, 37, 41, 58, 73$$

자료에서 무선 광 마우스 수명의 중앙값은 무엇인가?

풀이

25개의 자료가 정렬되어 있으므로 중앙값은 앞에서 13번째 자료의 값이 된다. 자료의 13번째 값은 23이며, 이는 그림 13.5에서 보는 바와 같이 무선 광 마우스 수명의 중앙값이다.

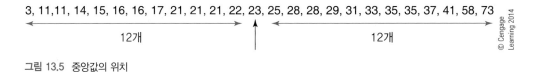

그림 13.5 중앙값의 위치

평균값

평균값은 산술평균이라고도 부르며 대부분의 사람들은 평균을 평균값으로 생각하는 경향이 있다. 평균값은 자료의 값을 모두 더하고 자료의 수로 나누어 구한다. 평균의 기호는 $\bar{x}$를 쓰는데 'x 바(bar)'로 읽으며 모집단의 평균값은 그리스 문자 μ로 나타내며 '뮤(mu)'로 읽는다. 무작위 표본을 사용하는 경우 표본평균값(sample mean)은 모평균값(population mean)의 좋은 근삿값이 되어야 한다.

예제 13.15 예제 13.14의 자료에 대해, 무선 광 마우스의 수명의 평균값을 구하여라.

풀이

25개의 자료를 다 더하고 25로 나누어 평균값을 구한다.

$$\bar{x} = \frac{\begin{array}{c}3 + 11 + 11 + 14 + 15 + 16 + 16 + 17 + 21 + 21 + 21 + 22 + 23\\ + 25 + 28 + 28 + 29 + 31 + 33 + 35 + 35 + 37 + 41 + 58 + 73\end{array}}{25}$$

$$\bar{x} = \frac{664}{25}$$
$$\bar{x} = 26.56$$

따라서 이 조사에 따르면 무선 광 마우스의 평균 수명은 26.56개월이다.

위에서 중앙값과 평균값은 일치하지 않는다는 사실을 알 수 있다. 일치하는 경우도 있지만, 일반적으로 일치하는 경우는 많지 않다. 평균값은 개별 자료의 값을 더하고 자료의 개수로 나누어 계산하기 때문에 특이값에 대해 매우 민감하다. 중앙값의 경우 자료집합의 중앙에 있는 값만 관심이 있으므로 양 끝 값이 특이값인 경우라도 중요한 영향을 주지 않을 수 있다. 자료집합에 특이값이 있는 경우 특이값이 평균값에 어떤 영향을 주는지 살펴보자.

예제 13.16 ▶ 일곱 채의 집으로 구성된 작은 마을을 생각하자. 각 집의 가격은 19,000만 원, 20,000만 원, 21,000만 원, 21,000만 원, 21,500만 원, 22,000만 원, 22,500만 원이다. 이 마을에 새 집이 한 채 지어졌는데 가격은 62,500만 원이다. 새 집을 짓기 전과 후의 마을 집의 평균 가격은 얼마인가?

풀이

새 집이 지어지기 전 평균값은

$$\mu = \frac{19,000 + 20,000 + 21,000 + 21,000 + 21,500 + 22,000 + 22,500}{7}$$
$$\mu = \frac{147,000}{7}$$
$$\mu = 21,000$$

이므로 마을의 집 가격의 평균은 21,000만 원이다. 평균값을 μ로 나타내었는데 이는 표본이 아닌 전체 모집단을 다루고 있기 때문이다. 이 값은 모든 집의 가격이 이 평균값을 중심으로 집중되어 있으므로 마을에 있는 집의 합리적인 평균 가격으로 볼 수 있다.

새로 지어진 집을 포함하여 평균값을 구하면

$$\mu = \frac{19,000 + 20,000 + 21,000 + 21,000 + 21,500 + 22,000 + 22,500 + 62,500}{8}$$
$$\mu = \frac{209,500}{8}$$
$$\mu = 26,187.5$$

이며 따라서 마을의 집 평균 가격은 26,187.5만 원이다.

이 새로운 평균값은 다소 비합리적인데, 거의 모든 집의 가격이 이 수준에 미치지 못하는 낮은 가격이기 때문이다. 따라서 이것은 마을의 집 가격의 평균을 왜곡하고 있다. 평균값이 대부분의 집 가격과 동떨어진 이유는 62,500만 원의 특이값을 갖는 새 주택 때문이다.

예제 13.16의 처음 집값의 중앙값은 21,000만 원이며 실제로 평균값과 일치한다. 새 주택을 포함한 경우 중앙값은 21,250만 원으로 처음 집값의 중앙값에서 약간 증가했지만 크게 바뀐 것은 아니다. 앞에서 언급했듯이, 중앙값은 특이값의 존재의 영향을 상대적으로 덜 받는다. 실제로 이것은 특정 지역의 주택 가격에 대한 발표에서 주택 가격의 평균값보다 중앙값으로 발표하는 이유이다.

최빈값

중심경향의 세 번째 측도는 최빈수(mode)이다. 최빈수는 자료집합에서 가장 많이 등장하는 값을 말한다. 자료집합에서 가장 많이 등장하는 값이 두 개이고 그 횟수가 동일한 경우 두 값 모두 최빈값이라고 하며 이러한 집합을 이정(bimodal)집합이라 부른다. 어떤 책은 최빈값이 세 개 이상인 경우 '다정(multimodal)'집합이라 부르기도 하지만 일부는 이 경우 최빈값이 없다고 한다. 여기서는 후자의 견해를 택하며 따라서 최빈값이 두 개보다 많은 경우 최빈값은 없다고 한다.

> **Note**
> 자료집합이 두 개 이상의 최빈값을 가질 수도 있다. 최빈값이 두 개인 경우 자료집합을 이정집합(bimodal set)이라 부른다.

예제 13.17 예제 13.16에서 설명한 마을의 원래 집값들, 19,000만 원, 20,000만 원, 21,000만 원, 21,000만 원, 21,500만 원, 22,000만 원, 22,500만 원의 최빈값은 얼마인가?

풀이

가장 많이 등장한 값은 21,000만 원이므로 이 값이 최빈값이다. 이 경우, 평균값, 중앙값, 최빈값 모두 같은 경우임을 알 수 있다.

예제 13.18 공인중개사 시험을 치른 6명의 학생들이 성적은 430, 430, 480, 495, 495, 510점이다. 이 자료집합의 최빈값은 무엇인가?

풀이

430과 495가 각각 두 번씩 등장하므로 이들이 가장 많이 등장하는 값이다. 따라서 이 집합은 이정집합이며 430과 495가 최빈값이다.

이 절을 마무리하면서 깊이 생각할 질문 하나를 다루자. 중심경향의 세 가지 측도 중 어느 것이 가장 좋은가? 답은 보여주고자 하는 것에 달려 있다는 것이다. 예를 들어 앞에서 새 집을 지은 후 마을의 집 가격의 상황을 생각해 보자. 재산 가치를 중요하게 생각하는 집 주인들은 집값에 의해 마을의 명성이 더 높아지므로 평균값 (mean)을 집값의 평균(average)으로 사용하고자 할 것이다.

실용적인 관점에서 새 집의 소유자는 중앙값을 선호할 수 있는데, 집값은 지방자치단체나 보험사에 지불해야 할 세금이나 보험금의 기준이 되기 때문이다. 또한 최빈값도 평균값보다 낮기 때문에 최빈값도 좋은 선택일 수 있다.

마지막으로, 큰 수의 법칙에 의해 모집단에서 크기를 계속 키워가면서 표본을 취하여 표본의 평균 $\bar{x}$를 구하면 이는 모집단의 평균 μ에 가까워진다. 이는 중심극한정리(central limit theorem)의 결과로 통계학 과정에서 배우게 된다.

연습문제

다음 자료집합에서 평균값, 중앙값, (존재하는 경우) 최빈값을 구하여라. 이들 중심경향도가 존재하지 않으면 그 이유를 설명하여라.

1. 10 10 1 0 7 10 0 6 6 8 6 7
    10 1 1 0 2 2 3 8 6 6 3 0
    5

2. 7 9 11 9 7 7 11 7 10 13 8 13
    13 9 13 13 10 10 13 10 8 10 8 9

3. 15 19 4 9 19 16 15 10 6 8
    11 11 6 5 12 17 11 20 17 6
    7 15 9 14 20 5 5 8 7 20

4. 11 14 11 13 12 16 11 16 11 13
    16 12 16 13 12 11 13 11 16 16

5. 12 8 5 7 13

6. −5 13 −1 3 5 13

7. 11 10 1 18 5 4 4 10

8. 230 220 212 212 212 212 220 215 216 216 220 220

9. 2.4 1.7 2.2 3.8 1.6 2.2 3.9 2.2 1.2 2.8 3.5 3.2 2.8
    4.0 3.7 3.5 4.0 3.0 2.8 2.6 3.7 2.6 1.6 1.2 3.3

10. 7.764 6.609 2.15 4.851 5.645

11. 1.1 1.3 0.5 2.0 1.0 1.5 1.7 1.2 5.0 1.5 1.4 0.6 0.8
     0.7 2.0 1.5 1.6 0.7

12.	3	5	19	24	38	38	45						
13.	16	30	37	44	47	45	33						
14.	27	28	31	27	31	27	29						
15.	9	15	28	24	32	41							
16.	6	6	628	12	29	43	39	32					
17.	35	32	49	38	46	49	32	44	34	41	48	49	45
	43	49	50	50	46	34	50	36					
18.	43	45	44	44	41	47	50	49	45	49	42	44	49
	48	49	48	50	47	47	42						
19.	2.13	2.07	1.95	2.19	2.14	1.92	1.82	2.12	2.19	1.84	2.07	1.82	1.90
	2.09	1.88											
20.	2.9	2.2	2.2	2.2	3.0	2.5	2.1	2.9	2.1	2.1	2.7	2.9	2.8
	2.1	3.0											

13.4 산포도

때로는 자료들이 서로 얼마나 멀리 떨어져 있는지 아는 것이 중요하다. 이러한 자료의 분포에 대한 정보는 자료집합 내에 어떤 패턴이 있는지 알려주는데 자료의 분포(spread)가 상대적으로 작으면 자료들이 일관성이 있다고 할 수 있으며 분포가 상대적으로 크면 자료들은 확실한 경향을 보이지 않는다고 간주할 수 있다.

범위

자료집합의 분포에 대한 측도인 산포도 중에서 가장 간단한 것은 범위(range)이다. 범위란 자료의 가장 큰 값에서 자료의 가장 작은 값을 뺀 값이다. 이는 자료들이 얼마나 멀리 분산되어 있는지에 대한 초보적인 설명을 해주지만 특이값에 상당히 취약하다.

예제 13.19 마을 집 가격의 자료집합

19,000만 원, 20,000만 원, 21,000만 원, 21,000만 원,
21,500만 원, 22,000만 원. 22,500만 원, 62,500만 원

의 범위는 62,500 − 19,000 = 43,500만 원이다. 이는 마을에 있는 집들의 가격이 43,500만 원의 범위에 퍼져 있다는 것을 알려준다.

하지만 자료집합의 범위는 그리 유익한 정보는 아니다. 예를 들어 범위 43,500만 원은 큰가 아니면 작은가? "글쎄요, 큰 것 같아요!"라고 말할 수도 있지만 마을의 집들이 200억 원 근처의 고급저택들이고 그 범위가 43,500만 원이면 어떨까? 범위가 큰지 작은지는 조사하는 자료의 값에 따라 달라지므로 매우 상대적인 측도이다.

표준편차

자료집합의 분포에 대한 가장 일반적인 측도는 표준편차(standard deviation)이다. 이는 곧 살펴볼 정규분포(normal distribution)에서 중요한 역할을 한다. 정규분포는 수학에서 가장 중요한 자료의 분포 중 하나이며 표준편차의 의미를 이해하는 것이 중요하다.

표준편차의 개념은 용어에 포함된 두 단어의 의미와 밀접한 연관이 있다. '표준'이란 전형적, 통상적, 정상적인 것을 의미하며, '편차'란 기준 또는 표준에서 떨어진 정도를 의미한다. 따라서 표준편차의 값은 기준값에서 자료의 값들이 통상적으로 얼마나 멀리 떨어져 있는지를 나타낸다.

표준편차를 직접 계산하는 것은 연습을 위해 필요하지만 실제로는 대부분 컴퓨터 소프트웨어를 사용하여 구한다.

여기서는 표준편차의 계산 방법을 소개하기 위해 몇 가지 예제를 살펴본다. 하지만 이 예제들은 계산 방법을 연습하기 위한 문제이며 실제로는 계산기를 사용한다.

표본의 표준편차인 표본표준편차는 소문자 s로 나타내고 모집단의 표준편차인 모표준편차는 그리스 문자 시그마(σ)로 나타낸다. 자료의 개수가 적은 경우 표준편차를 직접 계산하는 것은 어렵지 않으며, 자료가 많은 경우도 더 어려워지지는 않는다. 하지만 직접 계산하는 경우에는 크기가 비교적 작은 자료집합에 대해서만 다루기로 하자.

x가 자료집합의 한 자료 값이고 $\bar{x}$는 표본평균일 때, $x - \bar{x}$를 편차(deviation)라 한다. 임의의 자료집합에 대해서 각각의 자료들의 개수만큼 편차들이 존재한다. 따라서 표준편차를 계산하기 위해서는 먼저 평균값 계산에 익숙해져야 한다.

표준편차를 계산하기 위한 첫 번째 단계는 자료집합의 분산(variance)을 계산하는 것이다. 분산은 앞에서 언급한 개별편차들의 제곱의 합의 평균값이며 표본의 분산인 표본분산인 경우 s^2, 모집단의 분산인 모분산인 경우 σ^2('시그마 제곱')으로 나타낸다.

표준편차에 사용된 영어 소문자 s와 그리스 소문자 σ를 사용한 것은 우연이 아닌

데 표준편차가 분산의 제곱근인 이유에서이다. 표본의 특성이 모집단의 특성과 동일하다면 s는 σ에 대한 좋은 추정치가 될 것이다. 이유를 설명하기는 어렵지만 표본분산을 계산할 때에는 편차의 제곱의 합을 자료의 개수보다 1만큼 작은 수로 나눈다. 이렇게 계산한 표본분산은 모집단의 분산에 대한 더 좋은 추정치가 된다는 것은 통계학에서 다룬다.

예제 13.20 미국 전역의 여러 도시에 있는 요양원에서의 개인실 평균 체류비용을 알기 위해 개인이 하루에 지불하는 개인실 평균 비용을 조사하였다. 9개 도시에서 시행된 설문조사에서 개인실 하루 평균 비용은 \$200, \$123, \$110, \$195, \$163, \$179, \$195, \$106, \$105이다. 이 자료집합의 표준편차는 무엇인가?

풀이

표준편차를 계산하기 위해서는 먼저 표본평균을 구해야 하며 이 표본평균으로부터 개별편차를 찾을 수 있다. 13.3절의 방법을 사용하면 위 자료의 평균값은 약 \$152.89이다. 이 값을 이용하여 각각의 편차를 계산할 수 있는데 그 결과는 표 13.4와 같다. 분산은 각각의 편차의 제곱들의 합을 표본의 개수에서 1을 뺀 수로 나누므로 다음과 같다.

$$s^2 = \frac{\begin{matrix}(47.11)^2 + (-29.89)^2 + (-42.89)^2 + (42.11)^2 + (10.11)^2 \\ + (26.11)^2 + (42.11)^2 + (-46.89)^2 + (-47.89)^2\end{matrix}}{9 - 1}$$

$$s^2 \approx \frac{13{,}774.88888}{8}$$

$$s^2 \approx 1721.86$$

이제 분산의 제곱근이 표준편차이므로 $s \approx 41.50$이다. 따라서 표본표준편차는 약 \$41.50이다.

표 13.4 평균으로부터 편차 구하기

자료값	편차
200	47.11
123	−29.89
110	−42.89
195	42.11
163	10.11
179	26.11
195	42.11
106	−46.89
105	−47.89

표준편차를 직접 계산하는 것은 다소 힘들다. 어렵지는 않지만 단지 시간이 많이 걸리며 신경을 많이 써야 하기 때문이다. 많은 컴퓨터 프로그램과 계산기가 표준편차를 계산할 수 있지만 컴퓨터나 계산기가 '이면에서' 무엇을 하는지 이해하는 것이 중요하다.

이제 표준편차의 의미를 살펴보자. 먼저 표준편차는 정의상 0보다 크거나 같아야 한다. $s = 0$이면 자료는 퍼짐이나 분포가 없으며 모든 자료의 값이 같다. s가 0보다 훨씬 큰 경우 자료는 평균값과 크게 차이가 난다.

표준편차는 처음 그 의미가 분명하지 않을 수 있다. 자료를 히스토그램과 같이 그래프로 표시하면 대부분의 자료는 그림 13.6에서 보는 바와 같이 평균의 1 표준편차 내에 있음을 알 수 있다.

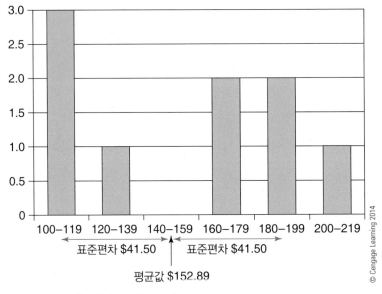

그림 13.6 양로원 비용자료의 히스토그램

표준편차는 서로 다른 두 가지 자료집합 내의 특정 자료의 값을 비교할 수 있게 해준다. 예를 들어 학점을 기준으로 두 명의 학생을 비교한다고 가정하자. 민수의 학점 평균은 2.77이며 철수의 학점 평균은 3.15이다. 민수와 철수는 다른 학교를 다니기 때문에 학점 평균만으로는 한 학생이 다른 학생보다 성적이 좋은지 비교하기 어렵다.

연구결과 민수의 학교의 평균 학점은 3.0이고 표준편차는 0.7이었으며, 철수의 학교의 평균 학점은 3.46이고 표준편차는 0.4였다. 민수와 철수가 그들의 친구들과 비교하여 얼마나 성적이 좋은지 판단하기 위해, 그들의 표준편차에 대한 학점과 평균값의 차를 계산할 수 있다.

민수의 경우 이 값은 $\dfrac{2.77 - 3.0}{0.7} \approx -0.33$이지만 철수의 경우는 $\dfrac{3.15 - 3.46}{0.4} \approx$ 0.78이다. 두 값 모두 음수인 것은 각 학생의 평균 학점이 학교 평균보다 낮기 때문

이다. 계산에 의해 민수의 학점은 평균보다 0.33 표준편차만큼 작았고 철수는 평균
보다 0.78 표준편차만큼 작았다. 따라서 민수는 철수보다 평균 학점은 낮지만, 실제
로는 각자 학교 학생들에 비해 민수가 철수보다 더 좋은 성적을 받았다.

연습문제

다음 자료집합의 범위를 각각 구하여라.

1. 민수는 자신의 화학수업에서 학생들에게 퀴즈를 내었다. 학생들의 점수는 다음과 같다.

   46   31   35   45   39   45   29   47   36   27   33   25   25
   42   28   49   30   39   49   35   32   41   30   29   30

2. 주현이는 개인 사업자이다. 그가 지난 10주 동안 벌어들인 금액은 다음과 같다. (단위: 천 원)

   2061   2605   2118   2648   2494   2659   2568   2521   2202   2590

3. 전자레인지 가격은 다음과 같다. (단위: 천 원)

   345   345   130   193   317   363   243   304   339   379   340   225

4. 어떤 회사의 직원들이 통근하는 편도 거리는 다음과 같다. (단위: 킬로미터)

   2.6   3.2   3.8   7.2   5.6   3.0   1.9   4.9   6.7   6.3   5.2   2.2   4.1   2.2   3.2

5. 전자상가에서 파는 18대의 노트북 가격은 다음과 같다. (단위: 천 원)

   1071   947   783   1401   1265   1068   894   916   853
   890   760   593   938   837   1078   968   1118   1023

6. 어떤 저축예금 구좌에서 최근 15건의 거래는 다음과 같다. 양수는 예금을, 음수는 인출을 나타낸다. (단위: 천 원)

   40   −51   −55   30   62   43   42   47   55   71
   63   72   −31   42   62

다음 자료집합의 분산을 구하여라.

7. 19   11   12   7   11

8. 3.0   8.8   3.4   6.4   1.8

9. 7   −7   10   −8   4

10. 14.2   10.4   12.0   10.0   14.2

다음 자료집합의 표준편차를 구하여라.

11. 14   16   14   13   14   16   13   16   15   15

12. 234   207   238   209   209   228   223   235   205   218

13. 17.7   16.0   32.3   29.3   16.0   16.6

14. 47   51   55   55   49   49   43

15. 35   78   66   58   50   68   75   85   93

16. 27 22 26 30 28 24 29 20 27 25 23 30 30 23 29

다음 자료집합의 범위, 분산, 평균값, 표준편차를 구하여라.

17. 26 49 38 49 49 27 46 40 50 28

18. 9 7 17 8 3 11 29 5 25 25 28 5 16 30 16

13.5 정규분포

여러 자료집합을 조사하여 통계그래프를 그려 보면 그 그래프는 여러 종류의 모양을 가지게 된다. 모든 막대의 높이가 균일하게 같을 수도 있다. 이 경우 균등분포 (uniformly distributed) 자료라고 한다. 가장 높은 막대가 히스토그램의 맨 오른쪽 계급이 될 수도 있고, 가장 높은 막대가 맨 왼쪽 계급이 될 수도 있다. 가장 높은 막대가 중간에 있으며 히스토그램의 다른 막대들은 좌우 균형을 이루며 작아질 수 있다. 이 경우를 종 모양의 분포(bell-shaped distribution)라 하는데 앞으로 집중적으로 다룰 분포의 유형이다.

이 절에서는 가장 중요한 자료의 분포 중 하나인 **표준 정규분포(standard normal distribution)** 또는 간단히 정규분포(normal distribution)를 살펴볼 것이다. 정규적으로 분포하는 양들은 실생활에서 많이 존재한다. 즉, 정규적으로 분포하는 양과 관련된 자료의 히스토그램을 작성한다면 표본이 충분히 클 경우 그림 13.7과 같은 종곡선(bell curve)을 얻을 수 있다. 이 곡선은 응용문제에 상당히 자주 등장하기 때문에 정규곡선(normal curve)이라고도 부른다.

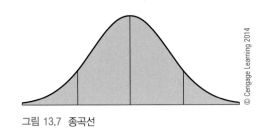

그림 13.7 종곡선

이 곡선으로 무엇을 할 수 있을까? 실제로 많은 일을 할 수 있는데 예를 들면 대한민국 육군과 같은 큰 조직에서 주문할 군화의 각 사이즈와 필요 개수를 결정하여 예산이 크게 초과하지 않게 할 수 있다. 또한 의류 제조업체는 고객에게 최상의 서비스를 제공하고 물류비용을 최소화하기 위한 각 사이즈의 제품을 얼마나 많이 생산해야 하는지를 결정하게 해준다. 똑바른 도로에서 사람들이 달리는 속도가 어떻게 되는지도 결정할 수도 있다. 모든 응용상황이 정규분포를 따르는 것은 아니지만 실제로 정규분포를 적용할 수 있는 상황은 무궁무진하다.

이제 정규곡선을 이해하고 어떻게 활용하는지를 간단한 수준에서 알아보도록 하자. 그림 13.7을 다시 보자. 수직선들은 정규곡선을 그릴 때 일반적으로 표시하는 기준선이다. 중간의 수직선은 모평균의 위치를 나타낸다. 모집단의 경우, 평균값은 그리스 문자 μ로 나타내기로 한 것을 기억하자. 정규분포는 평균에 대한 균형 또는 대칭적인(symmetric) 특성을 가지고 있다.

왼쪽과 오른쪽의 수직선은 평균으로부터 1 표준편차만큼 떨어진 위치를 나타낸다. 그리스 문자 시그마(σ)는 모표준편차를 나타내므로 그림 13.8과 같이 정규곡선선 밑에 표시할 수 있다. 종종 $\mu - 2\sigma$와 $\mu + 2\sigma$ 등의 수직선도 추가할 수 있다. 이러한 σ의 거리 차이에 대한 의미는 곧 설명한다.

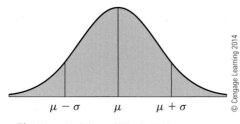

© Cengage Learning 2014

그림 13.8 표준편차를 포함한 정규곡선

평균값에 대해서 좌우 대칭인 분포들의 특징은 중앙값과 최빈값은 항상 평균값과 일치한다는 것이다. 이 곡선을 나타내는 함수의 식은 매우 복잡하며 미적분학을 사용하는 통계학 과정에서 살펴볼 수 있다. 여기서는 실제 공식이 필요하지 않으므로 생략하지만 이 곡선을 설명하는 수식이 있다는 것만은 알아야 한다!

이제 정규분포의 **경험적 규칙**(empirical rule)을 살펴보자.

> **규칙** 모든 자료의 약 68%는 평균을 기준으로 1 표준편차 (양쪽) 사이에 있다.
> 모든 자료의 약 95%는 평균을 기준으로 2 표준편차 (양쪽) 사이에 있다.
> 모든 자료의 약 99.7%는 평균을 기준으로 3 표준편차 (양쪽) 사이에 있다.

경험적 규칙의 의미는 무엇일까? 신장은 옷을 살 때 중요한 치수인데 첫 번째 예로 미국 남성의 신장에 대해 살펴보도록 하자. 신장이 76인치인 한 남자가 기장이 36인치인 바지를 입는다고 가정해 보자. 보통의 옷가게에서는 이 남자에게 맞는 바지를 찾기가 어렵다. 왜 그럴까?

사람의 여러 신체적 특징과 마찬가지로 신장도 정규분포 한다. 즉, 사람의 신장을 설명하는 히스토그램을 작성하면 종곡선 또는 정규분포를 이룬다. 연구에 따르면 미국의 모든 남성의 평균 신장은 약 70인치이며 표준편차는 2.8인치이다.

예로 든 남성의 경우 신장 76인치는 평균보다 6인치 크다. 많이 크지 않다고도 볼 수 있지만, 모집단의 표준편차가 2.8인치이므로 이 남성의 신장은 평균값보다 $\frac{76 - 70}{2.8} \approx 2.14$ 표준편차만큼 크다고 말한다. 경험적 규칙에 따르면 미국 남성의 95%는 평균값에서 2 표준편차 이내이므로 미국 남성의 95%의 신장은 64.4와 75.6인치 사이에 있으며, 모집단은 평균값을 중심으로 대칭이므로 64.4인치보다 작은 남성은 2.5%, 75.6인치보다 큰 남성도 2.5%임을 알 수 있다. 따라서 신장이 76인치인 남성은 미국 남성의 2.5% 미만의 소수 부류에 속한다. 따라서 유통업체는 이러한 소수의 남성을 위해 제품을 창고에 보관하는 것은 경제적인 가치가 없다고 판단할 수 있다.

정규분포를 사용할 때 이용하는 핵심 아이디어는 바로 z점수(z-score)의 개념이다. z점수는 표준화된 값으로 정규분포를 표준 정규분포로 변환할 수 있게 해준다. 앞의 설명에서 정의 없이 구한 값, 즉 자료의 값과 평균값의 차이가 표준편차의 몇 배인지를 알려주는 값이 바로 z점수이다.

표준 정규분포와 z점수

연구 대상인 모집단의 특성을 **확률변수**(random variable) 또는 간단히 변수라고 한다. 변수는 일반적으로 X, Y, Z와 같은 대문자로, 해당 변수의 특정한 값은 x, y, z와 같은 소문자로 나타낸다. 예를 들어 미국 남성의 신장을 X라고 하면 특정 개인의 신장은 x로 나타낼 수 있다.

확률변수 X가 정규분포하는 것으로 알려져 있고 모평균과 모표준편차가 각각 μ와 σ일 때, 확률변수의 임의의 값 x의 z점수를 $z = \dfrac{x - \mu}{\sigma}$로 정의한다. z점수는 x의 값이 평균값 μ로부터 표준편차의 몇 배만큼 위에 (또는 오른쪽에) 있는지, 아래에 (또는 왼쪽에) 있는지를 일러준다. 양의 z점수는 변수의 값이 평균보다 위에 있다는 것을 알려주며 음의 z점수는 변수의 값이 평균보다 밑에 있다는 것을 알려준다. 변수의 값이 평균값과 같으면 z점수는 0이다. z점수는 곧 설명할 관례에 따라 필요한 경우 반올림하여 소수점 이하 두 번째 자리까지 표시한다.

예제 13.21 보통의 사람들은 식이요법과 지속적인 운동을 통해 주당 평균 2킬로그램, 또는 한 달에 평균 8킬로그램을 뺄 수 있다고 생각한다. 연구에 따르면 체중 감량을 시도하는 사람이 한 달 동안 줄인 체중은 정규분포하며 체중감량의 표준편차가 1.6킬로그램인 것으로 나타났다. 이 경우 한 달에 11킬로그램의 체중 감량을 한 경우의 z점수는 무엇이며, 평균과 관련해서 이 체중감량은 무엇을 의미하는가?

풀이

$x = 11$이 고려하고 있는 변수의 특정한 값이며 모평균과 모표준편차는 각각 $\mu = 8$,

$\sigma = 1.6$이다. 감량한 체중은 정규분포하므로 $z = \dfrac{11-8}{1.6} = \dfrac{3}{1.6} \approx 1.88$이다. 이 값이 양수이므로 11은 평균보다 큰 값이며 평균에서 표준편차의 1.88배만큼 큰 값임을 알려준다.

예제 13.22 한 USB 제조업체가 USB의 수명은 평균 3.4년, 표준편차는 0.25년이라고 주장한다. 어떤 UBS가 3년 후 고장이 났다. 이 UBS의 z점수는 무엇인가? 이 USB의 수명은 평균값에 비해 어떠한가?

풀이

$x = 3$이 고려하고 있는 변수의 특정한 값이며 모평균과 모표준편차가 각각 주어져 있다. USB의 평균수명은 정규분포하므로 z점수는 $z = \dfrac{3-3.4}{0.25} = -1.60$이다. z점수는 음수이므로 이 USB의 수명은 평균값보다 작으며 평균값에서 표준편차의 1.60배 작은 값이다.

---

z점수의 값은 자료가 평균에서 표준편차의 몇 배 만큼 위에 있는지 또는 아래에 있는지에 대한 정보 외에도 더 많은 정보를 제공한다. z점수의 값과 표준 정규분포의 누적 확률분포표(또는 표준 정규분포표)를 이용하면 이 확률변수의 값이 전체 모집단에서 어디에 위치하고 있는지를 계산하게 해준다. 이 표는 전산화되어 있지만 표 13.5와 같이 간단한 표의 형태로부터 필요한 정보를 찾을 수 있다.

표의 가장 왼쪽에 기준 열과 가장 위에 기준 행이 있다. 왼쪽의 기준 열에는 z점수가 소수점 첫 번째 자리까지 주어져 있고 가장 위의 기준 행에는 z점수의 마지막 자릿수가 주어져 있다. 예를 들어 z점수가 1.37인 경우, 기준 열의 1.3을 포함하는 행과 기준 행의 0.07을 포함하는 열의 교차점을 찾는다. z점수 1.37에 해당하는 표의 값은 0.9147이다. (이 표를 읽는 방법은 매우 중요하다!) 표준 정규분포표가 내장된 소프트웨어나 웹 사이트의 경우 z점수를 입력하면 표의 해당 값을 바로 알 수 있다.

정규분포와 관련된 문제를 풀 때 표준 정규분포표의 값은 매우 중요하다. z점수가 1.37인 자료의 값은 표준 정규분포표에서 0.9147의 값을 가지므로 이 자료는 평균보다 1.37 표준편차만큼 큰 값이며 또한 모집단의 자료들의 91.47%보다 큰 값이다.

> **Note**
> 표준 정규분포표의 값들은 모집단에서 이 값을 z점수로 갖는 자료의 값보다 아래에 있는 자료들의 비율을 알려준다.

예제 13.23 정규분포에 대한 논의를 시작하면서 살펴본 신장이 76인치인 남성에 대해 다시 생각해 보자. 이 남성의 신장에 대한 z점수는 2.14이며 이 z점수에 해당하는 표준 정규분포표의 값은 0.9838이며 따라서 이 남성은 미국 남성의 98.38%보다 신장이 크다는 것을 알 수 있다.

표 13.5 표준 정규분포표

z	0.00	0.01	0.02	0.03	0.04	0.05	0.06	0.07	0.08	0.09
− 3.4	0.0003	0.0003	0.0003	0.0003	0.0003	0.0003	0.0003	0.0003	0.0003	0.0002
− 3.3	0.0005	0.0005	0.0005	0.0004	0.0004	0.0004	0.0004	0.0004	0.0004	0.0003
− 3.2	0.0007	0.0007	0.0006	0.0006	0.0006	0.0006	0.0006	0.0005	0.0005	0.0005
− 3.1	0.0010	0.0009	0.0009	0.0009	0.0008	0.0008	0.0008	0.0008	0.0007	0.0007
− 3.0	0.0013	0.0013	0.0013	0.0012	0.0012	0.0011	0.0011	0.0011	0.0010	0.0010
− 2.9	0.0019	0.0018	0.0018	0.0017	0.0016	0.0016	0.0015	0.0015	0.0014	0.0014
− 2.8	0.0026	0.0025	0.0024	0.0023	0.0023	0.0022	0.0021	0.0021	0.0020	0.0019
− 2.7	0.0035	0.0034	0.0033	0.0032	0.0031	0.0030	0.0029	0.0028	0.0027	0.0026
− 2.6	0.0047	0.0045	0.0044	0.0043	0.0041	0.0040	0.0039	0.0038	0.0037	0.0036
− 2.5	0.0062	0.0060	0.0059	0.0057	0.0055	0.0054	0.0052	0.0051	0.0049	0.0048
− 2.4	0.0082	0.0080	0.0078	0.0075	0.0073	0.0071	0.0069	0.0068	0.0066	0.0064
− 2.3	0.0107	0.0104	0.0102	0.0099	0.0096	0.0094	0.0091	0.0089	0.0087	0.0084
− 2.2	0.0139	0.0136	0.0132	0.0129	0.0125	0.0122	0.0119	0.0116	0.0113	0.0110
− 2.1	0.0179	0.0174	0.0170	0.0166	0.0162	0.0158	0.0154	0.0150	0.0146	0.0143
− 2.0	0.0228	0.0222	0.0217	0.0212	0.0207	0.0202	0.0197	0.0192	0.0168	0.0183
− 1.9	0.0287	0.0281	0.0274	0.0268	0.0262	0.0256	0.0250	0.0244	0.0239	0.0233
− 1.8	0.0359	0.0351	0.0344	0.0336	0.0329	0.0322	0.0314	0.0307	0.0301	0.0294
− 1.7	0.0446	0.0436	0.0427	0.0418	0.0409	0.0401	0.0392	0.0384	0.0375	0.0367
− 1.6	0.0548	0.0537	0.0526	0.0516	0.0505	0.0495	0.0485	0.0475	0.0465	0.0455
− 1.5	0.0668	0.0655	0.0643	0.0630	0.0618	0.0606	0.0594	0.0582	0.0571	0.0559
− 1.4	0.0808	0.0793	0.0778	0.0764	0.0749	0.0735	0.0721	0.0708	0.0694	0.0681
− 1.3	0.0968	0.0951	0.0934	0.0918	0.0901	0.0885	0.0869	0.0853	0.0838	0.0823
− 1.2	0.1151	0.1131	0.1112	0.1093	0.1075	0.1056	0.1038	0.1020	0.1003	0.0985
− 1.1	0.1357	0.1335	0.1314	0.1292	0.1271	0.1251	0.1230	0.1210	0.1190	0.1170
− 1.0	0.1587	0.1562	0.1539	0.1515	0.1492	0.1469	0.1446	0.1423	0.1401	0.1379
− 0.9	0.1841	0.1814	0.1788	0.1762	0.1736	0.1711	0.1685	0.1660	0.1635	0.1611
− 0.8	0.2119	0.2090	0.2061	0.2033	0.2005	0.1977	0.1949	0.1922	0.1894	0.1867
− 0.7	0.2420	0.2389	0.2358	0.2327	0.2296	0.2266	0.2236	0.2206	0.2177	0.2148
− 0.6	0.2743	0.2709	0.2676	0.2643	0.2611	0.2578	0.2546	0.2514	0.2483	0.2451
− 0.5	0.3085	0.3050	0.3015	0.2981	0.2946	0.2912	0.2877	0.2843	0.2810	0.2776
− 0.4	0.3446	0.3409	0.3372	0.3336	0.3300	0.3264	0.3228	0.3192	0.3156	0.3121
− 0.3	0.3821	0.3783	0.3745	0.3707	0.3669	0.3632	0.3594	0.3557	0.3520	0.3483
− 0.2	0.4207	0.4168	0.4129	0.4090	0.4052	0.4013	0.3974	0.3936	0.3897	0.3859
− 0.1	0.4602	0.4562	0.4522	0.4483	0.4443	0.4404	0.4364	0.4325	0.4286	0.4247
− 0.0	0.5000	0.4960	0.4920	0.4880	0.4840	0.4801	0.4761	0.4721	0.4681	0.4641

표 13.5 표준 정규분포표(계속)

z	0.00	0.01	0.02	0.03	0.04	0.05	0.06	0.07	0.08	0.09
0.0	0.5000	0.5040	0.5080	0.5120	0.5160	0.5199	0.5239	0.5279	0.5319	0.5359
0.1	0.5398	0.5438	0.5478	0.5517	0.5557	0.5596	0.5636	0.5675	0.5714	0.5753
0.2	0.5793	0.5832	0.5871	0.5910	0.5948	0.5987	0.6026	0.6064	0.6103	0.6141
0.3	0.6179	0.6217	0.6255	0.6293	0.6331	0.6368	0.6406	0.6443	0.6480	0.6517
0.4	0.6554	0.6591	0.6628	0.6664	0.6700	0.6736	0.6772	0.6808	0.6844	0.6879
0.5	0.6915	0.6950	0.6985	0.7019	0.7054	0.7088	0.7123	0.7157	0.7190	0.7224
0.6	0.7257	0.7291	0.7324	0.7357	0.7389	0.7422	0.7454	0.7486	0.7517	0.7549
0.7	0.7580	0.7611	0.7642	0.7673	0.7704	0.7734	0.7764	0.7794	0.7823	0.7852
0.8	0.7881	0.7910	0.7939	0.7967	0.7995	0.8023	0.8051	0.8078	0.8106	0.8133
0.9	0.8159	0.8186	0.8212	0.8238	0.8264	0.8289	0.8315	0.8340	0.8365	0.8389
1.0	0.8413	0.8438	0.8461	0.8485	0.8508	0.8531	0.8554	0.8577	0.8599	0.8621
1.1	0.8643	0.8665	0.8686	0.8708	0.8729	0.8749	0.8770	0.8790	0.8810	0.8830
1.2	0.8849	0.8869	0.8888	0.8907	0.8925	0.8944	0.8962	0.8980	0.8997	0.9015
1.3	0.9032	0.9049	0.9066	0.9082	0.9099	0.9115	0.9131	0.9147	0.9162	0.9177
1.4	0.9192	0.9207	0.9222	0.9236	0.9251	0.9265	0.9279	0.9292	0.9306	0.9319
1.5	0.9332	0.9345	0.9357	0.9370	0.9382	0.9394	0.9406	0.9418	0.9429	0.9441
1.6	0.9452	0.9463	0.9474	0.9484	0.9495	0.9505	0.9515	0.9525	0.9535	0.9545
1.7	0.9554	0.9564	0.9573	0.9582	0.9591	0.9599	0.9608	0.9616	0.9625	0.9633
1.8	0.9641	0.9649	0.9656	0.9664	0.9671	09678	0.9686	0.9693	0.9699	0.9706
1.9	0.9713	0.9719	0.9726	0.9732	0.9738	0.9744	0.9750	0.9756	0.9761	0.9767
2.0	0.9772	0.9778	0.9783	0.9788	0.9793	0.9798	0.9803	0.9808	0.9812	0.9817
2.1	0.9821	0.9826	0.9830	0.9834	0.9838	0.9842	0.9846	0.9850	0.9854	0.9857
2.2	0.9861	0.9864	0.9868	0.9871	0.9875	0.9878	0.9881	0.9884	0.9887	0.9890
2.3	0.9893	0.9896	0.9898	0.9901	0.9904	0.9906	0.9909	0.9911	0.9913	0.9916
2.4	0.9918	0.9920	0.9922	0.9925	0.9927	0.9929	0.9931	0.9932	0.9934	0.9936
2.5	0.9938	0.9940	0.9941	0.9943	0.9945	0.9946	0.9948	0.9949	0.9951	0.9952
2.6	0.9953	0.9955	0.9956	0.9957	0.9959	0.9960	0.9961	0.9962	0.9963	0.9964
2.7	0.9965	0.9966	0.9967	0.9968	0.9969	0.9970	0.9971	0.9972	0.9973	0.9974
2.8	0.9974	0.9975	0.9976	0.9977	0.9977	0.9978	0.9979	0.9979	0.9980	0.9981
2.9	0.9981	0.9982	0.9982	0.9983	0.9984	0.9984	0.9985	0.9985	0.9986	0.9986
3.0	0.9987	0.9987	0.9987	0.9988	0.9988	0.9989	0.9989	0.9989	0.9990	0.9990
3.1	0.9990	0.9991	0.9991	0.9991	0.9992	0.9992	0.9992	0.9992	0.9993	0.9993
3.2	0.9993	0.9993	0.9994	0.9994	0.9994	0.9994	0.9994	0.9995	0.9995	0.9995
3.3	0.9995	0.9995	0.9995	0.9996	0.9996	0.9996	0.9996	0.9996	0.9996	0.9997
3.4	0.9997	0.9997	0.9997	0.9997	0.9997	0.9997	0.9997	0.9997	0.9997	0.9998

표준 정규분포표의 값은 다른 정보도 알려준다. 예제의 남성이 미국 남성의 98.38%보다 키가 크다면, 미국 남성의 1.62%보다는 키가 작다는 것이다. 즉, 자료의 값보다 큰 모집단의 자료의 비율을 알기 위해서는 1에서 표의 해당 값을 빼야 한다.

예제 13.24 경영대학원 입학시험(GMAT)은 경영대학 대학원 과정에 지원하는 학생들을 평가하는 데 널리 사용된다. 어느 연도의 평균 GMAT 점수는 503점이고 표준편차는 89점인 것으로 알려져 있는 경우, 시험점수가 정규분포한다고 가정하면 임의로 선택한 한 응시자의 점수가 480점보다 높을 확률은 얼마인가?

풀이

변수의 값은 $z = 480$이므로 z점수를 계산하면 $z = \dfrac{480 - 503}{89} \approx -0.26$이다. 이 z점수에 해당하는 표준 정규분포표의 값은 0.3974이므로 응시자의 39.73%가 480점보다 낮은 점수를 받았다. 문제는 480점보다 높을 확률을 구하는 것이며 응시자의 60.36%가 480점보다 높은 점수를 받았으므로 구하는 확률은 0.6036 또는 60.36%이다. 따라서 임의로 선택한 GMAT 응시자가 480점보다 높은 점수를 받을 확률은 60.36%이다.

예제 13.25 어느 타이어 제조업체는 새로운 중급 타이어의 보증거리를 설정하기 위해 일반적인 조건에서 타이어의 수명을 조사한다. 타이어 수명은 평균 주행 거리가 53,800킬로미터이고 표준편차는 1,950킬로미터인 것으로 밝혀졌다. 제조업체가 모든 타이어의 3% 이상이 고장 나지 않도록 보증거리를 설정하려면 어떻게 해야 하는가?

풀이

제조회사는 보증기간 내에 타이어의 3% 미만으로 교체하기를 원하므로 판매된 모든 타이어의 97%가 속하는 주행거리를 조사해야 한다. 즉, 보증거리 내에 교체해야 하는 타이어는 전체의 3% 미만이 되어야 하며 표에서 이러한 확률을 가지는 확률변수의 값을 찾아야 한다.

표준 정규분포표에서 0.03에 가장 가까운 확률 값을 갖는 z점수를 찾아야 한다. 가장 가까운 확률 값은 0.0359이며 이의 z점수는 −1.80이다. 이 값을 z점수 공식에 대입하면 미지수 x에 관한 방정식을 얻는다.

$$-1.80 = \frac{x - 53,800}{1,950}$$
$$-3,510 = x - 53,800$$
$$50,290 = x$$

제조업체는 보증거리 내에 타이어를 3% 이상 교체하지 않으려면 최소 50,290킬로미터로 보증거리를 설정해야 한다.

표준 정규분포표의 특징을 잘 이용하면 더 많은 사용법이 있음을 알 수 있다. 이 표는 특정 z점수보다 작은 값을 가진 모집단의 비율을 알려주므로, 이 표를 사용하여 두 특정 값 사이를 z점수로 갖는 자료들의 모집단에서의 비율을 찾을 수 있다.

예제 13.26 ▶ 앞에서 다룬 미국 남성들의 신장에 대해 다음 질문에 답하여라. 먼저 미국 남성의 평균 신장은 70인치이고 표준편차는 2.8인치이며 신장은 정규분포한다는 것을 알고 있다. 미국 남성의 신장이 68인치에서 71인치인 남성은 전체 미국 남성의 몇 퍼센트인가?

풀이

먼저 구간 양 끝 두 신장의 z점수를 구하자. $x = 68$인 경우 $z = -0.71$이며 $x = 71$인 경우 $z = 0.36$이다. 이 두 z점수에 해당하는 표준 정규분포표의 값은 각각 0.2389와 0.6406이다.

따라서 신장이 68인치보다 작은 미국 남성의 비율은 23.89%, 71인치보다 작은 비율은 64.06%임을 알 수 있다. 이 두 비율의 차이 40.17%는 신장이 68에서 71인치 사이인 미국 남성의 비율이다.

예제 13.27 ▶ 커피 자판기는 8온스 컵에 평균 7.8온스의 커피를 내리도록 설계되어 있다. 내리는 커피의 양의 표준편차는 0.2온스이고 컵에 담긴 커피의 양은 정규분포 한다고 할 때, 이 자판기가 시간당 7.5와 7.9온스 사이의 커피를 내릴 비율을 구하여라.

풀이

확률변수의 두 특정 값 사이의 비율을 구해야 하므로 두 개의 z점수와 표에서 해당 항목을 찾은 후 두 값의 차를 계산한다. $x = 7.5$인 경우 $z = \dfrac{7.5 - 7.8}{0.2} = -1.50$이며 $x = 7.9$인 경우 $z = \dfrac{7.5 - 7.8}{0.2} = 0.50$이다. 이 값들에 해당하는 표준 정규분포표의 확률은 각각 0.0688과 0.6915이므로 이들의 차는 $0.6915 - 0.0688 = 0.6227$이다. 이것은 자판기가 62.27%로 시간당 7.5온스와 7.9온스 사이의 커피를 내린다는 의미이다.

예제 13.28 ▶ 한국의 많은 가정에는 최소 한 대 이상의 컴퓨터가 있다. 하루 중 컴퓨터 게임을 하는 데 이용되는 시간은 정규분포하며 평균은 1.75시간, 표준편차는 0.33시간이라고 한다. 무작위로 선택한 컴퓨터가 게임을 하는 데 이용되는 시간이 1.75시간에서 2.25시간 사이에 있을 확률은 무엇인가?

풀이

확률변수의 특정 구간에 관심이 있으므로 한 쌍의 z점수와 표준 정규분포표에서 이에 해당하는 확률들과 그 확률의 차를 구해야 한다. $x = 1.75$의 z-점수는 $z = \dfrac{1.75 - 1.75}{0.33} = 0$이다. 특이한 값이지만 평균과 같은 확률변수 값에 해당하는 z점수는 0임을 기억하자. $x = 2.25$의 z점수는 $z = \dfrac{2.25 - 1.75}{0.33} \approx 1.52$이다. 이에 해당하는 표준 정규분포표의 값은 각각 0.5000, 0.9357이다. 이 두 값의 차이는 0.4357이며 따라서 무작위로 선택한 컴퓨터가 하루에 1.75에서 2.25시간 동안 게임을 하는 데 사용되었을 확률은 43.57%이다.

연습문제

다음 주어진 z점수 사이에 있는 표준 정규분포곡선 아래 영역의 넓이를 구하여라.

1. $z = 0$, $z = 1.12$
2. $z = 0$, $z = 1.89$
3. $z = -1.06$, $z = 1.87$
4. $z = -1.5$, $z = 2.62$

다음 조건에 해당하는 z점수를 표준 정규분포표를 이용하여 구하여라.

5. 표준 정규곡선 아래 면적의 33%가 이 z점수 오른쪽에 있다.
6. 표준 정규곡선 아래 면적의 48%가 이 z점수 왼쪽에 있다.
7. 표준 정규곡선 아래 면적의 15%가 이 z점수 왼쪽에 있다.
8. 표준 정규곡선 아래 면적의 22%가 이 z점수 오른쪽에 있다.

다음 조건을 만족하는 정규분포곡선 아래의 넓이를 구하여라.

9. 평균과 3.01 표준편차 사이에 있는 정규분포곡선 아래 영역의 비율을 구하여라.
10. 평균과 2.41 표준편차 사이에 있는 정규분포곡선 아래 영역의 비율을 구하여라.
11. 평균과 1.35 표준편차 사이에 있는 정규분포곡선 아래 영역의 비율을 구하여라.
12. 평균과 0.64 표준편차 사이에 있는 정규분포곡선 아래 영역의 비율을 구하여라.
13. $z = 1.41$과 $z = 2.83$ 사이에 있는 정규분포곡선 아래 영역의 비율을 구하여라.
14. $z = -0.05$과 $z = 1.92$ 사이에 있는 정규분포곡선 아래 영역의 비율을 구하여라.
15. $z = -2.96$과 $z = 0.87$ 사이에 있는 정규분포곡선 아래 영역의 비율을 구하여라.
16. $z = 0$과 $z = -1.28$ 사이에 있는 정규분포곡선 아래 영역의 비율을 구하여라.

표준 정규분포표를 이용하여 다음 조건과 가장 가까운 z점수를 구하여라.

17. 이 z점수의 오른쪽에 전체 면적의 4%가 있다.
18. 이 z점수의 오른쪽에 전체 면적의 18%가 있다.
19. 이 z점수의 왼쪽에 전체 면적의 21.5%가 있다.
20. 이 z점수의 왼쪽에 전체 면적의 57.8%가 있다.
21. 이 z점수의 오른쪽에 전체 면적의 3%가 있다.
22. 이 z점수의 왼쪽에 전체 면적의 82.9%가 있다.
23. 이 z점수의 왼쪽에 전체 면적의 33%가 있다.
24. 이 z점수의 오른쪽에 전체 면적의 33%가 있다.

다음 조건에 해당하는 z점수를 구하여라.

25. 어두운 영역의 넓이가 0.9599이다.

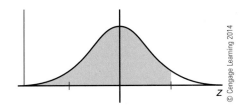

26. 어두운 영역의 넓이가 0.4013이다.

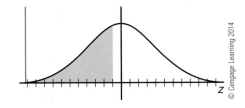

z가 표준 정규분포하는 확률변수일 때 다음 조건을 만족하는 확률을 구하여라.

27. z가 −2.41과 0 사이에 있을 확률

28. z가 −1.85와 0 사이에 있을 확률

29. z가 1.13보다 작을 확률

30. z가 2.74보다 작을 확률

31. z가 0.95보다 클 확률

32. z가 −0.51보다 클 확률

33. $P(z < 0.97)$

34. $P(z < -1.50)$

13.6 이항분포

이항실험과 이항 확률분포

이항실험(binomial experiment)이란 다음과 같은 특징을 갖는 실험이다. (1) 정해진 횟수의 시행 또는 정해진 횟수만큼을 시행을 반복하는 것으로 시행 횟수는 n으로 나타낸다. (2) 각 시행은 '성공' 또는 '실패'의 두 가지 결과만 갖는다. (어떤 시행에 대한 성공 확률은 p로, 실패 확률은 q로 표시한다.) (3) n번의 시행은 서로 독립적이며 각각의 시행은 동일한 조건 하에서 진행된다.

조건 (2)와 (3)을 만족시키는 실험은 17세기 수학자 야코프 베르누이(Jacob Bernoulli)의 업적을 기리기 위해 베르누이 시행(Bernoulli trial)이라고 부르며, 베르누이 시행을 정해진 횟수만큼 시행하는 것을 이항실험이라 부른다.

이항실험의 예는 다음과 같다. 어떤 학급의 학생들이 기한 내 숙제를 완성하여 감점 없이 제출할 확률은 0.70이다. 이 학급의 학생이 20명인 경우 적어도 10명 이상이 기한 내에 숙제를 제출할 확률은 무엇인가?

이 실험은 이항실험인데 고정된 횟수의 시행(20명)이 있고, 각 시행에는 2가지 가능한 결과 즉 숙제를 기한 내에 제출하거나 그렇지 않은 경우가 있으며, 성공할 확률(기한 내에 숙제를 제출할 확률)은 학생마다 다르지 않고, 한 학생이 숙제를 기한 내 제출할지 여부는 다른 학생이 기한 내에 숙제를 제출하는지 여부에 영향을 받지 않기 때문이다.

이항실험의 결과들은 이항 확률분포(binomial probability distribution)를 한다고

말하는데, 확률변수 X는 n번의 독립적인 시행에서의 성공 횟수를 나타낸다.

이항 확률분포에서 평균은 $\mu = np$이고 표준편차는 $\sigma = \sqrt{npq}$이다. 이 두 결과를 증명하는 것은 특별히 어렵지는 않지만, 생략하기로 하자.

예제 13.29 반드시 이기거나 지는 게임에 참여한다고 가정하자. 게임에서 이길 확률은 0.75이며 질 확률은 0.25이다. 만약 게임을 20번 한다면 이 이항 확률분포의 평균은 $\mu = (20)(0.75) = 15$이고 표준편차는 $\sigma = \sqrt{(20)(0.75)(0.25)} = \sqrt{3.75} \approx 1.94$이다.

이항 확률분포를 이용할 때 사용하는 표준 표기법이 있는데, 확률이 p인 시행을 n번 반복하는 경우 $X \sim B(n, p)$로 나타낸다. 이 기호를 읽는 합의된 방법은 없지만 보통은 'X는 이항분포를 따르는 확률변수'라고 읽는다.

이항분포에서의 확률은 대부분 소프트웨어를 사용하여 계산하지만, 오프라인에서 확률을 계산하는 데 사용할 수 있는 확률분포표가 있다(표 13.6). 이 표는 성공확률이 p인 베르누이 시행을 n번 실시하는 이항실험에서 x번 이하로 성공할 확률을 계산한 것이다, 정확히 x번 성공할 확률을 구하려면 표의 x에 해당하는 값에서 $(x - 1)$에 해당하는 값을 빼면 된다.

예제 13.30 예제 13.29의 게임을 다시 생각하자. 이 게임은 이기거나 지는 두 가지 결과만을 갖는 게임이다. 게임에서 이길 확률은 0.75, 질 확률은 0.25이다. 20번 시행에서 이기는 횟수가 10번 이내일 확률은 무엇인가?

풀이

표에서 시행 횟수는 $n = 20$이므로 표의 왼쪽 n의 열의 20을 주목한다. 성공확률이 $p = 0.75$이므로 $p = 0.75$에 해당하는 열과 x에서 $x = 10$에 해당하는 행이 만나는 곳이 구하려는 확률이 된다.

표의 해당 확률은 0.014이므로 이 게임에서 이기는 횟수가 최대 10회일 확률은 1.4%이다.

예제 13.30의 결과가 이해되지 않을 수도 있지만 문제를 더 깊게 생각하면 매우 합리적인 결과임을 알 수 있다. 게임에서 이길 확률이 높으며, 최대 10번 이내로 이길 확률을 알고자 한다. 게임에서 이길 확률이 높다는 점을 감안하면 20번의 게임 중 단지 10번 이내로 이기는 것은 드문 일이다.

표 13.6 누적 이항 확률분포표

n	x	.01	.05	.10	.15	.20	.25	.30	.35	.40	.45	.50	.55	.60	.65	.70	.75	.80	.85	.90	.95
2	0	.980	.902	.810	.723	.640	.563	.490	.423	.360	.303	.250	.203	.160	.123	.090	.063	.040	.023	.010	.002
	1	.020	.095	.180	.255	.320	.375	.420	.455	.480	.495	.500	.495	.480	.455	.420	.375	.320	.255	.180	.095
	2	.000	.002	.010	.023	.040	.063	.090	.123	.160	.203	.250	.303	.360	.423	.490	.563	.640	.723	.810	.902
3	0	.970	.857	.729	.614	.512	.422	.343	.275	.216	.166	.125	.091	.064	.043	.027	.016	.008	.003	.001	.000
	1	.029	.135	.243	.325	.384	.422	.441	.444	.432	.408	.375	.334	.288	.239	.189	.141	.096	.057	.027	.007
	2	.000	.007	.027	.057	.096	.141	.189	.239	.288	.334	.375	.408	.432	.444	.441	.422	.384	.325	.243	.135
	3	.000	.000	.001	.003	.008	.016	.027	.043	.064	.091	.125	.166	.216	.275	.343	.422	.512	.614	.729	.857
4	0	.961	.815	.655	.522	.410	.316	.240	.179	.130	.092	.062	.041	.026	.015	.008	.004	.002	.001	.000	.000
	1	.039	.171	.292	.368	.410	.422	.412	.384	.346	.300	.250	.200	.154	.112	.076	.047	.026	.011	.004	.000
	2	.001	.014	.049	.098	.154	.211	.265	.311	.346	.368	.375	.368	.346	.311	.265	.211	.154	.098	.049	.014
	3	.000	.000	.004	.011	.026	.047	.076	.112	.154	.200	.250	.300	.346	.384	.412	.422	.410	.368	.292	.171
	4	.000	.000	.000	.001	.002	.004	.008	.015	.026	.041	.062	.092	.130	.179	.240	.316	.410	.522	.656	.815
5	0	.951	.774	.590	.444	.328	.237	.168	.116	.078	.050	.031	.019	.010	.005	.002	.001	.000	.000	.000	.000
	1	.048	.204	.328	.392	.410	.396	.360	.312	.259	.208	.156	.113	.077	.049	.028	.015	.006	.002	.000	.000
	2	.001	.021	.073	.138	.205	.264	.309	.336	.346	.337	.312	.278	.230	.181	.132	.088	.051	.024	.008	.001
	3	.000	.001	.008	.024	.051	.083	.132	.181	.230	.276	.312	.337	.346	.336	.309	.264	.205	.138	.073	.021
	4	.000	.000	.000	.002	.008	.015	.028	.049	.077	.113	.156	.206	.259	.312	.360	.396	.410	.392	.328	.204
	5	.000	.000	.000	.000	.000	.001	.002	.005	.010	.019	.031	.050	.078	.116	.168	.237	.328	.444	.590	.774
6	0	.941	.735	.531	.377	.262	.178	.118	.075	.047	.028	.016	.008	.004	.002	.001	.000	.000	.000	.000	.000
	1	.057	.232	.354	.399	.393	.356	.303	.244	.187	.136	.094	.061	.037	.020	.010	.004	.002	.000	.000	.000
	2	.001	.031	.098	.176	.246	.297	.324	.328	.311	.278	.234	.186	.138	.095	.060	.033	.015	.006	.001	.000
	3	.000	.002	.015	.042	.082	.132	.185	.236	.276	.303	.312	.303	.276	.236	.185	.132	.082	.042	.015	.002
	4	.000	.000	.001	.006	.015	.033	.060	.095	.138	.186	.234	.278	.311	.328	.324	.297	.246	.176	.098	.031
	5	.000	.000	.000	.000	.002	.004	.010	.020	.037	.061	.094	.136	.187	.244	.303	.356	.393	.399	.354	.232
	6	.000	.000	.000	.000	.000	.000	.001	.002	.004	.008	.016	.028	.047	.075	.118	.178	.262	.377	.531	.735
7	0	.932	.698	.478	.321	.210	.133	.082	.049	.028	.015	.008	.004	.002	.001	.000	.000	.000	.000	.000	.000
	1	.066	.257	.372	.396	.367	.311	.247	.185	.131	.087	.055	.032	.017	.008	.004	.001	.000	.000	.000	.000
	2	.002	.041	.124	.210	.275	.311	.318	.299	.261	.214	.164	.117	.077	.047	.025	.012	.004	.001	.000	.000
	3	.000	.004	.023	.062	.115	.173	.227	.268	.290	.292	.273	.239	.194	.144	.097	.058	.029	.011	.003	.000

(계속)

표 13.6 누적 이항 확률분포표(계속)

n	x	.01	.05	.10	.15	.20	.25	.30	.35	.40	.45	.50	.55	.60	.65	.70	.75	.80	.85	.90	.95
	4	.000	.000	.003	.011	.029	.058	.097	.144	.194	.239	.273	.292	.290	.268	.227	.173	.115	.062	.023	.004
	5	.000	.000	.000	.001	.004	.012	.025	.047	.077	.117	.164	.214	.261	.299	.318	.311	.275	.210	.124	.041
	6	.000	.000	.000	.000	.000	.001	.004	.008	.017	.032	.055	.087	.131	.185	.247	.311	.367	.396	.372	.257
	7	.000	.000	.000	.000	.000	.000	.000	.001	.002	.004	.008	.015	.028	.049	.082	.133	.210	.321	.478	.698
8	0	.923	.663	.430	.272	.168	.100	.058	.032	.017	.008	.004	.002	.001	.000	.000	.000	.000	.000	.000	.000
	1	.075	.279	.383	.385	.336	.267	.198	.137	.090	.055	.031	.016	.008	.003	.001	.000	.000	.000	.000	.000
	2	.003	.051	.149	.238	.294	.311	.296	.259	.209	.157	.109	.070	.041	.022	.010	.004	.001	.000	.000	.000
	3	.000	.005	.033	.084	.147	.208	.254	.279	.279	.257	.219	.172	.124	.081	.047	.023	.009	.003	.000	.000
	4	.000	.000	.005	.018	.046	.087	.136	.188	.232	.263	.273	.263	.232	.188	.136	.087	.046	.018	.005	.000
	5	.000	.000	.000	.003	.009	.023	.047	.081	.124	.172	.219	.257	.279	.279	.254	.208	.147	.084	.033	.005
	6	.000	.000	.000	.000	.001	.004	.010	.022	.041	.070	.109	.157	.209	.259	.296	.311	.294	.238	.149	.051
	7	.000	.000	.000	.000	.000	.000	.001	.003	.008	.016	.031	.055	.090	.137	.198	.267	.336	.385	.383	.279
	8	.000	.000	.000	.000	.000	.000	.000	.000	.001	.002	.004	.008	.017	.032	.058	.100	.168	.272	.430	.663
9	0	.914	.630	.387	.232	.134	.075	.040	.021	.010	.005	.002	.001	.000	.000	.000	.000	.000	.000	.000	.000
	1	.083	.299	.387	.368	.302	.225	.156	.100	.060	.034	.018	.008	.004	.001	.000	.000	.000	.000	.000	.000
	2	.003	.063	.172	.260	.302	.300	.267	.216	.161	.111	.070	.041	.021	.010	.004	.001	.000	.000	.000	.000
	3	.000	.008	.045	.107	.176	.234	.267	.272	.251	.212	.164	.116	.074	.042	.021	.009	.003	.001	.000	.000
	4	.000	.001	.007	.028	.066	.117	.172	.219	.251	.260	.246	.213	.167	.118	.074	.039	.017	.005	.001	.000
	5	.000	.000	.001	.005	.017	.039	.074	.118	.167	.213	.246	.260	.251	.219	.172	.117	.066	.028	.007	.001
	6	.000	.000	.000	.001	.003	.009	.021	.042	.074	.116	.164	.212	.251	.272	.267	.234	.176	.107	.045	.008
	7	.000	.000	.000	.000	.000	.001	.004	.010	.021	.041	.070	.111	.161	.216	.267	.300	.302	.260	.172	.063
	8	.000	.000	.000	.000	.000	.000	.000	.001	.004	.008	.018	.034	.060	.100	.156	.225	.302	.368	.387	.299
	9	.000	.000	.000	.000	.000	.000	.000	.000	.000	.001	.002	.005	.010	.021	.040	.075	.134	.232	.387	.630
10	0	.904	.599	.349	.197	.107	.056	.028	.014	.006	.003	.001	.000	.000	.000	.000	.000	.000	.000	.000	.000
	1	.091	.315	.387	.347	.268	.188	.121	.072	.040	.021	.010	.004	.002	.000	.000	.000	.000	.000	.000	.000
	2	.004	.075	.194	.276	.302	.282	.233	.176	.121	.076	.044	.023	.011	.004	.001	.000	.000	.000	.000	.000
	3	.000	.010	.057	.130	.201	.250	.267	.252	.215	.166	.117	.075	.042	.021	.009	.003	.001	.001	.000	.000
	4	.000	.001	.011	.040	.088	.146	.200	.238	.251	.238	.205	.160	.111	.069	.037	.016	.006	.001	.000	.000
	5	.000	.000	.001	.008	.026	.058	.103	.154	.201	.234	.246	.234	.201	.154	.103	.058	.026	.008	.001	.000

n	x	.01	.05	.10	.15	.20	.25	.30	.35	.40	.45	.50	.55	.60	.65	.70	.75	.80	.85	.90	.95
	6	.000	.000	.000	.001	.006	.016	.037	.069	.111	.160	.205	.238	.251	.238	.200	.146	.088	.040	.011	.001
	7	.000	.000	.000	.000	.001	.003	.009	.021	.042	.075	.117	.166	.215	.252	.267	.250	.201	.130	.057	.010
	8	.000	.000	.000	.000	.000	.000	.001	.004	.011	.023	.044	.076	.121	.176	.233	.282	.302	.276	.194	.075
	9	.000	.000	.000	.000	.000	.000	.000	.001	.002	.004	.010	.021	.040	.072	.121	.188	.268	.347	.387	.315
	10	.000	.000	.000	.000	.000	.000	.000	.000	.000	.000	.001	.003	.006	.013	.028	.056	.107	.197	.349	.599
11	0	.895	.569	.314	.167	.086	.042	.020	.009	.004	.001	.000	.000	.000	.000	.000	.000	.000	.000	.000	.000
	1	.099	.329	.384	.325	.236	.155	.093	.052	.027	.013	.005	.002	.001	.000	.000	.000	.000	.000	.000	.000
	2	.005	.087	.213	.287	.295	.258	.200	.140	.089	.051	.027	.013	.005	.002	.001	.000	.000	.000	.000	.000
	3	.000	.014	.071	.152	.221	.258	.257	.225	.177	.126	.081	.046	.023	.010	.004	.001	.000	.000	.000	.000
	4	.000	.001	.016	.054	.111	.172	.220	.243	.236	.206	.161	.113	.070	.038	.017	.006	.002	.000	.000	.000
	5	.000	.000	.002	.013	.039	.080	.132	.183	.221	.236	.226	.193	.147	.099	.057	.027	.010	.002	.000	.000
	6	.000	.000	.000	.002	.010	.027	.057	.099	.147	.193	.226	.236	.221	.183	.132	.080	.039	.013	.002	.000
	7	.000	.000	.000	.000	.002	.006	.017	.038	.070	.113	.161	.206	.236	.243	.220	.172	.111	.054	.016	.001
	8	.000	.000	.000	.000	.000	.001	.004	.010	.023	.046	.081	.126	.177	.225	.257	.258	.221	.152	.071	.014
	9	.000	.000	.000	.000	.000	.000	.001	.002	.005	.013	.027	.051	.089	.140	.200	.258	.295	.287	.213	.087
	10	.000	.000	.000	.000	.000	.000	.000	.000	.001	.002	.005	.013	.027	.052	.093	.155	.236	.325	.384	.329
	11	.000	.000	.000	.000	.000	.000	.000	.000	.000	.000	.000	.001	.004	.009	.020	.042	.086	.167	.314	.569
12	0	.886	.540	.282	.142	.069	.032	.014	.006	.002	.001	.000	.000	.000	.000	.000	.000	.000	.000	.000	.000
	1	.107	.341	.377	.301	.206	.127	.071	.037	.017	.008	.003	.001	.000	.000	.000	.000	.000	.000	.000	.000
	2	.006	.099	.230	.292	.283	.232	.168	.109	.064	.034	.016	.007	.002	.001	.000	.000	.000	.000	.000	.000
	3	.000	.017	.085	.172	.236	.258	.240	.195	.142	.092	.054	.028	.012	.005	.001	.000	.000	.000	.000	.000
	4	.000	.002	.021	.068	.133	.194	.231	.237	.213	.170	.121	.076	.042	.020	.008	.002	.001	.000	.000	.000
	5	.000	.000	.004	.019	.053	.103	.158	.204	.227	.223	.193	.149	.101	.059	.029	.011	.003	.001	.000	.000
	6	.000	.000	.000	.004	.016	.040	.079	.128	.177	.212	.226	.212	.177	.128	.079	.040	.016	.004	.000	.000
	7	.000	.000	.000	.001	.003	.011	.029	.059	.101	.149	.193	.223	.227	.204	.158	.103	.053	.019	.004	.000
	8	.000	.000	.000	.000	.001	.002	.008	.020	.042	.076	.121	.170	.213	.237	.231	.194	.133	.068	.021	.002
	9	.000	.000	.000	.000	.000	.000	.001	.005	.012	.028	.054	.092	.142	.195	.240	.258	.236	.172	.085	.017
	10	.000	.000	.000	.000	.000	.000	.000	.001	.002	.007	.016	.034	.064	.109	.168	.232	.283	.292	.230	.099
	11	.000	.000	.000	.000	.000	.000	.000	.000	.000	.001	.003	.008	.017	.037	.071	.127	.206	.301	.377	.341

(계속)

표 13.6 누적 이항 확률분포(계속)

n	x	.01	.05	.10	.15	.20	.25	.30	.35	.40	.45	.50	.55	.60	.65	.70	.75	.80	.85	.90	.95
	12	.000	.000	.000	.000	.000	.000	.000	.000	.000	.000	.000	.001	.002	.006	.014	.032	.069	.142	.282	.540
15	0	.860	.463	.206	.087	.035	.013	.005	.002	.000	.000	.000	.000	.000	.000	.000	.000	.000	.000	.000	.000
	1	.130	.366	.343	.231	.132	.067	.031	.013	.005	.002	.000	.000	.000	.000	.000	.000	.000	.000	.000	.000
	2	.009	.135	.267	.286	.231	.156	.092	.048	.022	.009	.003	.001	.000	.000	.000	.000	.000	.000	.000	.000
	3	.000	.031	.129	.218	.250	.225	.170	.111	.063	.032	.014	.005	.002	.000	.000	.000	.000	.000	.000	.000
	4	.000	.005	.043	.116	.188	.225	.219	.179	.127	.078	.042	.019	.007	.002	.000	.000	.000	.000	.000	.000
	5	.000	.001	.010	.045	.103	.165	.206	.212	.186	.140	.092	.051	.024	.010	.003	.001	.000	.000	.000	.000
	6	.000	.000	.002	.013	.043	.092	.147	.191	.207	.191	.153	.105	.061	.030	.012	.003	.001	.000	.000	.000
	7	.000	.000	.000	.003	.014	.039	.081	.132	.177	.201	.196	.165	.118	.071	.035	.013	.003	.001	.000	.000
	8	.000	.000	.000	.001	.003	.013	.035	.071	.118	.165	.196	.201	.177	.132	.081	.039	.014	.003	.000	.000
	9	.000	.000	.000	.000	.001	.003	.012	.030	.061	.105	.153	.191	.207	.191	.147	.092	.043	.013	.002	.000
	10	.000	.000	.000	.000	.000	.001	.003	.010	.024	.051	.092	.140	.186	.212	.206	.165	.103	.045	.010	.001
	11	.000	.000	.000	.000	.000	.000	.001	.002	.007	.019	.042	.078	.127	.179	.219	.225	.188	.116	.043	.005
	12	.000	.000	.000	.000	.000	.000	.000	.000	.002	.005	.014	.032	.063	.111	.170	.225	.250	.218	.129	.031
	13	.000	.000	.000	.000	.000	.000	.000	.000	.000	.001	.003	.009	.022	.048	.092	.156	.231	.286	.267	.135
	14	.000	.000	.000	.000	.000	.000	.000	.000	.000	.000	.000	.002	.005	.013	.031	.067	.132	.231	.343	.366
	15	.000	.000	.000	.000	.000	.000	.000	.000	.000	.000	.000	.000	.000	.002	.005	.013	.035	.087	.206	.463
16	0	.851	.440	.185	.074	.028	.010	.003	.001	.000	.000	.000	.000	.000	.000	.000	.000	.000	.000	.000	.000
	1	.138	.371	.329	.210	.113	.053	.023	.009	.003	.001	.000	.000	.000	.000	.000	.000	.000	.000	.000	.000
	2	.010	.146	.275	.277	.211	.134	.073	.035	.015	.006	.002	.001	.000	.000	.000	.000	.000	.000	.000	.000
	3	.000	.036	.142	.229	.246	.208	.146	.089	.047	.022	.009	.003	.001	.000	.000	.000	.000	.000	.000	.000
	4	.000	.006	.051	.131	.200	.225	.204	.155	.101	.057	.028	.011	.004	.001	.000	.000	.000	.000	.000	.000
	5	.000	.001	.014	.056	.120	.180	.210	.201	.162	.112	.067	.034	.014	.005	.001	.000	.000	.000	.000	.000
	6	.000	.000	.003	.018	.055	.110	.165	.198	.198	.168	.122	.075	.039	.017	.006	.001	.000	.000	.000	.000
	7	.000	.000	.000	.005	.020	.052	.101	.152	.189	.197	.175	.132	.084	.044	.019	.006	.001	.000	.000	.000
	8	.000	.000	.000	.001	.006	.020	.049	.092	.142	.181	.196	.181	.142	.092	.049	.020	.006	.001	.000	.000
	9	.000	.000	.000	.000	.001	.006	.019	.044	.084	.132	.175	.197	.189	.152	.101	.052	.020	.005	.000	.000
	10	.000	.000	.000	.000	.000	.001	.006	.017	.039	.075	.122	.168	.198	.198	.165	.110	.055	.018	.003	.000
	11	.000	.000	.000	.000	.000	.000	.001	.005	.014	.034	.067	.112	.162	.201	.210	.180	.120	.056	.014	.001

n	x	.01	.05	.10	.15	.20	.25	.30	.35	.40	.45	.50	.55	.60	.65	.70	.75	.80	.85	.90	.95
16	12	.000	.000	.000	.000	.000	.000	.000	.001	.004	.011	.028	.057	.101	.155	.204	.225	.200	.131	.051	.006
	13	.000	.000	.000	.000	.000	.000	.000	.000	.001	.003	.009	.022	.047	.089	.146	.208	.246	.229	.142	.036
	14	.000	.000	.000	.000	.000	.000	.000	.000	.000	.001	.002	.006	.015	.035	.073	.134	.211	.277	.275	.146
	15	.000	.000	.000	.000	.000	.000	.000	.000	.000	.000	.000	.001	.003	.009	.023	.053	.113	.210	.329	.371
	16	.000	.000	.000	.000	.000	.000	.000	.000	.000	.000	.000	.000	.000	.001	.003	.010	.028	.074	.185	.440
20	0	.818	.358	.122	.039	.012	.003	.001	.000	.000	.000	.000	.000	.000	.000	.000	.000	.000	.000	.000	.000
	1	.165	.377	.270	.137	.058	.021	.007	.002	.000	.000	.000	.000	.000	.000	.000	.000	.000	.000	.000	.000
	2	.016	.189	.285	.229	.137	.067	.028	.010	.003	.001	.000	.000	.000	.000	.000	.000	.000	.000	.000	.000
	3	.001	.060	.190	.243	.205	.134	.072	.032	.012	.004	.001	.000	.000	.000	.000	.000	.000	.000	.000	.000
	4	.000	.013	.090	.182	.218	.190	.130	.074	.035	.014	.005	.001	.000	.000	.000	.000	.000	.000	.000	.000
	5	.000	.002	.032	.103	.175	.202	.179	.127	.075	.036	.015	.005	.001	.000	.000	.000	.000	.000	.000	.000
	6	.000	.000	.009	.045	.109	.169	.192	.171	.124	.075	.037	.015	.005	.001	.000	.000	.000	.000	.000	.000
	7	.000	.000	.002	.016	.055	.112	.164	.184	.166	.122	.074	.037	.015	.005	.001	.000	.000	.000	.000	.000
	8	.000	.000	.000	.005	.022	.061	.114	.161	.180	.162	.120	.073	.035	.014	.004	.001	.000	.000	.000	.000
	9	.000	.000	.000	.001	.007	.027	.065	.116	.160	.177	.160	.119	.071	.034	.012	.003	.000	.000	.000	.000
	10	.000	.000	.000	.000	.002	.010	.031	.069	.117	.159	.176	.159	.117	.069	.031	.010	.002	.000	.000	.000
	11	.000	.000	.000	.000	.000	.003	.012	.034	.071	.119	.160	.177	.160	.116	.065	.027	.007	.001	.000	.000
	12	.000	.000	.000	.000	.000	.001	.004	.014	.035	.073	.120	.162	.180	.161	.114	.061	.022	.005	.000	.000
	13	.000	.000	.000	.000	.000	.000	.001	.005	.015	.037	.074	.122	.166	.184	.164	.112	.055	.016	.002	.000
	14	.000	.000	.000	.000	.000	.000	.000	.001	.005	.015	.037	.075	.124	.171	.192	.169	.109	.045	.009	.000
	15	.000	.000	.000	.000	.000	.000	.000	.000	.001	.005	.015	.036	.075	.127	.179	.202	.175	.103	.032	.002
	16	.000	.000	.000	.000	.000	.000	.000	.000	.000	.001	.005	.014	.035	.074	.130	.190	.218	.182	.090	.013
	17	.000	.000	.000	.000	.000	.000	.000	.000	.000	.000	.001	.004	.012	.032	.072	.134	.205	.243	.190	.060
	18	.000	.000	.000	.000	.000	.000	.000	.000	.000	.000	.000	.001	.003	.010	.028	.067	.137	.229	.285	.189
	19	.000	.000	.000	.000	.000	.000	.000	.000	.000	.000	.000	.000	.000	.002	.007	.021	.058	.137	.270	.377
	20	.000	.000	.000	.000	.000	.000	.000	.000	.000	.000	.000	.000	.000	.000	.001	.003	.012	.039	.122	.358

예제 13.31 치우친 또는 공정하지 않은 동전 하나를 15번 던진다. 한 번 던졌을 때 앞면이 나올 확률은 0.3이다. 15번 중에서 앞면이 6번 미만으로 나오는 확률은 무엇인가?

풀이

이 경우, '성공'은 동전의 앞면이 나오는 결과이다. 시행횟수는 15이고 동전을 던진 결과는 서로 영향을 주지 않으므로 이 시행들은 독립이고 각각의 개별 시행의 성공 확률은 고정되어 있으므로 결과는 이항분포를 따른다.

누적 이항분포표는 성공 횟수가 특정 값 x보다 작거나 같을 확률을 알려주므로, 앞면이 나오는 횟수가 6 미만인 확률은 앞면이 나오는 횟수가 5 이하가 될 확률로 구해야 한다. 표에서 $n = 15$일 때의 확률은 0.7216, 즉 72.16%이며 이것은 15회 시행에서 앞면이 6번 미만 나올 확률이다.

예제 13.32 어느 회사의 품질관리 엔지니어는 이 회사에서 제작한 DVD 플레이어의 90%가 제품 규격과 일치하는지 여부를 테스트한다. 이를 위해 매일 12대의 DVD 플레이어를 임의로 선택하고 해당 규격을 충족시키지 못하는 DVD 플레이어가 한 대 이하이면 그날 생산된 제품을 통과시키기로 한다. 만약 이 경우가 아니면 하루 생산된 모든 제품을 테스트한다.

(a) 하루 생산된 DVD 플레이어 중 실제 80%만이 제품 규격과 일치한다고 할 때, 엔지니어가 하루 생산된 제품을 잘못 승인할 확률은 무엇인가?

(b) 실제로 하루 생산된 DVD 플레이어 중 90%가 제품 규격과 일치한다고 할 때, 엔지니어가 불필요하게 하루 생산된 제품 전체를 테스트 할 확률은 무엇인가?

풀이

(a) 이 경우 시행 횟수는 12이며 특정 DVD 플레이어가 제품 규격과 일치하는 것을 성공으로 정의할 수 있다. 특정 DVD 플레이어의 규격 일치 여부는 다른 제품의 규격과는 무관하므로 이 문제는 이항실험의 문제이다. 엔지니어는 규격을 충족시키지 못하는 DVD 플레이어가 한 대 이하이면 이 날 생산한 제품을 통과시키기로 하며 이것은 성공 횟수가 적어도 11 이상일 확률을 계산하는 것과 같다. 성공 횟수가 10보다 작거나 같을 확률을 표를 이용하여 먼저 계산한 다음 1에서 이 결과를 빼 계산할 수 있다. 표에서 규격을 만족하는 DVD 플레이어가 10개 이하일 확률은 0.7251이므로 11대 이상의 플레이어가 규격을 만족할 확률은 $1 - 0.7251 = 0.2749$이다. 이는 엔지니어가 하루 생산한 제품을 잘못 판정할 확률이 27.49%에 불과하다는 것을 의미하므로 그리 나쁘지 않은 결과이다.

(b) 성공 횟수가 10보다 작거나 같은 경우 엔지니어가 하루에 생산한 제품 전체

를 테스트해야 한다. 여전히 시행 횟수는 12이며 성공할 확률은 0.90이다. 표에서 엔지니어가 불필요하게 하루 전체 생산제품의 검사를 요구할 확률은 0.3410 또는 34.1%이다.

이항분포와 정규분포와의 관계

n의 값이 충분히 크면 이항분포는 정규분포와 근사적으로 일치한다. 여기서 다루지는 않지만 일반적으로 np가 10 이상이면 이 근사가 성립하며 n이 클수록 근사의 정확도는 높아진다. 여기서 n은 시행 횟수이고 p는 개별 시행의 성공 확률이다. 이 근사관계의 유용성은 바로 정규분포에 대한 연구가 많이 진행되어 있다는 점에 있다. 정규분포를 이용한 계산은 이항분포에서의 계산보다 다소 쉽다.

물론 정규분포를 사용하려면 자료의 z점수를 구해야 한다. 이를 위해서는 이항분포의 평균과 표준편차를 알아야 하는데 $\mu = np$이고 $s = \sqrt{npq}$이다.

모든 남성의 10%가 대머리라는 사실을 알고 있다고 가정하자. 818명의 남성 표본에서 100명 미만이 대머리일 확률은 무엇인가? 표본 크기가 818이므로 누적 이항 확률분포표를 이용할 수 없다. 하지만 표본의 개수가 많으며 특히 $np = 81.8$이 10보다 훨씬 크므로 정규분포 근사를 이용할 수 있다. 공식에 의해 평균값과 표준편차는 각각 81.8과 약 8.5802이므로 $x = 100$의 z점수는 $z = \dfrac{100 - 81.8}{8.5802} \approx 2.12$이다. 표준 정규분포표를 이용하면 818명의 남성 중 100명 미만이 대머리일 확률은 0.9830, 즉 98.3%임을 알 수 있다. 충분히 큰 누적 이항분포표를 만들어 보면 실제로 이항분포에서의 확률은 0.9333이며 이는 정규분포를 이용한 결과와 비슷함을 알 수 있다.

연습문제

다음 성공할 확률이 p인 시행을 n번 반복했을 때, 성공 횟수가 x번 이하일 확률을 이항 확률분포표를 이용하여 구하여라.

1. $n = 4$, $x = 3$, $p = 0.20$
2. $n = 6$, $x = 3$, $p = 0.30$
3. $n = 10$, $x = 2$, $p = 0.40$
4. $n = 5$, $x = 2$, $p = 0.35$
5. $n = 30$, $x = 10$, $p = 0.20$
6. $n = 12$, $x = 5$, $p = 0.25$
7. $n = 30$, $x = 5$, $p = 0.20$
8. $n = 60$, $x = 5$, $p = 0.04$

n과 p의 값이 다음과 같은 이항분포에서 평균값 μ를 구하여라.

9. $n = 36$, $p = 0.2$
10. $n = 67$, $p = 0.7$
11. $n = 22$, $p = 0.6$
12. $n = 2000$, $p = 0.5$

n과 p의 값이 다음과 같은 이항분포에서 표준편차 s를 구하여라.

13. $n = 50$, $p = 0.2$
14. $n = 47$, $p = 0.6$
15. $n = 700$, $p = 0.7$
16. $n = 500$, $p = 0.65$

13.7 선형 상관과 선형 회귀

상관(correlation) 또는 상관관계라는 용어는 두 개 이상의 대상 사이의 상호 관계 또는 상호 관련성이 있음을 나타낸다. 두 변수가 서로 관련이 있는 정도는 **상관계수** (correlation coefficient)를 이용하여 나타낸다. **선형 회귀**(linear regression)란 두 개의 변수 X, Y의 자료를 XY 좌표평면에 나타내었을 때, 이 자료들을 지나는 최적의 (best fit) 직선을 찾는 분석 방법이다. 이 직선의 방정식을 이용해 X의 값이 주어지면 Y의 값을 예측할 수 있고 그 반대도 가능하다.

선형 상관

선형 상관(linear correlation)이란 두 변수 X와 Y에 대해 모든 x의 값이 정확히 하나의 y의 값에 대응하는 특정 관계를 나타낸다. 선형 상관의 예로는 어느 학생의 SAT 수학점수와 언어점수의 쌍이 있다. 다른 예로는 특정 개인의 나이와 무료로 받은 버스표 수의 쌍을 들 수 있다.

상관이 선형이라고 하는 것은 기본적으로 다음 두 가지 상황 중 하나가 존재한다는 것을 의미한다. 변수 X가 더 커지면 변수 Y도 더 커지거나, 반대로 변수 X가 더 커지면 변수 Y는 작아지는 경우이다. '더 커지면 더 커지는' 첫 번째 관계를 **양의 상관**(positive correlation)이라고 한다. '더 커지면 더 작아지는' 두 번째 관계가 있다면 두 변수 사이에는 **음의 상관**(negative correlation)이 있다고 한다.

예제 13.33 특정 학생이 수업 중 공상으로 소비한 시간(분)과 그 학생의 시험 점수 사이에는 선형 상관이 존재한다. 이 상관은 양인가 음인가?

풀이

이 상관은 음일 수 있다. 한 학생이 수업 시간에 공상 시간을 늘리면 시험 점수가 낮아진다고 볼 수 있기 때문이다. 따라서 공상으로 소비한 시간(분)을 나타내는 변수의 값을 증가시키면 학생의 시험 점수를 나타내는 변수의 값은 감소한다.

변수 사이의 선형 상관은 존재할 수도 존재하지 않을 수도 있지만 이를 확인하고 계량화할 수 있다. 선형 상관관계의 존재 여부는 종종 XY 평면상의 특정 자료들을 표시한 그래프를 조사하면 파악할 수 있다. 그래프를 눈으로 봤을 때 일반적으로 점들이 직선 또는 직선 주변에서 정렬되어 있는 패턴을 파악할 수 있는 경우는 선형 상관이 있다고 볼 수 있다. 점들이 직선을 형성하지 않으면 0의 상관(zero correlation)이 존재한다고 볼 수 있다(그림 13.9~13.11).

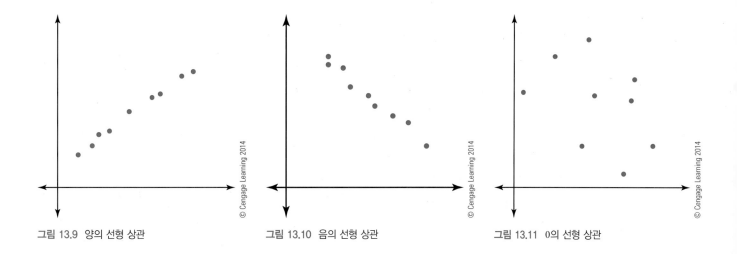

그림 13.9 양의 선형 상관   그림 13.10 음의 선형 상관   그림 13.11 0의 선형 상관

선형 상관이 확실한 상황은 자료가 평면의 특정 직선을 따라 일렬로 늘어서는 것이다. 이러한 자료의 배열은 궁극적으로 완벽한 선형 상관을 나타낸다고 한다. 실상에서는 이러한 완벽한 선형 상관은 없으며, 일반적으로 일정한 저항을 가진 회로에서 전압과 전류 사이의 관계와 같이 기본적인 물리적 원리가 작동하는 상황에서 발생한다.

상관 측정

선형 상관의 정도를 계량화하는 주요 방법은 **피어슨 곱모멘트 상관계수**(Pearson product-moment correlation coefficient)이며, 간단히 상관계수(correlation coefficient)라고도 한다. 상관계수는 하나의 값이며, 상관이 양인지 음인지, 변수 사이의 상관 존재 유무와 상관의 강도를 설명한다. 기호로는 r로 나타내며 상관계수의 범위는 -1에서 1 사이이다. $r = 1$은 완전한 양의 선형 상관임을 나타내고 $r = -1$은 완전한 음의 선형 상관임을, $r = 0$은 선형 상관이 전혀 없음을 나타낸다. 0과 1 사이의 r은 양의 선형 상관의 정도를 나타내는데 r의 값이 1에 가까울수록 0에 가까운 경우보다 선형 상관의 정도가 증가함을 나타낸다. 마찬가지로 r이 0과 -1 사이의 음수 값을 가지면 -1에 가까울수록 음의 상관의 정도가 증가한다.

선형 상관과 관련된 척도인 r^2은 0과 1 사이의 음이 아닌 값을 갖는데 이를 결정계수(coefficient of determination)라고 한다. 결정계수의 장점은 상관의 '강도'를 결정하는 척도라는 것이지만 상관의 유형(양 또는 음)을 알 수 없다는 단점도 있다. 보통은 $(100)(r^2)$ %로 상관의 강도를 나타낸다. 이제 r과 r^2의 계산 방법을 설명한 후 이 개념을 다시 확장시킬 것이다. 그래프 계산기와 컴퓨터 소프트웨어에 내장된 회귀 함수를 이용하여 피어슨의 곱모멘트 상관계수를 구할 수도 있지만, 기술에 많이 기대기 전에 어떻게 이 값들이 계산되는지 그 방법을 이해해야 한다.

다행스러운 것은 r의 값을 직접 손으로 계산하는 경우는 많지 않다. 수식은 복잡하지 않지만 길고, 컴퓨터 프로그래밍을 이용하면 쉽게 계산할 수 있다.

수학적으로 r의 계산 공식은 다음과 같다.

$$r = \frac{n\sum xy - \left(\sum x\right)\left(\sum y\right)}{\sqrt{n\sum x^2 - \left(\sum x\right)^2}\sqrt{n\sum y^2 - \left(\sum y\right)^2}}$$

여기서 n은 자료 쌍의 개수이며 x와 y는 각각 변수 X와 Y의 개별 값들을 나타낸다. $|r|$의 값이 0.8보다 큰 경우는 보통 '강한' 상관, $|r|$의 값이 0.5 미만인 경우 '약한' 상관으로 간주한다. 이 공식에 의한 상관계수의 계산은 그리 어렵지 않으며 빠르게 계산할 수 있다.

다음 상황을 생각해 보자. 한 회사의 직원에 대한 보상은 고용 기간과 관련이 있다고 추측할 수 있다. 이 회사의 직원을 조사한 결과를 표 13.7에 정리하였다. 이렇게 정보를 수집하고 나면, 다음의 논리적 단계는 그림 13.12와 같이 정보의 산점도를 만드는 것이다.

표 13.7 근로자의 임금과 근속년수

근로자	근속년수(년)	시간당 임금(천 원)
A	7	52
B	12	49
C	13	50
D	18	43
E	21	39
F	24	38
G	26	30
H	30	29
I	36	19

© Cengage Learning 2014

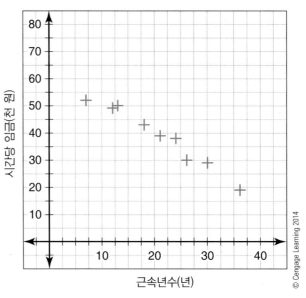

그림 13.12 근속년수와 시간당 임금 사이의 관계

© Cengage Learning 2014

그래프에서 산점도의 점들은 왼쪽에서 오른쪽으로 직선을 따라 정렬되어 있는 것처럼 보인다. 이 상황은 매우 특이한데 재직 기간이 가장 긴 가진 근로자에게 최저임금이 지급되고 있기 때문이다.

이 예의 상관계수를 계산해 보자. 공식은

$$r = \frac{n\sum xy - \left(\sum x\right)\left(\sum y\right)}{\sqrt{n\sum x^2 - \left(\sum x\right)^2}\sqrt{n\sum y^2 - \left(\sum y\right)^2}}$$

Note

회사에서의 근로 기간이 급여를 낮추는 결과를 낳는다는 주장과 같은 추론을 이끌어 내지 않도록 조심해야 한다. 즉, 한 변수가 다른 변수의 원인이 된다고 추측해서는 안 된다! 결론 내릴 수 있는 것은 변수 간에 관계가 존재한다는 것이다.

이다. 계산 필요한 모든 값들을 표 13.8과 같이 정리한다.

표 13.8 상관계수 계산

x	y	x^2	y^2	xy
7	52	49	2704	364
12	49	144	2401	588
13	50	169	2500	650
18	43	324	1849	774
21	39	441	1521	819
24	38	576	1444	912
26	30	676	900	780
30	29	900	841	870
36	19	1296	361	684

© Cengage Learning 2014

각 열의 합을 구한 것을 r의 공식에 대입하면 된다. $\sum x = 187$, $\sum y = 349$, $\sum x^2 = 4575$, $\sum y^2 = 14521$, $\sum xy = 6441$이다. 자료의 개수는 9이므로 이 값들을 대입하면

$$r = \frac{9(6441) - (187)(349)}{\sqrt{9(4575) - (187)^2}\sqrt{9(14{,}521) - (349)^2}}$$

$$r \approx \frac{-7294}{7426.91}$$

$$r \approx -0.98$$

두 자료집합 사이에는 거의 완벽한 음의 선형 상관이 있음을 알 수 있다. 또한 결정계수 r^2은 약 0.96이고 따라서 상관의 강도는 96%이다. 이는 급여의 약 96%가 조직에서 근무한 기간과 직접적인 관련이 있음을 나타낸다. 즉, 근로자의 급여의 전변동(total variation)의 약 96%는 고용 기간과 급여의 선형 관계에 의해 설명될 수 있으며, 나머지 4%는 설명되지 않는다.

선형 회귀

선형 회귀는 두 변수 사이에 선형 상관이 있는 경우, 두 변수를 예측할 수 있는 최적의 직선 방정식을 찾는 절차를 말한다. 상관계수와 결정계수를 구할 수 있으므로 이 값들을 적용하여 최적의 직선을 결정할 수 있다.

　변수 X에 대한 변수 Y의 회귀 직선(regression line)은 예측할 수 있는 모델을 제공한다. 회귀 직선을 결정할 수 있는 방법은 여러 가지가 있지만 여기에서 사용할 방법은 최소제곱 회귀방법(least–squares regression method)이며, 가장 널리 사용되는 방법이다.

　예측 모델에서는 필연적으로 오류가 발생할 수 있다. 그러나 상관이 강하면 (r의 값이 0.8보다 큰 경우) 이 모델은 놀라울 정도로 정확하다. 만약 $r = 0$이면 선형 상관이 전혀 없으므로 임의로 추측해야 한다.

　앞에서 작성한 조직에서의 근무 기간과 시간당 임금 간의 관계를 보여주는 산점도(그림 13.13)를 다시 살펴보자, 회귀 직선의 방정식을 얻기 위해 필요한 몇 가지 사실이 있다. 대부분의 경우 컴퓨터 또는 그래프 계산기를 사용하여 회귀 직선의 방정식을 찾을 수 있지만, 이 예와 같이 비교적 작은 자료집합의 경우에는 그 과정을 밟아볼 수 있다. 알아야 할 것은 r(상관계수), σ_x(변수 X의 표준편차), σ_y(변수 Y의 표준편차), μ_x(변수 X의 평균값), μ_y(변수 Y의 평균값)이다. 이 값들은 다음 관계를 만족하는데 증명은 생략한다.

$$Y - \mu_y = r\left(\frac{\sigma_y}{\sigma_x}\right)(X - \mu_x)$$

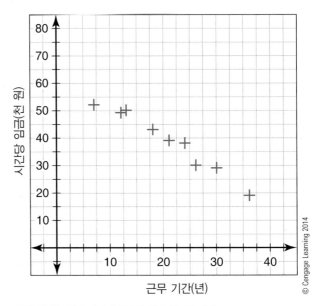

그림 13.13 근무 기간과 시간당 임금 사이의 관계

이 식에 포함된 모든 값들을 알고 있으므로, 공식에 대입하여 구하기만 하면 된다. $r = -0.98$, $\sigma_x \approx 9.28$, $\sigma_y \approx 11.1$, $\mu_x \approx 20.78$, $\mu_y \approx 38.78$이므로 다음 회귀 직선의 방정식을 얻을 수 있다.

$$Y - 38.78 = -1.17(X - 20.78)$$
$$Y - 38.78 = -1.17X + 24.31$$
$$Y = -1.17X + 63.09$$

마지막 식이 자료에 대한 회귀 방정식이다. 이 직선은 많은 유용한 성질을 가지고 있으며 실제로는 회귀 직선을 계산하는 여러 기술적 방법을 사용한다. 이렇게 얻는 직선은 Y의 실제 값과 직선에 의해 예측된 값 사이의 차의 제곱의 합을 최소화시킨다.

회귀 직선은 X의 평균값과 Y의 평균값으로 이루어진 점을 통과하며, 회귀 직선의 기울기는 X의 값이 1 변화할 때 종속변수 Y의 평균 변화량이다.

예제 13.34 글쓰기 수업을 듣는 학생들은 본인의 작품을 전국 글쓰기 대회에 제출한다고 가정하자. 글쓰기 수업에서 학생들의 평균 점수와 경진대회에서의 점수(100점 만점)의 관계는 표 13.9와 같다고 한다. 자료에 대한 회귀 직선의 방정식을 구하여라.

표 13.9 학생들의 글쓰기 수업 평균과 글쓰기 경진대회 점수

학생	글쓰기 수업 평균 점수	글쓰기 경진대회 점수
A	96	87
B	91	88
C	83	79
D	82	76
E	78	69

풀이

회귀 직선의 방정식을 구하기 위해 다음 정보를 수집해야 한다. r(상관계수), s_x(변수 X의 표준편차), s_y(변수 Y의 표준편차), μ_x(변수 X의 평균값), μ_y(변수 Y의 평균값). 이 값들을 최소제곱(least-squares) 회귀 직선 공식인 $Y - \mu_x = r\left(\dfrac{\sigma_y}{\sigma_x}\right)(X - \mu_x)$에 대입하여 회귀 방정식을 구한다.

길지만 간단한 계산을 통해 $r = 0.937$, $\sigma_x \approx 7.31$, $\sigma_y \approx 7.92$, $\mu_x \approx 86$, $\mu_y \approx 79.8$임을 알 수 있다. 이 값들을 대입하면 회귀 방정식은 $Y = 1.014X - 7.406$이다.

이 방정식을 어떻게 사용할 수 있을까? 상관계수가 0.937이므로 두 변수 사이의 상관은 매우 강하고 따라서 회귀 방정식은 실제 자료의 값을 잘 모델링한다.

예를 들어 글쓰기 수업의 한 학생이 글쓰기 대회에 참가했는데 학생의 글쓰기 수업 점수가 70점이었다면 이 학생의 글쓰기 대회 성적은 $Y = 1.014(70) - 7.406 = 63.574$점이라고 비교적 확실하게 예측할 수 있다. 상관도가 강하므로 이 방정식을 통해 정확한 예측이 가능하다.

연습문제

다음 연습문제에서, 순서쌍들의 선형 상관계수 r을 구하여라.

1. (4,38), (3,42), (11,29), (5,31), (9,28), (6,15)

2. (3,98), (2,96), (3,88), (2,87), (4,61), (4,77)

3. (186,85), (189,85), (190,86), (193,81), (191,88)

4. (81,44), (72,59), (77,60), (86,39)

5. (2,1), (3,3), (4,2), (4,4), (5,4), (6,4), (6,6), (8,7), (10,9)

6. (32,23), (43,40), (39,43), (57,67), (71,40), (75,81), (85,82)

다음 연습문제에서, 자료집합의 회귀 직선의 방정식을 구하여라. 자료들은 연습문제 1에서 6까지와 동일하다.

7. (4,38), (3,42), (11,29), (5,31), (9,28), (6,15)

8. (3,98), (2,96), (3,88), (2,87), (4,61), (4,77)

9. (186,85), (189,85), (190,86), (193,81), (191,88)

10. (81,44), (72,59), (77,60), (86,39)

11. (2,1), (3,3), (4,2), (4,4), (5,4), (6,4), (6,6), (8,7), (10,9)

12. (32,23), (43,40), (39,43), (57,67), (71,40), (75,81), (85,82)

다음 주어진 자료에 대한 회귀 직선의 방정식을 구하여라. 필요한 경우 계수들의 유효숫자의 개수를 3으로 하여라.

13.

x	y
2	7
4	11
5	13
6	20

© Cengage Learning 2014

14.

x	y
0	8
3	2
4	6
5	9
12	12

© Cengage Learning 2014

15.

x	y
6	2
8	4
20	13
28	20
36	30

© Cengage Learning 2014

16.

x	y
24	15
26	13
28	30
30	16
32	24

© Cengage Learning 2014

다음 자료들의 상관계수를 구하여라.

17. 학생 10명의 중간고사 점수(x)와 기말고사 점수(y)로부터 다음 정보를 산출하였다. 두 시험성적 사이의 상관계수를 구하여라.

$$\sum x = 638$$
$$\sum y = 690$$
$$\sum x^2 = 43{,}572$$
$$\sum y^2 = 49{,}014$$
$$\sum xy = 44{,}636$$

18. 학생 20명의 IQ 점수(x)와 대학 성적(y)으로부터 다음 정보를 산출하였다. 두 변수 사이의 상관계수를 구하여라.

$$\sum x = 1090$$
$$\sum y = 35.2$$
$$\sum x^2 = 110{,}700$$
$$\sum y^2 = 103.9$$
$$\sum xy = 3452.7$$

요약

이 장에서는 다음 내용들을 학습하였다.

- 표본추출 방법의 여러 유형과 선택 방법
- 통계 그래프의 구성과 해석
- 중심경향도와 산포도의 이해와 계산
- 정규분포와 이항분호의 이해와 계산
- 선형 상관의 이해와 선형 회귀 직선 구하기

용어

경험적 규칙empirical rule 정규분포에서 모든 자료의 약 68%는 평균을 기준으로 1 표준편차 (양쪽) 사이에, 모든 자료의 약 95%는 평균을 기준으로 2 표준편차 (양쪽) 사이에, 모든 자료의 약 99.7%는 평균을 기준으로 3 표준편차 (양쪽) 사이에 있다는 규칙.

계층strata 층화된 표본 내의 개별 하위 집단.

계통 표본systematic sample 임의로 설계한 알고리즘을 사용하여 추출한 표본.

군집 표본cluster sample 모집단을 부분으로 군집으로 나누어 한 규집에서 무작위 표본추출로 얻은 표본.

대표표본representative sample 모집단의 특성과 매우 유사한 특성을 가진 표본.

동질 모집단homogeneous population 대상들이 비교적 균등한 특징들을 갖는 모집단.

모수parameter 모집단 전체에 대해 수집한 정보.

모집단population 통계적 실험의 연구 대상 또는 사람들의 모임.

무작위 표본random sample 모집단의 각 대상들이 표본으로 선택될 확률이 같도록 전체 모집단에서 무작위로 선택한 표본.

범위range 자료집합의 최댓값과 최솟값의 차.

베르누이 시행 Bernoulli trial '성공'과 '실패' 두 가지의 결과만 갖는 시행.

분산variance 자료집합의 평균과의 편차들의 제곱의 평균.

비확률적 표본추출 방법nonprobability sampling method 모집단에 속한 각 대상들이 표본으로 선택될 가능성이 같지 않은 표본추출 방법.

사분위 범위interquartile range 제1사분위수와 제3사분위수의 차.

상관계수correlation coefficient 최적화된 회귀 직선이 자료집합과 얼마나 적합한지를 나타내는 양.

상대도수relative frequency 도수를 자료집합의 크기로 나눈 값.

상자−수염 그림box-and-whisker plot 자료의 집중화를 나타내는 그래프 도구.

선형 상관linear correlation 두 변수 X와 Y에 대해 모든 x의 값이 정확히 하나의 y의 값에 대응하는 관계.

선형 회귀 직선linear regression line 선형 상관의 그래프.

0 상관zero correlation 점들의 자료집합이 관찰 가능한 직선 패턴을 갖지 않는 조건.

이정 자료집합bimodal data set 최빈값이 두 개인 자료집합.

이항실험binomial experiment 성공 또는 실패의 두 가지 결과만 갖는 서로 독립인 시행을 정해진 횟수만큼 시행하는 실험.

이항 확률분포binomial probability distribution 이항 확률변수의 확률분포.

자료data 모집단 또는 표본에 관한 정보.

z점수z-score 임의의 정규분포를 표준 정규분포로 변환할 수 있는 표준화된 값.

중앙값median 자료를 증가 순서로 배열했을 때 가운데 위치하는 자료의 값.

최빈값mode 자료집합 전체에서 가장 많이 나타나는 자료의 값.

층화 표본stratified sampling 모집단을 계층으로 세분화하고 각 계층에서 무작위로 추출하여 얻은 표본.

통계 그래프statistical graph 통계 자료를 시각적으로 표현한 것.

통계량statistic 모집단의 표본에 대해 수집한 수치적 정보.

특이값outlier 자료집합의 다른 자료들과 현저하게 떨어져 있는 자료의 값.

편의 표본convenience sample 쉽게 얻을 수 있는 정보를 이용하여 추출한 표본.

편차deviation 특정 자료의 값과 자료집합의 평균값과의 차이.

평균값mean 자료집합의 수치적 평균.

표본sample 모집단의 부분집합.

표본추출sampling 표본을 얻는 과정.

표준 정규분포standard normal distribution 표준화된 정규분포.

표준편차standard deviation 분포의 평균으로부터 얻은 편차의 제곱의 평균값의 제곱근으로 자료의 분산에 관한 척도.

피어슨 곱모멘트 상관계수Pearson product-moment correlation coefficient 상관계수 참고.

확률변수random variable 연구 대상인 모집단의 성질.

회귀 직선regression line 회귀 분석에서 자료의 순서쌍을 설명하는 최적의 직선.

히스토그램histogram 자료의 도수를 막대를 사용하여 나타내는 일반적인 도구.

공식

피어슨 곱모멘트 상관계수:

$$r = \frac{n\sum xy - \left(\sum x\right)\left(\sum y\right)}{\sqrt{n\sum x^2 - \left(\sum x\right)^2}\sqrt{n\sum y^2 - \left(\sum y\right)^2}}$$

종합문제

다음 각 문제에 사용된 표본추출 방법(무작위, 층화, 계통, 군집, 편의)을 설명하여라.

1. 표본은 1번 구청에서 39명, 2번 구청에서 49명, 3번 구청에서 47명, 4번 구청에서 37명으로 구성되어 있다. 각 구청의 인구는 394, 492, 467, 372명이다.

2. 연구원은 마을 거주자 명단을 작성하여 명단에 있는 3번째 거주자에서 시작하여 매 37번째 거주자마다 인터뷰를 실시한다.

다음 문제의 히스토그램을 작성하여라.

3. 다음 도수분포표는 한 학급 25명이 한 학기 동안 결석한 수업의 수를 나타낸다.

결석 수업 수	도수
0	13
1	5
2	3
3	0
4	2
5	2

4. 어느 설문 조사에서 한 마을 주민 55명의 나이를 조사하였다. 결과는 아래 도수분포표와 같다.

거주자의 나이	거주자 명수
0~10	10
11~20	8
21~30	7
31~40	8
41~50	9
51~60	8
61~70	3
71 이상	2

다음 자료에 대한 줄기-잎 그림을 그려라.

5. 무작위로 선택한 대학생 35명의 나이

21 18 19 17 25 22 21 23 19 18 18 20 22 21

18 22 23 21 18 19 21 18 19 19 18 17 18 21

18 46 21 22 18 19 17

6. 26명의 학생이 '기초수학' 강의를 수강한다. 한 학기 동안 각 수업을 들으러 온 학생의 수는 다음과 같다.

33 34 35 33 27 30 31 32 31 30 17 29 31 27 31 35

33 35 28 30 32 27 30 31 34 35

다음 자료에 대한 상자-수염 그림을 그려라.

7. 어느 설문조사에서 학생들에게 일주일에 몇 시간씩 TV를 시청하는지 물었다. 대답은 다음과 같았다.

4 5 4 8 12 8 7 3 1 0 8 2 4 5 3 7 2 4 8 4 2 3 2 2

3 4 4 3 5 2 7 8 3 2 1 0 1 1 2 3 4 6 7 7 8 3 2 2 8

3 3 4 3 3 5 5 8 2 7 6 5 3 2 5 7 8 3 2 1 8 7 6 5 3

2 8 2 1 0 8 2 3 4 5 5 7 2

8. 어느 설문조사에서 교수들에게 일주일에 몇 시간씩 TV를 시청하는지 물었다. 대답은 다음과 같았다.

1 2 0 1 3 1 1 3 3 3 2 0 0 1 3 1 2 1 0 0 0 1 1 3 1

2 8 3 2 0 0 1 1 0 3 2 4 1 3 2 3 3 2 1 0 7 0 2 3 1

1 2 4 3 2 1 0 1 1 2 3 2 2 0 3 1 1 0 0 1 2 1 1 3 3

2 2 2 1 0 1 2 0 1 2 3 1 2

다음 문제에 대해 적절한 답을 제시하여라.

9. 한 집단의 연령대를 보여주는 다음 히스토그램에서 40세에서 50세 사이는 몇 명인가? 70세 이상인 사람은 몇 명인가? 구간의 길이는 얼마인가?

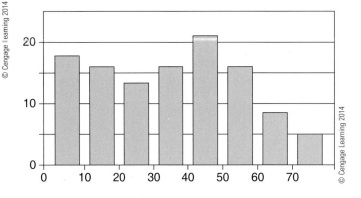

10. 다음 상자–수염 그림은 어떤 사람들의 주당 통근 시간을 나타낸다. 중앙값은 무엇인가? 최솟값, 최댓값, 제1사분위수, 제3사분위수, 사분위 범위는?

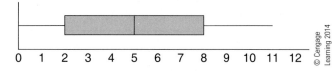

다음 분포의 평균값, 중앙값, 최빈값을 구하여라.

11. 24, 30, 18, 30, 27, 22, 28, 18, 30, 30, 30, 22, 29, 20, 26

12. 11, 7, 10, 14, 9, 9, 12, 9, 14, 15, 12, 14, 13, 12, 8

다음 각 자료집합의 범위를 구하여라.

13. 24, 30, 18, 30, 27, 22, 28, 18, 30, 30, 30, 22, 29, 20, 26

14. 11, 7, 10, 14, 9, 9, 12, 9, 14, 15, 12, 14, 13, 12, 8

다음 각 자료집합의 분산을 구하여라.

15. 19, 14, 28, 22, 32, 25, 27, 16, 34, 27, 32

16. 11, 14, 13, 15, 16, 13, 14, 15, 9, 16, 16, 15, 15, 16, 13, 13, 14

다음 각 문제의 표본 표준편차를 구하여라.

17. 종합문제 15의 자료를 이용하여라.

18. 종합문제 16의 자료를 이용하여라.

다음 각 문제를 풀어라.

19. 야구 투수의 투구 속도는 초당 124, 137, 119, 124, 135, 122, 117킬로미터였다. 범위, 평균값, 표준편차는?

20. 특정 컴퓨터 게임을 좋아하는 한 사람이 있다. 그녀는 1단계를 넘으려 노력하고 있으며 이를 위해 3, 5, 4, 3, 7, 11, 3, 1, 2, 8번의 시도를 했다. 범위, 평균, 분산, 표준편차는?

다음 각 문제의 두 값 사이와 표준 정규곡선 아래의 영역의 비율을 구하여라.

21. $z = 0$, $z = 1.23$

22. $z = 1.17$, $z = 1.94$

다음 각 문제에서 주어진 조건에 적합한 z점수를 구하여라.

23. 표준 정규곡선 아래의 넓이 중 이 점수 이하의 비율 57%

24. 표준 정규곡선 아래의 넓이 중 이 점수 이상의 비율 37%

다음 각 문제에서 정규곡선 아래의 주어진 조건을 만족하는 영역의 넓이를 구하여라.

25. 평균값과 평균값으로부터 2.37 표준편차만큼 떨어진 값 사이의 구간에서 곡선 아래 영역의 비율

26. 평균으로부터 1 표준편차만큼 떨어진 값보다 작은 구간에서 곡선 아래 영역의 비율과 평균에서 1 표준편차만큼 떨어진 값보다 큰 구간에서 곡선 아래 영역의 비율

다음 각 문제에서 표준 정규분포표를 이용하여 주어진 조건을 만족하는 z점수에 가장 가까운 값을 구하여라.

27. z의 왼쪽에 해당하는 영역이 전체의 7%

28. z의 오른쪽에 해당하는 영역이 전체의 33%

다음 각 문제에서 z점수를 구하여라.

29. 어두운 영역이 0.0475

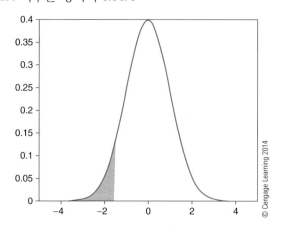

30. 어두운 영역이 0.7486

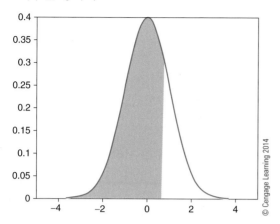

다음 각 문제에서 z가 표준 정규분포 변수일 때, 해당 확률을 구하여라.

31. z가 0과 2.35 사이에 있을 확률

32. z가 -1.34와 0.87 사이에 있을 확률

다음 각 문제에서 누적 이항 확률분포표를 이용하여 한 번 시행에서 성공할 확률이 p인 시행을 n번 연속 시행했을 때, 정확히 x번 성공할 확률을 구하여라.

33. $n = 7$, $x = 4$, $p = 0.5$

34. $n = 12$, $x = 9$, $p = 0.75$

다음 각 종합문제에서 주어진 n과 p를 갖는 이항분포의 평균값 μ를 구하여라.

35. $n = 42$, $p = 0.43$ 　　　 36. $n = 3552$, $p = 0.22$

다음 각 문제에서 주어진 n과 p를 갖는 이항분포의 표준편차 s를 구하여라.

37. $n = 53$, $p = 0.1$ 　　　 38. $n = 4276$, $p = 0.37$

다음 각 문제에서 선형 상관계수 r의 값을 구하여라.

39. 다음 표에 대한 선형 상관계수

x	0	0	19	14	28	22	32	25	0
y	11	14	13	15	16	13	14	15	9
x	0	27	16	0	34	27	32	0	
y	16	16	15	15	16	13	13	14	

40. 다음 표에 대한 선형 상관계수

x	3	5	4	8	4	2	1
y	5	3	4	0	4	6	7

다음 각 문제에서 주어진 자료를 이용하여 회귀 직선의 방정식을 구하여라. 필요하면 계수들을 반올림하여 유효숫자의 개수를 3으로 하여라.

41. 종합문제 39의 자료를 이용하여라.

42. 종합문제 40의 자료를 이용하여라.

다음 각 문제에서 산점도가 제시하는 상관의 종류를 말하여라.

43.
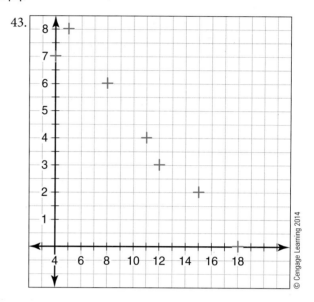

44.
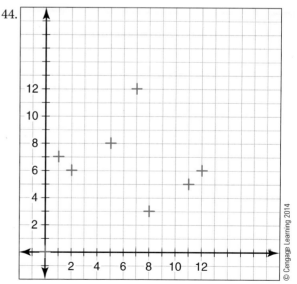

다음 각 문제의 물음에 답하여라.

45. 어떤 게임에서 플레이어는 다음과 같은 점수를 받았다. 각 점수는 수익(백만 원)과 건축한 건물 수로 구성된다. 수익과 건축한 건물 수 사이에 상관이

존재하는가?

x	314	309	308	303	303	303	301	300	300	299
y	278	278	282	294	283	273	285	282	285	281

46. 어느 여름 캠프는 캠프 참여자를 모집하여 약간의 이익을 얻는다. 그 해의 캠프 참여자의 수와 그 해의 수익(백만 원)은 다음과 같다. 캠프 참여자 수와 수익 사이에 상관이 존재하는가? 그렇다면 회귀 직선의 방정식은?

x	315	330	300	320	325	322	310	308	312	340
y	10	12	8	11	11	12	7	7	8	13

47. 3,000,000명의 모집단에서 800명의 층화 표본을 추출하려고 한다. 모집단의 53%는 백인, 19%는 아프리카계 미국인, 20%는 아시아계 미국인, 8%는 히스패닉계이다. 각 계층에서 어떻게 표본을 구성해야 하는가?

48. 다음 자료들의 상관계수는 무엇인가? 상관계수가 0.8보다 크면(또는 −0.8 보다 작으면) 회귀 방정식을 구하여라.

x	8	7	8	3	4	5
y	5	6	4	11	9	7

49. 어느 반려견 대회에서 포르투갈 워터독 암컷이 1점을 얻으려면 두 마리의 암컷이 참가해야 하며 2점을 얻으려면 최소 5마리의 암컷이 참여해야 한다. 수컷의 경우도 비슷하다. 1점을 얻으려면 2마리의 수컷이, 2점을 얻으려면 3마리의 수컷이 참가해야 한다. 다음 표는 점수표를 요약한 것이다.

점수	1	2	3	4	5
수컷 수	2	3	4	5	8
암컷 수	2	5	8	12	19

특정 점수를 얻는 데 필요한 수컷의 수와 암컷의 수는 서로 상관이 있는가? 그렇다면 회귀 직선의 방정식은 무엇인가?

50. 다음 자료집합에 대한 회귀 직선의 방정식은 무엇인가?

x	11	8	12	9	13	10
y	20	17	25	17	28	19

Chapter 14 그래프 이론
Graph Theory

이 장에서 설명하는 '그래프'란 데카르트 좌표계의 '방정식의 그래프'에서 다룬 그래프와는 다른 개념을 갖는다. 즉, 그래프란 선분(또는 곡선)에 의해 연결되는 유한개의 점들의 집합을 말한다. 이러한 의미에서 그래프는 관계 없는 정보들을 제거하고 실제 상황만을 나타내는 데 사용할 수 있다.

예를 들어, 여러 지역을 다니는 영업사원은 여행 시간이나 비용을 최소화하기 위해 해당 지역의 지도를 보고 이동할 경로를 검토할 수 있다. 불필요한 정보를 제거하기 위해 각 지역을 한 점으로 나타내고, 한 지역에서 다른 지역으로 이동하는 경로를 나타내기 위해 해당 점들을 선분으로 연결할 수 있다. 앞으로 살펴보겠지만 그래프를 이용하면 여행 거리를 최소화하는 문제를 쉽게 해결할 수 있다.

이 장의 내용을 학습하면 다음을 할 수 있다.

● 그래프와 그래프를 구성하는 요소들의 용어 파악

● 경로와 회로의 개념 이해

● 오일러 경로와 오일러 회로의 활용

● 해밀턴 경로와 해밀턴 회로의 활용

● 그래프의 특별한 형태인 수형도의 구성과 활용

14.1 그래프, 경로, 회로

그래프의 기초

여기서 다루는 그래프(graph)란 선분 또는 곡선으로 연결된 유한개의 점들의 집합을 말한다. 그래프의 점들을 꼭짓점(vertex) 또는 노드(node)라고 하며 꼭짓점들을 연결하는 선분 또는 곡선들을 변(edge)이라 부른다. 그래프에서 한 꼭짓점을 자신과 연결하는 변을 고리(loop), 한 변에 의해 연결된 두 꼭짓점을 인접한 꼭짓점(adjacent vertices)이라 한다. 만약 한 쌍의 꼭짓점이 서로 다른 두 변으로 연결되어 있으면 이 변들을 서로 평행(parallel)이라 한다. 그래프의 꼭짓점의 개수를 그 그래프의 차수(order)라고 하며 그래프의 변들의 개수를 그래프의 크기(size)라 한다.

그래프의 개별적인 특징을 지정하고 분류하는 많은 기술적인 용어들이 있다. 예를 들어, 모든 두 꼭짓점들의 쌍이 정확히 하나의 변으로 연결된 그래프를 완전 그래프(complete graph)라 하고, 완전 그래프가 아닌 그래프를 불완전 그래프(incomplete graph)라 한다.

그래프의 꼭짓점은 A, B, C 등과 같은 대문자로, 두 꼭짓점을 연결하는 변은 두 꼭짓점을 나타내는 문자로 나타낸다. 즉, 두 꼭짓점 A와 B를 연결하는 변은 AB 또는 BA로 나타낸다. 그래프에서 방향은 중요하지 않으므로 AB와 BA는 같은 것으로 간주한다. 고리는 꼭짓점 자신을 연결하므로 AA, BB와 같이 나타낸다. 두 변이 서로 교차하는 경우 교점은 그래프의 새로운 꼭짓점으로 생각하지 않는다.

꼭짓점에서만 변들이 교차하도록 그릴 수 있는 그래프를 평면(planar) 그래프라 한다. 집적회로를 보면 회로의 구성요소들의 연결선들은 전혀 교차하지 않도록 설계되어 있으므로 이 집적회로는 평면 그래프로 볼 수 있다.

그래프의 유용성은 그 단순함에 있다. 즉, 그래프를 사용하면 문제에서 중요하지 않은 정보를 모두 제거하고 문제의 중요한 부분만 시각화할 수 있다. 이제 그래프와 관련된 고전적인 문제인 쾨니히스베르크 다리 문제를 소개하고자 한다.

쾨니히스베르크(Konigsberg)는 한때 동 프로이센의 수도로 현재는 러시아 칼리닌그라드에 속한다. 이곳에 있는 프레골랴 강(Pregel River)에는 섬들이 여러 개의 다리로 연결되어 있다(그림 14.1).

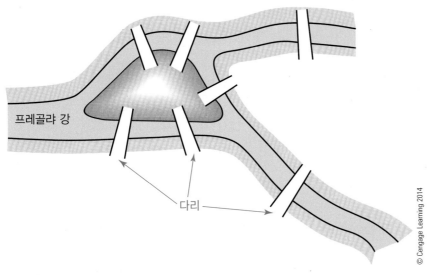

그림 14.1 쾨니히스베르크 다리 문제

문제는 한 다리를 두 번 지나지 않으면서 7개 다리를 모두 지날 수 있는가이다. 스위스의 수학자 레온하르트 오일러(Leonhard Euler)는 그림 14.2와 같이 그래프의 문제로 이 문제를 단순화했다.

그래프에 대해 좀 더 많은 내용을 다룬 뒤 문제를 다시 살펴볼 것이다.

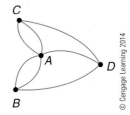

그림 14.2 쾨니히스베르크 다리 문제를 설명하는 그래프

예제 14.1 전자 메일을 주고받는 컴퓨터들의 통신 네트워크를 생각해 보자. 컴퓨터들은 그래프의 꼭짓점(이 경우는 '노드'가 더 적절한 용어)으로, 컴퓨터를 연결하는 선들은 그래프의 변으로 생각할 수 있다.

꼭짓점과 연결되어 있는 변의 수를 꼭짓점의 **차수**(degree)라 한다. 고립되어 있는 꼭짓점의 차수는 0이다. 고리는 한 점에서 나와서 그 점을 다시 연결하므로 고리는 그 꼭짓점의 차수에 2만큼 영향을 준다. 이 차수의 정의를 기반으로, 꼭짓점을 차수에 따라 홀수(odd)점과 짝수(even)점으로 구분할 수 있다. 모든 꼭짓점의 차수가 k인 그래프를 **정칙 그래프**(regular graph) 또는 k**정칙 그래프**(k-regular graph)라 부른다. 한 꼭짓점으로 이루어진 그래프를 **자명 그래프**(trivial graph)라 하고 그렇지 않은 그래프를 **비자명 그래프**(nontrivial graph)라 부른다.

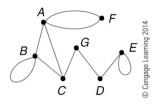

그림 14.3 예제 14.2의 그래프

예제 14.2 그림 14.3의 그래프에서 각 꼭짓점의 차수를 확인하고 꼭짓점을 짝수점 또는 홀수점으로 분류하여라. 또한 그래프의 차수를 구하여라.

풀이

꼭짓점을 알파벳 순서로 생각하고 차수와 홀수점, 짝수점으로 구분한 다음 그래프의 차수를 구한다. 이 결과들을 정리하면 다음 표와 같다.

꼭짓점	차수	짝수점/홀수점
A	4	짝수점
B	4	짝수점
C	3	홀수점
D	2	짝수점
E	3	홀수점
F	2	짝수점
G	2	짝수점

꼭짓점의 개수가 모두 7개이므로 그래프의 차수는 7이다.

인접행렬

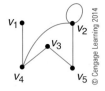

그림 14.4 인접행렬에 대한 그래프

행렬은 컴퓨터로 처리가 가능하므로 그래프를 행렬 구조를 사용하여 설명하는 것이 편리하다. 그래프의 n개의 꼭짓점을 $v_1, v_2, \ldots, v_n$으로 두면 $n \times n$ 인접행렬(adja-cency matrix)을 구성할 수 있다. 인접행렬의 i, j 원소는 v_i와 v_j가 변으로 연결되어 있으면 1이, 그렇지 않으면 0이 된다. 그림 14.4 그래프의 인접행렬은 다음과 같다.

$$\begin{bmatrix} 0 & 0 & 0 & 1 & 0 \\ 0 & 1 & 0 & 1 & 1 \\ 0 & 0 & 0 & 1 & 1 \\ 1 & 1 & 1 & 0 & 0 \\ 0 & 1 & 1 & 0 & 0 \end{bmatrix}$$

유향 그래프(directed graph)가 아닌 그래프의 인접행렬은 반드시 대칭행렬(symmetric matrix)이 된다. 그 이유는 꼭짓점 v_i가 v_j와 변으로 연결되어 있다면 v_j는 v_i와도 해당 변으로 연결되어 있기 때문이다.

위 행렬의 2, 2원소 1의 의미는 무엇일까? v_2와 v_2를 연결하는 변이 있다는 것이다. 1, 4원소 1의 의미는 무엇일까? v_1을 v_4와 연결하는 변이 있다는 것이다. 행렬의 모든 원소가 1이면 그 그래프는 모든 꼭짓점의 순서쌍이 변으로 연결된 완전 그래프이다.

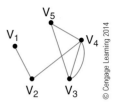

그림 14.5 예제 14.4의 그래프

예제 14.3 그림 14.5 그래프의 인접행렬을 구하여라.

풀이

관찰을 통해 행과 열이 교차하는 곳에 해당 꼭짓점들이 변으로 연결되어 있으면 1을, 그렇지 않으면 0을 넣는다. 이렇게 구한 인접행렬은 다음과 같다.

$$\begin{bmatrix} 0 & 1 & 0 & 0 & 0 \\ 1 & 0 & 0 & 1 & 0 \\ 0 & 0 & 0 & 1 & 1 \\ 0 & 1 & 1 & 0 & 1 \\ 0 & 0 & 1 & 1 & 0 \end{bmatrix}$$

경로

그래프에서 변들에 의해 연결된 꼭짓점들을 나열한 것을 길(walk)이라 한다. 길의 종류에는 트레일과 경로가 있는데, 한 번 지나간 꼭짓점 또는 변을 다시 지나가는지 여부에 의해 구분한다. 트레일(trail)이란 변이 두 번 반복되지 않는 길을 말하여, 경로(path)란 꼭짓점들이 반복되지 않는 길을 말한다. 회로(circuit) 또는 순환(cycle)이란 시작점과 끝점이 같은 길로 고리가 아닌 길을 말한다. 길이나 트레일, 경로에서 포함된 변의 개수를 길이(length)라 부른다.

가끔 응용문제에서 '경로'는 꼭짓점을 다시 지나가는 것을 허용하기도 한다. 따라서 경로(path)와 단순경로(simple path)로 구별하기도 하며 이 경우 '경로'는 꼭짓점의 재방문을 허용한다. 이 장에서는 경로가 단순일 필요는 없으므로 '경로'와 '길'은 동의어이며 단순경로를 언급할 때는 단순경로임을 명시할 것이다.

경로를 나타내는 여러 규칙이 있지만 지나는 순서에 따라 경로의 꼭짓점을 나열하기로 하자. 예를 들어 꼭짓점 A, B, C, D, E를 갖는 그래프에서 경로 C, B, D, E, A란 C에서 시작하여 B로 이동한 다음 다시 D로, 그 다음 E로, 마지막으로 A에 도착하는 경로를 나타낸다(그림 14.6). 시작점과 끝점이 같은 경로를 회로라고 하였는데 하나의 고리로 이루어진 경로를 펜던트(pendant)라고 부른다. '회로'라는 용어가 약간 모호할 수도 있지만 회로(또는 경로)는 그래프의 모든 꼭짓점을 포함할 필요는 없다.

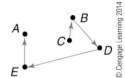

그림 14.6 경로 C, B, D, E, A를 표시한 그래프

여기에서 다루지는 않지만, 모든 변에 방향이 표시된 그래프를 유향 그래프(directed graph)라고 한다. 유향 그래프를 때로 방향그래프(digraph)라고도 부르며 각 변의 방향은 그림 14.7과 같이 화살표로 나타낸다. 방향그래프에서 변을 나타낼 때의 꼭짓점 순서가 중요한데 AB와 BA는 같지 않기 때문이다. 방향그래프가 아닌 그래프를 무향 그래프(undirected graph)라 부른다.

그래프에서 꼭짓점 사이의 거리(distance between vertices)란 두 꼭짓점을 연결하

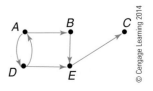

그림 14.7 방향그래프

는 가장 짧은 경로의 꼭짓점의 개수를 말한다. 두 꼭짓점을 연결하는 경로가 없는 경우, 두 꼭짓점 사이의 거리는 무한대로 간주한다.

모든 꼭짓점들의 쌍이 경로로 연결되어 있는 그래프를 **연결 그래프**(connected graph)라 하며 연결이 아닌 그래프를 **비연결 그래프**(disconnected graph)라 부른다. 연결 그래프에서 특정한 하나의 변을 제거했을 때 비연결이 되면 그 변을 **다리**(bridge)라 한다.

예제 14.4 ▶ 차수가 4이며 완전인 3정칙 그래프를 그려라.

풀이

문제의 그래프는 4개의 꼭짓점(차수가 4)이 있는 그래프이다. 각 꼭짓점에는 3개의 변이 연결되어 있어야 하며 모든 꼭짓점은 다른 모든 꼭짓점과 연결되어 있어야 한다. 그림 14.8의 그래프가 유일한 답은 아니지만 원하는 성질을 가지고 있다.

© Cengage Learning 2014

그림 14.8 예제 14.4의 그래프

가중 그래프와 최소경로 문제

그래프의 변에 숫자를 할당할 수 있다. 이 경우 숫자를 **변의 가중치**(weight of an edge)라고 하고 가중치가 할당된 그래프를 **가중 그래프**(weighted graph)라고 한다.

가중치는 그래프의 응용문제에서 자주 등장한다. 소위 친구관계 그래프(friendship graph)에서 변은 개인 간의 관계 또는 친구관계를 나타내며 친구관계의 정도를 가중치로 나타낼 수 있다. 또한 통신 네트워크 그래프에서 가중치는 네트워크 내의 개인 또는 위치 간의 통신 연결 유지보수 또는 구축비용을 나타낼 수 있다.

가중 그래프의 변으로 연결된 꼭짓점들의 쌍을 조사하면 꼭짓점 사이의 경로들 중에서 변들의 가중치의 최소 (또는 최대) 합이 되는 경로를 찾을 수 있다. 특정 경로에 대해 계산한 가중치의 합을 경로의 길이로 정의하는데 모든 경로들 중 최소길이를 갖는 경로를 두 **꼭짓점 사이의 가중거리**(weighted distance between vertices)로 정의한다. 이 정의는 모든 변의 가중치가 1이면 비가중 그래프(unweighted graph)의 꼭짓점 사이의 거리와 일치한다.

최단경로 문제(shortest-path problem) 또는 **최소거리 문제**(shortest distance problem)는 '두 위치 간 최단거리'를 제공하는 온라인 지도에 숨어 있는 문제이다. 또한 네트워크 라우팅과 같은 문제를 해결하는 데도 사용할 수 있다. 목표는 데이터 패킷이 스위칭 네트워크를 통과하는 최단경로를 찾는 것이다. 또한 자동 회로 설계에서 음성인식에 이르는 다양한 문제의 일반적인 검색 알고리즘에도 사용된다.

여기에서 설명할 기술은 네덜란드 컴퓨터 과학자인 에츠허르 데이크스트라(Edsger Dijkstra)가 고안한 **데이크스트라의 알고리즘**(Dijkstra's algorithm)인데 종종 라우팅 문제를 해결하는 데 사용된다.

사실 이 알고리즘은 일반적으로 그래프의 임의의 꼭짓점에서 다른 모든 꼭짓점까지의 최단거리를 결정하는 데 사용되지만, 여기서는 특정 꼭짓점에서의 최단거리만 관심이 있으므로 알고리즘의 생략된 버전을 사용한다. 이후 원하는 꼭짓점에서 해당 과정을 반복할 수 있다.

알고리즘이 동작하는 동안 시작점으로부터 최소거리가 알려진 꼭짓점을 '해결(solved)' 꼭짓점이라 부른다. 그렇지 않은 꼭짓점을 '미해결(unsolved)' 꼭짓점이라 부른다. 시작점에서 특정 꼭짓점까지의 최단거리를 확실하게 알 때까지는 그 꼭짓점까지의 거리를 후보거리라 하자.

그림 14.9에서 꼭짓점 S에서 꼭짓점 T까지의 최단거리를 찾아보자. 이는 S와 연결된 모든 미해결 꼭짓점을 찾는 것으로 시작한다. 이 꼭짓점들은 A, B, C이다. S에서 이들 꼭짓점들과의 후보거리는 각각 2, 5, 4이다. 후보들 중에서 가장 작은 것을 유지하면 그 거리만큼 S에 연결된 꼭짓점은 해결된 꼭짓점이며 이 후보거리는 S와의 최소거리가 된다.

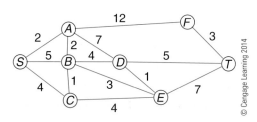

그림 14.9 최소거리 문제에 대한 그래프

S에서의 최소거리를 표로 정리하면 최소거리를 추적할 수 있다.

꼭짓점	S로부터의 최소거리
S	0
A	2
B	
C	
D	
E	
F	
T	

따라서 꼭짓점 S와 A는 해결된 꼭짓점이다. 다음으로, 해결 꼭짓점들과 한 변으로 연결된 모든 미해결 꼭짓점과의 경로들을 조사하여 S와의 거리를 결정한다. 미해결 꼭짓점들은 F, D, B, C이며 S와 이들 꼭짓점들과의 후보거리를 계산한다. S, A, $F = 14$, S, A, $D = 9$, S, A, $B = 4$, S, $B = 5$, S, $C = 4$이다. S와의 최단거리를 구하기

위해 무엇을 유지할지 선택한다. 후보거리 중 최소인 것에서 임의로 $S, A, B = 4$를 선택하며 따라서 S에서 B까지의 최소거리는 4이다.

꼭짓점	S로부터의 최소거리
S	0
A	2
B	4
C	
D	
E	
F	
T	

다시 S의 미해결 꼭짓점을 해결 꼭짓점과 한 변으로 연결하는 모든 경로의 거리를 생각한다. 미해결 꼭짓점들은 F, D, E, C이다. S에서 이들 꼭짓점가지의 모든 후보거리를 계산하고 이들 중 가장 작은 거리를 선택한다.

$$S, A, F = 14, \quad S, A, D = 9, \quad S, A, B, D = 8, \quad S, A, B, E = 7, \quad S, C = 4$$

S에서 미해결 꼭짓점까지의 최단거리는 4이며 이는 S에서 C까지의 최단거리이다.

꼭짓점	S로부터의 최소거리
S	0
A	2
B	4
C	4
D	
E	
F	
T	

이 과정을 T까지의 최소거리를 구할 때까지 계속한다. 먼저 미해결 꼭짓점은 D, E, F이며 따라서 S에서 이들 꼭짓점과의 후보거리를 구하면 다음과 같다.

$$S, A, F = 14, \quad S, A, D = 9, \quad S, A, B, D = 8, \quad S, A, B, E = 7, \quad S, C, E = 8$$

이들 중 최소는 7이므로 S에서 E까지의 최소거리는 7이다.

꼭짓점	S로부터의 최소거리
S	0
A	2

꼭짓점	S로부터의 최소거리
B	4
C	4
D	
E	7
F	
T	

이제 미해결 꼭짓점은 D, F, T이다. S에서 이들 꼭짓점과의 후보거리를 구하면 다음과 같다.

$S, A, F = 14$, $S, A, D = 9$, $S, A, B, D = 8$, $S, A, B, E, D = 8$, $S, A, B, E, T = 14$

이들 중 최소는 8이며 S에서 D를 연결하는 후보거리이다. 이들 경로 중 하나를 선택하면 S에서 D까지의 최소거리는 8이 된다.

꼭짓점	S로부터의 최소거리
S	0
A	2
B	4
C	4
D	8
E	7
F	
T	

두 미해결 꼭짓점들은 해결 꼭짓점들과 하나의 변으로 연결되므로 S로부터 F와 T까지의 후보거리를 구하면 다음과 같다.

$S, A, F = 14$, $S, A, D, T = 14$, $S, A, B, E, D, T = 13$

13이 최솟값이므로 S에서 T까지의 최소거리는 13이다. 원하는 최소거리를 구했으므로 과정은 끝난다. F까지의 최소거리는 찾지 않았다. 하지만 한 번 더 과정을 반복하면 결정할 수 있다.

꼭짓점	S로부터의 최소거리
S	0
A	2
B	4
C	4

꼭짓점	S로부터의 최소거리
D	8
E	7
F	
T	13

예제 14.5 그림 14.10의 가중 그래프는 스위칭 네트워크와 특정 크기의 데이터 패킷이 네트워크의 경로를 통과하는 지연시간(나노초)을 나타낸다. 네트워크의 두 지점 A와 B 사이의 데이터 패킷의 최단경로를 구하여라.

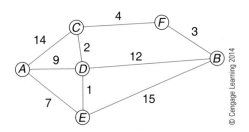

그림 14.10 스위칭 네트워크의 가중 그래프

풀이

앞에서와 같이 꼭짓점 A에서 네트워크의 다른 모든 꼭짓점까지의 최단시간을 나타내는 표를 작성한다.

꼭짓점	A로부터의 최소거리
A	0
C	
D	
E	
F	
B	

 A와 연결된 미해결 꼭짓점은 세 개이며 이들 중 최소거리는 A에서 E까지의 거리고 7이다. 이를 표에 나타낸다.

꼭짓점	A로부터의 최소거리
A	0
C	
D	
E	7
F	
B	

해결 꼭짓점과 하나의 변으로 연결된 미해결 꼭짓점들은 C, D, B이다. A에서 이들과의 후보거리를 계산하면 다음과 같다.

A, C = 14

A, D = 9

A, E, D = 8

A, E, B = 22

이들 중 최소거리는 8이며 따라서 D는 해결되었고 A로부터의 거리는 8이다.

꼭짓점	A로부터의 최소거리
A	0
C	
D	8
E	7
F	
B	

이제 해결 꼭짓점과 하나의 변으로 연결된 미해결 꼭짓점들은 C, B이다. A에서 이들과의 후보거리를 계산하면 다음과 같다.

A, C = 14

A, E, D, C = 10

A, E, B = 22

A, E, D, B = 20

이들 거리 중 최소는 10이므로 A에서 C까지의 최소거리를 구하였다.

꼭짓점	A로부터의 최소거리
A	0
C	10
D	8
F	7
F	
B	

남은 두 꼭짓점은 해결 꼭짓점과 하나의 변으로 연결되어 있으므로 A에서 이들과의 거리를 구하면 다음과 같다.

A, E, D, C, F = 14

$A, E, D, B = 20$

$A, E, B = 22$

이들 거리 중 최소는 14이므로 F는 해결되었고 A와의 거리는 14이다.

꼭짓점	A로부터의 최소거리
A	0
C	10
D	8
E	7
F	14
B	

A에서 마지막으로 남은 B까지를 연결하는 모든 거리를 구해서 A에서 B까지의 최소거리를 구한다.

$A, E, B = 22$

$A, E, D, B = 20$

$A, E, D, C, F, B = 17$

이들 중 최소는 17이며 따라서 A에서 B까지의 최소거리는 17이다. 결국 데이터의 최단 라우팅 경로는 특이하게 A, E, D, C, F, B이며 모든 중간 데이터 전송 지점을 통과한다.

꼭짓점	A로부터의 최소거리
A	0
C	10
D	8
E	7
F	14
B	17

연습문제

다음 물음에 대해 답하여라.

1. 그래프의 변과 꼭짓점의 차이를 포함하여 그래프의 수학적 정의를 설명하여라.

2. 그래프가 연결 그래프라는 것은 무엇을 의미하는가?

3. 비가중 그래프에서 두 꼭짓점 사이의 거리의 개념은 무엇인가?

4. 데이크스트라의 알고리즘을 설명하여라.

5. 경로와 회로의 차이는 무엇인가?

6. 그래프의 다리는 무엇인가? 다리를 가진 그래프의

예를 그리고 다리를 표시한 다음 이 변이 다리가
되는 이유를 설명하여라.

다음 그래프에서 꼭짓점들의 차수를 구하고 짝수점인지 홀수
점인지 구분하여라. 그래프의 차수를 결정하여라.

7.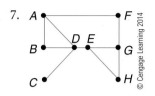

8.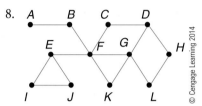

9.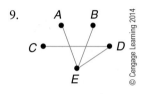

10.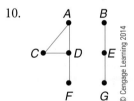

11.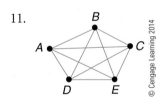

12.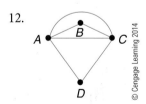

13.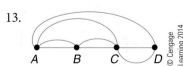

14.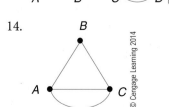

다음 문제는 앞의 연습문제에 관한 것이다. 각 그래프의 인접
행렬을 구하여라.

15. 연습문제 7   16. 연습문제 8

17. 연습문제 9   18. 연습문제 10

19. 연습문제 11   20. 연습문제 12

21. 연습문제 13   22. 연습문제 14

다음 문제에서 제시한 성질을 갖는 그래프의 예를 그려라.

23. 5개의 꼭짓점을 갖는 그래프

24. 5개의 꼭짓점을 갖고 이들 중 3개는 짝수점인 그
래프

25. 5개의 꼭짓점과 2개의 다리를 갖는 그래프

26. 4개의 홀수점을 갖는 그래프

다음 문제는 그림 14.11의 그래프에 관한 문제이다.

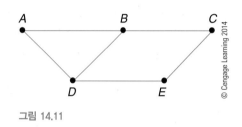

그림 14.11

27. A, B, C, D는 그래프에서 경로인가?

28. 경로 A, B, C, D에 포함되지 않는 그래프의 변은
무엇인가?

29. 그래프에서 변을 두 번 사용하지 않고 모든 변을
포함하는 경로를 찾을 수 있는가? 만약 가능하면
그 경로를 구하여라.

다음 문제에서 제시한 성질을 갖는 그래프를 그려라.

30. 차수가 8인 7정칙 완전 그래프를 그려라.

31. 차수가 5인 4정칙 완전 그래프를 그려라.

32. 차수가 6인 5정칙 완전 그래프를 그려라.

33. 차수가 7인 6정칙 완전 그래프를 그려라.

다음 그래프가 연결인지 연결이 아닌지 판단하여라.

34.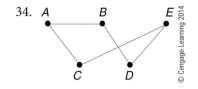

35.

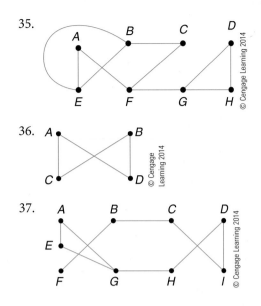

36.

37.

다음 가중 그래프에서 S에서 T까지의 최단경로를 구하여라.

38.

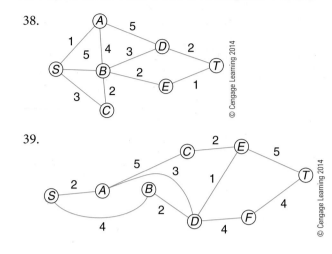

39.

14.2 오일러 경로와 오일러 회로

앞 절에서는 그래프 이론의 기초적인 내용을 검토했다. 이 절에서는 그래프에 대한 개념을 자세히 알아보도록 하며, 레온하르트 오일러(Leonhard Euler)의 업적인 오일러 경로와 오일러 회로의 개념을 소개한다.

오일러 경로와 오일러 회로

오일러 경로(Euler path)란 연결 그래프에서의 경로로 모든 꼭짓점을 연결하며 모든 변을 정확히 한 번 지나는 경로를 말한다. 회로는 동일한 꼭짓점에서 시작하고 끝나는 경로이므로 오일러 회로(Euler circuit)는 그래프의 모든 변을 정확히 한 번 지나는 회로이다. 이 두 개념은 밀접한 관련이 있으며 오일러 회로가 동일한 꼭짓점에서 시작하고 끝나야 한다는 점에서만 다르다. 정의에 의해 모든 오일러 회로는 오일러 경로이지만 그 반대는 성립하지 않는다.

첫 번째 고려할 문제는 주어진 그래프가 오일러 경로나 오일러 회로 또는 둘 다 포함하는지 확인하는 것이다. 이것은 시행착오에 의해 확인할 수도 있지만 문제를 해결하는 보다 근사한 방법이 존재한다. 예를 들어 설명하기로 하자.

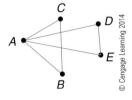

그림 14.12 예제 14.6의 그래프

예제 14.6 그림 14.12의 그래프는 오일러 경로를 포함하는가? 그렇다면 오일러 경로를 구하여라.

풀이

문제를 풀 수 있는 이론적 도구가 없으므로 시행착오의 방법으로 답을 찾아보자. 꼭짓점 A에서 시작하여 임의로 선택한 꼭짓점 B로 이동하자. 오일러 경로를 구성하기 위해서는 모든 꼭짓점을 지나야 하며 변을 두 번 이상 지나서는 안 된다. 그 다음 유일한 선택은 꼭짓점 C로 이동한 후 다시 꼭짓점 A로 이동하는 것이다. 새로운 변을 지나야 하기 때문에 그 다음 선택은 다소 제한적이다. AE 또는 AD를 따라 이동할 수 있다. 임의로 AD를 선택하여 D로 이동한 후, E를 지나 A 이동하면 오일러 경로 (실제로는 오일러 회로)가 완성된다.

예제 14.6의 풀이는 실제로 오일러 경로를 찾아 입증한 것이다. 즉, 그래프가 오일러 경로를 갖는다는 것을 해당 오일러 경로를 하나 찾아 제시함으로써 밝힌 것이다. 이 방법은 때로 상당히 어려울 수 있으므로 이론적 도구를 사용하여 찾고자 하는 대상의 존재를 증명하는 것이 바람직하다.

예제 14.7 그림 14.13의 그래프가 오일러 경로를 포함하는가? 오일러 회로를 포함하는가?

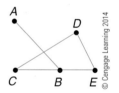

그림 14.13 예제 14.7의 그래프

풀이

다시 하나의 꼭짓점을 선택하는데 임의로 C를 선택한다. C에서 시작하여 경로 C, D, E, B, A를 지나간다. 이렇게 하면 모든 꼭짓점을 지나갈 수 있지만 변 CB를 지나지 않았기 때문에 오일러 경로는 아니다. 하지만 이 그래프가 오일러 경로를 갖지 않는다고 해서는 안 된다. 밝혀진 것은 모든 꼭짓점을 지나는 특정한 경로가 존재하지만 이것이 오일러 경로는 아니라는 것이다.

다시 꼭짓점 B에서 시작하여 경로 B, C, D, E, B, A를 따라 이동하면 모든 꼭짓점들을 지나며 모든 변을 정확히 한 번씩만 지나게 된다. 따라서 이 경로는 오일러 경로이다. 그러므로 예를 통해 오일러 경로가 존재함을 증명하였다.

이 그래프는 그 구조상 오일러 회로는 갖지 않는다. 꼭짓점 A는 그래프에서 '막다른 길'의 끝에 위치한다. 꼭짓점 A를 지나기 위한 유일한 방법을 변 BA를 지나는 것이며 이를 한 번만 지나야 하기 때문에 꼭짓점 A에서 시작하여 다시 돌아갈 방법이 없거나, 꼭짓점 B에 도착한 다음 A로 이동하면 변 BA를 지나지 않고 다른 점으로 이동할 수 없다.

오일러 경로가 존재하는 그래프는 어떤 그래프인가? 답은 바로 오일러 정리 (Euler's theorem)에 있다. 그래프의 홀수점의 개수가 오일러 경로 또는 오일러 회로가 존재하는지를 결정한다.

오일러 정리

그래프가 연결된 그래프라 하자. 그러면 다음이 성립한다.

a. 그래프가 홀수점을 갖지 않으면 적어도 하나의 오일러 경로를 가지며 이는 오일러 회로이다. 임의의 꼭짓점이 오일러 회로의 시작점과 끝점이 된다.

b. 그래프가 정확히 홀수점 두 개를 가지면 적어도 하나의 오일러 경로가 존재하며 오일러 회로는 존재하지 않는다. 오일러 경로는 홀수점 중 하나의 꼭짓점에서 시작하여 다른 홀수점에서 끝난다.

c. 그래프가 두 개보다 많은 홀수점을 가지면 오일러 경로나 오일러 회로를 갖지 않는다.

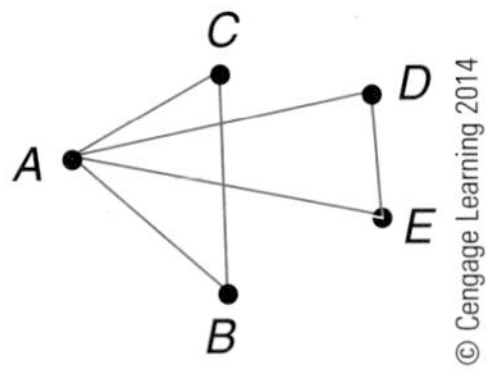

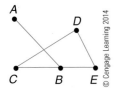

그림 14.14 예제 14.6의 그래프

오일러 정리를 염두에 두고 예제 14.6을 다시 살펴보자. 모든 꼭짓점은 차수가 4(꼭짓점 A) 또는 2(나머지 꼭짓점)이다(그림 14.14). 오일러 정리에 따르면 적어도 하나의 오일러 경로가 있으며 이는 오일러 회로이기도 하다. 실제로 오일러 경로를 찾았으며 이것이 오일러 회로라는 것도 언급하였다.

예제 14.7은 어떤가? 꼭짓점 B의 차수는 3이므로 홀수점이고 꼭짓점 A의 차수도 1이므로 홀수점이다(그림 14.15). 다른 꼭짓점들은 짝수점이므로 홀수점의 개수는 정확히 두 개다. 오일러 정리의 두 번째 결과에 의해 적어도 하나의 오일러 경로가 존재하며 오일러 회로는 아니다. 예제에서 실제로 이러한 경로를 하나 찾았다. 또한 오일러 경로는 하나의 홀수점에서 시작하여 다른 홀수점에서 끝나야 한다. 앞에서 처음에 짝수점인 꼭짓점 C에서 경로를 시작하려고 시도했었으나 오일러 경로를 찾을 수 없었다. 반드시 홀수점 중 하나인 꼭짓점 B에서 시작했을 때 다른 홀수점인 꼭짓점 A에서 끝나는 오일러 경로를 찾을 수 있었다.

그림 14.15 예제 14.7의 그래프

예제 14.8 오일러 정리를 이용하여 오일러 경로와 오일러 회로를 갖지 않는 연결 그래프를 하나 구성하여라.

풀이

오일러 정리의 세 번째 조건에 따르면 홀수점이 두 개 이상인 그래프를 만들어야 한다. 따라서 그림 14.16의 그래프가 그러한 예가 될 것이다.

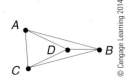

그림 14.16 예제 14.8의 그래프

각 꼭짓점은 차수가 3이므로, 오일러 경로는 없다. 오일러 경로를 만들고자 할 때 일어날 일을 살펴보자. 꼭짓점 A로부터 시작하여 A, C, B, A, D, C, … 등으로 이동할 수 있는데 이 경우 변 BD를 지날 수 없으며 꼭짓점 C에서 멈추게 된다. 모든 변을 한 번씩만 지나면서 모든 꼭짓점을 방문하려는 그 어떤 시도에서도 비슷한 상황을 만나게 된다.

예제 14.9 알리는 특정 마을의 모든 주택의 전기 계량기를 읽기 위해 전자 스캐너 장치를 사용한다. 운전 시간과 유류비용을 최소화하기 위해 도로를 한 번씩만 지나면서 모든 집의 계량기를 읽고자 한다. 마을의 지도가 그림 14.17과 같다. 알리는 자신의 목표를 달성하는 것이 가능한가?

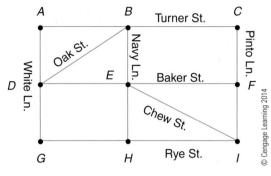

그림 14.17 예제 14.9의 그래프

풀이

알리가 목표를 달성하려면 마을의 모든 도로를 한 번씩만 지나야 한다. 그는 마을의 모든 교차점을 꼭짓점 A부터 I로 이름을 붙이고 상황을 고려한다. 오일러 정리를 이용하기 위해 그래프의 홀수점의 수를 계산하여 꼭짓점 F, I, E, H가 홀수점임을 확인한다. 홀수점이 두 개 이상 있으므로 알리는 자기의 목표가 희망이 없다는 것과 적어도 한 거리는 두 번 이상 통과해야 함을 알게 된다.

예제 14.10 그림 14.18의 그래프에서 오일러 경로 또는 오일러 회로가 존재하는가? 그렇다면 그러한 경로나 회로의 예를 제시하여라.

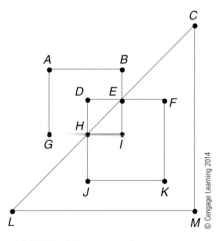

그림 14.18 예제 14.10의 그래프

풀이

신기하게도 그래프의 모든 꼭짓점이 짝수점이다. 따라서 오일러 정리의 첫 번째 조건에 의해 오일러 회로인 오일러 경로가 적어도 하나가 있다는 것을 알 수 있다. 지금 해야 하는 것은 오일러 경로나 회로를 하나 찾는 것이다.

꼭짓점 A에서 시작하여 다시 A로 돌아와 오일러 회로가 되는 오일러 경로는 다음과 같이 찾을 수 있다.

$$A, B, E, F, K, J, H, D, E, I, H, E, C, M, L, H, G, A$$

다른 오일러 경로도 많이 있지만 이 하나로도 충분하다.

플뢰리의 알고리즘

앞에서 보았듯이, 오일러의 정리를 사용하여 오일러 경로와 회로의 존재 여부를 결정할 수 있으며 존재하는 경우 실제로 오일러 경로 또는 회로를 찾을 수 있었다. 오일러 경로나 회로가 있는 경우 이를 찾을 수 있는 알고리즘이 있다면 대책 없이 구하는 것보다 이 알고리즘을 이용하여 체계적으로 찾는 것이 유용하다.

플뢰리의 알고리즘(Fleury's algorithm)은 1860년대의 유명한 결과지만 정확히 누구의 결과인지는 확실하지 않다. 즉, 프랑스의 수학자 에두아르 뤼카(Edouard Lucas)가 플뢰리를 언급했지만, 플뢰리의 이름 전체를 언급하지는 않았다.

플뢰리의 알고리즘은 오일러 경로 또는 회로를 구성하기 위해 임의의 원하는 꼭짓점에서 시작할 수 있다. 이 선택한 꼭짓점에서 지나갈 변을 선택하여 어둡게 칠하거나 다른 방식으로 표시하여 두 번 지나가지 않도록 한다. 다른 선택이 없는 이상 다리(bridge)를 지나가지 않도록 하자. 선택한 변을 지나 다음 꼭짓점에 도착하자. 모든 변을 지날 때까지 이 과정을 반복하고 가능한 경우 오일러 회로 생성하기 위해 원래의 꼭짓점으로 돌아가면 끝난다.

예제 14.11 그림 14.19의 그래프는 A와 C의 두 개의 홀수점을 가지고 있다. 오일러의 정리에 의하면 오일러 경로가 존재하지만 오일러 회로는 존재하지 않으며 오일러 경로는 하나의 홀수점에서 시작하여 다른 홀수점에서 끝나야 한다. 그래프의 오일러 경로를 구하여라.

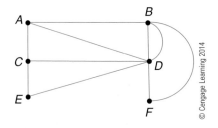

그림 14.19 예제 14.11의 그래프

풀이

A 또는 C에서 시작해야 하므로 알파벳 순서로 A에서 시작하기로 하자. 오일러 경로를 찾아보면 다음과 같이 각 변을 한 번씩 지난다.

$$A, B, D, B, F, D, E, C, D, A, C$$

오일러의 정리의 결과와 같이, 다른 홀수점 C에서 끝남을 알 수 있다.

예제 14.12 그림 14.20의 그래프에서 오일러 경로나 회로가 있으면 구하여라.

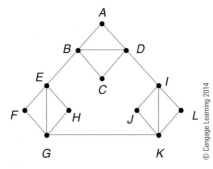

그림 14.20 예제 14.12의 그래프

풀이

모든 꼭짓점이 짝수이므로 오일러 정리에 의해 오일러 경로는 오일러 회로이다. 임의로 꼭짓점을 A로 선택하고 그래프의 모든 변을 지나도록 하면 A로 돌아오는 다음 회로가 오일러 경로와 회로의 한 예가 된다.

$$A, B, D, C, B, E, F, G, E, H, G, K, L, I, K, J, I, K, L, I, D, A$$

예제 14.13 어느 소규모 사무실에서 근무하는 직원들 간의 친구관계는 그림 14.21과 같다. 서로 인접한 직원(꼭짓점)들은 서로를 알고 정기적으로 대화한다고 한다. 투이가 마르코에게 비밀사항을 말했을 때, 어떤 누구도 이미 듣거나 말해준 사람에게 비밀사항을 반복하여 전하지 않고, 모든 사람들에게 비밀사항이 전파될 수 있을까?

풀이

비밀사항이 모든 친구관계를 통해 전달되기 위해서는 비밀사항이 그래프의 모든 변과 모든 꼭짓점을 따라 전파되어야 하므로 이 문제는 투이에서 시작하는 오일러 경로가 있는지 여부를 묻고 있다. 홀수점은 두 개로 투이와 모이라는 꼭짓점이다. 따라서 오일러의 정리에 의해 오일러 경로가 존재하며 투이에서 시작하여 모이라에서 끝나야 한다.

투이가 알고 있는 유일한 사람은 마르코이므로 먼저 그에게 말한다. 마르코는 3

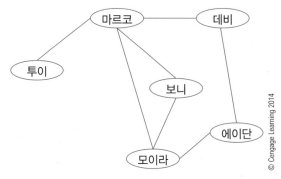

그림 14.21 직원들 사이의 관계

명에게 비밀사항을 말할 수 있으며, 임의로 데비를 선택하여 말하면 데비는 에이단에게 에이단은 모이라에게 비밀사항을 전파한다. 보니는 아직 투이의 비밀사항을 전해 듣지 않았고 모든 변을 지나지도 않았기 때문에 오일러 회로가 완성되지 않았다.

모이라가 보니에게 비밀사항을 전하기로 하면 보니는 마르코에게 전하고 마지막으로 다시 모이라에게 전해주면 오일러 경로가 완성된다.

지도 색칠하기

지도 색칠하기 문제(map-coloring problem)는 1800년대에 제기된 유명한 문제이다. 어떤 지도가 있을 때, 공통 경계선을 공유하는 두 국가를 다른 색으로 칠한다면 필요한 색의 최소수는 무엇인가? 매우 어려운 이 문제는, 1970년대 중반 컴퓨터에 의해 모순에 의한 방법으로 최소 색의 수가 4임이 증명되었다.

국가들의 연결된 집합이 지도에 주어지면 해당 국가들을 꼭짓점으로, 지리적으로 서로 인접한 국가들을 변으로 연결한 지도의 쌍대 그래프(dual graph for the map)를 만들어 문제 해결에 접근할 수 있다.

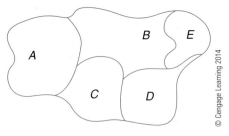

그림 14.22 5개 국가의 지도

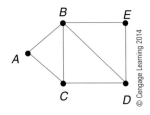

그림 14.23 5개 국가의 지도에 대한 쌍대 그래프

그림 14.22은 하나의 대륙이 5개의 국가로 나뉜 지도이다. 이 지도에 대한 쌍대 그래프는 그림 14.23과 같다. 서로 이웃하는 2개의 국가를 다른 색으로 칠하기 위한 최소 색의 개수는 무엇일까?

먼저 꼭짓점 A를 조사하자. A는 B, C와 인접해 있고 이들 역시 서로 인접해 있으므로 적어도 3개의 색, 예를 들어 흰색, 파란색, 빨간색이 필요하다. 더 많은 색이 필요할까? 그래프에서 E는 B와 D에 인접하지만 A나 C에 인접하지 않는다. 따라서 E를 A와 같은 색으로 칠할 수 있으므로 여전히 3개의 색만 사용할 수 있다. D에 네 번째 색이 필요할까? 꼭짓점 D는 E, B, C에만 인접하고 흰색, 파란색, 빨간색과는 다른 색으로 칠해야 하므로 D를 칠하려면 네 번째 색이 필요하다.

특정 지도에 필요한 색상 수를 정확하게 결정할 수 있는 방법이 있는지 궁금해할 수 있다. 이 질문에 대한 대답은 "아니오"이다. 최대 4개의 색이면 충분하다고 알려져 있지만 주어진 지도에 필요한 색의 수를 결정하는 알고리즘은 없다.

예제 14.14 그림 14.24의 그래프를 쌍대 그래프로 갖는 지도를 그려라.

풀이

그리는 방법에 따라 많은 답이 가능하다. 그림 14.25는 이 중 한 가지 예이다.

이 지도를 그리기 위해서는 그래프에서 국경을 공유하는 국가들을 서로 인접하게 해야 한다. 이 경우 지도에서 C와 F 사이와 D와 B, C, E 사이에 호수가 있는 것처럼 보인다.

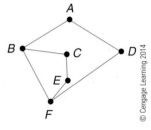

그림 14.24 예제 14.14의 그래프

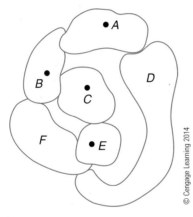

그림 14.25 가능한 지도

예제 14.15 쾨니히스베르크 다리 문제의 답은 무엇인가? 즉, 프레골랴 강 위의 7개의 다리를 두 번 이상 지나지 않고 모두 지나갈 수 있는가?

풀이

그림 14.26a의 쾨니히스베르크 문제를 그림 14.26b와 같이 그래프로 나타내면 꼭짓점 A의 차수는 5, B, C, D의 차수는 3이다. 따라서 홀수점이 4개이다. 오일러의 정리에 따르면 홀수점이 두 개보다 많은 그래프는 오일러 경로, 즉 이 경우 모든 다리를 한 번씩 지나는 경로는 존재하지 않는다. 따라서 쾨니히스베르크 다리 문제는 불가능하다.

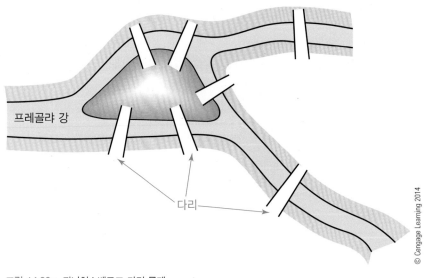

프레골랴 강

다리

그림 14.26a 쾨니히스베르크 다리 문제

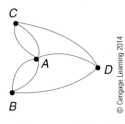

그림 14.26b 쾨니히스베르크 다리 문제의 그래프

연습문제

다음 물음에 대해 답하여라.

1. 오일러 경로란 무엇인가?
2. 오일러 경로와 오일러 회로가 다른 점은 무엇인가?
3. 플뢰리의 알고리즘은 무엇이며 어떻게 사용하는가?
4. 오일러 회로의 존재 유무를 확인하기 위해 꼭짓점의 개수와 유형을 어떻게 이용할 수 있는가?

다음 문제는 그림 14.27의 그래프에 관한 문제이다.

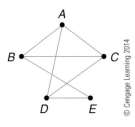

그림 14.27

5. A에서 시작하는 오일러 경로가 있으면 구하여라.
6. D에서 시작하는 오일러 경로가 있으면 구하여라.
7. B에서 시작하는 오일러 경로가 있으면 구하여라.
8. 오일러 회로가 존재하는가?

다음 문제는 그림 14.28의 그래프에 관한 문제이다.

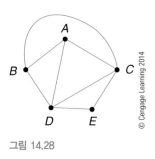

그림 14.28

9. A에서 시작하는 오일러 경로가 있으면 구하여라.
10. C에서 시작하는 오일러 경로가 있으면 구하여라.
11. B에서 시작하는 오일러 경로가 있으면 구하여라.
12. 오일러 회로가 존재하는가?

다음 문제는 그림 14.29의 그래프에 관한 문제이다.

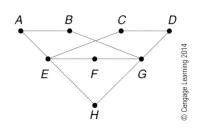

그림 14.29

13. *A*에서 시작하는 오일러 경로가 있으면 구하여라.

14. *C*에서 시작하는 오일러 경로가 있으면 구하여라.

15. *B*에서 시작하는 오일러 경로가 있으면 구하여라.

16. 오일러 회로가 존재하는가?

17. 그래프의 꼭짓점이 1,000개이고 모두 짝수점이라 하자. (a) 그래프가 오일러 경로를 갖는가? 그 이유를 설명하여라. (b) 그래프가 오일러 회로를 갖는가? 그 이유를 설명하여라.

18. 그림 14.30의 지도에서 각 주를 꼭짓점으로, 서로 공통의 경계를 갖는 주를 변으로 연결하는 그래프를 그려라.

그림 14.30 미국 서부

19. 연습문제 18에서 얻은 그래프가 오일러 경로를 갖는가? 그렇다면 그 이유를 설명하고 오일러 경로를 구하여라.

20. 연습문제 19에서 얻은 그래프가 오일러 회로를 갖는가? 그렇다면 그 이유를 설명하고 오일러 경로를 구하여라.

플뢰리의 알고리즘을 이용하여 다음 그래프에서 존재하면 오일러 경로와 오일러 회로를 구하여라.

21.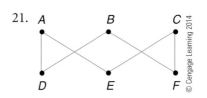

22.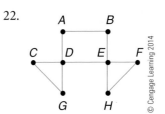

23.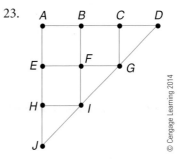

24.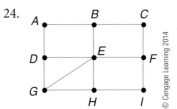

14.3 해밀턴 경로와 해밀턴 회로

해밀턴 경로

해밀턴 경로의 정의는 오일러 경로와 비슷하고 해밀턴 회로의 정의는 오일러 회로와 비슷하다. **해밀턴 경로**(Hamiltonian path)는 무향 그래프에서 모든 꼭짓점을 정확히 한 번씩만 지나는 경로이다. 해밀턴 회로(Hamiltonian circuit)는 시작점과 끝점이 같은 해밀턴 경로이며 해밀턴 회로를 포함하는 그래프를 **해밀턴 그래프**(Hamiltonian graph) 또는 추적가능(traceable) 그래프라 한다. 주어진 그래프가 해밀턴 그래프인지를 결정하는 효율적인 방법은 현재까지 알려져 있지 않다.

해밀턴 그래프를 연구하는 첫 번째 방법은 그러한 그래프가 가져야 하는 성질을 찾는 것이고, 두 번째는 해밀턴 그래프로 알려진 몇 가지 특수한 그래프를 만드는 것이다. 후자를 통해 해밀턴 그래프가 되기 위해서는 그래프가 '충분히' 많은 변을 가져야 한다는 '해밀턴 그래프 성질(Hamiltonianicity)'을 알 수 있다.

그래프가 해밀턴 그래프가 되기 위한 필요조건

방향이 없는 해밀턴 그래프가 가져야 하는 첫 번째 조건은 연결 그래프라는 것이다. 즉, 그래프의 모든 꼭짓점의 쌍이 그래프 내의 경로로 연결될 수 있어야 한다. 실제로 이 조건은 언급할 필요가 없는데 해밀턴 그래프는 모든 꼭짓점을 정확히 한 번 지나는 경로이기 때문이다.

두 번째 조건은 모든 꼭짓점의 차수가 2 이상이어야 한다는 것이다. 이는 해밀턴 그래프의 정의로부터 분명해지는데, 모든 꼭짓점은 적어도 한 번 이상 지나가야 하는 경로가 있기 때문이다. 그러면 그림 14.31과 같이 차수가 1인 꼭짓점을 갖는 경우 어떻게 되는지 살펴보자.

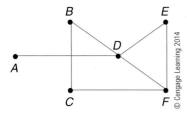

그림 14.31 차수가 1인 꼭짓점을 갖는 그래프

© Cengage Learning 2014

분명히 꼭짓점 A의 차수는 1이며 이 점에 연결된 변은 AD 하나뿐이다. A에서 출발하면 그 다음 이동할 수 있는 점은 D이다. 그 다음 이동할 수 있는 점은 세 점 중에서 하나를 선택할 수 있다. 하지만 A로 돌아오는 해밀턴 회로가 되려면 반드시 D로 다시 돌아와야 하며 이는 해밀턴 그래프에서는 금지되어 있다. 비슷하게 A가 아닌 다른 꼭짓점에서 시작하면 반드시 A를 지나가야 하므로, 이 회로는 D, A, D를 포함해야 하며 이 또한 해밀턴 그래프의 정의를 만족하지 않는다.

해밀턴 그래프가 만족해야 하는 세 번째 조건은 이분(bipartite) 그래프의 개념을 도입하여 설명할 수 있다. 이분 그래프란 그래프의 꼭짓점을 두 집합으로 나눌 수 있는데 그래프의 모든 변은 두 집합 사이를 연결하며 한 집합 내의 두 꼭짓점을 연결하는 변이 없는 그래프이다. 만약 그래프가 이분이고 해밀턴이면 정의로부터 그래프의 꼭짓점을 분할하는 두 집합에 속하는 꼭짓점의 수는 같아야 한다. 이것에 대한 이론적 증명은 연습문제로 남겨두지만 그렇게 심오한 내용은 아니다.

주어진 상황에서 특정한 조건이 존재해야 하는 경우, 이 특정한 조건들을 필요조건(necessary condition)이라 한다. 반대의 개념은 충분조건(sufficient condition)이다. 어떤 조건들의 집합이 사건 E가 일어나기 위한 충분조건이라는 것은 만약 그러한 조건이 성립하면 사건 E가 반드시 일어남을 의미한다. 하지만 그래프가 해밀턴 그래프인지를 판정하는 효율적인 알고리즘은 없다는 것을 기억하자. 하지만 상대적으로 꼭짓점의 개수가 매우 적은 그래프에서는 충분조건을 생각해 볼 수 있다.

이제 해밀턴 그래프인지를 보장하는 충분조건을 살펴보자. 먼저 세 개 이상의 꼭짓점을 갖는 그래프가 방향이 없는 완전 그래프이면 해밀턴 그래프이다. 왜 그런가? 먼저 완전 그래프이므로 각 꼭짓점은 다른 모든 꼭짓점과 연결되어 있으므로 모든 꼭짓점의 차수는 적어도 2 이상이다. 따라서 임의의 순서로 꼭짓점의 순서를 정하면 회로는 $v_0, v_1, ..., v_n, v_0$이다. 그래프가 완전이므로 회로에 속하는 점들을 연결하는 변들이 존재하며 따라서 이 회로는 해밀턴 회로이다.

다음 충분조건으로, 만약 방향이 없고 고리가 없는 n개의 꼭짓점을 갖는 그래프가 모든 꼭짓점의 쌍 A와 B에 대해 $\deg(A) + \deg(B) \geq (n-1)$이 성립하면 이 그래프는 해밀턴 회로를 갖는다. 이 결과에 대한 증명은 좀 더 어려우며 그래프 이론을 다루는 과정에서 다룬다.

이 결과가 실제로 의미하는 것은 그래프가 '충분히' 많은 변을 가지면 이 그래프는 해밀턴 경로는 갖는다는 것이다. 그림 14.32의 그래프는 이 조건을 만족하는 그래프이다. 실제로 적지 않은 변을 갖는다. 해밀턴 경로를 찾아보면 A, B, F, C, E, D이다. 이는 해밀턴 회로는 아닌데 이 결과는 해밀턴 경로에 대해서만 언급하기 때문이다.

그래프가 해밀턴 경로나 회로를 가지게 되는 다른 충분조건들도 있는데 이 중 몇 가지를 나열해 보자.

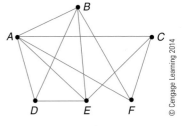

그림 14.32 해밀턴 경로를 가져야 하는 그래프

- 방향과 고리가 없는 그래프의 꼭짓점의 개수가 n일 때, 각 꼭짓점의 차수가 적어도 $\dfrac{n-1}{2}$이면 이 그래프는 해밀턴 경로를 갖는다.

- G가 방향과 고리가 없는 $n \geq 3$개의 꼭짓점을 갖는 그래프이고 서로 인접하지 않는 모든 꼭짓점들 x, y에 대해 $\deg(x) + \deg(y) \geq n$이면, G는 해밀턴 회로를 갖는다.

- G가 방향과 고리가 없는 $n \geq 3$개의 꼭짓점을 갖는 그래프이고 모든 꼭짓점 x에 대해 $\deg(x) \geq n/2$이면 G는 해밀턴 회로를 갖는다.

영업사원 문제

방향이 없고 가중치가 있는 완전 그래프가 주어질 때, 가중치의 합이 가장 적은 해밀톤 회로를 구하여라. 이 문제를 영업사원 문제(travel salesman problem)라고도 부르는데, 그래프의 가중치를 도시간 거리로 보았을 때, 구하려는 회로는 영업사원이 모든 도시를 방문하면서 여행 거리를 최소화할 수 있는 회로를 말한다. 이는 회사 직원이 고객을 직접 방문하기를 원하는 모든 사람이 관심을 가지는 문제이다. 그래프가 해밀턴 그래프인지 판정하는 일반적인 문제와 마찬가지로 영업사원 문제의 효율적인 해결책은 알려진 것이 없으며, 그러한 해결책이 존재하지 않는다는 것도 모른다.

이 문제는 조합론적 최적화 문제(combinatorial optimization problem)로 알려진 훨씬 더 큰 수준의 수학 문제의 한 예이다. 이론상으로는 간단히 모든 가능한 해밀턴 회로를 찾고 가중치의 총 합이 가장 작은 회로를 선택할 수 있지만 이것은 비실용적이다. 16개 도시를 여행하는 영업사원 문제에서는 모두 653,837,184,000개의 서로 다른 경로가 있다. 이 문제는 매우 빠른 컴퓨터를 90시간 이상 가동하여 모든 가능성을 나열한 뒤 최적화된 결과를 선택할 수 있다.

모든 가능성을 일일이 나열하는 방법은 분명히 부적절하다. 각각의 이동경로를 고려하거나 비교하지 않고도 경로 대부분의 경로들을 제거하여 해결 시간을 단축하는 알고리즘이 있다. 이 방법은 인쇄 회로 기판을 설계할 때, 특정 개수 이상의 구멍을 갖는 경우 구멍을 연결하는 데 사용되는 와이어의 양이 최적화도록 설계하는 문제에서 응용된다.

연습문제

다음 물음에 대해 답하여라.

1. 영업사원 문제란 무엇인가?
2. 해밀턴 경로는 무엇이며 오일러 경로와 다른 점이 있다면 무엇인가?
3. 그래프가 해밀턴이 되기 위한 필요조건은 무엇인가?
4. 이분 그래프는 어떤 그래프인가? 이분 그래프의 예를 들어라.

다음 각 그래프에 대해 해밀턴 경로가 존재하는지 결정하여라. 만약 해밀턴 경로가 존재하면 그 경로를 찾아라. 만약 해밀턴 경로가 존재하지 않으면 그 이유를 설명하여라.

5.

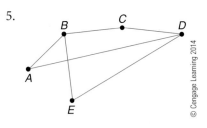

6.

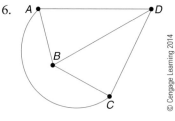

7.

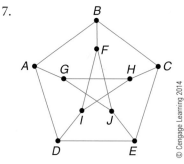

8.

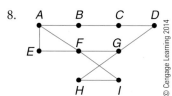

9.

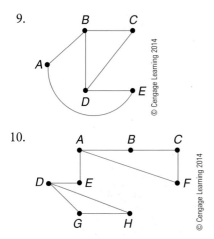

10.

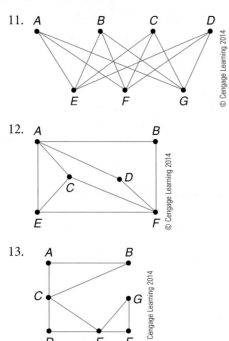

다음 그래프는 적어도 하나의 해밀턴 경로를 포함한다. 이들 경로 중 하나를 구하여라.

11.

12.

13.

14.

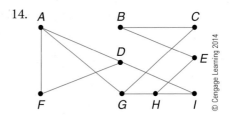

다음 문제를 관련된 그래프를 이용하여 풀어라.

15. 시카고에 본사를 둔 지역 관리자가 미니애폴리스, 클리블랜드 및 세인트루이스에 있는 사무실을 방문하기 위해 차로 여행한다고 가정하자. 도시 간 거리(마일)가 그림 14.33과 같을 경우 관리자가 전체 거리를 가장 짧게 여행하면서 모든 지역 사무소를 방문할 수 있는 해밀턴 회로를 찾아라.

16. 소위 '탐욕(greedy)' 알고리즘을 사용하여 연습문제 15를 다시 풀어라. 시카고에서 출발하여 가장 가까운 도시로 처음 이동한다. 여기서 시카고가 아닌 가장 가까운 도시를 방문한다. 이 과정을 반복하면서 시카고로 돌아가자. 이 결과를 연습문제 15의 결과와 비교하여라. (이 알고리즘을 최단 이웃 알고리즘(nearest-neighbor algorithm)이라고도 한다.)

17. 5개 도시에 실험적으로 화상전화 서비스를 구축한다고 가정한다. 그림 14.34는 네트워크에 포함된 회선이며, 각 회선의 설치비용은 해당 회선에 대응하는 억 단위의 가중치이다. 각 도시는 중간 도시를 통해 라우팅이 가능하므로 직접 연결할 필요가 없다. 화상전화 서비스 구축비용을 최소화하는 해밀턴 경로를 찾아라.

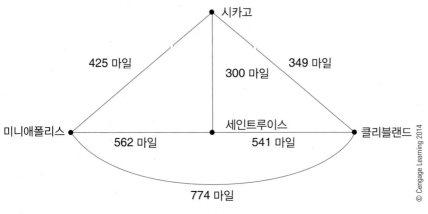

그림 14.33

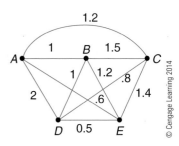

그림 14.34 제안된 화상전화 서비스의 그래프

14.4 | 수형도

수형도

회로를 갖지 않는 그래프를 비순환 그래프(acyclic graph)라 하는데 비순환이란 회로가 없는 것을 의미한다. 단순(simple)이고 연결인 비순환 그래프를 수형도(tree)라 한다. 5개의 꼭짓점을 갖는 수형도는 그림 14.35와 같다.

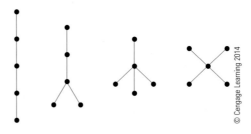

그림 14.35 5개의 꼭짓점을 갖는 모든 가능한 수형도

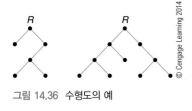

그림 14.36 수형도의 예

일반적으로 수형도의 한 꼭짓점을 뿌리(root) 꼭짓점으로 정하고 이 뿌리에서 수형도가 '성장'한다고 생각한다. 그러나 자연의 나무와는 달리 수형도의 뿌리는 그래프 상단에 배치하는 것이 일반적이다. 수형도의 변을 따라 아래로 내려갈 수 있다(그림 14.36). 뿌리가 지정되지 않은 경우 뿌리가 없는 수형도라고 한다.

자연의 나무들과 마찬가지로, 수형도는 가지(branch)들을 가질 수 있으며, 이들 각각은 부분수형도(subtree)로 간주할 수 있다. 가지가 나뉘는 꼭짓점을 부모 꼭짓점(parent vertex)이라 하며 부모 꼭짓점 다음에 있는 모든 꼭짓점을 부모 꼭짓점의 자식(children)으로 간주한다. 자식이 없는 꼭짓점을 수형도의 잎(leaf)이라 부른다.

수형도의 특별한 종류로 이진 수형도(binary tree)가 있는데 데이터 구성에 광범위하게 사용된다(그림 14.37). 이진 수형도는 각 꼭짓점이 최대 두 개의 자식을 포함하는 그래프로 부모와의 상대적인 위치에 따라 왼쪽 자식과 오른쪽 자식으로 구성될 수 있다. 이진 수형도가 잎을 제외한 모든 꼭짓점이 두 자식을 갖고 모든 잎의 깊이가 같으면 이 수형도를 최대 이진 수형도(full binary tree)라 부른다. 거의 최대

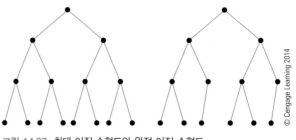

그림 14.37 최대 이진 수형도와 완전 이진 수형도

이진 수형도로서 가장 하단의 일부 잎이 없는 수형도를 완전 이진 수형도(complete binary tree)라 한다.

정의에 의해 모든 수형도는 연결 그래프이므로 뿌리에서 수형도의 각 꼭짓점 가지의 경로가 존재하고, 수형도는 비순환이므로 그러한 경로는 유일하다.

수형도에서 꼭짓점의 깊이(depth)란 뿌리에서 해당 꼭짓점까지의 경로의 길이이고 일부 책에서는 높이(height)라고도 한다. 뿌리의 깊이는 0이며 수형도의 깊이는 모든 꼭짓점의 깊이의 최댓값이다.

예제 14.16 다음 그래프에서 수형도의 깊이와 꼭짓점 A의 오른쪽 자식, 꼭짓점 K의 깊이를 구하여라(그림 14.38).

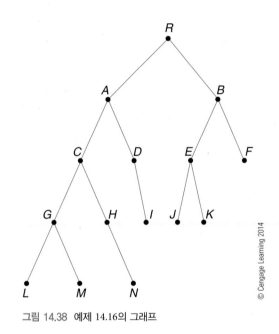

그림 14.38 예제 14.16의 그래프

© Cengage Learning 2014

풀이

꼭짓점의 최대 깊이는 4이므로 수형도의 깊이는 4이다. 꼭짓점 A는 두 자식 C와 D를 가지며 꼭짓점 D는 A의 오른쪽 자식이다. 마지막으로 꼭짓점 K의 깊이는 3이다.

수형도의 중요성

수형도가 가장 널리 사용되는 용도 중 하나는 기업의 조직도이다(그림 14.39). 이 유형의 그래프는 기업의 조직의 계층 구조를 나타내며 조직의 구성원 또는 외부인이 조직의 부서들이 서로 어떤 위치에 있는지 알 수 있게 한다.

컴퓨터의 파일도 수직으로 나열된 수형도 구조를 가지며 왼쪽 위에 뿌리가 있다(그림 14.40).

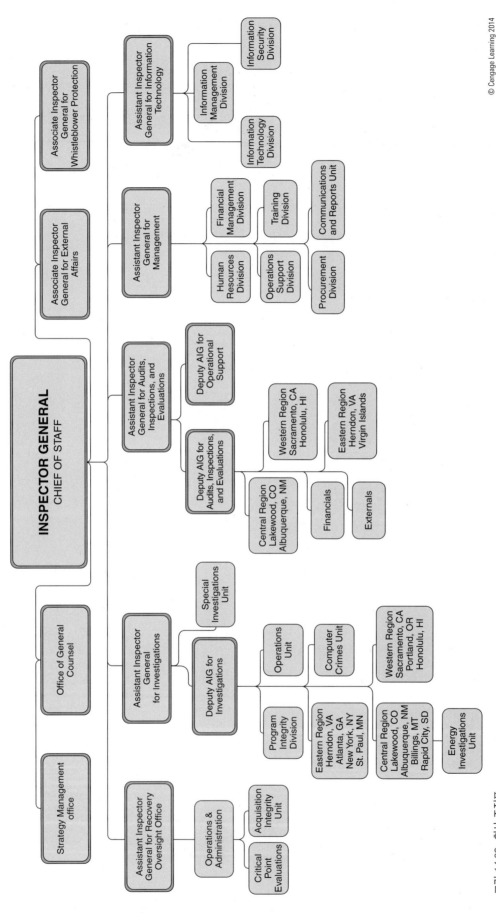

그림 14.39 회사 조직표

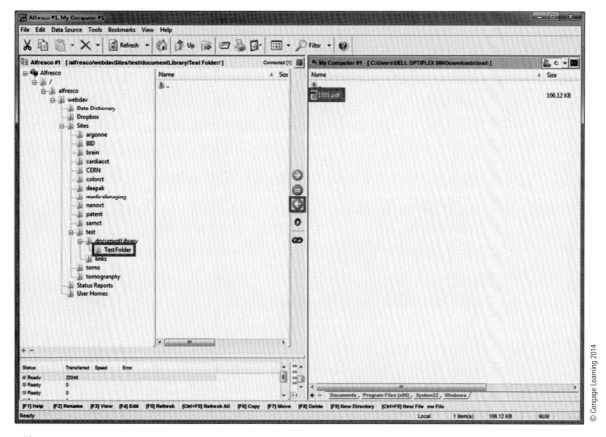

그림 14.40 컴퓨터 파일 목록

행운의 편지가 전달되는 상황을 처음 발신자를 뿌리로 하는 수형도로 표현할 수 있다(그림 14.41). 편지를 받은 사람이 각각 3명의 친구에게 행운의 편지를 전달한다고 가정하면 각 꼭짓점은 3 자식을 가지므로 n번째 단계에서 행운의 편지에 참여하는 사람의 수는 3^n명이 된다.

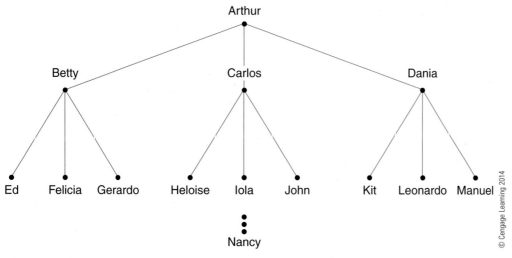

그림 14.41 행운의 편지 수신자 목록

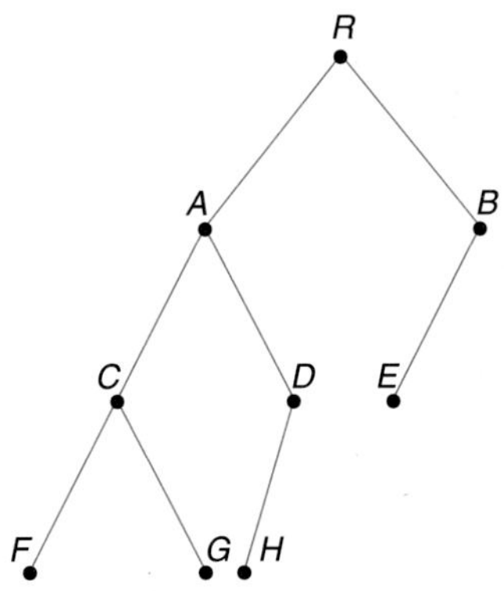

이진 수형도의 배열 표현

그림 14.42 이진 수형도

이 장의 초반부에서 인접행렬을 사용하여 그래프를 표현할 수 있는 방법을 살펴보았다. 이 방법은 꼭짓점 사이의 연결 관계에 관한 필수적인 정보를 컴퓨터가 쉽게 사용할 수 있는 형태로 나타내어 그래프를 효과적으로 설명할 수 있도록 한다. 이진 수형도의 경우에도 이 개념과 유사한 배열 표현(array representation)이 있는데 이는 $n \times 3$ 배열로 수형도의 n개의 꼭짓점에 대응하는 n개의 행과 각 꼭짓점과 그 꼭짓점의 왼쪽, 오른쪽 자식으로 구성된 3개의 열을 갖는다.

예를 들어 그림 14.42의 이진 수형도를 생각하자. 이 수형도의 배열은 다음 방법으로 구성된다. 배열의 각 행은 앞에서부터 순서대로 꼭짓점, 왼쪽 자식, 오른쪽 자식으로 구성된다. 예로 든 그림 14.42의 그래프의 배열은 다음과 같다.

꼭짓점	왼쪽 자식	오른쪽 자식
R	A	B
A	C	D
B	E	0
C	F	G
D	H	0
E	0	0
F	0	0
G	0	0
H	0	0

배열에서 0은 주어진 꼭짓점의 해당 유형의 자식이 없음을 나타낸다. 인접행렬과 마찬가지로 이 배열의 장점은 컴퓨터로 쉽게 프로그래밍이 가능하다는 점이며 수형도에 포함된 정보를 컴퓨터에서 사용할 수 있는 형식으로 저장할 수 있게 한다.

수형도 순회

수형도와 관련된 정보를 저장하는 또 다른 방법은 각 꼭짓점을 지나면서 수형도를 순회하는 방법을 설명하는 것이다. 수형도를 순회하는 방법은 여러 가지가 있지만 지금 제시하려는 방법은 전위 순회방법(preorder traversal method)이다. 이 방법은 수형도의 가지를 구분한 다음 가지의 마지막 잎까지 이동한 다음 가지로 넘어가는 것이다.

그림 14.43의 예를 생각하자. 뿌리가 R인 수형도이며 이 R을 먼저 나열한다. 다음 수형도의 가장 왼쪽 가지의 마지막 잎으로 이동한다.

$$R, A, C, G, J$$

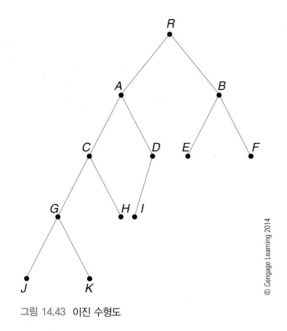

그림 14.43 이진 수형도

마지막 잎에 도착하였으므로 직전의 '분기점(fork)'으로 되돌아가서 그 가지를 따라 마지막 잎으로 이동한다. *J*의 직전 분기점은 *G*이므로 *G*에서 다른 방향을 따라 이동하면 마지막 잎 *K*에 도착하며 순회 목록을 다음과 같이 확장하게 된다.

$$R, A, C, G, J, K$$

계속해서 이전 분기점으로 되돌아가서 그 분기점의 다른 가지의 최종 잎으로 이동하는 것을 반복한다. 이렇게 얻은 경로는 다음과 같다.

$$R, A, C, G, J, K, H, D, I, B, E, F$$

모든 꼭짓점들을 전략적으로 배열하였으며 알파벳 문자를 수평으로 연속적으로 나열하였기 때문에 이 순회목록이 주어지면 해당 수형도를 재구성할 수 있다. 이로써 수형도의 정보를 컴퓨터에 쉽게 사용할 수 있는 형태로 저장할 수 있는 두 번째 방법을 살펴보았다.

예제 14.17 ▶ 다음 전위 순회방법을 갖는 수형도를 그려라.

$$R, A, C, G, D, H, I, B, E, J, F, K, L$$

풀이

수형도의 뿌리는 *R*이며 그 다음 두 꼭짓점은 *A*와 *C*이다. *B*가 없으므로 *B*가 이진 분기점이 되며 수형도의 처음 꼭짓점은 *A*와 *B*이다(그림 14.44).

A 다음에 꼭짓점 *C*가 있고 *G*는 *C*와 *D* 사이에 있기 때문에 *C*와 *D*는 *A*의 자식이어야 하며 *G*는 *C*의 자식이어야 한다. 또한 *H*와 *I*는 *D* 뒤와 *B* 앞에 위치하므로 *H*

그림 14.44 첫 번째 가지들

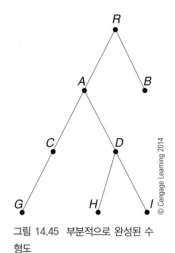

그림 14.45 부분적으로 완성된 수형도

와 I는 D의 자식이다. 따라서 현재 부분적으로 완성된 수형도는 그림 14.45와 같다.

목록으로 돌아와 그 다음 꼭짓점은 B이고 그 다음 E, J, F 순이다. J는 E와 F 사이에 있으므로 E와 F는 B의 자식이며 J는 B의 자식이다. F 다음에 K와 L이 있는데 이는 F의 자식이어야 한다. 따라서 완성된 수형도는 그림 14.46과 같다.

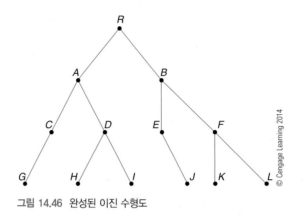

그림 14.46 완성된 이진 수형도

연습문제

다음 물음에 대해 답하여라.

1. 기술적 용어 '비순환(acyclic)'을 사용하지 않고, 수학적 수형도가 무엇인지 설명하고 수형도가 사용된 응용상황의 예를 하나 제시하여라.

2. 수형도의 꼭짓점과 꼭짓점의 깊이란 무엇인가?

3. 수형도의 전위 순회방법이란 무엇인가? 이를 설명하기 위한 예를 제시하여라.

4. 수형도는 회사의 계층 구조의 개념과 어떤 관련이 있는가?

다음 문제는 그림 14.47부터 14.50까지의 이진 수형도에 관한 문제이다.

5. 각 수형도의 깊이를 구하여라.

6. 각 수형도가 최대 이진 수형도인지 판단하여라.

7. 그림 14.47의 수형도에서 꼭짓점 A와 꼭짓점 F의 깊이를 구하여라.

8. 그림 14.49의 수형도에서 꼭짓점 A와 꼭짓점 D의 깊이를 구하여라.

9. 그림 14.47의 수형도에 대한 전위 순회방법을 구하여라.

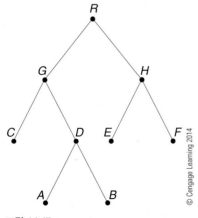

그림 14.47

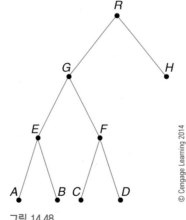

그림 14.48

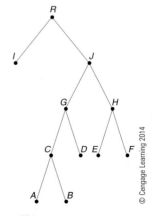

그림 14.49

10. 그림 14.48의 수형도에 대한 전위 순회방법을 구하여라.

11. 그림 14.49의 수형도에 대한 전위 순회방법을 구하여라.

12. 그림 14.50의 수형도에 대한 전위 순회방법을 구하여라.

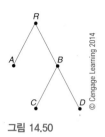

그림 14.50

13. 그림 14.47의 수형도에 대한 배열 표현을 구하여라.

14. 그림 14.48의 수형도에 대한 배열 표현을 구하여라.

15. 그림 14.49의 수형도에 대한 배열 표현을 구하여라.

16. 그림 14.50의 수형도에 대한 배열 표현을 구하여라.

수형도에서 공통의 부모 꼭짓점을 갖는 한 쌍의 꼭짓점을 형제(siblings)라고 한다. 다음 각 그림의 수형도에서 모든 형제의 꼭짓점 쌍을 나열하여라.

17. 그림 14.47   18. 그림 14.48

그림 14.51 NCAA(전미대학체육협회) 농구 토너먼트 수형도

19. 그림 14.49   20. 그림 14.50

주어진 꼭짓점과 뿌리 꼭짓점 사이에 있는 모든 꼭짓점을 주어진 꼭짓점의 선조(ancestor)라고 한다. 다음 각 그림의 수형도에서 꼭짓점 B의 선조가 있다면 모두 구하여라.

21. 그림 14.47   22. 그림 14.48

23. 그림 14.49   24. 그림 14.50

스포츠에서 사용되는 일반적인 이진 수형도는 토너먼트 우승팀을 가운데 뿌리로 나타내는 수평방향의 수형도이다. 그런 수형도는 NCAA 농구 경기 대회 또는 프로 테니스 경기 대회에서 주로 볼 수 있다(그림 14.51~14.52).

25. NCAA 토너먼트 수형도의 깊이는 무엇인가?

26. US 오픈 테니스 토너먼트 수형도의 깊이는 무엇인가?

27. NCAA 우승팀은 얼마나 많은 선조를 갖는가?

28. US 오픈 테니스 토너먼트 우승선수는 얼마나 많은 선조를 갖는가?

수형도에서 잎이 아닌 꼭짓점을 수형도의 내부 꼭짓점(inter-

nal vertex)이라 한다. 다음 문제에서 깊이가 k인 최대 이진 수형도가 몇 개의 내부 꼭짓점을 가지는지를 고려한다.

29. 깊이가 25인 최대 이진 수형도는 몇 개의 내부 꼭짓점을 가지는가?

30. 깊이가 k인 최대 이진 수형도는 몇 개의 내부 꼭짓점을 가지는가?

31. 깊이가 25인 최대 이진 수형도는 몇 개의 잎을 가지는가?

삼진(ternary) 수형도는 모든 꼭짓점이 0개 또는 3개의 가지를 갖는다는 점에서 이진 수형도와 유사하다.

32. 깊이가 k인 최대 삼진 수형도는 몇 개의 잎을 가지는가?

33. 깊이가 25인 최대 삼진 수형도는 몇 개의 잎을 가지는가?

대부분의 데이터는 고정된 길이의 2진수 문자열을 사용하는 이진법으로 저장된다. ASCII는 특정 문자를 나타내기 위해 7비트(또는 8비트)의 고정된 길이 형식을 사용한다. 허프만 부

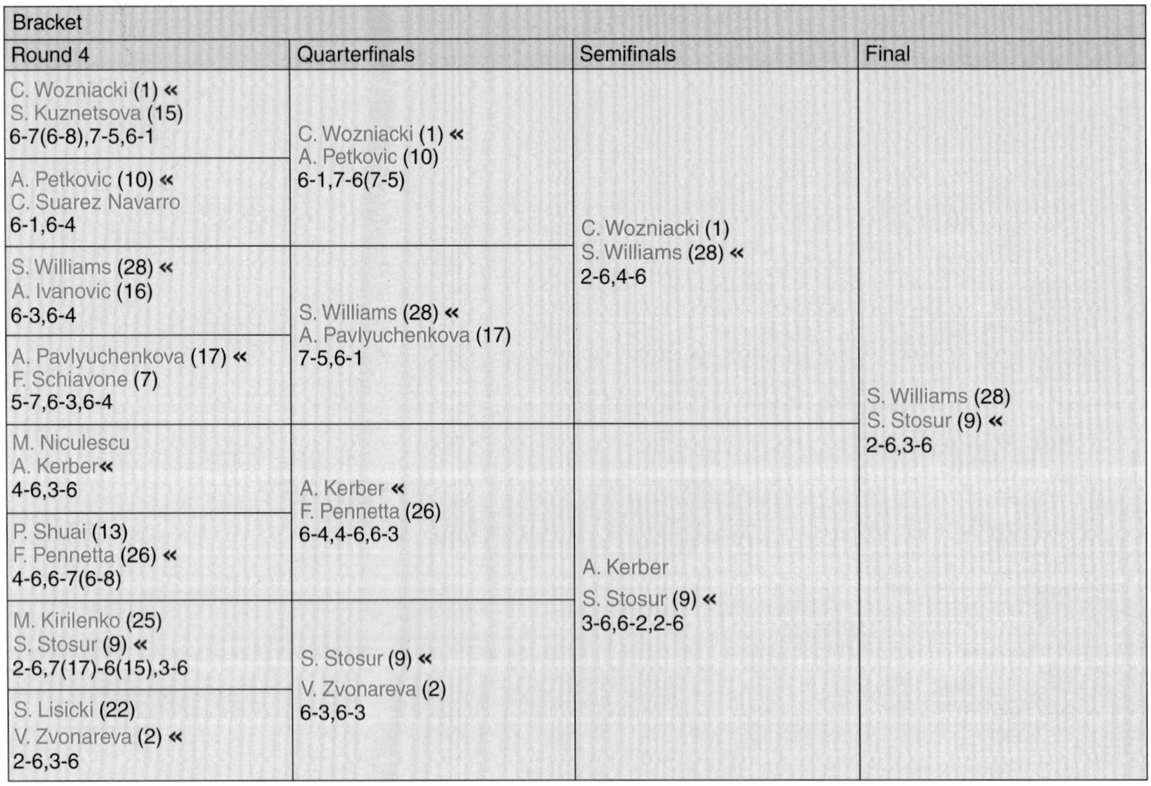

Bracket			
Round 4	Quarterfinals	Semifinals	Final
C. Wozniacki (1) « S. Kuznetsova (15) 6-7(6-8),7-5,6-1	C. Wozniacki (1) « A. Petkovic (10) 6-1,7-6(7-5)	C. Wozniacki (1) S. Williams (28) « 2-6,4-6	S. Williams (28) S. Stosur (9) « 2-6,3-6
A. Petkovic (10) « C. Suarez Navarro 6-1,6-4			
S. Williams (28) « A. Ivanovic (16) 6-3,6-4	S. Williams (28) « A. Pavlyuchenkova (17) 7-5,6-1		
A. Pavlyuchenkova (17) « F. Schiavone (7) 5-7,6-3,6-4			
M. Niculescu A. Kerber« 4-6,3-6	A. Kerber « F. Pennetta (26) 6-4,4-6,6-3	A. Kerber S. Stosur (9) « 3-6,6-2,2-6	
P. Shuai (13) F. Pennetta (26) « 4-6,6-7(6-8)			
M. Kirilenko (25) S. Stosur (9) « 2-6,7(17)-6(15),3-6	S. Stosur (9) « V. Zvonareva (2) 6-3,6-3		
S. Lisicki (22) V. Zvonareva (2) « 2-6,3-6			

그림 14.52 US 오픈 테니스 토너먼트 수형도

호(Huffman codes)는 데이터를 부호화하기 위해 고안된 특별한 이진 수형도이다. 1과 0의 문자열을 사용하여 사용자 또는 프로그램은 특정 데이터를 찾을 수 있다. 이 부호의 특징은 다양한 길이의 경로를 허용한다는 것이다. 수형도의 잎은 알파벳 문자를 나타내고 수형도의 각 가지에는 체계적으로 0 또는 1의 값이 할당되어 있다. (여기서는 왼쪽 가지에 1, 오른쪽 가지에 0이 할당된다.) 그러면 뿌리에서 잎까지의 경로에 해당하는 이진 문자열에 해당하는 문자가 대응한다.

그림 14.53에서 허프만 수형도를 볼 수 있다. 모음과 같이 자주 사용되는 글자는 더 짧은 이진 문자열로 표현될 수 있도록 배치한다. 문자열 111은 분자 T에, 01은 문자 I에 001은 문자 P에 대응시킨다. 따라서 2진수 문자열 11101001은 단어 TIP를 나타낸다.

그림 14.53의 허프만 수형도를 이용하여 다음 영어단어에 대응하는 2진수 문자열을 구하여라.

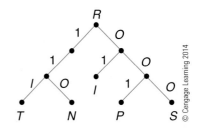

그림 14.53 허프만 수형도

34. NIT 35. TIN
36. TINS 37. PIN
38. NIP 39. SPIN
40. PINS 41. SNIP
42. TIPS

요약

이 장에서는 다음 내용들을 학습하였다.

- 그래프, 경로, 회로
- 그래프의 용어
- 오일러 경로와 오일러 회로
- 해밀턴 경로와 해밀턴 회로
- 수형도의 구성과 사용

용어

가중 그래프weighted graph 모든 변에 가중치가 할당된 그래프.

경로path 반복된 꼭짓점이 없는 트레일.

고리loop 한 점을 자기 자신과 연결하는 변.

그래프graph 선분 또는 곡선으로 연결된 유한개의 점들의 집합.

길walk 그래프에서 변으로 연결된 꼭짓점들의 나열.

길이length 길, 트레일, 경로에 포함된 변의 개수.

꼭짓점vertices 그래프의 점늘.

내부 꼭짓점internal vertex 수형도에서 잎이 아닌 꼭짓점.

노드nodes 그래프의 꼭짓점의 다른 명칭.

다리bridge 연결된 그래프에서 제거하면 비연결 그래프가 되는 변.

단순 그래프simple graph 고리나 평행한 변이 없는 그래프.

두 꼭짓점 사이의 가중거리weighted distance between vertices 두 꼭짓점을 연결하는 모든 가능한 경로에 포함된 변들의 가중치 합의 최솟값.

두 꼭짓점 사이의 거리distance between vertices 두 꼭짓점을 연결하는 최단경로에 속하는 변의 개수.

변edges 그래프의 꼭짓점들을 연결하는 선분.

변의 가중치weight of an edge 그래프의 변에 할당된 숫자.

불완전 그래프incomplete graph 완전 그래프가 아닌 그래프.

비순환 그래프acyclic graph 회로를 갖지 않는 그래프.

비연결 그래프disconnected graph 연결이 아닌 그래프.

비자명 그래프nontrivial graph 꼭짓점이 두 개 이상인 그래프.

삼진 수형도ternary tree 모든 꼭짓점이 0 또는 3개의 가지를 갖는 수형도.

선조ancestor 주어진 꼭짓점과 그 뿌리 사이에 있는 꼭짓점.

수형도tree 단순하며 연결된 비순환 그래프.

연결 그래프connected graph 모든 꼭짓점의 쌍이 경로로 연결되는 그래프.

오일러 경로Euler path 연결된 그래프의 모든 꼭짓점을 지나며 모든 변을 정확히 한 번만 지나는 경로.

오일러 회로Euler circuit 회로가 되는 오일러 경로.

완전 그래프complete graph 모든 꼭짓점의 쌍이 인접한 쌍인 그래프.

인접 꼭짓점adjacent vertices 하나의 변으로 연결된 두 꼭짓점.

자명 그래프trivial graph 하나의 꼭짓점을 갖는 그래프.

정칙 그래프regular graph 모든 꼭짓점의 차수가 같은 그래프.

k정칙 그래프k-regular graph 모든 꼭짓점의 차수가 k인 그래프.

토너먼트 수형도tournament tree 스포츠에서 토너먼트에 배정된 팀을 나타내는 데 주로 사용되는 이진 수형도.

트레일trail 반복되는 변을 포함하지 않는 길.

펜던트pendant 하나의 고리로 이루어진 경로

평행 꼭짓점parallel vertices 서로 다른 두 변으로 연결된 두 꼭짓점.

플뢰리의 알고리즘Fleury's algorithm 오일러 회로를 구성하는 단계적 방법. 임의의 꼭짓점에서 시작하여 (i) 시작 꼭짓점으로부터 지나갈 변을 선택한 다음 이 변을 다시 지나지 않기 위해 어둡게 칠하거나 다른 방법으로 표시한다. 다른 선택이 없는 한 다리를 지나지 않는다. (ii) 선택한 변을 지나서 다음 꼭짓점으로 이동한다. (iii) 모든 변을 지나 (오일러 회로를 구성하기 위해) 시작 꼭짓점으로 돌아올 때까지 ii와 iii을 (가능하면) 반복한다.

해밀턴 경로Hamiltonian path 무향 그래프의 모든 꼭짓점을 정확히 한 번씩 지나는 경로.

해밀턴 그래프Hamiltonian graph 해밀턴 회로를 포함하는 그래프.

해밀턴 회로Hamiltonian circuit 회로가 되는 해밀턴 경로.

허프만 부호Huffman code 데이터를 부호화하기 위해 고안된 특별한 이진 수형도.

형제siblings 수형도에서 같은 부모 꼭짓점을 가지는 두 꼭짓점의 쌍.

회로circuit 시작하는 꼭짓점과 끝나는 꼭짓점이 같은 길.

종합문제

다음 그래프의 꼭짓점의 차수를 구하고 각 꼭짓점이 짝수점인지 홀수점인지 분류하여라.

1.
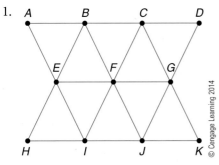

2.
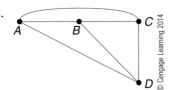

3.
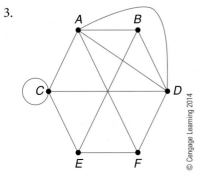

4.
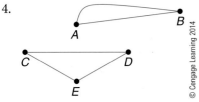

다음은 앞의 문제의 그래프와 관련된 문제이다. 각 그래프의 인접행렬을 구하여라.

5. 종합문제 1   6. 종합문제 2

7. 종합문제 3   8. 종합문제 4

다음은 그래프를 설명하고 있다. 제시된 조건을 만족하는 그래프의 예를 그려라.

9. 꼭짓점은 6개이고 이 중 4개는 짝수점이다.

10. 꼭짓점은 6개이고 하나의 다리를 갖는다.

다음은 그래프에 관한 문제이다.

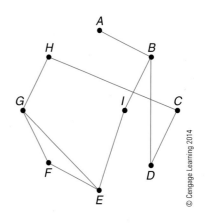

11. A, B, C, D는 경로인가?

12. 그래프에서 경로 A, B, D, E에 포함되지 않은 변은 무엇인가?

13. 그래프는 연결인가 비연결인가?

다음에서 제시된 성질을 가진 그래프를 그려라.

14. 차수가 6인 3정칙 그래프

15. 다음 가중 그래프에서 S에서 T로의 가장 짧은 경로를 구하여라.

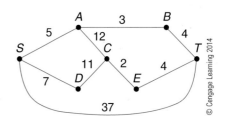

다음 그래프에 관한 문제를 풀어라.

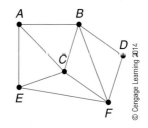

16. 꼭짓점 A에서 시작하는 오일러 경로가 존재하면 구하여라.

17. 꼭짓점 B에서 시작하는 오일러 경로가 존재하면

구하여라.

18. 꼭짓점 E에서 시작하는 오일러 경로가 존재하면 구하여라.

19. 그래프의 오일러 회로가 존재하는가?

20. 그래프가 872개의 꼭짓점을 갖는데 이 중 정확히 두 개가 짝수점이다. (a) 오일러 경로가 존재하는가? 그 이유를 설명하여라. (b) 오일러 회로가 존재하는가? 그 이유를 설명하여라.

21. 다음의 그림은 감정평가사의 지도의 일부로 부지들의 배치를 나타낸다. 이를 그래프로 표현하는 데 각 부지를 꼭짓점으로 나타내고 공통 경계를 가지는 부지들은 변으로 연결한다.

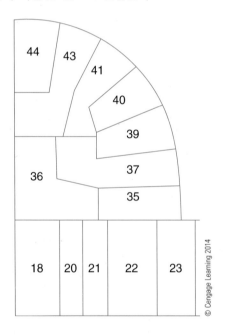

22. 종합문제 21에서 설명한 그래프가 오일러 경로를 갖는가? 만약 그렇다면 그 이유를 설명하고 오일러 경로를 하나 구하여라.

23. 종합문제 21에서 설명한 그래프가 오일러 회로를 갖는가? 만약 그렇다면 그 이유를 설명하고 오일러 회로를 하나 구하여라.

다음 그래프에서 플뢰리의 알고리즘을 사용하여 오일러 경로와 오일러 회로를 (존재하면) 하나씩 구하여라.

24.

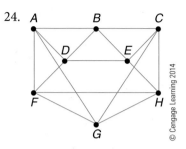

25.

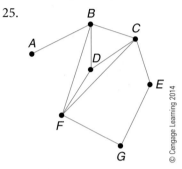

다음 그래프들이 해밀턴 경로를 갖는지 여부를 결정하여라. 해밀턴 경로를 갖는 경우, 그 경로를 구하여라. 그렇지 않으면 그 이유를 설명하여라.

26.

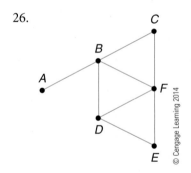

27.

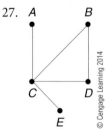

28.

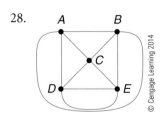

다음 그래프는 적어도 하나의 해밀턴 경로를 갖는다. 이 중 하나를 구하여라.

29.

30.

31. 매사추세츠(Massachusetts) 주의 보스턴(Boston)에 살고 있는 사람이 뉴잉글랜드(New England) 지역 중 버몬트(Vermont) 주의 몬트필리어(Montpelier), 코네티컷(Connecticut) 주의 하트퍼드(Hartford), 로드아일랜드(Rhode Island) 주의 프로비던스(Providence), 뉴햄프셔(New Hampshire) 주의 콩코드(Concord), 메인(Maine) 주의 오거스타(Augusta)를 정확히 한 번 방문하고 보스턴으로 돌아오고자 한다. 다음 그래프는 각 도시 간의 여행거리를 나타낸다. 총 여행거리를 최소화하는 해밀턴 회로를 구하여라.

종합문제 32에서 42까지는 다음 수형도에 관한 문제이다.

a.

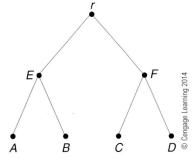

b.

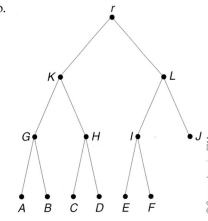

c.

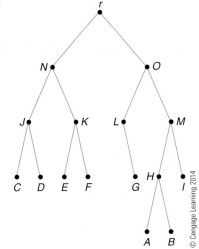

d.

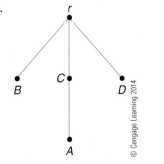

32. 수형도 각각에 대해 수형도의 깊이를 구하여라.

33. 수형도는 각각 최대 이진 수형도인가?

34. b의 수형도에서 꼭짓점 E와 꼭짓점 L의 깊이를 구하여라.

35. a 수형도의 전위 순회방법을 구하여라.

36. b 수형도의 전위 순회방법을 구하여라.

37. a 수형도의 배열 표현을 구하여라.

38. b 수형도의 배열 표현을 구하여라.

수형도에서 공통의 부모 꼭짓점을 갖는 꼭짓점들의 쌍을 형제라 부른다. 다음 각 그래프의 형제 꼭짓점들의 쌍을 구하여라.

39. b 수형도

40. c 수형도

주어진 꼭짓점과 뿌리 꼭짓점 사이에 놓여 있는 꼭짓점들을 주어진 꼭짓점의 선조라 부른다. 다음 각 그래프의 꼭짓점 B의 선조들이 있으면 모두 구하여라.

41. c 수형도

42. d 수형도

종합문제 43과 44는 다음 토너먼트 수형도에 관한 문제이다.

가상의 체스 토너먼트

Joe Jones John Smith	John Smith Wilma Flimisione			
George Jelson Wilma Flimisione		Wilma Flimisione Jim Jacobs		
John Doe Billy Smith	John Doe Jim Jacobs			
Jim Jacobs Fred Flimisione			Wilma Flimisione Sally Forth	Sally Forth
Sally Forth Jill Platt	Sally Forth Jesse Jones			
George Fiedler Jesse Jones		Sally Forth Bill Jenkins		
Cynthia Pusey Jiminy Cricket	Cynthia Pusey Bill Jenkins			
Bill Jenkins Sarah McNab				

43. 토너먼트 수형도의 깊이는 무엇인가?

44. 토너먼트 우승자는 얼마나 많은 선조를 갖는가?

45. 수형도에서 잎이 아닌 꼭짓점들을 내부 꼭짓점이라 부른다. 깊이가 k인 최대 이진 수형도는 몇 개의 내부 꼭짓점들을 가질 수 있는가?

46. 깊이가 k인 최대 이진 수형도는 몇 개의 잎을 가질 수 있는가?

삼진 수형도는 이진 수형도와 비슷하나 모든 꼭짓점이 0개 또는 3개의 가지를 갖는다는 것을 기억하자.

47. 깊이가 k인 최대 삼진 수형도는 몇 개의 내부 꼭짓점들을 가질 수 있는가?

48. 깊이가 k인 최대 삼진 수형도는 몇 개의 잎을 가질 수 있는가?

그림 14.53에 주어진 허프만 수형도를 생각하자. 주어진 문자열이 이 수형도에 의해 부호화된 경우, 뿌리로부터의 가지를 따라 부여된 적당한 비트 값을 이용하여 복호화할 수 있다. 잎에 도착하면 문자를 복호화하고 다시 시작한다. 예를 들어 문자열 01110이 주어지면 이를 다음과 같이 복호화할 수 있다. 뿌리에서 0이 붙은 오른쪽 가지를 이동하여 비트 0을 지운 다음, 1이 붙은 왼쪽 가지를 따라 이동하면서 비트 1을 지운다. 그러면 I의 잎에 도착하였으므로 문자 I를 얻고 다시 시작한다. 뿌리에서 1이 붙은 왼쪽 가지로 이동하면서 1을 지우고, 다시 1이 붙은 왼쪽 가지로 이동하면서 1을 지운다. 마지막으로 0이 붙은 오른쪽 가지로 이동하면서 0을 지운다. 이렇게 도착한 잎은 N이고 문자열의 마지막에 도착하였기 때문에 복호화된 문자열은 IN이다. 이제 그림 14.53의 허프만 수형도를 이용하여 다음 이진 문자열에 해당하는 영어 단어를 구하여라.

49. 00000101110

50. 00101110111000

찾아보기

IT 대학기초수학

2019년 3월 1일 인쇄
2019년 3월 5일 발행

지 은 이   Alfred Basta · Stephan DeLong · Nadine Basta
옮 긴 이   **김승수 · 도경민 · 박용수 · 이상석 · 이우 · 장화식 · 전춘배**
펴 낸 이   **조 승 식**
펴 낸 곳   (주) 도서출판 **북스힐**
          서울시 강북구 한천로 153길 17
등   록   제22-457호(1998년 7월 28일)
전   화   (02) 994-0071
팩   스   (02) 994-0073
이 메 일   bookshill@bookshill.com
홈페이지   www.bookshill.com

값 28,000원

잘못된 책은 구입하신 서점에서 교환해 드립니다.

ISBN 979-11-5971-168-8